Analysis

Norbert Steinmetz

Analysis

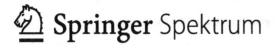

Norbert Steinmetz
Institut für Mathematik
Technische Universität Dortmund
Dortmund, Deutschland

ISBN 978-3-662-68085-8   ISBN 978-3-662-68086-5   (eBook)
https://doi.org/10.1007/978-3-662-68086-5

Die Deutsche Nationalbibliothek verzeichnet diese Publikation in der Deutschen Nationalbibliografie;
detaillierte bibliografische Daten sind im Internet über https://portal.dnb.de abrufbar.

Planung/Lektorat: Nikoo Azarm
Springer Spektrum ist ein Imprint der eingetragenen Gesellschaft Springer-Verlag GmbH, DE und ist
ein Teil von Springer Nature.
Die Anschrift der Gesellschaft ist: Heidelberger Platz 3, 14197 Berlin, Germany

Das Papier dieses Produkts ist recycelbar.

Vorwort

Das vorliegende Buch ist entstanden aus den Erfahrungen aus vielfach an den Universitäten Karlsruhe und Dortmund abgehaltenen Vorlesungszyklen Analysis I-III.

Das erste Kapitel dient der axiomatischen Einführung der reellen und komplexen Zahlen sowie der Einübung einfacher Beweistechniken an konkreten Beispielen. Der Vollständigkeitsbegriff wird ausführlich diskutiert, wenn auch seine Bedeutung zu diesem Zeitpunkt noch nicht vermittelt werden kann.

Im zweiten Kapitel wird der für die Analysis charakteristische Begriff des Grenzwertes am Beispiel von Folgen und Reihen eingehend diskutiert. Neben der Diskussion wichtiger Spezialfälle werden absolut konvergente Reihen bis zum Doppelreihensatz und seinen Folgerungen behandelt. Zum ersten Mal zeigt sich die besondere Bedeutung der Positivität.

Im dritten Kapitel wird der Grenzwertbegriff weiterentwickelt. Insbesondere werden die grundlegenden Eigenschaften stetiger Funktionen, im einfachsten Fall der reellen Funktionen einer reellen Variablen hergeleitet und diskutiert. Zum ersten Mal taucht dabei die immer wiederkehrende Frage auf, unter welchen Umständen Grenzwertbildungen vertauscht werden dürfen. Dem in all seinen Ausprägungen als schwierig empfundenen Begriff der Gleichmäßigkeit wird besondere Aufmerksamkeit gewidmet. Die elementaren Funktionen werden mittels Potenzreihen bereits jetzt eingeführt, um zur Einübung der Begriffe und Erläuterung der Methoden und Sätze nichttriviale Beispiele zur Hand zu haben.

Das vierte Kapitel beschäftigt sich mit der eindimensionalen Differentialrechnung bis zum Satz von Taylor. Abgeschlossen wird das Kapitel mit einigen Bemerkungen zur ‚Technik des Integrierens‘, wobei mit ‚Integrieren‘ die Bestimmung einer Stammfunktion gemeint ist, ein Thema, das mehr der Differential- als der Integralrechnung zuzurechnen ist.

Ein gewisser Abschluss der eindimensionalen Analysis wird erreicht in Kap. 5, wo das Riemann-Integral definiert und seine Eigenschaften bis zum Hauptsatz der Differential- und Integralrechnung hergeleitet werden[1]. Gleich im Anschluss, aber immer noch in Kap. 5, wird das eindimensionale Lebesgue-Integral eingeführt und mit dem Riemann-Integral verglichen. Der Aufbau ist dabei so angelegt, dass er unmittelbar und ohne Änderung der Argumentation auf den mehrdimensionalen Fall in Kap. 8 übertragen werden kann. Damit wird auch der manchmal aufkommenden Meinung entgegengetreten, das Riemann-Integral sei ein typisch eindimensionales, das Lebesgue-Integral aber ein mehrdimensionales Phänomen. Beschlossen wird dieses Kapitel mit einer kurzen Besprechung des Riemann-Stieltjes-Integrals und der Funktionen von endlicher Variation.

Kap. 6 behandelt im Rahmen der normierten und metrischen Räume die für den weiteren Verlauf wichtigen topologischen Grundbegriffe sowie, mehr oder weniger als Wiederholung von Kap. 3, die Untersuchung der stetigen Abbildungen zwischen metrischen Räumen. Den vollständigen, den kompakten und den zusammenhängenden metrischen Räumen sind eigene Abschnitte gewidmet[2].

Das siebte Kapitel kehrt zur Analysis zurück. Behandelt wird die mehrdimensionale Differentialrechnung bis hin zum Satz über implizite Funktionen und seinen Anwendungen. Dabei wird ausführlich vom Matrizenkalkül Gebrauch gemacht (beruhend auf der Hoffnung, dass die Parallelvorlesung Lineare Algebra diesen schon bereitgestellt hat). Den Abschluss bildet ein Abschnitt über Kurvenintegrale und ein Beweis des Lemmas von Poincaré über die lokale Existenz von Stammfunktionen von Vektorfeldern[3].

Kap. 8 ist dem mehrdimensionalen Lebesgue-Integral gewidmet. Nach den Vorarbeiten des fünften Kapitels kommt es sehr schnell zu den typisch mehrdimensionalen Sätzen von Fubini und Tonelli und der Transformationsformel. Diskutiert werden weiterhin die Vollständigkeit der L^p-Räume, die Stetigkeit und Differenzierbarkeit von Parameterintegralen, die Faltung integrierbarer Funktionen und die Approximation durch C^∞-Funktionen – paradoxerweise mittels „Glättung durch Faltung".

---

[1]Ein Novum? Die üblicherweise Lebesgue zugeschriebene Charakterisierung der Riemannintegrierbaren Funktionen („fast überall stetig") wird wie in Riemanns Habilitationsschrift bewiesen; sie kann so zu Recht auch Riemann zugerechnet werden. Auch wenn es in der Literatur keine diesbezüglichen Hinweise zu geben scheint, läßt Riemanns Schrift keinen Zweifel aufkommen.

[2]Ein einmaliger Versuch, die topologischen Begriffe sehr früh zu behandeln, ist am Mangel vernünftiger nichttrivialer Beispiele gescheitert und nicht zuletzt daran, dass alles vergessen war, als die Begriffe wirklich benötigt wurden!

[3]Dieser Beweis kann wie in der Funktionentheorie unter Verzicht auf die **Stetigkeit** der Ableitung geführt werden – in der Literatur scheint dieser Weg nicht üblich zu sein. Der Versuchung, an dieser Stelle reelle und komplexe Differenzierbarkeit zu vergleichen, war schwer zu widerstehen. Dies führt unmittelbar zu den Cauchy-Riemannschen Differentialgleichungen und der lokalen Cauchyschen Integralformel, der Grundlage der Funktionentheorie.

Die Kap. 1 bis 8 gehören zu den unerläßlichen Grundlagen eines jeden Mathematikstudiums, wenn auch nicht unbedingt in allen dargestellten Einzelheiten. Dagegen können die nachfolgenden Kapitel zur Kür gezählt werden. Kap. 9 behandelt die Theorie der Fourierreihen, der man überhaupt die Entwicklung des Integralbegriffs verdankt, und die Fouriertransformation. Die Anwendungen sind vielfältig und werden nur stichwortartig aufgeführt: Satz von Riesz-Fischer, isoperimetrische Ungleichung, Dirichletproblem in Kreisscheiben, Umkehrung der Fouriertransformation, Wärmeleitungsgleichung, Black-Scholes-Formel, Heisenbergsche Unschärferelation, Poissonsche Summenformel, Abtasttheorem von Shannon. Das Kapitel wird beschlossen mit einer kurzen Einführung in die Hilbertraumtheorie. Die Fourieranalysis kann einerseits als eine Wegbereiterin der Funktionalanalysis angesehen werden, und als ein Hilfsmittel in der Theorie der partiellen Differentialgleichungen andererseits.

Das zehnte Kapitel beschäftigt sich im ersten Teil mit Flächen und Mannigfaltigkeiten und der Integration von Funktionen und Vektorfeldern, auch als Vorbereitung für den zweiten Teil, der im Wesentlichen in der Herleitung des Integralsatzes von Gauß-Ostrogradski besteht. In einem Anhang werden die Elemente der klassischen Differentialgeometrie im dreidimensionalen Raum und der Kartographie behandelt. Wie auch das vorige Kapitel deutet dieses in zwei Richtungen: Differentialgeometrie und partielle Differentialgleichungen.

Eine Sonderrolle spielen die Kap. 11 und 12. Sie beschäftigen sich mit Themen, denen je eine eigenständige Vorlesung gewidmet sein sollte, was aber angesichts der enggetakteten Lehrpläne einerseits und der fachlich-personellen Ausrichtung vieler Fachbereiche andererseits auf Schwierigkeiten stoßen kann.

Die gewöhnlichen Differentialgleichungen in Kap. 11 werden von den elementaren Integrationsmethoden über die grundlegenden Existenz- und Eindeutigkeitssätze bis zu den Sätzen über die stetige und differenzierbare Abhängigkeit von Parametern und Anfangswerten behandelt.

In Kap. 12 werden, gestützt auf den bereits im siebten Kapitel *en passant* gefundenen lokalen Integralsatz von Cauchy und den darauf basierenden globalen Integralsatz, in schneller Abfolge die wichtigsten analytischen und geometrischen Eigenschaften der holomorphen Funktionen hergeleitet. Eine Aufzählung unterbleibt aus Platzgründen.

Sämtliche Definitionen und Sätze werden an Ort und Stelle von Beispielen und Aufgaben begleitet. Nur so, in der direkten Konfrontation, können sich die Begriffe und Tatsachen festsetzen – Auswendiglernen ohne Übung und Verständnis ist geradezu kontraproduktiv. Die Mehrzahl der Kapitel wird mit kurzen Anmerkungen über die historische Entwicklung des jeweils behandelten mathematischen Teilgebietes beschlossen. Etwaige Fehler oder Ungenauigkeiten hier oder in den Kurzbiographien, erst recht im mathematischen Teil bleiben in der Verantwortung des Verfassers.

Für die wie immer gute und professionelle Zusammenarbeit möchte ich mich beim Springer-Verlag, und hier ausdrücklich bei Nikoo Azarm sehr herzlich bedanken. Sie war mir bei allen Fragen und Problemen eine wertvolle Hilfe.

Im Juli 2023   Norbert Steinmetz

Inhaltsverzeichnis

Bezeichnungen

$\mathbb{N}, \mathbb{N}_0, \mathbb{Z}$	die positiven, nichtnegativen, ganzen Zahlen
$\mathbb{Q}, \mathbb{R}, \mathbb{C}$	die rationalen, reellen, komplexen Zahlen
$0, 1, \pi, e, i$	die glorreichen Fünf
$[a, b], (a, b), [a, b), (a, b]$	Intervalle: abgeschlossen, offen, halboffen
$\sqrt{\ }, \sqrt[n]{\ }$	Quadrat-, n-te Wurzel
max, min, sup, inf	Maximum, Minimum, Supremum, Infimum
lim, lim sup, lim inf	Limes, Limeses superior, inferior
$\operatorname{Re} z, \operatorname{Im} z, \bar{z}$	Real-, Imaginärteil, konjugiert komplexe Zahl
arg	Argument von (x, y) oder $z = x + iy$
$\sum, \prod, \int$	Summe, Produkt, Integral
$n!, \dbinom{n}{k}$	Fakultät, Binomialkoeffizient
$\overline{M}, M^\circ, M^c$	Abschluss, Inneres, Komplement von M
$\cup, \bigcup, \cap, \bigcap, \setminus, \times$	Vereinigung, Durchschnitt, Differenz, Produkt von Mengen
exp, log	Exponentialfunktion, Logarithmus
sin, cos, tan, cot	die trigonometrischen Funktionen
arcsin, …, arccot	ihre Umkehrfunktionen
sinh, cosh, tanh, coth	die hyperbolischen Funktionen
Arsinh , …, Arcoth	ihre Umkehrfunktionen
$f \circ g$	Komposition (Verkettung) von f und g
$\lvert \cdot \rvert$	Absolutbetrag in $\mathbb{R}, \mathbb{C}$, Euklidnorm in $\mathbb{R}^n, \mathbb{C}^n$
$\lvert \cdot \rvert_1, \lvert \cdot \rvert_\infty$	Summennorm, Maximumnorm in $\mathbb{R}^n, \mathbb{C}^n$
$\mathfrak{x} \cdot \mathfrak{y}, \langle x, y \rangle$	Skalarpodukt in $\mathbb{R}^n$, im Hilbertraum
$\lVert \cdot \rVert, \lVert \cdot \rVert_2$	Norm im Banachraum, im Hilbertraum
$d(\cdot, \cdot), \operatorname{dist}(x, A)$	Metrik, Abstand von x zur Menge A
diam, det, ind	Durchmesser, Determinante, Windungszahl

$\hat{f}, \hat{f}_n$	Fouriertransformierte, Fourierkoeffizient von f
$\mathcal{C}, \mathcal{C}^k, \mathcal{C}^\infty$	Raum der stetigen, k-mal, ∞-oft stetig differenzier- baren Funktionen
$\mathcal{R}, \mathcal{L}, \mathcal{S}$	Raum der Riemann-, Lebesgue-integrierbaren Funktionen, Schwartzraum
Beweis $\parallel$, $\mathfrak{S}$	Beweisbeginn, -ende

Kapitel 1
Reelle und komplexe Zahlen

Neben der Einführung einiger wichtiger allgemein-mathematischer Begriffe und der reellen und komplexen Zahlen dient dieses Kapitel hauptsächlich der exemplarischen Einübung einfacher Beweistechniken sowie der Herleitung einiger wichtiger Ungleichungen.

1.1 Prolog

Parallel zur Vorlesung *Analysis* wird die Vorlesung *Lineare Algebra* gehört. Dort werden die in diesem Abschnitt einzuführenden Begriffe ausführlicher als in der Analysis üblich behandelt, weshalb hier zuweilen ein naiver Standpunkt eingenommen werden kann[1].

1.1 Mengen sind *Zusammenfassungen von wohlbestimmten und wohlunterschiedenen Objekten,* ihre *Elemente* genannt. Es muss also klar sein, welches Element x zur Menge M gehört (geschrieben $x \in M$) und welches nicht (geschrieben $x \notin M$). Die gebräuchlichen Darstellungen von Mengen sind die *aufzählende* und die *beschreibende* Schreibweise,

$$M = \{a, b, c, \dots\} \quad \text{und} \quad M = \{x : x \text{ hat die Eigenschaft} \dots\}.$$

Beispielsweise ist $\{p : p$ ist eine Primzahl$\}$ eine wohldefinierte Menge in beschreibender Schreibweise, wenn klar ist, was *Primzahl* bedeutet; bei einigermaßen gutem Willen wird man $\{2, 3, 5, 7, 11, 13, 17, 19, 23, \dots\}$ als dieselbe Menge in aufzählen-

---

[1] Die in den Grundlagen der Mathematik gepflegte Vorgehensweise würde zuviel Zeit kosten und, noch wichtiger, vermutlich zu Beginn des Studiums mehr Verwirrung stiften als Nutzen bringen.

© Der/die Autor(en), exklusiv lizenziert an Springer-Verlag GmbH, DE, ein Teil von Springer Nature 2024
N. Steinmetz, *Analysis*, https://doi.org/10.1007/978-3-662-68086-5_1

der Schreibweise erkennen. Die *leere Menge* $\emptyset$ ist diejenige Menge, die kein Element enthält. Die gebräuchlichsten

1.2 Mengenoperationen sind die

Vereinigung	$M \cup N = \{x : x \in M \text{ oder } x \in N\}$
	(gemeint ist das einschließende *oder*), der
Durchschnitt	$M \cap N = \{x : x \in M \text{ und } x \in N\}$, das
kartesische Produkt	$M \times N = \{(x, y) : x \in M, y \in N\}$ und die
Mengendifferenz	$M \setminus N = \{x : x \in M, x \notin N\}$.

Die ersten drei Operationen kann man auf beliebig (auch unendlich) viele Mengen ausdehnen, beispielsweise

$$\bigcup_{\lambda \in \Lambda} M_\lambda = \{x : x \in M_\lambda \text{ für wenigstens ein } \lambda \in \Lambda\},$$
$$\bigcap_{k=1}^{n} M_k = \{x : x \in M_k \text{ für } k = 1, \ldots, n\},$$
$$A \times B \times C = \{(a, b, c) : a \in A, b \in B, c \in C\};$$

Λ ist eine sogenannte Indexmenge, sie dient der Unterscheidung der Mengen M_λ; statt $A \times A$ schreibt man auch A^2, A^3 statt $A \times A \times A$, usw. Es gelten die *de Morganschen Regeln*

$$M \setminus \bigcup_{\lambda \in \Lambda} M_\lambda = \bigcap_{\lambda \in \Lambda} (M \setminus M_\lambda) \quad \text{und} \quad M \setminus \bigcap_{\lambda \in \Lambda} M_\lambda = \bigcup_{\lambda \in \Lambda} (M \setminus M_\lambda).$$

M heißt **Teilmenge** von N, geschrieben $M \subset N$, wenn jedes $x \in M$ auch Element von N ist; es gilt immer $\emptyset \subset N$. Statt $M \subset N$ schreibt man auch $N \supset M$, N ist eine **Obermenge** von M. Mengengleichheit $M = N$ liegt genau dann vor, wenn $M \subset N$ und $N \subset M$ ist. Die **Potenzmenge** $\mathfrak{P}(M)$ von M ist die Menge aller Teilmengen von M; für $M = \{a, b, c\}$ beispielsweise besteht $\mathfrak{P}(M)$ aus $\emptyset$, $\{a\}$, $\{b\}$, $\{c\}$, $\{a, b\}$, $\{b, c\}$, $\{c, a\}$ und M selbst.

1.3 Zahlen Die Analysis beruht auf den *reellen Zahlen*. Bevor sie und die nicht minder wichtigen *komplexen Zahlen* eingeführt werden, sollen ihre Grundlagen, die (im wahrsten Sinn des Wortes) natürlichen, ganzen und rationalen Zahlen kurz angesprochen werden. Die Kenntnis der *natürlichen Zahlen* 1, 2, 3, ..., zusammengefasst zur Menge $\mathbb{N}$ (in manchen Büchern und Vorlesungen wird 0 zu $\mathbb{N}$ hinzugezählt, hier wird die Schreibweise $\mathbb{N}_0 = \mathbb{N} \cup \{0\}$ bevorzugt), der *ganzen Zahlen* 0, ± 1, ± 2, ± 3, ..., zusammengefasst zur Menge $\mathbb{Z}$, der *rationalen Zahlen* (Brüche) $\frac{p}{q}$ ($p \in \mathbb{Z}$ und $q \in \mathbb{N}$ ohne gemeinsamen Teiler), zusammengefasst zur Menge $\mathbb{Q}$ sowie der Umgang mit ihnen (Bruchrechnung) wird als bekannt vorausgesetzt. Es gilt $\mathbb{N} \subset \mathbb{Z} \subset \mathbb{Q}$. Dieser pragmatische Standpunkt respektiert die Vorarbeit der Schule[2]. Die geometrische

---

[2] Und deckt gleichzeitig die aus der Mittelstufe resultierenden Schwächen auf. Tatsächlich sind für das Mathematikstudium weniger das in der Schule angesammelte Wissen als vielmehr die erworbenen und in der Mehrzahl außermathematischen Fähigkeiten von Bedeutung. Dazu zählt

Vorstellung dieser Zahlen als Punkte einer Geraden, der *Zahlengeraden* ist dabei
sehr nützlich. Dass die rationalen Zahlen die Zahlengerade nicht ausfüllen, es also
darüber hinaus noch weitere Zahlen geben muss, wird bereits sehr früh deutlich am
geometrischen Problem der Diagonalen eines Quadrats, das anschließend behandelt
wird.

1.4 Abbildungen Sind M und N nichtleere Mengen, so versteht man unter einer
Abbildung $f : M \longrightarrow N$ eine *Vorschrift, die jedem* $x \in M$ *ein eindeutig bestimmtes* $y = f(x) \in N$ *zuordnet;* manchmal wird auch $x \mapsto f(x)$ geschrieben. In der
Analysis wird oft auch der Begriff **Funktion** mit derselben Bedeutung benutzt. Der
Graph von f ist die Menge der Paare

$$\mathfrak{G}(f) = \{(x, f(x)) : x \in M\} \subset M \times N.$$

Mit $f(A) = \{f(a) : a \in A\}$ wird das **Bild** von $A \subset M$ unter der Abbildung f bezeichnet, und mit $f^{-1}(B) = \{x \in M : f(x) \in B\}$ das **Urbild** von $B \subset N$. Die Abbildung f heißt **surjektiv**, wenn $f(M) = N$ ist, und **injektiv**, wenn mit $x_1 \neq x_2$
stets auch $f(x_1) \neq f(x_2)$ gilt. In diesem Fall gibt eine eindeutig bestimmte Abbildung $g : f(M) \longrightarrow M$ mit $g(f(x)) = x$ für alle $x \in M$ und $f(g(y)) = y$ für alle
$y \in f(M)$; man schreibt $g = f^{-1}$ und nennt f^{-1} die **Umkehrfunktion** von f auf
$f(M)$. Ist f beides, injektiv und surjektiv, so heißt f **bijektiv** und f^{-1} existiert auf
ganz N. Beispielsweise ist $f : \mathbb{N} \longrightarrow \mathbb{N}$, $f(n) = 2n$ injektiv, aber nicht surjektiv, und
$f : \mathbb{N} \longrightarrow \mathbb{N}$, $f(2n) = f(2n - 1) = n$ surjektiv, aber nicht injektiv. Die Abbildung
$f : \mathbb{Q}_+ = \{x \in \mathbb{Q} : x > 0\} \longrightarrow \mathbb{Q}_+$, $f(x) = 2x$ ist bijektiv und $f^{-1}(y) = y/2$. Dagegen ist $f : \mathbb{Q}_+ \longrightarrow \mathbb{Q}_+$, $f(x) = x^2$ injektiv, aber nicht surjektiv, da, wie gleich
gezeigt wird, $f(x) \neq 2$ gilt. Anders gesagt, es gibt keine rationale Zahl $r = p/q$ mit
$r^2 = 2$. Dies wird *indirekt* bewiesen und angenommen, es gäbe doch so eine Zahl[3].
Es gilt dann $p^2 = 2q^2$; hieraus folgt, dass $p = 2m$ gerade ist, und aus $q^2 = 2m^2$,
dass auch q gerade ist. Da man aber von vorneherein p und q teilerfremd annehmen
kann, ergibt sich hieraus der gewünschte Widerspruch.

1.5 Mengen und Abbildungen Zwei Mengen M und N heißen **gleichmäch-
tig**, wenn es eine Bijektion $\phi : M \longrightarrow N$ gibt[4]. So sind z.B. die Mengen $\mathbb{N}$ und

---

das inhaltliche Erfassen von Texten und logischen Argumenten, die klare und unmissverständliche
Formulierung von Aussagen, die flüssige Durchführung elementarer Umformungen, usw.

[3] Ein indirekter Beweis ist oft der letzte Ausweg. Man nimmt an, die zu beweisende Behauptung
sei falsch und leitet zusammen mit den sonstigen Voraussetzungen etwas Widersprüchliches her.
Da aber aus einer richtigen Aussage kein Widerspruch abgeleitet werden kann, muss die Annahme
als falsch fallengelassen werden und die Behauptung richtig sein; *tertium non datur,* ein Drittes gibt
es nicht.

[4] Es ist plausibel anzunehmen, dass in der Menschheitsgeschichte das Vergleichen vor dem Zählen
kam: Für jede am Morgen übernommene Ziege nahm der Hirte einen Kieselstein auf und verglich
am Abend die Menge der zurückgeführten Ziegen mit der Menge der Steine. Aber auch wenn
dieser Vergleich aufging – die morgendliche und abendliche Menge der Ziegen gleichmächtig war
–, konnte es am Abend durchaus eine andere Herde sein als am Morgen.

$\{2, 4, 6, \ldots\}$ gleichmächtig vermöge $\phi(n) = 2n$, aber auch $\mathbb{N}$ und $\mathbb{N} \times \mathbb{N}$ vermöge
$\phi : \mathbb{N} \times \mathbb{N} \longrightarrow \mathbb{N}, \phi(p, q) = 2^{p-1}(2q - 1)$; der Nachweis der Bijektivität verbleibt
als Aufgabe. Eine Menge heißt **endlich**, wenn sie zu einer der Mengen $\{1, \ldots, n\}$
gleichmächtig ist; man kann dann $M = \{a_1, \ldots, a_n\}$ schreiben. Alle anderen nichtleeren Mengen heißen **unendlich**.

1.6 Abzählbare Mengen   Die Menge M heißt **abzählbar**, wenn es eine Bijektion
$\mathbb{N} \longrightarrow M$ (somit auch $M \longrightarrow \mathbb{N}$) gibt. Man kann sie dann in der Form $M = \{a_n :$
$n \in \mathbb{N}\}$ schreiben $(a_n = \phi(n))$. Statt *endlich oder abzählbar* sagt man auch **höchstens abzählbar;** dies ist der Fall, wenn es eine injektive Abbildung $M \longrightarrow \mathbb{N}$ gibt.
Teilmengen von abzählbaren Mengen sind höchstens abzählbar. Beispielsweise ist
$\mathbb{Q}_+$ und damit auch $\mathbb{Q} = \mathbb{Q}_+ \cup \{0\} \cup (-\mathbb{Q}_+)$ abzählbar, denn $\phi : \mathbb{Q}_+ \longrightarrow \mathbb{N} \times \mathbb{N}$
mit $\phi(p/q) = (p, q)$ bildet $\mathbb{Q}_+$ bijektiv auf eine Teilmenge von $\mathbb{N} \times \mathbb{N}$ ab (p und q
werden als teilerfremd angenommen, so dass zwar $(3, 4)$ als Bild auftritt, nicht aber
$(12, 16)$). Ebenso ist die endliche oder abzählbare Vereinigung von höchstens abzählbaren Mengen wieder (höchstens) abzählbar. Schreibt man $M_k = \{a_{k1}, a_{k2}, a_{k3}, \ldots\}$,
so ist $M = \bigcup_{k \in \mathbb{N}} M_k = \{a_{kj} : (k, j) \in \mathbb{N} \times \mathbb{N}\}$ und diese Menge ist offenbar gleichmächtig zu einer Teilmenge von $\mathbb{N} \times \mathbb{N}$.

1.7 Aussagenlogik   Die Symbole und Operatoren der Aussagenlogik, wie z. B. $\forall$
(für alle), $\exists$ (es gibt), $\neg$ (nicht), $\wedge$ (und), $\vee$ (oder) muss man entweder konsequent
benutzen oder vermeiden[5]. Letzeres wird in diesem Text bevorzugt, ausgenommen ist
der sehr selten benutzte Implikationspfeil $\Rightarrow$ (öfter an der Tafel) und, noch seltener,
der Äquivalenzpfeil $\Leftrightarrow$, der leider in der Schule allzu oft und unreflektiert benutzt
wird (wie sich dann im ersten Proseminarvortrag zeigt). $A \Rightarrow B$ bedeutet, dass die
Aussage (Behauptung) B aus der Aussage (Voraussetzung) A folgt; es ist also B
für A **notwendig** und A für B **hinreichend**; $A \Leftrightarrow B$ bedeutet beides, $A \Rightarrow B$ und
$B \Rightarrow A$; A ist für B notwendig *und* hinreichend.

1.8 Binäre Relationen   Eine binäre Relation $\sim$ auf einer nichtleeren Menge M ist
eine Beziehung zwischen je zwei Elementen dieser Menge. Formal liegt eine Teil-
menge $R \subset M \times M$ vor, es gilt $x \sim y \Leftrightarrow (x, y) \in R$. Beispielsweise ist $<$ (kleiner) eine binäre Relation auf $\mathbb{Q}$. Wichtig sind insbesondere die **Äquivalenzrela-
tionen**; sie sind charakterisiert durch die Eigenschaften der **Reflexivität** $[x \sim x]$,
Symmetrie $[x \sim y \Rightarrow y \sim x]$ und **Transitivität** $[x \sim y$ und $y \sim z \Rightarrow x \sim z]$. Dadurch werden die Elemente von M in **Äquivalenzklassen** $[x]$ eingeteilt, so dass
$M = \bigcup_{x \in M} [x]$ und entweder $[x] \cap [y] = \emptyset$ oder $[x] = [y]$ gilt. Ein Beispiel auf $\mathbb{Q}$
ist $x \sim y \Leftrightarrow x - y \in \mathbb{Z}$. In diesem Fall besteht die Klasse von x aus allen Zahlen
$x + k$ mit $k \in \mathbb{Z}$, und jede Klasse wird repräsentiert durch ein wohlbestimmtes $\xi \in \mathbb{Q}$
zwischen 0 (eingeschlossen) und 1 (ausgeschlossen).

---

[5] Für beides gibt es gute Gründe. Einerseits kann die Zeichensprache Halt geben, andererseits aber
eine trügerische Sicherheit vermitteln. In jedem Fall vermeiden sollte man eine Vermischung der
Sprachen.

1.9 Historische Anmerkungen stoßen meist auf großes Interesse, und sei es auch nur wegen der dadurch entstehenden Unterbrechung des anstrengenderen Teils der Vorlesung. Die biographischen und sonstigen historischen Angaben stützen sich auf folgende Quellen.

1. *MacTutor History of Mathematics,* zu erreichen unter
   `https://mathshistory.st-andrews.ac.uk`
2. Ion James, *Remarkable Mathematicians,* Cambridge University Press 2003.
3. *Lexikon der Naturwissenschaftler,* Spektrum Verlag Heidelberg-Berlin 2000.
4. Hans Niels Jahnke (Hrsg.), *Geschichte der Analysis,* Spektrum Verlag Heidelberg-Berlin 1999.

Im Vordergrund steht dabei immer die mathematische Bedeutung, und da insbesondere in Bezug auf die Analysis, so dass beispielsweise der *Physiker* hinter dem *Mathematiker* Newton, und der *Zahlentheoretiker* Gauß hinter dem *Analytiker* zurückstehen muss.

1.10 Abbildungen waren zeitweise in der Mathematik verpönt. Sie sind es immer noch, wenn sie als Beweisersatz herhalten müssen, nicht aber, wenn sie mit so wenig Details wie möglich eine (komplizierte) Situation beleuchten. Nichts geht über eine Handskizze an der Tafel. Dies wird mit verschiedenen Methoden zu übertragen versucht, wird aber dem Original meist nicht gerecht.

1.11 Definitionen müssen unmissverständlich formuliert sein und präzise das beschreiben, was gemeint ist. Ansonsten kann, zumindest in der Mathematik, nicht damit gearbeitet werden. Man muss aber sparsam mit Definitionen umgehen und nicht unbedingt jeder Eintagsfliege einen Namen geben. Wichtiger ist, für jede Definition ein *nicht zu triviales Beispiel* zu geben, besser zwei oder noch mehr.[6]

1.12 Übungsaufgaben sind neben den Beispielen das Salz in der Suppe. Die Mathematik besteht nicht aus Definitionen und Lehrsätzen – von Formeln ganz zu schweigen, die allzuoft mit der Mathematik verwechselt und sogar für deren Hauptinhalt gehalten werden. Unerlässlich für das Studium ist die selbstständige Arbeit, die aber weniger im *Lesen* von Texten als vielmehr im *Lösen* von Übungsaufgaben und Problemen besteht. Aus diesem Grund sind hier die Aufgaben kontextnah in den Text integriert. Passives, auswendig gelerntes Wissen ist wertlos, wenn es nicht aktiv angewendet werden kann. Entscheidend ist die Fähigkeit, passende Methoden auswählen und anwenden sowie Zusammenhänge herstellen zu können. Dazu gehört natürlich auch das Handwerk. Die Aufgabe eines Lehrbuches wie einer Vorlesung besteht darin, den Stoff zu strukturieren, ihn so einfach und verständlich wie möglich darzustellen (aber, nach Einstein, *nicht einfacher*) und durch Beispiele zu erläutern. Nichts und Niemand kann aber den Studierenden die Aufgabe abnehmen, die Inhalte

---

[6] Wer jemals versucht hat, eine Definition z. B. in der Informatik mit den vielen Optionen, runden, eckigen und spitzen Klammern ohne Beispiel zu verstehen, wird dem zustimmen.

auf- und nachzuarbeiten und an konkreten Beispielen zu erproben[7]. Für sie gibt es genausowenig einen Königsweg (Euklid) wie für Ptolemaios I. – die *Lehrleistung* kann nichts bewirken ohne die *Lernleistung*.

1.2 Die reellen Zahlen

Über die Natur der *reellen Zahlen,* die den Punkten auf der Zahlengeraden entsprechen sollen, wird nicht weiter spekuliert, sie werden vielmehr *axiomatisch,* d. h. durch die ihnen zugesprochenen Eigenschaften eingeführt[8]. Im Verlauf dieser Vorlesungen wird deutlich werden, dass die reellen Zahlen der Vorstellung von Punkten auf der Zahlengeraden tatsächlich entsprechen und diese lückenlos ausfüllen. Die Menge aller reellen Zahlen wird mit $\mathbb{R}$ bezeichnet, es gilt $\mathbb{N} \subset \mathbb{Z} \subset \mathbb{Q} \subset \mathbb{R}$.

1.13 Die Körperaxiome Reelle Zahlen x, y, z, etc. kann man wie rationale Zahlen unbeschränkt *addieren, subtrahieren, multiplizieren* und *dividieren* (außer durch 0); die Addition $+$ und die Multiplikation $\cdot$ genügen den nachfolgenden Rechenregeln, womit $\mathbb{R}$, ebenso wie $\mathbb{Q}$, ein *Körper* wird.

1. Addition und Multiplikation reeller Zahlen sind *assoziativ* und *kommutativ*, d. h. es gilt für alle $x, y, z \in \mathbb{R}$

$$x + (y + z) = (x + y) + z \quad \text{und} \quad x \cdot (y \cdot z) = (x \cdot y) \cdot z,$$
$$x + y = y + x \quad \text{und} \quad x \cdot y = y \cdot x.$$

2. Es gibt zwei ausgezeichnete Zahlen $0 \in \mathbb{R}$ und $1 \in \mathbb{R} \setminus \{0\}$, die *neutralen Elemente* bezüglich Addition und Multiplikation, mit den Eigenschaften

$$x + 0 = x \quad \text{und} \quad 1 \cdot x = x$$

   für alle $x \in \mathbb{R}$; es sind dies natürlich die ganzen Zahlen 0 und 1.

3. Weiter gibt es zu $x \in \mathbb{R}$ und $y \in \mathbb{R} \setminus \{0\}$ Zahlen $(-x)$ und y^{-1} mit

$$x + (-x) = 0 \quad \text{und} \quad y \cdot y^{-1} = 1;$$

   $(-x)$ und y^{-1} sind die (eindeutig bestimmten) *inversen Elemente* bezüglich Addition bzw. Multiplikation.

4. Schließlich sind Addition und Multiplikation durch das *Distributivgesetz*

---

[7] Nur zu diesen Zeiten sind sie Studierende, ansonsten Studenten (m/w/d).

[8] Man kann die reellen Zahlen tatsächlich aus den rationalen Zahlen heraus *konstruieren*. Diese Konstruktion ist aber zeitraubend und stiftet am Anfang des Studiums mehr Verwirrung, als sie Einsicht für die Analysis bringt; sie gehört vielmehr, wie die Lehre von den unendlichen Mengen in den Bereich der Grundlagen der Mathematik.

$$x \cdot (y + z) = x \cdot y + x \cdot z$$

miteinander verbunden.

Anstelle $x \cdot y$, $x + (-y)$ und xy^{-1} wird meist xy, immer $x - y$ und oft x/y oder $\frac{x}{y}$ geschrieben. Durchaus wichtige Grundlagenfragen wie die nach der *Unabhängigkeit* der Axiome (werden alle gebraucht oder kann man das eine oder andere Axiom aus den restlichen ableiten?) oder die nach der *Widerspruchsfreiheit* (kann man aus den Axiomen Widersprüchliches ableiten?), werden nicht diskutiert.

1.14 Das Anordnungsaxiom Der Vorstellung der reellen Zahlen als Punkte der Zahlengeraden entsprechend werden die reellen (wie die rationalen) Zahlen als **angeordnet** betrachtet; sie können dann bezüglich ihrer Größe verglichen werden. Es gibt eine Menge $P \subset \mathbb{R}$, die Menge der **positiven** Zahlen, die mit der Relation > *(größer)* in der Form $P = \{x \in \mathbb{R} : x > 0\}$ geschrieben wird; diese Relation hat die folgenden Eigenschaften:

- Für beliebiges $x \in \mathbb{R}$ gilt entweder $x = 0$ oder $x > 0$ oder $-x > 0$;
- Mit $x > 0$ und $y > 0$ sind auch $x + y > 0$ und $xy > 0$;

dabei ist jeweils das *ausschließende oder* gemeint. Statt $-x > 0$ wird $x < 0$ *(kleiner)* geschrieben; x heißt dann *negativ*. Damit sind beliebige $x, y \in \mathbb{R}$ miteinander vergleichbar, $\mathbb{R}$ ist ein **angeordneter Körper:** Es ist $x < y$ wenn $y - x > 0$ gilt; die Schreibweise $y > x$ bedeutet dasselbe. Die nachfolgend notierten Regeln werden im weiteren Verlauf fortwährend und meist stillschweigend verwendet, und daher ausführlich bewiesen.

Satz 1.1 (Regeln für den Umgang mit Ungleichungen) *Für reelle Zahlen* t, u, v, x, y, z *gelten*

a) $x < y$ *und* $y < z \Rightarrow x < z$;
b) $x < y \Rightarrow x + z < y + z$;
c) $x < y$ *und* $u < v \Rightarrow x + u < y + v$;
d) $x < y$ *und* $z > 0$ $[z < 0] \Rightarrow xz < yz$ $[xz > yz]$;
e) $x \neq 0 \Rightarrow x^2 = x \cdot x > 0$, *insbesondere* $1 = 1^2 > 0$;
f) $x < y$ *und* $0 < t < 1 \Rightarrow x < tx + (1 - t)y < y$, *insbesondere gilt dann*
$x < \frac{1}{2}(x + y) < y$;
g) $0 < x < y \Rightarrow 0 < 1/y < 1/x$.

Beweis ‖ a) folgt aus $z - x = (z - y) + (y - x) > 0$, b) aus $(z + y) - (z + x) = y - x > 0$ und c) aus $(y + v) - (x + u) = (y - x) + (v - u) > 0$. d) Für $z > 0$ $[z < 0]$ ist $zy - zx = z(y - x) > 0$ $[zx - zy = (-z)(y - x) > 0]$. e) Für $x > 0$ $[x < 0]$ ist $x^2 = x \cdot x > 0$ $[x^2 = (-x) \cdot (-x) > 0]$. f) Für $0 < t < 1$ ist aber auch $tx + (1 - t)y - x = (1 - t)(y - x) > 0$ und genauso $y - (tx + (1 - t)y) > 0$. g)

Aus $x > 0$ folgt $1/x > 0$, sonst wäre $-1/x > 0$ und so $-1 = x \cdot (-1/x) > 0$, was einen Widerspruch bedeutet. Somit folgt $1/x - 1/y = (y - x)/xy > 0$.   ☕

Im Folgenden wird $x \leq y$ (verstümmelt *kleiner gleich* gesprochen) oder, was dasselbe ist, $y \geq x$ *(größer gleich)* als Abkürzung für die Aussage [$x < y$ *oder* $x = y$] geschrieben. Dann gelten obige Regeln weiter, wenn man überall $<$ durch $\leq$ und $>$ durch $\geq$ ersetzt (außer bei g), wo $x > 0$ zwingend vorausgesetzt werden muss).

1.15 Absoluter Betrag und Dreiecksungleichung Für $x \in \mathbb{R}$ heißt $|x|$, definiert durch $|x| = x$ falls $x \geq 0$ und $|x| = -x$ sonst, *absoluter Betrag* oder einfach *Betrag* von x. Das *Vorzeichen* oder *Signum* von x ist erklärt durch $\text{sign}(x) = 1$ falls $x > 0$, $\text{sign}(x) = -1$ falls $x < 0$ und $\text{sign}(0) = 0$. Offensichtlich gelten $|x| > 0$ für $x \neq 0$, $|0| = 0$ und $|xy| = |x|\,|y|$ sowie $|x| = x \cdot \text{sign}(x)$, $x \leq |x|$, $-x \leq |x|$ und $|x| < \epsilon \Leftrightarrow -\epsilon < x < \epsilon$[9].

Satz 1.2 *Für $x, y \in \mathbb{R}$ gilt die* **Dreiecksungleichung**

$$|x + y| \leq |x| + |y|,$$

sowie die umgekehrte Dreiecksungleichung

$$\big||x| - |y|\big| \leq |x - y|;$$

beidesmal liegt Gleichheit genau für $xy \geq 0$ vor.

Beweis ‖ Es ist $x + y \leq |x| + |y|$ und $-(x + y) = (-x) + (-y) \leq |x| + |y|$, also auch $|x + y| \leq |x| + |y|$. Das Gleichheitszeichen kann nur stehen, wenn entweder $x + y = |x| + |y|$ oder $-(x + y) = |x| + |y|$ ist, also x und y dasselbe Vorzeichen haben (oder eine der Zahlen gleich 0 ist). Dann gilt auch wirklich Gleichheit. Aus $|y| = |x + (y - x)| \leq |x| + |y - x|$ folgt $|y| - |x| \leq |y - x|$, und aus Gründen der Symmetrie auch $|x| - |y| \leq |x - y| = |y - x|$, also $\big||x| - |y|\big| \leq |x - y|$. Die Diskussion des Gleichheitszeichen verbleibt als eine Übungsaufgabe.   ☕

Aufgabe 1.1 Es sei $x^+ = \max\{x, 0\}$ das Maximum von $x \in \mathbb{R}$ und 0 und $x^- = (-x)^+$. Man zeige $x = x^+ - x^-$ und $|x| = x^+ + x^-$.

---

[9] Der griechische Buchstabe ϵ (gesprochen *epsilon*) dominiert jede, nicht nur die einführende Analysisvorlesung. Dies ist die Gelegenheit, sich mit dem kleinen und großen griechischen Alphabet vertraut zu machen (alpha, beta, gamma, delta, epsilon, zeta, eta, theta, iota, kappa, lambda, mü, nü, xi, omikron, pi, rho, sigma, tau, upsilon, phi, chi, psi, omega):

$$\alpha, \beta, \gamma, \delta, \epsilon, \zeta, \eta, \theta \, [\vartheta], \iota, \kappa, \lambda, \mu, \nu, \xi, o, \pi \, [\varpi], \rho \, [\varrho], \sigma \, [\varsigma], \tau, \upsilon, \phi \, [\varphi], \chi, \psi, \omega$$

$$A, B, \Gamma, \Delta, E, Z, H, \Theta, I, K, \Lambda, M, N, \Xi, O, \Pi, P, \Sigma, T, \Upsilon, \Phi, X, \Psi, \Omega.$$

1.16 Intervalle Für $a < b$ heißt

$$[a, b] = \{x \in \mathbb{R} : a \le x \le b\} \quad \textit{abgeschlossenes Intervall,}$$
$$(a, b) = \{x \in \mathbb{R} : a < x < b\} \quad \textit{offenes Intervall,}$$
$$[a, b) = \{x \in \mathbb{R} : a \le x < b\} \quad \text{und}$$
$$(a, b] = \{x \in \mathbb{R} : a < x \le b\} \quad \text{jeweils } \textit{halboffenes Intervall}$$

mit den *Rand-* oder *Endpunkten* a und b. Jedes x mit $a < x < b$ wird *innerer Punkt* jedes dieser Intervalle I genannt. Das *Innere* von I ist $I° = (a, b)$, der *Abschluss* ist $\overline{I} = [a, b]$. Das Intervall $[a, b]$ heißt auch *kompakt*. Um allen Eventualitäten zu begegnen setzt man noch $[a, a] = \{a\}$.

Beispiel 1.1 Für welche reellen x gilt $|x - 2| < |x + 4|$? Für $x \ge 2$ lautet die Ungleichung $x - 2 < x + 4$, sie ist also erfüllt. Für $-4 \le x < 2$ lautet sie $2 - x < x + 4$, sie ist erfüllt für $-1 < x < 2$, aber nicht für $-4 \le x \le -1$. Für $x < -4$ schließlich ist die Ungleichung $-x + 2 < -x - 4$ ebenfalls nicht erfüllt, es gilt also $\{x \in \mathbb{R} : |x - 2| < |x + 4|\} = \{x : x > -1\}$, wofür bald $(-1, \infty)$ geschrieben wird.

Aufgabe 1.2 Man bestimme in ähnlicher Weise die Menge der $x \in \mathbb{R}$ mit
(i) $|x - 1| < |x|$, (ii) $\big||x| - 1\big| < x$, (iii) $\left|\dfrac{x + 1}{x - 1}\right| < \dfrac{x + 3}{x + 4}$.

Aufgabe 1.3 Man beweise $\dfrac{\big||x| - |y|\big|}{1 - |xy|} \le \dfrac{|x - y|}{1 - xy} \le \dfrac{|x| + |y|}{1 + |xy|}$ für $|x|, |y| < 1$. (Dies ist kein Fall für die Dreiecksungleichung!)

Aufgabe 1.4 Man zeige ebenso $\dfrac{s}{1 + s} < \dfrac{t}{1 + t}$ für $0 \le s < t$ und damit

$$\frac{|x - y|}{1 + |x - y|} \le \frac{|x|}{1 + |x|} + \frac{|y|}{1 + |y|} \quad (x, y \in \mathbb{R}).$$

1.3 Das Vollständigkeitsaxiom

Die bisher angeführten Eigenschaften teilt $\mathbb{R}$ mit $\mathbb{Q}$. Im Unterschied zu $\mathbb{Q}$ ist aber $\mathbb{R}$ *vollständig* (anschaulich: Die reellen Zahlen füllen die Zahlengerade aus). Es ist diese Eigenschaft, welche es erst erlaubt, Analysis zu betreiben.

1.17 Das Vollständigkeits- oder Supremumsaxiom Eine nichtleere Menge $M \subset \mathbb{R}$ heißt *nach oben [unten] beschränkt*, wenn es $K \in \mathbb{R}$ gibt mit $x \le K$ $[x \ge K]$ für alle $x \in M$; die Zahl K ist dann eine *obere [untere] Schranke* für M. Die Menge M heißt *beschränkt*, wenn beides gilt, d. h. wenn $K > 0$ existiert mit $|x| \le K$ für alle $x \in M$. Das *Vollständigkeitsaxiom* besagt, dass jede nichtleere und nach oben beschränkte Menge $M \subset \mathbb{R}$ eine *kleinste obere Schranke* besitzt; man schreibt dafür $\sup M$ und nennt diese Zahl das *Supremum* von M. Es gilt also $x \le \sup M$ für alle $x \in M$, dagegen gibt es zu jedem $t < \sup M$ ein $x \in M$ mit $x > t$. Ist $\sup M = s \in M$ so heißt s *Maximum* von M, $s = \max M$.

Bemerkung 1.1 $\mathbb{Q}$ ist *nicht* vollständig, dies ist der entscheidende Unterschied zu $\mathbb{R}$. Es gibt beschränkte Teilmengen von $\mathbb{Q}$ *ohne* Supremum in $\mathbb{Q}$, z. B. $M = \{x \in \mathbb{Q} : x > 0, \ x^2 < 2\}$, man vgl. dazu Abschn. 1.5.

Beispiel 1.2 Es ist $\sup I = b$ für jedes der oben definierten Intervalle I. Nach Definition ist b eine obere Schranke, aber $\xi < b$ nicht, da $\xi < (b + \xi)/2 < b$, also $(b + \xi)/2 \in I$ (wenn man stillschweigend von $\xi \geq a$ ausgeht; $\xi < a$ ist sicherlich keine obere Schranke). Offensichtlich ist b das Maximum von $(a, b]$ und $[a, b]$, wohingegen $[a, b)$ und (a, b) kein Maximum besitzen.

Die Existenz der *größten unteren Schranke*, genannt *Infimum* von M und geschrieben $\inf M$, muss nicht mehr eigens gefordert werden, sie folgt aus der Supremumeigenschaft. Ist $\inf M \in M$, so spricht man vom Minimum $\min M = \inf M$.

Aufgabe 1.5 Es sei $M \subset \mathbb{R}$ eine nach unten beschränkte Menge und $-M = \{-x : x \in M\}$ (M am Ursprung gespiegelt). Man zeige $\inf M = -\sup(-M)$.

Beispiel 1.3 Die Menge $M = \left\{ \dfrac{1}{2 + t} : t > 1 \right\}$ hat 1 als obere und 0 als untere Schranke; 0 ist auch die größte untere Schranke, dagegen ist $\sup M = 1/3$. Denn für $t > 0$ ist $\dfrac{1}{2 + t} < 1/3$ *äquivalent* mit $3 < t + 2$, also $t > 1$; somit ist $\sup M = 1/3$.

Beispiel 1.4 Die Menge $M = \{x^2 + 1/x^2 : x \in \mathbb{R}\}$ enthält beliebig große Zahlen, ist also nicht nach oben beschränkt. Eine untere Schranke ist 0, also existiert $t = \inf M$. Aus $x^2 + 1/x^2 = (x - 1/x)^2 + 2 \geq 2$ folgt $t \geq 2 = 1^2 + 1/1^2$, also $\inf M = \min M = 2$.

In den meisten Überlegungen kann man das Supremum/Infimum als Ersatz für das möglicherweise nicht vorhandene Maximum/Minimum ansehen, anders gesagt, mit Maximum/Minimum heuristische, d. h. auf vorläufigen Annahmen beruhende Überlegungen anstellen. Es folgen einige einfache Regeln.

Satz 1.3 *Sind M, $N \subset \mathbb{R}$ in der erforderlichen Weise beschränkt, so gelten*

a) $\inf M \leq \sup M$;
b) $M \subset N \Rightarrow \sup M \leq \sup N$;
c) $\sup(M \cup N) = \max\{\sup M, \sup N\}$;
d) $\sup(M + N) = \sup M + \sup N$, *wobei* $N + M = \{x + y : x \in M, y \in N\}$.

Beweis ‖ a) ist trivial. Aus $M \subset N$ folgt, dass $\sup N$ *eine* obere Schranke für M, also $\sup M \leq \sup N$ ist; dies beweist b). Ist $m = \sup M$ und $n = \sup N$, so gilt $x \leq \max\{m, n\}$ für alle $x \in M \cup N$, also auch $\sup(M \cup N) \leq \max\{m, n\}$. Umgekehrt gibt es zu $\epsilon > 0$ ein $x \in M$ und ein $y \in N$ mit $x > m - \epsilon$ und $y > n - \epsilon$. Dann ist auch $z = \max\{x, y\} \in M \cup N$ und $z > \max\{m, n\} - \epsilon$. Zusammen folgt die Behauptung c). Der Beweis der letzten Behauptung wird als Aufgabe gestellt; es ist nützlich, sich zunächst M und N als Intervalle vorzustellen.   ☕

Entsprechende Regeln gelten für das Infimum; es ist eine gute Übung, sie zu formulieren und zu beweisen.

Aufgabe 1.6 Für nach oben beschränkte Mengen M, N ist zu zeigen:

$$\sup(M + N) = \sup M + \sup N.$$

Aufgabe 1.7 Für beschränkte nichtleere Mengen M, $N \subset [0, \infty)$ ist

$$\sup(MN) = \sup M \sup N \quad \text{und} \quad \inf(MN) = \inf M \inf N$$

zu beweisen; dabei ist $MN = \{xy : x \in M, \, y \in N\}$.

Aufgabe 1.8 (fortgesetzt) Was ergibt sich, wenn M und N beliebige beschränkte Mengen sein (positive und negative Zahlen enthalten) dürfen? (**Hinweis.** Es ist zweckmäßig, mit $M = [m_1, m_2]$ und $N = [n_1, n_2]$ zu beginnen.)

Aufgabe 1.9 Es seien A_n ($n \in \mathbb{N}$) nach oben beschränkte Mengen, $A = \bigcup_{n \in \mathbb{N}} A_n$, $s_n = \sup A_n$ und $S = \{s_n : n \in \mathbb{N}\}$. Man zeige $\sup A = \sup S$, sofern A oder S nach oben beschränkt ist.

Aufgabe 1.10 Man bestimme Supremum und Infimum von $\left\{ \dfrac{x - y}{x + y} : 0 < x < y \right\}$. Hat diese Menge ein Minimum oder Maximum?

Aufgabe 1.11 Man beweise für beliebige $a, b, c, d > 0$ die Ungleichung

$$\frac{a + b}{c + d} \le \max \left\{ \frac{a}{c}, \frac{b}{d} \right\}.$$

(**Hinweis.** Man kann $\dfrac{a}{c} \ge \dfrac{b}{d}$ annehmen.) Gilt auch $\dfrac{a + b}{c + d} \le \max \left\{ \dfrac{a}{d}, \dfrac{b}{c} \right\}$?

1.18 Die Archimedische Eigenschaft besagt, dass $\mathbb{N}$ *nicht* nach oben beschränkt

ist; dazu äquivalent ist $\inf\{1/n : n \in \mathbb{N}\} = 0$. Denn wird $\mathbb{N}$ als nach oben beschränkt angenommen, so existiert $s = \sup \mathbb{N}$ und $s - 1$ ist keine obere Schranke. Dies bedeutet aber die Existenz von $n \in \mathbb{N}$ mit $n > s - 1$, also $n + 1 > s$ im Widerspruch zur Definition von $s = \sup \mathbb{N}$.

Archimedes von Syrakus (285?–212 v. Chr.) war der bedeutendste Mathematiker und Physiker der Antike. Seine *Exhaustionsmethode* zur Berechnung von Flächen- und Rauminhalten kommt dem modernen Integralbegriff nahe; er bestimmte damit Kreisfläche und -umfang und viele andere Kurvenlängen, Flächen und Volumina. Von ihm stammen die Hebelgesetze, die archimedische Schraube, der Brennspiegel, der Flaschenzug und diverse Kriegsmaschinen, mit denen er die Römer lange an der Eroberung von Syrakus im zweiten punischen Krieg hinderte. Bei der schließlichen Einnahme von Syrakus wurde er von einem römischen Soldaten getötet.

Bemerkung 1.2 Die Archimedische Eigenschaft hat nichts mit der Vollständigkeit von $\mathbb{R}$ zu tun – schließlich benötigt $\mathbb{N}$ nicht die Existenz von $\mathbb{R}$! Vielmehr ist sie gleichbedeutend damit, dass jede nichtleere Menge $M \subset \mathbb{N}$ ein Minimum besitzt. Da aber $\mathbb{N}$ als bekannt vorausgesetzt und gar keine präzise Definition dafür gegeben wurde, können auch einfachste Eigenschaften von $\mathbb{N}$ gar nicht, oder nur sehr umständlich über Eigenschaften von $\mathbb{R}$ bewiesen werden. Tatsächlich werden folgende Eigenschaften der natürlichen Zahlen benutzt:

- 1 ist die kleinste natürliche Zahl;
- mit n ist auch $n + 1$ eine natürliche Zahl;
- zwischen n und $n + 1$ gibt es keine weitere.

Abb. 1.1 Projektion der
Kreislinie $x^2 + (y - 1)^2 = 1$
von $N = (0|2)$ auf die
x-Achse

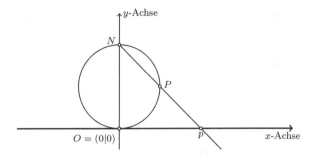

Die folgende Definition ist ein weiteres Beispiel für dieses Vorgehen: Für $x \in \mathbb{R}$
heißt $[x] = \max\{n \in \mathbb{Z} : n \le x\}$ **größtes Ganzes** von x oder **größte ganze Zahl** $\le x$.
Es ist $[x] \le x < [x] + 1$ und $[x] = \min\{n \in \mathbb{Z} : x < n + 1\}$.

1.19 Erweiterung von $\mathbb{R}$ Der Körper $\mathbb{R}$ wird durch zwei *verschiedene* Objekte ∞
(***unendlich***, manchmal $+\infty$) und $-\infty$ ergänzt, die irgendetwas, nur keine Zahlen
sind[10]. Die arithmetischen Operationen $+$ und $\cdot$ sowie die Relation $<$ lassen sich in
einigen, aber nicht allen Fällen auf $\widehat{\mathbb{R}} = \mathbb{R} \cup \{\infty, -\infty\}$ ausdehnen, ohne auf Widersprüche zu stoßen; so z. B. ($x \in \mathbb{R}$)

$$-\infty < x < \infty; \quad x \pm \infty = \pm\infty; \quad \frac{x}{\pm\infty} = 0;$$
$$x \cdot (\pm\infty) = \pm\infty \text{ falls } x > 0; \quad x \cdot (\pm\infty) = \mp\infty \text{ falls } x < 0;$$
$$\frac{x}{0} = \infty \text{ falls } x > 0; \quad \frac{x}{0} = -\infty \text{ falls } x < 0.$$

Nicht sinnvoll und nicht definiert sind und bleiben weiterhin $\infty - \infty$, $\pm\infty \cdot 0$, $\dfrac{\infty}{\infty}$
und $\dfrac{0}{0}$. Unter Einbeziehung von $\pm\infty$ werden *neue Intervalle* gebildet:

$$(-\infty, b), \ (-\infty, b], \ (a, \infty), \ [a, \infty) \text{ und } (-\infty, \infty) \quad (a, b \in \mathbb{R}).$$

Auch die Begriffe *Supremum* und *Infimum* werden ausgedehnt: Ist $M \subset \mathbb{R}$ nach *oben*
bzw. *unten unbeschränkt* so setzt man $\sup M = \infty$ bzw. $\inf M = -\infty$.

Bemerkung 1.3 Geometrisch kann man sich die Erweiterung so vorstellen (vgl. Abb. 1.1): Auf
eine Gerade G, welche die reellen Zahlen repräsentiert, wird ein Kreis K gelegt, der die Gerade in
Punkt O berührt; rechts von O liegen die positiven und links davon die negativen Zahlen. Durch
den obersten Punkt N der Kreislinie und einen beliebigen Punkt $P \ne N$ auf dem Kreis wird eine
Gerade gelegt; sie schneidet G im Punkt p, der zugleich eine reelle Zahl darstellt. Wenn P sich auf
K dem Punkt N von rechts bzw. links annähert, rückt p immer weiter nach rechts bzw. links auf
der Geraden G, eben gegen $+\infty$ bzw. $-\infty$.

---

[10] Und die überhaupt nichts Geheimnisvolles haben; in der Mathematik benutzt man die Begriffe
der Umgangssprache, verleiht ihnen aber im Gegensatz dazu eine wohldefinierte Bedeutung, die
nicht mit der umgangssprachlichen Bedeutung oder Vorstellung übereinstimmen muss.

1.4 Vollständige Induktion

1.20 Das Induktionsprinzip ist ein einfaches und zugleich schlagkräftiges Beweisprinzip in der Mathematik, nicht nur in der Analysis. Es kann folgendermaßen formuliert werden.

Satz 1.4 (Induktionsprinzip) *Sind $A(1), A(2), \ldots$ logische, d. h. in der Sprache der Logik formulierte Aussagen, und sind die nachfolgenden Voraussetzungen*

- $A(1)$ *ist wahr* (Induktionsverankerung oder -voraussetzung) *und*
- *Aus $A(n)$ folgt $A(n + 1)$* (Induktionsschluss oder -schritt $n \to n + 1$)

erfüllt, so sind alle Aussagen $A(n)$, $n \in \mathbb{N}$, wahr.

Beweis ‖ In dem hier gewählten informellen Zugang zu $\mathbb{N}$ kann das Induktionsprinzip folgendermaßen indirekt *bewiesen* werden: Man betrachtet die Menge

$$M = \{n \in \mathbb{N} : A(n) \text{ ist falsch}\}.$$

Ist $M \neq \emptyset$, so besitzt M ein kleinstes Element $m + 1$, d. h. $A(m + 1)$ ist falsch. Es ist $m \geq 1$ wegen der Induktionsvoraussetzung, und $A(m)$ wahr nach Definition von m, also auch $A(m + 1)$ nach dem Induktionsschluss; dies ist aber ein Widerspruch zur Annahme.   ☕

Bemerkung 1.4 Das Induktionsprinzip wird verschiedentlich variiert:

- Der Induktionsanfang kann bei $p \in \mathbb{Z}$ anstatt bei 1 sein.
- Es kann vorkommen, dass nur endlich viele Aussagen $A(1), \ldots, A(m)$ vorliegen. Formal kann man dann $A(n) = A(m)$ für $n > m$ setzen.
- Der Induktionsschluss kann zu $(A(j))_{1 \leq j \leq n} \Rightarrow (A(j))_{1 \leq j \leq n+1}$ abgeändert werden, was bedeutet, dass alle Aussagen $A(j)$, $1 \leq j \leq n$, zum Beweis von $A(n + 1)$ herangezogen werden können; anstelle $A(n)$ wird demnach die Aussage $(A(j))_{1 \leq j \leq n}$ betrachtet.

Aufgabe 1.12 Es gibt ein $n_0 \in \mathbb{N}$, so dass $n^5 < 5^n$ für alle $n > n_0$ gilt, aber nicht für $n = n_0$. Während des *Induktionsschritts* ist der *Induktionsanfang* $n_0 + 1$, d. h. die Zahl n_0 zu bestimmen.

1.21 Summe und Produkt Sind m, n $(m \leq n)$ ganze und a_k $(m \leq k \leq n)$ reelle Zahlen, so wird die **Summe** $\sum\limits_{k=m}^{n} a_k$ induktiv folgendermaßen definiert: $\sum\limits_{k=m}^{m} a_k = a_m$ und $\sum\limits_{k=m}^{n} a_k = \left(\sum\limits_{k=m}^{n-1} a_k \right) + a_n$; man schreibt dafür auch $\sum\limits_{k=m}^{n} a_k = a_m + \cdots + a_n$. Genauso wird das **Produkt** $\prod\limits_{k=m}^{n} a_k$ dieser Zahlen durch $\prod\limits_{k=m}^{m} a_k = a_m$ und $\prod\limits_{k=m}^{n} a_k = \left(\prod\limits_{k=m}^{n-1} a_k \right) \cdot a_n$ definiert, und analog wird hier $\prod\limits_{k=m}^{n} a_k = a_m \cdots a_n$ geschrieben. Um allen Eventualitäten gerecht zu werden, wird für $m > n$ noch $\sum\limits_{k=m}^{n} a_k = 0$ (leere Summe) und $\prod\limits_{k=m}^{n} a_k = 1$ (leeres Produkt) gesetzt.

Der Buchstabe k in der Summe bzw. dem Produkt wird *Index* (Summationsindex, Laufindex) genannt, er darf beliebig umbenannt werden, Kollisionen mit bereits benutzten Buchstaben sind allerdings zu vermeiden.

Aufgabe 1.13 Zur Einübung der Schreibweise und des Induktionsprinzips ist die folgende Verallgemeinerung der Dreiecksungleichung zu beweisen: *Für* $a_1, \ldots, a_n \in \mathbb{R}$ *gilt* $\left| \sum\limits_{k=1}^{n} a_k \right| \leq \sum\limits_{k=1}^{n} |a_k|$; *das Gleichheitszeichen steht genau dann, wenn alle* $a_k \geq 0$ *oder alle* $a_k \leq 0$ *sind.*

Beispiel 1.5 Die Summe $\sum\limits_{k=1}^{n} k = s_n^{[1]}$ soll explizit berechnet werden. Schreibt man $k = n + 1 - j$, so durchläuft j ebenfalls die Zahlen $1, \ldots, n$, allerdings in umgekehrter Reihenfolge. Es folgt

$$s_n^{[1]} = \sum_{j=1}^{n} (n + 1 - j) = n(n + 1) - \sum_{j=1}^{n} j = n(n + 1) - s_n^{[1]},$$

also $s_n^{[1]} = \frac{1}{2} n(n + 1)$. Der Übergang von k zu $j = n + 1 - k$ ist eine von vielen möglichen *Indextransformationen*. Man kann den Beweis auch mit Induktion führen, muss aber dazu schon die Behauptung kennen oder vermuten – das ist der entscheidende Nachteil des Induktionsprinzips!

Der Umgang mit Summen, Produkten und Indextransformationen ist gewöhnungsbedürftig und muss geübt werden in Form von einfachen Aufgaben.

Aufgabe 1.14 Man zeige $\sum\limits_{j=2}^{n} (j^4 - (j - 2)^4) = 2n^4 - 4n^3 + 6n^2 - 4n$.

Aufgabe 1.15 Man bestimme explizit die Summenwerte $\sum\limits_{k=1}^{n} \sum\limits_{j=1}^{k} (k + j)^2$, $\sum\limits_{k=1}^{n} \sum\limits_{j=1}^{k} (k - j)$ und $\sum\limits_{j=1}^{n} \sum\limits_{k=j}^{n} (k - j)$. (**Hinweis.** $\sum\limits_{\nu=1}^{n} \nu^2 = \frac{1}{6} n(n + 1)(2n + 1)$.)

Aufgabe 1.16 Man beweise die *Lagrange-Identität*

$$\frac{1}{2} \sum_{j=1}^{n} \sum_{k=1}^{n} (a_j b_k - a_k b_j)^2 = \sum_{j=1}^{n} a_j^2 \sum_{j=1}^{n} b_j^2 - \left(\sum_{j=1}^{n} a_j b_j \right)^2,$$

und so die *Cauchy-Schwarzsche Ungleichung*

$$\left(\sum_{j=1}^{n} a_j b_j \right)^2 \leq \sum_{j=1}^{n} a_j^2 \sum_{j=1}^{n} b_j^2.$$

Wann genau gilt hier Gleichheit?

Joseph Louis de **Lagrange** (1736–1813, Turin, Berlin, Paris) war nach Euler der überragende Mathematiker des 18ten Jahrhunderts. Bereits mit 19 Jahren Professor in Turin, trat er in der Nachfolge Eulers auf fast allen Gebieten der Mathematik (Variationsrechnung, Differentialgleichungen, analytische Funktionen, Zahlentheorie, algebraische Funktionen, Wahrscheinlichkeitsrechnung) und der Physik und Astronomie (schwingende Saite, Hydrodynamik, Stabilität des Planetensystems) mit bahnbrechenden Arbeiten hervor. Lagrange berechnete die Bahnparameter von Saturn, Jupiter und dessen Hauptmonden, und löste im Spezialfall das *Dreikörperproblem*, wodurch die Planetoidengruppe der *Trojaner* erklärt werden konnte.

Augustin Louis **Cauchy** (1789–1857, Paris, Turin) war mit etwa 800 Abhandlungen nach Euler produktivster Mathematiker überhaupt, und Urheber der ersten Periode der Strenge in der Mathematik. Er schrieb einflussreiche Bücher über Analysis und mathematische Physik, in denen er die Differential- und Integralrechnung auf die feste Grundlage präzis definierter Begriffe wie *Funktion, Grenzwert, Stetigkeit, Integral, Vollständigkeit* von $\mathbb{R}$ (Cauchykriterium) stellte. Cauchy war vor Riemann und Weierstraß einer der Begründer der Funktionentheorie, die er auf den *Cauchyschen Integralsatz* (unabhängig von Weierstraß gefunden und Gauß seit 1811 bekannt) und die *Cauchy-Riemannschen Differentialgleichungen* aufbaute. Er schrieb bedeutende Arbeiten über gewöhnliche Differentialgleichungen (Existenzsatz von Cauchy), und man verdankt ihm den systematischen Aufbau der Gruppentheorie.

Hermann Amandus **Schwarz** (1843–1921, Berlin) war Schüler von Weierstraß und arbeitete hauptsächlich in der Funktionentheorie und der Theorie der konformen Abbildungen. Mit seinem Namen verbunden bleiben neben der Cauchy-Schwarzschen Ungleichung (in der russischen Literatur nicht zu Unrecht auch nach Viktor **Bunjakowski** (1804–1889) benannt), die Formel von Schwarz-Christoffel, die Schwarzschen Dreiecksfunktionen, das Schwarzsche alternierende Verfahren zur Lösung des Dirichletproblems, und insbesondere das *Schwarzsche Lemma* in der Funktionentheorie.

1.22 Potenzen Die n-te *Potenz* ($n \in \mathbb{N}$) von $a \in \mathbb{R}$ ist $a^n = a \cdot a \cdots a$ (n-mal), präziser $a^n = \prod\limits_{k=1}^{n} a$, und $a^0 = 1$ im Einklang mit der Definition des leeren Produktes. Für $a \neq 0$ und $-n \in \mathbb{N}$ wird noch $a^n = 1/a^{-n}$ definiert. Der Beweis der bekannten *Potenzregeln für ganzzahlige Exponenten* wird als Übungsaufgabe gestellt.

Aufgabe 1.17 Für $m, n \in \mathbb{Z}$ und $a, b \in \mathbb{R}$, $ab \neq 0$ ist zu zeigen:

$$a^m a^n = a^{m+n}, \quad a^n b^n = (ab)^n \quad \text{und} \quad (a^m)^n = a^{mn}.$$

(**Hinweis.** Zuerst $m \in \mathbb{Z}$, $n \in \mathbb{N}$, Induktion nach n.)

Aufgabe 1.18 Es ist umzurechnen: 1 mm entspricht 10^n m, 1 km^2 entspricht 10^k cm^2, und 1 km^3 entspricht 10^ℓ l.

1.23 Fakultät und Binomialkoeffizienten Man setzt

$$n! = \prod_{k=1}^{n} k = 1 \cdot 2 \cdots n$$

[gesprochen *n-Fakultät*] für $n \in \mathbb{N}$, und $0! = 1$ wieder im Einklang mit der Definition des leeren Produktes. Die *Binomialkoeffizienten* $\binom{n}{k}$ [gesprochen **n über k**] sind für $0 \leq k \leq n$, $k, n \in \mathbb{N}_0$ durch

$$\binom{n}{k} = \frac{n!}{k!(n-k)!}$$

definiert. Allgemeiner setzt man, in Übereinstimmung damit,

$$\binom{\alpha}{k} = \frac{\alpha(\alpha - 1) \cdots (\alpha - k + 1)}{k!} \quad (\alpha \in \mathbb{R},\ k \in \mathbb{N}_0).$$

Hilfssatz — *Für $\alpha \in \mathbb{R}$, $k \in \mathbb{N}$ gilt* $\binom{\alpha}{k} + \binom{\alpha}{k-1} = \binom{\alpha + 1}{k}$.

Beweis $\parallel$ Es ist $\binom{\alpha}{k} + \binom{\alpha}{k-1} =$

$$\frac{\alpha(\alpha - 1) \cdots (\alpha - k + 1)}{k!} + \frac{\alpha(\alpha - 1) \cdots (\alpha - k + 2)}{(k - 1)!} =$$

$$\frac{\alpha(\alpha - 1) \cdots (\alpha - k + 2)}{k!}(\alpha - k + 1 + k) =$$

$$\frac{(\alpha + 1)((\alpha + 1) - 1)((\alpha + 1) - 2) \cdots ((\alpha + 1) - k + 1)}{k!} = \binom{\alpha + 1}{k}. \qquad \text{☕}$$

Aufgabe 1.19 Für $n \in \mathbb{N}_0$ und $0 \le k \le n$ werden Zahlen $C_{k,n}$ folgendermaßen definiert: $C_{0,0} = C_{0,n} = 1$ und $C_{k,n+1} = C_{k,n} + C_{k-1,n}$ $(1 \le k \le n)$. Man zeige $C_{k,n} = \binom{n}{k}$.

Aufgabe 1.20 Man beweise (i) $\sum_{k=1}^{p} \binom{n+k}{k} = \binom{n+p+1}{p}$ für $p, n \in \mathbb{N}$;

(ii) $\sum_{k=1}^{n} k^3 = \left(\sum_{k=1}^{n} k\right)^2$; (iii) $\sum_{k=n+1}^{2n} \frac{1}{k} = \sum_{k=1}^{2n} \frac{(-1)^{k+1}}{k}$. (**Hinweis.** Positive und negative Summanden in (iii) sind zu trennen.)

1.24 Das Pascalsche Dreieck und der binomische Satz Die soeben bewiesene Beziehung führt zu dem (vielleicht) aus der Schule bekannten *Pascalschen Dreieck* (hier ein Ausschnitt)

$$
\begin{array}{ccccccccccccc}
 & & & & & & 1 & & & & & & \\
 & & & & & 1 & & 1 & & & & & \\
 & & & & 1 & & 2 & & 1 & & & & \\
 & & & 1 & & 3 & & 3 & & 1 & & & \\
 & & 1 & & 4 & & 6 & & 4 & & 1 & & \\
 & 1 & & 5 & & 10 & & 10 & & 5 & & 1 & \\
1 & & 6 & & 15 & & 20 & & 15 & & 6 & & 1 \\
\end{array}
$$

und zu der Aussage $\binom{n}{k} \in \mathbb{N}$; es dient als Vorbereitung zum Beweis des binomischen Satzes, der für $n = 2$ einfach $(x + y)^2 = x^2 + 2xy + y^2$ lautet und in der Schule 1. binomische Formel genannt und als $(x - y)^2 = x^2 - 2xy + y^2$ noch einmal als 2. binomische Formel aufgeführt wird.

Blaise **Pascal** (1623–1662) arbeitete bereits mit 16 Jahren über Kegelschnitte und war zusammen mit Fermat einer der Begründer der Wahrscheinlichkeitsrechnung. Er konstruierte eine Rechenmaschine mit Zehnerübertrag und erkannte das Barometer als Instrument zur Höhenbestimmung. Das *Pascalsche Dreieck* hat er wiederentdeckt, es taucht bereits um 1300 in chinesischen, indischen und arabischen mathematischen Schriften auf. Sein anderes Dreieck, das *charakteristische Dreieck* am Kreis, führte Leibniz nach dessen eigenem Bekunden zum Begriff der *Tangentensteigung* und so zur Differentialrechnung.

Satz 1.5 (binomischer Satz) *Für $x, y \in \mathbb{R}$ und $n \in \mathbb{N}_0$ gilt*

$$(x + y)^n = \sum_{k=0}^{n} \binom{n}{k} x^k y^{n-k}.$$

Beweis ‖ Die Behauptung ist für $n = 0, 1$ wertlos, und richtig für $n \leq 2$. Zum Induktionsbeweis wird

$$(x + y)^{n+1} = (x + y) \sum_{k=0}^{n} \binom{n}{k} x^k y^{n-k}$$

geschrieben und die rechte Seite getrennt ausgewertet:

$$x \sum_{k=0}^{n} \binom{n}{k} x^k y^{n-k} = \sum_{k=0}^{n} \binom{n}{k} x^{k+1} y^{n-k}$$
$$= \sum_{j=1}^{n} \binom{n}{j-1} x^j y^{n+1-j} + \binom{n}{n} x^{n+1} y^0$$

(Indexverschiebung $k + 1 = j$, Separierung des letzten Summanden), ebenso

$$y \sum_{k=0}^{n} \binom{n}{k} x^k y^{n-k} = \binom{n}{0} x^0 y^{n+1} + \sum_{k=1}^{n} \binom{n}{k} x^k y^{n+1-k}.$$

Addition beider Ergebnisse (und Umbenennung des Index j in k) ergibt die Behauptung für $n + 1$ anstelle n :

$$(x + y)^{n+1} = y^{n+1} + \sum_{k=1}^{n} \left[\binom{n}{k-1} + \binom{n}{k} \right] x^k y^{n+1-k} + x^{n+1}$$

$$= \sum_{k=0}^{n+1} \binom{n+1}{k} x^k y^{n+1-k}.$$

☕

Beispiel 1.6 Nachdem oben $\sum_{k=1}^{n} k = \frac{1}{2}n(n+1)$ berechnet wurde, soll jetzt die Summe $s_n^{[2]} =$ $\sum_{k=1}^{n} k^2$ der ersten n Quadrate berechnet werden. Vollständige Induktion nützt hier nichts, denn damit kann man zwar Behauptungen *verifizieren*, auf die man irgendwie gestoßen ist, aber i.A. nicht Behauptungen *aufspüren*, um sie dann zu beweisen[11]. Die Identität $(k+1)^3 - k^3 = 3k^2 + 3k + 1$ wird für $k = 1, 2, \ldots, n$ summiert. Links hebt sich fast alles weg, das Ergebnis ist $\sum_{k=1}^{n} ((k+1)^3 - k^3) = (n+1)^3 - 1 = n^3 + 3n^2 + 3n$, während auf der rechten Seite gerade $3s_n^{[2]} + 3s_n^{[1]} + n = 3s_n^{[2]} + \frac{3}{2}n(n+1) + n$ sich ergibt. Auflösung nach $s_n^{[2]}$ und Ordnen des Ergebnisses liefert

$$\sum_{k=1}^{n} k^2 = \frac{1}{6}n(n+1)(2n+1).$$

Eine Verifikation mit Induktion erübrigt sich, kann aber auch nicht schaden.

Aufgabe 1.21 Nach diesem Muster sind die Summen $s_n^{[3]} = \sum_{k=1}^{n} k^3$, $s_n^{[4]} = \sum_{k=1}^{n} k^4$ usw. explizit zu berechnen.

1.25 Die Bernoullische Ungleichung erweist sich als wenigstens ebenso nützlich wie die binomische Formel.

Satz 1.6 (Bernoullische Ungleichung) *Für $n \in \mathbb{N}$, $n \geq 2$, und $x \geq -1$, aber $x \neq 0$ gilt*

$$(1+x)^n > 1 + nx.$$

Dagegen herrscht trivialerweise Gleichheit für $x = 0$ und alle n sowie für $n = 1$ und alle x.

Beweis ‖ Für $x > 0$ folgt die Behauptung aus dem binomischen Satz mit $y = 1$ durch Weglassen der positiven Terme $\binom{n}{k}x^k$, $k \geq 2$. Für $-1 < x < 0$ erhält man, ausgehend von $(1+x)^n \geq 1 + nx$, was ja für $n = 1$ richtig ist,

$$(1+x)^{n+1} = (1+x)(1+x)^n \geq (1+x)(1+nx)$$
$$= 1 + (n+1)x + nx^2 > 1 + (n+1)x;$$

verwendet wurde $1 + x > 0$ und $nx^2 > 0$.   ☕

Der schweizerischen Familie **Bernoulli** niederländischer Herkunft entstammt eine Reihe von bedeutenden Mathematikern. Die *Bernoullische Ungleichung* geht allerdings auf keinen der Bernoullis, sondern auf Isaac Barrow, den Lehrer Newtons, zurück. Der erste in der Reihe, Jakob **Bernoulli** (1654–1705, Basel), hat sehr früh die Ideen von Leibniz aufgenommen und

---

[11] Dies aber ist nicht der unwichtigste der kreativen Anteile an der Mathematik, richtige bzw. beweisbare Aussagen aufzufinden; dieser Schritt erfordert viel Erfahrung und Intuition. Womit keineswegs gesagt wird, dass das Auffinden von Beweisen etwa nicht kreativ wäre. Dafür braucht man, wie auch bei der Bearbeitung von Übungsaufgaben, aber mehr, z.B. Konzentrationsfähigkeit und Ausdauer.

weiterentwickelt, der von ihm den Begriff *Integral* übernommen hat. Er untersuchte mit den Leibnizschen Methoden spezielle Kurven, löste das Problem der *Isochrone* und *Brachisto-chrone*, und arbeitete über unendliche Reihen und Differentialgleichungen. Auch hat er die vorhandenen Ansätze zur Wahrscheinlichkeitsrechnung wesentlich weiterentwickelt (Gesetz der großen Zahl, Bernoullische Zahlen). Sein Bruder und Schüler Johann **Bernoulli** (1667–1748, Groningen, Basel) wird als bedeutendster Mathematiker seiner Epoche angesehen. Er arbeitete ebenfalls über Differentialgleichungen (Bernoullische Differentialgleichung) und unendliche Reihen, seine Lösung des Problems der Brachistochrone (unabhängig von Jakob) führte zu den Anfängen der Variationsrechnung. In der Physik war er einer der Wegbereiter der Hydrodynamik. Die oft im bitterernsten Wettstreit entstandenen Arbeiten der Brüder Bernoulli haben wesentlich zur Verbreitung und Akzeptanz der Leibnizschen Ideen auf dem Kontinent beigetragen. Daniel **Bernoulli** (1700–1782, Groningen, St. Petersburg, Basel), Sohn von Johann, gilt als Begründer der Hydrodynamik. In der Mathematik hat er wichtige Beiträge zur Statistik, Wahrscheinlichkeitsrechnung, zur Reihenlehre und zur Theorie der gewöhnlichen Differentialgleichungen geliefert.

1.26 Die geometrische Summenformel wird im weiteren Verlauf eine wichtige Rolle spielen, insofern sie zur geometrischen Reihe führt.

Satz 1.7 (geometrische Summenformel) $\displaystyle\sum_{k=0}^{n} q^k = \frac{1 - q^{n+1}}{1 - q}$

gilt für $q \in \mathbb{R} \setminus \{1\}$.

Beweis ‖ Aus $s = \displaystyle\sum_{k=0}^{n} q^k$ folgt $(1 - q)s = \displaystyle\sum_{k=0}^{n} q^k - \sum_{k=0}^{n} q^{k+1}$, und nach der Index-verschiebung $j = k + 1$ in der zweiten Summe

$$(1 - q)s = \sum_{k=0}^{n} q^k - \sum_{j=1}^{n+1} q^j = 1 - q^{n+1}. \qquad \text{☕}$$

Bemerkung 1.5 Die Identität

$$x^n - y^n = (x - y)(x^{n-1} + x^{n-2}y + \cdots + xy^{n-2} + y^{n-1})$$

hat allerdings nichts mit dem binomischen Satz zu tun (obwohl sie für $n = 2$ mancherorts auch 3. binomische Formel genannt wird), sondern ergibt sich einfach durch Ausmultiplizieren der rechten Seite oder aus der geometrischen Summenformel, indem man dort $q = x/y$, zunächst für $x \neq y$, setzt. Trivialerweise gilt Gleichheit dann auch für $x = y$.

1.5 Wurzeln

Ist $a \geq 0$, so wird üblicherweise mit $\sqrt{a}$ die **Quadratwurzel** von a bezeichnet; ge-meint ist damit diejenige Zahl $x \geq 0$, welche $x^2 = a$ erfüllt. Es ist aber nicht von vorneherein klar, ob es eine derartige Zahl $\sqrt{a}$ immer gibt. Sicher ist, dass es in $\mathbb{Q}$ keine Zahl $\sqrt{2}$ gibt.

1.27 p-te Wurzeln Ist $a \geq 0$ und $p \in \mathbb{N}$, $p \geq 2$, so wird jede Zahl $x \in [0, \infty)$ mit $x^p = a$ eine *p-te Wurzel* von a genannt; dafür wird $\sqrt[p]{a}$ oder $a^{1/p}$, für $p = 2$ einfach $\sqrt{a}$ geschrieben. Die Benutzung der bestimmten Schreibweise $\sqrt[p]{a}$ ist korrekt, denn es gibt höchstens eine p-te Wurzel aus a. Ist etwa $0 \leq x_1 < x_2$, so folgt mit Induktion nach p auch $x_1^p < x_2^p$, es kann also nicht gleichzeitig $x_1^p = a$ und $x_2^p = a$ sein.

Satz 1.8 (p-te Wurzel) *Zu* $a \geq 0$ *und* $p \in \mathbb{N}$ *gibt es eine eindeutig bestimmte p-te Wurzel* $\sqrt[p]{a}$.

Beweis ‖ Für $a > 0$ bleibt die *Existenz* zu zeigen. Dazu wird

$$s = \sup\{x \in \mathbb{R} : x^p < a\}$$

gesetzt und $s^p = a$ gezeigt. Zunächst ist die Menge $M = \{x \in \mathbb{R} : x^p < a\}$ nicht leer (z. B. ist $0 \in M$) und nach oben beschränkt, eine Schranke ist z. B. $\max\{a, 1\}$. Zu $\epsilon > 0$ gibt es $x \in M$ mit $x > s - \epsilon > 0$ ($\epsilon < s$ wird vorausgesetzt), also $a \geq x^p > (s - \epsilon)^p$; andererseits ist $(s + \epsilon)^p > a$. Es folgt, wenn noch $\epsilon < 1$ angenommen wird,

$$|(s \pm \epsilon)^p - s^p| = \left| \sum_{k=1}^{p} \binom{p}{k} (\pm\epsilon)^k s^{p-k} \right| < \epsilon \sum_{k=1}^{p} \binom{p}{k} s^{p-k} < \epsilon(1 + s)^p,$$

also auch $-\epsilon(1 + s)^p < a - s^p < \epsilon(1 + s)^p$ und $|a - s^p| < \epsilon(1 + s)^p$. Nach einer grundlegenden Schlussweise[12] der Analysis folgt hieraus $a - s^p = 0$.　　　🙢

1.28 Rationale Potenzen Für $a > 0$, $r = p/q \in \mathbb{Q}$ und $r > 0$ wird die *rationale Potenz* a^r durch

$$a^r = \sqrt[q]{a^p} \tag{1.1}$$

definiert, sowie $a^r = 1/a^{-r}$ für $r < 0$ und $a^0 = 1$.

Hilfssatz — *Diese Definition ist unabhängig von der Darstellung* $r = p/q$ *(es spielt also keine Rolle, ob* p *und* q *teilerfremd gewählt sind oder nicht), und es gilt*

$$a^r = \sqrt[q]{a^p}. \tag{1.2}$$

Beweis ‖ Mit $\alpha = \sqrt[q]{a}$ gilt einerseits $\alpha^p = \sqrt[q]{a^p}$ und andererseits $a^p = \alpha^{qp} = (\alpha^p)^q$, also $\alpha^p = \sqrt[q]{a^p}$ wegen der Eindeutigkeit der q-ten Wurzel; zusammen folgt

---

[12] Diese *grundlegende Schlussweise* wird immer wieder als letztes Hilfsmittel herangezogen: Eigentlich ist $c \leq 0$ zu beweisen, es gelingt aber nur, für jedes (hinreichend kleine) $\epsilon > 0$ die Ungleichung $c < \epsilon$ [oder auch nur $c < K\epsilon$ mit einer von $\epsilon > 0$ unabhängigen Konstanten $K > 0$] zu beweisen; dann ist trotzdem $c \leq 0$, denn die Annahme $c > 0$ erlaubt die Wahl von $0 < \epsilon = c$ [oder auch $0 < \epsilon = c/K$], um den Widerspruch $c < c$ zu erzielen.

(1.2). Für $p/q = m/n$ ist $a^m = \alpha^{qm} = \alpha^{np} = (\alpha^p)^n$, d. h. $\sqrt[q]{a^p} = \alpha^p = \sqrt[n]{a^m}$. Damit ist a^r tatsächlich durch (1.1) *wohldefiniert*. ☕

Satz 1.9 *Für* $a, b > 0$ *und* $r, s \in \mathbb{Q}$ *gelten* (wie für $r, s \in \mathbb{Z}$) *die Regeln*

$$a^r a^s = a^{r+s}, \quad a^r b^r = (ab)^r \quad \text{und} \quad (a^r)^s = a^{rs}.$$

Beweis ‖ Im ersten Fall darf man $r = p/q$ und $s = m/q$ (gleiche Nenner!) annehmen. Mit $\alpha = \sqrt[q]{a}$ folgt wie behauptet $a^r a^s = \alpha^p \alpha^m = \alpha^{p+m} = a^{r+s}$. Vorausgesetzt werden also die Regeln für *ganzzahlige* Exponenten. Ebenso ist $a^r b^r = \sqrt[q]{a}^p \sqrt[q]{b}^p = \sqrt[q]{ab}^p = (ab)^r$ für $r = p/q$. Das zweite Gleichheitszeichen folgt dabei aus der Eindeutigkeit der Wurzel: Es ist sowohl $\sqrt[q]{a}^q \sqrt[q]{b}^q = ab$ als auch $\sqrt[q]{ab}^q = ab$. Schließlich gilt für $r = p/q$ und $s = m/n$

$$(a^r)^s = \sqrt[n]{\sqrt[q]{a^p}^m} = \sqrt[n]{\sqrt[q]{a^{pm}}} = \sqrt[nq]{a^{pm}} = a^{pm/nq} = a^{rs},$$

also die dritte Behauptung. Auch hier gilt $\sqrt[n]{\sqrt[q]{a^{pm}}} = \sqrt[nq]{a^{pm}}$ wegen der Eindeutigkeit der Wurzel. Alle Behauptungen bleiben richtig, wenn $r \leq 0$ und/oder $s \leq 0$ ist. ☕

Aufgabe 1.22 Man zeige, dass $\sqrt{p}$ für jede Primzahl p eine nicht-rationale, eine **irrationale** Zahl ist. Dies gilt sogar für jede natürliche Zahl p, sofern sie kein Quadrat ist. Mit anderen Worten, für $p \in \mathbb{N}$ ist $\sqrt{p}$ entweder ganzzahlig oder irrational.

Damit ist gezeigt, dass es überhaupt nichtrationale reelle Zahlen gibt, und insbesondere gilt der

Satz 1.10 $\mathbb{Q}$ *ist nicht vollständig.*

Beweis ‖ Sonst hätte die Menge $\{x \in \mathbb{Q} : x^2 < 2\}$ ein Supremum $s \in \mathbb{Q}(!)$, diese *rationale* Zahl würde $s^2 = 2$ erfüllen. ☕

Satz 1.11 *Jedes offene Intervall* (a, b) *enthält sowohl rationale als auch irrationale Zahlen. Man sagt dazu:* $\mathbb{Q}$ *und* $\mathbb{R} \setminus \mathbb{Q}$ *sind* ***dicht in*** $\mathbb{R}$.

Beweis ‖ Zunächst sei $b - a > 1$. Dann enthält (a, b) die ganze Zahl $[a] + 1$. Allgemein wird $m \in \mathbb{N}$ mit $m(b - a) > 1$ gewählt. Dann liegt in (ma, mb) eine ganze Zahl n nach dem ersten Teil, somit enthält (a, b) die rationale Zahl n/m. Um zu zeigen, dass in (a, b) auch irrationale Zahlen liegen, wendet man das eben Bewiesene auf das Intervall $(\sqrt{2}a, \sqrt{2}b)$ an. Dieses enthält $r \in \mathbb{Q} \setminus \{0\}$, also liegt die irrationale Zahl $r/\sqrt{2}$ in (a, b). ☕

1.29 Geometrisches und arithmetisches Mittel Für positive Zahlen a und b ist $(a - b)^2 \geq 0$, d. h. $2ab \leq a^2 + b^2$, $4ab \leq (a + b)^2$ und so $\sqrt{ab} \leq \frac{1}{2}(a + b)$; das Gleichheitszeichen steht genau für $a = b$. Geometrisch bedeutet dies, dass bei gegebenem Umfang unter allen Rechtecken das Quadrat, und nur dieses, die größte Fläche hat. Die Verallgemeinerung davon ist der

Satz 1.12 *Für $a_j > 0$ $(1 \leq j \leq n)$ gilt*

$$\sqrt[n]{a_1 a_2 \cdots a_n} \leq \frac{a_1 + a_2 + \cdots + a_n}{n}; \tag{1.3}$$

das Gleichheitszeichen steht genau dann wenn $a_1 = a_2 = \cdots = a_n$ ist.

Man nennt die linke Seite das **geometrische** und die rechte Seite das **arithmetische Mittel** der Zahlen $a_1, \ldots, a_n$, geschrieben $G(a_1, \ldots, a_n)$ und $A(a_1, \ldots, a_n)$.

Beweis ‖ Es wird ein Induktionsbeweis (der Induktionsanfang ist $n = 2$), zunächst im *normierten* Fall $a_1 + \cdots + a_n = n$ geführt. Ist $a_1 + \cdots + a_{n+1} = n + 1$ und sind nicht alle $a_j = 1$, so gibt es Indizes j und k mit $a_j = 1 + s > 1$ und $0 < a_k = 1 - t < 1$, nach Umnummerierung darf man $a_n = 1 + s$ und $a_{n+1} = 1 - t$ annehmen. Es ist dann $1 + s - t > 1 - t > 0$, $a_1 + \cdots + a_{n-1} + (1 + s - t) = n$, $st > 0$ und so

$$\begin{aligned}
a_1 \cdots a_{n-1} a_n a_{n+1} &= a_1 \cdots a_{n-1}(1 + s)(1 - t) \\
&= a_1 \cdots a_{n-1}(1 + s - t - st) \\
&< a_1 \cdots a_{n-1}(1 + s - t).
\end{aligned}$$

Nach Induktionsvoraussetzung ist die rechte Seite aber ≤ 1, denn sie ist das Produkt aus n positiven Zahlen mit $a_1 + \cdots + a_{n-1} + (1 + s - t) = n$. Damit ist der Induktionsschritt $n \to n + 1$ beendet, es ergibt sich die strenge Ungleichung außer im Fall $a_1 = \cdots = a_n = a_{n+1} = 1$. Im allgemeinen Fall setzt man $A = (a_1 + \cdots + a_n)/n$ sowie $a_j' = a_j/A$; für diese Zahlen gilt $a_1' + \cdots + a_n' = n$. Es folgt $\sqrt[n]{a_1 \cdots a_n} = A \sqrt[n]{a_1' \cdots a_n'} \leq A = \dfrac{a_1 + \cdots + a_n}{n}$; das Gleichheitszeichen wurde bereits diskutiert. &

Beispiel 1.7 Das **harmonische Mittel** von $a_1, \ldots, a_n$ $(a_j > 0)$ ist definiert durch $H(a_1, \ldots, a_n) = \dfrac{n}{\frac{1}{a_1} + \cdots + \frac{1}{a_n}}$. Die Ungleichung $H(a_1, \ldots, a_n) \leq G(a_1, \ldots, a_n)$ mit Diskussion des Gleichheitszeichens folgt aus (1.3) für die Zahlen $1/a_j$ anstelle a_j.

Aufgabe 1.23 Ein Quader in $\mathbb{R}^3$ hat jeweils 4 Kanten der Längen a, b, c. Welcher Quader hat das größte Volumen $V = abc$ bei gegebener Gesamtlänge der Kanten $L = 4(a + b + c)$? Bei gegebener Oberfläche $O = 2(ab + bc + ca)$? (**Hinweis.** $V^2 = (ab)(bc)(ca)$.)

Aufgabe 1.24 Man beweise $\sqrt[n]{n!} < (n + 1)/2$ und $\binom{2n}{n} < \left(2 + \frac{1}{2} + \cdots + \frac{1}{n}\right)^n$ für $n \geq 2$.

1.6 Die komplexen Zahlen

1.30 Paare reeller Zahlen (x, y) können als kartesische Koordinaten von Punkten einer Ebene gedeutet werden. Für diese Punkte der Ebene $\mathbb{R}^2 = \{(x, y) : x, y \in$

$\mathbb{R}\}$ wird eine *Addition,* die Vektoraddition $(x_1, y_1) + (x_2, y_2) = (x_1 + x_2, y_1 + y_2)$ erklärt, sowie eine *Multiplikation,* die nur am Endergebnis zu verstehen ist:

$$(x_1, y_1) \cdot (x_2, y_2) = (x_1 x_2 - y_1 y_2, x_1 y_2 + x_2 y_1).$$

Es wird sogleich exemplarisch nachgeprüft, dass die *Körperaxiome* aus dem ersten Abschnitt auch hier erfüllt sind. Die *Null* ist $(0, 0)$, die *Eins* ist $(1, 0)$. Es gilt $(x, 0) + (y, 0) = (x + y, 0)$ und $(x, 0) \cdot (y, 0) = (x \cdot y, 0)$, d. h. die Abbildung $\mathbb{R} \to \mathbb{R}^2$, $x \mapsto (x, 0)$ ist ein injektiver *Körperhomomorphismus.* Aus diesem Grund wird $x \in \mathbb{R}$ mit dem Punkt $(x, 0) \in \mathbb{R}^2$ identifiziert. Beachtet man noch $(0, 1) \cdot (y, 0) = (0, y)$, so kann man mit der Abkürzung $i = (0, 1)$ schreiben $(x, y) = (x, 0) + (0, y) = x + i \cdot y$. Die Objekte $z = x + iy$ (der Multiplikationspunkt $\cdot$ wird künftig weggelassen) werden ab sofort **komplexe Zahlen** genannt, ihre Gesamtheit wird mit $\mathbb{C}$ bezeichnet. Die reellen Zahlen x sind spezielle komplexe Zahlen der Form $x + i0$, die Zahlen der Form $0 + iy = iy$, $y \in \mathbb{R}$, heißen *imaginär,* speziell ist i die **imaginäre Einheit;** es ist $i^2 = -1$, weswegen oft $i = \sqrt{-1}$ geschrieben wird. Die Deutung der komplexen Zahlen als Punkte der *komplexen* oder auch *Gaußschen Ebene* erfolgt so: Die Punkte der waagrechten *reellen Achse* des Koordinatensystems entsprechen den reellen und die Punkte der dazu senkrechten *imaginären Achse* den imaginären Zahlen (vgl. Abb. 1.2).

Dass $\mathbb{C}$ ein *Körper* wird nur *exemplarisch* nachgeprüft:

- *Das inverse Element der Multiplikation.* Zu $z = x + iy \neq 0$ ist $z^{-1} = u + iv$ so zu bestimmen, dass $z \cdot z^{-1} = 1$, d. h. $(xu - yv) + i(xv + yu) = 1$, also $xu - yv = 1$ und $xv + yu = 0$ gilt; dieses lineare Gleichungssystem hat die eindeutig bestimmte Lösung $u = x/r^2$, $v = -y/r^2$ mit $r^2 = x^2 + x^2 > 0$.
- *Das Kommutativgesetz* der Multiplikation lautet $zw = wz$; um es nachzuprüfen, werden linke und rechte Seite getrennt ausgerechnet: Es ist $(x + iy)(u + iv) =$

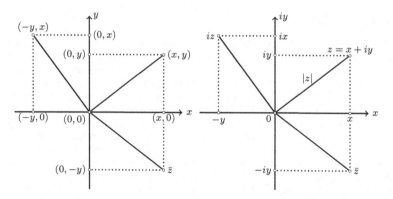

Abb. 1.2 Die Ebene $\mathbb{R}^2$ mit kartesischen Koordinaten und die komplexe Ebene $\mathbb{C}$ sind sich wie eineiige Zwillinge zum Verwechseln ähnlich

$(xu - yv) + i(xv + yu)$; wegen der Kommutativität der reellen Multiplikation ist dies andererseits gleich $(ux - vy) + i(vx + uy) = (u + iv)(x + iy)$.

1.31 Real- und Imaginärteil von $z = x + iy$ sind $x = \operatorname{Re} z$ und $y = \operatorname{Im} z$, und $\bar{z} = x + iy$ ist die zu z *konjugiert komplexe* Zahl. Geometrisch bedeutet der Übergang von z zu $\bar{z}$ die Spiegelung an der reellen Achse. Es gelten die folgenden einfachen Regeln:

$$\operatorname{Re} z = \tfrac{1}{2}(z + \bar{z}), \quad \operatorname{Im} z = \tfrac{1}{2i}(z - \bar{z}), \quad z\bar{z} = x^2 + y^2,$$
$$\overline{z} + \bar{w} = \overline{z + w}, \bar{z}\bar{w} = \overline{zw}, \ \frac{\bar{z}}{\bar{w}} = \overline{\frac{z}{w}}, \ \frac{z}{w} = \frac{z\bar{w}}{w\bar{w}} \text{ falls } w \neq 0,$$
$$(z + w)(\bar{z} + \bar{w}) = z\bar{z} + 2\operatorname{Re}(z\bar{w}) + w\bar{w}.$$

Der Nachweis verbleibt als Aufgabe.

Aufgabe 1.25 Auch das Rechnen mit komplexen Zahlen muss geübt werden. Die folgenden Zahlen sind in Normalform $a + ib$ zu schreiben:
$$\frac{2 - i}{1 + 3i}; \ \frac{-i}{1 - i\sqrt{2})^2}; (1 + i)^n \ (n \geq 2).$$

Aufgabe 1.26 Für $z = x + iy \notin (-\infty, 0]$ ist die komplexe Gleichung $w^2 = z$ nach $w = u + iv$, d. h. das reelle Gleichungssystem $u^2 - v^2 = x$, $2uv = y$ nach (u, v) aufzulösen. (**Hinweis.** Aus der zweiten Gleichung folgt z. B. $v = y/(2u)$.) Was ergibt sich für $x < 0$, $y = 0$?

Die kartesischen Koordinaten werden benannt nach René **Descartes** (1596–1650), latinisiert Cartesius, französischer Philosoph und Mathematiker, Abenteurer und Soldat. Er war neben Fermat der Begründer der analytischen Geometrie, die ohne Koordinaten undenkbar ist. Ihm zufolge ist wahre Erkenntnis nur durch Zweifel und selbstständiges methodisches Nachdenken möglich, da die Anschauung oft trügt; für seine Zeit war dieses Denken revolutionär. Der letzte *Essai* seines Hauptwerks *Discour de la méthode* behandelt die *Géometrié*. Er kommt darin dem Begriff der Tangente als Grenzwert der Sekanten nahe, und führt dies am Beispiel der Parabel $y^2 = ax$ im Punkt (a, a) durch. Descartes scheint auch als erster den Hauptsatz der Differentialrechnung erahnt zu haben, zumindest war er sich klar über den Zusammenhang zwischen Flächen- und Tangentenproblem. Er formuliert auch den Fundamentalsatz der Algebra avant la lettre (mit *imaginären*, heute komplex genannten Nullstellen), ohne ihn jedoch beweisen zu können.

Carl Friedrich **Gauß** (1777–1855, Göttingen) gilt zusammen mit Archimedes und Newton, deren Leistungen aber mehr der Physik zuzuordnen sind, als der bedeutendste Mathematiker überhaupt, als *princeps mathematicorum*. Seine Dissertation enthielt den ersten Beweis des Fundamentalsatzes der Algebra, und mit seinen *Disquisitiones arithmeticae* begründete er die moderne Zahlentheorie. In seinen Tagebucheintragungen nahm er viele spätere Entwicklungen vorweg, ohne sie zu veröffentlichen. Getreu seinem Motto *pauca sed matura* publizierte er Ergebnisse erst, wenn er ihre Darstellung für perfekt hielt, wodurch aber seine Ideen und Wege oft verschleiert wurden. Er entdeckte u. a. die nichteuklidische Geometrie und den nach ihm benannten Integralsatz (und leitete daraus den heute nach Cauchy benannten Integralsatz ab), er arbeitete über elliptische Funktionen, die hypergeometrische Differentialgleichung, Potentialtheorie u. v. a. m. Mit seinen Arbeiten über gekrümmte Flächen gilt er als Wegbereiter der Differentialgeometrie. Gauß war Direktor der Göttinger Sternwarte, die er praktisch nie verließ. Er arbeitete über Astronomie (entwickelte dabei die Methode der kleinsten Fehlerquadrate), Geodäsie (erfand dabei das Heliotrop), das Erdmagnetfeld (*Gauß* ist die alte Bezeichnung für die magnetische Feldstärke), und konstruierte mit dem Physiker W. **Weber** (1804–1891), seinem Nachfolger als Direktor der Sternwarte, den ersten elektromagnetischen Telegraphen. Die Berechnung des Osterdatums geschieht nach einem von Gauß ersonnenen Algorithmus, und von ihm stammt auch die Bezeichnung i für die imaginäre Einheit.

1.32 Absolutbetrag und Dreiecksungleichung Die reelle Zahl

$$|z| = \sqrt{z\bar{z}} = \sqrt{x^2 + y^2}$$

ist der **absolute Betrag** oder kürzer **Betrag** von $z = x + iy$. Speziell für $z = x \in \mathbb{R}$ ist dies der *reelle* Betrag, allgemein ist $|z|$ der euklidische Abstand des Punktes $z = x + iy$ zum Nullpunkt 0. Mit dem Betrag kann man Brüche einfacher in der Form

$$\frac{z}{w} = \frac{z\bar{w}}{|w|^2} = \frac{xu + yv + i(-xv + yu)}{u^2 + v^2}$$

(Nenner reell!) schreiben. Man rechnet sofort $|z| = |\bar{z}| = |-z| = |iz|$ sowie die Ungleichungen $|x| \leq |x + iy|$ und $|y| \leq |x + iy|$ nach. Wie in $\mathbb{R}$ gilt auch hier der

Satz 1.13 (Dreiecksungleichung) *Für $z, w \in \mathbb{C}$ gilt*

$$|z + w| \leq |z| + |w|$$

sowie die umgekehrte *Dreiecksungleichung*

$$\big||z| - |w|\big| \leq |z - w|.$$

Gleichheit; in beiden Fällen, herrscht dann und nur dann, wenn $z\bar{w} \geq 0$ ist; insbesondere gilt $|x + iy| \leq |x| + |y|$.

Beweis ∥ Wie gerade gezeigt wurde, ist

$$\begin{aligned}
|z + w|^2 &= (z + w)(\bar{z} + \bar{w}) = z\bar{z} + 2\operatorname{Re}(z\bar{w}) + w\bar{w} \\
&= |z|^2 + 2\operatorname{Re}(z\bar{w}) + |w|^2 \\
&\leq |z|^2 + 2|z\bar{w}| + |w|^2 = (|z| + |w|)^2.
\end{aligned}$$

Die Diskussion des Gleichheitszeichens (es tritt genau dann ein, wenn $|z\bar{w}| = \operatorname{Re}(z\bar{w})$ ist), bleibt als Aufgabe, ebenso die Herleitung der umgekehrten Dreiecksungleichung. Was muss dazu am *reellen* Beweis geändert werden? ☙

Bemerkung 1.6 $z\bar{w} > 0$ bedeutet geometrisch, dass z und w auf einem von 0 ausgehenden Strahl liegen. Die Bezeichnung *Dreiecksungleichung* wird hier zum ersten Mal verständlich. Denkt man sich die Zahlen 0, z und w als Punkte der komplexen Ebene, so bilden sie, wenn sie nicht gerade auf einer Geraden liegen, die Ecken eines Dreiecks mit den Seitenlängen $|z|$, $|w|$ und $|z - w|$. Jede Seite ist dann kürzer als die anderen beiden zusammen, insbesondere heißt das $|z - w| < |z| + |w|$.

1.33 Zwei Sätze der klassischen Geometrie lauten in der komplexen Ebene folgendermaßen:

Satz 1.14 (Satz des Pythagoras) *Es gilt* $|z|^2 + |w|^2 = |z - w|^2$ *für* $zw \neq 0$ *genau dann, wenn* Re $(z\bar{w}) = 0$ *ist. (Diese Bedingung besagt gerade, dass das Dreieck mit Eckpunkten* $0, z, w$ *bei* 0 *rechtwinklig ist.)*

Satz 1.15 (Satz des Thales) *Es seien* $-1, 1$ *und* $a \in \mathbb{C} \setminus \mathbb{R}$ *die Ecken eines Dreiecks* $\triangle$. *Dann hat* $\triangle$ *bei* a *einen rechten Winkel genau dann, wenn* $|a| = 1$ *ist.*

Beweis $\parallel$ Es gilt $|a + 1|^2 + |a - 1|^2 = 2(|a|^2 + 1)$ und so $|a + 1|^2 + |a - 1|^2 = 2^2$ (Satz des Pythagoras) genau dann, wenn $|a| = 1$ ist. ☕

Alles über reelle Zahlen Gesagte gilt auch für komplexe, solange die *Anordnung* von $\mathbb{R}$ *nicht* ins Spiel kommt! Beispiele sind:

Satz 1.16 (binomischer Satz) $(z + w)^n = \sum_{k=0}^{n} \binom{n}{k} z^k w^{n-k}$ *gilt für* $n \in \mathbb{N}_0$ *und* $z, w \in \mathbb{C}$.

Satz 1.17 (geometrische Summenformel) $\sum_{k=0}^{n} q^k = \dfrac{1 - q^{n+1}}{1 - q}$ $(q \neq 1)$.

Aufgabe 1.27 Es sei $q = p^2 \neq 1$ komplex, $|p| = 1$. Man zeige $\sum_{k=0}^{n} q^k = \dfrac{\text{Im}\,(p^{n+1})}{\text{Im}\,p} p^n$. **(Hinweis.** $\bar{p} = 1/p$.)

Aufgabe 1.28 Die Gleichung $xy = 1$, komplex geschrieben als Im $z^2 = 2$, beschreibt eine Hyperbel. Welche Kegelschnitte werden durch die Gleichungen
(i) $|z - 1| + |z + 1| = 4$, (ii) Re $z^2 = 1$ bzw. (iii) $(z - \bar{z})^2 + 2(z + \bar{z}) = 0$ beschrieben?

Kapitel 2
Folgen und Reihen

Im Zusammenhang mit Folgen und Reihen tritt zum ersten Mal der fundamentale und für die Analysis charakteristische Begriff des *Grenzwerts* oder *Limes* auf. Neben dem eigentlichen Thema Folgen und Reihen steht daher die Einübung des Limesbegriffs und der Umgang damit, auch und gerade im Hinblick auf spätere Verallgemeinerungen, im Vordergrund.

2.1 Reelle Folgen

2.1 Konvergente Folgen Unter einer *reellen Folge* versteht man eine Abbildung $\mathbb{N} \to \mathbb{R}$, $n \mapsto a_n$; die übliche Schreibweise ist (a_n), manchmal auch $(a_n)_{n \geq 1}$ oder $(a_n)_{n \in \mathbb{N}}$. Die Folge (a_n) heißt

- *Nullfolge*, wenn es zu jedem $\epsilon > 0$ ein $n_0 \in \mathbb{N}$ gibt mit $|a_n| < \epsilon$ für alle $n \geq n_0$; hierfür schreibt man auch $a_n \to 0$ für $n \to \infty$ oder $\lim_{n \to \infty} a_n = 0$;
- *konvergent*, wenn es ein $a \in \mathbb{R}$ gibt, so dass die Folge $(a_n - a)_{n \geq 1}$ eine Nullfolge ist, m.a.W. wenn es zu jedem $\epsilon > 0$ ein n_0 gibt mit $|a_n - a| < \epsilon$ für alle $n \geq n_0$. Die Schreibweise ist $a_n \to a$ $(n \to \infty)$ oder auch $\lim_{n \to \infty} a_n = a$.

Die Zahl a heißt *Limes* oder *Grenzwert* der Folge (a_n) und ist eindeutig bestimmt. Denn gilt auch $a_n \to \tilde{a} \neq a$ $(n \to \infty)$, so ergibt sich bei Wahl von $\epsilon = |a - \tilde{a}|/2$ folgender Widerspruch: Es gilt $|a_n - a| < \epsilon$ für alle $n \geq n_0$ und $|a_n - \tilde{a}| < \epsilon$ für alle $n \geq \tilde{n}_0$, also $|a - \tilde{a}| \leq |a - a_n| + |a_n - \tilde{a}| < 2\epsilon = |a - \tilde{a}|$ für $n \geq \max\{n_0, \tilde{n}_0\}$. Nichtkonvergente Folgen heißen *divergent*.

Bemerkung 2.1 Die auftretende Schranke n_0 ist nicht eindeutig bestimmt, ihre Mindestgröße hängt aber i.A. von ϵ ab. Die Frage nach dem kleinstmöglichen $n_0(\epsilon)$ ist zwar sinnvoll, es ist aber

© Der/die Autor(en), exklusiv lizenziert an Springer-Verlag GmbH, DE, ein Teil von
Springer Nature 2024
N. Steinmetz, *Analysis*, https://doi.org/10.1007/978-3-662-68086-5_2

Abb. 2.1 Verteilung der Folgenglieder a_n um den Grenzwert a

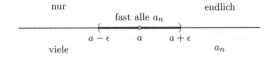

keineswegs erforderlich sie jedesmal oder überhaupt zu beantworten; nichtsdestoweniger ist es für das Verständnis nützlich, dies ab und zu zu tun.

Beispiel 2.1 $(1/n)$ ist die vielleicht einfachste nichttriviale Nullfolge (Archimedische Eigenschaft); explizit gilt $|1/n - 0| = 1/n < \epsilon$ für $n \geq n_0 = [1/\epsilon] + 1$, das kleinstmögliche n_0.

Aufgabe 2.1 Für die Folgen $a_n = 1/n^2$ und $a_n = \dfrac{2n^2 - n}{n^2 + 1} - 2$ ist zu $\epsilon = 10^{-5}$ und $\epsilon = 10^{-10}$ jeweils ein n_0 mit $|a_n| < \epsilon$ für alle $n \geq n_0$ anzugeben.

Aufgabe 2.2 Welche der nachfolgenden Bedingungen impliziert, dass (a_n) eine Nullfolge ist, und welche nicht (Beweis oder Gegenbeispiel)? Zu jedem $\epsilon > 0$ gibt es ein $n_0 \in \mathbb{N}$, so dass für $n \geq n_0$ gilt: $|a_n| + |a_{n-1}| < \epsilon$; $|a_n + a_{n-1}| < \epsilon$; $|a_n a_{n-1}| < \epsilon$; $|a_n| < \epsilon^4$.

Bemerkung 2.2 Geometrisch hat man es bei einer konvergenten Folge mit folgendem Sachverhalt zu tun: Wie klein man auch $\epsilon > 0$ wählt, es gibt höchstens endlich viele n, so dass a_n *außerhalb* des Intervalls $I_\epsilon = (a - \epsilon, a + \epsilon)$ liegt; hierfür sagt man kürzer (aber auch etwas unpräziser): *Fast alle* a_n liegen in der *Umgebung* I_ϵ von a (Abb. 2.1). Auch wenn a_n und a_m numerisch gleich sind, werden sie nach ihrem Index unterschieden.

2.2 Beschränkte Folgen

Die Folge (a_n) heißt *nach oben* bzw. *unten beschränkt*, wenn die *Wertemenge* $\{a_n : n \in \mathbb{N}\}$ nach oben bzw. unten beschränkt ist, d. h. wenn $K \in \mathbb{R}$ existiert mit $a_n \leq K$ bzw. $a_n \geq K$ für alle n. *Beschränktheit* der Folge (a_n) bedeutet $|a_n| \leq K$ für ein $K > 0$ und alle $n \in \mathbb{N}$, d. h. Beschränktheit nach oben und unten.

Satz 2.1 *Konvergente Folgen sind beschränkt.*

Beweis ‖ Es gilt $|a_n - a| < \epsilon = 1$ für $n \geq n_0$, also auch $|a_n| < 1 + |a|$. Danach ist $K = \max\{|a_1|, \ldots, |a_{n_0}|, |a| + 1\}$ eine Schranke für die Folge (a_n).   ☜

2.3 Konvergenzregeln

Eine Definition (wie hier die Konvergenzdefinition) ist zu unterscheiden von den Methoden, sie nachzuprüfen. Zwar kann man prinzipiell alle Folgen anhand der Definition auf Konvergenz untersuchen, aber dieses Vorgehen wäre viel zu aufwendig. Stattdessen beweist man zunächst einige oft und dann im weiteren Verlauf stillschweigend benutzte Regeln; sie werden in ähnlicher Form im Zusammenhang mit Grenzwerten verschiedenen Typs immer wieder auftreten und deshalb an dieser Stelle ausführlich bewiesen. Allerdings machen die Regeln die Definition nicht überflüssig, denn erst wenn ein Begriff unmissverständlich definiert ist kann man ihn benutzen.

Satz 2.2 (**Konvergenzregeln**) *Aus* $a_n \to a$ *und* $b_n \to b$ *folgt:*

a) $a_n + b_n \to a + b$;

b) $\alpha a_n \to \alpha a \ (\alpha \in \mathbb{R})$;

c) $a_n b_n \to ab$;

d) $|a_n| \to |a|$;

e) $a_n \leq b_n$ *für alle* $n \Rightarrow a \leq b$;

f) $b \neq 0 \Rightarrow b_n \neq 0$ *für* $n \geq \tilde{n}$ *und* $a_n/b_n \to a/b$;

g) $a_n^p \to a^p$ *für* $p \in \mathbb{N}_0$;

h) $a_n \geq 0$ *und* $r \in \mathbb{Q}, r \geq 0 \Rightarrow a_n^r \to a^r$;

j) $a > 0 \Rightarrow a_n > 0$ *für* $n \geq \tilde{n}$ *und* $a_n^r \to a^r$ *für* $r \in \mathbb{Q}$;

k) $a_n \leq c_n \leq b_n$ *und* $a = b \Rightarrow c_n \to a = b$.

(In f) bzw. j) sind a_n/b_n bzw. a_n^r nur für $n \geq \tilde{n}$ erklärt.)

Beweis ‖ Vorweg wird bemerkt, dass $a_n \to a$ genau dann gilt, wenn es eine Nullfolge (c_n) gibt mit $|a_n - a| \leq c_n$. Weiterhin sind a) und b) offensichtlich, wenn (a_n) und (b_n) Nullfolgen sind, und c) gilt bereits dann in der Form $a_n b_n \to 0$, wenn eine der Folgen eine Nullfolge und die andere eine beschränkte Folge ist. Somit folgt a) aus $|(a_n + b_n) - (a + b)| \leq |a_n - a| + |b_n - b| \to 0 \ (n \to \infty)$; b) ist ein Spezialfall von c), und dieses folgt aus der Vorbemerkung und der Ungleichung $|a_n b_n - ab| \leq |a_n||b_n - b| + |a_n - a||b|$: die rechte Seite ist eine Nullfolge; d) ergibt sich aus der umgekehrten Dreiecksungleichung $\big||a_n| - |a|\big| \leq |a_n - a|$. Zum Beweis von e) schreibt man $a - b = (a - a_n) + (a_n - b_n) + (b_n - b)$ und beachtet bei gegebenem $\epsilon > 0$: es gibt $n_0, \tilde{n}_0 \in \mathbb{N}$, so dass $a - a_n < \epsilon/2$ für $n \geq n_0$ und $b_n - b < \epsilon/2$ für $n \geq \tilde{n}_0$; ohne Einschränkung an n gilt $a_n - b_n \leq 0$, und somit $a - b < \epsilon$ (für alle $n \geq \max\{n_0, \tilde{n}_0\}$, was wiederum zu erwähnen überflüssig ist). Dies zeigt $a \leq b^1$. Um f) zu beweisen wird zunächst $\epsilon = |b|/2 > 0$ und dazu $\tilde{n} \in \mathbb{N}$ mit $|b_n - b| < \epsilon$ für $n \geq \tilde{n}$ gewählt; dies ergibt $|b_n| \geq |b| - |b_n - b| > |b| - |b|/2 = |b|/2 > 0$. Somit ist $1/b_n$ erklärt für $n \geq \tilde{n}$, und aus $\left|\dfrac{1}{b_n} - \dfrac{1}{b}\right| = \dfrac{|b - b_n|}{|b_n||b|} \leq \dfrac{|b - b_n|}{|b|^2/2} \to 0$ folgt $1/b_n \to 1/b$. Die Behauptung für (a_n/b_n) folgt schließlich aus diesem Resultat und c); Behauptung g) folgt mit Induktion nach p aus c), der Induktionsanfang ist $p = 0$: $a_n^0 = 1 = a^0$. Der Beweis von h) wird zuerst für $a > 0$ und $r = 1/q > 0$ erbracht; für $\alpha_n = \sqrt[q]{a_n}$ und $\alpha = \sqrt[q]{a}$ ist dann

$$|a_n - a| = |\alpha_n - \alpha| \, (\alpha_n^{q-1} + \alpha_n^{q-2}\alpha + \cdots + \alpha_n \alpha^{q-2} + \alpha^{q-1}) \geq |\alpha_n - \alpha|\alpha^{q-1},$$

woraus $|\alpha_n - \alpha| \leq \alpha^{1-q}|a_n - a| \to 0$ folgt. Für $a = \alpha = 0$ wird direkt geschlossen, denn $|a_n| < \epsilon^p$ (die vorgegebene positive Zahl ist ϵ^p) für $n \geq n_0$ ergibt ja $|\alpha_n| < \epsilon$

---

^{1} Zukünftig wird die unmotivierte Einführung von $\epsilon/2$ vermieden, statt dessen mit ϵ begonnen und mit 2ϵ oder ähnlich geendet. Dies bedeutet nichts Neues, denn $a - b < 2\epsilon$ für alle $\epsilon > 0$ führt offenbar zum gleichen Ergebnis $a \leq b$. Zum zweiten wird nicht mehr mit zwei (oder mehr) Schranken $n_0, \tilde{n}_0$ und am Ende mit dem umständlichen $\max\{n_0, \tilde{n}_0\}$ gearbeitet, sondern von vornherein stillschweigend die größere der auftretenden Schranken mit n_0 bezeichnet.

für dieselben n. Das allgemeine Ergebnis für $r = p/q > 0$ folgt aus dem Bewiesenen und g): $a_n^r = \alpha_n^p \to \alpha^p = a^r$; j) ist fast schon bewiesen, denn wie im Beweis von f) folgt $a_n > 0$ für $n \geq \tilde{n}$ aus $a > 0$. Damit ist a_n^r für diese n erklärt, und der einzig noch zu behandelnde Fall ist $r < 0$. Er ergibt sich aus f) und h): $a_n^r = 1/a_n^{-r} \to 1/a^{-r} = a^r$. Es bleibt k) zu beweisen: Die Ungleichungen $a - a_n < \epsilon$ und $b_n - b < \epsilon$ für $n \geq n_0$ ergeben mit $c = a = b$: $c - c_n \leq a - a_n < \epsilon$ und $c_n - c \leq b_n - b < \epsilon$, und damit die Behauptung $|c - c_n| < \epsilon$ für $n \geq n_0$.   ☕

Beispiel 2.2 Die Folge $a_n = \dfrac{2 - n + n^3}{1 + 4n^2 - 2n^3} = \dfrac{2/n^3 - 1/n^2 + 1}{1/n^3 + 4/n - 2}$ ist konvergent mit Grenzwert $-1/2$. Bereits dieses Beispiel zeigt die Nützlichkeit der Regeln, umsomehr wenn man den Versuch unternimmt, was dringend angeraten wird, die Folge direkt an Hand der Definition auf Konvergenz zu untersuchen. Dies gilt noch mehr für die Folge $a_n = \sqrt{n^2 - 2n + 2} - \sqrt{n^2 + 3n + 4}$. Nach Erweitern mit $\sqrt{n^2 - 2n + 2} + \sqrt{n^2 + 3n + 4}$ ergibt sich daraus $a_n = \dfrac{-5n - 2}{\sqrt{n^2 - 2n + 2} + \sqrt{n^2 + 3n + 4}} = \dfrac{-5 - 2/n}{\sqrt{1 - 2/n + 2/n^2} + \sqrt{1 + 3/n + 4/n^2}}$, und nach den Regeln gilt $a_n \to -5/2$. Dies ist die übliche Art, mit Differenzen von Wurzeln ähnlicher Ausdrücke umzugehen. In beiden Beispielen wurde der Grenzwert erst nach den Umformungen sichtbar.

2.4 Nichttriviale Beispiele von allgemeinem Interesse.

Satz 2.3 (geometrische Nullfolgen) *Für* $0 < |a| < 1$ *gilt* $a^n \to 0$.

Beweis ‖ Man setzt $1/|a| = 1 + h$, $h > 0$; dann ist nach der Bernoullischen Ungleichung $1/|a|^n = (1 + h)^n \geq 1 + nh > nh$, somit gilt $0 \leq |a|^n < 1/(hn) \to 0$ $(n \to \infty)$.   ☕

Satz 2.4 (n-te Wurzeln) *Es gilt* $\sqrt[n]{n} \to 1$ *und* $\sqrt[n]{a} \to 1$ *für* $a > 0$.

Beweis ‖ Hier schreibt man $\sqrt[n]{n} = 1 + h_n$, wobei $h_n > 0$ für $n > 1$ ist, und bemüht die binomische Formel; sie liefert

$$n = (1 + h_n)^n \geq 1 + \binom{n}{1} h_n + \binom{n}{2} h_n^2 > \frac{n(n-1)}{2} h_n^2,$$

also $h_n^2 < 2/(n-1)$ und $h_n \to 0$. Für $n > a + 1/a$ ist $1/\sqrt[n]{n} < \sqrt[n]{a} < \sqrt[n]{n}$, und beide Seiten streben gegen 1, also auch $\sqrt[n]{a}$ selbst.   ☕

Satz 2.5 (arithmetisches, geometrisches und harmonisches Mittel) *Aus* $a_n \to a$ $(a_n \in \mathbb{R})$ *folgt* $A(a_1, \ldots, a_n) \to a$, *sowie für* $a_j > 0$: $G(a_1, \ldots, a_n) \to a$ *und* $H(a_1, \ldots, a_n) \to a$, *falls in* (ii) *und* (iii) *alle* $a_j > 0$ *sind.*

Abb. 2.2 Die Verteilung der
Folgenglieder c_n um den
Grenzwert c ist komplex
anschaulicher als reell

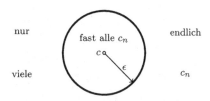

Beweis ‖ Zu $\epsilon > 0$ wird $n_0 \in \mathbb{N}$ so gewählt, dass $|a_k - a| < \epsilon$ für $k \geq n_0$ ist. Es folgt für $n \geq n_0$, wenn noch $|a_k - a| \leq K$ für alle k beachtet wird,

$$\left|\frac{1}{n}(a_1 + \cdots + a_n) - a\right| < \frac{1}{n}(n_0 K + (n - n_0)\epsilon) < 2\epsilon,$$

jedenfalls für $n \geq n_1 \geq n_0$; n_1 ist so zu wählen, dass $n_0 K / n_1 < \epsilon$ wird. Im Fall des geometrischen und harmonischen Mittels folgt für $a = 0$

$$0 < H(a_1, \ldots, a_n) \leq G(a_1, \ldots, a_n) \leq A(a_1, \ldots, a_n) \to a = 0 \quad (n \to \infty).$$

Ist dagegen $a > 0$, so ergibt sich die Behauptung aus der Beziehung $H(a_1, \ldots, a_n) = 1/A(1/a_1,$
$\ldots, 1/a_n) \to 1/(1/a) = a$ und wieder

$$H(a_1, \ldots, a_n) \leq G(a_1, \ldots, a_n) \leq A(a_1, \ldots, a_n). \qquad ☙$$

2.5 Komplexe Folgen sind nichts anderes als Abbildungen $\mathbb{N} \to \mathbb{C}$, $n \mapsto c_n$; die Schreibweise (c_n) bleibt dieselbe wie im reellen Fall, ebenso die Konvergenzdefinition. Definitionsgemäß gilt also $c_n \to c$ für $n \to \infty$ oder $\lim_{n \to \infty} c_n = c$ genau dann, wenn $(|c_n - c|)$ eine *reelle* Nullfolge ist, es also zu $\epsilon > 0$ ein n_0 mit $|c_n - c| < \epsilon$ für $n \geq n_0$ gibt (vgl. Abb. 2.2). Schreibt man $c_n = a_n + i b_n$, $c = a + i b$ und beachtet $|a_n - a| \leq |c_n - c|$, $|b_n - b| \leq |c_n - c|$ und $|c_n - c| \leq |a_n - a| + |b_n - b|$, so folgt unmittelbar, dass die Konvergenz $c_n = a_n + i b_n \to a + i b = c$ im Komplexen mit $a_n \to a$ und $b_n \to b$ im Reellen gleichbedeutend ist. Alle Rechenregeln und Sätze für reelle Folgen, soweit sie sich nicht auf die Anordnung von $\mathbb{R}$ beziehen, bleiben weiterhin für komplexe Folgen gültig.

Aufgabe 2.3 Welche der nachstehenden Folgen (a_n) ist konvergent, welche divergent? Man bestimme gegebenenfalls den Grenzwert.

(i) $a_n = \begin{pmatrix} 100 \\ n^2 \end{pmatrix}$ (ii) $a_n = \sqrt{n^2 + 2n - 1} - n$

(iii) $a_n = \sqrt[n]{n^2 + 3}$ (iv) $a_n = \dfrac{n - 1}{(-1)^n n + 2}$

(v) $a_n = \dfrac{4n^2 + 2n - 7}{n^2 - 3n + 1}$ (vi) $a_n = n2^{-n}(1 + (-1)^n)$

(vii) $a_n = \prod\limits_{k=2}^{n}(1 - 1/k^2)$ (viii) $a_n = \dfrac{n^2 + in - 1}{(2 - i)n^2 + in}$

(ix) $a_n = \prod_{k=1}^{n}(1 - (-1)^k/k)$ (x) $a_n = \dfrac{\sqrt{n^4 + n^2} + (in - 4)^2}{(i - 1)n + 2i}$

(xi) $a_n = \left(\dfrac{1 + i}{1 - i}\right)^{2n}$ (xii) $a_n = \sqrt[n]{a^n + b^n + c^n}$ $(a > b > c)$.

Aufgabe 2.4 Bei gegebenem $c_0 \in \mathbb{C}$ mit $\mathrm{Im}\, c_0 > 0$ wird die Folge (c_n) rekursiv definiert durch $c_{n+1} = \frac{1}{2}(c_n - 1/c_n)$. Man zeige $\mathrm{Im}\, c_n > 0$, $c_{n+1} - i = \frac{1}{2}(c_n - i)^2/c_n$ und folgere induktiv für $|c_0 - i| \le \frac{1}{2}$ nacheinander $|c_n| \ge \frac{1}{2}$, $|c_n - i| \le \frac{1}{2}$ und $|c_{n+1} - i| \le |c_n - i|^2$, und daraus $|c_n - i| \le 2^{-2^n}$, also $c_n \to i$ $(n \to \infty)$.

Aufgabe 2.5 Es sei $p_n(z) = \prod\limits_{k=0}^{n}(1 + z^{2^k})$. Man berechne $\lim\limits_{n \to \infty} p_n(z)$ für $|z| < 1$ (z reell oder komplex). (**Hinweis.** Man zeige $(1 - z)p_n(z) = (1 - z^2)p_{n-1}(z^2)$.)

2.2   Monotone Folgen

2.6 Der Monotoniesatz Die reelle Folge (a_n) heißt **monoton wachsend** bzw. **fallend**, wenn $a_n \le a_{n+1}$ bzw. $a_n \ge a_{n+1}$ für alle $n \in \mathbb{N}$ gilt; eingängig ist die Schreibweise $a_n \uparrow$ bzw. $a_n \downarrow$. Gilt sogar $a_n < a_{n+1}$ bzw. $a_n > a_{n+1}$ für alle $n \in \mathbb{N}$, so heißt (a_n) **streng** oder **strikt** monoton wachsend bzw. fallend. Man bemerkt, dass (a_n) genau dann (strikt) fällt, wenn $(-a_n)$ (strikt) wächst. Für monotone Folgen gilt der zentrale

Satz 2.6 (**Monotoniesatz**) *Jede monoton wachsende und* (nach oben) *beschränkte Folge ist konvergent, es gilt* $\lim\limits_{n \to \infty} a_n = \sup\{a_n : n \in \mathbb{N}\}$. *Ebenso gilt für jede monoton fallende und* (nach unten) *beschränkte Folge* $\lim\limits_{n \to \infty} a_n = \inf\{a_n : n \in \mathbb{N}\}$.

Beweis ‖ Für $a_n \uparrow$ etwa sei $a = \sup\{a_n : n \in \mathbb{N}\}$. Nach Definition des Supremums gibt es zu $\epsilon > 0$ einen Index m mit $a_m > a - \epsilon$, während $a_n \le a$ definitionsgemäß für alle n gilt. Aus der Monotonie ergibt sich dann

$$0 \le a - a_n \le a - a_m < \epsilon \quad (n > m).$$

Bemerkung 2.3 Es gibt monotone und beschränkte Folgen in $\mathbb{Q}$, die *in* $\mathbb{Q}$ *nicht* konvergieren, z. B. die weiter unten im Kontext des Newtonverfahrens für $p = 2$, $a = 2$ und $x_0 \in \mathbb{Q}$ diskutierte. Dies ist kein Widerspruch, es wird nur ausgesagt, dass der in $\mathbb{R}$ vorhandene Grenzwert $\sqrt{2}$ keine rationale Zahl ist. Tatsächlich sind die Vollständigkeit von $\mathbb{R}$ und die Tatsache, dass monotone und beschränkte Folgen konvergieren, verschiedene Seiten derselben Medaille.

Beispiel 2.3 Die Folge (a_n) sei *rekursiv*, genauer *iterativ* definiert: $a_0 \in \mathbb{R}$ ist vorgegeben, und es wird $a_{n+1} = a_n^2 + \frac{1}{4}$ gesetzt; a_{n+1} kann also erst berechnet werden, wenn a_n bekannt ist, eine formelmäßige Darstellung ist nicht möglich. Wann ist (a_n) konvergent? An der Darstellung $a_{n+1} - a_n = (a_n - \frac{1}{2})^2 \geq 0$ erkennt man, dass die Folge (a_n) immer, d. h. unabhängig vom Startwert a_0, monton wächst, sie also genau dann konvergiert, wenn sie beschränkt ist. *Falls* sie konvergiert, etwa gegen a, so ergibt sich $a = a^2 + \frac{1}{4}$ mit der einzigen Lösung $a = \frac{1}{2}$. Dies tritt nicht ein für Startwerte a_0 mit $|a_0| > \frac{1}{2}$, da für diese $\frac{1}{2} < a_n < a_{n+1}$ ab $n = 1$ gilt, ein eventuell vorhandener Grenzwert somit $> \frac{1}{2}$ wäre. Für $|a_0| \leq \frac{1}{2}$ zeigt man (Aufgabe!) mit Induktion $\frac{1}{4} \leq a_{n+1} = \frac{1}{4} + a_n^2 \leq \frac{1}{2}$ und damit Konvergenz gegen $\frac{1}{2}$.

Aufgabe 2.6 Es sei $1 \leq a_0 \leq 2$ und (a_n) iterativ definiert durch $a_{n+1} = a_n^2 - 2a_n + 2$. Man zeige $1 \leq a_n \leq 2$, $a_n \downarrow$ und $\lim_{n \to \infty} a_n = 1$. Was passiert für $0 < a_0 < 1$? (**Hinweis.** Es ist $a_{n+1} - a_n = (a_n - 3/2)^2 - 1/4$.)

Aufgabe 2.7 Es sei $a_0 = 0$ und $b_0 = 2$. Sind a_n und b_n bereits definiert, so wird $c_n = (a_n + b_n)/2$ gesetzt, und $a_{n+1} = c_n$, $b_{n+1} = b_n$ falls $c_n^2 < 2$, aber $a_{n+1} = a_n$, $b_{n+1} = c_n$ falls $c_n^2 > 2$ – warum kann nicht $c_n^2 = 2$ sein? Man zeige $a_n \uparrow \sqrt{2}$ und $b_n \downarrow \sqrt{2}$ sowie $|c_n - \sqrt{2}| < 2^{-n}$.

Beispiel 2.4 Um eine Folge auf Monotonie zu untersuchen bietet sich die Betrachtung von $a_{n+1} - a_n$ oder, falls $a_n > 0$, von a_{n+1}/a_n an. Für $a_n = \binom{2n}{n} p^n$ mit $p > 0$ erhält man $\dfrac{a_{n+1}}{a_n} =$
$$p \frac{(2n+1)(2n+2)}{(n+1)^2} = 4p \frac{n+1/2}{n+1} < 1, \text{ also } a_n \downarrow \text{ falls } 0 < p \leq 1/4.$$
Für $p > 1/4$ dagegen ist sicherlich $a_{n+1}/a_n > 1$ ab einem gewissen n_0, somit gilt $a_n \uparrow$ für $n \geq n_0$. Ist (a_n) dann beschränkt?

2.7 Das Newtonverfahren

zur näherungsweisen Berechnung von $\sqrt[p]{a}$ für $a > 0$ benutzt die rekursiv definierte Folge $x_{n+1} = \dfrac{(p-1)\,x_n^p + a}{p\,x_n^{p-1}}$, wobei $x_0 > 0$ beliebig vorgegeben ist. *Dann gilt* $x_n \downarrow \sqrt[p]{a}$. Der Induktionsbeweis von $x_n > 0$ verbleibt als Aufgabe. Die Ungleichung $x_n^p > a$ für $n \geq 1$ wird direkt bewiesen,

$$x_{n+1}^p = \left[x_n \left(1 - \frac{1}{p} \right) + \frac{a}{p\,x_n^{p-1}} \right]^p = x_n^p \left[1 + \left(\frac{a}{p\,x_n^p} - \frac{1}{p} \right) \right]^p$$
$$\geq x_n^p \left[1 + p \left(\frac{a}{p\,x_n^p} - \frac{1}{p} \right) \right] = x_n^p \frac{a}{x_n^p} = a;$$

verwendet wurde die Bernoullische Ungleichung $(1 + u)^p \geq 1 + pu$ für $u = \dfrac{a}{p\,x_n^p} - \dfrac{1}{p}$. Ebenso unmittelbar folgt $x_n \downarrow$, da $x_{n+1} - x_n = \dfrac{a - x_n^p}{p\,x_n^{p-1}} \leq 0$ für $n \geq 1$. Damit existiert $\lim_{n \to \infty} x_n = x > 0$ (da $x_n^p \geq a$), es gilt dann auch $x_{n+1} \to x$ und so $x = \dfrac{(p-1)x^p + a}{p\,x^{p-1}}$, d. h. $x^p = a$. Speziell für $p = 2$ lautet die *Rekursionsvor-*

schrift $x_{n+1} = \dfrac{1}{2}\left(x_n + \dfrac{a}{x_n}\right)$. Für $a = 3$ und $x_0 = 2$ erhält man $x_4 = 1.732050808\ldots$
und $0 < x_4 - \sqrt{3} < 10^{-9}$.

Isaac **Newton** (1643–1727, Cambridge, London) gilt als eines der größten wissenschaftlichen Genies überhaupt. Er war mit Leibniz der Entdecker der Infinitesimalrechnung (mehr darüber findet sich am Ende von Kapitel 4). Seine größte Leistung aber liegt in der Begründung der klassischen Physik, dargelegt in einem der bedeutendsten wissenschaftlichen Werke überhaupt, den *Philosophiae naturalis principia mathematica*. Eine Aufzählung seiner Entdeckungen würde den vorgegebenen Rahmen sprengen. Er gründete die Mechanik und ihre universelle Geltung auf die Bewegungsgesetze, schuf die Grundlagen der Hydrodynamik, der Akkustik und Optik, entdeckte das Gravitationsgesetz und begründete damit die Keplerschen Bewegungsgesetze der Planeten u. v. a. m. In der Mathematik sind neben der Infinitesimalrechnung u. a. zu nennen die Entdeckung der binomischen Reihe, Interpolations- und Quadraturverfahren, und das eben im Spezialfall besprochene Iterationsverfahren zur Lösung von Gleichungen (Newton-Raphson-Iteration). Newton war Mitglied das Parlaments, Präsident der Royal Society und Aufseher der Münze.

2.8 Intervallschachtelung Sind (a_n) und (b_n) Folgen mit

$$a_n \le a_{n+1} \le b_{n+1} \le b_n \quad (n \in \mathbb{N}),$$

so bilden die Intervalle $[a_n, b_n]$ definitionsgemäß eine *Intervallschachtelung*. Offensichtlich ist $\bigcap_{n\in\mathbb{N}}[a_n, b_n] = [a, b]$ mit $a = \lim\limits_{n\to\infty} a_n$ und $b = \lim\limits_{n\to\infty} b_n$, und $\bigcap_{n\in\mathbb{N}}[a_n, b_n] = \{a\}$ genau für $b_n - a_n \to 0$.

Satz 2.7 (**geometrisch-arithmetisches Mittel von Gauß**) *Bei gegebenen a_0, b_0 mit* $0 < a_0 < b_0$ *wird* $a_{n+1} = \sqrt{a_n b_n}$ *und* $b_{n+1} = \frac{1}{2}(a_n + b_n)$ *gesetzt. Dann ist* $([a_n, b_n])$ *eine Intervallschachtelung, der Grenzwert*

$$M(a_0, b_0) = \lim_{n\to\infty} a_n = \lim_{n\to\infty} b_n$$

existiert und heißt geometrisch-arithmetisches Mittel *von a_0 und b_0.*

Beweis ‖ Aus der Annahme $0 < a_n < b_n$ folgt nämlich $a_{n+1} = \sqrt{a_n b_n} > a_n$ und $b_{n+1} = \frac{1}{2}(a_n + b_n) < b_n$, während $a_{n+1} < b_{n+1}$ gerade ein Spezialfall der Ungleichung zwischen dem geometrischen und dem arithmetischen Mittel ist. Beide Folgen sind konvergent, und aus $a_n \to a$, $b_n \to b$ folgt dann $a = \sqrt{ab}$ und $b = \frac{1}{2}(a + b)$, also $a = b$.   ☕

Beispiel 2.5 Von der *fulminanten Geschwindigkeit* der Konvergenz kann man sich leicht anhand einfacher Beispiele überzeugen; für $a_0 = 1$, $b_0 = 3$ etwa ergibt sich $a_4 = 1.863616784\ldots$ und $b_4 = 1.863616784\ldots$, also $M(1, 3)$ auf 9 Dezimalen genau.

Satz 2.8 (**Eulersche Zahl**) *Die Folgen* $a_n = \left(1 + 1/n\right)^n$ *für $n \ge 1$ und $b_n = (1 - 1/n)^{-n}$ für $n \ge 2$ erzeugen eine Intervallschachtelung mit Grenzpunkt*

$$e = \lim_{n \to \infty} \left(1 + \frac{1}{n}\right)^n = \lim_{n \to \infty} \left(1 - \frac{1}{n}\right)^{-n} = 2.718\ldots$$

Beweis ‖ Die Ungleichung zwischen dem geometrischen und dem arithmetischen Mittel, angewandt auf die $n + 1$ Zahlen 1 und $1 + 1/n$ (n-mal), liefert

$$a_n = 1 \cdot \left(1 + \frac{1}{n}\right) \cdots \left(1 + \frac{1}{n}\right) < \left(\frac{1 + n(1 + \frac{1}{n})}{n+1}\right)^{n+1} = \left(\frac{n+2}{n+1}\right)^{n+1} = a_{n+1}.$$

Analog beweist man $b_n^{-1} < b_{n+1}^{-1}$, also $b_{n+1} < b_n$. Schließlich folgt aus

$$a_n/b_n = \left(1 + 1/n\right)^n \left(1 - 1/n\right)^n = \left(1 - 1/n^2\right)^n$$

einerseits $a_n/b_n < 1$, und andererseits $a_n/b_n > 1 - n/n^2 = 1 - 1/n$ (wieder erweist sich die Bernoullische Ungleichung als nützlich). Aus beiden Ungleichungen zusammen ergibt sich dann $\lim_{n \to \infty} a_n = \lim_{n \to \infty} b_n$. Die Konvergenz ist relativ langsam, beispielsweise ist $a_{100} \approx 2.705$ und $b_{100} \approx 2.732$. ☕

Aufgabe 2.8 Man zeige, dass die Folge $a_n = (1 + 1/n)^{n+1}$ monoton fallend gegen e konvergiert. (**Hinweis.** Zu untersuchen ist a_{n+1}/a_n.)

Aufgabe 2.9 Man zeige $\sqrt[n]{n} \downarrow$ ab $n = 3$.

Aufgabe 2.10 Man zeige $a_n = \dfrac{n^n}{3^n n!} \to 0$ für $n \to \infty$. (**Hinweis.** $a_{n+1}/a_n \leq q < 1$ ist der Schlüssel zum Beweis.)

Der Schweizer Leonhard **Euler** (1707–1783, Basel, St. Petersburg, Berlin) gilt als produktivster Mathematiker überhaupt und als bedeutendster Mathematiker des achtzehnten Jahrhunderts. Er arbeitete auf nahezu allen Gebieten der Mathematik, eine vollständige Aufzählung würde den vorgegebenen Rahmen sprengen. Viele Gebiete hat er erst begründet, wie z. B. die analytische Zahlentheorie, die Variationsrechnung und die kombinatorische Topologie. Seine *Introductio in analysin infinitorum* markiert den Beginn einer neuen Epoche der Analysis. Obwohl er die letzten 17 Jahre seines Lebens erblindet war, blieb sein Schaffenskraft ungebrochen. In dieser Zeit entdeckte er den Kettenbruch $[2; 1, 2, 1, 1, 4, 1, 1, 6, 1, 1, \ldots]$ von e. Als eine seiner größten Leistungen sah Euler die Formel $e^{ix} = \cos x + i \sin x$ an. Er schrieb mehrere einflussreiche Bücher über unendliche Reihen, Differential- und Integralrechnung, Algebra und angewandte Mathematik. Seine Arbeiten gaben immer Auskunft darüber, *wie* er zu seinen Ergebnissen gekommen war.[2] Neben seiner wahrhaftig erschöpfenden wissenschaftlichen Tätigkeit fand er noch Zeit, das russische Schulsystem mit Mathematiklehrbüchern zu versorgen.

2.3 Teilfolgen

2.9 Teilfolgen und Häufungswerte Eine *Indexfolge* (n_k) ist eine streng monoton wachsende Folge in $\mathbb{N}$. Ist (a_n) eine reelle oder komplexe Folge und (n_k) eine Indexfolge, so nennt man (a_{n_k}), d. h. die Abbildung $k \mapsto a_{n_k}$, eine *Teilfolge* von (a_n).

---

[2] Darauf bezieht sich wohl der Ausspruch von Laplace: *Lest Euler, er ist unser aller Meister.*

Beispielsweise ist $(1/k^2)$ eine Teilfolge von $(1/n)$. Der Grenzwert einer konvergenten Teilfolge (a_{n_k}) von (a_n) heißt **Häufungswert** der Folge (a_n). Offensichtlich haben konvergente Folgen nur einen Häufungswert, ihren Grenzwert.

Beispiel 2.6 Die Folge $a_n = \sqrt[n]{2^n + 3^{n(-1)^n}}$ hat zwei konvergente Teilfolgen,

$$a_{2k} = \sqrt[2k]{2^{2k} + 3^{2k}} = 3\sqrt[2k]{1 + (2/3)^{2k}} \to 3 \quad \text{und}$$
$$a_{2k-1} = \sqrt[2k-1]{2^{2k-1} + 3^{-2k+1}} = 2\sqrt[2k-1]{1 + 6^{-2k+1}} \to 2.$$

2.10 Der Satz von Bolzano-Weierstraß Die Möglichkeit, Teilfolgen mit bestimmten Eigenschaften, welche die Gesamtfolge nicht unbedingt hat, auswählen zu können, spielt eine wichtige beweistechnische Rolle. *Übergang zu einer geeigneten Teilfolge* bedeutet *Ausdünnung* einer gegebenen Folge soweit, bis nur noch die gewünschte Eigenschaft, z. B. Konvergenz oder Monotonie, übrigbleibt. Oft genügt es, bei nicht als konvergent bekannten Folgen zu wissen, dass man konvergente Teilfolgen auswählen kann. Dies liefert der

Satz 2.9 (**von Bolzano-Weierstraß**) *Jede beschränkte Folge besitzt eine konvergente Teilfolge, es gibt sogar einen größten und einen kleinsten Häufungswert.*

Bernard **Bolzano** (1781–1848, Prag), war Philosoph, Mathematiker und Theologe. Er hat vieles vorweggenommen, wie z. B. die Stetigkeitsdefinition und das Cauchykriterium, was aber weitgehend folgenlos blieb. Er erkannte als erster die Bedeutung der Vollständigkeit der reellen Zahlen für die Analysis, und mit seiner Konstruktion einer stetigen, nirgends differenzierbaren Funktion ging er Weierstraß voran.

Karl **Weierstraß** (1815–1897, Berlin) verbrachte aufgrund eines bürokratischen Eingriffs in sein Zeugnis den ersten Teil seines Berufslebens als Lehrer an höheren Schulen (seine Bezeichnung $\wp$ für die nach ihm benannte elliptische P-Funktion entstand durch den Schönschreibunterricht). Erst 1856 wurde er an die Universität Berlin berufen; vorher hatte die Universität Königsberg dem nicht promovierten Weierstraß aufgrund seiner aufsehenerregenden Arbeiten den Ehrendoktortitel verliehen. Seine Arbeiten über abelsche Integrale und elliptische Funktionen brachten ihn zur Begründung der Funktionentheorie durch Potenzreihen. Der *Vater der mathematischen Strenge* (noch heute benutzen wir seine Terminologie bis hin zur Buchstabenkombination $\epsilon \, \delta$), und Begründer einer großen und einflussreichen Schule, machte Berlin zu einem mathematischen Weltzentrum. Durch seine großzügige Förderung – und ihre eigene Leistung (Satz von Cauchy-Kowalewskaya) – konnte Sofja (Sonja) **Kowalewskaya** (1850–1891), die er privat unterrichtete, als Externe in Göttingen promovieren und als erste Frau in Europa einen Lehrstuhl für Mathematik (in Stockholm) erhalten.

Beweis ‖ Es gibt dafür verschiedene Möglichkeiten[3], hier wird eine spezielle Intervallschachtelung konstruiert. Es gelte etwa $a_0 \leq x_n \leq b_0$ für die vorgelegte Folge (x_n). Zerlegt man $[a_0, b_0]$ in zwei gleichlange, abgeschlossene Teilintervalle, so enthält eines davon, mit $[a_1, b_1]$ bezeichnet, unendlich viele x_n (genauer gibt es unendlich viele n mit $x_n \in [a_1, b_1]$). Aus einem bestimmten Grund wird nach Möglichkeit das *linke* Intervall gewählt, und darin ein Folgenglied x_{n_1}. Wird dieser Schritt mit $[a_1, b_1]$ anstelle $[a_0, b_0]$ wiederholt und x_{n_2} mit $n_2 > n_1$ in dem entsprechenden Intervall $[a_2, b_2]$ gewählt usw., so erhält man eine Intervallschachtelung $([a_k, b_k])$ sowie eine Teilfolge (x_{n_k}) mit $x_{n_k} \in [a_k, b_k]$. Wegen $b_k - a_k = (b_0 - a_0)/2^k$ ist $\bigcap_{k \in \mathbb{N}} [a_k, b_k] = \{x_*\}$ und so $\lim_{k \to \infty} x_{n_k} = x_*$. Dass nach Möglichkeit das linke Intervall gewählt wird, bedeutet: links von a_k liegen nur endlich viele Folgenglieder x_n, d. h. alle Häufungswerte sind $\geq a_k$, somit $\geq x_*$. Anders gesagt, das gefundene x_* ist der *kleinste* Häufungswert. Hätte man sich für *rechts* anstelle *links* entschieden, so hätte sich der *größte* Häufungswert x^* ergeben. ☕

Beispiel 2.7 Es gibt ganz *wilde* Folgen. Da $\mathbb{Q} \cap (0, 1)$ abzählbar ist, kann man diese Menge als $\{a_n : n \in \mathbb{N}\}$ schreiben. Diese Folge hat jedes $a \in [0, 1]$ als Häufungswert, denn für $k \in \mathbb{N}$ enthält $(0, 1) \cap (a - 1/k, a + 1/k)$ eine rationale Zahl a_{n_k} mit $n_k > n_{k-1}$; nach Konstruktion konvergiert (a_{n_k}) gegen a.

Aufgabe 2.11 Man zeige, dass jede konvergente Folge eine monotone Teilfolge besitzt. (**Hinweis.** Es gibt entweder eine Teilfolge (a_{n_k}) mit (i) $a_{n_k} > a = \lim_{n \to \infty} a_n$ bzw. mit (ii) $a_{n_k} < a$ für alle k oder aber es gilt (iii) $a_n = a$ für $n \geq n_0$.)

Aufgabe 2.12 (fortgesetzt) Man zeige, dass sogar jede beschränkte Folge eine monotone Teilfolge besitzt. (**Hinweis.** Man untersuche irgendeine konvergente Teilfolge $\lim_{k \to \infty} a_{n_k}$ anstelle (a_n) selbst.)

Aufgabe 2.13 Von der Folge (a_n) sei bekannt, dass die Teilfolgen (a_{2k}), (a_{2k+1}) und (a_{3k}) konvergieren mit Grenzwerten a, a' und a''. Man zeige $a = a' = a''$ und so $\lim_{n \to \infty} a_n = a$.

Aufgabe 2.14 Man zeige, dass der Satz von Bolzano-Weierstraß auch für komplexe Folgen gilt.

Aufgabe 2.15 Man zeige, dass eine beschränkte Folge bereits dann konvergiert, wenn sie nur einen Häufungswert hat.

2.11 Das Cauchykriterium

Gilt $a_n \to a$ und so $|a_n - a| < \epsilon/2$ bei gegebenem $\epsilon > 0$ für alle $n \geq n_0$, so folgt

$$|a_n - a_m| < \epsilon \quad (n > m \geq n_0);$$

diese Bedingung heißt **Cauchybedingung**; jede Folge, die sie erfüllt heißt **Cauchyfolge**.

---

[3] Diese Bemerkung ist öfter angebracht: Die Auswahl der Beweismethode richtet sich in der Regel nach verschiedenen, als subjektiv einzustufenden und sich manchmal widersprechenden Kriterien wie *Einfachheit, leichte Verständlichkeit, Eleganz, Schönheit, Tragfähigkeit*, und nicht zuletzt, dem *persönlichen Geschmack und Können*.

Satz 2.10 (Cauchykriterium) *Die Folge (a_n) ist genau dann konvergent, wenn sie eine Cauchyfolge ist.*

Es gibt Cauchyfolgen in $\mathbb{Q}$, die *nicht* konvergieren, z. B. die in Abschn. 2.1 beim Newtonverfahren angegebene für $x_0 \in \mathbb{Q}$, $a = 2$ und $p = 2$. Dieser scheinbare Widerspruch ist keiner: Nicht konvergent bedeutet hier, dass der (in $\mathbb{R}$ vorhandene) Grenzwert $\sqrt{2}$ nicht zu $\mathbb{Q}$ gehört!

Beweis $\parallel$ des Cauchykriteriums. Jede konvergente Folge ist auch Cauchyfolge, es geht hier nur um die Umkehrung. Eine Cauchyfolge ist beschränkt, dies beweist man wie bei konvergenten Folgen: Aus $|a_n - a_{n_0}| < 1$ für $n > n_0$ ergibt sich die Schranke $K = \max\{|a_1|, \ldots, |a_{n_0-1}|, |a_{n_0}| + 1\}$ für alle $|a_n|$. Teilfolgen (a_{n_k}) und (a_{m_k}) mit verschiedenen Grenzwerten a' und a'' gibt es nicht: für $\epsilon_0 = |a' - a''|/3$ und $|a_{n_k} - a'| < \epsilon_0$ sowie $|a_{m_k} - a''| < \epsilon_0$ für $k \geq k_0$ folgt

$$\begin{aligned} |a_{n_k} - a_{m_k}| &= |(a' - a'') - (a' - a_{n_k}) + (a'' - a_{m_k})| \\ &\geq |a' - a''| - |a' - a_{n_k}| - |a'' - a_{m_k}| > \epsilon_0. \end{aligned}$$

Damit ist die Cauchybedingung verletzt und die Folge (a_n) konvergent, da es nach dem Satz von Bolzano-Weierstraß sicherlich eine, somit genau eine konvergente Teilfolge gibt.   ☕

Neben dem Monotoniekriterium ist das Cauchykriterium das bisher einzige, welches die Konvergenz einer Folge ohne Kenntnis des (vermuteten) Grenzwertes nachzuweisen erlaubt. Tatsächlich ist das Cauchykriterium äquivalent zum Vollständigkeitsaxiom, und wird in Fällen, in denen eine Anordnung nicht zur Verfügung steht, also der Supremumsbegriff keinen Sinn hat, zur *Definition* der Vollständigkeit herangezogen.

Beispiel 2.8 Es sei $a_0 = 0$, $a_1 = 1$ und $a_{n+1} = \frac{5}{4}a_n - \frac{1}{4}a_{n-1} + (-4)^{-n}$. An eine explizite Berechnung von a_n ist nicht zu denken, die Konvergenzfrage kann so nicht entschieden werden. Aus

$$a_{n+1} - a_n = \frac{1}{4}(a_n - a_{n-1}) + (-1)^n 4^{-n} \tag{2.1}$$

folgt für $d_n = |a_n - a_{n-1}|$: $d_1 = 1$ und $d_{n+1} \leq \frac{1}{4}d_n + 4^{-n}$. Mit Induktion wird $d_n \leq 2^{-n+1}$ bewiesen, was für $n = 1$ richtig ist. Im Induktionsschritt ergibt sich $d_{n+1} \leq \frac{1}{4}2^{-n+1} + 4^{-n} = (\frac{1}{2} + 2^{-n})2^{-n} \leq 2^{-n} = 2^{-(n+1)+1}$. Damit ist

$$|a_n - a_m| \leq \sum_{k=m+1}^{n} d_k \leq \sum_{k=m+1}^{n} 2^{-n+1} < 2^{-m+1} \quad (n > m \geq 1)$$

(geometrische Summenformel), nach dem Cauchykriterium konvergiert die Folge. Summiert man in (2.1) über $1 \leq n \leq N$, so entsteht

$$a_{N+1} - a_1 = \frac{1}{4}(a_N - a_0) + \sum_{n=1}^{N}(-4)^{-n} = \frac{1}{4}a_N - \frac{1}{5}(1 + (-1)^{N+1}4^{-N}),$$

also $\lim_{n \to \infty} a_n = 16/15$ nach kurzer Rechnung.

2.12 Limes superior und limes inferior Der größte Häufungswert einer beschränkten reellen Folge (a_n) heißt *Limes superior* oder *oberer Limes*, geschrieben $\lim \sup_{n\to\infty} a_n$ oder auch $\overline{\lim}\, a_n$. Analog ist der *Limes inferior* oder *untere Limes*, geschrieben $\lim \inf_{n\to\infty} a_n$ oder auch $\underline{\lim}\, a_n$, der kleinste Häufungswert.

Beispiel 2.9 Für $a_n = \sqrt[n]{2^n + 3^{n(-1)^n}}$ ist $\lim\sup_{n\to\infty} a_n = 3$ und $\lim\inf_{n\to\infty} a_n = 2$.

Beispiel 2.10 Es sei $0 < \rho < 1$, $a_0 = 0$, $a_{2n+1} = \rho a_{2n}$ und $a_{2n+2} = 1 + \rho a_{2n+1}$, also $a_{2n+2} = 1 + \rho^2 a_{2n}$. Man erhält $a_2 = 1$, $a_4 = 1 + \rho^2$, $a_6 = 1 + \rho^2 + \rho^4$, und allgemein $a_{2n} = 1 + \rho^2 + \cdots + \rho^{2n-2} = \dfrac{1 - \rho^{2n}}{1 - \rho^2}$, also $\lim\sup_{n\to\infty} a_n = \lim_{n\to\infty} a_{2n} = \dfrac{1}{1-\rho^2}$ und $\lim\inf_{n\to\infty} a_n = \lim_{n\to\infty} a_{2n+1} = \dfrac{\rho}{1-\rho^2}$.

Aufgabe 2.16 Man zeige, dass die Zahl $a^* = \lim\sup_{n\to\infty} a_n$ durch die folgenden Bedingungen charakterisiert wird: Zu jedem $\epsilon > 0$ gibt es

- ein n_0 mit $a_n < a^* + \epsilon$ für alle $n \geq n_0$ [alle Häufungswerte sind $\leq a^*$];
- beliebig große $n \in \mathbb{N}$ mit $a_n > a^* - \epsilon$ [es gibt einen Häufungswert $\geq a^*$].

Analog lässt sich $\lim\inf a_n$ quantitativ fassen.

Satz 2.11 *Für eine beschränkte Folge (a_n) ist die Folge*

$$\alpha_n = \sup\{a_k : k \geq n\} \quad \text{bzw.} \quad \beta_n = \inf\{a_k : k \geq n\}$$

monoton fallend bzw. wachsend und es gilt

$$\lim_{n\to\infty} \alpha_n = \lim\sup_{n\to\infty} a_n \quad \text{bzw.} \quad \lim_{n\to\infty} \beta_n = \lim\inf_{n\to\infty} a_n.$$

Beweis ‖ Da bei wachsendem n die Menge, über die das Supremum α_n zu bilden ist, abnimmt, ist tatsächlich (α_n) monoton fallend mit denselben Schranken wie (a_n); somit existiert $\alpha = \lim_{n\to\infty} \alpha_n$. Daneben wird $a^* = \lim\sup_{n\to\infty} a_n = \lim_{k\to\infty} a_{n_k}$ betrachtet. Mit $a_{n_k} \leq \alpha_{n_k}$ ist auch $a^* \leq \alpha$. Andererseits ist bei beliebig gegebenem $\epsilon > 0$ auch $a_n < a^* + \epsilon$ für $n \geq n_0$, also auch $\alpha_n \leq a^* + \epsilon$, was schließlich $\alpha \leq a^* + \epsilon$ und so nach üblichem Schluss $\alpha \leq a^*$, insgesamt $\alpha = a^*$ nach sich zieht. Der Beweis für den unteren Limes und die Folge (β_n) verläuft ganz analog. ☙

Bemerkung 2.4 Im Allgemeinen[4] sind weder (α_n) noch (β_n) Teilfolgen von (a_n).

Aufgabe 2.17 Man zeige, dass im ersten Beispiel dieses Abschnitts die Teilfolgen (a_{2n}) und (a_{2n+1}) monoton fallend sind. Man berechne α_n und β_n.

---

[4] Umgangssprachlich bedeutet *im Allgemeinen* soviel wie *in der Regel*, mit ganz wenigen Ausnahmen. Und das Gegenteil, etwas gilt *im Allgemeinen nicht*, heißt, dass es allenfalls in *Ausnahmefällen* gilt. Anders in der Mathematik: Etwas gilt *im Allgemeinen nicht*, wenn es eben *nicht allgemeingültig* ist, und dazu genügt *eine einzige Ausnahme*.

Regeln für den Umgang mit limsup und liminf ergeben sich aus den Grenzwertregeln. Eine Auswahl:

Satz 2.12 *Für beschränkte Folgen* (a_n) *und* (b_n) *gilt*

$$\limsup_{n\to\infty}(a_n + b_n) \le \limsup_{n\to\infty} a_n + \limsup_{n\to\infty} b_n$$
$$\liminf_{n\to\infty}(a_n + b_n) \ge \liminf_{n\to\infty} a_n + \liminf_{n\to\infty} b_n$$
$$\limsup_{n\to\infty} a_n = -\liminf_{n\to\infty}(-a_n).$$

Gleichheit in den Ungleichungen gilt sicher dann, wenn z. B. $\lim\limits_{n\to\infty} b_n$ *existiert.*

Beweis ‖ Es wird nur die erste Regel bewiesen. Der Beweis der zweiten verläuft analog, und der Beweis der dritten wird als Übungsaufgabe gestellt. Zu $\epsilon > 0$ wird n_0 so gewählt, dass $a_n \le a^* + \epsilon$ und $b_n \le b^* + \epsilon$ für $n \ge n_0$ gelten (a^* und b^* sind die entsprechenden oberen Limites). Dann ist auch $a_n + b_n \le a^* + b^* + 2\epsilon$ für $n \ge n_0$, also $\limsup\limits_{n\to\infty}(a_n + b_n) \le a^* + b^* + 2\epsilon$ und $\limsup\limits_{n\to\infty}(a_n + b_n) \le a^* + b^*$. Schließlich folgt aus $\lim\limits_{k\to\infty} a_{n_k} = a^*$ und $\lim\limits_{n\to\infty} b_n = b^*$ sofort $\limsup\limits_{n\to\infty}(a_n + b_n) \ge \lim\limits_{k\to\infty}(a_{n_k} + b_{n_k}) = a^* + b^*$, und damit Gleichheit. &

Aufgabe 2.18 Für beschränkte Folgen (a_n) und (b_n) ist zu zeigen

$$\liminf_{n\to\infty}(a_n + b_n) \le \limsup_{n\to\infty} a_n + \liminf_{n\to\infty} b_n \le \limsup_{n\to\infty}(a_n + b_n).$$

2.13 Der Überdeckungssatz von Heine-Borel für Intervalle steht in engem thematischen Zusammenhang mit dem Satz von Bolzano-Weierstraß, was allerdings erst im weiteren Verlauf deutlich wird.

Satz 2.13 (von Heine-Borel) *Es sei* $(I_\lambda)_{\lambda\in\Lambda}$ *ein System von offenen Intervallen, die das kompakte Intervall* $[a, b]$ *überdecken:* $[a, b] \subset \bigcup_{\lambda\in\Lambda} I_\lambda$. *Dann gibt es bereits endlich viele dieser Intervalle, etwa* $I_{\lambda_1}, \ldots, I_{\lambda_n}$, *mit derselben Eigenschaft:* $[a, b] \subset \bigcup_{k=1}^n I_{\lambda_k}$.

Die Aussage des Satzes wird oft verkürzt zu *jede offene Intervallüberdeckung von* $[a, b]$ *enthält eine endliche Teilüberdeckung*. Die Verwendung des Begriffs *kompaktes* anstatt *abgeschlossenes* Intervall $[a, b]$ deutet auf spätere Verallgemeinerungen hin.

Heinrich Eduard **Heine** (1821–1881, Bonn, Halle), arbeitete über Themen der Potentialtheorie (Kugelfunktionen), Kettenbrüche und Mengengeometrie.

Émile **Borel** (1871–1956, Paris), französischer Mathematiker und Politiker, lieferte wichtige Beiträge zur Funktionentheorie (Satz von Borel), Maßtheorie (Borel-Maß), Wahrscheinlichkeitstheorie und zur Theorie der reellen Funktionen. Ab 1924 wandte er sich überwiegend der Politik zu.

Beweis ‖ Das Intervall $[a, b]$ wird in zwei gleichlange, abgeschlossene Teilintervalle zerlegt. Wenn $[a, b]$ *nicht* durch endlich viele I_λ überdeckt werden kann, dann trifft dies auch auf mindestens eines der Teilintervalle, bezeichnet mit $[a_1, b_1]$, zu. Fortgesetzte Wiederholung dieses Schrittes führt auf eine Intervallschachtelung $([a_n, b_n])$, nach Konstruktion ist keines der Intervalle $[a_n, b_n]$ durch endlich viele I_λ überdeckbar. Andererseits ist $\bigcap_{n \in \mathbb{N}}[a_n, b_n] = \{c\} \subset [a, b]$ und somit sicherlich $c \in I_\lambda$ für ein λ. Damit ist aber auch $[a_n, b_n] \subset I_\lambda$ für $n \geq n_0$, da I_λ offen ist und $b_n - c \to 0$ und $c - a_n \to 0$ für $n \to \infty$ gilt. Dieser Widerspruch beweist die Behauptung.   ⚙

Bemerkung 2.5 Der Beweis ist nicht-konstruktiv. Selbst in dem konkreten Fall, dass jedem $x \in [0, 1]$ ein Intervall $I_x = (x - \epsilon(x), x + \epsilon(x))$ mit willkürlichem $\epsilon(x) > 0$ zugeordnet wird [und $\Lambda = [0, 1]$ ist], ist die Aussage, dass es endlich viele x_j mit $[0, 1] \subset \bigcup_{j=1}^{m} I_{x_j}$ gibt, nichttrivial. Die Behauptung wird falsch, wenn man $[a, b]$ durch ein offenes oder halboffenes Intervall ersetzt. So wird $(0, 1]$ durch die offenen Intervalle $\left(\frac{1}{n+1}, \frac{2}{n}\right), n \in \mathbb{N}$, überdeckt; endlich viele davon reichen aber zur Überdeckung nicht aus. Die Behauptung wird auch falsch, wenn die Überdeckungsintervalle nicht offen sind: Die Intervalle $\left[\frac{1}{n+1}, \frac{1}{n}\right], n \in \mathbb{N}$, überdecken zusammen mit $[-1, 0]$ das Intervall $[-1, 1]$; wieder reichen endlich viele davon nicht aus.

2.14 Erweiterungen Die Einbeziehung von $\pm\infty$ erlaubt eine Ausdehnung des (oberen und unteren) Grenzwertbegriffes. Für eine reelle Folge (a_n) bedeutet $\lim_{n \to \infty} a_n = +\infty$, dass es zu jedem $K > 0$ ein $n_0 \in \mathbb{N}$ gibt mit $a_n \geq K$ für alle $n \geq n_0$; obwohl man dann auch $a_n \to \infty$ schreibt und ∞ als *Grenzwert* bezeichnet, sagt man zur Unterscheidung, dass (a_n) *gegen* ∞ *divergiert*. Analog kann man von *Divergenz gegen* $-\infty$ sprechen. Die bekannten Regeln für konvergente Folgen bleiben erhalten, sofern die dann auftretenden Operationen mit den Grenzwerten (inklusive $\pm\infty$) erlaubt sind (man vgl. dazu die Einführung von $\pm\infty$ im Kapitel *Reelle und komplexe Zahlen*). Die Definition des oberen und unteren Limes wird so ausgedehnt: Divergiert (a_n) gegen $\pm\infty$, so wird $\liminf_{n \to \infty} a_n = \limsup_{n \to \infty} a_n = \pm\infty$ gesetzt. Ist aber (a_n) nach oben bzw. nach unten *unbeschränkt*, so wird definiert $\limsup_{n \to \infty} a_n = +\infty$ bzw. $\liminf_{n \to \infty} a_n = -\infty$. Dabei kann $\liminf_{n \to \infty} a_n$ bzw. $\limsup_{n \to \infty} a_n$ endlich sein.

Beispiel 2.11 $a_n = \dfrac{n}{(1 + (-1)^n)n + 1}$; hier ist $\liminf_{n \to \infty} a_n = \lim_{n \to \infty} a_{2n} = 1/2$ endlich, aber $\limsup_{n \to \infty} a_n = \lim_{n \to \infty} a_{2n+1} = \lim_{n \to \infty} 2n + 1 = +\infty$.

2.4 Unendliche Reihen

2.15 Konvergente unendliche Reihen Es sei $(a_k)_{k \geq 0}$ eine (zunächst) reelle Folge. Unter einer **unendlichen Reihe**

$$\sum_{k=0}^{\infty} a_k$$

versteht man die Folge (s_n) der **Partialsummen** $s_n = \sum_{k=0}^{n} a_k$. Die Reihe heißt **konvergent**, wenn die Folge (s_n) konvergiert, der Grenzwert $s = \lim_{n \to \infty} s_n$ heißt **Reihenwert**, kurz $\sum_{k=0}^{\infty} a_k = s$. Nicht konvergente Reihen heißen **divergent**.

Satz 2.14 Notwendig *für die Konvergenz, aber* nicht hinreichend, *ist die Bedingung* $a_k \to 0$; *im Konvergenzfall gilt* $r_n = \sum_{k=n+1}^{\infty} a_k \to 0$.

Beweis ‖ Die erste Bedingung folgt aus $a_n = s_n - s_{n-1} \to 0$, die zweite aus $r_n = s - s_n \to 0$.   ☕

Beispiel 2.12 Es sei $a_0 > 0$ und $a_k = 1/(a_0 + \cdots + a_{k-1})$ für $k \geq 1$. Dann gilt $a_k = 1/s_{k-1} \to 0$, aber $\sum_{k=0}^{\infty} a_k$ divergiert. Der Beweis wird als Übungsaufgabe gestellt; es wird dringend von dem Versuch abgeraten, a_k explizit zu bestimmen.

Regeln für unendliche Reihen ergeben sich in natürlicher Weise aus den Regeln für konvergente Folgen:

Satz 2.15 *Aus der Konvergenz von* $\sum_{k=0}^{\infty} a_k$ *und* $\sum_{k=0}^{\infty} b_k$ *folgt*

$$\sum_{k=0}^{\infty}(a_k + b_k) = \sum_{k=0}^{\infty} a_k + \sum_{k=0}^{\infty} b_k \quad \text{und} \quad \sum_{k=0}^{\infty} \alpha a_k = \alpha \sum_{k=0}^{\infty} \quad (\alpha \in \mathbb{R}).$$

2.16 Teleskopreihen In den wenigsten Fällen ist es möglich, den Wert einer konvergenten Reihe wirklich bestimmen; eine Ausnahme von dieser Regel bilden die *Teleskopreihen* $\sum_{n=0}^{\infty}(a_n - a_{n+p})$.

Satz 2.16 *Für Nullfolgen* (a_n) *und* $p \in \mathbb{N}$ *gilt*

$$\sum_{n=0}^{\infty}(a_n - a_{n+p}) = a_0 + \cdots + a_{p-1}.$$

Beweis ‖ Für $n > p$ ist offensichtlich $s_n = a_0 + \cdots + a_n - (a_p + \cdots + a_{n+p}) = a_0 + \cdots + a_{p-1} - (a_{n+1} + \cdots + a_{n+p})$, und die rechte Seite konvergiert wegen $a_{n+j} \to 0$ für $n \to \infty$ ($1 \leq j \leq p$) gegen $a_0 + \cdots + a_{p-1}$.   ☕

Beispiel 2.13 Speziell für $p = 1$ und $a_n = \dfrac{1}{n+1}$ ergibt sich

$$\sum_{n=0}^{\infty} \frac{1}{(n+1)(n+2)} = \sum_{n=0}^{\infty}\left(\frac{1}{n+1} - \frac{1}{n+2}\right) = 1,$$

was aber *nicht* als $\sum_{n=0}^{\infty} \frac{1}{n+1} - \sum_{n=0}^{\infty} \frac{1}{n+2} = 1$ geschrieben werden darf, da beide Reihen *divergieren*, wie gleich gezeigt wird.

Beispiel 2.14 Für $a_n = \dfrac{n!}{(n-1+q)!}$ $(n, q \in \mathbb{N})$ gilt $a_n - a_{n+1} = \dfrac{(q-1)n!}{(n+q)!}$. Summation über $n \geq 1$ ergibt wegen $a_n \to 0$ $(n \to \infty)$ für $q \geq 2$ für die Teleskopreihe auf der linken Seite den Wert $\frac{1}{q!}$, und $\dfrac{q-1}{q!} \sum_{n=1}^{\infty} \dfrac{1}{\binom{n+q}{n}}$ rechts, also $\sum_{n=1}^{\infty} \dfrac{1}{\binom{n+q}{n}} = \dfrac{1}{q-1}$ $(q \geq 2)$, was schon Leibniz[5] bekannt war.

Aufgabe 2.19 Man bestimme die Reihenwerte $\sum_{n=1}^{\infty} \dfrac{1}{n^2 - 1/4}$ und $\sum_{n=1}^{\infty} \dfrac{1}{n(n+4)}$.

2.17 Das Cauchykriterium Wie für Folgen gibt es auch für Reihen ein Cauchykriterium, nämlich seine Anpassung an die Folge der Partialsummen.

Satz 2.17 *Die Reihe* $\sum_{k=0}^{\infty} a_k$ *ist genau dann konvergent, wenn zu jedem* $\epsilon > 0$ *ein* $n_0 \in \mathbb{N}$ *existiert mit* $|s_n - s_m| = \left| \sum_{k=m+1}^{n} a_k \right| < \epsilon$ *für* $n > m \geq n_0$.

Beispiel 2.15 Die **harmonische Reihe** $\sum_{k=1}^{\infty} \dfrac{1}{k}$ divergiert, denn für alle $n \geq 2$ gilt $s_{2n} - s_n = \sum_{k=n+1}^{2n} \dfrac{1}{k} > n \dfrac{1}{2n} = 1/2$; das Cauchykriterium ist verletzt.

2.18 Abel-Dirichlet und Leibnizkriterium Von den vielen Konvergenzkriterien für Reihen werden zwei besonders wichtige ausgewählt.

Satz 2.18 (Abel-Dirichlet-Kriterium) *Gilt* $a_n \downarrow 0$ *und ist die Folge der Partialsummen* $B_n = \sum_{k=0}^{n} b_k$ *beschränkt, so konvergieren die beiden Reihen* $\sum_{k=0}^{\infty} a_k b_k$ *und* $\sum_{k=0}^{\infty} (a_k - a_{k+1}) B_k$, *und zwar zum gleichen Wert.*

Beweis ‖ Man benutzt einen Kunstgriff, der unter dem Namen **abelsche partielle Summation** bekannt ist und so geht: Für $m < n$ ist

$$\sum_{k=m+1}^{n} a_k b_k = \sum_{k=m+1}^{n} a_k (B_k - B_{k-1}) = \sum_{k=m+1}^{n} a_k B_k - \sum_{k=m}^{n-1} a_{k+1} B_k$$

$$= a_n B_n - a_{m+1} B_m + \sum_{k=m+1}^{n-1} (a_k - a_{k+1}) B_k. \tag{2.2}$$

Benutzt man hier $|B_k| \leq B$ und $a_k \downarrow 0$, so folgt mit $a_k \geq 0$ und $a_k - a_{k+1} \geq 0$

---

[5] und nicht *Leibnitz,* wie man immer mal wieder lesen kann.

$$\left| \sum_{k=m+1}^{n} a_k b_k \right| \leq (a_n + a_{m+1})B + B \sum_{k=m+1}^{n-1} (a_k - a_{k+1}) = 2B a_{m+1} < \epsilon$$

für $n > m \geq n_0$, also die Konvergenz nach dem Cauchykriterium. Für $m = -1$ und $n \to \infty$ in (2.2) erhält man $\sum_{k=0}^{\infty} a_k b_k = \sum_{k=0}^{\infty} (a_k - a_{k+1}) B_k$. ☙

Niels Henrik **Abel** (1802–1829), norwegischer Mathematiker, schrieb bedeutende Arbeiten über elliptische Funktionen, die hypergeometrische Reihe, Funktional- und Integralgleichungen und über die Auflösbarkeit algebraischer Gleichungen; er ging darin Evariste **Galois** (1811–1832) voran. Abel starb in Armut auch deswegen, weil die damals führenden Mathematiker seine Bedeutung nicht erkannten. Der Ruf auf eine Professur an der Berliner Universität erreichte Norwegen zwei Tage nach seinem Tod. Die norwegische Akademie der Wissenschaften vergibt seit 2003 den dem Nobelpreis gleichwertigen *Abel-Preis*.

Gustav Lejeunne-**Dirichlet** (1805–1859, Berlin, Göttingen), deutscher Mathematiker französischer Abkunft, verfasste grundlegende Arbeiten zur Theorie der unendlichen Reihen, Zahlentheorie, Variationsrechnung und Potentialtheorie (Dirichletproblem). Von ihm stammt der moderne Funktionsbegriff. Eine der berühmtesten Funktionen der Mathematik, die *Riemannsche Zetafunktion* $\zeta(s) = \sum_{n=1}^{\infty} n^{-s}$, ist eine *Dirichletreihe*.

Als ein Spezialfall erscheint das nachstehende Leibnizkriterium, wenn man $b_k = (-1)^k$ mit Partialsummen $B_{2k} = 1$ und $B_{2k+1} = 0$ betrachtet. Zusätzlich ergibt sich noch eine Fehlerabschätzung.

Satz 2.19 (**Leibnizkriterium**) *Für* $a_n \downarrow 0$ *konvergiert die* alternierende *Reihe*

$$\sum_{k=0}^{\infty} (-1)^k a_k,$$

ihr Reihenwert s *erfüllt* $s_{2n-1} \leq s \leq s_{2n}$ *für alle* n.

Beweis ‖ Es ist offensichtlich

$$s_{2n+2} - s_{2n} = -(a_{2n+1} - a_{2n+2}) \leq 0, \quad s_{2n+1} - s_{2n-1} = (a_{2n} - a_{2n+1}) \geq 0,$$

und $s_{2n+1} - s_{2n} = -a_{2n+1} \uparrow 0$. Dies zeigt $s_{2n} \downarrow s$ und $s_{2n-1} \uparrow s$; der Reihenwert s liegt also zwischen s_{2n-1} und s_{2n}. ☙

Gottfried Wilhelm **Leibniz** (1646–1716, Hannover), Philosoph, Mathematiker, Physiker und Diplomat, studierte (mit 15 Jahren) Jura in Leipzig, Jena und Altdorf bei Nürnberg, seine mathematischen Kenntnisse erwarb er in Paris. Der letzte Universalgelehrte, wie er manchmal genannt wird, ist in der einen Kultur als Philosoph, in der anderen als Mathematiker und Naturwissenschaftler bekannt. Seine größte mathematische Leistung war (zeitlich nach, aber unabhängig von Newton) die Entdeckung der Infinitesimalrechnung; mehr dazu findet sich am Ende des 4. Kapitels. Der Erfolg seiner Methode war nicht zuletzt in seiner genialen Notation begründet, die heute noch benutzt wird. Zusammen mit Jakob Bernoulli legte er die Begriffe *Funktion, Variable, Determinante, Integral, ...* fest. Leibniz entdeckte das binäre

Zahlsystem und entwarf eine darauf basierende mechanische Rechenmaschine. Auf sein Betreiben hin wurde die Akademie der Wissenschaften in Berlin (er war ihr lebenslanger Präsident) und St. Petersburg gegründet. Viele seiner mathematischen Schriften erschienen in der von ihm mitgegründeten ersten deutschen wissenschaftlichen Zeitschrift *Acta Eruditorum*. Sein größtes Vorhaben, die Vereinigung der Christenheit, war bekanntlich nicht von Erfolg gekrönt. Statt dessen musste er sich mit der verwickelten Familiengeschichte seiner Arbeitgeber, der *Welfen*, herumschlagen.

Beispiel 2.16 Die *alternierende harmonische Reihe*

$$\sum_{k=1}^{\infty} \frac{(-1)^{k-1}}{k} = 1 - \frac{1}{2} + \frac{1}{3} - \frac{1}{4} + \frac{1}{5} - + \cdots$$

ist konvergent mit Reihenwert s, $\frac{1}{2} < s < \frac{5}{6}$. Die mit ihr verwandte *umgeordnete* Reihe (alle Reihenglieder kommen vor, nur in anderer Reihenfolge)

$$1 - \frac{1}{2} - \frac{1}{4} + \frac{1}{3} - \frac{1}{6} - \frac{1}{8} + \frac{1}{5} - \frac{1}{10} - \frac{1}{12} + - - \cdots$$

konvergiert ebenfalls, hat aber den Reihenwert $\frac{1}{2}s$! Zum Beweis bezeichnet s_n die n-te Partialsumme der alternierenden harmonische Reihe und s_n' die der umgeordneten Reihe. Eine kurze Überlegung zeigt

$$s_{3n}' = \sum_{k=1}^{n} \left(\frac{1}{2k-1} - \frac{1}{4k-2} - \frac{1}{4k} \right) = \sum_{k=1}^{n} \left(\frac{1}{4k-2} - \frac{1}{4k} \right) = \frac{1}{2}s_{2n}.$$

Hieraus und aus $1/k \to 0$ ergibt sich $s' = \frac{1}{2}s$ unmittelbar.

2.19 Der Umordnungssatz von Riemann Die alternierende harmonische Reihe ist kein Sonderfall, dies zeigt der nachstehende Satz. Dabei versteht man unter einer **Umordnung** der Folge (a_k) eine Folge der Form $(a_{\phi(k)})$, wobei $\phi : \mathbb{N}_0 \to \mathbb{N}_0$ eine Bijektion ist. Beispielsweise wurde im Fall der alternierenden harmonischen Reihe die Umordnung $\phi(3n) = 4n, \phi(3n-1) = 4n-2$ und $\phi(3n-2) = 2n-1$ benutzt.

Aufgabe 2.20 Die Umordnung $1 + \frac{1}{3} - \frac{1}{2} + \frac{1}{5} + \frac{1}{7} - \frac{1}{4} + + - \cdots$ der alternierenden harmonischen Reihe ist zu untersuchen. (**Lösung.** $\phi(3n+1) = 4n+1, \phi(3n+2) = 4n+3$ und $\phi(3n+3) = 2n+2$ für $n = 0, 1, \ldots$). Man zeige, dass sie den Wert $\sum_{n=0}^{\infty} \frac{8n+5}{(2n+2)(4n+1)(4n+3)} > 1$ hat.

Bemerkung 2.6 Bezeichnet s_n'' die n-te Partialsumme der zweiten umgeordneten Reihe, so ist $2s_{4n} - s_{3n}' - s_{3n}'' = \frac{1}{12} - \sum_{k=2}^{n} \frac{16k^2 - 20k + 3}{4k(4k-3)(4k-1)(2k-2)}$; numerische Experimente deuten auf das Verschwinden des Limes für $n \to \infty$ hin, d.h. auf $\lim_{n \to \infty} s_{3n}'' = \frac{3}{2}s$. Kann das gerechtfertigt werden?

Satz 2.20 (Riemannscher Umordnungssatz) *Ist $\sum_{k=1}^{\infty} a_k$ konvergent, aber $\sum_{k=1}^{\infty} |a_k|$ nicht, so gibt es zu jeder reellen Zahl s (und sogar für $s = \pm\infty$) eine Umordnung mit $\lim_{n \to \infty} \sum_{k=1}^{n} a_{\phi(k)} = s$, also $\sum_{k=1}^{\infty} a_{\phi(k)} = s$ falls s endlich ist.*

Beweis ‖ im Fall $s > 0$. Man darf $a_n \neq 0$ für alle n annehmen; (a'_k) bzw. (a''_k) bezeichnet die Teilfolge der positiven bzw. negativen a_n, es ist also $a'_k = a_{n_k} > 0$ und $a''_k = a_{m_k} < 0$, und umgekehrt entspricht jedem k ein eindeutig bestimmtes j mit $a'_j = a_k$ bzw. $a''_j = a_k$. Nach Voraussetzung divergieren die Reihen $\sum\limits_{k=1}^{\infty} a'_k$ und $\sum\limits_{k=1}^{\infty} a''_k$, gleichzeitig gilt $a'_k \to 0$ und $a''_k \to 0$. Es sei $p_0 = q_0 = 0$, $p_1 > p_0$ der erste Index mit $\sum\limits_{k=1}^{p_1} a'_k > s$ und $q_1 > q_0$ der erste Index mit $\sum\limits_{k=1}^{p_1} a'_k + \sum\limits_{k=1}^{q_1} a''_k < s$; dies ist möglich wegen $\sum\limits_{k=1}^{p} a'_k \to \infty$ für $p \to \infty$ und $\sum\limits_{k=1}^{q} a''_k \to -\infty$ für $q \to \infty$. Allgemein seien $p_n > p_{n-1}$ und $q_n > q_{n-1}$ die ersten Indizes mit $\sum\limits_{k=1}^{p_n} a'_k + \sum\limits_{k=1}^{q_{n-1}} a''_k > s$ und $\sum\limits_{k=1}^{p_n} a'_k + \sum\limits_{k=1}^{q_n} a''_k < s$. Die gesuchte Umordnung ist

$$(a'_1, \ldots, a'_{p_1}, a''_1, \ldots, a''_{q_1}, a'_{p_1+1}, \ldots, a'_{p_2}, a''_{q_1+1}, \ldots, a''_{q_2}, \ldots\ldots).$$

Für die Partialsummen σ_n gilt dann

$$s > \sigma_n \geq s + a''_{q_k} \quad (p_{k-1} \leq n < p_k + q_{k-1},\ k = 1, 2, \ldots) \text{ und}$$

$$s < \sigma_n \leq s + a'_{p_k} \quad (p_k + q_{k-1} \leq n < p_k + q_k,\ k = 1, 2, \ldots). \qquad ☕$$

Bernhard **Riemann** (1826–1866, Göttingen) nimmt unter den bedeutenden Mathematikern einen besonderen Platz ein. Trotz seines nicht sehr umfangreichen Werkes wirken seine Ideen bis heute weiter. Er trägt wahrscheinlich mehr zum Vorlesungsstoff Analysis bei als jeder Andere[6]. Die innerhalb der Mathematik berühmteste und bis heute unbewiesene *Riemannsche Vermutung* verbindet die Zahlentheorie mit der Funktionentheorie. Riemann arbeitete auf dem Gebiet der Variationsrechnung und der partiellen Differentialgleichungen, seine systematische Untersuchung trigonometrischer Reihen brachten ihn zum *Riemannschen Integral*, seine geometrische Sichtweise der Funktionentheorie gipfelte im *Riemannschen Abbildungssatz* und im Begriff der *Riemannsche Fläche*, und seine Arbeit über die Grundlagen der Geometrie führte zur *Riemannschen Geometrie*, ohne die die Relativitätstheorie nicht gedacht werden kann.

Aufgabe 2.21 Man zeige die Konvergenz der Reihe $\sum\limits_{n=1}^{\infty} \binom{\alpha}{n}$ für $0 < \alpha < 1$.

---

[6] In der postmodernen Universität und Gesellschaft, die wissenschaftliche Forschung mit betriebswirtschaftlichen Maßstäben misst und mit Entwicklung (genauso wichtig, aber doch etwas anderes) verwechselt, würde man von ihm erwarten, dass er die Drittmitteleinwerbung nicht zu sehr zugunsten der Forschung vernachlässigt.

Aufgabe 2.22 Folgende Reihen $\sum\limits_{n=1}^{\infty} a_n$ sind auf Konvergenz/Divergenz zu untersuchen:

(i) $\quad a_n = (-1)^{3n}(e - (1 + 1/n)^n)$

(ii) $\quad a_n = (-1)^n \begin{pmatrix} -1/2 \\ n \end{pmatrix}$

(iii) $\quad a_n = (-1)^{[n/2]}/\sqrt{n}$

(iv) $\quad a_n = (-1)^n(2 + (-1)^n)/n$

(v) $\quad a_n = \dfrac{(-1)^n}{n - (-1)^n}$

(vi) $\quad a_n = \begin{pmatrix} -1/2 \\ n \end{pmatrix}$

2.5 Absolut konvergente Reihen

Der Riemannsche Umordnungssatz zeigt, dass die Vorstellung, eine unendliche Reihe sei so etwas wie eine *unendliche Summe* revidiert werden muss; es zeigt sich auch eine gewisse Unzulänglichkeit des Konvergenzbegriffs bei Reihen: die eigentlich erwartete und erwünschte Kommutativität der Addition geht verloren. Die Vorstellung der unendlichen Summe muss trotzdem nicht vollständig aufgegeben werden!

2.20 Absolute Konvergenz Sind alle $a_k \geq 0$, so ist die Folge (s_n) monoton wachsend und daher die Reihe $\sum\limits_{k=0}^{\infty} a_k$ genau dann konvergent, wenn die Folge (s_n) beschränkt ist. So folgt die Konvergenz der Reihe $\sum\limits_{k=1}^{\infty} 1/k^2$ aus $1/k^2 < 1/k(k-1)$ für $k \geq 2$, also $\sum\limits_{k=1}^{n} 1/k^2 < 1 + \sum\limits_{k=2}^{\infty} 1/k(k-1) = 2$. Die unendliche Reihe $\sum\limits_{k=0}^{\infty} a_k$ heißt *absolut konvergent*, wenn die Reihe $\sum\limits_{k=0}^{\infty} |a_k|$ konvergiert. Es gibt konvergente Reihen, wie beispielsweise die alternierende harmonische Reihe, die nicht absolut konvergieren. Dagegen gilt der

Satz 2.21 *Aus der absoluten Konvergenz folgt stets die Konvergenz.*

Beweis ‖ Dies zeigt das Cauchykriterium und $\Big| \sum\limits_{k=m+1}^{n} a_k \Big| \leq \sum\limits_{k=m+1}^{n} |a_k|$. ☕

2.21 Majoranten- und Minorantenkriterium Der Konvergenznachweis ist für $\sum\limits_{k=0}^{\infty} |a_k|$ kaum einfacher als für $\sum\limits_{k=0}^{\infty} a_k$. Umso wichtiger ist das *Majorantenkriterium*, das hier in seiner ersten Ausprägung, eben für Zahlenreihen, auftritt und dessen Beweis ebenso wie der des *Minorantenkriteriums* vollkommen trivial ist.

Satz 2.22 *Gilt* $|a_k| \leq c_k$ *für alle* k *und konvergiert* $\sum\limits_{k=0}^{\infty} c_k$, *so ist die Reihe* $\sum\limits_{k=0}^{\infty} a_k$ *absolut konvergent. Ist aber* $a_k \geq c_k \geq 0$ *(ohne Betrag!) für alle* k *und divergiert* $\sum\limits_{k=0}^{\infty} c_k$, *so divergiert auch* $\sum\limits_{k=0}^{\infty} a_k$.

Die Kunst liegt also im Auffinden von majoranten bzw. minoranten Reihen.

Satz 2.23 *Nützliche Majoranten sind*

a) *die* **geometrische Reihe** $\sum\limits_{k=0}^{\infty} q^k$ $(0 < q < 1)$ *mit Reihenwert* $\dfrac{1}{1-q}$;

b) *die Reihe* $\sum\limits_{k=1}^{\infty} k^{-1-r}$, $r > 0$ *rational*.

Beweis ‖ Die Konvergenz der geometrischen Reihe und ihr Wert folgt aus der geometrischen Summenformel $\sum\limits_{k=0}^{n} q^k = \dfrac{1-q^{n+1}}{1-q}$ und $q^n \to 0$, die der zweiten

aus $\sum\limits_{k=2^{n-1}}^{2^n-1} k^{-1-r} \le (2^n - 2^{n-1})(2^{n-1})^{-1-r} = 2^{-r(n-1)} = \left(2^{-r}\right)^{n-1}$, $2^{-r} < 1$ und so

$\sum\limits_{k=1}^{N} k^{-1-r} \le \sum\limits_{n=1}^{\infty} 2^{-r(n-1)} = \dfrac{1}{1-2^{-r}}$.   ☕

2.22 Das Verdichtungskriterium von Cauchy Die soeben für $a_k = k^{-r}$ verwendete Schlussweise ergibt den

Satz 2.24 *Für* $a_k \downarrow 0$ *sind die Reihen* $\sum\limits_{k=1}^{\infty} 2^k a_{2^k}$ *und* $\sum\limits_{k=1}^{\infty} a_k$ *gleichzeitig konvergent oder divergent.*

Beweis ‖ Benötigt wird $\frac{1}{2} 2^n a_{2^n} \le \sum\limits_{k=2^{n-1}+1}^{2^n} a_k \le \sum\limits_{k=2^{n-1}}^{2^n-1} a_k \le 2^{n-1} a_{2^{n-1}}$.   ☕

2.23 Wurzel- und Quotientenkriterium Aus der absoluten Konvergenz der geometrischen Reihe ergibt sich ohne weiteres das Wurzelkriterium, und daraus das Quotientenkriterium.

Satz 2.25 **(Wurzelkriterium)** *Gilt* $\limsup\limits_{k\to\infty} \sqrt[k]{|a_k|} < 1$, *so ist die Reihe* $\sum\limits_{k=0}^{\infty} a_k$ *absolut konvergent.*

Beweis ‖ Die Voraussetzung besagt: Es gibt ein $q \in (0,1)$ mit $\sqrt[k]{|a_k|} \le q < 1$ für $k \ge k_0$; demnach gilt $|a_k| \le q^k$ für $k \ge k_0$. Eine explizite Abschätzung für $|a_k|$, $k < k_0$, ist nicht erforderlich, da endlich viele Terme zwar den Reihenwert, nicht aber die (absolute) Konvergenz einer Reihe beeinflussen.   ☕

Beispiel 2.17 Die Reihe $\sum\limits_{k=1}^{\infty} k^m q^k$, $m \in \mathbb{N}$ beliebig, konvergiert absolut für $|q| < 1$, denn es ist

$\lim\limits_{k\to\infty} \sqrt[k]{k^m |q|^k} = |q| \lim\limits_{k\to\infty} \sqrt[k]{k^m} = |q| < 1$.

Satz 2.26 (**Quotientenkriterium**) *Gilt* $\lim\limits_{k\to\infty} \sup \left|\dfrac{a_{k+1}}{a_k}\right| < 1$ (*und damit implizit* $a_k \neq$

0 *für* $k \geq \tilde{k}$), *so konvergiert* $\sum\limits_{k=0}^{\infty} a_k$ *absolut.*

Beweis ‖ Ähnlich wie eben besagt die Voraussetzung: Es gibt ein $q \in (0, 1)$ mit $\left|\dfrac{a_{k+1}}{a_k}\right| \leq q < 1$ für $k \geq k_0$. Multipliziert man diese Ungleichungen für $k = k_0, \ldots, n-1$ miteinander, so entsteht die Ungleichung $|a_n| \leq |a_{k_0}| q^{-k_0} q^n$, also $\lim\limits_{n\to\infty} \sup \sqrt[n]{|a_n|} \leq q < 1$.   ☕

Auch wenn das Wurzelkriterium generell stärker ist, macht es das Quotientenkriterium nicht überflüssig. Es ist oft mühelos anwendbar in Fällen, in denen die Anwendung des Wurzelkriteriums auf Widerstand stößt.

Beispiel 2.18 Die *binomische Reihe* $\sum\limits_{n=0}^{\infty} \binom{\alpha}{n} q^n$ konvergiert absolut für $|q| < 1$ und $\alpha \in \mathbb{R} \setminus \mathbb{N}_0$

(für $\alpha \in \mathbb{N}_0$ handelt es sich um eine endliche Summe), denn für $q \neq 0$ ist $\lim\limits_{n\to\infty} \left|\dfrac{\binom{\alpha}{n+1} q^{n+1}}{\binom{\alpha}{n} q^n}\right| =$

$\lim\limits_{n\to\infty} \dfrac{|\alpha - n| |q|}{n+1} = |q| < 1.$

Beispiel 2.19 Die *Exponentialreihe* $\sum\limits_{n=0}^{\infty} \dfrac{q^n}{n!}$ konvergiert absolut für alle $q \in \mathbb{R}$. Dies folgt ($q = 0$

ist uninteressant) aus $\dfrac{|q|^{n+1}/(n+1)!}{|q|^n/n!} = \dfrac{|q|}{n+1} \to 0 \ (n \to \infty).$

Bemerkung 2.7 1. Beide Kriterien werden oft falsch angewendet; es genügt *keineswegs*, nur $\sqrt[k]{|a_k|} < 1$ oder $\left|\dfrac{a_{k+1}}{a_k}\right| < 1$ nachzuweisen, wie das Beispiel $a_k = 1/k$ zeigt.

2. Aus $\lim\limits_{k\to\infty} \sup \sqrt[k]{|a_k|} = 1$ bzw. $\lim\limits_{k\to\infty} \sup \left|\dfrac{a_{k+1}}{a_k}\right| = 1$ lässt sich keine allgemeingültige Aussage ableiten; als Beleg dafür werden die Reihen über $a_k = 1/k$ und $a_k = 1/k^2$ angeführt.

3. $\lim\limits_{k\to\infty} \sup \sqrt[k]{|a_k|} > 1$ zeigt die Divergenz der Reihe an, es gilt dann wenigstens für eine Teilfolge $|a_{n_k}| \to \infty$ für $k \to \infty$.

4. Andererseits belegt $\lim\limits_{k\to\infty} \sup \left|\dfrac{a_{k+1}}{a_k}\right| > 1$ *nicht* die Divergenz der Reihe, wie das Beispiel $a_{2n} = 2^{-n}$ und $a_{2n-1} = 1/n^2$ zeigt. Die Reihe $\sum\limits_{k=0}^{\infty} a_k$ konvergiert absolut, obwohl $\lim\limits_{k\to\infty} \sup \left|\dfrac{a_{k+1}}{a_k}\right| = \lim\limits_{n\to\infty} \left|\dfrac{a_{2n+1}}{a_{2n}}\right| = \infty$ ist.

5. Dagegen herrscht sicher dann Divergenz, wenn $\lim\limits_{k\to\infty} \left|\dfrac{a_{k+1}}{a_k}\right| > 1$ ist. Denn in diesem Fall gilt $|a_n| > q^n$ ($n \geq n_0$) mit einem $q > 1$.

2.24 Die Dezimalbruch- und d-adische Entwicklung Die Schreibweise $a = \pm a_0.a_1 a_2 a_3 a_4 \ldots$ mit $a_0 \in \mathbb{N}_0$ und $a_k \in \{0, 1, \ldots, 9\}$ ist die aus dem täglichen Leben vertraute Dezimaldarstellung einer reellen Zahl und bedeutet nichts anderes als

$$a = \pm\Big(a_0 + \sum_{k=1}^{\infty} a_k 10^{-k}\Big).$$

Wegen $0 \le a_k \le 9$ für $k \ge 1$ ist die Konvergenz gesichert. Allgemein gilt der

Satz 2.27 (d-adische Entwicklung) *Jede positive Zahl a besitzt eine d-adische Entwicklung*

$$a = a_0.a_1a_2a_3\ldots = a_0 + \sum_{n=1}^{\infty} a_n d^{-n}.$$

Dabei ist $d \in \mathbb{N}$ ($d \ge 2$) vorgegeben, und die Zahlen $a_0 \in \mathbb{N}_0$ und $a_1, a_2, \ldots \in \{0, 1, 2, \ldots, d - 1\}$ sind eindeutig bestimmt, wenn man verbietet, dass fast alle $a_n = d - 1$ sind (d. h. alle ab einem n_0).

Etwa im Dezimalsystem ist dann $\frac{1}{10} = 0.0999\ldots$ verboten und nur $\frac{1}{10} = 0.1$ erlaubt. Für $d = 2$ und 16 handelt es sich um die Dual- und Hexadezimaldarstellung. Der Beweis suggeriert gleichzeitig eine d-adische Entwicklung für die Punkte auf der Zahlengeraden – für die sich allerdings nichts beweisen lässt, da der Begriff *Punkt* nicht definiert ist.

Beweis ‖ Es genügt, den Fall $0 < a < 1$ zu betrachten. Das Intervall $[0, 1)$ wird in d gleichlange, halboffene Intervalle aufgeteilt; a liegt in (genau) einem davon, etwa in $\Big[\dfrac{a_1}{d}, \dfrac{a_1 + 1}{d}\Big)$. Dieser Schritt wird wiederholt mit diesem Intervall anstelle $[0, 1)$, es ergibt sich ein Intervall der Form $\Big[\dfrac{a_1}{d} + \dfrac{a_2}{d^2}, \dfrac{a_1}{d} + \dfrac{a_2 + 1}{d^2}\Big)$, welches a enthält, und so fortfahrend für jedes $n \in \mathbb{N}$ eindeutig bestimmte Zahlen $a_k \in \{0, 1, \ldots, d - 1\}$ mit $0 \le a - \sum_{k=1}^{n} a_k d^{-k} < d^{-n} \to 0$ $(n \to \infty)$; hier könnte durchaus $a_k = d - 1$ für $k \ge k_0$ gelten. Dies beweist die *Existenz* einer d-adischen Entwicklung. Auch wenn die a_n *dieser* Konstruktion nach eindeutig bestimmt sind, bedeutet dies *nicht*, dass ein *anderes* Vorgehen *dieselbe* Entwicklung ergeben muss. Der Eindeutigkeitsbeweis ist weiterhin erforderlich. Geht man von zwei *verschiedenen* Entwicklungen $a = \sum_{n=1}^{\infty} a_n d^{-n} = \sum_{n=1}^{\infty} b_n d^{-n}$ aus, so gibt es einen kleinsten Index m mit $a_m \ne b_m$, etwa $a_m > b_m$. Es ist also $a_n = b_n$ für $n < m$, $a_m - b_m \ge 1$ und demnach

$$d^{-m} \le (a_m - b_m)d^{-m} = \sum_{n=m+1}^{\infty} (b_n - a_n)d^{-n} \le \sum_{n=m+1}^{\infty} (d - 1)d^{-n} = d^{-m}.$$

Damit steht überall das Gleichheitszeichen, d. h. es ist $a_m = b_m + 1$ und $b_n - a_n = d - 1$ für $n > m$, was nur für $b_n = d - 1$, $a_n = 0$ möglich ist. Dies zeigt die *Eindeutigkeit* mit der genannten Einschränkung.   ☕

Bemerkung 2.8 Die Entwicklung $a = 0.a_1a_2a_3\ldots$ heißt *periodisch*, wenn für alle k und ein $p \in \mathbb{N}$ (eine Periode) gilt $a_{k+p} = a_k$; die Schreibweise ist $a = 0.\overline{a_1a_2a_3\ldots a_p}$. Für $d = 10$ ergibt sich so (schreibe $n = mp + j$, $1 \le j \le p$) in Stellenschreibweise

$$0.\overline{a_1 a_2 a_3 \ldots a_p} = \sum_{j=1}^{p} a_j 10^{-j} \sum_{m=0}^{\infty} 10^{-mp}$$

$$= \sum_{j=1}^{p} a_j 10^{p-j} \frac{1}{10^p - 1} = \frac{a_1 a_2 a_3 \ldots a_p}{999 \ldots 9}.$$

Satz 2.28 *Jedes nicht ausgeartete Intervall I ist* überabzählbar[7].

Beweis ‖ Es genügt, das Intervall $I = (0, 1)$ zu betrachten. Enthält es entgegen der Behauptung nur abzählbar viele Zahlen, etwa x_n ($n \in \mathbb{N}$), so wird jede dieser Zahlen als Dezimalbruch $x_n = \sum_{k=1}^{\infty} x_{nk} 10^{-k}$ geschrieben ($x_{nk} = 9$ für fast alle k ist dabei verboten). Setzt man dann $\xi_k = 1$ falls $x_{kk} \ne 1$ und $\xi_k = 2$ falls $x_{kk} = 1$, so entsteht eine neue Zahl $\xi = \sum_{k=1}^{\infty} \xi_k 10^{-k} \in (0, 1)$, die *nicht* in der Liste $\{x_n\}$ vorkommt; es müsste sonst $\xi_k = x_{nk}$ für ein n und alle k, insbesondere für $k = n$ gelten, was durch die Konstruktion von ξ_n gerade verhindert wird. Dieser Widerspruch zeigt die Überabzählbarkeit des Intervalls $(0, 1)$. ☕

Die hier benutzte *Diagonalmethode* ist benannt nach Georg **Cantor** (1845–1918, Halle), dem Begründer der Mengenlehre, genauer der Theorie der unendlichen Mengen. Von ihm stammt die Unterscheidung *abzählbar* und *überabzählbar* unendlich. Er hatte mit starken Widerständen gegen seine Theorie zu kämpfen, insbesondere gegen die bösartigen Attacken von Seiten Leopold **Kronecker**s (1823–1891), der Cantors Berufung an die Universität Berlin verhinderte. Unterstützung fand Cantor u. a. bei Weierstraß und Richard **Dedekind** (1831–1916). Die Bedeutung seiner Arbeiten ist heute unbestritten.

2.25 Komplexe Reihen Man kann natürlich auch in $\mathbb{C}$ unendliche Reihen betrachten. Wegen des Zusammenhangs zwischen der Konvergenz einer Reihe und der ihrer Partialsummenfolge gilt der

Satz 2.29 *Eine unendliche Reihe $\sum_{k=0}^{\infty} c_k$ komplexer Zahlen $c_k = a_k + i b_k$ ist genau dann konvergent, wenn die Reihen $\sum_{k=0}^{\infty} a_k$ und $\sum_{k=0}^{\infty} b_k$ konvergieren; es gilt dann*

$$\sum_{k=0}^{\infty} c_k = \sum_{k=0}^{\infty} a_k + i \sum_{k=0}^{\infty} b_k.$$

Eine analoge Aussage gilt wegen $|a_k| \le |c_k|$, $|b_k| \le |c_k|$ und $|c_k| \le |a_k| + |b_k|$ auch für die *absolute Konvergenz* komplexer Reihen. Die einschlägigen Kriterien wie das *Majoranten-, Wurzel-* und *Quotientenkriterium* für die absolute Konvergenz,

---

[7] Zur Erinnerung: Eine unendliche Menge M heißt *abzählbar*, wenn es eine Bijektion $\phi : \mathbb{N} \to M$ gibt, ansonsten *überabzählbar*. So ist $\mathbb{N} \times \mathbb{N}$ abzählbar, um nur ein Beispiel zu nennen; eine Bijektion $\psi : \mathbb{N} \times \mathbb{N} \to \mathbb{N}$ ist $\psi(p, q) = 2^{p-1}(2q - 1)$; $\phi = \psi^{-1}$ ist nur umständlich angebbar. Abzählbare Mengen kann man in der Form $\{x_n : n \in \mathbb{N}\}$ mit $x_n = \phi(n)$ schreiben.

bleiben weiterhin gültig. Die einzige Ausnahme ist das Leibnizkriterium, das keine komplexen Reihen zulässt. In Aufgabe 2.23 ist eine Verallgemeinerung des Abel-Dirichlet-Kriteriums zu beweisen.

Beispiel 2.20 Gilt $a_k \downarrow 0$, so konvergiert die Reihe $\sum\limits_{k=0}^{\infty} a_k z^k$ für $|z| \leq 1$, $z \neq 1$, denn die Folge

$$B_n = \sum_{k=0}^{n} z^k = \frac{1 - z^{n+1}}{1 - z} \text{ ist beschränkt durch } \frac{2}{|1 - z|}. \text{ Speziell für } a_k = 1/(k + 1) \text{ erhält man}$$

$$\sum_{k=0}^{\infty} \frac{z^k}{k + 1} = \frac{1}{1 - z} \sum_{k=0}^{\infty} \frac{1 - z^{k+1}}{(k + 1)(k + 2)} \quad (|z| \leq 1, \ z \neq 1). \text{ Die rechtsstehende Reihe konvergiert}$$

absolut für $|z| \leq 1$.

Aufgabe 2.23 Es sei (b_k) eine komplexe Folge mit beschränkter Teilsummenfolge $B_n = \sum\limits_{k=0}^{n} b_k$ und (a_k) eine komplexe Nullfolge, so dass $\sum\limits_{k=0}^{\infty} |a_{k+1} - a_k|$ konvergiert. Man zeige, dass dann auch $\sum\limits_{k=0}^{\infty} a_k b_k$ konvergiert, zum gleichen Wert wie die absolut konvergente Reihe $\sum\limits_{n=1}^{\infty} (a_n - a_{n-1}) B_n$ (Verallgemeinerung des Abel-Dirichlet-Kriteriums, selbst für reelle a_k, b_k).

Aufgabe 2.24 Es gelte $0 < a_n \uparrow a$. Man zeige, dass die Reihe $\sum\limits_{n=1}^{\infty} \left(\frac{a_{n+1}}{a_n} - 1 \right)$ absolut konvergiert mit Reihenwert $\leq \frac{a}{a_1} - 1$.

Aufgabe 2.25 Die Reihen $\sum\limits_{n=1}^{\infty} |a_n|^2$ und $\sum\limits_{n=1}^{\infty} |b_n|^2$ (reell oder komplex) seien konvergent. Man zeige, dass dann auch $\sum\limits_{n=1}^{\infty} a_n b_n$ absolut konvergiert.

Aufgabe 2.26 Für Polynome[8] P und Q mit $Q(n) \neq 0$ für alle $n \in \mathbb{N}_0$ wird $a_n = P(n)/Q(n)$ gesetzt. Zu zeigen ist, dass $\sum\limits_{n=0}^{\infty} a_n$ für Grad $P \leq$ Grad $Q - 2$ absolut konvergiert, während $\sum\limits_{n=0}^{\infty} (-1)^n a_n$ für Grad $P =$ Grad $Q - 1$ zwar auch konvergiert, aber nicht mehr absolut. (**Hinweis.** Im ersten Fall zeige man $\lim\limits_{n \to \infty} |a_n| n^2 < \infty$, und $\lim\limits_{n \to \infty} n a_n = c$ im zweiten, so dass $a_n = c/n + P_1(n)/Q(n)$ mit einem Polynom vom Grad $P_1 \leq$ Grad $Q - 2$ gilt.)

Aufgabe 2.27 Jedes $x, y \in (0, 1)$ sei in eindeutiger Dezimaldarstellung $x = 0.x_1 x_2 \ldots$ und $y = 0.y_1 y_2 \ldots$ gegeben (fast alle $x_n = 9$ bzw. $y_n = 9$ verboten). Man zeige, dass $\phi(x, y) = 0.x_1 y_1 x_2 y_2 \ldots$ eine injektive, aber nicht surjektive Abbildung $(0, 1) \times (0, 1) \longrightarrow (0, 1)$ ist. Welche Zahlen in $(0, 1)$ treten nicht als Bilder unter ϕ auf?

Aufgabe 2.28 Welche der Reihen $\sum\limits_{n=0}^{\infty} a_n$ ist konvergent, absolut konvergent bzw. divergent. Für welche $q \in \mathbb{C}$?

$$\text{(i)} \quad a_n = \sqrt{n^6 + n} - n^3 \qquad \text{(ii)} \quad a_n = (1 - \sqrt[n]{n})^n \qquad \text{(iii)} \quad a_n = \frac{i^n n}{n^2 + 4i}$$

$$\text{(iv)} \quad a_n = i^n \left(\frac{n}{n + 4i} - 1 \right) \qquad \text{(v)} \quad a_n = \frac{(n!)^2}{(2n)!} q^n \qquad \text{(vi)} \quad a_n = \binom{2n}{n} q^n.$$

---

[8] Ein Polynom ist ein Ausdruck der Form $P(x) = c_0 + c_1 x + \cdots + c_m x^m$ mit reellen oder komplexen Zahlen c_μ ($c_m \neq 0$), genannt Koeffizienten und $x \in \mathbb{R}$; m ist der Grad von P.

2.6 Mehrfachreihen

Dieser Abschnitt kann bei der ersten Lektüre diagonal gelesen werden. Sollte er allerdings in einer Vorlesung gänzlich übergangen werden, so sind zumindest der Umordnungssatz, der Doppelreihensatz und der Satz über das Cauchyprodukt auf andere Art zu beweisen, was erfahrungsgemäß genausoviel Zeit kostet wie die Behandlung des gesamten Abschnitts.

2.26 Summierbarkeit Es sei Λ eine abzählbare *Indexmenge* und $(c_\lambda)_{\lambda \in \Lambda}$ ein indiziertes System reeller oder komplexer Zahlen; genauer liegt eine Abbildung $\Lambda \to \mathbb{R}$ oder $\mathbb{C}$, $\lambda \mapsto c_\lambda$ vor. Man kann sich im einfachsten und wichtigsten Fall etwa $\Lambda = \mathbb{N}_0 \times \mathbb{N}_0$, $\lambda = (j, k)$ und ein doppelt indiziertes System von Zahlen c_{jk} vorstellen. Das System $\{c_\lambda : \lambda \in \Lambda\}$ heißt *summierbar*, wenn

$$\sup \left\{ \sum_{\lambda \in E} |c_\lambda| : E \subset \Lambda \text{ endlich} \right\} < +\infty \tag{2.3}$$

ist. Im einfachsten Fall, wo all $c_\lambda \geq 0$ sind, wird

$$\sum_{\lambda \in \Lambda} c_\lambda = \sup \left\{ \sum_{\lambda \in E} c_\lambda : E \subset \Lambda \text{ endlich} \right\}$$

gesetzt. Es gilt dann der

Satz 2.30 *Es sei* $\{\lambda_k : k \in \mathbb{N}_0\}$ *eine Abzählung von* Λ, *d. h.* $\lambda_k = \phi(k)$, *wobei* $\phi : \mathbb{N}_0 \to \Lambda$ *eine Bijektion ist, und* $c_\lambda \geq 0$ *für alle* $\lambda \in \Lambda$. *Dann gilt*

$$\sum_{\lambda \in \Lambda} c_\lambda = \sum_{k=0}^{\infty} c_{\lambda_k}, \tag{2.4}$$

wenn entweder das System $\{c_\lambda : \lambda \in \Lambda\}$ *summierbar ist oder die rechtsstehende unendliche Reihe absolut konvergiert.*

Beweis ‖ Existiert die linke Seite, so ist $s_n = \sum_{k=0}^{n} c_{\lambda_k} \leq \sum_{\lambda \in \Lambda} c_\lambda$ für alle $n \in \mathbb{N}_0$, und so $\sum_{k=0}^{\infty} c_{\lambda_k} \leq \sum_{\lambda \in \Lambda} c_\lambda$. Konvergiert aber die rechtsstehende Reihe, so gilt für jede endliche Menge $\sum_{\lambda \in E} c_\lambda \leq \sum_{k=0}^{\infty} c_{\lambda_k}$, d. h. $\sum_{\lambda \in \Lambda} c_\lambda \leq \sum_{k=0}^{\infty} c_{\lambda_k}$.   ☙

Um den Begriff der Summierbarkeit auf beliebige c_λ auszudehnen, wird für $c \in \mathbb{R}$ $c^+ = \max\{0, c\}$ und $c^- = \max\{0, -c\}$ gesetzt. Es ist dann $c = c^+ - c^-$, $|c| = c^+ + c^-$, $0 \leq c^+ \leq |c|$ und $0 \leq c^- \leq |c|$. Ist (2.3) für $c_\lambda \in \mathbb{R}$ bzw. $c_\lambda = a_\lambda + ib_\lambda \in \mathbb{C}$ erfüllt, so auch für $c_\lambda^\pm$ bzw. a_λ und b_λ anstelle c_λ, so dass auch

$$\sum_{\lambda \in \Lambda} c_\lambda = \sum_{\lambda \in \Lambda} c_\lambda^+ - \sum_{\lambda \in \Lambda} c_\lambda^- \quad (c_\lambda \in \mathbb{R}) \text{ und dann}$$

$$\sum_{\lambda \in \Lambda} c_\lambda = \sum_{\lambda \in \Lambda} a_\lambda + i \sum_{\lambda \in \Lambda} b_\lambda \quad (c_\lambda = a_\lambda + i b_\lambda \in \mathbb{C})$$

unter der Voraussetzung (2.3) wohldefiniert sind.

Bemerkung 2.9 Bei absolut konvergenten reellen oder komplexen Reihen gilt analog $\sum_{k=0}^{\infty} c_k = \sum_{k=0}^{\infty} c_k^+ - \sum_{k=0}^{\infty} c_k^-$ und $\sum_{k=0}^{\infty} (a_k + i b_k) = \sum_{k=0}^{\infty} a_k + i \sum_{k=0}^{\infty} b_k$, wobei auch die jeweils rechtsstehenden Reihen absolut konvergieren.

2.27 Der Umordnungssatz Im Folgenden kann man sich bei den Beweisen auf nichtnegative c_λ beschränken, obwohl die Ergebnisse für beliebige reelle oder komplexe c_λ gelten. Ein erstes Beispiel ist der eben bewiesene Satz 2.30, der somit ganz allgemein gilt:

Satz 2.31 *Es sei $\{\lambda_k : k \in \mathbb{N}_0\}$ eine Abzählung von Λ und $c_\lambda \in \mathbb{C}$. Dann gilt die Identität (2.4), wenn entweder das System $\{c_\lambda : \lambda \in \Lambda\}$ summierbar ist oder die rechtsstehende unendliche Reihe absolut konvergiert.*

Ein weiteres Beispiel für diese Vorgehensweise ist der Beweis des nachstehenden Satzes.

Satz 2.32 (Umordnungssatz) *Ist $\sum_{k=0}^{\infty} c_k$ absolut konvergent und $(c_{\phi(k)})$ eine Umordnung von (c_k), dann gilt $\sum_{k=0}^{\infty} c_{\phi(k)} = \sum_{k=0}^{\infty} c_k$; die umgeordnete Reihe konvergiert ebenfalls absolut.*

Bemerkung 2.10 Absolut konvergente Reihen darf man also beliebig umordnen, ohne dabei den Reihenwert zu ändern. Insbesondere kann nicht das passieren, was bei der alternierenden harmonischen Reihe zu beobachten war.

Beweis ‖ Es sind (c_k) und $(c_{\phi(k)})$ nur verschiedene Anordnungen von $(c_\lambda)_{\lambda \in \mathbb{N}_0}$, womit nach Satz 2.30 $\sum_{k=0}^{\infty} c_{\phi(k)} = \sum_{\lambda \in \mathbb{N}_0} c_\lambda = \sum_{k=0}^{\infty} c_k$ zunächst für $c_k \geq 0$, dann für $c_k \in \mathbb{R}$ und schließlich für $c_k \in \mathbb{C}$ gilt.   ☙

Der Grund für den kurzen Beweis und der Unterschied zwischen den Begriffen Konvergenz und Summierbarkeit liegt darin, dass im zweiten Fall die *Anordnung* von $\Lambda = \mathbb{N}_0$ nicht benutzt wird.

2.28 Der Große Umordnungssatz Mit der Reihenfolge: zuerst $c_\lambda \geq 0$, dann $c_\lambda \in \mathbb{R}$ und dann $c_\lambda \in \mathbb{C}$ wird der Beweis des folgenden tiefliegenden Satzes fast ebenso kurz ausfallen.

Satz 2.33 (großer Umordnungssatz) *Es sei Λ zerlegt in abzählbar viele paarweise disjunkte Mengen Λ_j, d. h. es ist $\Lambda = \bigcup_{j \in \mathbb{N}} \Lambda_j$ und $\Lambda_j \cap \Lambda_k = \emptyset$ für $j \neq k$. Dann gilt*

$$\sum_{\lambda \in \Lambda} c_\lambda = \sum_{j=1}^{\infty} \sum_{\lambda \in \Lambda_j} c_\lambda,$$

sofern eine der beiden Seiten absolut, d. h. mit $|c_\lambda|$ anstelle c_λ, existiert.

Bemerkung 2.11 Einzelne oder sogar alle Mengen Λ_j dürfen auch endlich sein, und natürlich darf auch eine endliche Zerlegung $\Lambda = \bigcup_{j=1}^{n} \Lambda_j$ vorliegen (in welchem Fall einfach $\Lambda_j = \emptyset$ für $j > n$ gesetzt wird).

Beweis ‖ Wie eben genügt es, den Fall $c_\lambda \geq 0$ zu betrachten. Es sei $E \subset \Lambda$ beliebig endlich und $E_j = E \cap \Lambda_j$; nur endlich viele dieser Mengen, etwa $E_1, \ldots, E_n$ sind dann $\neq \emptyset$. Existiert die rechte Seite, so ist

$$\sum_{\lambda \in E} c_\lambda = \sum_{j=1}^{n} \sum_{\lambda \in E_j} c_\lambda \leq \sum_{j=1}^{\infty} \sum_{\lambda \in \Lambda_j} c_\lambda.$$

Damit existiert auch die linke Seite, und es gilt $\sum_{\lambda \in \Lambda} c_\lambda \leq \sum_{j=1}^{\infty} \sum_{\lambda \in \Lambda_j} c_\lambda$. Wenn aber umgekehrt die linke Seite existiert, so jedenfalls auch $\sum_{\lambda \in \Lambda_j} c_\lambda$; für je endlich viele $j = 1, \ldots, n$ gilt nach Definition $\sum_{j=1}^{n} \sum_{\lambda \in \Lambda_j} c_\lambda \leq \sum_{\lambda \in \Lambda} c_\lambda$, und beide Ungleichungen zusammen ergeben die Behauptung für nichtnegative c_λ, und dann für beliebig reelle und schließlich für komplexe c_λ. &

2.29 Der Doppelreihensatz Folgende häufig auftretende Spezialisierungen des großen Umordnungssatzes sind unter dem Name Doppelreihensatz bekannt.

Satz 2.34 (Doppelreihensatz) *Es sei $(c_{jk})_{j,k \in \mathbb{N}_0}$ eine doppelt indizierte Folge in $\mathbb{R}$ oder $\mathbb{C}$. Dann gilt*

$$\sum_{(j,k) \in \mathbb{N}_0 \times \mathbb{N}_0} c_{jk} = \sum_{k=0}^{\infty} \sum_{j=0}^{\infty} c_{jk} \qquad \text{[Spaltensummen]} \qquad |||$$

$$= \sum_{j=0}^{\infty} \sum_{k=0}^{\infty} c_{jk} \qquad \text{[Zeilensummen]} \qquad \equiv$$

$$= \sum_{n=0}^{\infty} \sum_{j+k=n} c_{jk} \qquad \text{[Diagonalsummen]} \qquad /\!\!/$$

$$= \sum_{n=0}^{\infty} \sum_{\max\{j,k\}=n} c_{jk} \qquad \text{[Quadratsummen]} \qquad \rfloor\!\!\lrcorner$$

sofern nur die linke Seite bzw. eine *dieser Doppelreihen absolut, d.h. mit* $|c_{jk}|$ *anstelle* c_{jk}, *konvergiert.*

Beispiel 2.21 Die Doppelreihe $\displaystyle\sum_{(j,k)\in\mathbb{N}\times\mathbb{N}}^{\infty} \frac{1}{j^s + k^s}$ konvergiert für $s > 2$ und divergiert sonst (s immer rational). Denn nimmt man Quadratsummen, so ist $\max\{j, k\} = n$, also $j^s + k^s > n^s$ und

$$\sum_{j,k=1}^{N} \frac{1}{j^s + k^s} < \sum_{n=1}^{N} (2n - 1)n^{-s} < 2\sum_{n=1}^{\infty} n^{-s+1};$$

diese Reihe konvergiert für $s - 1 > 1$, also für $s > 2$. Für $s \le 2$ hingegen gilt $j^s + k^s < 2n^s \le 2n^2$, und so $\displaystyle\sum_{j,k=1}^{N} \frac{1}{j^s + k^s} > \frac{1}{2}\sum_{n=1}^{N} (n + 1)n^{-2} > \frac{1}{2}\sum_{n=1}^{N} \frac{1}{n}$, was die Divergenz beweist.

Beispiel 2.22 Nach dem binomischen Satz ist $\displaystyle\sum_{m=0}^{n} \binom{n}{m} a^m b^n = b^n(a + 1)^n$, und so (Spalten-

summen sowie $\binom{n}{m} = 0$ für $m > n$) $\displaystyle\sum_{m,n=0}^{\infty} \binom{n}{m} a^m b^n = \sum_{n=0}^{\infty} b^n(a + 1)^n = \frac{1}{1 - b(a + 1)}$, sofern absolute Konvergenz vorliegt. Die ist für $|b|(|a| + 1) < 1$ gesichert.

Aufgabe 2.29 Reihen der Form $\displaystyle\sum_{n=1}^{\infty} a_n n^{-s}$ ($s \in \mathbb{Q}$) heißen auch *Dirichletreihen*. Man zeige, dass das Produkt zweier absolut konvergenter Dirichletreihen wieder als eine solche geschrieben werden kann. (**Hinweis.** Ein Fall, der im Doppelreihensatz nicht aufgeführt ist: $a_k k^{-s} b_\ell \ell^{-s} = a_k b_\ell n^{-s}$ für $k\ell = n$.)

2.30 Das Cauchyprodukt Ein weiterer Spezialfall des Doppelreihensatzes ist der

Satz 2.35 (über das Cauchyprodukt) *Sind die Reihen* $\displaystyle\sum_{k=0}^{\infty} a_k$ *und* $\displaystyle\sum_{k=0}^{\infty} b_k$ *absolut*

konvergent, so gilt $\displaystyle\sum_{k=0}^{\infty} a_k \sum_{k=0}^{\infty} b_k = \sum_{n=0}^{\infty} c_n$ *mit* $c_n = \sum_{k=0}^{n} a_k b_{n-k}$. *Die rechtsstehende Reihe konvergiert absolut und heißt* Cauchyprodukt *der Ausgangsreihen.*

Beweis ‖ Man hat nur $c_{jk} = a_j b_k$ zu setzen und nach dem Doppelreihensatz Diagonalsummen zu bilden, $c_n = \displaystyle\sum_{j+k=n} a_j b_k$. Die Anwendbarkeit ist gesichert wegen

$$\sum_{j,k=0}^{n} |c_{jk}| \le \sum_{j=0}^{\infty} |a_j| \sum_{k=0}^{\infty} |b_k|. \qquad\qquad \text{☕}$$

Beispiel 2.23 Das Produkt $\displaystyle\sum_{k=0}^{\infty} \frac{a^k}{k!} \sum_{k=0}^{\infty} \frac{b^k}{k!}$ ($a, b \in \mathbb{C}$) zweier Exponentialreihen ist wieder eine

Exponentialreihe, nämlich $\displaystyle\sum_{n=0}^{\infty} \frac{(a + b)^n}{n!}$, denn es gilt

$$c_n = \sum_{k=0}^{n} \frac{a^k}{k!} \frac{b^{n-k}}{(n - k)!} = \frac{1}{n!}\sum_{k=0}^{n} \binom{n}{k} a^k b^{n-k} = \frac{(a + b)^n}{n!}.$$

Alle Aussagen dieses Paragraphen werden *falsch* für nicht absolut konvergente Reihen! Dies wird belegt durch folgende Beispiele.

Beispiel 2.24 Die Reihe $\sum_{k=0}^{\infty} \frac{(-1)^k}{\sqrt{k+1}}$ konvergiert, aber nicht absolut. Ihr Cauchyprodukt mit sich

selbst ist $\sum_{n=0}^{\infty} c_n$ mit $c_n = (-1)^n \sum_{k=0}^{n} \frac{1}{\sqrt{(k+1)(n-k+1)}}$. Nach der Ungleichung zwischen dem

geometrischen und dem arithmetischen Mittel ist aber $\sqrt{(k+1)(n+1-k)} \le \frac{n+2}{2}$ und $|c_n| \ge$

$2\frac{n+1}{n+2} \ge 1$, also $\sum_{n=0}^{\infty} c_n$ divergent.

Beispiel 2.25 Die Doppelfolge (c_{jk}) wird folgendermaßen definiert:

$$c_{jj} = -1, \quad c_{jk} = 0 \quad (k < j) \quad \text{und} \quad c_{jk} = 2^{j-k} \quad (k > j).$$

Die Zeilensummen dieses Schemas sind alle $= 0$, die Spaltensummen (=Quadratsummen) finden sich in der letzten Zeile, die darüber gebildete Reihe hat den Wert $-2 \neq 0$. Die mit den Diagonalsummen $-1, \frac{1}{2}, -\frac{3}{4}, \frac{5}{8}, -\frac{11}{16}, \frac{21}{32}, -\frac{43}{64}, \ldots$ gebildete Reihe divergiert.

$$
\begin{array}{cccccc|c}
-1 & \frac{1}{2} & \frac{1}{4} & \frac{1}{8} & \frac{1}{16} & \frac{1}{32} \cdots & 0 \\
0 & -1 & \frac{1}{2} & \frac{1}{4} & \frac{1}{8} & \frac{1}{16} \cdots & 0 \\
0 & 0 & -1 & \frac{1}{2} & \frac{1}{4} & \frac{1}{8} \cdots & 0 \\
0 & 0 & 0 & -1 & \frac{1}{2} & \frac{1}{4} \cdots & 0 \\
0 & 0 & 0 & 0 & -1 & \frac{1}{2} \cdots & 0 \\
0 & 0 & 0 & 0 & 0 & -1 \cdots & 0 \\
\vdots & \vdots & \vdots & \vdots & \vdots & \vdots & \vdots \\
\hline
-1 & -\frac{1}{2} & -\frac{1}{4} & -\frac{1}{8} & -\frac{1}{16} & -\frac{1}{32} \cdots &
\end{array}
$$

Aufgabe 2.30 Welche der nachfolgenden Doppelreihen über $(k, n) \in \mathbb{N} \times \mathbb{N}$ sind für welche $s > 0$ konvergent:

$$\text{(i)} \sum_{n,k}(n+k)^s 2^{-2n} 3^{-k} \quad \text{(ii)} \sum_{n,k}(n+k)^{-s} \quad \text{(iii)} \sum_{n,k} 2^{-kns}?$$

Aufgabe 2.31 Man berechne für $|q| < 1$ die beiden Cauchyprodukte $\left(\sum_{n=0}^{\infty} q^n\right)^2$ und $\sum_{n=0}^{\infty} q^n \sum_{n=0}^{\infty} n q^n$

und daraus die Reihenwerte $\sum_{n=0}^{\infty} n q^n$ und $\sum_{n=0}^{\infty} n^2 q^n$. Wie gelangt man zu $\sum_{n=0}^{\infty} n^k q^n$?

Aufgabe 2.32 Für welche $s > 0$ konvergiert die Dreifachreihe $\sum_{j,k,\ell} (j^s + k^s + \ell^s)^{-1}$ über $(j, k, \ell) \in$

$\mathbb{N}^3$? Und $\sum_{p_1,\ldots,p_n} (p_1^s + p_2^s + \cdots + p_n^s)^{-1}$ über $(p_1, \ldots, p_n) \in \mathbb{N}^n$?

2.7   Anhang: Reihen und die Anfänge der Analysis

In der Anfängervorlesung werden wie hier zunächst Folgen und dann erst Reihen behandelt, deren Konvergenz über die Folge der Partialsummen definiert ist. Der Umgang mit unendlichen Reihen wird dabei als schwieriger als der mit Folgen angesehen (und von manchen Dozenten deshalb nach hinten verbannt). Die historische Reihenfolge war umgekehrt. Reihen, vermeintlich vergleichbar *unendlichen Summen* wurden als etwas ganz Natürliches angesehen. Bereits Archimedes hat unendliche Reihen benutzt, und Leibniz hat bereits um 1670 Teleskopreihen betrachtet und viele Reihenwerte bestimmt. Newton hat den Wert $(1 + q)^r$ der binomischen Reihe $\sum_{k=0}^{\infty} \binom{r}{k} q^k$ für $r \in \mathbb{Q}$ durch Interpolation und Extrapolation aus verschiedenen ihm bekannten Spezialfällen erraten und damit Flächenberechnungen durchgeführt. Damit konnte der Hauptsatz der Differential- und Integralrechnung (wir greifen etwas vor) vom bekannten Fall $\int x^k \, dx = \dfrac{x^{k+1}}{k+1}$ z. B. auf $\int \dfrac{dx}{x} = \log x$ durch Betrachtung entsprechender Reihen ausgedehnt werden. Um Konvergenzfragen hat man sich selten gekümmert, obwohl man sich der Problematik bewusst war, insbesondere dann, wenn mit Hilfe von Reihen etwa Logarithmentafeln aufzustellen waren, also ausdrücklich numerische Reihen betrachtet wurden. Es kam aber auch zu völlig unsinnigen Formeln wie $\sum_{k=0}^{\infty} 2^k = -1$ (man setzt $q = 2$ in $\sum_{k=0}^{\infty} q^k = \dfrac{1}{1-q}$ ein), denen selbst Euler, ein Meister in der Behandlung von Reihen, einen Sinn zu geben versuchte. Dass man sinnvoll nur mit konvergenten Reihen arbeiten kann ist eine Einsicht des 19. Jahrhunderts.

Kapitel 3
Grenzwert und Stetigkeit

Auch in diesem Kapitel steht der Grenzwertbegriff im Mittelpunkt des Geschehens. Diskutiert werden die Eigenschaften stetiger Funktionen sowie zum ersten Mal die fundamentale Frage nach der Vertauschbarkeit von Grenzprozessen. Die elementaren Funktionen werden bereits zu diesem Zeitpunkt mittels Potenzreihen eingeführt, um die Begriffe einüben und die bereitgestellten Methoden an nichttrivialen Beispielen sinnvoll erproben zu können. Detaillierte Kenntnisse über die elementaren Funktionen sind unerlässlich für das Mathematikstudium.

3.1 Grenzwerte von Funktionen

3.1 Der Grenzwert einer Funktion Es sei I ein beliebiges Intervall und x_0 ein Punkt oder ein Randpunkt von I. Eine in I oder auch nur in $I \setminus \{x_0\}$ definierte reellwertige Funktion f besitzt definitionsgemäß in x_0 den **Grenzwert** y_0, wenn es zu jedem $\epsilon > 0$ ein $\delta > 0$ gibt mit $|f(x) - y_0| < \epsilon$ für alle $x \in I$ mit $0 < |x - x_0| < \delta$ (vgl. Abb. 3.1). Die übliche Schreibweise ist $\lim_{x \to x_0} f(x) = y_0$ oder auch $f(x) \to y_0$ für $x \to x_0$. Man bemerkt, dass der Funktionswert $f(x_0)$, sofern überhaupt vorhanden, keine Rolle spielt und auch nicht spielen darf, da sonst immer nur $f(x_0)$ als Grenzwert oder **Limes** in Frage käme; in manchen Lehrbüchern wird dies übersehen.

3.2 Das Folgenkriterium Die Definition des Grenzwerts einer Funktion ist vollkommen analog zur Definition des Folgengrenzwertes; deshalb könnten die Beweise der für Folgen gewonnenen Ergebnisse fast wortwörtlich übernommen werden, wie z. B. der Beweis für die *Eindeutigkeit* des Grenzwertes. Man kann aber auch alles direkt auf Folgen zurückspielen, denn es gilt das *Folgenkriterium*.

N. Steinmetz, *Analysis*, https://doi.org/10.1007/978-3-662-68086-5_3

Satz 3.1 *Der Grenzwert* $\lim\limits_{x \to x_0} f(x)$ *existiert genau dann, wenn für jede Folge* (x_n) *in* $I \setminus \{x_0\}$ *mit* $x_n \to x_0$ *der Grenzwert* $\lim\limits_{n \to \infty} f(x_n)$ *existiert. Diese Grenzwerte sind dann alle gleich.*

Beweis ‖ Existiert $\lim\limits_{x \to x_0} f(x) = y_0$, so gibt es zu jedem $\epsilon > 0$ ein $\delta > 0$ mit $|f(x) - y_0| < \epsilon$ für alle $x \in I$ mit $0 < |x - x_0| < \delta$. Für eine Folge (x_n) mit $x_n \to x_0$ in $I \setminus \{x_0\}$ gilt $0 < |x_n - x_0| < \delta$ für $n \geq n_0$, also $|f(x_n) - y_0| < \epsilon$ für diese n. Umgekehrt gelte $y_0' = \lim\limits_{n \to \infty} f(x_n')$ und $y_0'' = \lim\limits_{n \to \infty} f(x_n'')$ für Folgen $x_n' \to x_0$ und $x_n'' \to x_0$ in $I \setminus \{x_0\}$. Die *Mischfolge* $(\xi_n) = (x_1', x_1'', x_2', x_2'', \ldots)$ ist dann ebenfalls zulässig, d. h. der Grenzwert $\lim\limits_{n \to \infty} f(\xi_n) = y_0$ existiert. Dies hat aber $y_0' = y_0'' = y_0$ zur Folge sowie $\lim\limits_{x \to x_0} f(x) = y_0$. &

Beispiel 3.1 $\lim\limits_{x \to x_0} \sqrt{x} = \sqrt{x_0}$ ergibt sich aus $\lim\limits_{n \to \infty} \sqrt{x_n} = \sqrt{x_0}$ für jede Folge (x_n) mit $0 \leq x_n \to x_0$. Somit gilt z. B. auch $\lim\limits_{x \to 4} \dfrac{\sqrt{x} - 2}{x^2 - 16} = \lim\limits_{x \to 4} \dfrac{\sqrt{x} - 2}{(x-4)(x+4)} = \lim\limits_{x \to 4} \dfrac{1}{(\sqrt{x} + 2)(x+4)} = \dfrac{1}{32}$.

Aufgabe 3.1 Man zeige $\lim\limits_{x \to 2} \dfrac{x^2 - 1}{x^2 + 1} = \dfrac{3}{5}$ allein anhand der Grenzwertdefinition.

Aufgabe 3.2 Man berechne $\lim\limits_{x \to 1} \dfrac{x^p - 1}{x^q - 1}$ für $p, q \in \mathbb{Q} \setminus \{0\}$ in der Reihenfolge
(i) $p, q \in \mathbb{N}$, (ii) $p = m/n > 0, q = 1$, (iii) $p, q > 0$ und (iv) allgemein.

Satz 3.2 (Regeln für Grenzwerte von Funktionen) *Gegeben seien Funktionen* $f, g, h : I \setminus \{x_0\} \to \mathbb{R}$ *mit* $f(x) \to a$ *und* $g(x) \to b$ *für* $x \to x_0$. *Dann gelten*

a) $f(x) + g(x) \to a + b$;

b) $\alpha f(x) \to \alpha a$ $(\alpha \in \mathbb{R})$;

c) $f(x)g(x) \to ab$;

d) $|f(x)| \to |a|$;

e) $f(x) \leq g(x)$ *für alle* $x \in I \setminus \{x_0\} \Rightarrow a \leq b$;

f) $b \neq 0 \Rightarrow g(x) \neq 0$ *für* $x \in I, 0 < |x - x_0| < \sigma$, *und* $f(x)/g(x) \to a/b$;

g) $f(x) \leq h(x) \leq g(x)$ *in* $I \setminus \{x_0\}$ *und* $a = b \Rightarrow h(x) \to a = b$.

Beweis ‖ Alle Aussagen ergeben sich aus dem Folgenkriterium und den Regeln für Folgengrenzwerte. Nur eine Bemerkung zu f) ist angebracht. Wählt man $\epsilon = |b|$ und dazu $\sigma > 0$ so, dass $|g(x) - b| < \epsilon$ für $x \in I \setminus \{x_0\}$ und $|x - x_0| < \sigma$ gilt, so folgt $|g(x)| = |b - (g(x) - b)| \geq |b| - |g(x) - b| > 0$. Der Quotient f/g ist damit in $I \cap \{x : 0 < |x - x_0| < \sigma\}$ erklärt, aber nicht unbedingt in ganz $I \setminus \{x_0\}$, was aber für die Grenzwertbetrachtung keine Rolle spielt. &

Beispiel 3.2 *Polynome* sind Funktionen der Form $P(x) = a_0 + a_1 x + \cdots + a_m x^m$. Die Zahlen $a_\mu \in \mathbb{R}$ sind die *Koeffizienten* von P; für $a_m \neq 0$ heißt m der *Grad* von P. Die Polynome $P(x) = 1$ und $P(x) = x$ haben trivialerweise überall als Grenzwert den Funktionswert $P(x_0)$ (man wähle $\delta = \epsilon$). Unter Verwendung obiger Regeln und vollständiger Induktion zeigt man leicht $\lim\limits_{x \to x_0} P(x) = P(x_0)$ für jedes Polynom.

Beispiel 3.3 *Rationale Funktionen* sind Quotienten $R = P/Q$ von Polynomen. Für $Q(x_0) \neq 0$ gilt $\lim\limits_{x \to x_0} R(x) = R(x_0)$. Aber auch für $Q(x_0) = 0$ kann sich ein Grenzwert ergeben, wie z. B.

$$\lim_{x \to 1} \frac{x^p - 1}{x - 1} = p \text{ für } p \in \mathbb{N}.$$

Bemerkung 3.1 Was die Regeln schon hier leisten wird erst klar, wenn konkret etwa $\lim\limits_{x \to x_0} x^2 = x_0^2$ allein an Hand der Definiton gezeigt werden soll. Aus $|x^2 - x_0^2| = |x - x_0||x + x_0|$ und $|x - x_0| < \delta$ folgt $|x^2 - x_0^2| < \delta|x - x_0 + 2x_0| < \delta(\delta + 2|x_0|)$, die $\epsilon\,\delta$-Bedingung wird erfüllt, wenn $\delta > 0$ durch $\delta(\delta + 2|x_0|) = \epsilon$ *definiert* wird, was auf $\delta = -|x_0| + \sqrt{x_0^2 + \epsilon} > 0$ hinausläuft[1]; jedes kleinere $\delta > 0$ tut es auch.

3.3 Das Cauchykriterium gilt wie bei Folgen und Reihen auch hier. Die Reduktion des Beweises auf das Folgenkriterium wird als Aufgabe gestellt.

Satz 3.3 *Der Grenzwert* $\lim\limits_{x \to x_0} f(x)$ *existiert genau dann, wenn es zu jedem* $\epsilon > 0$ *ein* $\delta > 0$ *gibt so, dass* $|f(x) - f(y)| < \epsilon$ *für alle* $x, y \in I$ *mit* $0 < |x - x_0| < \delta$ *und* $0 < |y - x_0| < \delta$ *gilt.*

Beispiel 3.4 Die Funktion $f : (a, b) \to \mathbb{R}$ genügt definitionsgemäß einer *Lipschitzbedingung*, wenn es eine (Lipschitz-)Konstante $L > 0$ gibt mit

$$|f(x) - f(y)| \leq L|x - y| \quad (x, y \in (a, b)). \tag{3.1}$$

Während man die Untersuchung von $\lim\limits_{x \to x_0} f(x)$ für $a < x_0 < b$ oft auf die Vermutung $\lim\limits_{x \to x_0} f(x) = f(x_0)$ stützen kann, liegt für $x_0 = a$ oder $x_0 = b$ kein Anhaltspunkt vor. Wegen (3.1) greift das Cauchykriterium für jede Grenzwertuntersuchung $x \to x_0 \in [a, b]$ (sofern, wie jetzt angenommen, das Intervall beschränkt ist). Insbesondere existieren die Grenzwerte $\lim\limits_{x \to a} f(x)$ und $\lim\limits_{x \to b} f(x)$, können aber ohne Zusatzinformation nicht explizit angegeben werden. Die Lipschitzbedingung gilt weiter für die so nach $[a, b]$ fortgesetzte Funktion.

3.4 Einseitige Grenzwerte Werden bei der Untersuchung von $f(x)$ für $x \to x_0$ nur Zahlen $x > x_0$ bzw. $x < x_0$ zugelassen, so spricht man von einseitigen Grenzwerten. Sie sind bisher schon versteckt aufgetreten, nämlich dann, wenn x_0 ein Randpunkt von I war. Allgemein wird definiert: Ist $x_0 \in I^\circ$ innerer Punkt, so bedeutet die Schreibweise $y_0 = \lim\limits_{x \to x_0-} f(x)$, dass es zu jedem $\epsilon > 0$ ein $\delta > 0$ gibt, so dass $|f(x) - y_0| < \epsilon$ für alle $x \in I$ mit $x_0 - \delta < x < x_0$ gilt; y_0 heißt **linksseitiger Grenzwert**, eine suggestive Schreibweise dafür ist $f(x_0-) = \lim\limits_{x \to x_0-} f(x)$. Analog ist der *rechtsseitige Grenzwert* $f(x_0+) = \lim\limits_{x \to x_0+} f(x)$ definiert. Existieren beide Grenzwerte und gilt $f(x_0-) \neq f(x_0+)$, so heißt x_0 **Sprungstelle** von f.

Beispiel 3.5 $f(x) = [x]$ (größtes Ganzes) hat Sprungstellen in allen Punkten $x = n \in \mathbb{Z}$; es gilt $f(n+) = n = f(n)$ und $f(n-) = n - 1 = f(n) - 1$. Dagegen hat $g(x) = x[x]$ in $x = 0$ keine Sprungstelle, es gilt $|g(x)| \leq |x|$ für $|x| \leq 1$, also $\lim\limits_{x \to 0} x[x] = 0 = g(0)$.

---

[1] Die Gleichung $x^2 + px + q = 0$ hat die reellen Lösungen $x_{1,2} = -\frac{p}{2} \pm \sqrt{\frac{p^2}{4} - q}$, sofern nur $\frac{p^2}{4} - q \geq 0$ ist; soweit die aus der Schule bekannte Formel. Diese Formel soll nicht auswendig gelernt, vielmehr das *quadratische Ergänzen* $x^2 + px + q = \left(x + \frac{p}{2}\right)^2 - \frac{p^2}{4} + q$ geübt werden.

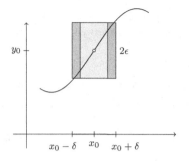 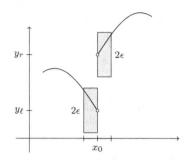

Abb. 3.1 $\lim\limits_{x \to x_0} f(x) = y_0$ existiert; das Rechteck $R_{\delta\epsilon}$ ist zu breit (δ zu groß) gewählt. Die einseitigen Grenzwerte y_r und y_ℓ existieren, es liegt eine Sprungstelle vor. In beiden Fällen darf der Funktionswert $f(x_0)$, sofern überhaupt vorhanden, keine Rolle spielen.

Satz 3.4 *Der Grenzwert* $\lim\limits_{x \to x_0} f(x)$ *existiert genau dann, wenn* $f(x_0-) = f(x_0+)$ *gilt; es ist dann* $\lim\limits_{x \to x_0} f(x) = f(x_0-) = f(x_0+)$.

Der *Beweis* ‖ wird als Aufgabe gestellt.   &

Satz 3.5 *Der rechtsseitige Grenzwert* $f(x_0+)$ *existiert genau dann, wenn der Grenzwert* $\lim\limits_{n \to \infty} f(x_n)$ *für jede* monoton fallende *Folge* $x_n \downarrow x_0$ *existiert. Entsprechend hat man für* $f(x_0-)$ *nur* monoton wachsende *Folgen* $x_n \uparrow x_0$ *zu betrachten.*

Beweis ‖ Es seien $x_n \downarrow x_0$ und $x_n' \downarrow x_0$ monotone Folgen mit $\lim\limits_{n \to \infty} f(x_n) = y_0$ und $\lim\limits_{n \to \infty} f(x_n') = y_0'$. Dann ist die Mischfolge $(\xi_n) = (x_1, x_1', x_2, x_2', \ldots)$ nicht unbedingt monoton fallend, man kann aber induktiv leicht eine *gemischte* und monoton fallende Teilfolge (ξ_{n_k}) folgendermaßen auswählen: Man setzt $n_1 = 1$ und wählt den kleinsten *geraden* Index $n_2 = 2m_2$ mit $x_0 < \xi_{n_2} = x_{m_2}' < \xi_{n_1}$, danach den kleinsten *ungeraden* Index $n_3 = 2m_3 - 1 > n_2$ mit $x_0 < \xi_{n_3} = x_{m_3} < \xi_{n_2}$ usw. Wegen $\xi_{n_{2k}} = x_{m_{2k}}'$ und $\xi_{n_{2k-1}} = x_{m_{2k-1}}$ folgt dann $y_0' = y_0$, und ab hier verläuft der Beweis wie beim Folgenkriterium.   &

3.5 Monotone Funktionen Die Funktion $f : I \to \mathbb{R}$ heißt *monoton wachsend* bzw. *fallend*, wenn $f(x) \le f(y)$ bzw. $f(x) \ge f(y)$ für alle $x, y \in I$ mit $x < y$ gilt. Wie bei Folgen wird dafür $f \uparrow$ bzw. $f \downarrow$ geschrieben. Gilt sogar $f(x) < f(y)$ bzw. $f(x) > f(y)$ für $x < y$, so spricht man von *strenger* oder *strikter* Monotonie.

Satz 3.6 *Eine monoton wachsende Funktion* $f : I \to \mathbb{R}$ *hat in jedem* $x_0 \in I^\circ$ *einseitige Grenzwerte, es gilt* $f(x_0-) \le f(x_0) \le f(x_0+)$. *Eine analoge Aussage gilt für monoton fallende Funktionen.*

Beweis ‖ Für $f \uparrow$ und $x_n \downarrow x_0$ etwa gilt nach dem einseitigen Folgenkriterium $f(x_0+) = \lim\limits_{n \to \infty} f(x_n) \ge f(x_0)$. Die anderen Fälle werden gleichermaßen erledigt.   &

Bemerkung 3.2 Ist f noch im linken bzw. rechten Randpunkt a bzw. b von I definiert, so kommen im Fall einer wachsenden Funktion f noch die Ungleichungen $f(a) \leq f(a+)$ bzw. $f(b-) \leq f(b)$ hinzu. Eine monotone Funktion hat in jedem Punkt x_0 entweder den Grenzwert $f(x_0)$ oder eine Sprungstelle. In inneren Punkten ist die Sprunghöhe $f(x_0+) - f(x_0-)$, in den Randpunkten aber $f(a+) - f(a)$ bzw. $f(b) - f(b-)$ (sie kann jeweils negativ sein).

Aufgabe 3.3 Man zeige, dass eine auf $[a, b]$ monoton wachsende Funktion f höchstens abzählbar viele Sprungstellen haben kann. (**Hinweis.** Wieviele x mit Mindestsprunghöhe $1/n$ in x kann es im Vergleich zu $f(b) - f(a)$ geben?) Kann man das Ergebis auf monoton wachsende Funktionen $f : (a, b) \longrightarrow \mathbb{R}$ ausdehnen? Wenn ja, wie?

3.6 Erweiterungen

In vielen Fällen treten noch folgende Typen von Grenzwerten auf, die sich in naheliegender Weise durch die Hinzunahme von $\pm\infty$ ergeben. Sie werden nur exemplarisch erläutert.

$$
\begin{array}{ll}
\text{(i)} \quad \lim_{x \to x_0} f(x) = \infty & \text{(ii)} \quad \lim_{x \to x_0} f(x) = -\infty \\[2mm]
\text{(iii)} \quad \lim_{x \to x_0\pm} f(x) = \infty & \text{(iv)} \quad \lim_{x \to x_0\pm} f(x) = -\infty \\[2mm]
\text{(v)} \quad \lim_{x \to \infty} f(x) = y_0 & \text{(vi)} \quad \lim_{x \to -\infty} f(x) = y_0 \\[2mm]
\text{(vii)} \quad \lim_{x \to \infty} f(x) = \infty & \text{(vii)} \quad \lim_{x \to \infty} f(x) = -\infty \\[2mm]
\text{(ix)} \quad \lim_{x \to -\infty} f(x) = \infty & \text{(x)} \quad \lim_{x \to -\infty} f(x) = -\infty
\end{array}
$$

Beispielsweise bedeutet $\lim_{x \to \infty} f(x) = y_0$ für $f : (a, \infty) \to \mathbb{R}$: Zu jedem $\epsilon > 0$ gibt es ein $\xi > a$, so dass $|f(x) - y_0| < \epsilon$ für alle $x > \xi$ gilt; und etwa $\lim_{x \to -\infty} f(x) = +\infty$ für $f : (-\infty, b) \to \mathbb{R}$: Zu jedem $K > 0$ existiert ein $\xi < b$, so dass $f(x) > K$ für $x < \xi$.

Satz 3.7 *Die aufgestellten Grenzwertregeln gelten weiter, solange bei den arithmetischen Operationen mit den Grenzwerten keine Konfliktsituationen wie $\infty - \infty$, $0 \cdot \infty$, ∞/∞ oder $0/0$ auftreten.*

Der *Beweis* ‖ wird als Aufgabe gestellt. &

Beispiel 3.6 Für $f(x) = x(\sqrt{x^2+3} - \sqrt{x^2-2})$ ist der Grenzwert für $x \to \infty$ bzw. $x \to -\infty$ zu berechnen. Erweitern mit $\sqrt{x^2+3} + \sqrt{x^2-2}$ ergibt für $x > \sqrt{2}$:

$$
f(x) = x \frac{(x^2+3) - (x^2-2)}{\sqrt{x^2+3} + \sqrt{x^2-2}} = \frac{5}{\sqrt{1+3/x^2} + \sqrt{1-2/x^2}} \to \frac{5}{2} \quad \text{für} \quad x \to \infty. \text{ Dagegen ist}
$$
$\lim_{x \to -\infty} f(x) = -5/2$. Warum?

Aufgabe 3.4 Man berechne alle (einseitigen) Grenzwerte von $f(x) = x[1/x]$ in $x > 0$. Wo liegen Sprungstellen? Existiert $f(0+)$?

Aufgabe 3.5 Für welche $a \in \mathbb{R}$ existiert der endliche Grenzwert

$$
\lim_{x \to \infty} (\sqrt{x^4 + ax^3 - x^2 + 1} - \sqrt{x^4 + 2x^3 + ax^2})
$$

(für festes a ist die Funktion für $x > x_a$ definiert)?

Aufgabe 3.6 Es sei $f : (a, b) \longrightarrow \mathbb{R}$ monoton wachsend und $a < x_0 < b$. Man zeige $f(x_0-) = \sup\{f(x) : a < x < x_0\}$ und $f(x_0+) = \inf\{f(x) : x_0 < x < b\}$.

3.2 Stetige Funktionen

3.7 Stetigkeit Alle auftretenden Funktionen in diesem Abschnitt sind vom Typ $I \to$ $\mathbb{R}$; wenn nicht ausdrücklich etwas anderes festgelegt wird, ist dabei I ein *beliebiges* Intervall. Die Funktion $f : I \to \mathbb{R}$ heißt *stetig* im Punkt $x_0 \in I$, wenn $\lim\limits_{x \to x_0} f(x) =$ $f(x_0)$ ist, d. h. wenn es zu jedem $\epsilon > 0$ ein $\delta > 0$ gibt mit $|f(x) - f(x_0)| < \epsilon$ für alle $x \in I$, $|x - x_0| < \delta$. Gilt dies in jedem Punkt von I, so heißt f *stetig in* I oder einfach *stetig*. Die Funktionenklasse $\mathcal{C}(I)$ besteht definitionsgemäß aus allen stetigen Funktionen $f : I \to \mathbb{R}$.

Bemerkung 3.3 Geometrisch kann man die Stetigkeit im Punkt x_0 so veranschaulichen. Legt man um den Punkt $(x_0, f(x_0))$ bei gegebenem $\epsilon > 0$ und zugehörigem $\delta > 0$ das Rechteck $R_{\delta\epsilon} = (x_0 - \delta, x_0 + \delta) \times (f(x_0) - \epsilon, f(x_0) + \epsilon)$, so *verlässt* der Graph $\mathfrak{G}(f) = \{(x, f(x)) : x \in I\}$ von f den $\delta\epsilon$-*Rahmen* $R_{\delta\epsilon}$ nur links und rechts (falls überhaupt), nicht aber oben oder unten.

Beispiel 3.7 Wie bereits im Zusammenhang mit Grenzwerten zu sehen war, sind *Polynome* $P(x) = a_0 + a_1 x + \cdots + a_n x^n$ stetig in $\mathbb{R}$, und *rationale Funktionen* $R(x) = P(x)/Q(x)$ sind stetig außerhalb der Nullstellen von Q.

Beispiel 3.8 Die direkte Nachprüfung der Stetigkeit anhand der Definition kann selbst bei einfachen Beispielen wie $f(x) = 1/x$ etwas Mühe machen: Für $x_0 > 0$, $0 < \delta < x_0$ und $|x - x_0| < \delta$ ist $|f(x) - f(x_0)| = \dfrac{|x - x_0|}{x x_0} < \dfrac{\delta}{x_0(x_0 - \delta)}$; die Abschätzung ist nicht zu verbessern. Damit wird $|f(x) - f(x_0)| < \epsilon$ nur erreicht, wenn man man $\delta \leq \dfrac{\epsilon x_0^2}{1 + x_0\epsilon}$ wählt (die Lösung von $\frac{\delta}{x_0(x_0 - \delta)} = \epsilon$); die bestmögliche Wahl ist $\delta = \min \left\{ x_0, \dfrac{\epsilon x_0^2}{1 + x_0\epsilon} \right\}$.

Beispiel 3.9 Die *Quadratwurzel* $f(x) = \sqrt{x}$ ist in $I = [0, \infty)$ stetig, denn es wird für $0 \leq x < y$ nach Erweiterung mit $\sqrt{y} + \sqrt{x}$

$$0 < f(y) - f(x) = \frac{y - x}{\sqrt{y} + \sqrt{x}} \leq \frac{y - x}{\sqrt{y - x}} = \sqrt{y - x};$$

man kann $\delta = \epsilon^2$ wählen, unabhängig von $y > x \geq 0$. Verwendet wurde die triviale Ungleichung $\sqrt{y} + \sqrt{x} \geq \sqrt{y - x}$ für $y > x \geq 0$; sie ist bestmöglich für $x = 0$.

Die altbekannten Regeln für Grenzwerte (von Folgen oder Funktionen) kehren in neuem Gewand als Regeln für stetige Funktionen wieder:

Satz 3.8 *Sind $f, g : I \to \mathbb{R}$ stetig in x_0 [in I], so gilt dasselbe für die punktweise zu bildenden Funktionen*

$$f + g, \quad \lambda f \ (\lambda \in \mathbb{R}), \quad fg, \quad |f|, \quad \max\{f, g\}, \quad \min\{f, g\} \text{ und } f/g,$$

sofern im letzten Fall $g(x_0) \neq 0$ [$g(x) \neq 0$ in I] ist. Genauer gilt dann: $g(x_0) \neq 0$ impliziert $g(x) \neq 0$ in einem Teilintervall $J = I \cap (x_0 - \sigma, x_0 + \sigma)$, f/g ist definiert in J und stetig in $x_0 \in J$.

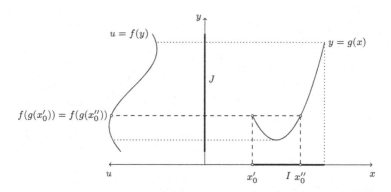

Abb. 3.2 Veranschaulichung der Komposition von $u = f(y)$ und $y = g(x)$.

Beweis ‖ Es wird nur die letzte Bemerkung bewiesen, alles andere folgt aus den Regeln für Grenzwerte. Ist beispielsweise $g(x_0) > 0$, so wird zunächst $\epsilon = g(x_0) > 0$ gewählt; dazu gibt es $\sigma > 0$, so dass $|g(x) - g(x_0)| < \epsilon$ für $x \in J = I \cap (x_0 - \sigma, x_0 + \sigma)$ gilt, also $g(x) \geq g(x_0) - |g(x_0) - g(x)| > 0$ für diese x. ☕

Bemerkung 3.4 $C(I)$ ist eine *Funktionenalgebra mit Eins* über $\mathbb{R}$, was allerdings für die Analysis wenig Bedeutung hat.

3.8 Die Komposition von Funktionen Sind Intervalle I und J sowie Funktionen $g : I \to J$ und $f : J \to \mathbb{R}$ gegeben, so heißt $f \circ g : I \to \mathbb{R}$ [Sprechweise: *f nach g*], definiert durch

$$(f \circ g)(x) = f(g(x)),$$

Komposition oder *Verkettung* der Funktionen f und g; „*f nach g*" bedeutet genau dies: zuerst wird g und danach f ausgeführt.

Satz 3.9 (Stetigkeit der Komposition) *Ist $g : I \to J$ stetig in $x_0 \in I$ [in I] und $f : J \to \mathbb{R}$ stetig in $y_0 = g(x_0) \in J$ [in J], so ist die Komposition $f \circ g$ stetig in x_0 [in I].*

Beweis ‖ Es sei $\epsilon > 0$ und dazu $\delta > 0$ so gewählt, dass $|f(y) - f(y_0)| < \epsilon$ für alle $y \in J$ mit $|y - y_0| < \delta$ gilt. Zu diesem δ wird $\sigma > 0$ so gewählt, dass $|g(x) - g(x_0)| = |g(x) - y_0| < \delta$ für alle $x \in I$ mit $|x - x_0| < \sigma$ gilt. Insgesamt folgt $|f(g(x)) - f(g(x_0))| < \epsilon$ für $|x - x_0| < \sigma, x \in I$ (vgl. Abb. 3.2). ☕

Abb. 3.3 Gleichmäßige
Stetigkeit: Ein und dasselbe
Rechteck $R_{\delta\epsilon}$ passt überall.

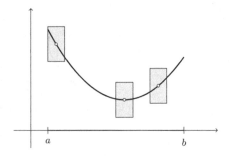

3.3   Allgemeine Sätze über stetige Funktionen

In diesem Abschnitt wird eine Reihe von allgemeinen und grundlegenden Sätzen über stetige Funktionen bewiesen. Diese Sätze beruhen sämtlich auf der *Vollständigkeit* von $\mathbb{R}$ oder der *Kompaktheit* des Definitionsintervalls; die Benutzung des Begriffs *kompaktes* anstatt *abgeschlossenes* Intervall deutet auf spätere wichtige Verallgemeinerungen hin.

3.9 Gleichmäßige Stetigkeit   In der Stetigkeitsdefinition wird die Größe δ sowohl von ϵ als auch von x_0 abhängen. Eine Funktion $f : I \longrightarrow \mathbb{R}$ heißt *gleichmäßig stetig,* wenn es zu jedem $\epsilon > 0$ ein $\delta > 0$ gibt mit

$$|f(x) - f(y)| < \epsilon \quad \text{für alle } x, y \in [a, b] \text{ mit } |x - y| < \delta.$$

Bemerkung 3.5   Erfahrungsgemäß wird der in verschiedenem Kontext auftretende Begriff *gleichmäßig* am Anfang des Studiums als schwierig empfunden. Er bedeutet hier, dass $\delta > 0$ zu $\epsilon > 0$ *unabhängig* von der Lage von x, eben für *alle x gleich(mäßig)* gewählt werden kann. Ein und derselbe $\delta\epsilon$-Rahmen passt *überall.*

Satz 3.10   (von Heine) *Eine stetige Funktion $f : [a, b] \to \mathbb{R}$ ist gleichmäßig stetig.*

Beweis ‖ Wenn die Behauptung falsch ist, gibt es ein *Ausnahme-$\epsilon_0 > 0$* sowie zu $\delta = 1/n$, $n \in \mathbb{N}$, jeweils $x_n', x_n'' \in [a, b]$, so dass zwar $|x_n' - x_n''| < 1/n$, aber trotzdem $|f(x_n') - f(x_n'')| \geq \epsilon_0$ ist. Nach dem Satz von Bolzano-Weierstraß kann man eine konvergente Teilfolge $x_{n_k}' \to x_0 \in [a, b]$, auswählen; die Folge (x_{n_k}'') konvergiert *mit*, d. h. es gilt $x_{n_k}'' \to x_0$. Somit ist wegen der Stetigkeit von f in x_0 auch $\lim\limits_{k\to\infty} f(x_{n_k}') = f(x_0) = \lim\limits_{k\to\infty} f(x_{n_k}'')$ im Widerspruch zu $|f(x_{n_k}') - f(x_{n_k}'')| \geq \epsilon_0$.   ☕

Der Satz von Heine wird falsch für *offene* oder *halboffene Intervalle*, wie etwa $f(x) = 1/x$ in $(0, 1]$ zeigt. Allgemein gilt:

Satz 3.11 *Ist f gleichmäßig stetig in (a, b), $a, b \in \mathbb{R}$, so existieren die einseitigen Grenzwerte $f(a+)$ und $f(b-)$. Setzt man $f(a) = f(a+)$ und $f(b) = f(b-)$, so wird die so fortgesetzte Funktion f (sogar gleichmäßig) stetig in $[a, b]$.*

Beweis ‖ Aus der gleichmäßigen Stetigkeit ergibt sich gerade das Cauchykriterium für die Existenz von $\lim\limits_{x \to a+} f(x)$: Bei gegebenem $\epsilon > 0$ wird $|f(x) - f(y)| < \epsilon$ insbesondere für $a < x, y < a + \delta$. Dies zeigt die Existenz von $f(a+)$ sowie die Stetigkeit in $x = a$ der durch $f(a) = f(a+)$ fortgesetzten Funktion: $|f(x) - f(a)| \leq \epsilon$ für $a < x < a + \delta$. Genauso verfährt man im Punkt $x = b$. ✆

3.10 Der Stetigkeitsmodul Die Güte der Stetigkeit einer beschränkten Funktion $f : I \to \mathbb{R}$ lässt sich durch den *Stetigkeitsmodul*

$$\omega(h) = \sup\{|f(x) - f(y)| : x, y \in I, |x - y| \leq h\}$$

messen; ω ist monoton wachsend mit h, somit existiert $\lim\limits_{h \to 0+} \omega(h)$. Ist I kompakt, so ist dieser Grenzwert gleich 0. Allgemein ist dies notwendig und hinreichend für die gleichmäßige Stetigkeit von f im Definitionsintervall. Für $\omega(h) < \epsilon$ ist $\delta = h$ in der Stetigkeitsdefinition zugelassen.

Beispiel 3.10 Der Stetigkeitsmodul von $f(x) = \sqrt{x}$ in $I = [0, \infty)$ ist $\omega(h) = \sqrt{h}$; dies folgt aus der Ungleichung $|\sqrt{x} - \sqrt{y}| \leq \sqrt{|x - y|}$, die für $y = 0$ zur Gleichung wird. Analog gilt für $f(x) = \sqrt{1 + x^2}$ in $I = \mathbb{R}$

$$|f(x) - f(y)| = \frac{|x^2 - y^2|}{\sqrt{1 + x^2} + \sqrt{1 + y^2}} \leq \frac{|x - y|(|x| + |y|)}{\sqrt{1 + x^2} + \sqrt{1 + y^2}} \leq |x - y|,$$

also $\omega(h) \leq h$. Es gilt sogar $\omega(h) = h$; der Beweis steckt in der nachfolgenden Aufgabe.

Aufgabe 3.7 Man zeige $\lim\limits_{n \to \infty} (f(n + h) - f(n)) = h$ für $f(x) = \sqrt{1 + x^2}, h > 0$.

Aufgabe 3.8 Man zeige, dass gleichmäßig stetige Funktionen $\mathbb{R} \longrightarrow \mathbb{R}$ höchstens linear anwachsen: $|f(x)| \leq A|x| + B$ gilt mit geeigneten $A, B > 0$ überall. (**Hinweis.** Zu $\epsilon = 1$ wähle man $\delta > 0$ gemäß Definition.)

Aufgabe 3.9 Man zeige, dass $f(x) = \text{sign}(x)\sqrt{|x|}$ den Stetigkeitsmodul $\omega(h) = \sqrt{2h}$ hat. (**Hinweis.** Zu untersuchen ist $(f(x) - f(y))^2 = h + 2\sqrt{x(h - x)}$ für $y = x - h < 0 < x$.)

3.11 Der Satz vom Maximum und Minimum gilt wie der Satz von Heine allgemein nur in kompakten Intervallen.

Satz 3.12 *Eine stetige Funktion $f : [a, b] \to \mathbb{R}$ besitzt Maximum und Minimum, d. h. es gibt $x_*, x^* \in [a, b]$ mit $f(x_*) \leq f(x) \leq f(x^*)$ in $[a, b]$, also $f(x_*) = \min\{f(x) : a \leq x \leq b\}$ und $f(x^*) = \max\{f(x) : a \leq x \leq b\}$.*

Beweis ‖ Es sei $m = \inf\{f(x) : a \leq x \leq b\}$; $m = -\infty$ kann zunächst nicht ausgeschlossen werden. Es gibt dann eine Folge (x_n) in $[a, b]$ mit $f(x_n) \to m$, eine sogenannte *Minimalfolge*. Aus dieser Folge kann nach dem Satz von Bolzano-Weierstraß eine konvergente Teilfolge ausgewählt werden, oder, wie künftig argumentiert werden wird, *man kann annehmen, dass bereits $x_n \to x_* \in [a, b]$ gilt* (indem man so

tut, als hätte man die Teilfolge bereits ausgewählt und sie dann wieder (x_n) genannt; man nennt dieses Vorgehen *Kompaktheitsschluss*). Es folgt aus der Stetigkeit
dann $m = f(x_*) = \min\{f(x) : a \leq x \leq b\}$. Analog findet man eine Stelle x^* mit
$f(x^*) = \sup\{f(x) : a \leq x \leq b\}$.   ☕

Der Satz vom Maximum und Minimum wird falsch in offenen oder halboffenen
Intervallen. Dies zeigt das nachstehende

Beispiel 3.11 $f(x) = x$ ist in $(0, 1]$ zwar beschränkt und hat ein Maximum, aber kein Minimum,
$f(x) = \dfrac{x}{1 - x^2}$ ist in $(-1, 1)$ weder nach oben noch nach unten beschränkt und $f(x) = \dfrac{1}{1 - x^2}$
hat in $(-1, 1)$ zwar das Minimum $f(0) = 1$, ist aber nicht nach oben beschränkt.

3.12 Der Nullstellensatz von Bolzano Eine stetige Funktion, die in ihrem Definitionsintervall sowohl positive als auch negative Werte annimmt, *muß* auch einmal den
Wert Null annehmen. Diese anschauliche Vorstellung ist richtig, beruht aber auf der
weniger anschaulichen Vollständigkeit der reellen Zahlen und wird im Nullstellensatz von Bolzano konkret.

Satz 3.13 (Nullstellensatz von Bolzano) *Ist* $f : [a, b] \to \mathbb{R}$ *stetig und* $f(a)f(b) <$
0, *d. h. ist entweder* $f(a) < 0 < f(b)$ *oder* $f(b) < 0 < f(a)$, *dann hat* f *eine* Nullstelle $\xi \in (a, b)$, *d. h. es gilt* $f(\xi) = 0$. *Es gibt eine* erste (kleinste) *und eine* letzte
(größte) *Nullstelle in* (a, b).

Beweis ‖ Es sei etwa $f(a) < 0 < f(b)$ und $\xi = \sup\{t : f(x) < 0 \text{ in } [a, t]\}$. Dann
ist $\xi > a$, weil aus $f(a) < 0$ und der Stetigkeit $f(x) < 0$ in $[a, a + \delta)$ für ein
$\delta > 0$ folgt; mit derselben Begründung ist $\xi < b$ wegen $f(b) > 0$. Nach Definition
ist $f(\xi) = \lim\limits_{x \to \xi-} f(x) \leq 0$, und $f(x_n) \geq 0$ wenigstens für eine Folge $x_n \downarrow \xi$, also
$f(\xi) = \lim\limits_{n \to \infty} f(x_n) \geq 0$. Insgesamt ergibt sich $f(\xi) = 0$, und $f(x) < 0$ in $[a, \xi)$;
dieses ξ ist die kleinste Nullstelle von f. Die anderen Fälle werden genauso behan-
delt.   ☕

Bemerkung 3.6 Welches Vorgehen führt (wieder für $f(a) < 0 < f(b)$) zur größten Nullstelle?
Die naheliegende Antwort ist, mit $\xi = \inf\{t : f(x) > 0 \text{ in } (t, b]\}$ zu beginnen, die banale, die
Funktion $g(x) = -f(-x)$ in $[-b, -a]$ zu betrachten. Deren kleinste Nullstelle ξ liefert die größte
Nullstelle $-\xi$ von f.

Beispiel 3.12 Das Polynom $P(x) = x^2 - 2$ hat in $\mathbb{R}$ die Nullstellen $\pm\sqrt{2}$, aber keine Nullstelle in
$\mathbb{Q}$. Dies zeigt, dass für die Existenz von Nullstellen allein die Stetigkeit von f und die Vollständigkeit
von $\mathbb{R}$ verantwortlich sind (worauf auch der Beweis beruht).

Beispiel 3.13 Ist $f : [a, b] \to [a, b]$ stetig, so besitzt f (wenigstens) einen *Fixpunkt*, d. h. es gibt eine Lösung der Gleichung $f(x) = x$ in $[a, b]$. Die stetige Funktion $g(x) = f(x) - x$ erfüllt nämlich
$g(a) \geq 0$ und $g(b) \leq 0$, d. h. es ist entweder $f(a) = a$ oder $f(b) = b$ oder aber $g(a) > 0 > g(b)$;
in diesem Fall hat g eine Nullstelle, f also einen Fixpunkt $\xi \in (a, b)$.

Beispiel 3.14 Ein Polynom $P(x) = a_0 + \cdots + a_{2n}x^{2n} + x^{2n+1}$ ($a_\nu \in \mathbb{R}$) von *ungeradem* Grad
besitzt wenigstens eine reelle Nullstelle. Denn schreibt man

$$P(x) = x^{2n+1}[1 + a_{2n}/x + \cdots + a_0/x^{2n+1}],$$

so ist der Ausdruck in Klammern $\geq 1/2$ für $|x| \geq x_0$ hinreichend groß, denn sein Grenzwert für $x \to \pm\infty$ ist gleich 1. Somit gilt $P(-x_0) < 0 < P(x_0)$, und nach dem Nullstellensatz gibt es eine Nullstelle in $(-x_0, x_0)$.

3.13 Intervallhalbierung zur Nullstellenberechnung Zur näherungsweisen Bestimmung von Nullstellen kann man folgendermaßen vorgehen. Ist f eine auf $[a_0, b_0]$ stetige, reellwertige Funktion und etwa $f(a_0) < 0 < f(b_0)$, so gibt es eine Nullstelle in (a_0, b_0). Es wird $c_1 = \frac{1}{2}(a_0 + b_0)$ gesetzt; ist $f(c_1) < 0$, so sei $a_1 = c_1$ und $b_1 = b_0$, dagegen sei $a_1 = a_0$ und $b_1 = c_1$ im Fall $f(c_1) > 0$. Im (unwahrscheinlichen) Fall $f(c_1) = 0$ ist eine Nullstelle gefunden und das Verfahren bricht ab. Andernfalls wird dieser erste Schritt mit dem Intervall $[a_1, b_1]$ anstelle $[a_0, b_0]$ wiederholt, etc. Wenn das Verfahren nicht abbricht, also immer $f(c_n) \neq 0$ ist, entsteht eine Intervallschachtelung $[a_n, b_n]$ mit $f(a_n) < 0 < f(b_n)$; (a_n, b_n) enthält eine Nullstelle ξ von f und es gilt $|c_n - \xi| < 2^{-n}(b_0 - a_0)$. Im Beispiel $f(x) = -1 + x + x^4$ ist $f(0) = -1$, $f(1) = 1$. Die Methode liefert nach 10 Schritten die Näherung $c_{10} = 0.723$, der absolute Fehler ist höchstens $2^{-10} \approx 10^{-3}$.

3.14 Der Zwischenwertsatz folgt aus dem Nullstellensatz von Bolzano:

Satz 3.14 *Eine stetige Funktion* $f : [a, b] \longrightarrow \mathbb{R}$ *mit* $f(a) \neq f(b)$ *nimmt in* (a, b) *jeden Wert zwischen* $f(a)$ *und* $f(b)$ *an. Ist allgemeiner* I *ein beliebiges Intervall und* $f : I \to \mathbb{R}$ *stetig, so ist auch* $J = f(I)$ *ein Intervall.*

Beweis ‖ Man kann $f(a) < f(b)$ annehmen, und für $f(a) < \eta < f(b)$ den Nullstellensatz von Bolzano auf die in $[a, b]$ stetige Funktion $g(x) = f(x) - \eta$ anwenden; sie erfüllt $g(a) = f(a) - \eta < 0 < f(b) - \eta = g(b)$, besitzt also eine Nullstelle $\xi \in (a, b)$. Dort ist aber $f(\xi) = \eta$. Die zweite Behauptung folgt aus der ersten, denn zusammen mit dem Satz vom Maximum und Minimum gilt für $[\alpha, \beta] \subset I$: $I_{\alpha\beta} = f([\alpha, \beta]) = [\min_{\alpha \leq x \leq \beta} f(x), \max_{\alpha \leq x \leq \beta} f(x)]$. Beschränkt man sich auf die Intervalle $[\alpha, \beta]$, die einen festen Referenzpunkt x_0 enthalten, so enthalten auch alle $I_{\alpha\beta}$ ein und denselben Punkt $f(x_0)$ und es ist sofort einsichtig, dass auch $f(I) = \bigcup_{[\alpha,\beta] \subset I} I_{\alpha\beta}$ ein Intervall ist. ⬛

Aufgabe 3.10 Man zeige, dass die Gleichung $1 - x^3 = x^2$ in $(0, 1)$ wenigstens (tatsächlich genau) eine Lösung x^* hat. Man berechne mittels Intervallhalbierung eine Näherung $\tilde{x}$ mit $|\tilde{x} - x^*| < 1/32$.

Aufgabe 3.11 Ein Fahrzeug legt in 5 Stunden 600 km zurück, wobei angenommen wird, dass die im Zeitintervall $[0, t]$ zurückgelegte Strecke $s(t)$ eine stetige Funktion von t ist (Pausen mit Geschwindigkeit 0 sind erlaubt). Man zeige, dass es ein Zeitintervall $[T, T + 1]$ (in Stunden gemessen) gibt, in dem das Fahrzeig genau 120 km zurücklegt.

Aufgabe 3.12 Es seien $f, g : I \longrightarrow \mathbb{R}$ stetig und es gelte $f(x)^2 = g(x)^2$ in I. Man zeige, dass entweder überall $f(x) = g(x)$ oder überall $f(x) = -g(x)$ gilt, sofern f nullstellenfrei ist. Gilt das auch, wenn f Nullstellen hat? Beweis oder Gegenbeispiel.

3.15 Die Stetigkeit der Umkehrfunktion Eine auf dem Intervall I streng monotone Funktion f ist insbesondere injektiv und besitzt eine Umkehrfunktion im Bild $f(I)$. Für stetige Funktionen gilt darüber hinaus der

Satz 3.15 (**über die Stetigkeit der Umkehrfunktion**) *Ist I ein Intervall und f :*
$I \to \mathbb{R}$ stetig und streng *monoton, so besitzt f eine im Intervall $J = f(I)$ stetige*
und im gleichen Sinn streng monotone Umkehrfunktion $f^{-1} : J \to I$.

Beweis ‖ $J = f(I)$ ist ein Intervall und f^{-1} ist dort definiert und im gleichen
Sinn monoton wie f; es bleibt die Stetigkeit, etwa in $y_0 = f(x_0) \in J$, zu zeigen.
Dazu sei beispielsweise $f \uparrow$ und $y_n = f(x_n)$ eine Folge in J, die monoton gegen
y_0 konvergiert; damit konvergiert x_n in derselben Weise monoton gegen ein $x_0' \in I$,
und es gilt dann wegen der Stetigkeit $f(x_0') = \lim_{n \to \infty} f(x_n) = y_0 = f(x_0)$, also $x_0' =$
x_0 und so $\lim_{n \to \infty} f^{-1}(y_n) = x_0 = f^{-1}(y_0)$. Nach dem modifizierten Folgenkriterium,
wonach es für einseitige Grenzwerte genügt, nur monotone Folgen zu betrachten,
folgt $\lim_{y \to y_0 \pm} f^{-1}(y) = f^{-1}(y_0)$.   ☟

Bemerkung 3.7 Injektive, *stetige* Funktionen $f : I \to \mathbb{R}$ sind notwendigerweise streng monoton.
Denn etwa aus der Annahme $f(x_1) < f(x_2)$, aber $f(x_2) > f(x_3)$ und $x_1 < x_2 < x_3$ folgt, dass f
in (x_1, x_2) und (x_2, x_3) gemeinsame Funktionswerte hat.

Beispiel 3.15 Die Umkehrfunktion von $f(x) = x^n$ ($n \in \mathbb{N}$, $I = [0, \infty)$) existiert in $J = I =$
$[0, \infty)$, sie ist stetig und streng wachsend, formelmäßig gegeben durch $f^{-1}(y) = \sqrt[n]{y}$. Für un-
gerades n existiert (f und) f^{-1} auf ganz $\mathbb{R}$, explizit ist hier $f^{-1}(y) = \operatorname{sign}(y)\sqrt[n]{|y|}$.

3.4 Gleichmäßige Konvergenz

3.16 Funktionenfolgen $(f_n)_{n \in \mathbb{N}}$ sind nichts anderes als Folgen von Funktionen f_n :
$I \to \mathbb{R}$ ($n \in \mathbb{N}$), also Abbildungen von $\mathbb{N}$ in den Raum (die Menge) aller Funktionen
$f : I \to \mathbb{R}$. Die Funktionenfolge (f_n) heißt

- *punktweise konvergent*, wenn die Zahlenfolge $(f_n(x))_{n \in \mathbb{N}}$ für jedes $x \in I$ konvergiert. Dies führt zu einer *Grenzfunktion* $f : I \to \mathbb{R}$, die Schreib- und Redeweise
  ist $f_n \to f$, *punktweise* in I.
- *gleichmäßig konvergent* gegen $f : I \to \mathbb{R}$, wenn es zu jedem $\epsilon > 0$ ein $n_0 \in \mathbb{N}$
  gibt mit $|f_n(x) - f(x)| < \epsilon$ für alle $n \geq n_0$ und **alle** $x \in I$. Die Schreibweise dafür
  ist $f_n \to f$ für $n \to \infty$, *gleichmäßig* in I.

Geometrisch bedeutet die gleichmäßige Konvergenz, dass bei gegebenem $\epsilon > 0$ die
Graphen $\mathfrak{G}(f_n)$ der approximierenden Funktionen für $n \geq n_0$ zwischen den Graphen
$\mathfrak{G}(f - \epsilon)$ und $\mathfrak{G}(f + \epsilon)$ verlaufen (vgl. Abb. 3.4).

Analog wird für eine *Funktionenreihe* $\sum_{k=0}^{\infty} f_k$ die punktweise bzw. gleichmäßige

Konvergenz über die Funktionenfolge (s_n) der Partialsummen $s_n(x) = \sum_{k=0}^{n} f_k(x)$ er-

klärt. Auch hier führt dies zu einer punktweisen bzw. gleichmäßigen Grenzfunktion

$$f(x) = \sum_{k=0}^{\infty} f_k(x).$$

Bemerkung 3.8 Eine *notwendige*, aber keineswegs hinreichende Bedingung für die gleichmäßige Konvergenz von $\sum\limits_{k=0}^{\infty} f_k$ auf I ist, dass dass die Funktionenfolge (f_n) auf I gleichmäßig gegen 0 konvergiert.

Zwei Beispiele sollen den Unterschied zwischen der punktweisen und der gleichmäßigen Konvergenz verdeutlichen.

Beispiel 3.16 Die Folge $f_n(x) = x^n$ konvergiert punktweise in $[0,1]$ gegen die Grenzfunktion $f(x) = 0$ in $[0,1)$ und $f(1) = 1$. Die Konvergenz ist *nicht* gleichmäßig, denn beispielsweise. ist $\left| f_n\left(1 - 1/n^2\right) - 0 \right| = \left(1 - 1/n^2\right)^n \geq 1 - 1/n$; m.a.W., es gelingt nicht, die Differenz $|f_n(x) - f(x)|$ *gleichmäßig* in $[0,1]$ für alle $n \geq n_0$ unter eine vorgegebene Schranke $\epsilon < 1$ zu drücken. Dagegen konvergiert die Folge $f_n(x) = (1 - x)x^n$ in $[0,1]$ nicht nur punktweise, sondern sogar gleichmäßig gegen $f(x) = 0$. Für $0 \leq x \leq q < 1$ und $n \geq n_0$ gilt $|f_n(x)| \leq q^n \leq q^{n_0}$, und $|f_n(x)| < 1 - q$ in $q < x \leq 1$, unabhängig von n. Ist $0 < \epsilon < 1$ vorgegeben, so hat man nur $q = 1 - \epsilon$ und $n_0 = n_0(\epsilon)$ so zu wählen, dass $(1 - \epsilon)^{n_0} < \epsilon$ ist; dann gilt im ganzen Intervall $|f_n(x) - 0| < \epsilon$ für $n \geq n_0$.

Aufgabe 3.13 Die Funktionenfolge (f_n), $f_n : I \longrightarrow [0, \infty)$ konvergiere gleichmäßig und monoton (d. h. $f_{n+1}(x) \leq f_n(x)$) gegen 0 auf dem Intervall I. Man zeige, dass die Funktionenreihe $\sum\limits_{n=0}^{\infty} (-1)^n f_n(x)$ gleichmäßig konvergiert.

3.17 Das Cauchykriterium für die gleichmäßige Konvergenz lautet folgendermaßen:

Satz 3.16 *Die Funktionenfolge* (f_n) *bzw. Funktionenreihe* $\sum\limits_{k=0}^{\infty} f_k$ *konvergiert genau dann gleichmäßig auf* I*, wenn zu jedem* $\epsilon > 0$ *ein* n_0 *existiert mit*

$$|f_n(x) - f_m(x)| < \epsilon \quad \text{bzw.} \quad \left| \sum_{k=m+1}^{n} f_k(x) \right| < \epsilon$$

für alle $n > m \geq n_0$ *und alle* $x \in I$.

Beweis ‖ Die $\epsilon/2$-Richtung (was könnte das wohl sein?) wird dem Leser (m/w/d) als Aufgabe überlassen. Wird umgekehrt die Cauchybedingung vorausgesetzt, so gilt sie erst recht punktweise, somit ist sicherlich eine *punktweise* Grenzfunktion $f : I \to \mathbb{R}$ vorhanden. In der Ungleichung $|f_n(x) - f_m(x)| < \epsilon$, die für alle $n > m \geq n_0$ und alle $x \in I$ gilt, darf man (punktweise) den Grenzübergang $n \to \infty$ durchführen mit dem Ergebnis $|f(x) - f_m(x)| \leq \epsilon$ ($m \geq n_0, x \in I$); damit ist die gleichmäßige Konvergenz der Folge (f_n) gegen die zunächst nur punktweise vorhandene Grenzfunktion f bewiesen. ☕

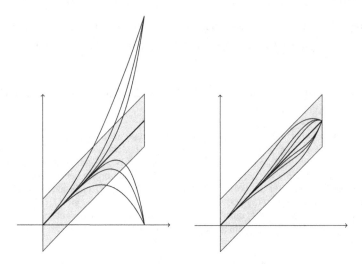

Abb. 3.4 Die Funktionenfolge $f_n(x) = x + (-x)^n$ konvergiert in jedem Intervall $[0, q]$ $(q < 1)$ gleichmäßig gegen $f(x) = x$, aber nicht in $[0, 1)$. Dagegen konvergiert die Folge $g_n(x) = x + (-x)^n(1 - x)$ in $[0, 1]$ gleichmäßig gegen $f(x) = x$.

3.18 Das Majorantenkriterium Die Frage, ob eine Funktionenfolge oder -reihe gleichmäßig konvergiert, ist in der Mehrzahl der Fälle nur mit geeigneten Abschätzungen zu beantworten. Bequemer ist dies bei Funktionenreihen zu formulieren, bei Folgen kann man die zugehörige Teleskopreihe $\sum\limits_{n=1}^{\infty} (f_n - f_{n-1})$ heranziehen: im Konvergenzfall gilt $\lim\limits_{n \to \infty} f_n(x) = f_0(x) + \sum\limits_{n=1}^{\infty} (f_n(x) - f_{n-1}(x))$, punktweise oder gleichmäßig.

Satz 3.17 (**Majorantenkriterium**) *Gilt im Intervall I eine Abschätzung der Form* $|f_k(x)| \le c_k$ *und ist die Reihe* $\sum\limits_{k=0}^{\infty} c_k$ *konvergent* (eine konvergente Majorante), *so ist die Funktionenreihe* $\sum\limits_{k=0}^{\infty} f_k$ *in I* (absolut und) *gleichmäßig konvergent.*

Beweis ‖ Die Behauptung folgt unmittelbar aus dem Cauchykriterium,

$$|s_n(x) - s_m(x)| = \left| \sum_{k=m+1}^{n} f_k(x) \right| \le \sum_{k=m+1}^{n} |f_k(x)| \le \sum_{k=m+1}^{n} c_k. \qquad ☕$$

Beispiel 3.17 Die Reihen $\sum\limits_{n=1}^{\infty} f_n(x)$ für $f_n(x) = \dfrac{\phi_n(x)}{n^2 + x^2}$ unterscheiden sich nur in den Funktionen ϕ_n; sie sind für $|\phi_n(x)| \le \Phi(x)$ auf $\mathbb{R}$ punktweise, aber nicht immer gleichmäßig konvergent.

1. Für $|\phi_n(x)| \leq 1$ herrscht gleichmäßige Konvergenz auf $\mathbb{R}$, eine konvergente Majorante ist
$\sum\limits_{n=1}^{\infty} n^{-2}$.

2. Für $|\phi_n(x)| \leq \sqrt{|x|}$ herrscht ebenfalls gleichmäßige Konvergenz auf $\mathbb{R}$; für $|x| \leq n$ ist nämlich $|f_n(x)| \leq \sqrt{n}/n^2 = n^{-3/2}$; für $|x| > n$ gilt dieselbe Abschätzung, aber auf dem Weg $|f_n(x)| \leq \sqrt{|x|}/|x|^2 = |x|^{-3/2} < n^{-3/2}$ gewonnen.

3. Im Fall $\phi_n(x) = x$ gibt es keine konvergente Majorante wegen $f_n(n) = 1/2n$; die Reihe konvergiert auch *nicht* gleichmäßig auf $\mathbb{R}$, denn für jedes $n \in \mathbb{N}$ gilt $\sum\limits_{k=n+1}^{2n} f_k(2n) \geq n \, f_{2n}(2n) = 1/4$; das *gleichmäßige* Cauchykriterium kann nicht erfüllt werden. Schränkt man den Definitionsbereich aber auf $[a, b]$ ein, so ist die Konvergenz wieder gleichmäßig, eine konvergente Majorante ist $\sum\limits_{n=1}^{\infty} Cn^{-2}$ mit $C = \max\{|a|, |b|\}$.

Das Majorantenkriterium liefert neben der gleichmäßigen noch die absolute Konvergenz. Ein vergleichbares Kriterium für Funktionenfolgen ist:

Satz 3.18 *Gilt* $|f_{n+1}(x) - f_n(x)| \leq c_n$ $(n \in \mathbb{N}, x \in I)$ *und konvergiert die Reihe* $\sum\limits_{n=1}^{\infty} c_n$, *so konvergiert die Funktionenfolge* (f_n) *gleichmäßig in* I.

Beispiel 3.18 Es wird, ausgehend von $f_0(x) = x$ die Folge (f_n) durch $f_n(x) = (1 + x2^{-n})f_{n-1}(x)$ *rekursiv* definiert. *Falls die Folge beschränkt ist, also* $|f_n(x)| \leq c_n \leq C$ in $[0, 1]$ gilt, so ist sie auch konvergent, dies folgt aus

$$|f_n(x) - f_{n-1}(x)| = x|f_{n-1}(x)|2^{-n} \leq C2^{-n}.$$

Es ist $|f_0(x)| \leq 1 = c_0$ und $|f_n(x)| \leq (1 + 2^{-n})c_{n-1} = c_n$. Es ist dann $c_n = c_0 \prod\limits_{\nu=1}^{n}(1 + 2^{-\nu})$, und aus $1 + 1/k = \sqrt[k]{(1 + 1/k)^k} < e^{1/k}$ insbesondere für $k = 2^\nu$ folgt

$$c_n < \prod_{\nu=1}^{n} e^{2^{-\nu}} = e^{1/2+1/4+\cdots+1/2^n} < e.$$

3.19 Die Vertauschbarkeit von Grenzprozessen ist ein zentrales Thema der Analysis und wird in den verschiedensten Variationen immer wiederkehren. In der einfachsten Form wird die Frage nach der Vertauschbarkeit folgendermaßen positiv beantwortet.

Satz 3.19 *Die Funktionenfolge* (f_n), $f_n : I \setminus \{x_0\} \to \mathbb{R}$ *konvergiere gleichmäßig gegen* f, *und es gelte* $\lim\limits_{x \to x_0} f_n(x) = a_n$. *Dann gilt*

$$\lim_{x \to x_0} f(x) = \lim_{n \to \infty} a_n, \quad \text{ausführlich} \quad \lim_{x \to x_0} \lim_{n \to \infty} f_n(x) = \lim_{n \to \infty} \lim_{x \to x_0} f_n(x);$$

$x_0 = \pm\infty$ *ist zugelassen. Für gleichmäßig konvergente Funktionenreihen gilt*

$$\lim_{x \to x_0} \sum_{n=0}^{\infty} f_n(x) = \sum_{n=0}^{\infty} \lim_{x \to x_0} f_n(x).$$

Beweis ‖ Es sei $\epsilon > 0$ beliebig und $n_0 \in \mathbb{N}$ so gewählt, dass

$$|f_n(x) - f_m(x)| < \epsilon \text{ in } I \setminus \{x_0\} \tag{3.2}$$

für $n > m \geq n_0$ gilt. Für $x \to x_0$ ergibt sich $|a_n - a_m| \leq \epsilon$, d.h. (a_n) ist eine reelle Cauchyfolge, es gilt $a_n \to a$ für $n \to \infty$. Vollzieht man andererseits in (3.2) bei festem m den Grenzübergang $n \to \infty$, so folgt $|f(x) - f_m(x)| \leq \epsilon$, und mit $|a - a_m| \leq \epsilon$ die Ungleichungskette

$$|f(x) - a| \leq |f(x) - f_m(x)| + |f_m(x) - a_m| + |a_m - a| < \epsilon + \epsilon + \epsilon;$$

das mittlere ϵ erhält man, wenn man $m = n_0$ setzt und x auf $0 < |x - x_0| < \delta_{n_0}$ einschränkt, so dass $|f_{n_0}(x) - a_{n_0}| < \epsilon$ gilt.   ☕

Beispiel 3.19 Die Reihe $\displaystyle\sum_{n=1}^{\infty} \frac{\sqrt{|x|}}{n^2 + x^2}$ konvergiert gleichmäßig auf $\mathbb{R}$; $\displaystyle\lim_{x \to \infty} \frac{\sqrt{|x|}}{n^2 + x^2} = 0$ impliziert $\displaystyle\lim_{x \to \infty} \sum_{n=1}^{\infty} \frac{\sqrt{|x|}}{n^2 + x^2} = 0$.

Beispiel 3.20 Die Funktionenreihe $\displaystyle\sum_{n=0}^{\infty} (1 - x)x^{2n} = \frac{1 - x}{1 - x^2} = \frac{1}{1 + x}$ konvergiert in $[0, 1)$ punktweise und für jedes n gilt $\displaystyle\lim_{x \to 1} (1 - x)x^{2n} = 0$; andererseits ist $\displaystyle\lim_{x \to 1} \sum_{n=0}^{\infty} (1 - x)x^{2n} = 1/2 \neq 0$, die Reihe kann in $[0, 1)$ nicht gleichmäßig konvergent sein.

Aufgabe 3.14 Es sei $f_n : [a, b] \longrightarrow [0, \infty)$ eine Folge von monoton wachsenden Funktionen und die Reihe $\displaystyle\sum_{n=0}^{\infty} f_n(b)$ sei konvergent. Man zeige, dass die Funktionenreihe $\displaystyle\sum_{k=0}^{\infty} f_n(x)$ in $[a, b]$ gleichmäßig konvergiert.

3.20 Die Stetigkeit der Grenzfunktion Auch hier geht es um die Vertauschung von Grenzprozessen, obwohl auf den ersten Blick nur *ein* Grenzübergang vorkommt. Eine konvergente Folge stetiger Funktionen kann eine unstetige Grenzfunktion besitzen (z.B. $f_n(x) = x^n$ in $[0, 1]$). Es gilt aber der

Satz 3.20 *Aus der gleichmäßigen Konvergenz $f_n \to f$ im Intervall I und der Stetigkeit aller f_n [in $x_0 \in I$ bzw. in ganz I] folgt die Stetigkeit von f [in $x_0 \in I$ bzw. ganz I]. Ein analoges Ergebnis gilt für gleichmäßig konvergente Reihen $\displaystyle\sum_{n=0}^{\infty} f_n(x)$ stetiger Funktionen.*

Beweis ‖ Es ist nur zu bemerken, dass die Stetigkeit von f_n und f in x_0 mit $\displaystyle\lim_{x \to x_0} f_n(x) = f_n(x_0)$ und $\displaystyle\lim_{x \to x_0} f(x) = f(x_0)$, somit dies bei gleichmäßiger Konvergenz mit $\displaystyle\lim_{x \to x_0} \lim_{n \to \infty} f_n(x) = \lim_{n \to \infty} f_n(x_0)$ äquivalent ist.   ☕

3.5 Potenzreihen

Die in diesem Abschnitt zu diskutierenden *Potenzreihen*

$$\sum_{k=0}^{\infty} a_k (x - x_0)^k \tag{3.3}$$

sind sicherlich die wichtigsten Funktionenreihen überhaupt; sie dienen insbesondere zur Definition der so genannten, aber nicht wirklich *elementaren Funktionen;* man nennt x_0 den *Entwicklungsmittelpunkt* und (a_k) die *Koeffizientenfolge* der Potenzreihe.

3.21 Der Konvergenzradius Aus dem Wurzelkriterium erhält man die absolute Konvergenz der Reihe falls $\lim\sup_{n\to\infty} \sqrt[n]{|a_n(x-x_0)^n|} = |x - x_0| \lim\sup_{n\to\infty} \sqrt[n]{|a_n|} < 1$ ist. Die Zahl (∞ eingeschlossen)

$$r = 1/ \lim\sup_{k\to\infty} \sqrt[k]{|a_k|} \tag{3.4}$$

heißt *Konvergenzradius* der Potenzreihe (3.3), und (3.4) die *Formel von Cauchy und Hadamard*. Dabei setzt man, in Übereinstimmung mit früher festgelegten Regeln: $r = 0$, falls $\lim\sup_{k\to\infty} \sqrt[k]{|a_k|} = \infty$, und $r = \infty$, falls $\lim\sup_{k\to\infty} \sqrt[k]{|a_k|} = 0$ ist. Im Fall $0 < r < \infty$ heißt $(x_0 - r, x_0 + r)$ (und $(-\infty, \infty)$ für $r = \infty$) *Konvergenzintervall* der Potenzreihe (3.3).

Die überragende mathematische Leistung von Jaques **Hadamard**(1865–1963, Bordeaux, Paris) war der Beweis des von Gauß vermuteten *Primzahlsatzes,* wonach sich die Anzahl $\pi(x)$ der Primzahlen $\le x$ für große x wie $x/\log x$ verhält (unabhängig von Charles de la **Vallée-Poussin** (1866–1962) bewiesen). Hadamard arbeitete anfangs in der Funktionentheorie und wandte sich dann der Theorie der partiellen Differentialgleichungen zu. Durch die *Affäre Dreyfus* kam er früh in Berührung mit der Politik (Alfred Dreyfus war ein Verwandter seiner Frau). Hadamard schrieb auch ein vielbeachtetes Buch über die Psychologie des Entdeckens in der Mathematik.

Satz 3.21 (Hauptsatz über Potenzreihen *Die Potenzreihe (3.3) mit Konvergenzradius $r > 0$ konvergiert absolut in $|x - x_0| < r$ und divergiert in $|x - x_0| > r$, wogegen für $x = x_0 \pm r$ keine allgemeingültige Aussage möglich ist. Für jedes $0 < \rho < r$ ist die Konvergenz gleichmäßig im Intervall $|x - x_0| \le \rho$.*

Beweis ∥ Man kann $x_0 = 0$ annehmen. Nach dem Wurzelkriterium herrscht absolute Konvergenz für $|x| < r$ und Divergenz für $|x| > r$. Für $|x| \le \rho < r$ ist $\sum_{k=0}^{\infty} |a_k| \rho^k$ eine konvergente Majorante, denn auch diese Potenzreihe (in der Variablen ρ) hat den Konvergenzradius r.   ☕

Beispiel 3.21 Die Potenzreihe $\sum\limits_{n=1}^{\infty} x^n/n$ hat den Konvergenzradius $r = 1$ und konvergiert in

$[-1, 1)$. Dagegen konvergiert $\sum\limits_{n=1}^{\infty} x^n/n^2$ absolut in $[-1, 1]$, während $\sum\limits_{n=1}^{\infty} 2^{-n}x^{3n}$ den Konvergenz-

radius $r = \lim\limits_{n\to\infty} \sqrt[3n]{2^n} = \sqrt[3]{2}$ hat (die Koeffizienten $a_{3n+1} = a_{3n+2} = 0$ spielen keine Rolle), und

Konvergenz auch nur in $(-\sqrt[3]{2}, \sqrt[3]{2})$ vorliegt.

3.22 Konvergenzradius und Quotientenkriterium Die Potenzreihe mit Koeffizienten $a_{2n} = 1/n^2$ und $a_{2n-1} = 1/n$ hat den Konvergenzradius $r = 1$; es ist $\limsup\limits_{n\to\infty} \dfrac{a_{n+1}}{a_n} = \infty$ und $\liminf\limits_{n\to\infty} \dfrac{a_{n+1}}{a_n} = 0$. Das Quotientenkriterium liefert also keine allgemeingültigen Ergebnisse für den Konvergenzradius. In einem Fall ist es aber dem Wurzelkriterium eindeutig überlegen:

Satz 3.22 *Existiert der* Grenzwert $\lim\limits_{k\to\infty} \left|\dfrac{a_{k+1}}{a_k}\right| = 1/\rho$, *so hat die Potenzreihe (3.3) den Konvergenzradius $r = \rho$.*

Beweis ‖ Aus der Existenz des Grenzwertes folgt $\lim\limits_{k\to\infty} \sqrt[k]{|a_k|} = 1/\rho$ (vgl. den Beweis des Quotientenkriteriums); $\rho = 0$ und $\rho = \infty$ sind zugelassen.   ☙

Beispiel 3.22 Die Potenzreihe $\sum\limits_{n=0}^{\infty} \binom{2n}{n} x^n$ hat den Konvergenzradius $r = 1/4$ da $\dfrac{\binom{2n+2}{n+1}}{\binom{2n}{n}} =$

$\dfrac{(2n+2)!n!n!}{(2n)!(n+1)!(n+1)!} = \dfrac{(2n+2)(2n+1)}{(n+1)^2} \to 4 = \dfrac{1}{\rho}$.

Beispiel 3.23 Die Potenzreihe $\sum\limits_{n=0}^{\infty} \dfrac{n^n}{n!} x^n$ hat den Konvergenzradius $1/e$, denn es gilt $\dfrac{\frac{(n+1)^{n+1}}{(n+1)!}}{\frac{n^n}{n!}} =$

$\left(1 + \dfrac{1}{n}\right)^n \to e = \dfrac{1}{\rho}$, mit dem Nebenergebnis $n/\sqrt[n]{n!} \to e$.

Aufgabe 3.15 Man berechne die Konvergenzradien von $\sum\limits_{n=0}^{\infty} a_n x^n$, wobei

(i) $a_n = \binom{3n}{2n}$ (ii) $a_n = 4n^3 - 3n^4$ (iii) $\dfrac{a_{n+1}}{a_n} = \dfrac{(n+2)(n-3/2)}{(n+1)(n+1/2)}$

(iv) $a_n = \sum\limits_{k=1}^{n} 1/k$ (v) $a_n = (-1)^n n^n/n!$ (vi) $a_n = 3^n - 3^{-n}$.

3.23 Die Stetigkeit von Potenzreihen Es werden nur Potenzreihen mit Konvergenzradius $0 < r \le \infty$ betrachtet. Aus der gleichmäßigen Konvergenz in jedem Intervall $[x_0 - \rho, x_0 + \rho] \subset I = (x_0 - r, x_0 + r)$ folgt die Stetigkeit der durch die Potenzreihe dargestellten Funktion f in $I = \bigcup_{0 < \rho < r} [x_0 - \rho, x_0 + \rho]$.[2]

---

[2] Bisher wurden alle Ergebnisse punktweise oder auf einen Schlag im ganzen Intervall gewonnen. Was sich hier andeutet ist aber eher typisch für die Analysis: Eine Eigenschaft, wie hier die gleichmäßige Konvergenz, kann nicht *global* im ganzen Intervall, sondern nur *lokal* bewiesen werden, und trotzdem hat sie die globale Gültigkeit einer anderen Eigenschaft, hier der Stetigkeit, zur Folge. Dies liegt daran, dass die Stetigkeit selbst eine *lokale* Eigenschaft ist.

Satz 3.23 (**über die Stetigkeit von Potenzreihen**) *Hat die Potenzreihe (3.3) den Konvergenzradius $r > 0$, so wird dadurch im Konvergenzintervall I eine stetige Funktion f dargestellt.*

Kurz: $f(x) = \sum_{k=0}^{\infty} a_k (x - x_0)^k$ ist stetig im Konvergenzintervall.

Aufgabe 3.16 Ist ein Grenzwert der Form $L = \lim\limits_{x \to x_0} f(x)/g(x)$ zu berechnen, wobei $f(x) = \sum_{k=m}^{\infty} a_k (x - x_0)^k$ und $a_m \neq 0$ sowie $g(x) = \sum_{k=n}^{\infty} b_k (x - x_0)^k$ und $b_n \neq 0$ ist, so stellt sich folgendes zu beweisende Ergebnis ein:

- $L = a_m / b_m$ für $m = n$;
- $L = 0$ für $m > n$;
- $L = \pm\infty$ für $m < n$, $n - m$ gerade und $\pm a_m / b_n > 0$;
- für $m < n$ und $n - m$ ungerade gilt
- $L_\pm = \lim\limits_{x \to x_0\pm} f(x)/g(x) = \pm\infty$ falls $a_m / b_n > 0$, und $L_\pm = \mp\infty$ sonst.

Satz 3.24 *Für die Konvergenzradien r_a, r_b, r_{a+b} der Potenzreihen $\sum_{k=0}^{\infty} a_k x^k$, $\sum_{k=0}^{\infty} b_k x^k$, $\sum_{k=0}^{\infty} (a_k + b_k) x^k$ gilt $r_{a+b} \geq \min\{r_a, r_b\}$, und $r_{a+b} = \min\{r_a, r_b\}$ falls $r_a \neq r_b$.*

Beweis ‖ Die Ungleichung $r_{a+b} \geq \min\{r_a, r_b\}$ ist offensichtlich. Andererseits gilt auch $r_a \geq \min\{r_{a+b}, r_b\}$ und $r_b \geq \min\{r_{a+b}, r_a\}$, also die behauptete Gleichheit falls $r_a \neq r_b$. ☕

Aufgabe 3.17 $\sum_{n=0}^{\infty} a_n x^n$ habe den Konvergenzradius $r > 0$. Man zeige, dass $\sum_{n=0}^{\infty} a_n x^{pn}$ und $\sum_{n=0}^{\infty} a_n x^{pn+q}$, $p, q \in \mathbb{N}$ fest, den Konvergenzradius $\sqrt[p]{r}$ haben.

Beispiel 3.24 Die Potenzreihe $\sum_{n=0}^{\infty} (5^{n(-1)^n} - 2^n) x^n$ wird geschrieben als $\sum_{n=0}^{\infty} 5^{2n} x^{2n} - \sum_{n=0}^{\infty} 2^n x^n + \sum_{n=0}^{\infty} 5^{-2n-1} x^{2n+1}$. Die Konvergenzradien sind $1/5$, $1/2$ und 5, die Ausgangsreihe hat somit den Konvergenzradius $r = 1/5$.

3.24 Das Cauchyprodukt für Potenzreihen ergibt sich unmittelbar aus dem gewöhnlichen Cauchyprodukt.

Satz 3.25 *Mit $c_n = \sum_{k=0}^{n} a_k b_{n-k}$ gilt*

$$\sum_{k=0}^{\infty} a_k (x - x_0)^k \sum_{k=0}^{\infty} b_k (x - x_0)^k = \sum_{n=0}^{\infty} c_n (x - x_0)^n.$$

Der Konvergenzradius der rechtsstehenden Potenzreihe ist $\geq \min\{r_a, r_b\}$.

Beispiel 3.25 Das Quadrat der geometrischen Reihe ist $\sum\limits_{n=0}^{\infty} (n+1)x^n = \dfrac{1}{(1-x)^2}$, woraus

$\sum\limits_{n=1}^{\infty} nx^n = \dfrac{1}{(1-x)^2} - \dfrac{1}{1-x} = \dfrac{x}{(1-x)^2}$ für $|x| < 1$ folgt.

Aufgabe 3.18 Man bestimme die explizite Form von $f_2(x) = \sum\limits_{n=1}^{\infty} n^2 x^n$ im Konvergenzintervall

$(-1, 1)$, und induktiv die von $f_p(x) = \sum\limits_{n=1}^{\infty} n^p x^n$ $(p \in \mathbb{N})$.

3.25 Der Identitätssatz für Potenzreihen Eine Funktion f kann nicht durch zwei verschiedene Potenreihen mit demselben Entwicklungsmittelpunkt dargestellt werden (stets $r > 0$ vorausgesetzt). Dies beschreibt der

Satz 3.26 (Identitätssatz) *Aus* $\sum\limits_{k=0}^{\infty} a_k (x - x_0)^k = \sum\limits_{k=0}^{\infty} b_k (x - x_0)^k$ *im Konvergenz-intervall* $|x - x_0| < r$ *folgt* $a_k = b_k$ $(k \in \mathbb{N}_0)$. *Allgemeiner gilt: Hat die Potenzreihe* $\sum\limits_{k=0}^{\infty} c_k (x - x_0)^k = f(x)$ *den Konvergenzradius* $r > 0$, *und gilt* $f(x_n) = 0$ *für eine Folge* $x_n \to x_0$, $x_n \neq x_0$, *so ist* $c_k = 0$ *für alle* $k \in \mathbb{N}_0$.

Beweis ‖ Man kann $x_0 = 0$ annehmen, dann ist $c_0 = \lim\limits_{n \to \infty} f(x_n) = 0$. Wird $c_k = 0$ für $k < m$ als bewiesen angenommen, so folgt $f(x) = x^m g(x)$, wobei $g(x) = \sum\limits_{k=0}^{\infty} c_{m+k} x^k$ denselben Konvergenzradius $r > 0$ hat und $g(x_n) = 0$ erfüllt. Wie zu Beginn schließt man dann auf $c_m = \lim\limits_{n \to \infty} g(x_n) = 0$.   ☕

3.26 Koeffizientenvergleich Der Identitätssatz gibt so die Möglichkeit zum Koeffizientenvergleich Ein erstes Beispiel dafür ist der

Satz 3.27 *Die Potenzreihe* $\sum\limits_{k=0}^{\infty} a_k x^k = f(x)$ *stellt in* $(-r, r)$ *genau dann eine* gerade *bzw.* ungerade *Funktion dar, wenn* $a_{2k+1} = 0$ *bzw.* $a_{2k} = 0$ $(k \in \mathbb{N}_0)$ *gilt.*

Beweis ‖ Im ersten Fall ist $\sum\limits_{k=0}^{\infty} (1 - (-1)^k) a_k x^k = f(x) - f(-x) = 0$, und der Identitätssatz ergibt $(1 - (-1)^k) a_k = 0$, also $a_k = 0$ für alle ungeraden k. Im zweiten Fall erhält man genauso die Bedingung $(1 + (-1)^k) a_k = 0$, die $a_k = 0$ für alle geraden k nach sich zieht. Die Umkehrung ist trivial.   ☕

Beispiel 3.26 Die *Fibonaccifolge* (f_n) ist durch $f_0 = f_1 = 1$ und $f_{n+1} = f_n + f_{n-1}$ für $n \geq 1$ *rekursiv* definiert erklärt. Die zugeordnete Potenzreihe $f(x) = \sum\limits_{n=0}^{\infty} f_n x^n$ ergibt Aufschluss über die Folge selbst. Die Abschätzung $1 \leq f_n \leq 2^n$ ist elementar (Induktion), der Konvergenzradius ist also $\geq 1/2$. Eine bessere Abschätzung ergibt sich aus dem *Ansatz* $|f_n| \leq Cq^n$, wobei $C > 0$ und $q > 0$ *im Verlauf der Rechnung* zu bestimmen sind; dies erfordert $C \geq |f_0|$ und $C \geq |f_1|/q$ sowie $C(q^n + q^{n-1}) \leq Cq^{n+1}$, und dies wird zu einer Gleichung für $q = (1 + \sqrt{5})/2$. Die ersten beiden Bedingungen sind dann für hinreichend großes C erfüllt. Unabhängig von den Anfangswerten erhält man $\dfrac{2}{1+\sqrt{5}} = \dfrac{1}{2}(\sqrt{5}-1)$ als *untere Schranke* für den Konvergenzradius. Aus der Rekursionsgleichung folgt nach Multiplikation mit x^{n+1} und anschließender Summation

$$\sum_{n=1}^{\infty} f_{n+1}x^{n+1} = x\sum_{n=1}^{\infty} f_n x^n + x^2 \sum_{n=1}^{\infty} f_{n-1}x^{n-1},$$

und daraus $f(x) = \dfrac{(f_1 - f_0)x + f_0}{1 - x - x^2}$. Speziell für die *Anfangswerte* $f_0 = f_1 = 1$ wird $f(x) = \dfrac{1}{1 - x - x^2}$. Der Nenner hat die Nullstellen $x_{1,2} = \frac{1}{2}(-1 \pm \sqrt{5})$, der Konvergenzradius kann also nicht größer als $\frac{1}{2}(\sqrt{5}-1)$ sein, ist demnach *gleich* $\frac{1}{2}(\sqrt{5}-1)$. Dies gilt falls $\frac{1}{2}(\sqrt{5}-1)$ $(f_1 - f_0) + f_0 \neq 0$.

Fibonacci, eigentlich **Leonardo von Pisa** (1170?–1240?), gilt als der bedeutendste Mathematiker des europäischen Mittelalters. Er schrieb nach seinen Reisen in das maurische Spanien (Al Andalus) und den arabischen Raum, wo er mit der tradierten griechischen und der neueren arabischen Mathematik vertraut wurde, den *liber abaci*. Dieses Buch trug wesentlich zur beschleunigten Verbreitung und Übernahme der damals in Europa schon bekannten, aber kaum verwendeten indisch-arabischen Ziffern und der Stellenschreibweise bei. Das Verhältnis $\frac{1}{2}(\sqrt{5}-1)$ des *goldenen Schnitts* wird seit der italienischen Renaissance in der Kunst und Architektur verwendet.

Aufgabe 3.19 Es gilt $f(x) = \dfrac{1}{1 - x - x^2} = \dfrac{a_1}{x - x_1} + \dfrac{a_2}{x - x_2}$. Man bestimme a_1, a_2, x_1, x_2 und benutze $\dfrac{a_j}{x - x_j} = \dfrac{-a_j/x_j}{1 - x/x_j} = -a_j \sum_{n=0}^{\infty} \dfrac{x^n}{x_j^{n+1}}$ (geometrische Reihe), um die Fibonaccizahlen f_n explizit zu berechnen.

Aufgabe 3.20 Zu vorgegebenen a_0, a_1, a_2 wird die Folge (a_n) durch $a_{n+3} = 2a_{n+2} - a_{n+1} + 3a_n$ definiert. Man zeige, dass $f(x) = \sum_{n=0}^{\infty} a_n x^n$ einen Konvergenzradius $r \geq 1/3$ hat (es geht besser); $f(x)$ ist in Abhängigkeit von a_0, a_1, a_2 explizit (formelmäßig) zu berechnen. (**Hinweis.** Multiplikation der Rekursion mit x^{n+3} und Summation über n.)

Aufgabe 3.21 Sind $a_0, \ldots, a_{p-1}$ und $\lambda_0, \ldots, \lambda_{p-1}$ vorgegeben und lautet die Rekursion $a_{n+p} = \lambda_{p-1}a_{n+p-1} + \cdots + \lambda_0 a_n$ $(n \geq 0)$, so ist $|a_n| \leq Cq^n$ mit $q = \max\{1, |\lambda_0| + \cdots + |\lambda_{n-1}|\}$ und $\sum_{n=0}^{\infty} a_n x^n = \dfrac{P(x)}{x^p - \lambda_{p-1}x^{p-1} - \cdots - \lambda_0}$ wenigstens für $|x| < 1/q$ zu zeigen; P ist ein Polynom vom Grad $P < q$, das linear von $a_0, \ldots, a_{p-1}$ abhängt.

3.27 Der Abelsche Grenzwertsatz Die Potenzreihe $\sum_{n=0}^{\infty} (-1)^n x^{2n}$ konvergiert in $-1 < x < 1$, aber nicht in $x = \pm 1$, obwohl die in $(-1, 1)$ dargestellte Funktion $f(x) = \dfrac{1}{1 + x^2}$ überall stetig ist. Umgekehrt aber gilt:

Satz 3.28 (Abelscher Grenzwertsatz) *Hat die Potenzreihe* $\sum_{k=0}^{\infty} a_k x^k$ *den Konvergenzradius* $r > 0$ *und konvergiert sie auch in* $x = r$, *so ist die Konvergenz in* $0 \leq x \leq r$ *gleichmäßig und es gilt* $\lim_{x \to r} f(x) = s = \sum_{k=0}^{\infty} a_k r^k$.

Beweis ‖ Man kann sich auf $r = 1$ und $s = 0$ beschränken, andernfalls wird die Potenzreihe $a_0 - s + \sum_{k=1}^{\infty} (a_k r^k) x^k$ betrachtet. Abelsche partielle Summation ergibt

dann $\sum_{k=m+1}^{n} a_k x^k = s_n x^n - s_m x^{m+1} + \sum_{k=m+1}^{n-1} s_k (x^k - x^{k+1})$. Wegen $s_n = \sum_{k=0}^{n} a_k \to 0$

$(n \to \infty)$, also $|s_k| < \epsilon$ für $k \geq n_0$ folgt insgesamt

$$\left| \sum_{k=m+1}^{n} a_k x^k \right| \leq \epsilon \left[x^{m+1} + x^n + \sum_{k=m+1}^{n-1} (x^k - x^{k+1}) \right] = 2\epsilon x^{m+1} \leq 2\epsilon$$

für $0 \leq x \leq 1$ und $n > m \geq n_0$. Das Cauchykriterium garantiert die gleichmäßige Konvergenz in $[0, 1]$.   ☙

Aufgabe 3.22 Die Reihen $\sum_{k=0}^{\infty} a_k$, $\sum_{k=0}^{\infty} b_k$ und $\sum_{n=0}^{\infty} c_n$ mit $c_n = \sum_{k=0}^{n} a_k b_{n-k}$ (Cauchyprodukt) seien

konvergent. Man zeige $\sum_{k=0}^{\infty} a_k \sum_{k=0}^{\infty} b_k = \sum_{n=0}^{\infty} c_n$.

3.6 Die elementaren Funktionen

3.28 Die Exponentialfunktion ist durch die überall konvergente *Exponentialreihe*
$$\sum_{n=0}^{\infty} \frac{x^n}{n!} = \exp(x) \text{ definiert.}$$

Satz 3.29 (Eigenschaften der Exponentialfunktion)

a) $\exp(x) \exp(y) = \exp(x + y)$ (Additionstheorem);

b) $\exp(-x) = 1/\exp(x)$, $\exp(0) = 1$ *und so* $\exp(x) > 0$ *in* $\mathbb{R}$;

c) $\lim\limits_{x \to \infty} x^{-m} \exp(x) = +\infty$ *und* $\lim\limits_{x \to \infty} x^m \exp(-x) = 0$, $(m \in \mathbb{N})$
    (die Exponentialfunktion wächst für $x \to \infty$ stärker als jede Potenz);

d) $\exp : \mathbb{R} \longrightarrow (0, \infty)$ *ist stetig, streng monoton wachsend und bijektiv;*

e) $\exp(x) > 1 + x$ *für* $x \neq 0$ *und* $\lim\limits_{x \to 0} \dfrac{\exp(x) - 1}{x} = 1$.

Beweis ‖ Behauptung a) und damit auch b) wurden schon bewiesen, und c) folgt so: Aus $\exp(x) > x^n / n!$ für $x > 0$ und alle $n \in \mathbb{N}$ folgt die erste Limesbeziehung (man wähle $n = m + 1$), die zweite ergibt sich aus $x^m \exp(-x) = (-1)^m t^m \exp(t)$ für $t = -x > 0$; aus beiden zusammen, der Stetigkeit und dem Zwischenwertsatz folgt schließlich $\exp(\mathbb{R}) = (0, \infty)$. Die Ungleichung e) $\exp(x) > 1 + x$ ist für $x > 0$ an der Potenzreihe abzulesen, für $x \leq -1$ trivial und ohne Wert da $\exp(x) > 0$ ist, und

folgt für $-1 < x < 0$ und $x = -t$ so: $0 < \exp(t) = \sum_{n=0}^{\infty} t^n/n! < \sum_{n=0}^{\infty} t^n = 1/(1-t)$,
also $\exp(x) = 1/\exp(t) > 1 - t = 1 + x$. Die Grenzwertbeziehung in e) ergibt sich
aus $(\exp(x) - 1)/x = \sum_{n=1}^{\infty} x^{n-1}/n!$ (zunächst) für $x \neq 0$. ☕

3.29 Der (natürliche) Logarithmus Die Exponentialfunktion besitzt im Intervall
$(0, \infty)$ eine stetige und streng monoton wachsende Umkehrfunktion, den (natürlichen) *Logarithmus*, geschrieben $\log : (0, \infty) \to \mathbb{R}$, manchmal auch $\ln$ *(logarithmus naturalis)*.

Satz 3.30 (Eigenschaften des Logarithmus)

a) $\log(xy) = \log x + \log y$ und $\log 1/x = -\log x$;

b) $\lim_{x \to \infty} \log x = \infty$ *und* $\lim_{x \to 0} \log x = -\infty$;

c) $\lim_{x \to \infty} x^{-1/m} \log x = 0$ *und* $\lim_{x \to 0} x^{1/m} \log x = 0$ *für alle* $m \in \mathbb{N}$
   (der Logarithmus wächst für $x \to \infty$ schwächer als jede Potenz);

d) $\dfrac{x}{1+x} < \log(1+x) < x$ *für* $x > -1$, $x \neq 0$;

e) $\lim_{x \to 0} \dfrac{\log(1+x)}{x} = 1$.

Beweis ‖ Es wird nur die vorletzte (und damit die letzte) Behauptung bewiesen, alle
anderen folgen aus entsprechenden Eigenschaften der Exponentialfunktion. Die obere Abschätzung folgt aus $x = \log \exp(x) > \log(1+x)$ für $x > -1$, $x \neq 0$, und damit gilt auch $-\log(1+x) = \log\left(1 - \dfrac{x}{1+x}\right) < -\dfrac{x}{1+x}$, da $u = -\dfrac{x}{1+x} > -1$
und $u \neq 0$ ist. ☕

3.30 Von der Exponential- zur e-Funktion Offensichtlich folgen

$$\exp(x_1 + \cdots + x_n) = \exp(x_1) \cdots \exp(x_n) \quad \text{und}$$
$$\log(x_1 \cdots x_n) = \log x_1 + \cdots + \log x_n$$

mit Induktion aus dem Fall $n = 2$. Für $x \neq 0$ und $n \to \infty$ gilt

$$\left(1 + \frac{x}{n}\right)^n = \exp\left(n \log\left(1 + \frac{x}{n}\right)\right) = \exp\left(x \, \frac{\log\left(1 + \frac{x}{n}\right)}{\frac{x}{n}}\right) \to \exp(x)$$

wegen der Stetigkeit der Exponentialfunktion, und dies gilt selbstverständlich auch
für $x = 0$. Speziell für $x = 1$ folgt hieraus $\exp(1) = \lim_{n \to \infty} (1 + 1/n)^n = e$. Induktion ergibt dann unter Verwendung des Additionstheorems $\exp(p) = e^p$ für $p \in \mathbb{N}_0$;
weiter ist $e = \exp(1) = \left(\exp(1/q)\right)^q$ und damit $\exp(1/q) = e^{1/q}$. Führt man beides
zusammen, so ergibt sich $\exp(r) = e^r$ zunächst für positive $r \in \mathbb{Q}$ und schließlich
auch für negative, $\exp(r) = 1/\exp(-r) = 1/e^{-r} = e^r$. Ab jetzt wird durchweg

$$e^x = \exp(x) = \sum_{n=0}^{\infty} \frac{x^n}{n!}$$

geschrieben; aus der Exponentialfunktion wird die e-Funktion.

3.31 Die hyperbolischen Funktionen Jede Funktion $f : (-a, a) \to \mathbb{R}$ lässt sich so schreiben: $f(x) = \frac{1}{2}[f(x) + f(-x)] + \frac{1}{2}[f(x) - f(-x)]$. Für die Exponentialfunktion ergibt sich so $e^x = \frac{1}{2}(e^x + e^{-x}) + \frac{1}{2}(e^x - e^{-x})$, und daraus die Definition der *hyperbolischen Funktionen*

Sinus hyperbolicus	$\sinh x = \dfrac{e^x - e^{-x}}{2} = \displaystyle\sum_{n=0}^{\infty} \dfrac{x^{2n+1}}{(2n+1)!}$		$(x \in \mathbb{R})$
Cosinus hyperbolicus	$\cosh x = \dfrac{e^x + e^{-x}}{2} = \displaystyle\sum_{n=0}^{\infty} \dfrac{x^{2n}}{(2n)!}$		$(x \in \mathbb{R})$
Tangens hyperbolicus	$\tanh x = \dfrac{\sinh x}{\cosh x} = \dfrac{e^{2x} - 1}{e^{2x} + 1}$		$(x \in \mathbb{R})$
Cotangens hyperbolicus	$\coth x = \dfrac{\cosh x}{\sinh x} = \dfrac{e^{2x} + 1}{e^{2x} - 1}$		$(x \neq 0).$

Sie werden im nächsten Kapitel näher untersucht, jetzt wird nur festgehalten:

Satz 3.31 *Sinus und Tangens hyperbolicus sind streng monoton wachsend in $\mathbb{R}$, Cosinus hyperbolicus nur in $[0, \infty)$ und streng fallend in $(-\infty, 0]$; Cotangens hyperbolicus ist streng fallend in $(-\infty, 0)$ und in $(0, \infty)$. Es gilt $\lim_{x \to \pm\infty} \tanh x = \lim_{x \to \pm\infty} \coth x = \pm 1$ und $\cosh^2 x - \sinh^2 x = 1$.*

Der *Beweis* ‖ verbleibt als Aufgabe.   ☙

Die Hyperbel $H = \{(x, y) \in \mathbb{R}^2 : x^2 - y^2 = 1, \ x > 0\}$ lässt sich mittels der hyperbolischen Funktionen *parametrisieren*: $H = \{(\cosh t, \sinh t) : t \in \mathbb{R}\}$ – soviel zur Namensgebung (Die Funktionen sind in Abb. 3.5 dargestellt).

3.32 Die komplexe Exponentialfunktion Potenzreihen können genauso gut im Komplexen betrachtet werden, darauf wird später ausführlich eingegangen. Hier soll nur die Exponentialreihe für *rein imaginäres* Argument it betrachtet werden:

$$e^{it} = \exp(it) = \sum_{n=0}^{\infty} \frac{(it)^n}{n!} = \sum_{n=0}^{\infty} \frac{i^n}{n!} t^n.$$

Ob man sie nun als Potenzreihe in it mit reellen Koeffizienten $1/n!$, oder als Potenzreihe in t mit komplexen Koeffizienten $i^n/n!$ betrachtet, ist Ansichtssache, jedenfalls konvergiert sie absolut für alle $t \in \mathbb{R}$. Das Additionstheorem

$$e^{ix} e^{iy} = e^{i(x+y)}$$

besteht weiter, es wird wie im Reellen mit dem Cauchyprodukt bewiesen. Die Aufspaltung der Exponentialfunktion in Real- und Imaginärteil ergibt wegen $i^{2n} = (-1)^n$ und $i^{2n+1} = i(-1)^n$ dann

$$e^{it} = \sum_{n=0}^{\infty} \frac{(-1)^n}{(2n)!} t^{2n} + i \sum_{n=0}^{\infty} \frac{(-1)^n}{(2n+1)!} t^{2n+1}.$$

Somit erhält man aus der komplexen Exponentialreihe die Definition der *trigonometrischen* oder *Kreisfunktionen*:

Sinus $\quad \sin x = \displaystyle\sum_{n=0}^{\infty} \frac{(-1)^n}{(2n+1)!} x^{2n+1} = \frac{1}{2i} \left(e^{ix} - e^{-ix}\right) \quad (x \in \mathbb{R})$

Cosinus $\quad \cos x = \displaystyle\sum_{n=0}^{\infty} \frac{(-1)^n}{(2n)!} x^{2n} = \frac{1}{2} \left(e^{ix} + e^{-ix}\right) \quad (x \in \mathbb{R}).$

Es gilt dann definitionsgemäß

Satz 3.32 (Eulersche Formel) $\quad e^{ix} = \cos x + i \sin x,$

die von Euler als eine seiner größten Entdeckungen angesehen wurde. Aus dem Additionstheorem $e^{ix} e^{iy} = e^{i(x+y)}$ lassen sich alle möglichen Relationen für die trigonometrischen Funktionen herleiten, beispielsweise

$$\sin^2 x + \cos^2 x = 1 \text{ aus } |e^{ix}|^2 = e^{ix} \overline{e^{ix}} = e^{ix} e^{-ix} = 1.$$

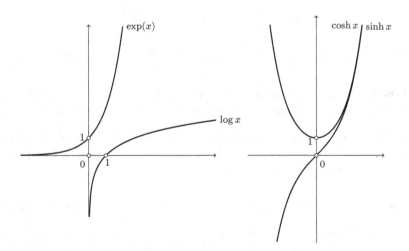

Abb. 3.5 Exponentialfunktion, Logarithmus, hyperbolischer Sinus und Cosinus.

3.33 Die Additionstheoreme von Sinus und Cosinus Durch die Zerlegung in Real- und Imaginärteil, ausgeschrieben

$$(\cos x + i \sin x)(\cos y + i \sin y) = \cos(x + y) + i \sin(x + y)$$

erhält man den

Satz 3.33 *Sinus und Cosinus erfüllen*

$$\cos(x + y) = \cos x \cos y - \sin x \sin y \quad und \quad \sin(x + y) = \cos x \sin y + \sin x \cos y$$

und es gilt $\lim\limits_{x \to 0} \dfrac{\sin x}{x} = 1$ *und* $\lim\limits_{x \to 0} \dfrac{\cos x - 1}{x^2} = -\dfrac{1}{2}$.

Beweis $\|$ $\dfrac{\sin x}{x} = \sum\limits_{n=1}^{\infty} \dfrac{(-1)^n}{(2n + 1)!} x^{2n}$ und $\dfrac{\cos x - 1}{x^2} = \sum\limits_{n=1}^{\infty} \dfrac{(-1)^n}{(2n)!} x^{2n-2}$ gelten jeweils für $x \neq 0$; die rechtsstehenden Potenzreihen konvergieren aber überall und stellen stetige Funktionen dar, es kann somit zur Berechnung der Grenzwerte $x = 0$ *eingesetzt* werden.   🍵

Bemerkung 3.9 Die formale Verwandschaft zwischen den trigonometrischen und hyperbolischen Funktionen, $\cos x = \cosh(ix)$ und $\sin x = -i \sinh(ix)$, wird zu einer inhaltlichen, wenn man diese Funktionen im Komplexen betrachtet.

Tangens und *Cotangens* sind durch

$$\tan x = \frac{\sin x}{\cos x} \quad und \quad \cot x = \frac{\cos x}{\sin x}$$

dort definiert, wo der jeweilige Nenner ungleich Null ist. Wo dies der Fall ist wird gleich geklärt.

3.34 Die Kreiszahl π Etwas ungewöhnlich erscheint die Definition der Kreiszahl π; sie wurde in einer Vorlesung von dem Zuruf *Ist das Ihr Ernst?* begleitet.

Satz 3.34 *Der Cosinus besitzt eine kleinste positive Nullstelle, sie wird mit* $\pi/2$ *bezeichnet. Es gilt* $\sqrt{2} < \pi/2 < \sqrt{6 - \sqrt{12}}$, *und näherungsweise ist* $\pi = 3.14159\ldots$. *Im Intervall* $[0, \pi/2)$ *ist demnach* $\cos x > 0$.

Beweis $\|$ Die Reihe für $1 - \cos x = x^2/2 - x^4/24 + - \cdots$ erfüllt die Voraussetzung des Leibnizkriteriums, solange $\dfrac{|x|^{2n+2}}{(2n + 2)!} < \dfrac{|x|^{2n}}{(2n)!}$, d.h. $|x|^2 < (2n + 1)$ $(2n + 2)$ für alle $n \geq 1$ gilt; dies ist der Fall für $|x| < \sqrt{12}$, und damit (vgl. Abb. 3.6)

$$1 - x^2/2 < \cos x < 1 - x^2/2 + x^4/24 \quad (0 < |x| < \sqrt{12}).$$

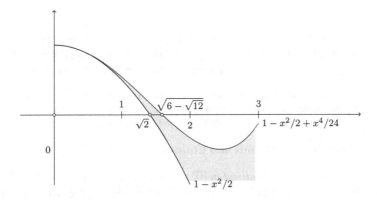

Abb. 3.6 Der Graph des Cosinus für $0 \leq x \leq 2$ verläuft in dem grauen Bereich, die erste Nullstelle liegt zwischen $\sqrt{2} \approx 1.4$ und $\sqrt{6 - \sqrt{12}} \approx 1.6$.

Die positiven Nullstellen der Polynome $1 - x^2/2$ und $1 - x^2/2 + x^4/24$ sind gerade $\sqrt{2}$ und $\sqrt{6 - \sqrt{12}}$ (die zweite positive Nullstelle $\sqrt{6 + \sqrt{12}}$ interessiert hier nicht). Damit ist $\cos x > 0$ in $[0, \sqrt{2})$ und $\cos x < 0$ für $x = \sqrt{6 - \sqrt{12}}$, der Cosinus besitzt also nach dem Beweis des Nullstellensatzes von Bolzano eine erste positive Nullstelle, sie liegt in $(\sqrt{2}, \sqrt{6 - \sqrt{12}}) \subset (1.4, 1.6)$. 🙚

Bemerkung 3.10 In der Bibel wird die Näherung $\pi \approx 3$ angegeben, die Babylonier arbeiteten mit $25/8 = 3.125$, die Ägypter mit $22/7 = 3.1428\ldots$, und im China des 5. Jahrhunderts verwendete man $355/113 = 3.14159\ldots$. Allerdings hat im Jahr 1897 das Repräsentantenhaus von Indiana demokratisch einwandfrei und unter dem Beifall der Presse die *Indiana Pi Bill* verabschiedet und $\pi = 3.2$ festgesetzt. Erst auf Intervention eines Mathematikprofessors hat man wieder davon Abstand genommen.

Satz 3.35 *Aus den Additionstheoremen und* $\cos(\pi/2) = 0$ *folgt:*

$$
\begin{array}{rclcrcl}
\sin(x + \pi/2) & = & \cos x & und & \cos(x + \pi/2) & = & -\sin x \\
\sin(x + \pi) & = & -\sin x & und & \cos(x + \pi) & = & -\cos x \\
\sin(x + 2\pi) & = & \sin x & und & \cos(x + 2\pi) & = & \cos x.
\end{array}
$$

Beweis ‖ Wegen $\cos(\pi/2) = 0$ und $\sin^2 x + \cos^2 x = 1$ ist $\sin(\pi/2) = \pm 1$; mittels $\sin x = x(1 - x^2/3! + x^4/5! \mp \cdots)$ zeigt man wie eben, dass $\sin(\pi/2)$ positiv, also gleich 1 ist. Die erste Formelzeile folgt somit aus den Additionstheoremen für $y = \pi/2$, und die übrigen ergeben sich daraus nacheinander durch Verschiebung von x um $\pi/2$ bzw. um π. 🙚

Satz 3.36 *Sinus und Cosinus sind* periodisch *mit der* Periode 2π, *der Cosinus ist* gerade: $\cos(-x) = \cos x$ *und der Sinus ungerade:* $\sin(-x) = -\sin x$. *Die Nullstellen des Sinus sind* $x = k\pi$ ($k \in \mathbb{Z}$), *die des Cosinus dagegen* $(k + 1/2)\pi$; *weitere Nullstellen gibt es nicht.*

Beweis ‖ Für $0 < x < \pi/2$ ist $0 < \cos x < 1$ und $0 < \sin x < 1$, woraus zusammen mit den Formeln aus Satz 3.35 die Aussage über die Lage der Nullstellen folgt. Dass Sinus ungerade und Cosinus gerade ist, erkennt man an ihren Potenzreihen. ☕

Bemerkung 3.11 Die Nullstellen des Sinus liegen im Abstand π, woraus mit $\sin(x + \pi) = -\sin x$ folgt, dass 2π eine *primitive* Periode der Kreisfunktionen ist; *alle anderen* Perioden haben die Form $2k\pi$, $k \in \mathbb{Z} \setminus \{0\}$. Die trigonometrischen Funktionen sind in Abb. 3.7 skizziert.

Satz 3.37 (Geometrie von Sinus und Cosinus)

a) *Cosinus ist stetig, streng fallend in $[0, \pi]$ und streng wachsend in $[\pi, 2\pi]$,*
b) *Sinus ist stetig, streng wachsend in $[0, \pi/2]$ und in $[3\pi/2, 2\pi]$, streng fallend in $[\pi/2, 3\pi/2]$. Dies wiederholt sich mit der Periode 2π.*
c) *Tangens ist stetig und streng monoton wachsend in jedem der Intervalle $\big((k - 1/2)\pi, (k + 1/2)\pi\big)$, $k \in \mathbb{Z}$.*
d) *Cotangens ist stetig und streng monoton fallend in jedem Intervall der Form $\big(k\pi, (k + 1)\pi\big)$, $k \in \mathbb{Z}$; beide Funktionen sind π-periodisch.*

Beweis ‖ Aus dem Additionstheorem des Cosinus folgt

$$\cos(x + h) - \cos x = \cos x \, (\cos h - 1) - \sin x \, \sin h;$$

speziell für $0 \le x < x + h \le \pi/2$ ist die rechte Seite < 0, d. h. Cosinus ist streng monoton fallend in $[0, \pi/2]$, und streng wachsend in $[-\pi/2, 0]$ wegen $\cos(-x) = \cos x$. Somit ist Sinus streng wachsend in $[0, \pi/2]$ und in $[-\pi/2, 0]$ wegen $\sin(-x) = -\sin x$. (Sobald die Differentialrechnung zur Verfügung steht, werden derartige Überlegungen viel einfacher.) ☕

Bemerkung 3.12 Die fünf wichtigsten Zahlen der Mathematik, 0, 1, π, e und i sind durch die Gleichung $e^{i\pi} + 1 = 0$ miteinander verknüpft. •

3.35 Polarkoordinaten und komplexe Wurzeln Es sei (x, y) ein Punkt auf der *Einheitskreislinie* $x^2 + y^2 = 1$ in der Ebene $\mathbb{R}^2 = \mathbb{R} \times \mathbb{R}$. Aus den Eigenschaften des Cosinus folgt, dass die Gleichung $\cos\theta = x$ genau eine Lösungen $\theta_1 \in [0, \pi)$ und $\theta_2 = 2\pi - \theta_1 \in [\pi, 2\pi)$ hat; ausgenommen sind die Werte $x = 1$, wo $\theta_1 = \theta_2 = 0$, und $x = -1$, wo $\theta_1 = \theta_2 = \pi$ ist. Es ist dann $\sin\theta_{1,2} = \pm|y|$, so dass das Gleichungssystem $\cos\theta = x$, $\sin\theta = y$ für $x^2 + y^2 = 1$ eine eindeutig bestimmte Lösung $\theta \in [0, 2\pi)$ besitzt; dies gilt auch für jedes andere halboffene Intervall I der Länge 2π anstelle $[0, 2\pi)$. Es gilt somit für die Einheitskreislinie (vgl. Abb. 3.8)

$$\{(x, y) \in \mathbb{R}^2 : x^2 + y^2 = 1\} = \{(\cos\theta, \sin\theta) : 0 \le \theta < 2\pi\}.$$

Ist allgemeiner $x^2 + y^2 = r^2 > 0$, so wird $(x/r, y/r)$ betrachtet.

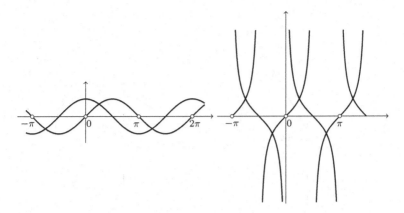

Abb. 3.7 Die trigonometrischen Funktionen.

Satz 3.38 *Jeder Punkt* $(x, y) \neq (0, 0)$ *lässt sich mittels* Polarkoordinaten (r, θ) *darstellen:*

$$x = r \cos \theta, \; y = r \sin \theta \, ;$$

dabei ist $r = \sqrt{x^2 + y^2}$ *der* euklidische Abstand *von* (x, y) *zum Koordinatenursprung* $(0, 0)$*, und das* Argument $\theta = \arg(x, y)$ *ist eindeutig bestimmt modulo* 2π*, d. h. bis auf ein additives ganzzahliges Vielfaches von* 2π*.*

Bemerkung 3.13 Die hier definierten trigonometrischen Funktionen Sinus und Cosinus stimmen mit den geometrisch definierten Kreisfunktionen der Schule überein. Der scheinbare Gegensatz zwischen der elementaren *geometrischen* und der hier gewählten, sicherlich nicht-elementaren *analytischen* Definition mittels Potenzreihen ist keiner: Die geometrische Definition erscheint nur deswegen elementar, weil dabei die Definition des Winkels $\theta = \arg(x, y)$ im *Bogenmaß,* die tatsächlich auf einem Grenzprozess zur Definition der Bogenlänge am Kreis beruht, stillschweigend (und legitimerweise) übergangen wird (vgl. Abb. 3.8).

3.36 Komplexe Polarkoordinaten
Geometrisch unterscheidet sich die komplexe Zahl $z = x + iy$ nicht von dem Punkt $(x, y) \in \mathbb{R}^2$, es gilt daher:

Satz 3.39 (komplexe Polarkoordinaten) *Jede komplexe Zahl* $z \neq 0$ *besitzt eine Darstellung in Polarkoordinaten* $z = re^{i\theta}$*; dabei ist* $r = |z| > 0$ *der* Betrag *von* z *und* $\theta = \arg z$ *ein* Argument *von* z*. Die Darstellung wird eindeutig, wenn man* $\theta = \arg z$ *auf ein halboffenes Intervall der Länge* 2π *einschränkt, zumeist* $I = (-\pi, \pi]$ *oder* $I = [0, 2\pi)$*.*

Noch einfacher als im Reellen ist im Komplexen die Darstellung der Einheitskreislinie: $\{z \in \mathbb{C} : |z| = 1\} = \{e^{i\theta} : 0 \le \theta < 2\pi\}$.

3.37 Komplexe Wurzeln
Ist $a \in \mathbb{C}$ und $n \in \mathbb{N}$, $n \ge 2$, so heißt jedes $z \in \mathbb{C}$ mit $z^n = a$ eine **komplexe n-te Wurzel** von a.

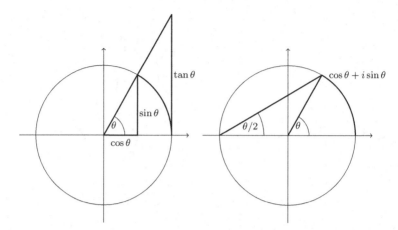

Abb. 3.8 Sinus und Cosinus am Kreis; es gilt $\sin\theta < \theta < \tan\theta$ in $(0, \pi/2)$. Polarkoordinaten und der Kreiswinkelsatz $\tan(\theta/2) = \dfrac{\sin\theta}{1 + \cos\theta}$.

Satz 3.40 *Jede komplexe Zahl $a = |a|e^{i\alpha} \neq 0$ hat genau n verschiedene komplexe n-te Wurzeln $z_k = \sqrt[n]{|a|}\,e^{i(\alpha+2k\pi)/n}$ $(k = 0, \dots, n-1)$. Sie liegen regelmäßig verteilt auf der Kreislinie $|z| = \sqrt[n]{|a|}$.*

Bemerkung 3.14 Bei Verwendung der Schreibweise $\sqrt[n]{a}$ ist Vorsicht geboten, es muss immer dazu gesagt werden, welche n-te Wurzel gerade gemeint ist. Wenn ausdrücklich in $\mathbb{R}$ gearbeitet wird, also insbesondere $a > 0$ ist, so ist mit $\sqrt[n]{a}$ immer die *positive* n-te Wurzel gemeint.

Beweis ‖ Die n-ten Wurzeln von $a = |a|e^{i\alpha}$ werden in ihrer Polarkoordinatendarstellung $z = re^{i\theta}$ mit $\alpha/n \le \theta < \alpha/n + 2\pi$ gesucht. Dann ist die Gleichung $z^n = a$ mit $r^n e^{in\theta} = |a|e^{i\alpha}$ äquivalent, und diese wiederum mit den reellen Gleichungen $r^n = |a|$ und $n\theta = \alpha$ modulo 2π, d. h.

$$r = \sqrt[n]{|a|} \quad \text{und} \quad \theta = (\alpha + 2k\pi)/n \quad (k \in \mathbb{Z}).$$

Wegen $\alpha/n \le \theta < \alpha/n + 2\pi$ kommt nur $0 \le k < n$ in Frage; für diese Werte erhält man auch die n verschiedenen Wurzeln z_k, denn es ist zwar $z_{k+n} = z_k$, aber $z_j \neq z_k$ für $0 \le j < k < n$.   ☕

Beispiel 3.27 Die vierten Wurzeln von -1 sind $\dfrac{1}{\sqrt{2}}(1 \pm i)$ und $-\dfrac{1}{\sqrt{2}}(1 \pm i)$.

Aufgabe 3.23 Man bestimme sämtliche Lösungen der Gleichung $z^n = \bar{z}$. (**Hinweis.** Ihre Anzahl ist $n+2$.)

Aufgabe 3.24 Man bestimme den Betrag, ein Argument sowie die dritten Wurzeln (in der Normaldarstellung $a + ib$) von $z = 1 + i$, $z = (1 - i\sqrt{3})/2$ und $z = 2 - i$.

Bemerkung 3.15 Wenigstens für die komplexe *Quadratwurzel* kann man auch fertige Formeln angeben. Die beiden Wurzeln von $z = x + iy$ sind $w = \pm i\sqrt{-x}$ wenn $z = x \le 0$ und

$$w = \pm \left(\sqrt{(x+|z|)/2} + iy/\sqrt{2(x+|z|)} \right)$$

sonst, d.h. für $x + |z| > 0$. Man erhält sie so: Die komplexe Gleichung $x + iy = (u + iv)^2$ ist äquivalent mit dem reellen Gleichungssystem $x = u^2 - v^2$, $y = 2uv$; ersetzt man in der ersten Gleichung v durch $y/(2u)$, so entsteht die quadratische Gleichung $u^4 - xu^2 - y^2/4 = 0$ in u^2. Die reellen Lösungen sind $u = \pm\sqrt{(x+|z|)/2}$ mit zugehörigen $v = y/(2u) = \pm y/\sqrt{2(x+|z|)}$ sofern $x + |z| > 0$ ist. Andernfalls ist $x \le 0$, $y = 0$, $u = 0$ und $v = \pm\sqrt{-x}$. Insbesondere sind natürlich $\pm i$ die Quadratwurzeln von -1 (weswegen in älteren Büchern auch die Schreibweise $a + b\sqrt{-1}$ verwendet wird). Wie im Reellen hat auch im Komplexen die Gleichung $z^2 + pz + q = 0$ die beiden Lösungen $z_{1,2} = -p/2 \pm \sqrt{p^2/4 - q}$, die für $p^2 = 4q$ zusammenfallen.

3.38 Der Fundamentalsatz der Algebra Die Begriffe *Grenzwert, Stetigkeit, gleichmäßige Konvergenz* usw. lassen sich wortwörtlich auf Funktionen vom Typ $\mathbb{C} \to \mathbb{C}$ übertragen, ebenso alle Sätze dieses Kapitels, die sich nicht auf die Anordnung von $\mathbb{R}$ beziehen; dies wird in allgemeinerem Rahmen im Kapitel *Metrische Räume* dargestellt. Jedenfalls sind *komplexe Polynome*

$$P(z) = c_0 + c_1 z + \cdots + c_n z^n \quad (z \in \mathbb{C}) \tag{3.5}$$

mit (reellen oder) komplexen Koeffizienten c_k, und auch $z \mapsto |P(z)|$ stetige komplex- bzw. reellwertige Funktionen. Dies wird im Beweis des nachstehenden Satzes in der Form $|P(z_k)| \to |P(z_0)|$ für $z_k \to z_0$ benutzt; hierbei handelt es sich tatsächlich um eine Aussage über reelle Folgen.

Das Polynom $z^n - 1$ heißt n-tes *Kreisteilungspolynom*, seine Nullstellen sind die n-ten Einheitswurzeln $\omega_k = e^{2k\pi i/n}$, $0 \le k < n$, sie liegen regelmäßig verteilt auf der Einheitskreislinie $|z| = 1$ im Winkelabstand $2\pi/n$, und es gilt $\omega_k = \omega_1^k$. Die Darstellung

$$z^n - 1 = \prod_{k=0}^{n-1} (z - \omega_k)$$

ist ein Spezialfall des nachstehenden Satzes.

Satz 3.41 (Fundamentalsatzes der Algebra) *Jedes nichtkonstante Polynom (3.5) vom Grad $n \ge 1$ (d.h. $c_n \ne 0$) mit Koeffizienten $c_k \in \mathbb{C}$ besitzt eine Nullstelle in $\mathbb{C}$.*[3]

Beweis ‖ Zunächst wird gezeigt: Hat die reellwertige Funktion $z \mapsto |P(z)|$ im Punkt z_0 ein *lokales Minimum*, so ist $P(z_0) = 0$. Anschließend wird gezeigt, dass es sogar

---

[3] Nullstellen spezieller quadratischer Polynome $z^2 + pz + q$ wurden schon in Mesopotamien berechnet. Dass in $z_{1,2} = -p/2 \pm \sqrt{p^2/4 - q}$ (p, q reell) auch negative Radikanden auftreten war aber nicht der Grund für das Interesse an den komplexen Zahlen. Vielmehr ergibt sich Merkwürdiges bei Polynomen dritten Grades $z^3 + 2pz + 3q$; sie haben drei Nullstellen, die sich formelmäßig angeben lassen: $z_1 = u_1 + u_2$, $z_2 = f_1 u_1 + f_2 u_2$, und $z_3 = f_2 u_1 + f_1 u_2$ (*Formeln von Cardano*), wobei $u_{1,2} = \sqrt[3]{-q \pm \sqrt{D}}$ mit $D = p^3 + q^2$ gilt und $f = f_{1,2}$ die Gleichung $f^2 + f + 1 = 0$ löst. Speziell für reelle p und q mit $D < 0$ sind aber die Nullstellen z_j reell, dennoch werden sie durch Ausdrücke dargestellt, die Wurzeln aus negativen Zahlen enthalten. Ebenso ist keine der Zahlen $f_{1,2}$ reell.

ein globales Minimum von $|P|$ gibt. Es soll aber nicht verschwiegen werden, dass jeder der innerhalb der Vorlesung *Funktionentheorie* geführte Beweis diesem und jedem anderen *reellen* Beweis an Kürze und Eleganz weit überlegen ist. Es wird jetzt angenommen, dass $|P|$ in z_0 ein *positives* (lokales) Minimum hat. Dann hat der Betrag des Polynoms

$$Q(z) = P(z_0 + z)/P(z_0) = 1 + a_m z^m + \cdots + a_n z^n = 1 + z^m u(z)$$

in $z = 0$ das lokale Minimum $Q(0) = |Q(0)| = 1$ (was nicht das Problem, wohl aber die Schreibweise vereinfacht); dabei ist $u(0) = a_m \neq 0$ und $a_k = 0$ für $1 \leq k < m$; jedes m zwischen 1 und n ist denkbar. Es folgt

$$1 = |Q(0)|^2 \leq |Q(z)|^2 = 1 + 2\mathrm{Re}\left[z^m u(z)\right] + |z|^{2m} |u(z)|^2$$

für $0 < |z| < \delta$, also $-2\mathrm{Re}\left[(z/|z|)^m u(z)\right] \leq |z|^m |u(z)|^2$. Setzt man $z = re^{i\theta}$ und führt bei festem θ den Grenzübergang $r \to 0$ durch, so ergibt sich $-\mathrm{Re}\left[e^{im\theta} u(0)\right] = -2|a_m| \cos(m\theta + \arg a_m) \leq 0$, und zwar für *jedes* $\theta \in [0, 2\pi)$; der Cosinus ist aber nicht durchweg ≥ 0. Damit ist gezeigt, dass jedes lokale Minimum von $|P|$ auch eine Nullstelle von P ist. Um zu zeigen, dass $|P|$ überhaupt ein Minimum besitzt, wird $|P(0)| = M > 0$ angenommen (andernfalls ist bereits $P(0) = 0$ und nichts mehr zu zeigen), und $R > 0$ so groß gewählt, dass $|P(z)| > M$ für $|z| \geq R$ gilt. Dies ist möglich wegen $|P(z)/z^n| \to |c_n|$ ($|z| \to \infty$). Zu $\mu = \inf \{|P(z)| : |z| \leq R\}$ gibt es dann eine *Minimalfolge* z_k mit $|z_k| \leq R$ und $|P(z_k)| \to \mu$. Aus (z_k) lässt sich eine konvergente Teilfolge auswählen (Satz von Bolzano-Weierstraß; zu beachten ist nur $|\mathrm{Re}\, z_k| \leq R$, $|\mathrm{Im}\, z_k| \leq R$), man kann ohne Einschränkung $z_k \to z_0$ annehmen. Dann ist $|P(z_0)| = \lim\limits_{k \to \infty} |P(z_k)| = \mu$, und wegen $\mu \leq M < |P(z)|$ für $|z| \geq R$ ist $|z_0| < R$, d. h. in z_0 liegt ein Minimum von $|P|$ vor.   ☜

3.39 Faktorisierung Es gilt

$$P(z) = c_n(z - z_1) \cdots (z - z_n)$$

mit eindeutig bestimmten $z_k \in \mathbb{C}$, $1 \leq k \leq n$, den Nullstellen von P, die nicht alle verschieden sein müssen. Ist nämlich eine Nullstelle z_1 gefunden, so ist wegen

$$\frac{z^k - z_1^k}{z - z_1} = z^{k-1} + z^{k-2} z_1 + \cdots + z_1^{k-1} \quad (k \geq 1)$$

dann $P(z) = P(z) - P(z_1) = \sum\limits_{k=1}^{n} c_k(z^k - z_1^k) = (z - z_1) P_1(z)$ mit dem Polynom

$$P_1(z) = \sum_{k=0}^{n-1} c_k \sum_{j=0}^{k-1} z^j z_1^{k-1-j} = c_n z^{n-1} + \cdots \text{ vom Grad } n - 1.$$ Jetzt ergibt Induktion nach n die angegebene Faktorisierung von P. Werden gleiche Faktoren zusammengefasst, so erhält man mit leicht geänderten Bezeichnungen

$$P(z) = c_n(z - z_1)^{\ell_1} \cdots (z - z_m)^{\ell_m} \quad (\ell_1 + \cdots + \ell_m = n).$$

Sind *alle* Koeffizienten c_k *reell*, so sind die einzelnen Nullstellen entweder reell oder sie treten als konjugiert komplexe Paare auf, wie z. B. i und $-i$ bei $z^2 + 1$; dies folgt aus $P(\bar{z}) = \overline{P(z)}$. Es gilt dann, wenn mehrfach auftretende Faktoren zusammengefasst werden, speziell für reelle Polynome

$$P(x) = c_n \prod_{j=1}^{r} (x - \xi_j)^{l_j} \prod_{k=1}^{s} (x^2 + 2a_k x + b_k)^{m_k}$$

mit $l_1 + \cdots + l_r + 2(m_1 + \cdots + m_s) = n$, $\xi_j, a_k, b_k \in \mathbb{R}$ und $b_k > a_k^2$. Allgemein hat $z^2 + 2az + b$ mit $b > a^2$ die konjugiert komplexen Nullstellen $z_{1,2} = -a \pm i\sqrt{b - a^2}$; der Faktor $x^2 + 2ax + b$ ist dann *irreduzibel* über $\mathbb{R}$.

> Gerolamo **Cardano** (1501–1576) war Arzt und Mathematiker. Er beschäftigte sich mit der Wahrscheinlichkeitsrechnung und schrieb das Buch der Glücksspiele *Liber de Luder Alea*, aber erst, nachdem er mit seiner Kenntnis der Gesetze der Wahrscheinlichkeitsrechnung genug Geld gewonnen hatte. Cardano stieß auf die komplexen Zahlen bei der Lösung der Gleichungen dritten Grades. Mit diesen komplexen Zahlen $a + b\sqrt{-1}$ wurde gerechnet wie mit reellen Zahlen, es blieben aber immer Zweifel bezüglich ihrer ‚Existenz' (woher wohl die Bezeichnung ‚imaginär' kommt.)

3.7 Mehr über Potenzreihen

Die Ergebnisse dieses Abschnitts folgen alle aus dem Doppelreihensatz, erfahrungsgemäß wird dieser Teil der Analysis als schwierig empfunden und kann bei der ersten Lektüre diagonal gelesen werden, umsomehr als die erzielten Ergebnisse zum Geschenk werden, wenn man komplexe Potenzreihen betrachtet (wie im Kapitel *Einführung in die Funktionentheorie*). Es wird generell vorausgesetzt, dass die auftretenden Potenzreihen einen positiven, eventuell unendlichen Konvergenzradius haben.

3.40 Umentwicklung von Potenzreihen Zunächst wird gezeigt, dass man Potenzreihen auch um einen anderen *Mittelpunkt* entwickeln kann.

Satz 3.42 (Umentwicklungssatz) *Hat* $f(x) = \sum\limits_{n=0}^{\infty} a_n(x - x_0)^n$ *den Konvergenzradius* $r > 0$, *so gilt für* $x_0 - r < x_1 < x_0 + r$

$$f(x) = \sum_{n=0}^{\infty} b_n(x - x_1)^n \text{ mit } b_n = \sum_{k=n}^{\infty} a_k \binom{k}{n}(x_1 - x_0)^{k-n}$$

wenigstens für $|x - x_1| < r - |x_1 - x_0|$ (= ∞ *falls* $r = \infty$); *der Konvergenzradius der neuen Potenzreihe kann größer als* $r - |x_1 - x_0|$ *sein.*

Beweis ‖ Es genügt, den Fall $x_0 = 0$ zu betrachten. Unter Zuhilfenahme der binomischen Formel $x^n = (x_1 + x - x_1)^n = \sum\limits_{k=0}^{n} \binom{n}{k} x_1^{n-k}(x - x_1)^k$ ergibt eine formale Vertauschung der Summationsreihenfolge

$$\sum_{n=0}^{\infty} a_n \sum_{k=0}^{n} \binom{n}{k} x_1^{n-k}(x - x_1)^k = \sum_{k=0}^{\infty} \Big[\sum_{n=k}^{\infty} a_n \binom{n}{k} x_1^{n-k} \Big](x - x_1)^k, \qquad (3.6)$$

und diese Vertauschung ist zu rechtfertigen und insbesondere nachzuprüfen, für welche x sie erlaubt ist; notwendig ist natürlich $|x_1| < r$. Nach dem Doppelreihensatz genügt es, die absolute Konvergenz der linken Seite von (3.6) zu beweisen; diese aber folgt aus $\sum\limits_{n=0}^{\infty} |a_n| \sum\limits_{k=0}^{n} \binom{n}{k} |x_1|^{n-k}|x - x_1|^k = \sum\limits_{n=0}^{\infty} |a_n|(|x_1| + |x - x_1|)^n$, jedenfalls für $|x_1| + |x - x_1| < r$, also $|x - x_1| < r - |x_1|$. Im Fall $r = \infty$ ist keine Einschränkung erforderlich.   ☕

Aufgabe 3.25 Für $f(x) = \sum\limits_{k=0}^{\infty} a_k(x - x_0)^k$ ist folgende Verallgemeinerung des Identitätssatzes zu beweisen: Ist $f(x_k) = 0$ für eine Folge (x_k) mit $x_k \to x_* \in (x_0 - r, x_0 + r)$, so ist $f(x) = 0$ in $(x_0 - r, x_0 + r)$, d. h. $a_0 = a_1 = a_2 = \cdots = 0$. (**Hinweis.** Umentwicklungssatz.)

Aufgabe 3.26 Man zeige: $f(x) = \sum\limits_{n=0}^{\infty} a_n x^n \not\equiv 0$ mit Konvergenzradius $r > 0$ hat in jedem Intervall $[-\rho, \rho] \subset (-r, r)$ nur endlich viele Nullstellen. (**Hinweis.** Satz von Bolzano-Weierstraß.)

Beispiel 3.28 Die geometrische Reihe $f(x) = \sum\limits_{n=0}^{\infty} x^n = \dfrac{1}{1 - x}$ soll um x_1 entwickelt werden.

An $\dfrac{1}{1 - x} = \sum\limits_{n=0}^{\infty} \sum\limits_{k=n}^{\infty} \binom{k}{n} x_1^{k-n}(x - x_1)^n$ ist aber nicht viel zu erkennen. Dagegen ist $\dfrac{1}{1 - x} =$

$\dfrac{1}{(1 - x_1) - (x - x_1)} = \dfrac{1}{1 - x_1} \dfrac{1}{1 - \dfrac{x - x_1}{1 - x_1}} = \sum\limits_{n=0}^{\infty} \dfrac{(x - x_1)^n}{(1 - x_1)^{n+1}}$ für $\left| \dfrac{x - x_1}{1 - x_1} \right| < 1$, also $|x - x_1| <$

$1 - x_1$; das Konvergenzintervall reicht immer bis zum Punkt 1. Nach dem Identitätssatz ist

$\sum\limits_{k=n}^{\infty} \binom{k}{n} x_1^{k-n} = \dfrac{1}{(1 - x_1)^{n+1}}$ für $|x_1| < 1$; als Nebenergebnis erhält man nach der Indexverschie-

bung $k = m + n$ noch $\sum\limits_{m=0}^{\infty} \binom{m + n}{n} x^m = \dfrac{1}{(1 - x)^{n+1}}$ $(n \in \mathbb{N}_0,\ -1 < x < 1)$.

3.41 Die Komposition von Potenzreihen liefert wieder eine Potenzreihe.

Satz 3.43 (Komposition von Potenzreihen) *Haben* $g(x) = \sum\limits_{k=0}^{\infty} a_k(x - x_0)^k$ *und*

$f(y) = \sum\limits_{k=0}^{\infty} b_k(y - a_0)^k$ *die Konvergenzradien* $r > 0$ *und* $R > 0$, *so besitzt die Kom-*

position $f \circ g$ eine Potenzreihenentwicklung $f \circ g(x) = \sum\limits_{k=0}^{\infty} c_k (x - x_0)^k$ mit einem nicht näher bekannten Konvergenzradius $0 < \rho \leq r$.

Bemerkung 3.16 $\rho < r$ ist möglich, ρ mit $\sum\limits_{k=0}^{\infty} |a_k| \rho^k < R$ ist zugelassen. Die Bedingung $g(x_0) = a_0$ ist hier wesentlich.

Beweis ‖ Man kann $x_0 = a_0 = 0$ und zu Vereinfachung der Schreibweise auch $b_0 = 0$ annehmen. Untersucht werden zunächst die Potenzen $g(x)^m$, $m \in \mathbb{N}$, d. h. die Komposition von $y \mapsto y^m$ und g. Für $m = 2$ ist (Cauchyprodukt)

$$g(x)^2 = \sum_{k=2}^{\infty} a_k^{[2]} x^k \text{ mit } a_k^{[2]} = \sum_{j=0}^{k} a_j a_{k-j} = \sum_{j=1}^{k-1} a_j a_{k-j};$$

man beachte $a_0 = 0$ und so $a_0^{[2]} = a_1^{[2]} = 0$. Mit Induktion beweist man dann

$$g(x)^m = \sum_{k=m}^{\infty} a_k^{[m]} x^k \text{ mit } a_k^{[m]} = \sum_{j=1}^{k-m+1} a_j a_{k-j}^{[m-1]}$$

für $k \geq m$. Alle diese Reihen haben den Konvergenzradius r. Sind alle $a_k \geq 0$ und so auch alle $a_k^{[m]} \geq 0$, so gilt $|g(x)^m| < g(\rho)^m$ für $|x| < \rho \leq r$. Wählt man ρ gemäß $g(\rho) \leq R$, so ist für $|x| < \rho$ formales Einsetzen und Vertauschung der Summationsreihenfolge wegen der Positivität der Koeffizienten $a_k^{[m]}$ und b_m erlaubt nach dem Doppelreihensatz, es folgt wie behauptet für $|x| < \rho$

$$f(g(x)) = \sum_{m=1}^{\infty} b_m g(x)^m = \sum_{m=1}^{\infty} b_m \sum_{k=m}^{\infty} a_k^{[m]} x^k = \sum_{k=1}^{\infty} \left(\sum_{m=1}^{k} b_m a_k^{[m]} \right) x^k. \tag{3.7}$$

Im allgemeinen Fall werden $G(x) = \sum\limits_{k=1}^{\infty} A_k x^k$ und $F(y) = \sum\limits_{k=1}^{\infty} B_k y^k$ mit $A_k = |a_k|$ und $B_k = |b_k|$ betrachtet (ebenfalls mit Konvergenzradien r und R). Ein Induktionsbeweis zeigt $|a_k^{[m]}| \leq A_k^{[m]}$ (wobei $G(x)^m = \sum\limits_{k=m}^{\infty} A_k^{[m]} x^k$), und (3.7) folgt für $|x| < \rho$, sofern nur $G(\rho) = \sum\limits_{k=1}^{\infty} |a_k| \rho^k \leq R$ ist. ☕

Beispiel 3.29 Es sollen die ersten *acht* Koeffizienten $c_0, \ldots, c_7$ der Entwicklung von $f \circ g$, $f(y) = \sin y$ und $g(x) = \sinh x$ berechnet werden. Da beide Funktionen ungerade sind, ist es auch $f \circ g$. Bei der Rechnung sind nur die Anfänge, $y - y^3/3! + y^5/5! - y^7/7!$ und $x + x^3/3! + x^5/5! + x^7/7!$ zu berücksichtigen, d. h. es ist (wie) mit Polynomen zu rechnen. Die mit wachsenden Potenzen sich vereinfachende Rechnung ergibt

$$g(x) = x + \frac{1}{6}x^3 + \frac{1}{120}x^5 + \frac{1}{5040}x^7 + \cdots$$

$$-\frac{1}{6}g(x)^3 = \qquad -\frac{1}{6}x^3 - \frac{1}{12}x^5 - \frac{13}{720}x^7 + \cdots$$

$$+\frac{1}{120}g(x)^5 = \qquad\qquad\qquad + \frac{1}{120}x^5 + \frac{1}{144}x^7 + \cdots$$

$$-\frac{1}{5040}g(x)^7 = \qquad\qquad\qquad\qquad\qquad - \frac{1}{5040}x^7 + \cdots$$

und hat zum Endergebnis $\sin(\sinh x) = x - \frac{1}{15}x^5 - \frac{1}{90}x^7 + \cdots$

Es ist eine gute Übung, den Anfang $x - \frac{1}{15}x^5 + \frac{1}{90}x^7$ der Potenzreihenentwicklung von $\sinh(\sin x)$ zu bestimmen bzw. nachzurechnen. An dieser Stelle ist der Hinweis auf mathematische software wie maple oder mathematica angebracht, die für das Rechnen mit Potenzreihen bzw. ihren Anfängen, also Polynomen, besonders gut geeignet sind.

3.42 Die Division von Potenzreihen lässt sich auf die Komposition zurückführen.

Satz 3.44 *In* $f(x) = \sum\limits_{k=0}^{\infty} a_k(x - x_0)^k$ *mit Konvergenradius* $r > 0$ *sei* $f(x_0) \neq 0$.

Dann gilt $\frac{1}{f(x)} = \sum\limits_{k=0}^{\infty} b_k(x - x_0)^k$ *mit Konvergenzradius* $0 < \rho \leq r$ ($\rho < r$ *ist möglich*).

Beweis ‖ Man kann $x_0 = 0$ und $a_0 = 1$ annehmen, anderfalls würde man zur Potenzreihe $\sum\limits_{k=0}^{\infty} (a_k/a_0)x^k$ von $f(x_0 + x)/a_0$ übergehen. Dann ist aber die Division nichts anderes als die Komposition von $g(x) = f(x) - 1 = \sum\limits_{k=1}^{\infty} a_k x^k$ mit der alternierenden geometrischen Reihe $F(y) = \sum\limits_{n=0}^{\infty} (-1)^n y^n = \frac{1}{1+y}$. &

Bemerkung 3.17 Die Koeffizienten c_k von $\sum\limits_{k=0}^{\infty} a_k x^k \Big/ \sum\limits_{k=0}^{\infty} b_k x^k = \sum\limits_{n=0}^{\infty} c_k x^k$ erhält man aus $\sum\limits_{k=0}^{\infty} b_k x^k \sum\limits_{k=0}^{\infty} c_k x^k = \sum\limits_{k=0}^{\infty} a_k x^k$ durch Koeffizientenvergleich; das Cauchyprodukt liefert $a_n = \sum\limits_{k=0}^{n} c_k b_{n-k}$, wegen $b_0 \neq 0$ kann sukzessive nach c_n aufgelöst werden; man erhält $c_0 = a_0/b_0$, $c_1 = (a_1 - b_1 c_0)/b_0$, und allgemein $c_n = (a_n - b_1 c_{n-1} - \cdots - b_n c_0)/b_0$.

Beispiel 3.30 Es sind die ersten Koeffizienten in der Potenzreihenentwicklung $\tan x = \sum\limits_{k=0}^{\infty} a_k x^k$ zu bestimmen. Die Existenz ist gesichert, es gilt $a_{2k} = 0$, da der Tangens *ungerade* ist. Will man etwa bis zu $a_7 x^7$ gehen, so müssen nur die Potenzen x^j bis $j = 7$, aber auch nicht weniger, in der Reihenentwicklung von Sinus und Cosinus berücksichtigt werden. Diese Bemerkung gilt für *alle* Beispiele, man rechnet mit Potenzreihen wie mit Polynomen, sofern die Konvergenzfrage geklärt ist! Mit $\cos x = 1 - u(x) = 1 - \left(\dfrac{x^2}{2} - \dfrac{x^4}{24} + \dfrac{x^6}{720} - + \cdots\right)$ ist $1/\cos x = 1 + u(x) + u(x)^2 + u(x)^3 + \cdots$ solange $|u(x)| < 1$ ist. Das Ergebnis in

$$
\begin{aligned}
u(x) &= \phantom{1 + {}}\frac{1}{2}x^2 - \frac{1}{24}x^4 + \frac{1}{720}x^6 + \cdots\\
u(x)^2 &= \phantom{1 + \frac{1}{2}x^2 +} \frac{1}{4}x^4 - \frac{1}{24}x^6 + \cdots\\
u(x)^3 &= \phantom{1 + \frac{1}{2}x^2 + \frac{1}{4}x^4 -} \frac{1}{8}x^6 + \cdots\\
\hline
1/\cos x &= 1 + \frac{1}{2}x^2 + \frac{5}{24}x^4 + \frac{61}{720}x^6 + \cdots
\end{aligned}
$$

ist mit $\sin x = x\left(1 - \dfrac{1}{6}x^2 + \dfrac{1}{120}x^4 - \dfrac{1}{5040}x^6 + - \cdots\right)$ zu multiplizieren, woraus

$$
\tan x = x + \frac{1}{3}x^3 + \frac{2}{15}x^5 + \frac{17}{315}x^7 + \cdots
$$

folgt. Dies gilt solange $\displaystyle\sum_{n=1}^{\infty}\left|\frac{(-1)^n}{(2n)!}\right|x^{2n} = \cosh x - 1 < 1$, also $e^x + e^{-x} < 4$ ist, und das ergibt $|x| < \log(2 + \sqrt{3}) \approx 1.3$. Der Konvergenzradius der Tangensreihe ist tatsächlich gleich $\pi/2 \approx 1.5$.

Beispiel 3.31 Die **binomische Reihe** $g(x) = \displaystyle\sum_{k=0}^{\infty}\binom{\alpha}{k}x^k$, $\alpha \in \mathbb{R} \setminus \mathbb{N}_0$, hat den Konvergenzradius $r = 1$. Der beschriebene Ansatz $1/g(x) = \displaystyle\sum_{k=0}^{\infty} c_k x^k$ liefert $c_0 = 1$ und $c_n = -\displaystyle\sum_{k=1}^{n}\binom{\alpha}{k}c_{n-k}$ für $n \geq 1$. Die ersten Werte sind $c_1 = -\alpha$, $c_2 = \frac{1}{2}\alpha(\alpha + 1)$, $c_3 = -\frac{1}{6}\alpha(\alpha + 1)(\alpha + 2)$, sie lassen $c_n = \binom{-\alpha}{n}$ vermuten; dies wird im Kapitel *Eindimensionale Differentialrechnung* ohne großen Aufwand bestätigt. Welche Funktion die binomische Reihe darstellt muss bis dahin offenbleiben.

Aufgabe 3.27 Man berechne die Anfänge der Potenzreihenentwicklung um $x = 0$ von

(i) $\dfrac{\sinh x}{\sin x}$ (ii) $x\cot x$ (iii) $\dfrac{e^x}{\cos x}$ (iv) $e^{1-\cos x}$ (v) $\dfrac{\sin x^2}{1 - \cos x}$.

Aufgabe 3.28 Man berechne die Grenzwerte für $x \to 0$ der Funktionen

(i) $\dfrac{\sinh(\sin x) - \sin(\sinh x)}{x^7}$ (ii) $\dfrac{1}{\sin^2 x} - \dfrac{1}{x^2}$ (iii) $\dfrac{1}{\sin x} - \dfrac{1}{e^x - 1}$

(iv) $\dfrac{x(\cos x - 1)\sin x}{1 - \cos x^2}$ (v) $\dfrac{1 - \cos x}{1 - \cosh x}$ (vi) $\dfrac{1}{1 - \cos x} - \dfrac{1}{2x^2}$.

3.8 Anhang: Konvergenz und Stetigkeit

Der Stetigkeits- und Grenzwertbegriff geht in seiner modernen $\delta\epsilon$-Formulierung auf die Vorlesungen von Weierstraß zurück. Bereits 1817 formulierte aber Bolzano, dass eine stetige Funktion dadurch charakterisiert ist, *dass der Unterschied* $f(x + \omega) - f(x)$ *kleiner als jede gegebene Größe gemacht werden könne, wenn man*

ω *so klein, als man nur immer will, annehmen kann;* abgesehen von den fehlenden Betragszeichen ist dies die heutige Definition. Bolzanos Arbeiten blieben aber weitgehend unbeachtet. Cauchy äußert sich in seinem *Cours d'Analyse* ähnlich, Stetigkeit bedeutet bei ihm, dass $f(x + \alpha) - f(x)$ mit α gegen Null geht. Oft hat er aber implizit die gleichmäßige Stetigkeit verwendet, die Unterscheidung von Stetigkeit und gleichmäßiger Stetigkeit verdankt man Heine. Die für die Analysis fundamentale Eigenschaft der Vollständigkeit der reellen Zahlen (der *Stetigkeit der Zahlengeraden,* wie man sagte), die man benötigt, um beispielsweise den Zwischenwertsatz oder das Cauchykriterium zu garantieren, wurde ebenfalls entweder stillschweigend vorausgesetzt, d. h. als evident angenommen, oder es wurde der vergebliche Versuch unternommen, sie zu beweisen. Alle Begriffe, die mit dem Adjektiv *gleichmäßig* versehen sind, werden erfahrungsgemäß zu Beginn des Studiums als schwierig empfunden. Das gilt für die gleichmäßige Stetigkeit wie für die gleichmäßige Konvergenz. Für die Studierenden mag es ein Trost sein, dass die größten Mathematiker, darunter Abel, Cauchy und Gauß, von ihren Vorgängern ganz zu schweigen, sich damit schwer getan haben. Mehr noch, sie haben die Bedeutung dieser Begriffe nicht erkannt, sie aber oft *implizit* verwendet, also bei stetigen Funktionen bzw. konvergenten Funktionenreihen so argumentiert, als seien sie gleichmäßig stetig bzw. gleichmäßig konvergent. Cauchy konnte nur zu einem Beweis seines Satzes, wonach *eine konvergente Reihe stetiger Funktionen wieder eine stetige Funktion darstellt,* gelangen, indem er implizit die gleichmäßige Konvergenz voraussetzte. Weierstraß war zwar nicht der erste, der die Bedeutung der gleichmäßigen Konvergenz erkannte, dieses Verdienst teilen sich in gewisser Weise Philip **Seidel** (1821–1896) und Gabriel Stokes – sie stellten fest, dass eine unstetige Grenzfunktion nur dann auftreten kann, wenn die Konvergenz *beliebig langsam* ist. Weierstraß war aber der erste, der konsequent zwischen punktweiser und gleichmäßiger Konvergenz unterschied, und letztere bewusst unter seine Voraussetzungen mit aufnahm, wenn es erforderlich war.

Kapitel 4
Eindimensionale Differentialrechnung

Die Differentialrechnung ist entstanden aus dem *Tangentenproblem*. Es besteht darin, den Begriff der Tangente an eine Kurve zunächst zu *definieren* und dann *Methoden* zur Berechnung ihrer Steigung anzugeben. Die Lösung dieser Aufgabe führte überhaupt erst zur Analysis, deren Grundprinzipien unabhängig und in kurzem Abstand voneinander durch Isaac Newton und Gottfried Wilhelm Leibniz im 17. Jahrhundert entwickelt wurden. Man geht nicht zu weit, wenn man die Differential- und Integralrechnung zu den unverzichtbaren Grundlagen der modernen Zivilisation rechnet. Die Prinzipien der eindimensionalen Differentialrechnung werden in diesem Kapitel vollständig bis zum Taylorschen Satz und seinen Anwendungen entwickelt.

4.1 Differenzierbare Funktionen

4.1 Tangente und Ableitung Es sei $f : I \to \mathbb{R}$ eine auf dem Intervall I definierte Funktion und $x_0 \in I$. Die *Sekante*, d.h. die Gerade durch die Punkte $(x_0, f(x_0))$ und $(x_0 + h, f(x_0 + h))$ hat die *Steigung*

$$m_h = \frac{f(x_0 + h) - f(x_0)}{h}.$$

Die *Grenzlage* dieser Sekanten für $h \to 0$, sofern sie existiert, ist dann die **Tangente** an den Graphen von f; sie hat die Steigung

$$m = \lim_{h \to 0} \frac{f(x_0 + h) - f(x_0)}{h},$$

die Tangentengleichung ist $y = f(x_0) + m(x - x_0)$. Dies ist die präzise Fassung des intuitiv klar erscheinenden Begriff der *Tangente*. Die Funktion f heißt ***differenzierbar*** in $x_0 \in I$, wenn der Graph von f in $(x_0, f(x_0))$ eine Tangente besitzt, also der

© Der/die Autor(en), exklusiv lizenziert an Springer-Verlag GmbH, DE, ein Teil von Springer Nature 2024
N. Steinmetz, *Analysis*, https://doi.org/10.1007/978-3-662-68086-5_4

Limes der **Differenzenquotienten**

$$\lim_{x \to x_0} \frac{f(x) - f(x_0)}{x - x_0} = \lim_{h \to 0} \frac{f(x_0 + h) - f(x_0)}{h} = f'(x_0)$$

existiert; $f'(x_0)$ heißt **Ableitung** oder **Differentialquotient** von f in x_0, und wird auch $\frac{df}{dx}(x_0)$ geschrieben. Existiert $f'(x_0)$ in jedem $x_0 \in I$, so heißt f *differenzierbar in I*.

Satz 4.1 *Eine in x_0 differenzierbare Funktion f ist dort auch stetig.*

Beweis $\|$ Es ist $\displaystyle\lim_{x \to x_0} (f(x) - f(x_0)) = \lim_{x \to x_0} (x - x_0) \frac{f(x) - f(x_0)}{x - x_0} = 0.$ ☕

4.2 Die Differentiationsregeln ergeben sich aus den bereits bekannten Regeln für Grenzwerte:

Satz 4.2 *Mit f und g sind auch die Funktionen $f + g$, λf ($\lambda \in \mathbb{R}$), fg und f/g in x_0 bzw. in ganz I differenzierbar (der Quotient natürlich nur, wenn $g(x_0) \neq 0$ bzw. $g(x) \neq 0$ in ganz I ist), und es gelten in x_0 bzw. im Intervall I die Ableitungsregeln*

$$\begin{aligned}
&(\lambda f)' = \lambda f' \\
&(f + g)' = f' + g' &&\text{(Summenregel)} \\
&(fg)' = f'g + fg' &&\text{(Produktregel)} \\
&(f/g)' = (f'g - fg')/g^2 &&\text{(Quotientenregel).}
\end{aligned}$$

Die differenzierbaren Funktionen $f : I \to \mathbb{R}$ bilden eine *Funktionenalgebra,* was wiederum für die Analysis ohne Bedeutung ist.

Beweis $\|$ Es werden nur die Produkt- und Quotientenregel bewiesen. Im ersten Fall schreibt man

$$\frac{f(x)g(x) - f(x_0)g(x_0)}{x - x_0} = \frac{f(x) - f(x_0)}{x - x_0} g(x) + f(x_0) \frac{g(x) - g(x_0)}{x - x_0}$$

und benutzt zusätzlich die Stetigkeit von g; für $x \to x_0$ ergibt sich dann der Grenzwert $f'(x_0)g(x_0) + f(x_0)g'(x_0)$. Im zweiten Fall wird zunächst der Fall $f(x) \equiv 1$ betrachtet. Wegen der Stetigkeit von g in x_0 ist $g(x) \neq 0$ in $I \cap (x_0 - \delta, x_0 + \delta)$, also $1/g$ dort definiert, und die Behauptung folgt aus

$$\frac{1/g(x) - 1/g(x_0)}{x - x_0} = \frac{-1}{g(x_0)g(x)} \frac{g(x) - g(x_0)}{x - x_0}$$

nach dem Grenzübergang $x \to x_0$. Die Kombination mit der Produktregel ergibt dann die Quotientenregel $(f/g)' = f'(1/g) + f(-g'/g^2)$. ☕

4.3 Die Kettenregel beschreibt, wie zusammengesetzte Funktionen differenziert werden und ist sowohl theoretisch als auch praktisch (Differentiation komplizierter Funktionen) von großer Bedeutung.

Satz 4.3 (**Kettenregel**) *Ist die* Komposition *oder* Verkettung $f \circ g$ *definiert (also* $g : I \to J$ *und* $f : J \to \mathbb{R}$), *so hat* $f \circ g$ *die Ableitung*

$$(f \circ g)'(x) = f'(g(x))\, g'(x),$$

sofern g *in* x [*in ganz* I] *und* f *in* $y = g(x)$ [*in ganz* J] *differenzierbar ist.*

Beweis ‖ Die Differenzierbarkeit von g im Punkt x ist äquivalent mit

$$g(x + h) = g(x) + g'(x)h + r(h)h \quad (r(h) \to 0 = r(0) \text{ für } h \to 0);$$

analog gilt $f(y + k) = f(y) + f'(y)k + R(k)k$ $(R(k) \to 0 = R(0)$ für $k \to 0)$.
Mit $k = g(x + h) - g(x) = (g'(x) + r(h))h \to 0$ für $h \to 0$ folgt

$$f(g(x + h)) - f(g(x)) = f'(g(x))g'(x)h + \rho(h)h,$$

wobei wieder $\rho(h) = f'(y)g'(x)r(h) + R(k)(g'(x) + r(h)) \to 0$ für $h \to 0$. ✎

Mit diesen Regeln wird das Differenzieren zum *Kalkül*. Ist erst einmal eine Liste von Ableitungen einfacher Funktionen zusammengestellt, so kann man sich von der Definition (also dem Grenzwert der Differenzenquotienten) vollständig lösen und *mechanisch,* stur nach Regeln, differenzieren. Dieses Bild von Analysis wird leider in der Schule allzu oft vermittelt. Regelgerecht differenzieren kann auch Computeralgebra-Software.

Beispiel 4.1 *Polynome* $P(x) = a_0 + a_1 x + \cdots + a_n x^n$ sind die einfachsten differenzierbaren Funktionen in $\mathbb{R}$, es ist $P'(x) = a_1 + 2a_2 x + \cdots + n a_n x^{n-1}$. Dies folgt durch sukzessive Anwendung obiger Regeln und Induktion nach n.

Beispiel 4.2 *Rationale Funktionen* $R(x) = P(x)/Q(x)$ sind nach der Quotientenregel dort differenzierbar, wo der Nenner $Q(x) \neq 0$ ist.

Beispiel 4.3 Die *Exponentialfunktion* wird beim Differenzieren reproduziert; dies folgt aus dem Additionstheorem und $\dfrac{e^{x+h} - e^x}{h} = e^x\, \dfrac{e^h - 1}{h} \to e^x$ $(h \to 0)$.

Aufgabe 4.1 Man zeige $\dfrac{d}{dx} \sin x = \cos x$ und $\dfrac{d}{dx} \cos x = -\sin x$.
(**Hinweis.** Additionstheoreme.)

4.4 Das Differential $df(x)$ einer differenzierbaren Funktion f ist nichts anderes als die lineare Abbildung $df(x) : \mathbb{R} \to \mathbb{R}$, $df(x)(h) = f'(x)h$. Speziell für die Identität $x \mapsto x$ ist $dx(h) = h$, und so $df(x) = f'(x)dx$; dies entspricht der Leibnizschen Schreibweise. Die angegebenen Differentiationsregeln sind $d(u + v) = du + dv$, $d(uv) = v\,du + u\,dv$[1], $d\left(\dfrac{u}{v}\right) = \dfrac{v\,du - u\,dv}{v^2}$ und $du = \dfrac{du}{dy}\,dy$ für $u = f(y)$, $y = g(x)$ rechts und $u = f(g(x))$ links.

---

[1] Auch große Geister irren sich manchmal: Leibniz' erster Ansatz war $d(uv) = du\,dv$; er bemerkte aber bald, dass $du\,dv$ gegenüber du und dv „unendlich klein" ist.

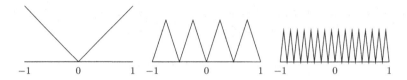

Abb. 4.1 Die Graphen der Funktionen g, $\frac{3}{4}g(4x)$ und $\frac{9}{16}g(16x)$ in $[-1, 1]$

4.5 Eine stetige, nirgends differenzierbare Funktion Die üblichen als Beispiele benutzten Funktionen suggerieren, dass wohl alle stetigen Funktionen auch differenzierbar seien, vielleicht von endlich vielen Punkten abgesehen, wie dem Punkt $x = 0$ bei $f(x) = |x|$. Dieser Anschein trügt! Es wird eine stetige Funktion $f : \mathbb{R} \to \mathbb{R}$ konstruiert, die *nirgends* differenzierbar ist[2] . Dazu sei $g : \mathbb{R} \to \mathbb{R}$ in $[-1, 1]$ durch $g(x) = |x|$ definiert und dann 2-*periodisch* nach links und rechts fortgesetzt: $g(x \pm 2) = g(x \pm 4) = \cdots = g(x)$ (vgl. Abb. 4.1). Diese Funktion ist stetig in $\mathbb{R}$, differenzierbar in $\mathbb{R} \setminus \mathbb{Z}$ und hat überall dort die Ableitung $g'(x) = 1$ oder $g'(x) = -1$. Für alle $x, y \in \mathbb{R}$ genügt g der Lipschitzbedingung $|g(x) - g(y)| \le |x - y|$, und $|g(x) - g(y)| = |x - y|$ gilt in jedem Intervall der Form $[n, n + 1]$, $n \in \mathbb{Z}$. Aus $0 \le g(x) \le 1$ folgt, dass die Reihe $\sum_{n=0}^{\infty} q^n g(4^n x)$ für $0 < q < 1$ eine stetige Funktion f darstellt; eine konvergente Majorante ist die geometrische Reihe $\sum_{n=0}^{\infty} q^n$. Für $x \in \mathbb{R}$ gilt

$$\Delta(h) = \frac{f(x + h) - f(x)}{h} = \sum_{n=1}^{\infty} q^n \frac{g(4^n x + 4^n h) - g(4^n x)}{h} = \sum_{n=1}^{\infty} q^n \delta_n(h),$$

und speziell für $h = h_m = \pm\frac{1}{2} 4^{-m}$ wird wegen der 2-Periodizität $\delta_n(h_m) = 0$ für $n > m$ und es ist $|\delta_n(h_m)| \le 4^n$ für $n \le m$. Wird zusätzlich das Vorzeichen von h_m so gewählt, dass $4^m x$ und $4^m(x + h_m)$ in einem Intervall der Form $[k, k + 1]$ mit $k \in \mathbb{Z}$ liegen (dies ist möglich wegen $4^m |h_m| = \frac{1}{2}$), so ist $|\delta_m(h_m)| = 4^m$ und es ergibt sich für $\frac{1}{2} < q < 1$

$$|\Delta(h_m)| \ge 4^m q^m - \sum_{n=1}^{m-1} 4^n q^n = (4q)^m - 4q \frac{1 - (4q)^{m-1}}{1 - 4q} > (4q)^m \frac{4q - 2}{4q - 1} \to \infty.$$

Bei dieser Wahl von q existiert $f'(x)$ für kein x.

---

[2] Das erste Beispiel dazu geht wohl auf Bolzano, ein anderes auf Weierstraß zurück. Das hier behandelte Beispiel ist dem in F. Riesz und B. Nagy, *Vorlesungen über Funktionalanalysis*, Deutscher Verlag der Wissenschaften, Berlin 1971 dargestellten nachempfunden.

4.2 Mittelwertsätze

4.6 Der Satz von Rolle ist der erste Beitrag zu den Mittelwertsätzen; auf ihn kann alles andere zurückgeführt werden.

Satz 4.4 (von Rolle) *Ist* $f : [a, b] \to \mathbb{R}$ *stetig mit* $f(a) = f(b)$ *und differenzierbar in* (a, b), *so existiert ein* $\xi \in (a, b)$ *mit* $f'(\xi) = 0$.

Beweis ‖ Für konstantes f ist nichts zu zeigen. Im anderen Fall hat f als stetige Funktion ein Minimum $f(\xi) < f(a)$ oder ein Maximum $f(\xi) > f(a)$ in einem Punkt $\xi \in (a, b)$; es kann natürlich mehrere solcher Punkte geben. Im Fall eines Minimums etwa ist $f(x) \geq f(\xi)$ in $[a, b]$, d. h. $\dfrac{f(x) - f(\xi)}{x - \xi} \geq 0$ in $(\xi, b]$ und $\dfrac{f(x) - f(\xi)}{x - \xi} \leq 0$ in $[a, \xi)$, somit $f'(\xi) = 0$.   ☕

Michel **Rolle** (1652–1719, Paris) war mathematischer Autodidakt. Von ihm stammt die Bezeichnung $\sqrt[n]{x}$. Er bewies rein algebraisch, dass zwischen zwei Nullstellen eines Polynoms eine Nullstelle der Ableitung liegt.

4.7 Die Zwischenwerteigenschaft der Ableitung Wie stetige Funktionen haben auch Ableitungen (ohne dass sie unbedingt stetig sind) die *Zwischenwerteigenschaft*. Dies ist für sich selbst interessant, hat aber für das weitere Vorgehen keine größere Bedeutung.

Satz 4.5 *Ist* $f : [a, b] \to \mathbb{R}$ *differenzierbar, so nimmt* f' *in* (a, b) *jeden Wert zwischen* $f'(a)$ *und* $f'(b)$ *an.*

Beweis ‖ Für $f'(a) = f'(b)$ ist nichts zu zeigen; man kann etwa $f'(a) < f'(b)$ annehmen, der Fall $f'(a) > f'(b)$ wird genauso behandelt. Für $f'(a) < \mu < f'(b)$ und $g(x) = f(x) - \mu x$ gilt dann $g'(a) < 0 < g'(b)$; wegen der ersten Ungleichung gilt $g(x) < g(a)$ in $(a, a + \delta)$, und $g(x) < g(b)$ in $(b - \delta, b)$ wegen der zweiten. Das heißt aber, dass g weder in a noch in b ein Minimum hat, sondern dass das sicher in $[a, b]$ vorhandene Minimum von g in einem Punkt $\xi \in (a, b)$ angenommen wird. Dort ist aber, wie im Beweis des Satzes von Rolle $g'(\xi) = f'(\xi) - \mu = 0$. ☕

4.8 Der Mittelwertsatz ergibt sich ebenfalls aus dem Satz von Rolle.

Satz 4.6 (Mittelwertsatz) *Ist* $f : [a, b] \to \mathbb{R}$ *stetig und differenzierbar in* (a, b), *so existiert ein* $\xi \in (a, b)$ *mit* $f(b) - f(a) = f'(\xi)(b - a)$.

Geometrisch besagt der Mittelwertsatz, dass (wenigstens) eine Tangente zur Sekante durch $(a, f(a))$ und $(b, f(b))$ *parallel* ist.

Beweis ‖ Die Funktion $g(x) = f(x) - \dfrac{f(b) - f(a)}{b - a}(x - a)$ ist in $[a, b]$ stetig, in (a, b) differenzierbar und erfüllt $g(a) = f(a) = g(b)$. Nach dem Satz von Rolle ist in einem inneren Punkt $f'(\xi) - \dfrac{f(b) - f(a)}{b - a} = g'(\xi) = 0$.   ☕

4.9 Monotone Funktionen Der Nachweis, dass eine Funktion f monoton wächst, ist i.A. schwieriger zu führen als der Nachweis ihrer Positivität. Die Differentialrechnung ebnet diesen Unterschied ein:

Satz 4.7 *Eine in I stetige und in $I°$ differenzierbare Funktion f ist genau dann monoton wachsend [monoton fallend], wenn in $I°$ durchweg $f'(x) \geq 0$ $[f'(x) \leq 0]$ gilt, und sicher dann streng monoton wachsend [streng monoton fallend], wenn sogar $f'(x) > 0$ $[f'(x) < 0]$ überall in $I°$ ist*[3].

Beweis ‖ Zunächst wird $f'(x) \geq 0$ in $I°$ angenommen; für $x, y \in I$ mit $x < y$ ergibt der Mittelwertsatz $f(y) - f(x) = f'(\xi)(y - x) \geq 0$. Für eine wachsende Funktion f folgt umgekehrt $\dfrac{f(y) - f(x)}{y - x} \geq 0$ für $x < y$, also auch $f'(x) = \lim\limits_{y \to x} \dfrac{f(y) - f(x)}{y - x} \geq 0$ in $I°$. Die zweite Behauptung ist jetzt offensichtlich, und der zweite Fall folgt durch Betrachtung von $-f$.   ⌁

Satz 4.8 *Ist f in $I°$ differenzierbar und f' dort beschränkt, so genügt f einer sogenannten* Lipschitzbedingung: $|f(x) - f(y)| \leq L|x - y|$ *gilt für alle $x, y \in I$; insbesondere ist f in I gleichmäßig stetig.*

Beweis ‖ *Für $y < x$ ergibt der Mittelwertsatz im Intervall $[y, x] \subset I$*

$$|f(x) - f(y)| = |f'(\xi)||x - y| \leq L|x - y| \quad (L = \sup\{|f'(\xi)| : \xi \in I°\}).$$ ⌁

Ableitungen müssen nicht stetig sein, es gilt aber:

Satz 4.9 *Ist $x_0 \in I$, $f : I \longrightarrow \mathbb{R}$ stetig und differenzierbar in $I \setminus \{x_0\}$, so ist $f'(x_0) = \lim\limits_{x \to x_0} f'(x)$, sofern dieser Grenzwert existiert.*

Beweis ‖ Es ist $\dfrac{f(x) - f(x_0)}{x - x_0} = f'(\xi)$ mit einem ξ zwischen x_0 und x, woraus für $x \to x_0$ und so $\xi \to x_0$ die Behauptung folgt.   ⌁

4.3 Anwendungen des Mittelwertsatzes

4.10 Wachstums- und Zerfallsprozesse Die erste Anwendung betrifft die *Modellierung von Wachstums- und Zerfallsprozessen.* Es bezeichne $u(t)$ die Größe einer Population, die je Zeitintervall Δt proportional zu ihrer eigenen Größe wächst oder

---

[3] Diese Bedingung ist aber nicht notwendig, wie $f(x) = x^3$ auf $\mathbb{R}$ zeigt; f ist streng monoton wachsend, aber es ist $f'(0) = 0$.

die Menge eines radioaktiven Stoffes, der proportional zu seiner eigenen Menge zerfällt:

$$u(t + \Delta t) = u(t) + \alpha u(t)\Delta t.\tag{4.1}$$

Mit etwas Idealisierung (die immer notwendig ist, der Wachstums- bzw. Zerfallprozess sieht nur wegen der großen Zahlen annähernd kontinuierlich aus) wird aus der *Differenzengleichung* (4.1) die *Differentialgleichung*

$$u'(t) = \alpha u(t);\tag{4.2}$$

die Proportionalitätskonstante α bestimmt die Geschwindigkeit des Wachstums ($\alpha > 0$) bzw. des Zerfalls ($\alpha < 0$). Diese Differentialgleichung wird gelöst von $u(t) = Ce^{\alpha t}$, wie man sofort nachrechnet. Man möchte nun wissen, ob genau diese Funktionen den Wachstums- bzw. Zerfallsprozess beschreiben, somit eine Vorhersage möglich wird. Die Antwort ist ja! Für irgendeine Lösung $u(t)$ ist $\frac{d}{dt}(u(t)e^{-\alpha t}) = (u'(t) - \alpha u(t))e^{-\alpha t} = 0$, also ist $u(t)e^{-\alpha t}$ konstant $= u(0)e^{-\alpha 0} = u(0)$. Ist der Zustand $u(0)$ bekannt, so kann $u(t)$ für die Vergangenheit und die Zukunft berechnet werden, ebenso die *Verdopplungs- bzw. Halbwertszeit:* $T = \frac{1}{|\alpha|}\log 2$. Bei einem angenommenen Wachstum der Weltbevölkerung von 1 % pro Jahr, also $\alpha = 0,01$, ergibt sich die Verdopplungszeit $T \approx 69,32$ Jahre. *Note* Laut *UN World Population Prospects 2019* sind die (gerundeten) Zahlen $\alpha = 0,0133$ (2000), $0,0125$ (2010) und $0,0092$ (2020 geschätzt) für die Weltbevölkerung abnehmend. Nimmt man eine lineare Abnahme von $\alpha = 0,0133$ (2000) auf $\alpha = 0$ (2100) an, so wird die Weltbevölkerung von rund 6×10^9 (2000) auf etwa $11,5 \times 10^9$ anwachsen. Nimmt die Wachstumsrate aber linear von $0,0133$ auf $-0,0133$ ab, so liegt die Zahl 2100 wieder bei 6×10^9 (vgl. Abb. 4.2). Andere Szenarien nehmen nichtlineare Abnahmen an. Bei allen Modellrechnungen gilt aber, dass nur das herauskommen kann was an Annahmen hineingesteckt wurde..

Beispiel 4.4 Werden zwei Populationen $u_{1,2}$ mit unterschiedlichen Wachstumsraten $\alpha_{1,2}$ und Anfangsgrößen $u_{1,2}(0)$ miteinander verglichen, so folgt

$$\frac{u_1(t)}{u_2(t)} = \frac{u_1(0)}{u_2(0)}e^{(\alpha_1 - \alpha_2)t}.\tag{4.3}$$

Konkret für $\frac{u_1(0)}{u_2(0)} = 0,1$ (Population 1 macht 10 % von Population 2 aus) und $\alpha_1 = 0,03$ (starkes Wachstum), aber $\alpha_2 = -0,01$ (Population 2 schrumpft) erhält man aus (4.3), dass nach $\approx 57,56$ Zeiteinheiten beide Populationen gleich groß sind. Auch wenn sich danach die Raten etwa zu $\alpha_1 = 0,02$ und $\alpha_2 = -0,005$ verändern, dauert es nur noch $\approx 92,1$ Zeiteinheiten, bis sich die Verhältnisse umgekehrt haben.

Beispiel 4.5 Die *Radiokarbonmethode* zur Datierung organischer archäologischer Funde beruht auf der Hypothese, dass das Mengenverhältnis m_0 des radioaktiven Kohlenstoffisotops C^{14} zum gewöhnlichen Kohlenstoff C^{12} in der Atmossphäre, und damit auch im lebenden Gewebe zeitlich konstant ist, nicht aber im toten Gewebe. Nach dem Absterben (dieser unbekannte Zeitpunkt

Abb. 4.2 Prognostizierte Entwicklung der Weltbevölkerung 2000 bis 2100 bei Wachstumsraten $\alpha = 0{,}013$ (konstant), $\alpha = 0{,}013(1 - t/100)$ (abnehmend auf 0) und $\alpha = 0{,}013(1 - t/50)$ (abnehmend auf $-0{,}013$); t in Jahren

entspricht $t = -T < 0$, $t = 0$ ist heute) wird die durch radioaktiven Zerfall verschwindende Menge nicht mehr ersetzt, das Verhältnis $m(t) = m_0 e^{\alpha(t+T)}$ von C^{14} zu C^{12} nimmt mit der Zeit ab, und dies erlaubt bei bekannter Zerfallsrate $\alpha \approx -\frac{\log 2}{5730} \approx -1{,}2 \times 10^{-4}$ eine Datierung (in Jahren). Wird das Verhältnis $m(0)$ (heute) gemessen, so ist die seit dem Absterben vergangene Zeit $T = (\log m(0) - \log m_0)/\alpha$.

4.11 Die Regeln von de l'Hospital beruhen auf dem

Satz 4.10 (verallgemeinerter Mittelwertsatz) *Sind* $f, g : [a, b] \to \mathbb{R}$ *stetig und differenzierbar in* (a, b), *so existiert ein* $\xi \in (a, b)$ *mit*

$$(f(b) - f(a))g'(\xi) = (g(b) - g(a))f'(\xi).$$

Für $g'(x) \neq 0$ *in* (a, b) *gilt somit prägnanter*

$$\frac{f(b) - f(a)}{g(b) - g(a)} = \frac{f'(\xi)}{g'(\xi)}.$$

Bemerkung 4.1 Der naheliegende „Beweis": Aus dem Mittelwertsatz folgt sowohl $f(b) - f(a) = f'(\xi)(b - a)$ als auch $g(b) - g(a) = g'(\xi)(b - a)$, und daraus die Behauptung, ist nicht stichhaltig, da es sich hierbei sehr wahrscheinlich um verschiedene ξ's handelt!

Beweis ‖ Die Hilfsfunktion $h(x) = f(x)(g(b) - g(a)) - g(x)(f(b) - f(a))$ erfüllt sämtliche Voraussetzungen des Satzes von Rolle. Damit existiert $\xi \in (a, b)$ mit $h'(\xi) = 0$, gleichbedeutend mit der Behauptung.   ☕

Satz 4.11 (Regeln von de l'Hospital) *Die Funktionen* $f, g : (a, b) \to \mathbb{R}$ *seien differenzierbar und es gelte* $g'(x) \neq 0$ *in* (a, b) *sowie* $\lim\limits_{x \to a} f(x) = \lim\limits_{x \to a} g(x) = 0$ *oder* $\lim\limits_{x \to a} g(x) = \infty$ *ohne weitere Voraussetzung an* f. *Dann gilt*

$$\lim_{x \to a} \frac{f(x)}{g(x)} = \lim_{x \to a} \frac{f'(x)}{g'(x)},$$

sofern der rechtsstehende Grenzwert existiert; $a = -\infty$ ist zugelassen. Eine analoge Regel gilt für $x \to b$[4]*.*

Beweis ‖ Zuerst wird der Fall $\dfrac{0}{0}$, etwa für $a = 0$ behandelt. Mit $f(0) = g(0) = 0$ ergibt der verallgemeinerte Mittelwertsatz im Intervall $[0, x]$

$$\frac{f(x)}{g(x)} = \frac{f(x) - f(0)}{g(x) - g(0)} = \frac{f'(\xi)}{g'(\xi)}.$$

Wegen $0 < \xi < x$ folgt daraus die Behauptung, da mit $x \to 0$ auch $\xi \to 0$ gilt. Im Fall etwa $a = -\infty$ (und $b = -1$, darauf kommt es nicht an) betrachte man einfach die Funktionen $F(y) = f(1/y)$ und $G(y) = g(1/y)$ in $(-1, 0)$ für $y \to 0-$. Es ist $F'(y)/G'(y) = f'(1/y)/g'(1/y)$ und so $f'(x)/g'(x) = F'(1/x)/G'(1/x)$. Etwas schwieriger ist (wieder mit $a = 0$) der Fall $\dfrac{\infty}{\infty}$ zu behandeln. Es wird $\lim\limits_{x \to 0} g(x) = \infty$, aber *nicht unbedingt* $\lim\limits_{x \to 0} f(x) = \infty$ oder überhaupt die Existenz dieses Grenzwertes vorausgesetzt, dafür aber $L = \lim\limits_{x \to 0} f'(x)/g'(x) = 0$; dies lässt sich (für $L \neq 0$) durch Übergang von f zur Funktion $f - Lg$ erreichen. Zu gegebenem $0 < \epsilon < 1/2$ wird $c > 0$ so bestimmt, dass $|f'(\xi)/g'(\xi)| < \epsilon$ in $0 \leq \xi < c$ gilt. Nach dem verallgemeinerten Mittelwertsatz ist dann auch $\left| \dfrac{f(x) - f(c)}{g(x) - g(c)} \right| < \epsilon$ für $0 < x < c$. Es sei

$$H(x) = \frac{f(x) - f(c)}{g(x) - g(c)} - \frac{f(x)}{g(x)} = \frac{f(x)g(c) - f(c)g(x)}{g(x)(g(x) - g(c))}$$

und $B = \max\{|f(c)|, |g(c)|, 1\}$. Da $g(x) \to \infty$ für $x \to 0$ gibt es $0 < \delta < c$ mit $|g(c)| < |g(x)|/2$ sowie $|g(x)| > 2B/\epsilon$ für $0 < x < \delta$. Somit folgt

$$|H(x)| < B \frac{|f(x)| + |g(x)|}{|g(x)|^2/2} < \epsilon \left| \frac{f(x)}{g(x)} \right| + \epsilon,$$

---

[4] Achtung: In vielen Fällen sind f und g durch Potenzreihen um $a = 0$ gegeben oder man kann sich die Anfänge der Potenzreihenentwicklungen leicht verschaffen. Damit ist $\lim\limits_{x \to 0} \dfrac{f(x)}{g(x)}$ schnell auszurechnen. Als (abschreckendes) Beispiel wird die Berechnung von $\lim\limits_{x \to 0} \dfrac{\sinh(\sin x) - \sin(\sinh x)}{x^7}$ empfohlen; die Lösung ist implizit im Abschnitt über *Potenzreihen* zu finden. Auch liefert die Regel nicht immer etwas Sinnvolles wie z. B. im Fall von $\lim\limits_{x \to \infty} \dfrac{x}{\sqrt{1 + x^2}}$. Oder doch? Was genau liefert die Regel hier?

$$\left|\frac{f(x)}{g(x)}\right| \le |H(x)| + \epsilon < \epsilon \left|\frac{f(x)}{g(x)}\right| + 2\epsilon < \frac{1}{2}\left|\frac{f(x)}{g(x)}\right| + 2\epsilon \quad \text{und} \quad \left|\frac{f(x)}{g(x)}\right| < 4\epsilon. \quad ☕$$

Beispiel 4.6 Die Regeln von de l'Hospital sind in ganz verschiedenen Situationen anwendbar.

$Typ \dfrac{0}{0}.$ $\displaystyle\lim_{x\to 0} x \log x = \lim_{x\to 0} \frac{\log x}{1/x} = \lim_{x\to 0} \frac{1/x}{-1/x^2} = 0.$

$Typ \dfrac{\infty}{\infty}.$ $\displaystyle\lim_{x\to\infty} \frac{\log x}{x} = \lim_{x\to\infty} \frac{1/x}{1} = 0.$

$Typ\ 0^0.$ $\displaystyle\lim_{x\to 0} x^x = \lim_{x\to 0} e^{x \log x} = 1.$

$Typ\ 1^\infty.$ $\displaystyle\lim_{x\to 0} (\cos x)^{\cot x} = \lim_{x\to 0} e^{\cot x \, \log\cos x} = 1;$

         Begründung (neben der Stetigkeit der Exponentialfunktion und

         $\cos 0 = 1$) $\displaystyle\lim_{x\to 0} \cot x \, \log\cos x = \lim_{x\to 0} \frac{\log \cos x}{\sin x} = \lim_{x\to 0} \frac{-\sin x}{\cos^2 x} = 0.$

$Typ\ \infty^0.$ $\displaystyle\lim_{x\to\pi/2-} (\tan x)^{\cos x} = \lim_{x\to\pi/2-} \exp(\cos x \, \log\tan x) = 1$

         mit ähnlicher Begründung ($t = \cos x$): $\displaystyle\lim_{x\to\pi/2-} \cos x \, \log\tan x =$

         $\displaystyle\lim_{x\to\pi/2-} [\log\sin x - \log\cos x]\cos x = -\lim_{t\to 0+} t \log t = 0.$

Guillaume Francois Marquis de **l'Hospital** (1661–1704), französischer Mathematiker, er-lernte bei Johann Bernoulli die Methoden der Infinitesimalrechnung und schrieb das erste Lehrbuch darüber, das weite Verbreitung fand. Entgegen einem immer wieder kursierenden Gerücht bezahlte er zwar für den Unterricht, aber nicht für die ihm angeblich überlassenen und nach ihm benannten Regeln. De l'Hospital stand in regem Briefwechsel mit Leibniz und den Bernoullis.

4.12 Die Ableitung der Umkehrfunktion Stetige und injektive Funktionen f sind immer auch streng monoton, es gilt also im differenzierbaren Fall stets $f'(x) \ge 0$ oder stets $f'(x) \le 0$.

Satz 4.12 (Ableitung der Umkehrfunktion) *Ist f streng monoton in I und diffe-renzierbar in $x_0 \in I$ mit $f'(x_0) \ne 0$, dann ist die Umkehrfunktion f^{-1} von f dif-ferenzierbar in $y_0 = f(x_0)$ mit der Ableitung $(f^{-1})'(y_0) = 1/f'(x_0)$. Ist umgekehrt f in I differenzierbar und $f'(x) \ne 0$ in I, so existiert die Umkehrfunktion f^{-1} von f im Intervall $J = f(I)$ mit Ableitung*

$$(f^{-1})'(y) = 1/f'(x)\Big|_{x=f^{-1}(y)}.$$

Ist f' sogar stetig, so auch $(f^{-1})'$ an entsprechender Stelle.

Bemerkung 4.2 Die Leibnizsche Schreibweise $\dfrac{dx}{dy} = \dfrac{1}{\dfrac{dy}{dx}}$ trifft den Punkt.

Beweis ‖ Da $x \to x_0$ für $y = f(x) \to y_0 = f(x_0)$ (Stetigkeit von f^{-1}), hat

$$\frac{f^{-1}(y) - f^{-1}(y_0)}{y - y_0} = \frac{x - x_0}{f(x) - f(x_0)}$$

für $y \to y_0$ den Grenzwert $1/f'(x_0)$. Zum Beweis des zweiten Teils ist nur zu bemerken, dass nach Voraussetzung durchweg entweder $f'(x) > 0$ oder $f'(x) < 0$ ist, somit f entweder streng monoton wachsend oder fallend ist. Ohne Verwendung der Zwischenwerteigenschaft der Ableitung ist die stetige Differenzierbarkeit oder zumindest $f'(x) > 0$ bzw. $f'(x) < 0$ statt $f'(x) \neq 0$ in ganz I vorauszusetzen. &

4.13 Stetig differenzierbare Funktionen Eine Funktion $f : I \to \mathbb{R}$ wird *stetig differenzierbar* genannt, wenn ihre Ableitung f' in I (existiert und) *stetig* ist. Die Klasse der stetig differenzierbaren Funktionen $f : I \to \mathbb{R}$ wird mit $C^1(I)$ bezeichnet. Im Folgenden werden die Umkehrfunktionen ausgewählter elementarer Funktionen besprochen. Sie sind exemplarisch in Abb. 4.3 und 4.4 dargestellt. *Elementar* nennt man u. a. die Funktionen exp, sin, cos und die daraus abgeleiteten wie cosh, tan.[5]. Das Verständnis der elementaren Funktionen (und der später exemplarisch behandelten *speziellen Funktionen*) ist unerlässlich für das Mathematikstudium.

Satz 4.13 $\log : (0, \infty) \to \mathbb{R}$ *ist stetig differenzierbar und streng wachsend mit der Ableitung* $\dfrac{d}{dx} \log x = \dfrac{1}{e^y}\bigg|_{y=\log x} = \dfrac{1}{x}.$

Satz 4.14 $x^\alpha = e^{\alpha \log x}$ $(\alpha \neq 0,\ x > 0$, in Übereinstimmung mit der früheren Definition für $\alpha \in \mathbb{Q})$, *hat die stetige Ableitung* $\dfrac{d}{dx} x^\alpha = \alpha x^{\alpha - 1}$ (Kettenregel) *und die Umkehrfunktion* $y \mapsto y^{1/\alpha}$ $(y > 0)$.

Satz 4.15 $\arctan : \mathbb{R} \to (-\pi/2, \pi/2)$ *ist stetig differenzierbar und streng wachsend mit* $\dfrac{d}{dx} \arctan x = \dfrac{1}{1 + x^2}$. *Analog ist* $\operatorname{arccot} : \mathbb{R} \longrightarrow (0, \pi)$ *streng monoton fallend und stetig differenzierbar mit Ableitung* $\dfrac{-1}{1 + x^2}$. *Es gilt* $\arctan x + \operatorname{arccot} x = \pi/2$.

Beweis ‖ Es ist $\lim\limits_{x \to \pi/2\pm} \tan x = \pm\infty$ und $\dfrac{d}{dx} \tan x = 1 + \tan^2 x \geq 1$ in $(-\pi/2, \pi/2)$. Damit ist der Tangens streng wachsend in $(-\pi/2, \pi/2)$ mit Bild $\mathbb{R}$. Die Umkehrfunktion hat auf $\mathbb{R}$ die angegebenen Eigenschaften. Der zweite Fall wird genauso behandelt. &

Satz 4.16 $\arccos : [-1, 1] \to [0, \pi]$ *ist stetig und streng monoton fallend, und stetig differenzierbar in* $(-1, 1)$ *mit Ableitung* $\dfrac{d}{dx} \arccos x = \dfrac{-1}{\sqrt{1 - x^2}}.$

---

[5] Tatsächlich werden *alle aus einer,* der Exponentialfunktion abgeleitet – *eine für alle.*

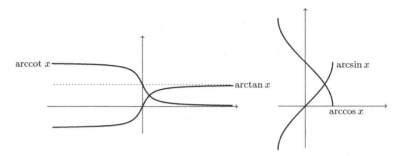

Abb. 4.3 Die Arcusfunktionen

Abb. 4.4 Die
Areafunktionen

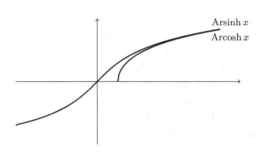

Beweis ‖ Es gilt $\dfrac{d}{dx}\cos x = -\sin x < 0$ in $(0, \pi)$, $\cos 0 = 1, \cos \pi = -1$

und $\dfrac{d}{dy}\arccos y = \dfrac{1}{-\sin x} = \dfrac{-1}{\sqrt{1 - \cos^2 x}}\Big|_{x=\arccos y} = \dfrac{-1}{\sqrt{1 - y^2}}$ im Intervall

$(-1, 1)$.   ☜

Satz 4.17 Arsinh $: \mathbb{R} \to \mathbb{R}$ *ist stetig differenzierbar und streng wachsend; expli-*
zit gilt Arsinh $x = \log(x + \sqrt{x^2 + 1})$ *und* $\dfrac{d}{dx}$Arsinh $x = \dfrac{1}{\sqrt{1 + x^2}}$. *Analog er-*
hält man Arcosh $: [1, \infty) \longrightarrow [0, \infty)$, Arcosh $x = \log(x + \sqrt{x^2 - 1})$ *mit Ablei-*
tung $\dfrac{1}{\sqrt{x^2 - 1}}$ *in* $(1, \infty)$.

Beweis ‖ Aus der Gleichung $\sinh x = \frac{1}{2}(e^x - e^{-x}) = y$ wird die quadratische Gleichung $u^2 - 2yu - 1 = 0$ für $u = e^x$. Es kommt nur $u = e^x > 0$, d.h. Arsinh $y = $
$\log(y + \sqrt{y^2 + 1})$ in Frage. Diese Funktion ist streng wachsend, ihre Ableitung zu
berechnen (dies wird empfohlen) macht keine Schwierigkeiten, nur Arbeit. Einfacher
geht es so: $\dfrac{d}{dy}$Arsinh $y = \dfrac{1}{\cosh x} = \dfrac{1}{\sqrt{1 + \sinh^2 x}}\Big|_{y=\sinh x} = \dfrac{1}{\sqrt{1 + y^2}}$.   ☜

4.4 Gliedweise Differentiation

Die vorläufig letzte Anwendung des Mittelwertsatzes berührt den immer wiederkehrenden Problemkreis, die Vertauschung von Grenzprozessen.

Beispiel 4.7 Die Funktionen $f_n(x) = |x|^{1+1/n}$ ($n \in \mathbb{N}$) sind insbesondere in $[-1, 1]$ stetig differenzierbar mit Ableitung $f_n'(x) = (1 + \frac{1}{n}) \operatorname{sign}(x) |x|^{1/n}$. Zugleich konvergiert die Folge f_n gleichmäßig gegen $f(x) = |x|$, die Grenzfunktion ist aber nicht differenzierbar in $x = 0$. Die gleichmäßige Konvergenz folgt aus der Abschätzung $|f_n(x) - f(x)| = |x| ||x|^{1/n} - 1| < \epsilon$ für alle n in $|x| < \epsilon$, und $|f_n(x) - f(x)| \le 1 - \epsilon^{1/n} < \epsilon$ für $\epsilon \le |x| \le 1$ und $n \ge n_0(\epsilon)$.

4.14 Die Ableitung der Grenzfunktion Um die Differenzierbarkeit der Grenzfunktion zu erhalten benötigt man, anders als bei der Stetigkeit, offenbar mehr als nur die gleichmäßige Konvergenz der Folge (f_n). Hier gilt in ausreichender Allgemeinheit der

Satz 4.18 (Differenzierbarkeit der Grenzfunktion) *Es seien* $f_n : I \to \mathbb{R}$ ($n \in \mathbb{N}$) *stetig differenzierbare Funktionen im beschränkten Intervall* I, *für ein* $x_0 \in I$ *sei die Folge* $(f_n(x_0))$ *konvergent und es gelte* $f_n' \to g$, *gleichmäßig im Intervall* I. *Dann konvergiert auch die Folge* (f_n) *gleichmäßig in* I *und die Grenzfunktion* f *ist differenzierbar mit Ableitung* $f' = g$. *Für Funktionenreihen* $\sum_{k=1}^{\infty} f_k(x)$ *gilt: Konvergenz in einem Punkt* $x_0 \in I$ *und gleichmäßige Konvergenz der formal differenzierten Reihe ergibt die gleichmäßige Konvergenz von* $\sum_{k=1}^{\infty} f_k(x)$ *sowie* $\frac{d}{dx} \sum_{k=1}^{\infty} f_k(x) = \sum_{k=1}^{\infty} f_k'(x)$.

Bemerkung 4.3 Die *Beschränktheit* von I wird nur gefordert, um auf die gleichmäßige Konvergenz von (f_n) in *ganz* I schließen zu können; ansonsten kann man auf beliebige beschränkte Teilintervalle von I ausweichen.

Beweis ‖ Für festgewähltes $x_1 \in I$ sei

$$g_n(x) = \frac{f_n(x) - f_n(x_1)}{x - x_1} \text{ in } I_{x_1} = I \setminus \{x_1\}.$$

Für $n > m$ ist nach dem Mittelwertsatz für $f_n - f_m$

$$g_n(x) - g_m(x) = \frac{(f_n(x) - f_m(x)) - (f_n(x_1) - f_m(x_1))}{x - x_1} = f_n'(\xi) - f_m'(\xi)$$

mit einem ξ zwischen x und x_1, das noch von m und n abhängt. Ist $\epsilon > 0$ gegeben, so gibt es nach Voraussetzung (sie besagt, dass (f_n') eine gleichmäßige Cauchyfolge ist) ein $n_0 \in \mathbb{N}$ mit $|g_n(x) - g_m(x)| < \epsilon$ für $n > m \ge n_0$ und alle $x \in I_{x_1}$. Insbesondere gilt für diese n, m und x

$$|(f_n(x) - f_n(x_1)) - (f_m(x) - f_m(x_1))| = |g_n(x) - g_m(x)||x - x_1|$$
$$< \epsilon |x - x_1| \le L\epsilon;$$

L ist die Länge von I. Speziell im Fall $x_1 = x_0$ mit $\lim\limits_{n\to\infty} f_n(x_0) = f(x_0)$ folgt, dass (f_n) eine gleichmäßige Cauchyfolge ist, also selbst gleichmäßig in I konvergiert. Die Grenzfunktion g der Folge (f_n') ist stetig, und es gilt nach dem Mittelwertsatz für $f_n(x) - f_n(x_1)$

$$\frac{f_n(x) - f_n(x_1)}{x - x_1} - g(x_1) = (f_n'(\xi_n) - g(\xi_n)) + (g(\xi_n) - g(x_1))$$

mit ξ_n zwischen x und x_1. Bei gegebenem $\epsilon > 0$ und $0 < |x - x_1| < \delta$, womit auch $0 < |\xi_n - x_1| < \delta$ gilt, wird $|g(\xi_n) - g(x_1)| < \epsilon$ (Stetigkeit von g). Der Grenzübergang $n \to \infty$ ergibt wegen der gleichmäßigen Konvergenz $f_n' \to g$ die Abschätzung

$$\left| \frac{f(x) - f(x_1)}{x - x_1} - g(x_1) \right| \leq \epsilon; \tag{4.4}$$

sie gilt für $0 < |x - x_1| < \delta$ und impliziert $f'(x_1) = g(x_1)$.   &

Bemerkung 4.4 Die Forderung der *stetigen* Differenzierbarkeit der f_n, somit der Stetigkeit von g ist überflüssig. Sind die Funktionen f_n nur differenzierbar, so konvergiert die Folge (f_n) immer noch gleichmäßig gegen f (mit demselben Beweis), anstelle (4.4) erhält man aber nur

$$\frac{f_m(x) - f_m(x_1)}{x - x_1} - \epsilon \leq \frac{f(x) - f(x_1)}{x - x_1} \leq \frac{f_m(x) - f_m(x_1)}{x - x_1} + \epsilon \quad (m \geq n_0).$$

Anstelle von $\lim\limits_{x\to x_1}$ kann man nur $\limsup\limits_{x\to x_1}$ und $\liminf\limits_{x\to x_1}$ bilden mit dem Ergebnis

$$-\epsilon + f_m'(x_1) \leq \liminf_{x\to x_1} \frac{f(x) - f(x_1)}{x - x_1} \leq \limsup_{x\to x_1} \frac{f(x) - f(x_1)}{x - x_1} \leq f_m'(x_1) + \epsilon$$

für $m \geq n_0$, also wegen $f_m'(x_1) \to g(x_1)$ dann

$$-\epsilon + g(x_1) \leq \liminf_{x\to x_1} \frac{f(x) - f(x_1)}{x - x_1} \leq \limsup_{x\to x_1} \frac{f(x) - f(x_1)}{x - x_1} \leq g(x_1) + \epsilon.$$

Da $\epsilon > 0$ beliebig war, impliziert dies ebenfalls $f'(x_1) = g(x_1)$.

4.15 Potenzreihen dürfen gliedweise differenziert werden:

Satz 4.19 *Potenzreihen* $f(x) = \sum\limits_{n=0}^{\infty} a_n(x - x_0)^n$ *mit Konvergenzradius* $r > 0$ *sind differenzierbar mit Ableitung*

$$f'(x) = \sum_{n=0}^{\infty} n a_n(x - x_0)^{n-1} = \sum_{n=0}^{\infty} (n + 1) a_{n+1}(x - x_0)^n;$$

die gliedweise differenzierte Reihe hat ebenfalls den Konvergenzradius r.

Beweis ‖ Wegen $\sqrt[n]{n+1} \to 1$ für $n \to \infty$ hat die differenzierte Reihe denselben Konvergenzradius $r > 0$, sie konvergiert daher gleichmäßig in jedem Intervall $I_\rho =$

$[x_0 - \rho, x_0 + \rho]$ mit $\rho < r$. Dort ist der vorige Satz anwendbar, er rechtfertigt die Differentiation unter dem Summenzeichen in I_ρ, also auch im Konvergenzintervall $(x_0 - r, x_0 + r) = \bigcup_{0 < \rho < r} I_\rho$.   ☕

Dies war wieder ein typisch *lokaler* Schluß. Da die erforderliche Voraussetzung der gleichmäßigen Konvergenz im Konvergenzintervall nicht nachweisbar ist (und i.A. auch nicht vorliegt), kann auch die (gliedweise) Differenzierbarkeit nicht auf einen Schlag bewiesen werden, es muss auf kompakte Teilintervalle ausgewichen werden. Dies bedeutete jedoch keine Beeinträchtigung, da eine *lokale* Eigenschaft, die gliedweise Differenzierbarkeit, zu beweisen war.

Aufgabe 4.2 Die durch nachstehende Potenzreihen dargestellten Funktionen

(i) $\sum\limits_{n=0}^{\infty} \dfrac{x^{2n+1}}{2n+1}$ (ii) $\sum\limits_{n=0}^{\infty} \dfrac{x^{2n}}{2n(2n-1)}$ (iii) $\sum\limits_{n=0}^{\infty} n x^n$ (iv) $\sum\limits_{n=0}^{\infty} n^2 x^n$

sind explizit mittels ihrer Ableitung oder der Ableitung einer verwandten Potenzreihe (welcher?) zu bestimmen.

Aufgabe 4.3 Man beweise die Identitäten $\arcsin x + \arccos x = \pi/2$ und

$\arcsin x = \arctan \dfrac{x}{\sqrt{1-x^2}} = 2 \arctan \dfrac{1 - \sqrt{1-x^2}}{x}$ ebenfalls durch Differentiation und Vergleich der Ableitungen beider Seiten.

4.5 Der Satz von Taylor

4.16 Höhere Ableitungen Ist die Ableitung f' einer Funktion $f : I \to \mathbb{R}$ ebenfalls differenzierbar, so setzt man $f'' = (f')'$, nennt f *zweimal* differenzierbar und f'' die zweite Ableitung von f. Induktiv werden die Ableitungen $f''' = (f'')'$, $f^{(4)} = (f''')'$, und allgemein $f^{(n+1)} = (f^{(n)})' = (f')^{(n)}$ definiert, sofern die Grenzwerte der entsprechenden Differenzenquotienten in I existieren; $f^{(n)}$ wird dann die *n-te Ableitung* von f genannt. Anstelle $f^{(n)}$ wird zuweilen auch $\dfrac{d^n f}{dx^n}$ geschrieben, aus Gründen der Einheitlichkeit ist $f^{(0)}$ als f, $f^{(1)}$ als f', $f^{(2)}$ als f'' etc. zu interpretieren. Existiert die *n*-te Ableitung $f^{(n)}$, so definitionsgemäß auch jede Ableitung $f^{(k)}$ mit $k < n$; es handelt sich dabei um stetige Funktionen.

4.17 Die Leibnizregel ist eine Verallgemeinerung der Produktregel, einen Beweis (mittels Induktion nach n) zu finden wird als Aufgabe gestellt. Ein Vergleich mit dem Beweis der binomischen Formel ist dabei nützlich.

Satz 4.20 *Für n-mal differenzierbare Funktionen f und g gilt*

$$(fg)^{(n)} = \sum_{k=0}^{n} \binom{n}{k} f^{(k)} g^{(n-k)}.$$

4.18 Das Taylorpolynom Ist $f^{(n)}$ sogar stetig in I, so heißt f *n-mal stetig differenzierbar*, man schreibt dafür $f \in C^n(I)$. Mit $C^\infty(I)$ wird die Klasse $\bigcap_{n \in \mathbb{N}} C^n(I)$
der auf I beliebig oft differenzierbaren Funktionen bezeichnet. Für $f \in C^n(I)$ und
$x_0 \in I$, heißt

$$T_n(x; x_0) = \sum_{k=0}^{n} \frac{f^{(k)}(x_0)}{k!} (x - x_0)^k$$

n-tes Taylorpolynom von f zum *Entwicklungsmittelpunkt* x_0. Jedes Polynom vom
Grad höchstens n stimmt mit seinem Taylorpolynom $T_n(x; x_0)$ überein, somit ist
$T_n(x; x_0)$ das einzige Polynom P mit Grad $P \leq n$ und $f^{(k)}(x_0) = P^{(k)}(x_0)$ für $0 \leq
k \leq n$.

Beispiel 4.8 Es ist $\dfrac{d^k \log x}{dx^k} = \dfrac{(-1)^{k-1}(k-1)!}{x^k}$ für $k \geq 1$; dies beweist man mittels Induktion
nach k. Somit ist $T_n(x; x_0) = \log x_0 + \displaystyle\sum_{k=1}^{n} \frac{(-1)^{k-1}}{k x_0^k} (x - x_0)^k$.

4.19 Das Lagrange-Restglied beschreibt den Fehler bei der Approximation von f
durch das Taylorpolynom T_n.

Satz 4.21 *Es sei $f : I \to \mathbb{R}$ $(n + 1)$-mal differenzierbar und x_0 in I. Dann gilt
$f(x) = T_n(x; x_0) + R_n(x; x_0)$ für $x \in I$ mit dem* Lagrange-Restglied

$$R_n(x; x_0) = \frac{f^{(n+1)}(\xi)}{(n + 1)!} (x - x_0)^{n+1};$$

ξ *ist ein Wert zwischen x_0 und x (der von x, x_0 und n abhängt).*

Beweis ‖ $g(x) = f(x) - T_n(x; x_0)$ erfüllt $g^{(k)}(x_0) = 0$ für $0 \leq k \leq n$. Der verallgemeinerte Mittelwertsatz ergibt $\dfrac{g(x)}{(x - x_0)^{n+1}} = \dfrac{g'(\xi_1)}{(n + 1)(\xi_1 - x_0)^n}$ für ein ξ_1
zwischen x_0 und x. Nun schließt ein Induktionsbeweis an: Durch
wiederholte Anwendung des verallgemeinerten Mittelwertsatzes ergeben sich
Stellen ξ_k zwischen x_0 und ξ_{k-1}, also insbesondere zwischen x_0 und x, mit
$\dfrac{g(x)}{(x - x_0)^{n+1}} = \dfrac{g^{(k)}(\xi_k)}{(n + 1) \cdots (n + 2 - k)(\xi_k - x_0)^{n+1-k}}$, und für $k = n + 1$ schließlich $\dfrac{g(x)}{(x - x_0)^{n+1}} = \dfrac{g^{(n+1)}(\xi_{n+1})}{(n + 1)!} = \dfrac{f^{(n+1)}(\xi_{n+1})}{(n + 1)!}$.   ☕

4.20 Die Taylorreihe von $f \in C^\infty(I)$ um den Mittelpunkt $x_0 \in I$ ist

$$\sum_{n=0}^{\infty} \frac{f^{(n)}(x_0)}{n!} (x - x_0)^n.$$

Eine Taylorreihe ist zugleich eine Potenzreihe und besitzt daher einen Konvergenz-radius r. Allgemein stellen sich zwei Fragen: Zum einen, ob die Taylorreihe von f immer einen positiven Konvergenzradius hat, und ob in diesem Fall die Funktion f immer durch ihre Taylorreihe dargestellt wird. Beide Fragen sind zu verneinen, aber zunächst wird ein positives Resultat vorgestellt.

Satz 4.22 *Durch Potenzreihen mit positivem oder unendlichem Konvergenzradius dargestellte Funktionen* $f(x) = \sum_{n=0}^{\infty} a_n(x - x_0)^n$ *gehören im Konvergenzintervall* I *zur Klasse* $C^\infty(I)$; *es ist* $a_n = f^{(n)}(x_0)/n!$ *und* $T_n(x; x_0)$ *ist gerade die n-te Partial-summe der Reihe.*

Beispiel 4.9 Das Standardbeispiel für die zweite Frage ist $f(x) = e^{-1/x^2}$ für $x \neq 0$ und $f(0) = 0$. Wie gleich gezeigt wird, gehört f zu $C^\infty(\mathbb{R})$, und es gilt $f^{(n)}(0) = 0$ für alle $n \in \mathbb{N}_0$. Die Taylorreihe von f ist $\equiv 0$, dagegen ist $f(x) > 0$ für $x \neq 0$. Für diese x gilt $f^{(n)}(x) = P_n(1/x) e^{-1/x^2}$ mit einem Polynom P_n vom Grad $3n$. Dies stimmt für $n = 0$ trivialerweise, und aus $f^{(n)}(x) = P_n(1/x) e^{-1/x^2}$ folgt

$$f^{(n+1)}(x) = \left(- P_n'(1/x)/x^2 + 2P_n(1/x)/x^3 \right) e^{-1/x^2} = P_{n+1}(1/x) e^{-1/x^2},$$

also $P_{n+1}(u) = 2u^3 P_n(u) - u^2 P_n'(u)$; der Grad erhöht sich bei jedem Schritt um drei. Wegen $x^{-2k} e^{-1/x^2} = t^k e^{-t} \to 0$ für $t = 1/x^2 \to \infty$ und jedes $k \in \mathbb{N}$ gilt wie behauptet $\lim_{x \to 0} f^{(n)}(x) = 0 = f^{(n)}(0)$. Die Taylorreihe konvergiert überall, stellt aber die Funktion f nur in $x = 0$ dar.

Beispiel 4.10 Für jede Folge (c_k) mit $0 \leq c_k \to \infty$ wird durch $\sum_{k=1}^{\infty} k^{-c_k} \cos(kx)$ eine Funktion $f \in C^\infty(\mathbb{R})$ dargestellt. Die formal m-mal differenzierte Reihe

$$\sum_{k=1}^{\infty} (-1)^{[(m+1)/2]} k^{m-c_k} \begin{cases} \sin(kx) \\ \cos(kx) \end{cases} \quad (m \text{ ungerade/gerade})$$

wird majorisiert durch $\sum_{k=1}^{\infty} k^{m-c_k}$. Es ist also $f \in C^\infty(\mathbb{R})$, $f^{(m)}(0) = 0$ für ungerades m und $f^{(m)}(0) = (-1)^{m/2} \sum_{k=1}^{\infty} k^{m-c_k}$ für gerades m. Für gerades m und jedes k ist dann $|f^{(m)}(0)|/m! > k^{m-c_k}/m^m$. Bei Wahl von $c_k = \sqrt{\log k}$ gibt es zu jedem m ein k mit $m - 2 < \sqrt{\log k} \leq m - 1$, denn es ist $\frac{d}{dx}\sqrt{\log x} = \frac{1}{2x\sqrt{\log x}} < 1$ für $x \geq 2$ und somit nimmt $[\sqrt{\log k}]$ jeden Wert in $\mathbb{N}$ an. Man erhält

$$\log \sqrt[m]{|f^{(m)}(0)|/m!} > [(m - c_k)(m - 2)^2 - m \log m]/m \geq (m - 2)^2/m - \log m \to \infty$$

für $m \to \infty$. Die Taylorreihe von f hat Konvergenzradius 0.

4.21 Der Satz von Taylor Für die Gültigkeit von

$$f(x) = \sum_{n=0}^{\infty} \frac{f^{(n)}(x_0)}{n!}(x - x_0)^n \tag{4.5}$$

ist offenbar notwendig und hinreichend, dass $R_n(x; x_0) \to 0$ für $n \to \infty$. Diese triviale Tatsache drückt gerade der Taylorsche Satz aus.

Satz 4.23 (von Taylor) *Für $f \in C^{\infty}(I)$ und $x_0 \in I$ gilt (4.5) genau dann, wenn*

$$R_n(x; x_0) = \frac{f^{(n+1)}(\xi)}{(n + 1)!}(x - x_0)^{n+1} \to 0 \quad (n \to \infty).$$

Jede Potenzreihe mit positivem Konvergenzradius ist ihre eigene Taylorreihe.

Die Taylorreihe ist nach dem englischen Mathematiker Brook **Taylor** (1685–1731) benannt. Im angelsächsischen Sprachraum wird sie auch als Taylor-McLaurinsche Reihe bezeichnet, nach Colin **MacLaurin** (1698–1746), schottischer Mathematiker, der Reihen mit Entwicklungsmittelpunkt $x_0 = 0$ betrachtete. Die Taylorschen Reihen der elementaren Funktionen und ihrer Umkehrfunktionen waren aber schon Newton, Johann Bernoulli, dem französischen Mathematiker Abraham **de Moivre** (1667–1754) und dem schottischen Mathematiker James **Gregory** (1638–1675) bekannt.

4.22 Wichtige Taylorreihen Die Untersuchung des Restgliedes ist die einzige *generelle* Möglichkeit, nachzuprüfen ob und wo eine C^{∞}-Funktion durch ihre Taylorreihe dargestellt wird. Nachfolgend werden einige Beispiele von allgemeinem Interesse diskutiert.

Satz 4.24 (Logarithmusreihe) *Es gilt* $\log(1 + x) = \sum_{k=1}^{\infty} \frac{(-1)^{k-1}}{k} x^k$ *in* $(-1, 1]$,

insbesondere $\sum_{k=1}^{\infty} (-1)^{k-1}/k = \log 2$, *und*

$$\log \frac{1 + x}{1 - x} = \sum_{k=0}^{\infty} \frac{x^{2k+1}}{2k + 1} \quad (-1 < x < 1).$$

Beweis ‖ Zur Untersuchung des Lagrange-Restglieds $\dfrac{(-1)^n}{(n + 1)(1 + \xi)^{n+1}}x^{n+1}$ sei

zunächst $0 < x \leq 1$. Für $0 < \xi < x$ ist $0 < \left(\dfrac{x}{1 + \xi}\right)^{n+1} < 1$, somit gilt $|R_n(x; 0)| \leq$

$\dfrac{1}{n + 1} \to 0$ für $n \to \infty$. Für $-1 < x < 0$ dagegen ist $x < \xi < 0$ und $|R_n(x; 0)| =$

$\dfrac{1}{n + 1}\left|\dfrac{x}{1 + \xi}\right|^{n+1} \leq \dfrac{1}{n + 1}\left|\dfrac{x}{1 - |x|}\right|^{n+1}$ das Beste, was zu erreichen ist. Die rechte

Seite strebt aber nur für $-1/2 \leq x \leq 0$ gegen 0, so dass obige Darstellung auf diese

Art und Weise nur in $[-1/2, 1]$ bewiesen werden kann. Es geht aber auch anders: In $-1 < x < 1$ ist

$$\frac{d}{dx}\left(\log(1+x) - \sum_{k=1}^{\infty} \frac{(-1)^{k-1}}{k} x^k \right) = \frac{1}{1+x} - \sum_{k=1}^{\infty}(-1)^{k-1}x^{k-1} = 0$$

(alternierende geometrische Reihe), also gilt deswegen (und weil es für $x = 0$ stimmt) die Reihendarstellung tatsächlich für $-1 < x \leq 1$. Die zweite Aussage folgt aus dem Grenzwertsatz von Abel, und die dritte mittels Subtraktion der Taylorreihen von $\log(1+x)$ und $\log(1-x)$. &

Satz 4.25 (binomische Reihe) *Es gilt* $(1+x)^{\alpha} = \sum_{k=0}^{\infty} \binom{\alpha}{k} x^k$ *in* $|x| < 1$, *in manchen Fällen, abhängig von* α, *auch noch für* $x = 1$ *oder* $x = -1$. *Zwei Sonderfälle, nämlich*

$$\sqrt{1+x} = \sum_{k=0}^{\infty} \frac{(-1)^{k+1}}{(2k-1)4^k}\binom{2k}{k}x^k = 1 + \frac{1}{2}x - \frac{1}{8}x^2 + \frac{1}{16}x^3 - \frac{5}{128}x^4 + \cdots$$

$$\frac{1}{\sqrt{1+x}} = \sum_{k=0}^{\infty} \frac{(-1)^k}{4^k}\binom{2k}{k}x^k = 1 - \frac{1}{2}x + \frac{3}{8}x^2 - \frac{5}{16}x^3 + \frac{35}{128}x^4 + \cdots$$

sowie die Identität $\sum_{k=0}^{n} \binom{\alpha}{k}\binom{\beta}{n-k} = \binom{\alpha+\beta}{n}$ *werden eigens erwähnt.*

Beweis ‖ Die Untersuchung von $R_n(x; 0) = \binom{\alpha}{n+1}(1+\xi)^{\alpha-n-1}x^{n+1}$ ist machbar, aber mühsam (die Durchführung wird trotzdem als Übungsaufgabe empfohlen), weswegen ein anderer Weg eingeschlagen wird. Bezeichnet f_α die durch die Binomialreihe in $(-1, 1)$ dargestellte Funktion, so gilt

$$(1+x)f_\alpha'(x) = \sum_{k=1}^{\infty} k\binom{\alpha}{k}x^{k-1} + \sum_{k=1}^{\infty} k\binom{\alpha}{k}x^k$$

$$= \sum_{k=0}^{\infty} \left[(k+1)\binom{\alpha}{k+1} + k\binom{\alpha}{k}\right]x^k = \alpha f_\alpha(x),$$

letzteres wegen $(k+1)\binom{\alpha}{k+1} + k\binom{\alpha}{k} = \alpha\binom{\alpha}{k}$. Anders gesagt, $u = f_\alpha(x)$ genügt der Differentialgleichung $(1+x)u'(x) - \alpha u = 0$ sowie $u(0) = 1$, was beides auch von $u = (1+x)^\alpha$ erfüllt wird. Da aber $f_\alpha(x)(1+x)^{-\alpha}\big|_{x=0} = 1$ und

$$\frac{d}{dx}\left(f_\alpha(x)(1+x)^{-\alpha}\right) = \left(f_\alpha'(x) - \alpha\frac{f_\alpha(x)}{1+x}\right)(1+x)^{-\alpha} = 0$$

ist, folgt $f_\alpha(x)\,(1+x)^{-\alpha} = 1$ und $f_\alpha(x) = (1+x)^\alpha$ in $(-1, 1)$. Die letzte Behauptung folgt, wenn $f_\alpha(x) f_\beta(x) = f_{\alpha+\beta}(x)$ als Cauchyprodukt geschrieben wird und Koeffizienten verglichen werden.   ☕

Satz 4.26 (Arcustangensreihe) *Es gilt* $\arctan x = \displaystyle\sum_{k=0}^{\infty} (-1)^k \frac{x^{2k+1}}{2k+1}$ *in* $(-1, 1]$,

speziell $\dfrac{\pi}{4} = \arctan 1 = \displaystyle\sum_{k=0}^{\infty} \frac{(-1)^k}{2k+1}$.

Beweis ‖ Die Bestimmung der Taylorkoeffizienten von $\arctan x$ ist ziemlich mühsam, dagegen ist

$$\frac{d}{dx} \arctan x = \frac{1}{1+x^2} = \sum_{k=0}^{\infty} (-1)^k x^{2k} = \frac{d}{dx} \sum_{k=0}^{\infty} (-1)^k \frac{x^{2k+1}}{2k+1}$$

bekannt, woraus zusammen mit $\arctan 0 = 0$ die Behauptung folgt; die Konvergenz in $x = 1$ ist gesichert nach dem Leibnizkriterium, und die Darstellung von $\pi/4$ folgt aus dem Abelschen Grenzwertsatz; sie war bereits Leibniz bekannt.   ☕

Satz 4.27 (Arcussinusreihe) *Es gilt* $\arcsin x = \displaystyle\sum_{k=0}^{\infty} \binom{2k}{k} \frac{x^{2k+1}}{(2k+1)4^k}$ *in* $[-1, 1]$,

und speziell $\displaystyle\sum_{k=1}^{\infty} \frac{\binom{2k}{k}}{(2k+1)4^k} = \arcsin 1 = \frac{\pi}{2}$.

Beweis ‖ Wie bei der Arcustangensreihe wird differenziert,

$$\frac{d}{dx} \arcsin x = \frac{1}{\sqrt{1-x^2}} = \sum_{k=0}^{\infty} \binom{2k}{k} \frac{x^{2k}}{4^k}$$

(immer wieder erscheint die binomische Reihe – Vorteil Newton), woraus mit $\arcsin 0 = 0$ die Behauptung für $-1 < x < 1$ folgt. Und ebenso wie dort erledigt man die zweite Behauptung mit dem Abelschen Grenzwertsatz, *sofern* die Reihe konvergiert. Dies folgt so: Für jedes n ist

$$\sum_{k=0}^{n} \frac{\binom{2k}{k}}{(2k+1)4^k} = \lim_{x \to 1} \sum_{k=0}^{n} \frac{\binom{2k}{k}}{(2k+1)4^k} x^{2k+1} \leq \lim_{x \to 1} \arcsin x = \pi/2. \qquad ☕$$

4.23 Die hypergeometrische Reihe Die Potenzreihe

$$F(a, b, c; x) = \sum_{n=0}^{\infty} \frac{(a)_n (b)_n}{n!(c)_n} x^n \quad (a, b, c \notin \{0, -1, -2, \cdots\}),$$

wobei $(a)_0 = 1$ und $(a)_n = a(a+1)\cdots(a+n-1)$ für $n \geq 1$ und $a \neq 0, -1, -2, \ldots$ gesetzt wird, heißt nach Gauß *hypergeometrische Reihe*. Nach dem Quotientenkriterium hat sie den Konvergenzradius

$$r = \lim_{n \to \infty} \left| \frac{(a)_n (b)_n (c)_{n+1} (n+1)!}{(a)_{n+1} (b)_{n+1} (c_n) n!} \right| = \lim_{n \to \infty} \left| \frac{(c+n)(n+1)}{(a+n)(b+n)} \right| = 1.$$

Viele elementare Funktionen können mit ihrer Hilfe dargestellt werden.

Aufgabe 4.4 Man zeige $x F(1, 1, 2; x) = \log(1 - x)$, $x F(\frac{1}{2}, \frac{1}{2}, \frac{3}{2}; x^2) = \arcsin x$ und $F(a, b, a; x) = (1 - x)^{-b}$.

Aufgabe 4.5 Man zeige, dass $y = F(a, b, c; x)$ die *hypergeometrische Differentialgleichung* $x(1-x)y'' + (c - (a+b+1)x)y' - aby = 0$ löst.

4.6 Kurvendiskussion

Die Bedeutung der Kurvendiskussionen liegt darin, anhand weniger Daten wie Lage der *Nullstellen, Extremwerte* und *Wendepunkte* zu einer *qualitativen Vorstellung* vom Verlauf einer (hinreichend oft differenzierbaren) Funktion zu gelangen[6].

4.24 Relative Extrema Die Funktion $f : I \to \mathbb{R}$ besitzt definitionsgemäß in $x_0 \in I^\circ$ ein *relatives Maximum* bzw. *Minimum* (zusammengefasst: *Extremum*), wenn $f(x) \leq f(x_0)$ bzw. $f(x) \geq f(x_0)$ für $|x - x_0| < \delta$ ist. Ein *striktes* relatives Maximum bzw. Minimum liegt vor, wenn sogar $f(x) < f(x_0)$ bzw. $f(x) > f(x_0)$ für $0 < |x - x_0| < \delta$ gilt. Die *notwendige* Bedingung $f'(x_0) = 0$ ist bereits im Beweis des Satzes von Rolle hergeleitet worden.

Satz 4.28 *Für das Vorliegen eines relativen Extremums in $x_0 \in I^\circ$ ist für eine differenzierbare Funktion f die Bedingung $f'(x_0) = 0$ notwendig. Ist zusätzlich $f \in C^2(I)$, so ist auch die Bedingung $f''(x_0) \leq 0$ bzw. $f''(x_0) \geq 0$ notwendig für das Vorliegen eines Maximums bzw. Minimums.*

Die zweite Aussage ist eine direkte Folge des nachstehenden Satzes. Die genannten Bedingungen sind aber keineswegs hinreichend, wie das Beispiel $f(x) = x^3$ in $x = 0$ zeigt. Hinreichende Bedingungen erhält man durch Verstärkung der schwachen Ungleichungen $f''(x_0) \leq 0$ bzw. $f''(x_0) \geq 0$.

---

[6] Und geht somit weit über den Zweck hinaus, die Abiturprüfung Mathematik für möglichst alle bestehbar zu machen.

Abb. 4.5 Relatives
Maximum und Minimum mit
Taylorpolynomen 2. Grades

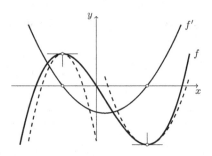

Satz 4.29 *Hinreichend für das Vorliegen eines* strikten *Maximums bzw.* Minimums
in $x_0 \in I°$ ist jede der nachstehenden Bedingungen:

(i) $f \in C^2(I)$, $f'(x_0) = 0$ *und* $f''(x_0) < 0$ *bzw.* $f''(x_0) > 0$.

(ii) $f \in C^1(I)$ *und* $(x - x_0)f'(x) < 0$ *bzw.* $(x - x_0)f'(x) > 0$ *in*
  $0 < |x - x_0| < \delta$ (Vorzeichenwechsel von f' in x_0).

Beweis ‖ Im zweiten Fall, etwa $(x - x_0)f'(x) > 0$ in $0 < |x - x_0| < \delta$, ist f streng
fallend in $(x_0 - \delta, x_0)$ wegen $f'(x) < 0$, dagegen streng wachsend in $(x_0, x_0 + \delta)$
wegen $f'(x) > 0$; somit liegt in x_0 ein striktes Minimum vor. Der erste Fall ergibt
sich aus dem zweiten, denn $f \in C^2(I)$ und $f''(x_0) > 0$ etwa impliziert $f''(x) > 0$
in $|x - x_0| < \delta$. Damit ist f' streng monoton wachsend, und wegen $f'(x_0) = 0$ ist
$f'(x) < 0$ in $(x_0 - \delta, x_0)$ und $f'(x) > 0$ in $(x_0, x_0 + \delta)$, also $(x - x_0)f'(x) > 0$ in
$0 < |x - x_0| < \delta$. Der Vorzeichenwechsel von f' wird erst sichtbar durch $f''(x_0) \neq$
0 und die Stetigkeit von f''.   ☕

Die erste Bedingung lässt sich verallgemeinern, wenn f hinreichend oft stetig differenzierbar ist.

Satz 4.30 *Ist $f \in C^n(I)$, $x_0 \in I°$, $f^{(j)}(x_0) = 0$ für $1 \leq j < n$, aber $f^{(n)}(x_0) \neq 0$,
so gilt für* ungerades *n: In x_0 liegt kein Extremum vor. Für* gerades *n dagegen gilt: Ist
$f^{(n)}(x_0) > 0$, so liegt ein lokales Minimum vor, und für $f^{(n)}(x_0) < 0$ ein Maximum.*

Beweis ‖ Die Taylorsche Formel lautet hier $f(x) - f(x_0) = \dfrac{f^{(n)}(\xi)}{n!}(x - x_0)^n$. Für
$|x - x_0| < \delta$, erst recht dann $|\xi - x_0| < \delta$, hat $f^{(n)}(\xi)$ dasselbe Vorzeichen wie
$f^{(n)}(x_0)$; ist n ungerade, so wechselt die rechte Seite mit $(x - x_0)^n$ das Vorzeichen
in x_0, es liegt kein Extremum vor. Ist aber $n = 2m$ gerade, so ist $f(x) - f(x_0)$ wie
$f^{(2m)}(x_0)(x - x_0)^{2m}$ für $x \neq x_0$ positiv im ersten Fall und negativ im zweiten. ☕

4.25 Konvexe Funktionen Eine stetige Funktion $f : I \to \mathbb{R}$ heißt **konvex,** wenn sie
in jedem kompakten Teilintervall $[a, b] \subset I$ unterhalb der Sekante durch $(a, f(a))$
und $(b, f(b))$ liegt, also

$$f(x) \le s(x) = f(a) + \frac{f(b) - f(a)}{b - a}(x - a) \quad \text{in } [a, b] \subset I$$

gilt. **Strikt konvex** bedeutet, dass $f(x) < s(x)$ in (a, b) gilt, wieder für jedes Teilintervall $[a, b]$ von I. Schließlich heißt f **(strikt) konkav,** wenn $-f$ (strikt) konvex ist. Beispielsweise ist $f(x) = x^2$ strikt konvex in $\mathbb{R}$, $f(x) = \sin x$ strikt konkav in $[0, \pi]$. In Abb. 4.5 wechselt f von konkav zu konvex.

Bemerkung 4.5 Die Stetigkeit in I° folgt bereits aus der Konvexitätsbedingung; dies wird nicht weiter verfolgt. Setzt man $x = \alpha a + \beta b$ mit $\alpha = \dfrac{b - x}{b - a}$ und $\beta = \dfrac{x - a}{b - a}$, so ist $\alpha > 0$, $\beta > 0$ und $\alpha + \beta = 1$; die Konvexitätsbedingung lautet dann $f(\alpha a + \beta b) \le \alpha f(a) + \beta f(b)$, und kann leicht verallgemeinert werden zu folgender

Aufgabe 4.6 Für die im Intervall I konvexe Funktion f ist zu zeigen:

$$f\left(\sum_{k=1}^{n} \alpha_k x_k\right) \le \sum_{k=1}^{n} \alpha_k f(x_k) \quad (\alpha_k > 0, \ \sum_{k=1}^{n} \alpha_k = 1, x_k \in I).$$

4.26 Ein Konvexitätskriterium Ist f konvex in I und differenzierbar, so folgt $f(x) \le s(x)$ in $[a, b]$, aber $f(a) = s(a)$ und $f(b) = s(b)$ die Bedingung $f'(a) \le s'(a) = s'(b) \le f'(b)$, also $f' \uparrow$. Für zweifach differenzierbares f ist dafür $f''(x) \ge 0$ notwendig und hinreichend.

Satz 4.31 *Eine differenzierbare Funktion f ist genau dann konvex wenn f' monoton wächst, bei zweimaliger Differenzierkeit also genau dann, wenn überall $f''(x) \ge 0$ ist. Für die strikte Konvexität sind entsprechend das strikte Wachstum von f' bzw. die Bedingung $f''(x) > 0$ hinreichend (aber nicht notwendig).*

Beweis ‖ Es ist nur die Hinlänglichkeit der genannten Bedingungen ($f' \uparrow$ bzw. $f'' \ge 0$) zu beweisen. Dazu sei $[a, b] \subset I$ beliebig und $g(x) = f(x) - s(x)$ in $[a, b]$. Dann ist $g(a) = g(b) = 0$ und $g'(x) = f'(x) - \dfrac{f(b) - f(a)}{b - a}$ monoton wachsend, und $g(x) \le 0$ in $[a, b]$ ist zu zeigen. Im anderen Fall hat g ein positives Maximum in $\xi \in (a, b)$, dort ist $g'(\xi) = 0$, somit $g'(x) \le 0$ in $[a, \xi)$ und $g'(x) \ge 0$ in $(\xi, b]$. Das bedeutet aber im Gegenteil, dass g in $[a, \xi)$ monoton fallend und in $(\xi, b]$ monoton wachsend ist, in ξ somit ein Minimum vorliegt; $g(\xi) \le g(a) = 0$ steht aber im Widerspruch zu $g(\xi) > 0$. Somit ist $g(x) \le 0$ in (a, b) und die Konvexitätsbedingung ist erfüllt. Nach diesem Beweis ist offensichtlich die strenge Monotonie von f' und somit die Bedingung $f''(x) > 0$ für die strikte Konvexität von f hinreichend. ∎

Beispiel 4.11 $f(x) = e^x$ ist strikt konvex wegen $f''(x) = e^x > 0$, es folgt

$$\exp\left(\sum_{k=1}^{n} \alpha_k x_k\right) < \sum_{k=1}^{n} \alpha_k \exp(x_k) \quad \left(x_k \in \mathbb{R}, \ \alpha_k > 0, \ \sum_{k=1}^{n} \alpha_k = 1\right).$$

Dagegen ist $g(x) = \log x$ strikt konkav wegen $g''(x) = -1/x^2 < 0$, und es gilt

$$\log\left(\sum_{k=1}^{n} \alpha_k x_k\right) > \sum_{k=1}^{n} \alpha_k \log x_k \quad \left(x_k > 0, \ \alpha_k > 0, \ \sum_{k=1}^{n} \alpha_k = 1\right).$$

Aufgabe 4.7 Es sei f in I streng monoton (wachsend oder fallend). Man zeige: Ist f [strikt] konvex, so ist $g = f^{-1}$ in $J = f(I)$ [strikt] konkav, und umgekehrt.

Aufgabe 4.8 Man zeige: $f : I \longrightarrow \mathbb{R}$ ist genau dann konvex, wenn der Differenzenquotient $\dfrac{f(x) - f(y)}{x - y}$ für $x \neq y$ bezüglich x (und damit auch bezüglich y) monoton wachsend ist, demnach in jedem Punkt eine links- und eine rechtsseitige Ableitung $f'_-(x) = \lim\limits_{y \to x-} \dfrac{f(x) - f(y)}{x - y}$ und $f'_+(x)$ existiert. Beide Funktionen $f'_\pm$ sind monoton wachsend und es gilt $f'_-(x) \leq f'_+(x)$.

Aufgabe 4.9 Man zeige: Ist f im Intervall I konvex und stetig differenzierbar, so gilt $f(x) \geq T_1(x; x_0)$ für alle $x, x_0 \in I$. Gilt auch die Umkehrung, d. h. ist diese Bedingung (für alle $x, x_0 \in I$) auch hinreichend für die Konvexität?

Aufgabe 4.10 Gegeben seien unendlich viele lineare Funktionen $\ell_n(x) = a_n + nx$ mit $a_n/n \to -\infty$ ($n \to \infty$). Man zeige, dass $f(x) = \sup\limits_{n \in \mathbb{N}_0} \ell_n(x)$ eine konvexe Funktion $\mathbb{R} \longrightarrow \mathbb{R}$ ist. (**Hinweis.** Man zeige zuerst $f(x) = \max\limits_{n \in \mathbb{N}_0} \ell_n(x)$.)

4.27 Wendepunkte Es sei $f \in \mathcal{C}^2(I)$. Wechselt f'' in $x_0 \in I^\circ$ das Vorzeichen, d. h. gilt für $0 < |x - x_0| < \delta$ durchweg $(x - x_0) f''(x) < 0$ bzw. $(x - x_0) f''(x) > 0$, so heißt x_0 **Wendepunkt** von f. In Wendepunkten wechselt f von konvex zu konkav oder umgekehrt: Für $(x - x_0) f''(x) < 0$ in $0 < |x - x_0| < \delta$ etwa ist f strikt konvex in $(x_0 - \delta, x_0)$ und strikt konkav in $(x_0, x_0 + \delta)$. Somit gilt:

Satz 4.32 *Hinreichend für das Vorliegen eines Wendepunktes in x_0 ist $f \in \mathcal{C}^3(I)$, $f''(x_0) = 0$ und $f'''(x_0) \neq 0$.*

Ist $f : (a, \infty) \longrightarrow \mathbb{R}$ stetig, so heißt die Gerade $\ell(x) = a_1 x + a_0$ *Asymptote* von f für $x \to \infty$, wenn $\lim\limits_{x \to \infty} (f(x) - \ell(x)) = 0$ gilt. Eine analoge Definition gilt für $f : (-\infty, b) \longrightarrow \mathbb{R}$ und $x \to -\infty$.

Aufgabe 4.11 Man bestimme jeweils die Asymptote für $x \to \infty$ und gegebenenfalls für $x \to -\infty$ der Funktionen

$$
\begin{array}{lll}
\text{(i)} \quad x - \arctan x & \text{(ii)} \quad \tanh x & \text{(iii)} \quad \dfrac{x^4 - 8e^{-x}}{(3x^2 - 1)^{3/2}} \\[3mm]
\text{(iv)} \quad 2x - \dfrac{\log x + e^x}{x + 1} & \text{(v)} \quad \dfrac{\sqrt{x^2 + 1}}{x} & \text{(vi)} \quad x \arctan x.
\end{array}
$$

Aufgabe 4.12 Es sei $f : \mathbb{R} \longrightarrow \mathbb{R}$ stetig mit Asymptoten $\ell_\pm$ für $x \to \pm\infty$. Man zeige, dass f auf $\mathbb{R}$ gleichmäßig stetig ist. (**Hinweis.** Lineare Funktionen sind auf $\mathbb{R}$ gleichmäßig stetig.)

4.28 Polynome mit reellen Nullstellen Nach dem Satz von Rolle liegt zwischen zwei Vorzeichenwechseln (Nullstellen) eines Polynoms

$$P(x) = (x - x_1) \cdots (x - x_n) \quad (x_1 < x_2 < \ldots < x_n) \tag{4.6}$$

mindestens (also genau) ein Vorzeichenwechsel von P', und zwischen zwei Vorzeichenwechseln von P' mindestens (also genau) ein Vorzeichenwechsel von P''. In aufeinanderfolgenden Intervallen ist dann P abwechselnd

- positiv und negativ, getrennt durch Nullstellen;
- monoton strikt wachsend und fallend, getrennt durch lokale Extrema;
- strikt konvex und konkav, getrennt durch Wendepunkte.

Aufgabe 4.13 Gelten diese Bemerkungen auch für die Funktionen $P(x)e^x$, $P(x)e^{-x^2}$, $P(x)/\cosh x$ oder $P(x)/(1+x^2)^m$ (P durch (4.6) gegeben)? Oder treten vielleicht noch weitere Extremalstellen oder Wendepunkte $< x_1$ und/oder $> x_n$ auf?

Aufgabe 4.14 Im konkreten Fall $f(x) = (x^2 - 2x - 3)e^x$ sind die maximalen Intervalle zu bestimmen, in denen f jeweils positiv/negativ, wachsend/fallend, konvex/konkav ist.

Aufgabe 4.15 Gesucht ist ein Polynom (4.6) mit $x_1 = -1$ und $x_n = 1$, so dass $P''(x_\nu) = 0$ ($2 \leq \nu \leq n-1$) gilt. Man zeige (∗) $(1-x^2)P''(x) + n(n-1)P(x) = 0$. (**Hinweis.** $Q(x) = (x^2-1)P''(x)/P(x)$ ist ein Polynom(!). Man berechne $\lim_{x \to \infty} Q(x)$.)

Aufgabe 4.16 (fortgesetzt) Man kann $P(x) = x^n + a_{n-2}x^{n-2} + \cdots + a_0$ eindeutig aus der Differentialgleichung (∗) bestimmen, indem man für die Koeffizienten a_ν eine Rekursion aufstellt und diese oben (mit a_{n-2}) beginnend auflöst. (Die Bedingung $a_{n-1} = 0$ ist notwendig!) Beispielsweise ist $P_3(x) = x^3 - x$, $P_4(x) = x^4 - \frac{6}{5}x^2 + \frac{1}{5}$.

Aufgabe 4.17 P sei durch (4.6) gegeben. Man zeige $\dfrac{P'(x)}{P(x)} = \sum_{\nu=1}^{n} \dfrac{1}{x - x_\nu}$, und dann mittels Differentiation $P(x)P''(x) \leq (P'(x))^2$ (Pólya).

Georg **Pólya** (1887–1985), ungar. Mathematiker, war einer der bedeutendsten Analytiker des 20. Jahrhunderts. Er arbeitete über Wahrscheinlichkeitsrechnung, Funktionentheorie, Zahlentheorie, Geometrie, Kombinatorik und Mathematische Physik. Daneben hat er bedeutende Beiträge zur Hochschuldidaktik geleistet. Die selbstgestellte Frage *What is good education?* hat er nicht nur mit *systematically giving opportunity to the student to discover things by himself* beantwortet, sondern das zugehörige Problem *Wie?* zusammen mit seinem Landsmann Gabor **Szegö** (1895–1985) meisterhaft gelöst in dem zweibändigen Werk *Aufgaben und Lehrsätze aus der Analysis.*

4.7 Die Technik des Integrierens

4.29 Stammfunktionen Jede differenzierbare Funktion $F : I \longrightarrow \mathbb{R}$ mit $F' = f$ wird *Stammfunktion* von $f : I \longrightarrow \mathbb{R}$ genannt. Statt Stammfunktion sagt man auch *unbestimmtes Integral* und schreibt $\int f(x)\,dx$. Aus dem Mittelwertsatz folgt:

Satz 4.33 *Je zwei Stammfunktionen F und F_1 von f unterscheiden sich nur um eine additive Konstante, $F_1 = F + const$. Ebenfalls modulo additive Konstante gilt* $\int(\alpha f(x) + \beta g(x))\,dx = \alpha \int f(x)\,dx + \beta \int g(x)\,dx.$

Statt vom Auffinden oder Bestimmen einer Stammfunktion spricht man auch von *Integration*. Auf die Unterschiede zum Integralbegriff, aber auch die Gemeinsamkeiten wird im Kapitel *Riemann- und Lebesgue-Integral* eingegangen. Während die Differentiation einer Funktion durch viele Methoden und Regeln erleichtert wird, ähnelt das Auffinden einer Stammfunktion einem Ratespiel. Zwei Methoden werden aus Differentiationsregeln abgeleitet, die partielle Integration aus der Produktregel und die Substitutionsregel aus der Kettenregel. Mit der noch zu besprechenden Integration rationaler Funktionen wird das Integrieren, wie zuvor schon das Differenzieren, zum *Kalkül*. Jede zweispaltige Tabelle, in der links Funktionen f und rechts ihre Ableitungen f' stehen wird zu einer *Integraltafel*, wenn man sie von rechts nach links liest. Die Rolle von Integraltafeln hat heutzutage Computeralgebra-Software wie z. B. maple oder mathematica übernommen.

4.30 Partielle Integration Aus der Produktregel $f'g = (fg)' - fg'$ folgt

Satz 4.34 *Besitzt fg' eine Stammfunktion, so auch $f'g$ und es gilt*

$$\int f'(x)g(x)\,dx = f(x)g(x) - \int f(x)g'(x)\,dx$$

bis auf eine additive Konstante.

Beispiel 4.12 $\int x \sin x\,dx = x(-\cos x) - \int (-\cos x)\,dx = -x \cos x + \sin x.$

4.31 Die Substitutionsregel wiederum beruht auf der Kettenregel

$$\frac{d}{dx}F(\phi(x)) = F'(\phi(x))\phi'(x).$$

Satz 4.35 *Ist $F : I \longrightarrow \mathbb{R}$ eine Stammfunktion von f und $\phi : J \longrightarrow I$ differenzierbar, dann hat $(f \circ \phi) \cdot \phi'$ die Stammfunktion $F \circ \phi$.*

Bemerkung 4.6 In vielen Fällen ist umgekehrt F aus einer Stammfunktion von $(f \circ \phi) \cdot \phi'$ zu bestimmen. Dazu wird eine differenzierbare Umkehrfunktion von ϕ benötigt, in der Regel wird $\phi \in \mathcal{C}^1$ und $\phi'(x) \neq 0$ vorausgesetzt. Man schreibt gern

$$\int f(y)\,dy = \left| \begin{array}{l} y = \phi(x) \\ dy = \phi'(x)\,dx \end{array} \right| = \int f(\phi(x))\phi'(x)\,dx$$

(Leibniz lässt grüßen); am Ende ist $x = \phi^{-1}(y)$ einzusetzen. Die Methode erfordert viel Erfahrung und Intuition, die man allein durch Übung erlangen kann.

Beispiel 4.13 Die *logarithmische Ableitung* f'/f hat die Stammfunktion $\log |f(x)|$, dies folgt aus
$\int \frac{f'(x)}{f(x)}\,dx = \int \frac{du}{u} = \log |u| \big|_{u=f(x)}.$

Beispiel 4.14 $\int x^3 e^{x^2}\,dx = \left| \begin{array}{l} t = x^2 \\ dt = 2x\,dx \end{array} \right| = \frac{1}{2} \int t e^t\,dt = \frac{1}{2}(t-1)e^t = \frac{1}{2}(x^2-1)e^{x^2}.$

4.32 Die Integration der Umkehrfunktion erhält man durch die Kombination der gerade vorgestellten Methoden. In einem Fall könnte dies aus der Schule bekannt sein: $\int \log y\,dy = \int 1 \cdot \log y\,dy = y \log y - \int y\frac{1}{y}\,dy = y \log y - y.$

Satz 4.36 *Es sei f differenzierbar mit Ableitung $\neq 0$ im Intervall I. Dann ist* $\int f^{-1}(y)\,dy = yf^{-1}(y) - \int f(x)\,dx\big|_{x=f^{-1}(y)}$ *in* $f(I)$.

Beweis ‖ Partielle Integration ergibt

$$\int 1 \cdot f^{-1}(y)\,dy = yf^{-1}(y) - \int y(f^{-1})'(y)\,dy,$$

und die Substitution $y = f(x), dy = f'(x)\,dx$, also $dx = (f^{-1})'(y)\,dy$ verwandelt das rechtsstehende Integral in $\int f(x)\,dx$. (Man beachte $(f^{-1})'(y)f'(x) = 1$ für $y = f(x)$. Einzig im vorhergehenden Spezialfall erübrigt sich diese Substitution.) ☕

Beispiel 4.15 $\int \arcsin y\,dy = \int 1 \cdot \arcsin y\,dy = y\arcsin y - \int \dfrac{y}{\sqrt{1-y^2}}\,dy$. Wie geht's weiter?

$\dfrac{y}{\sqrt{1-y^2}}$ ist die Ableitung von $-\sqrt{1-y^2}$, mit dem Ergebnis

$$\int \arcsin y\,dy = y\arcsin y + \sqrt{1-y^2}.$$

Aufgabe 4.18 Man bestimme Stammfunktionen von Arcosh x, arctan x and Artanh x.

4.33 Die Integration einer rationalen Funktion $R = P/Q$, wobei P und Q *teilerfremde reelle Polynome* sind, ist kalkülmäßig möglich. In einem vorbereitenden Schritt erreicht man durch Polynomdivision $R = P_0 + P_1/Q$, wobei Grad $P_1 <$ Grad Q ist. Es wird ab jetzt von Grad $P <$ Grad Q ausgegangen. Sodann sind die Nullstellen des Nennerpolynoms Q, genauer die Faktorisierung

$$Q(x) = \prod_{j=1}^{r}(x - \xi_j)^{m_j} \prod_{k=1}^{s}(x^2 + 2a_k x + b_k)^{n_k} \tag{4.7}$$

zu bestimmen $(m_1 + \cdots + m_r + 2(n_1 + \cdots + n_s) = \text{Grad } Q)$. Die Faktoren $x - \xi_j$ und $x^2 + a_k x + b_k$ $(b_k > a_k^2)$ sind paarweise teilerfremd; die quadratischen Faktoren sind irreduzibel über $\mathbb{R}$, sie können nicht in reelle Linearfaktoren zerlegt werden. Im nächsten Schritt ist die *Partialbruchzerlegung* von R zu bestimmen, d. h. die Darstellung

$$R(x) = \sum_{j=1}^{r}\sum_{p=1}^{m_j} \frac{A_{j,p}}{(x-\xi_j)^p} + \sum_{k=1}^{s}\sum_{q=1}^{n_k} \frac{B_{k,q}x + C_{k,q}}{(x^2 + 2a_k x + b_k)^q}. \tag{4.8}$$

Der Existenz- und Eindeutigkeitsbeweis für die Partialbruchzerlegung ist nicht ganz trivial. Die Integration von $\dfrac{A}{(x-\xi)^p}$ und $\dfrac{Bx + C}{(x^2 + 2ax + b)^q}$ lässt sich auf die Fälle $p = 1$ und $q = 1$, und das heißt letztlich auf

$$\int \frac{dx}{x} = \log x, \quad \int \frac{dx}{1+x^2} = \arctan x \quad \text{und} \quad \int \frac{2x}{1+x^2}\,dx = \log(1+x^2)$$

reduzieren. Abgesehen von dem aufwendigen Existenz- und Eindeutigkeitsbeweis für die Partialbruchzerlegung benötigt diese Methode die Kenntnis von (4.7) sowie die Formeln zur Reduktion der Fälle $p > 1$ und $q > 1$ auf jeweils $p = 1$ und $q = 1$. Dies vermeidet die weitgehend vergessene (zumindest in den Lehrbüchern nicht erwähnte) elegante.

4.34 Methode von Ostrogradski Sie führt direkt mittels rein algebraischer Rechnungen zu dem Fall, dass das Polynom Q in (4.7) nur lineare bzw. quadratische Faktoren enthält, ohne dass die Faktorisierung bekannt sein muss. Dazu sei Q_1 der größte gemeinsame Teiler von Q und Q' sowie $Q_2 = Q/Q_1$ (Polynomdivision); man erhält Q_1 durch Anwendung des euklidischen Algorithmus (fortgesetzte Polynomdivision mit Rest) auf die Polynome Q und Q'. Das Polynom Q_2 enthält dann nur die linearen und quadratischen Faktoren $x - \xi_j$ und $x^2 + 2a_k x + b_k$, deren Bestimmung einen wesentlich geringeren Aufwand erfordert. Wird weiterhin Grad $P <$ Grad Q angenommen, so gibt es eindeutig bestimmte Polynome P_1 und P_2 mit Grad $P_j <$ Grad Q_j und

$$\int \frac{P(x)}{Q(x)} \, dx = \frac{P_1(x)}{Q_1(x)} + \int \frac{P_2(x)}{Q_2(x)} \, dx;$$

man gewinnt sie bzw. ihre Koeffizienten durch Koeffizientenvergleich aus der Beziehung $P/Q = (P_1/Q_1)' + P_2/Q_2$, d. h. $PQ_1 = (P_1' Q_1 - P_1 Q_1')Q_2 + P_2 Q_1^2$ und anschließender Lösung des entstehenden linearen Gleichungssystems[7]. Die Partialbruchzerlegung von P_2/Q_2 und die nachfolgende Integration ist wesentlich einfacher zu erhalten als im Fall von P/Q.

Mychajlo Wassyljowytsch **Ostrohradskyj** (1801–1861, St. Petersburg), ukrain. Mathematiker (russ. Michail Wassiljewitsch **Ostrogradski**), fand den ersten Beweis des Integralsatzes von Gauß in $\mathbb{R}^3$. Hauptsächlich arbeitete er über Probleme der mathematischen Physik.

Beispiel 4.16 $P(x) = x^2 - 2$, $Q(x) = -x + x^2 + 2x^5 - 2x^6 - x^9 + x^{10}$: Man erhält $Q_1(x) = 1 - x - x^4 + x^5$ mit dem Euklidischen Algorithmus und $Q_2 = -x + x^5$ mittels Polynomdivision; Q_2 hat die reellen Nullstellen $0, 1, -1$ und die Faktorisierung $Q_2(x) = x(x-1)(x+1)(x^2+1)$. Der Ansatz $P_1(x) = a_0 + \cdots + a_4 x^4$ und $P_2(x) = b_0 + \cdots + b_4 x^4$ führt zu dem linearen Gleichungssystem

$$b_0 + 2 = a_0 + a_1 + b_0 - b_1 = a_0 + a_1 + 2a_2 + b_1 - b_2 + 1 = 0;$$
$$a_0 + a_1 + a_2 + 3a_3 + b_2 - b_3 = 5a_0 + a_1 + a_2 + a_3 + 4a_4 + b_0 + b_3 - b_4 = 0;$$
$$4a_1 + a_2 + a_3 + a_4 - b_0 + b_1 + b_4 = 3a_2 + a_3 + a_4 - b_1 + b_2 = 0;$$
$$2a_3 + a_4 - b_2 + b_3 = a_4 - b_3 + b_4 = b_4 = 0,$$

---

[7] Die eindeutige Lösbarkeit ergibt sich aus der Tatsache, dass mit $P(x) \equiv 0$ auch $P_1(x) \equiv P_2(x) \equiv 0$ gilt, d. h. dass das zugehörige homogene Gleichungssystem nur die triviale Lösung besitzt. Dieser Schritt ist natürlich nur durchzuführen wenn mehrfache Nullstellen auftreten; dies erkennt man an Grad $Q >$ Grad Q_1.

also $P_1(x) = \dfrac{-1}{32}(20 - x - 9x^2 - x^3 - 5x^4)$ und $P_2(x) = \dfrac{-1}{32}(64 + 45x + 12x^2 + 5x^3)$. Die Partialbruchzerlegung $R_2(x) = \dfrac{P_2(x)}{Q_2(x)} = \dfrac{A_0}{x} + \dfrac{A_1}{x-1} + \dfrac{A_{-1}}{x+1} + \dfrac{Bx+C}{x^2+1}$ erhält man so: $A_0 = \lim\limits_{x\to 0} x R_2(x) = -2$, $A_1 = \lim\limits_{x\to 1}(x-1)R_2(x) = 63/64$, $A_{-1} = \lim\limits_{x\to -1}(x+1)R_2(x) = 13/64$, $B = \lim\limits_{x\to\infty} x\dfrac{Bx+C}{x^2+1} = \lim\limits_{x\to\infty} x R_2(x) - A_0 - A_1 - A_{-1} = 13/32$ und schließlich $C = -5/8$ durch Einsetzen irgendeines Wertes $\neq 0, 1, -1$, insgesamt

$$R_2(x) = -\frac{2}{x} + \frac{63/64}{x-1} + \frac{13/64}{x+1} + \frac{13}{64}\frac{2x}{x^2+1} - \frac{5/8}{x^2+1} \quad \text{und}$$

$$\int R(x)\,dx = \frac{20 - x - 9x^2 - x^3 - 5x^4}{32(1 - x - x^4 + x^5)} - 2\log|x| + \frac{63}{64}\log|x-1|$$
$$+ \frac{13}{64}\log|x+1| + \frac{13}{64}\log(x^2+1) - \frac{5}{8}\arctan x.$$

4.8 Anhang: Newton, Leibniz und der Calculus

Die Voraussetzungen für die Entdeckung und Entwicklung der Differential- und Integralrechnung, zusammengefasst *Infinitesimalrechung,* waren im 17. Jahrhundert vorhanden. Der Entwicklung einer brauchbaren algebraischen Schreibweise durch Francois **Viète** (1540–1603) war die Begründung der *Analytischen Geometrie* durch Descartes und Pierre de **Fermat** (1601–1665) gefolgt. Die seit der Antike bekannte Definition der Tangente an einen Kreis war auch für die damals betrachteten Kurven brauchbar; man hatte wohl vorwiegend (stückweise) konvexe und konkave Funktionen vor Augen. Nach Annäherungen an das Thema durch Descartes, Fermat, **Gregory** (1638–1675) und Andere fand Isaac **Barrow** (1630–1677), der Lehrer Newtons, den Zusammenhang zwischen dem Tangenten- und dem Flächenproblem, den *Hauptsatz der Differential- und Integralrechnung* für monotone Funktionen mit konvexer Stammfunktion (wir benutzen die moderne Sprechweise, zu der Zeit gab es diese Begriffe noch nicht). Der Gedanke, dass die Lösung des Tangentenproblems auch das Flächenproblem lösen würde, lag wohl in der Luft. Was fehlte, war eine effektive Methode, ein Kalkül zur Bestimmung der Tangentensteigung. Genau diese fanden unabhängig voneinander Isaac Newton in den Jahren 1664 bis 1666, und Gottfried Wilhelm Leibniz zwischen 1672 und 1676. Newton verfasste 1671 den Text *De methodis serierum et fluxionum* über die Fluxionsrechnung, der aber erst 1736 und in englischer Übersetzung erscheinen konnte, während Leibniz seine Schrift *Nova methodus pro maximis et minimis, itemque tangentibus...* über den *Calculus* in zwei Teilen 1684/86 in *Acta Eruditorum,* der ersten wissenschaftlichen Zeitschrift in Deutschland veröffentlichte.

Newton betrachtete eine Kurve in der xy-Ebene als Ergebnis der Bewegung eines Punktes, und nannte die durch die Bewegung erzeugten Größen, etwa x und y, *Fluenten* und ihre Geschwindigkeiten $\dot{x}$ und $\dot{y}$ *Fluxionen,* in moderner Terminologie Funktionen und Ableitungen. Die Tangentensteigung ist dann $\dfrac{\dot{y}}{\dot{x}}$, und der Zusam-

Abb. 4.6 Das
charakteristische Dreieck

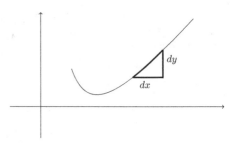

menhang zwischen Fluente y und Fluxion $\dot{y}$ wird bei gleichförmig fließendem x, d. h. $\dot{x} = 1$, beschrieben durch den Hauptsatz $y = \boxed{\dot{y}}$, wobei $\boxed{}$ bei Newton für *Fläche* steht, was dem Integral oder der Stammfunktion entspricht.

Das *charakteristische Dreieck*, ein *unendlich kleines rechtwinkliges Dreieck* bestehend aus einem *unendlich kleinen Stück* der Kurve und den Katheden dx und dy (vgl. Abb. 4.6) führte Leibniz zur Lösung des Tangentenproblems. Dabei dachte er sich dx und dy als *unendlich kleine* Zuwächse und nannte sie *Differentiale;* die Tangentensteigung ist dann gegeben durch den *Differentialquotienten* $\dfrac{dy}{dx}$. Den Differentialen bei Leibniz entsprachen die *Momente* $\dot{x}o$ und $\dot{y}o$ bei Newton, wobei hier o die unendlich kleine Größe ist. Bereits 1686 benutzte Leibniz neben dem Buchstaben d für Differential das Integralzeichen $\int$, ein stilisiertes S; der Hauptsatz lautet bei ihm $y = \int dy = \int \dfrac{dy}{dx}\,dx$ und $d \int z = z\,dx$.

Wenn auch Newton bewusst zu sein schien, dass (in heutiger Terminologie) ein Grenzübergang durchzuführen ist (er schrieb von ersten und letzten Verhältnissen), hat er sich darüber nicht klar ausgelassen. Leibniz ließ noch weniger in dieser Richtung erkennen, er fasste seinen *Calculus* als eine Methode zur Entdeckung und weniger zur Begründung auf. Während Newton die ihm ebenfalls bekannten Differentiationsregeln nur anhand von Beispielen erläuterte, gab Leibniz sie explizit an, z. B. die *Produktregel,* deren Herleitung bei Leibniz so aussieht:

$$d(uv) = (u + du)(v + dv) - uv = udv + vdu + dudv = udv + vdu$$

mit der Begründung, dass $dudv$ im Vergleich zu du und dv unendlich klein sei. Es konnten im Wesentlichen nur die durch algebraische Gleichungen explizit oder implizit definierten Kurven im Zusammenspiel mit der binomischen Formel untersucht werden. Dies wird deutlich an dem von Newton angegebenen Beispiel

$$x^3 + ax^2 + axy - y^3 = 0, \tag{4.9}$$

welches hier in der Leibnizschen Notation behandelt wird. In

$$(x + dx)^3 + a(x + dx)^2 + a(x + dx)(y + dy) - (y + dy)^3 = 0$$

werden nach dem Ausmultiplizieren alle höheren Terme wie $(dx)^2$, $dxdy$, etc. vernachlässigt/wegläßt, es entsteht nach Subtraktion von (4.9)

$$3x^2dx + 2axdx + axdy + aydx - 3y^2dy = 0,$$

eine Gleichung zwischen den Funktionen x und y und den Differentialen dx und dy, oder, wenn man so will, die *Differentialgleichung*

$$\frac{dy}{dx} = \frac{3x^2 + 2ax + ay}{3y^2 - ax}.$$

Es kann so in jedem Punkt der Kurve die Steigung berechnet werden. Weitere Beispiele waren die trigonometrischen und die nach und nach entdeckten speziellen Funktionen. Die *unendlich kleinen* Größen wurden erst im 19. Jahrhundert, beginnend mit Cauchy und endgültig mit Weierstraß durch eine präzise Definition des Grenzwertes $\lim\limits_{\Delta x \to 0} \dfrac{\Delta y}{\Delta x} = \lim\limits_{\Delta x \to 0} \dfrac{y(x + \Delta x) - y(x)}{\Delta x}$ der Differenzenquotienten und eines Integralbegriffs für stetige Funktionen überwunden.

Newton war sehr an Flächenberechnungen interessiert. Wenn die explizite Flächenberechnung nicht gelang, benutzte er Potenzreihenentwicklungen $y = \sum\limits_{k=0}^{\infty} a_k x^k$

um auf $\boxed{y} = \sum\limits_{k=0}^{\infty} \dfrac{a_k}{k+1} x^{k+1}$ zu schließen. Seine (geheimgehaltene) Kenntnis der binomischen Reihe ließ ihn beispielsweise die Logarithmusreihe finden, und seine Näherungsmethode zur Invertierung von Potenzreihen führte ihn zur Exponentialreihe.

Der im Anschluss an die Veröffentlichung des Leibnizschen Calculus entstandene hässliche und mit nationalistischen Untertönen geführte Prioritätenstreit wurde 1712 von einer Kommission der Royal Society[8] zugunsten Newtons entschieden, von den kontinentaleuropäischen Mathematikern aber wegen dessen überlegener Notation zugunsten von Leibniz. Die Folge war ein Aufblühen der Analysis und des Leibnizschen Kalküls auf dem Kontinent durch das Wirken so überragender Mathematiker wie Jakob und Johann Bernoulli, Euler, Lagrange u. v. a. m., und ein langer Stillstand in England. Leibniz soll das Anagram 6accdæ13eff7i3l9n4o4qrr4s8t12ux (aus einem Brief (1677) von Newton) und so das Geheimnis der Fluxionenrechnung entschlüsselt haben. Ein Spötter meinte dazu, dass die Entdeckung des Calculus wohl leichter gewesen sei als das Dechiffrieren des Anagrams. Es lautet im Klartext: *Data æquatione quotcunque fluentes quantitates involvente, fluxiones invenire; et vice versa*, und in freier Übersetzung: *Aus einer Gleichung zwischen beliebig vielen Fluenten sollen die Fluxionen gefunden werden, und umgekehrt.* Oder noch kürzer: *Es sind Differentialgleichungen aufzustellen und zu lösen.*

---

[8] Präsident der Society und wohl auch Verfasser des *unabhängigen* Kommissionsberichts war Newton selbst; Leibniz war Mitglied der Royal Society, durfte aber *in eigener Sache* nicht Stellung nehmen! Die zeitliche Priorität liegt sicherlich bei Newton (unveröffentlicht), der gegen Leibniz erhobene Plagiatsvorwurf entbehrt nach allgemeiner Ansicht aber jeder Grundlage.

Kapitel 5
Riemann- und Lebesgue-Integral

Die Integralrechnung ist entstanden aus dem *Flächenproblem*. Es geht dabei um die Frage, wie der Flächeninhalt eines *krummlinig begrenzten* Bereichs zu *definieren* und dann zu *berechnen* ist, wobei der erste Aspekt am Anfang der Entwicklung keine Rolle spielte, der Flächenbegriff erschien evident. Eine einfache und praktikable Antwort auf dieses Problem liefert das *Riemann-Integral*. Dessen Aufbau wird bis zum Hauptsatz der Differential- und Integralrechnung, uneigentlichen Integralen und einfachen Konvergenzsätzen geführt. Weitergehende Aspekte werden anschließend im Rahmen des bereits jetzt bereitgestellten (eindimensionalen) *Lebesgue-Integrals* behandelt, dessen Definition sich so weit wie möglich auf das Riemann-Integral stützt und gleichzeitig die mehrdimensionale Version im Kapitel *Das Lebesgue-Integral* vorbereitet. In einem Anhang wird kurz auf das Riemann-Stieltjes-Integral und Funktionen von endlicher Variation eingegangen.

5.1 Das Riemann-Integral

5.1 Darbouxsche Ober- und Untersummen Ausgehend vom Flächeninhalt von Rechtecken und, daraus abgeleitet, Dreiecken gelangt man durch *endliche* Prozesse zu den Flächeninhalten der aus Dreiecken zusammengesetzten, also der *gradlinig* begrenzten Bereiche – und nicht weiter. Zur Definition und Berechnung der Flächeninhalte *krummlinig* beranderter Bereiche ist ein Approximationsprozeß mit anschliessendem Grenzübergang erforderlich. Entgegen der Kapitelüberschrift wird zunächst eine der Riemannschen Herangehensweise gleichwertige beschrieben. Sie beruht auf der äußeren und inneren Approximation des (zu definierenden) Flächeninhalts durch Ober- und Untersummen. Die einfachsten krummlinig begrenzten Bereiche sind die zwischen x-Achse und den Graphen beschränkter Funktionen $f : [a, b] \longrightarrow [0, \infty)$ gelegenen Bereiche. Zur Definition (und Berechnung) des Flächeninhalts betrachtet man ***Zerlegungen*** $Z = \{x_0, x_1, \ldots, x_n\}$ des kompakten Intervalls $[a, b]$,

N. Steinmetz, *Analysis*, https://doi.org/10.1007/978-3-662-68086-5_5

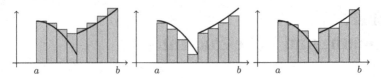

Abb. 5.1 Eine Darbouxsche Ober- und Untersumme $S(Z)$ und $s(Z)$ und eine Riemannsche Zwischensumme $\sigma(Z, \xi)$. Es gilt $s(Z) \leq \sigma(Z, \xi) \leq S(Z)$

wobei $a = x_0 < x_1 < \cdots < x_n = b$; $I_k = (x_{k-1}, x_k)$ bezeichnet das k-te **Teilintervall**, $|I_k| = x_k - x_{k-1}$ seine Länge und $\|Z\| = \max\limits_{1 \leq k \leq n} |I_k|$ die **Feinheit** dieser Zerlegung. Die Einschränkung $f(x) \geq 0$ in $[a, b]$ diente nur der Wahrung des Zusammenhangs mit dem Flächeninhalt. Tatsächlich ist diese Einschränkung nicht notwendig, sondern sogar hinderlich. Ab jetzt wird nur die Beschränktheit der Funktion f gefordert. Mit $M_k = \sup\{f(x) : x \in \overline{I_k}\}$ und $m_k = \inf\{f(x) : x \in \overline{I_k}\}$ werden die der Zerlegung Z (und der Funktion f) zugeordnete **Darbouxsche Unter- und Obersumme**

$$s(Z) = s_f(Z) = \sum_{k=1}^{n} m_k(x_k - x_{k-1}) \text{ und } S(Z) = S_f(Z) = \sum_{k=1}^{n} M_k(x_k - x_{k-1})$$

von f definiert. Ist $f(x) \geq 0$ in $[a, b]$, so sind $s(Z)$ und $S(Z)$ bei gegebener Zerlegung Z gerade die *größten* der Fläche zwischen dem Graphen von f und der x-Achse *einbeschriebenen* bzw. die *kleinsten umbeschriebenen* Rechtecksummen. Insbesondere ist $s(Z) \leq S(Z)$ (man vgl. Abb. 5.1).

Jean Gaston **Darboux** (1842–1917, Paris) arbeitete hauptsächlich über Differentialgeometrie, lieferte aber auch Beiträge zur Funktionentheorie und Algebra. Seine Definition des Riemann-Integrals findet sich in einer Arbeit über Differentialgleichungen aus dem Jahr 1870. Darboux war gewähltes Mitglied von über 100 Mathematischen Gesellschaften.

Satz 5.1 *Für Zerlegungen $Z \subset \tilde{Z}$ gilt $s(Z) \leq s(\tilde{Z})$ und $S(Z) \geq S(\tilde{Z})$. Hat $\tilde{Z}$ p zusätzliche Teilpunkte und ist $|f(x)| \leq M$ auf $[a, b]$, so gilt umgekehrt $s(\tilde{Z}) \leq s(Z) + 2pM\|\tilde{Z}\|$ und $S(\tilde{Z}) \geq S(Z) - 2pM\|\tilde{Z}\|$.*

Beweis $\|$ Es genügt, den Fall $\tilde{Z} = Z \cup \{\tilde{x}\}$ mit $\tilde{x} \in (x_{k-1}, x_k)$ zu untersuchen (zugleich Induktionsanfang und -schritt). Dazu seien m_k, m_k', m_k'' die größten unteren Schranken von f in den Intervallen $[x_{k-1}, x_k]$, $[x_{k-1}, \tilde{x}]$ und $[\tilde{x}, x_k]$. Dann gilt $-2M \leq m_k - m_k' \leq 0$, $-2M \leq m_k - m_k'' \leq 0$ sowie $m_k = \min\{m_k', m_k''\}$, und somit

$$s(Z) - s(\tilde{Z}) = (\tilde{x} - x_{k-1})(m_k - m_k') + (x_k - \tilde{x})(m_k - m_k'').$$

Die rechte Seite ist ≤ 0, woraus die erste Behauptung für die Untersummen folgt. Einer der rechtsstehenden Summanden verschwindet, so dass die zweite Behauptung für die Untersummen aus $\max\{x_k - \tilde{x}, \tilde{x} - x_{k-1}\} \leq \|\tilde{Z}\|$ folgt. Eine analoge Überlegung gilt für Obersummen.   ☙

5.2 Definition des Riemann-Integrals nach Darboux Für *beliebige* Zerlegungen Z_1 und Z_2 von $[a, b]$ gilt $s(Z_1) \leq s(Z_1 \cup Z_2) \leq S(Z_1 \cup Z_2) \leq S(Z_2)$, also auch

$$\sup_Z s(Z) \leq \inf_Z S(Z); \tag{5.1}$$

Supremum und Infimum sind über alle Zerlegungen von $[a, b]$ zu bilden. Wenn man, wie hier geschehen, zur Lösung des Flächenproblems von Rechtecksummen ausgeht, so ist für eine große Klasse von Funktionen offensichtlich die nachstehende Definition des Integrals die einzig mögliche: Die beschränkte Funktion $f : [a, b] \to \mathbb{R}$ heißt über $[a, b]$ ***Riemann-integrierbar***, kurz $f \in \mathcal{R}[a, b]$, wenn in (5.1) Gleichheit, $\sup_Z s(Z) = \inf_Z S(Z)$ gilt. Der gemeinsame Wert heißt ***Riemann-Integral*** von f über $[a, b]$ und wird

$$\int_a^b f(x)\, dx$$

geschrieben. Gleichwertig ist offensichtlich, dass es zu jedem $\epsilon > 0$ eine Zerlegung Z mit $S(Z) - s(Z) < \epsilon$ gibt. Ist f nicht integrierbar, so nennt man $\sup_Z s(Z)$ bzw. $\inf_Z S(Z)$ das *untere* bzw. *obere* Riemann-Integral. Die Wahl der Zerlegungen Z ist völlig willkürlich, aber nicht alle Zerlegungen sind für die explizite Berechnung gleichermaßen geeignet.

Beispiel 5.1 Für $f(x) = 1$ ist $s(Z) = S(Z) = \sum_{k=1}^{n}(x_k - x_{k-1}) = b - a$.

Beispiel 5.2 Für $f(x) = x$ ergibt die *äquidistante* Zerlegung Z_n ($x_k = a + k(b - a)/n$)

$$s(Z_n) = \sum_{k=1}^{n}\left[a + (k-1)\frac{(b-a)}{n}\right]\frac{(b-a)}{n} = a(b-a) + \frac{(b-a)^2}{n^2}\sum_{k=1}^{n}(k-1)$$

$$= a(b-a) + \frac{(b-a)^2}{n^2}\cdot\frac{1}{2}(n-1)n = \frac{1}{2}\left(b^2 - a^2 - \frac{(b-a)^2}{n}\right)$$

und analog $S(Z_n) = \frac{1}{2}\left(b^2 - a^2 + \frac{(b-a)^2}{n}\right)$, also $\int_a^b x\, dx = \frac{1}{2}(b^2 - a^2)$.

Beispiel 5.3 Für $f(x) = 1/x$ in $[a, b]$, $a > 0$, benutzt man zweckmäßigerweise eine *geometrische* Zerlegung. Für $n \in \mathbb{N}$ sei $q = q_n = \sqrt[n]{b/a}$ und $x_k = aq^k$. Aus

$$S(Z_n) = \sum_{k=1}^{n}a(q^k - q^{k-1})\frac{1}{aq^{k-1}} = n(q - 1) = \frac{(b/a)^{1/n} - 1}{1/n},$$

$q_n \to 1$ und $s(Z_n) = S(Z_n)/q_n$ folgt $\int_a^b \frac{dx}{x} = \lim_{n\to\infty}\frac{(b/a)^{1/n} - 1}{1/n} = \log b - \log a$.

Beispiel 5.4 Die *Dirichlet-Funktion* $f : [0, 1] \to \mathbb{R}$, $f(x) = 0$ in $\mathbb{Q} \cap [0, 1]$ und $f(x) = 1$ in $[0, 1] \setminus \mathbb{Q}$, ist *nicht* Riemann-integrierbar wegen $s(Z) = 0$ und $S(Z) = 1$ für *jede* Zerlegung.

Aufgabe 5.1 Die Integrale $\int_a^b x^2\, dx$ und $\int_1^2 x^{-2}\, dx$ sind mittels äquidistanter bzw. geometrischer Zerlegungen zu berechnen.

Aufgabe 5.2 Man zeige: Wird eine Riemann-integrierbare Funktion an endlich vielen Stellen abgeändert, so ändert dies nichts an der Integrierbarkeit und am Wert des Integrals.

Aufgabe 5.3 Man zeige, dass monotone Funktionen $f : [a, b] \longrightarrow \mathbb{R}$ integrierbar sind. (**Hinweis.** Äquidistante Zerlegungen.)

5.3 Stetige Funktionen Es wäre mühsam, in jedem Einzelfall die Integrierbarkeit mittels Ober- und Untersummen zu überprüfen. Die wichtigste Klasse integrierbarer Funktionen bilden die stetigen, sie sind wie die monotonen integrierbar.

Satz 5.2 *Stetige Funktionen* $f : [a, b] \to \mathbb{R}$ *sind Riemann-integrierbar.*

Beweis ‖ Stetige Funktionen auf $[a, b]$ sind auch gleichmäßig stetig, d. h. zu $\epsilon > 0$ gibt es ein $\delta > 0$, so dass $|f(x) - f(y)| < \epsilon$ für alle $x, y \in [a, b]$ mit $|x - y| < \delta$ gilt. Für jede Zerlegung mit $\|Z\| < \delta$ wird dann $M_k - m_k < \epsilon$ und $S(Z) - s(Z) < (b - a)\epsilon$. ☕

5.4 Die Klasse $\mathcal{R}[a, b]$ besteht aus den über $[a, b]$ Riemann-integrierbaren Funktionen. Wie nicht anders zu erwarten ist $\mathcal{R}[a, b]$ ein linearer Raum über $\mathbb{R}$, und die Abbildung $f \mapsto \int_a^b f(x)\, dx$ ist ein *positives lineares Funktional* $\mathcal{R}[a, b] \longrightarrow \mathbb{R}$. Genauer und darüber hinaus gilt der

Satz 5.3 *Mit* $f, g \in \mathcal{R}[a, b]$ *und* $\lambda \in \mathbb{R}$ *gehören auch die Funktionen* $f + g$, λf, fg, f^+, f^-, $\max\{f, g\}$, $\min\{f, g\}$ *und* $|f|$ *zu* $\mathcal{R}[a, b]$. *Es gilt*

$$\int_a^b (f(x) + g(x))\, dx = \int_a^b f(x)\, dx + \int_a^b g(x)\, dx,$$

$$\int_a^b \lambda f(x)\, dx = \lambda \int_a^b f(x)\, dx,$$

$$\int_a^b f(x)\, dx \geq 0 \quad \text{falls } f(x) \geq 0 \text{ in } [a, b], \text{ und}$$

$$\left| \int_a^b f(x)\, dx \right| \leq \int_a^b |f(x)|\, dx \quad \text{(Dreiecksungleichung).}$$

Beweis ‖ Es sei $Z = \{x_0, x_1, \ldots, x_n\}$ eine feste Zerlegung von $[a, b]$ und m_k, m_k', m_k'' bzw. M_k, M_k', M_k'' das Infimum bzw. Supremum von $f + g$, f, g im Intervall $[x_k, x_{k+1}]$; dann ist $m_k \geq m_k' + m_k''$ und $M_k \leq M_k' + M_k''$, also

$$s_{f+g}(Z) \geq s_f(Z) + s_g(Z) \quad \text{bzw.} \quad S_{f+g}(Z) \leq S_f(Z) + S_g(Z).$$

Diese Ungleichungen garantieren die Integrierbarkeit von $f + g$ wegen

$$S_{f+g}(Z) - s_{f+g} \leq (S_f(Z) - s_f(Z)) + (S_g(Z) - s_g(Z))$$

sowie die Additivität des Integrals. Ebenso ergibt sich $\lambda f \in \mathcal{R}[a, b]$ sowie die Homogenität des Integrals aus $S_{\lambda f}(Z) = \lambda S_f(Z)$ und $s_{\lambda f}(Z) = \lambda s_f(Z)$ für $\lambda > 0$ und $S_{\lambda f}(Z) = \lambda s_f(Z)$ und $s_{\lambda f}(Z) = \lambda S_f(Z)$ für $\lambda < 0$. Die Positivität ist offensichtlich, denn $f(x) \geq 0$ in $[a, b]$ impliziert $S(Z) \geq s(Z) \geq 0$ für jede Zerlegung. Somit gilt auch die Monotonie des Riemann-Integrals,

$$\int_a^b f(x)\, dx \leq \int_a^b g(x)\, dx \text{ falls } f(x) \leq g(x) \text{ in } [a, b]$$

und insbesondere die Dreiecksungleichung, die man mit mittels $\pm f(x) \leq |f(x)|$ aus der Monotonie gewinnt. Die Funktionen f^+, f^-, $|f|$ und f^2 können in der Form $\Phi \circ f$ mit einer Lipschitz-stetigen Funktion Φ geschrieben werden; $|\Phi(s) - \Phi(t)| \leq L|s - t|$ gilt für alle s, t mit $L = 1$ in den ersten drei Fällen ($\Phi(t) = t^+, t^-, |t|$) und mit $L = 2M$ im vierten für $|s|, |t| \leq M$, wenn $|f(x)| \leq M$ in $[a, b]$ angenommen wird. Es folgt

$$\sup_{x \in \overline{I}_k} \Phi(f(x)) - \inf_{x \in \overline{I}_k} \Phi(f(x)) \leq L(M_k - m_k),$$

$$S_{\Phi \circ f}(Z) - s_{\Phi \circ f}(Z) \leq L(S_f(Z) - s_f(Z))$$

und so die Integrierbarkeit von $\Phi \circ f$ sowie von $fg = \frac{1}{2}((f + g)^2 - f^2 - g^2)$. Endlich gilt $\max\{f, g\} = (f - g)^+ + g$ und $\min\{f, g\} = -\max\{-f, -g\}$. ☙

5.5 Ein Konvergenzsatz Die *punktweise* Konvergenz einer Folge (f_n) integrierbarer Funktionen garantiert nicht unbedingt die Integrierbarkeit der Grenzfunktion f. Dies zeigt das nachstehende

Beispiel 5.5 Die Funktionen f_n, definiert durch $f_n(k2^{-n}) = 0$ für $k = 0, 1, \dots, 2^n$ und $f_n(x) = 1$ sonst in $[0, 1]$ sind Riemann-integrierbar über $[0, 1]$ (warum?); die punktweise Grenzfunktion f (eine Verwandte der Dirichletfunktion) aber erfüllt $S_f(Z) - s_f(Z) = 1$ für jede Zerlegung Z, ist also nicht integrierbar.

Dagegen gilt bei gleichmäßiger Konvergenz ein weiterer Satz über die Vertauschbarkeit von Grenzprozessen:

Satz 5.4 *Sind die Funktionen f_n über $[a, b]$ Riemann-integrierbar und gilt $f_n \to f$, gleichmäßig auf $[a, b]$, so ist auch f Riemann-integrierbar und es gilt*

$$\lim_{n \to \infty} \int_a^b f_n(x)\, dx = \int_a^b f(x)\, dx = \int_a^b \lim_{n \to \infty} f_n(x)\, dx.$$

Beweis ‖ Zu $\epsilon > 0$ gibt es ein n_0 mit $|f(x) - f_n(x)| < \epsilon$ für $n \geq n_0$ und alle $x \in [a, b]$. Für eine beliebige Zerlegung Z hat dies

$$S_f(Z) - s_f(Z) < S_{f_n}(Z) - s_{f_n}(Z) + 2\epsilon(b - a) \quad (n \geq n_0)$$

zur Folge; bei festem n und Zerlegung Z mit $S_{f_n}(Z) - s_{f_n}(Z) < \epsilon$ ergibt dies $S_f(Z) - s_f(Z) < \epsilon(2(b - a) + 1)$, also die Integrierbarkeit von f sowie

$$\left| \int_a^b f(x)\, dx - \int_a^b f_n(x)\, dx \right| \leq \int_a^b |f(x) - f_n(x)|\, dx < \epsilon(b - a). \quad \text{☕}$$

5.2   Die Riemannsche Definition

In seiner Habilitationsschrift *Über die Darstellbarkeit einer Function durch eine trigonometrische Reihe* (1854, posthum veröffentlicht 1867) führt Riemann den jetzt nach ihm benannten Integralbegriff unter der Überschrift *Über den Begriff eines bestimmten Integrals und den Umfang seiner Gültigkeit* so ein:

> Also zuerst: Was hat man unter $\int_a^b f(x)\, dx$ zu verstehen? Um dies festzusetzen nehmen wir zwischen a und b der Größe nach aufeinanderfolgend, eine Reihe von Werthen $x_1, x_2, \ldots, x_{n-1}$ an und bezeichnen der Kürze wegen $x_1 - a$ durch δ_1, $x_2 - x_1$ durch δ_2,..., $b - x_{n-1}$ durch δ_n, und durch ϵ einen positiven ächten Bruch [eine Zahl in $(0, 1)$]. Es wird dann der Werth der Summe
>
> $$S = \delta_1 f(a + \epsilon_1 \delta_1) + \delta_2 f(x_1 + \epsilon_2 \delta_2) + \cdots + \delta_n f(x_{n-1} + \epsilon_n \delta_n)$$
>
> von der Wahl der Intervalle δ und der Größen ϵ abhängen. Hat sie nun die Eigenschaft, wie auch δ und ϵ gewählt werden mögen, sich einer festen Grenze A unendlich zu nähern, sobald sämmtliche δ unendlich klein werden, so heißt dieser Werth $\int_a^b f(x)\, dx$. Hat sie diese Eigenschaft nicht, so hat $\int_a^b f(x)\, dx$ keine Bedeutung.

5.6 Riemannsche Zwischensummen   Ist $Z = \{x_0, x_1, \ldots, x_n\}$ eine Zerlegung von $[a, b]$ und gilt $x_{k-1} \leq \xi_k \leq x_k$, so heißt $\xi = (\xi_1, \ldots, \xi_n)$ ein zu Z *passendes Zwischenpunktsystem* (es ist also $|I_k| = \delta_k$ und $\xi_k = x_{k-1} + \epsilon_k \delta_k$). Für eine beschränkte Funktion $f : [a, b] \to \mathbb{R}$ heißt

$$\sigma(Z, \xi) = \sum_{k=1}^n (x_k - x_{k-1})\, f(\xi_k)$$

Riemannsche Zwischensumme

Hilfssatz —*Es gilt* $s(Z) \leq \sigma(Z, \xi) \leq S(Z)$ *bei beliebiger Wahl der Zwischenpunkte sowie* $\inf_\xi \sigma(Z, \xi) = s(Z)$ *und* $\sup_\xi \sigma(Z, \xi) = S(Z)$; *Infimum und Supremum sind zu bilden über alle Zwischenpunktsysteme.*

Beweis ‖ Die erste Behauptung ist trivial. Zum Beweis der zweiten werden bei gegebenem $\epsilon > 0$ die Zwischenpunkte $\xi_k \in [x_{k-1}, x_k]$ so gewählt, dass $f(\xi_k) < m_k + \epsilon$ ist; es wird dann $s(Z) \leq \sigma(Z, \xi) < s(Z) + \epsilon(b - a)$. Der Nachweis der dritten Behauptung verläuft völlig analog.   ☕

5.7 Äquivalenz der Integralbegriffe Der Zusammenhang zwischen der (historisch späteren) Darbouxschen und der Riemannschen Definition ist folgender:

Satz 5.5 *Es sei $f : [a, b] \to \mathbb{R}$ eine beschränkte Funktion und (Z_n) irgendeine Folge von Zerlegungen mit $\|Z_n\| \to 0$. Dann sind die folgenden Aussagen äquivalent:*

(i) $f \in \mathcal{R}[a, b]$ (nach der Darboux-Definition).
(ii) $\lim\limits_{n \to \infty} s(Z_n) = \lim\limits_{n \to \infty} S(Z_n) \left[= \int_a^b f(x)\,dx \right].$
(iii) $\lim\limits_{n \to \infty} \sigma(Z_n, \xi^{(n)})$ *existiert* $\left[\text{und } = \int_a^b f(x)\,dx\right]$
  für jedes zu Z_n passendes Zwischenpunktsystem $(\xi^{(n)})$.

Beweis ‖ Die dritte Aussage folgt aus der zweiten und der Ungleichungskette $s(Z_n) \leq \sigma(Z_n, \xi^{(n)}) \leq S(Z_n)$; ebenso folgt die erste aus der zweiten: Ist $\epsilon > 0$ gegeben, so ist nur n so zu wählen, dass $S(Z_n) - s(Z_n) < \epsilon$ wird. Die zweite Aussage folgt aus der dritten so: Man wählt Zwischenpunktsysteme $\hat{\xi}^{(n)}$ und $\tilde{\xi}^{(n)}$ mit $\sigma(Z_n, \hat{\xi}^{(n)}) > S(Z_n) - 1/n$ und $\sigma(Z_n, \tilde{\xi}^{(n)}) < s(Z_n) + 1/n$. Nach Voraussetzung konvergiert dann die *Mischfolge*

$$(\sigma(Z_1, \hat{\xi}^{(1)}), \sigma(Z_1, \tilde{\xi}^{(1)}), \sigma(Z_2, \hat{\xi}^{(2)}), \sigma(Z_2, \tilde{\xi}^{(2)}), \ldots),$$

woraus $\lim\limits_{n \to \infty} s(Z_n) = \lim\limits_{n \to \infty} \sigma(Z_n, \tilde{\xi}^{(n)})) = \lim\limits_{n \to \infty} \sigma(Z_n, \hat{\xi}^{(n)})) = \lim\limits_{n \to \infty} S(Z_n)$ folgt. Schließlich wird zu $\epsilon > 0$ die Zerlegung Z_0 gemäß $S(Z_0) - s(Z_0) < \epsilon$ gewählt; wegen $Z_0 \subset Z_0 \cup Z_n$ gilt dann auch $S(Z_0 \cup Z_n) - s(Z_0 \cup Z_n) < \epsilon$. Andererseits ist nach Satz 5.1 $S(Z_n) \leq S(Z_0 \cup Z_n) + 2Mp\|Z_n\|$ ($|f(x)| \leq M$, Z_0 enthält p Punkte) und analog gilt $s(Z_n) \geq s(Z_0 \cup Z_n) - 2Mp\|Z_n\|$, also $S(Z_n) - s(Z_n) \leq \epsilon + 4Mp\|Z_n\| < 2\epsilon$ ($n \geq n_0$).   ☕

5.8 Das Kriterium von Riemann-Lebesgue Das Riemann-Integral ist im Wesentlichen auf stetige Funktionen zugeschnitten. Ist $f : [a, b] \longrightarrow \mathbb{R}$ beschränkt, so nennt man

$$\omega(x) = \lim\limits_{\delta \to 0} \sup\{f(x_1) - f(x_2) : x - \delta < x_1, x_2 < x + \delta\}$$

die *Schwankung* von f im Punkt x. Der Limes existiert, da sup{ } mit δ wächst und es gilt

$$\omega(x) = \limsup_{y \to x} f(y) - \liminf_{y \to x} f(y).$$

Es ist dann $U = \{x : \omega(x) > 0\} = \bigcup_{n \in \mathbb{N}} U_n$ mit $U_n = \{x : \omega(x) \geq 1/n\}$ die Menge der Unstetigkeitsstellen von f; für stetige bzw. monotone Funktionen ist U leer bzw. höchstens abzählbar, dagegen gilt $U = [a, b]$ für die Dirichletfunktion. In der oben erwähnten Habilitationsschrift fährt Riemann direkt nach der Definition des Integrals so fort:

> Damit die Summe S, wenn sämmtliche δ unendlich klein werden, convergirt [f also integrierbar ist], ist außer der Endlichkeit [Beschränktheit] der Funktion $f(x)$ noch erforderlich, dass die Gesammtgröße der Intervalle, in welchen die Schwankungen $> \sigma$ sind, was auch immer σ sei, durch geeignete Wahl von d [die Feinheit der Zerlegung] beliebig klein gemacht werden kann. Dieser Satz lässt sich auch umkehren [...]

In einen formalen Lehrsatz gezwängt, heißt das:

Satz 5.6 (Kriterium von Riemann-Lebesgue) *Es ist* $f \in \mathcal{R}[a, b]$ *genau dann, wenn für jedes* $n \in \mathbb{N}$ *und* $\epsilon > 0$ *die Menge* U_n *durch endlich viele offene Intervalle der Gesamtlänge höchstens* ϵ *überdeckt werden kann*[1].

Beweis ‖ Zuerst wird $f \in \mathcal{R}[a, b]$ angenommen. Zu $n \in \mathbb{N}$ und $\epsilon > 0$ wird eine Zerlegung Z mit $S(Z) - s(Z) < \epsilon/n$ gewählt; Z wird durch endlich viele offene Intervalle der Gesamtlänge höchstens ϵ/n überdeckt. Enthält das offene Zerlegungsintervall I_k ein x mit $\omega(x) \geq 1/n$, so ist $M_k - m_k \geq 1/n$ und der Beitrag von I_k zu $S(Z) - s(Z)$ mindestens $|I_k|/n$. Die Gesamtlänge dieser Intervalle ist also höchstens ϵ, d. h. U_n wird insgesamt durch endlich viele Intervalle der Gesamtlänge höchstens 2ϵ überdeckbar.

Bei gegebenem $\epsilon > 0$ sei nun umgekehrt U_n für ein $n > 1/\epsilon$ durch endlich viele offene Intervalle (α_ν, β_ν) der Gesamtlänge höchstens ϵ überdeckt. Man kann die Intervalle $[\alpha_\nu, \beta_\nu]$ disjunkt annehmen, so dass $K = [a, b] \setminus \bigcup_\nu (\alpha_\nu, \beta_\nu)$ aus endlich vielen abgeschlossenen Intervallen $[a_j, b_j]$ besteht (vgl. Abb. 5.2). In K gilt $\omega(x) \leq 1/n < \epsilon$, somit existiert zu jedem $x \in K$ ein offenes Intervall $K(x)$ mit $|f(y) - f(z)| < \epsilon$ für $y, z \in K(x)$. Nach dem Satz von Heine-Borel überdecken endlich viele Intervalle $K(x)$ die Menge K (die Intervalle $[a_j, b_j]$); demnach gibt es eine Zerlegung Z_j von $[a_j, b_j]$ mit $S(Z_j) - s(Z_j) \leq \epsilon(b_j - a_j)$. Für die Zerlegung $Z = \{a, b\} \cup \bigcup_j Z_j$ (man beachte $\alpha_\nu, \beta_\nu \in Z$)) gilt dann

---

[1] In der späteren Formulierung von Lebesgue lautet der Satz in Kurzform so: „$f \in \mathcal{R}[a, b] \Leftrightarrow U$ hat Lebesgue-Maß Null". Dies ergibt sich so: zu $\epsilon > 0$ werden endlich viele U_n überdeckende offene Intervalle der Gesamtlänge $< \epsilon 2^{-n}$ gewählt. Alle Intervalle zusammengenommen (endlich oder abzählbar viele) überdecken U und ihre Gesamtlänge ist $< \sum_{n=1}^{\infty} \epsilon 2^{-n} = \epsilon$; das ist aber gerade die Definition einer *Menge vom Maß Null*. Die Benennung *auch* nach Riemann ist also sicherlich berechtigt.

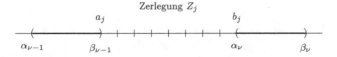

Abb. 5.2 Die Konstruktion von $Z = \{a, b\} \cup \bigcup_j Z_j$

$$S(Z) - s(Z) \leq M \sum_\nu (\beta_\nu - \alpha_\nu) + \epsilon \sum_j (b_j - a_j) \leq (M + b - a)\epsilon.$$

5.3 Der Hauptsatz der Differential- und Integralrechnung

Eine der bedeutendsten Erkenntnisse in der frühen Entwicklung der Analysis war der Zusammenhang zwischen dem Tangenten- und dem Flächenproblem. Er beruht auf der unmittelbar einsichtigen

5.9 Intervall-Additivität des Riemann-Integrals Ist $f : [a, b] \to \mathbb{R}$ Riemann-integrierbar, so auch über jedes Teilintervall $[c, d]$, denn eine beliebige Zerlegung Z von $[a, b]$ erzeugt eine Zerlegung $Z_{cd} = \{c, d\} \cup Z \cap [c, d]$ von $[c, d]$, und es ist offenbar $S(Z_{cd}) - s(Z_{cd}) \leq S(Z \cup \{c, d\}) - s(Z \cup \{c, d\}) \leq S(Z) - s(Z)$. Allgemein gilt der

Satz 5.7 *Das Riemann-Integral ist intervall-additiv, d. h. es gilt*

$$\int_a^b f(x)\, dx = \int_a^c f(x)\, dx + \int_c^b f(x)\, dx \quad (a < c < b) \tag{5.2}$$

wenn eine der beiden Seiten existiert, also f entweder über $[a, b]$ oder über $[a, c]$ und $[c, b]$ Riemann-integrierbar ist. Mit $\int_b^a f(x)\, dx = -\int_a^b f(x)\, dx$ gilt dann

$$\int_a^b f(x)\, dx + \int_b^c f(x)\, dx + \int_c^a f(x)\, dx = 0.$$

Beweis ‖ Es genügt, Zerlegungen Z von $[a, b]$ mit $c \in Z$ zu betrachten. Dann sind $Z' = Z \cap [a, c]$ und $Z'' = Z \cap [c, b]$ Zerlegungen von $[a, c]$ und $[c, b]$, und umgekehrt entsteht aus Z' und Z'' wieder $Z = Z' \cup Z''$ mit

$$S(Z) - s(Z) = (S(Z') - s(Z')) + (S(Z'') - s(Z'')). \tag{5.3}$$

Existiert die rechte Seite in (5.2), so gibt es zu $\epsilon > 0$ Zerlegungen Z' und Z'', so dass die rechte Seite in (5.3) und somit auch die linke $< \epsilon$ ist, und umgekehrt erzeugt eine passende Zerlegung Z die Zerlegungen Z' und Z'', so dass die linke Seite, erst recht die einzelnen Summanden auf der rechten Seite von (5.3) jeweils $< \epsilon$ sind. ☕

5.10 Stammfunktionen und Riemann-Integral Ist $f \in \mathcal{R}[a, b]$ und $c \in [a, b]$ beliebig, so wird auf $[a, b]$ eine neue Funktion F durch

$$F(x) = \int_c^x f(t)\, dt \qquad\qquad (5.4)$$

definiert. Auf jeden Fall ist F Lipschitz-stetig, es gilt $|F(x) - F(y)| \leq M|x - y|$, wenn $|f| \leq M$ vorausgesetzt wird. Darüber hinaus gilt folgende erste Hälfte des Hauptsatzes:

Satz 5.8 (1. Version des Hauptsatzes) *Ist $f \in \mathcal{R}[a, b]$ im Punkt $x \in [a, b]$ stetig, so ist F dort differenzierbar, und es gilt*

$$F'(x) = \frac{d}{dx} \int_c^x f(t)\, dt = f(x).$$

Bemerkung 5.1 Man sagt, $\int_c^x f(t)\, dt$ sei in den Stetigkeitspunkten von f nach der *oberen Grenze* differenzierbar mit Ableitung $f(x)$. Eine analoge Aussage gilt für die *untere Grenze* in $\int_x^c f(t)\, dt$. Wie lautet sie?

Beweis ‖ Wegen der Intervall-Additivität und $\int_x^{x+h} dt = h$ gilt

$$F(x + h) - F(x) - f(x)h = \int_x^{x+h} (f(t) - f(x))\, dt.$$

Zu $\epsilon > 0$ gibt es wegen der Stetigkeit von f in x ein $\delta > 0$ mit $|f(t) - f(x)| < \epsilon$ für $|t - x| < \delta$. Für $0 < |h| < \delta$ folgt so

$$|F(x + h) - F(x) - f(x)h| < \epsilon|h| \quad \text{und} \quad F'(x) = f(x). \qquad \text{☕}$$

Eine auf dem jetzt beliebigen Intervall I stetige reellwertige Funktion besitzt in I eine Stammfunktion F, beispielsweise die Funktion (5.4) ($c \in I$ fest). Umgekehrt folgt aus der Existenz einer Stammfunktion F die zweite Hälfte des Hauptsatzes:

Satz 5.9 (**2. Version des Hauptsatzes**) *Für $f \in \mathcal{R}[a, b]$ mit Stammfunktion F gilt*[2]

$$\int_a^b f(x)\, dx = F(b) - F(a) = F(x)\Big|_a^b .$$

Beweis ‖ Zu gegebener Zerlegung $Z = \{x_0, x_1, \ldots, x_n\}$ gibt es nach dem Mittelwertsatz der Differentialrechnung $\xi_\nu \in (x_{\nu-1}, x_\nu)$ mit

$$F(b) - F(a) = \sum_{\nu=1}^n (F(x_\nu) - F(x_{\nu-1})) = \sum_{\nu=1}^n F'(\xi_\nu)(x_\nu - x_{\nu-1})$$
$$= \sum_{\nu=1}^n f(\xi_\nu)(x_\nu - x_{\nu-1}) = \sigma(Z, \xi) \quad (\xi = (\xi_1, \ldots, \xi_n)).$$

Aus der vorausgesetzten Integrierbarkeit von f ergibt sich die Behauptung nach der Riemannschen Definition. ☕

Aufgabe 5.4 Die nachstehenden Grenzwerte sind als Grenzwerte von Darboux- oder Riemannsummen geeigneter Funktionen zu interpretieren und auf diese Weise zu berechnen:

(i) $\displaystyle\lim_{n \to \infty} \sum_{k=1}^n k^p n^{-p-1}$ $(p > 0)$ (ii) $\displaystyle\lim_{n \to \infty} \sum_{k=1}^n \sqrt{\frac{n+k}{n^3}}$ (iii) $\displaystyle\lim_{n \to \infty} \sum_{k=1}^n \frac{1}{n+k}$

(iv) $\displaystyle\lim_{n \to \infty} \sum_{k=1}^n \frac{\pi}{n} \sin(k\pi/n)$ (v) $\displaystyle\lim_{n \to \infty} \sum_{k=1}^n \frac{n+k}{n^2+k^2}$.

5.11 Die Länge eines Graphen Dem Graphen $\mathfrak{G}(f)$ von $f : [a, b] \longrightarrow \mathbb{R}$ wird ein Streckenzug, bestehend aus den Strecken von $(x_{\nu-1}, f(x_{\nu-1}))$ nach $(x_\nu, f(x_\nu))$ der Gesamtlänge

$$L_Z = \sum_{\nu=1}^n \sqrt{(x_\nu - x_{\nu-1})^2 + (f(x_\nu) - f(x_{\nu-1}))^2}$$

---

[2] Im Schulunterricht ist es sowohl legitim als auch angemessen, von der *Flächenfunktion* $F(x)$ (dem Flächeninhalt des zwischen der x-Achse und dem Graphen einer stetigen Funktion $f : [a, b] \longrightarrow [0, \infty)$ gelegenen Bereichs) zu sprechen, die vollkommen plausible Intervall-Additivität in der Form

$$m\Delta x \le F(x + \Delta x) - F(x) \le M\Delta x$$

zu benutzen, wobei m bzw. M das Minimum bzw. Maximum von f auf $[x, x + \Delta x]$ ist, wegen $m \to f(x)$ und $M \to f(x)$ für $\Delta x \to 0$ auf den Hauptsatz $f(x) = \displaystyle\lim_{\Delta x \to 0} \frac{F(x + \Delta x) - F(x)}{\Delta x} = F'(x)$ zu schließen, sogleich den Begriff der Stammfunktion einzuführen (aber nicht auch noch den Begriff 'Integralfunktion' und den Nonsense-Begriff ‚Aufleiten') und $\int_a^b f(x)\, dx = F(b) - F(a)$ zu schreiben. Danach können leicht stetige und auch stückweise stetige Funktionen beliebigen Vorzeichens integriert werden.

einbeschrieben. Da sich L_Z bei Verfeinerung von $Z : x_0 < x_1 < \cdots < x_n$ nicht verkleinert, ist offensichtlich $L(\mathfrak{G}(f)) = \sup_Z L_Z$ die einzige Möglichkeit, die Länge von $\mathfrak{G}(f)$ zu *definieren*. Für differenzierbares f gilt $f(x_\nu) - f(x_{\nu-1}) = f'(\xi_\nu)(x_\nu - x_{\nu-1})$, somit ist $L_Z = \sum_{\nu=1}^{n} \sqrt{1 + f'(\xi_\nu)^2}(x_\nu - x_{\nu-1})$ nichts anderes als eine Riemannsche Zwischensumme und so

$$L(\mathfrak{G}(f)) = \int_a^b \sqrt{1 + f'(x)^2}\,dx$$

die Länge von $\mathfrak{G}(f)$, sofern das Integral existiert, also z. B. für $f \in C^1[a, b]$ oder auch nur $f' \in \mathcal{R}[a, b]$ (dies, weil $\sqrt{1 + u^2}$ 1-lipschitzstetig ist).

Beispiel 5.6 Der Graph von $f(x) = \sqrt{1 - x^2}$ für $0 \le x \le c < 1$ hat die Länge

$$\int_0^c \frac{dx}{\sqrt{1 - x^2}} = \int_0^{\arcsin c} dt = \arcsin c$$

(Substitution $x = \sin t$ nach der Substutionsregel für Stammfunktionen). Dies gilt noch für $c = 1$ (als Grenzwert), so dass der Viertelkreis vom Radius 1 (wie es sein soll) die Länge $\pi/2$ hat.

Aufgabe 5.5 Man berechne die Grenzwerte von $\dfrac{1}{x^4} \displaystyle\int_{x^2}^{2x^2} \sqrt{1 + t^2}\,dt$ und $\dfrac{\int_0^x e^{t^2}\,dt}{e^{x^2}/x}$ für $x \to \infty$ mit der Regel von de l'Hospital.

Aufgabe 5.6 Die Deutung des Integrals als Flächeninhalt führt zu einem einfachen geometrischen Beweis von

$$\int_{f(a)}^{f(b)} f^{-1}(y)\,dy = y f^{-1}(y)\Big|_{f(a)}^{f(b)} - \int_a^b f(x)\,dx$$

für stetige und streng monoton wachsende Funktionen $f : [a, b] \longrightarrow [f(a), f(b)]$. (**Hinweis.** Der Graph von f zerlegt das Rechteck $[a, b] \times [f(a), f(b)]$.)

5.12 Partielle Integration Aus der *Produktregel* $(f\,g)' = f'\,g + f\,g'$ und dem Hauptsatz folgt

$$\int_a^b f'(x)\,g(x)\,dx = f(x)\,g(x)\Big|_a^b - \int_a^b f(x)\,g'(x)\,dx \tag{5.5}$$

sicher dann, wenn f und g stetig differenzierbar sind, und darüberhinaus:

Satz 5.10 *Die Regel (5.5) für die **partielle Integration** gilt für differenzierbare Funktionen f und g mit Riemann-integrierbaren Ableitungen.*

Beweis ‖ Wie beim Beweis des Hauptsatzes gilt für $Z = \{x_0, x_1, \ldots, x_n\}$

$$f(b)g(b) - f(a)g(a) = \sum_{\nu=1}^{n}(f(x_\nu)g(x_\nu) - f(x_{\nu-1})g(x_{\nu-1}))$$

$$= \sum_{\nu=1}^{n}(fg)'(\xi_\nu)(x_\nu - x_{\nu-1}),$$

und die rechte Seite strebt gegen $\int_a^b [f'(x)\,g(x)\,dx + f(x)\,g'(x)]\,dx$, wenn $Z = Z_n$ eine Folge mit $\|Z_n\| \to 0$ durchläuft. ☕

5.13 Die Transformationsformel Wie die partielle Integration hat auch die Substitutionsregel (siehe das Kapitel über *Eindimensionale Differentialrechnung*) zur Berechnung einer Stammfunktion unter dem Namen *Transformationsformel* ein Gegenstück hier:

Satz 5.11 (Transformationsformel) *Es sei f über $I = [a, b]$ Riemann-integrierbar und $\Phi : J = [A, B] \to I$ ein Diffeomorphismus, d. h. eine bijektive und stetig differenzierbare Abbildung mit $\Phi'(x) \neq 0$. Dann ist die Funktion $(f \circ \Phi) \cdot \Phi'$ über J Riemann-integrierbar und es gilt*

$$\int_a^b f(y)\,dy = \int_A^B f(\Phi(x))|\Phi'(x)|\,dx. \tag{5.6}$$

Beweis ‖ Man kann $\Phi'(x) > 0$, also $0 < \alpha \leq \Phi'(x) \leq \beta$ in J annehmen. Zu $\epsilon > 0$ gibt es ein $\delta > 0$ mit $|\Phi'(x) - \Phi'(\tilde{x})| < \epsilon$ für $|x - \tilde{x}| < \delta$ (gleichmäßige Stetigkeit von Φ'). Eine Zerlegung $Z_J = \{x_0, x_1, \ldots, x_n\}$ von J mit Zwischenpunktsystem $\xi = (\xi_\nu)$ erzeugt eine Zerlegung $Z_I = \{y_0, y_1, \ldots, y_n\}$ ($y_\nu = \Phi(x_\nu)$) von I der Feinheit $\|Z_I\| \leq \beta\|Z_J\|$ mit Zwischenpunktsystem η, $\eta_\nu = \Phi(\xi_\nu)$. Es ist dann $y_\nu - y_{\nu-1} = \Phi'(\tilde{\xi}_\nu)(x_\nu - x_{\nu-1})$ mit geeigneten $\tilde{\xi}_\nu \in (x_{\nu-1}, x_\nu)$ und

$$\sigma_f(Z_I, \eta) = \sum_{\nu=1}^{n} f(\eta_\nu)(y_\nu - y_{\nu-1}) = \sum_{\nu=1}^{n} f(\Phi(\xi_\nu))\Phi'(\tilde{\xi}_\nu)(x_\nu - x_{\nu-1})$$

$$= \sigma_{\Phi \circ f}(Z_J, \xi) + \sum_{\nu=1}^{n} f(\Phi(\xi_\nu))(\Phi'(\tilde{\xi}_\nu) - \Phi'(\xi_\nu))(x_\nu - x_{\nu-1}).$$

Die letzte Summe kann aber wegen $|f(y)| \leq M$ sowie $|\tilde{\xi}_\nu - \xi_\nu| \leq \|Z_I\| < \delta$ für $\|Z_J\| < \delta/\beta$ dem Betrag nach durch $M\epsilon(b - a)$ abgeschätzt werden. Da man genauso gut von Z_I und η anstelle Z_J und ξ mit $\alpha\|Z_J\| \leq \|Z_I\|$ ausgehen kann (auch Φ^{-1} ist ein Diffeomorphismus) folgt aus der Integrierbarkeit von f die von $(\Phi \circ f)\Phi'$ und umgekehrt, sowie die Identität (5.6). ☕

5.4 Anwendungen der Integralrechnung

5.14 Der Mittelwertsatz der Integralrechnung Eine über $[a, b]$ integrierbare Funktion f hat den *Mittelwert*

$$M_f(a, b) = \frac{1}{b - a} \int_a^b f(x)\, dx;$$

trivialerweise gilt $\inf\limits_{a \le x \le b} f(x) \le M_f(a, b) \le \sup\limits_{a \le x \le b} f(x)$. Für stetiges f ist die Aussage $M_f(a, b) = f(\xi)$ für ein $\xi \in (a, b)$ nichts anderes als der Mittelwertsatz für die stetig differenzierbare Funktion $F(x) = \int_a^x f(t)\, dt$ mit Ableitung $F' = f$. Leicht allgemeiner ist der

Satz 5.12 (Mittelwertsatz der Integralrechnung) *Es sei f auf $[a, b]$ stetig und p auf $[a, b]$ positiv und über $[a, b]$ integrierbar. Dann existiert ein $\xi \in (a, b)$ mit*

$$\int_a^b p(x) f(x)\, dx = f(\xi) \int_a^b p(x)\, dx.$$

Beweis ‖ Der Wert des Quotienten $\int_a^b p(x) f(x)\, dx \big/ \int_a^b p(x)\, dx$ liegt zwischen dem Minimum und dem Maximum von f in $[a, b]$, wird also in (a, b) von der stetigen Funktion f angenommen.   ☕

5.15 Das Integralrestglied Mit partieller Integration lässt sich das Restglied in der Taylorschen Formel in eine neue, manchmal bequemer anzuwendende Form bringen. Diese neue Form steht zum Lagrange-Restglied im gleichen Verhältnis wie der Hauptsatz der Differential- und Integralrechnung zum Mittelwertsatz der Differentialrechnung:

$$f(x) - f(a) = \int_a^x f'(t)\, dt = f'(\xi)(x - a).$$

Satz 5.13 *Es sei I ein Intervall, $f \in C^{n+1}(I)^3$ und $x_0 \in I$. Dann gilt die Formel von Taylor $f(x) = T_n(x; x_0) + R_n(x; x_0)$ mit dem* Integralrestglied

$$R_n(x; x_0) = \frac{1}{n!} \int_{x_0}^x f^{(n+1)}(t)(x - t)^n\, dt.$$

Beweis ‖ Der Induktionsanfang $n = 0$ entspricht wie erwähnt dem Hauptsatz, partielle Integration bezüglich t ergibt den Induktionsschritt ($k < n$):

---

[3] Es genügt zu fordern, dass $f^{(n+1)}$ integrierbar ist.

$$f(x) = T_k(x; x_0) + \frac{1}{k!} f^{(k+1)}(t) \left. \frac{-(x-t)^{k+1}}{k+1} \right|_{x_0}^x$$
$$+ \frac{1}{(k+1)!} \int_{x_0}^x f^{(k+2)}(t)(x-t)^{k+1} \, dt$$

$$= T_{k+1}(x; x_0) + \frac{1}{(k+1)!} \int_{x_0}^x f^{(k+2)}(t)(x-t)^{k+1} \, dt. \quad \text{☕}$$

5.16 Ein Satz von Bernstein Durch die Verwendung des Integralrestgliedes erübrigt sich bei vielen wichtigen C^∞-Funktionen die Restglieduntersuchung vollständig; dies besagt der

Satz 5.14 (von Bernstein) *Es sei* $f \in C^\infty(-r, r)$ *und es gelte* $f^{(n)}(x) \geq 0$ *in* $[0, r)$ *bzw. in* $(-r, r)$ *für alle* $n \geq n_0$. *Dann gilt in* $[0, r)$ *bzw.* $(-r, r)$

$$f(x) = \sum_{n=0}^\infty \frac{f^{(n)}(0)}{n!} x^n.$$

Beweis ‖ Wegen $f^{(n)}(x) \geq 0$ in $[0, r)$ gilt $a_n = f^{(n)}(0)/n! \geq 0$ sowie (es ist zweckmäßig, die Abhängigkeit von f hervorzuheben)

$$T_n(x|f) \leq T_{n+1}(x|f) \leq f(x) \quad \text{und} \quad 0 \leq R_{n+1}(x|f) \leq R_n(x|f) \quad (n \geq n_0),$$

so dass die Taylorreihe $\sum_{k=0}^\infty a_k x^k = \lim_{n\to\infty} T_n(x|f)$ in $[0, r)$ und sogar (als Potenzreihe) in $(-r, r)$ konvergiert und eine C^∞-Funktion darstellt. Weiterhin ist

$$g(x) = f(x) - \sum_{k=0}^\infty a_k x^k = \lim_{n\to\infty} R_n(x|f) \geq 0$$

und auch $g^{(k)}(x) = \lim_{n\to\infty} R_n(x|f^{(k)}) \geq 0$ in $[0, r)$ für alle $k \in \mathbb{N}$. Wegen $T_n(x|g) = 0$ gilt

$$g(x) = \frac{1}{n!} \int_0^x g^{(n+1)}(t)(x-t)^n \, dt \quad (0 \leq x < r);$$

eine entsprechende Identität gilt aus denselben Gründen auch für $G(x) = g(qx)$ $(q > 1)$ anstelle g in $[0, r/q)$, d. h. es ist

$$G(x) = \frac{1}{n!} \int_0^x G^{(n+1)}(t)(x-t)^n \, dt = \frac{1}{n!} \int_0^x q^{n+1} g^{(n+1)}(qt)(x-t)^n \, dt$$
$$\geq \frac{1}{n!} \int_0^x q^{n+1} g^{(n+1)}(t)(x-t)^n \, dt = q^{n+1} g(x) \quad (n \geq n_0),$$

was offensichtlich nur für $g(x) \leq 0$, also $g(x) = 0$ und $f(x) = \sum_{n=0}^{\infty} a_n x^n$ in $[0, r/q)$
und dann in $[0, r)$ möglich ist. Gilt $f^{(n)}(x) \geq 0$ für $n \geq n_0$ sogar in $(-r, r)$, so sind alle diese Ableitungen monoton wachsend und es gilt $|R_n(x|f)| \leq R_n(-x|f) \to 0$ für $-r < x < 0$, so dass bereits das Lagrange-Restglied in Kombination mit dem ersten Beweisteil zur Untersuchung ausreicht.   ☙

Bemerkung 5.2 Der Satz von Bernstein gilt analog für Funktionen mit *alternierende* Ableitungen, wenn also $(-1)^n f^{(n)}(x) \geq 0$ für $n \geq n_0$ und $-r < x < r$ gilt; man hat nur f durch die Funktion $f(-x)$ zu ersetzen.

Sergej Natanowitsch **Bernstein** (1880–1968), russischer Mathematiker, ist u. a. bekannt für seinen Beweis des Approximationssatzes von Weierstraß; zu diesem Zweck führte er die *Bernsteinpolynome* $B_{n,\nu}(x) = \binom{n}{\nu} x^{\nu} (1 - x)^{n-\nu}$ und die der auf $[0, 1]$ stetigen Funktion f zugeordneten approximierenden Polynome $\sum_{\nu=1}^{n} f(\nu/n) B_{n,\nu}(x)$ ein. In seiner Dissertation löste er das 19. Hilbertsche Problem.

Beispiel 5.7 Die Funktion $f(x) = (1 + x)^{\alpha}$ $(x \in (-1, 1)$, $\alpha \in \mathbb{R} \setminus \mathbb{N}_0)$ hat die Ableitungen $f^{(n)}(x) = \alpha(\alpha - 1) \cdots (\alpha - n + 1)(1 + x)^{\alpha-n}$, somit haben $f^{(n)}$ und $-f^{(n+1)}(x) = \dfrac{n - \alpha}{1 + x} f^{(n)}(x)$ für $n > \alpha$ dasselbe Vorzeichen, der Satz von Bernstein in der modifizierten Form ist anwendbar und liefert das bekannte Ergebnis $(1 + x)^{\alpha} = \sum_{n=0}^{\infty} \binom{\alpha}{n} x^n$ in $(-1, 1)$.

5.5   Uneigentliche Integrale

5.17 Integration über offene Intervalle   Für jede über $[a, b]$ integrierbare Funktion f ist

$$F(x) = \int_c^x f(t)\, dt$$

stetig und es gilt $F(a+) = \lim_{\alpha \to a+} F(\alpha)$ und $F(b-) = \lim_{\beta \to b-} F(\beta)$, somit

$$\int_a^b f(x)\, dx = F(b-) - F(a+) = F(x)\Big|_{a+}^{b-}. \tag{5.7}$$

Dies führt zu der folgenden Definition. Ist $f : (a, b) \to \mathbb{R}$ *lokal*, d. h. über alle Intervalle $[\alpha, \beta] \subset (a, b)$ Riemann-integrierbar und existieren die einseitigen Grenzwerte $F(a+)$ und $F(b-)$, so heißt f über (a, b) uneigentlich integrierbar und (5.7) ***uneigentliches Integral*** von f über (a, b). In Analogie zu den unendlichen Reihen heißt das uneigentliche Integral (5.7) auch *konvergent*. Offensichtlich sind Riemann-integrierbare Funktionen auch uneigentlich integrierbar.

Beispiel 5.8 $\int_0^\infty e^{-x}\,dx = 1 - \lim_{\beta\to\infty} e^{-\beta} = 1;\ \int_0^1 \frac{dx}{\sqrt{x}} = 2 - \lim_{\alpha\to 0+} 2\sqrt{\alpha} = 2;\ \int_0^\infty \frac{dx}{1+x^2} =$
$\lim_{b\to\infty} \arctan x\big|_0^b = \pi/2;\ \int_0^1 \frac{dx}{\sqrt{1-x^2}} = \lim_{b\to 1} \arcsin x\big|_0^b = \pi/2.$

5.18 Absolute Konvergenz Ist f über (a, b) lokal integrierbar und

$$\int_a^b |f(x)|\,dx \tag{5.8}$$

konvergent, so heißt das uneigentliche Integral (5.7) *absolut konvergent*. Analog zu den Verhältnissen bei unendlichen Reihen gilt, dass absolut konvergente uneigentliche Integrale auch konvergieren. Darüberhinaus gilt:

Satz 5.15 (Majorantenkriterium) *Ist f über (a, b) lokal integrierbar und existiert eine uneigentlich integrierbare* Majorante g, *d. h. gilt $|f(x)| \leq g(x)$ in (a, b) und existiert $\int_a^b g(x)\,dx$, so konvergieren (5.7) und (5.8).*

Beweis ‖ Bei gegebenen $\epsilon > 0$ und $\beta < \beta' < b$ gilt

$$|F(\beta') - F(\beta)| = \left| \int_\beta^{\beta'} f(x)\,dx \right| \leq \int_\beta^{\beta'} |f(x)|\,dx \leq \int_\beta^b g(x)\,dx < \epsilon$$

sofern $b > \beta' > \beta > \beta_0 = \beta_0(\epsilon)$. Nach dem Cauchykriterium existiert $\lim_{\beta\to b-} F(\beta) = F(b-)$. Analog zeigt man die Existenz von $F(a+) = \lim_{\alpha\to a+} F(\alpha)$. Dieselben Überlegungen gelten für $|f|$ anstelle f, woraus die absolute Konvergenz folgt. &

5.19 Das Integralkriterium für Reihen Die Summe $s_n = \sum_{k=1}^{n-1} 1/k$ ist eine Riemannsche Summe für $\int_1^n \frac{dx}{x} = \log n$; es entsteht die Frage, wie sich $s_n - \log n$ für $n \to \infty$ verhält. Die Antwort hierfür gibt der nachstehende

Satz 5.16 (Integralkriterium für Reihen) *Ist $f : [1, \infty) \to (0, \infty)$ monoton fallend, so ist die durch $a_n = \sum_{k=1}^{n-1} f(k) - \int_1^n f(x)\,dx$ definierte Folge monoton wachsend und beschränkt, also konvergent. Es gilt*

$$\sum_{k=2}^n f(k) \leq \int_1^n f(x)\,dx \leq \sum_{k=1}^{n-1} f(k), \tag{5.9}$$

und $\sum_{k=1}^\infty f(k)$ und $\int_1^\infty f(x)\,dx$ konvergieren oder divergieren gleichzeitig.

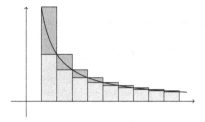

Abb. 5.3 Das Integralkriterium für $f(x) = 1/x$

Beweis ‖ Für $Z = \{1, 2, \ldots, n\}$ sind $\sum_{k=2}^{n} f(k)$ und $\sum_{k=1}^{n-1} f(k)$ Unter- und Obersumme zu $\int_1^n f(x)\,dx$, d.h. (5.9) gilt. Weiter ist

$$0 \le f(k) - \int_k^{k+1} f(x)\,dx \le f(k) - f(k+1),$$

und Summation über $k = 1, \ldots n - 1$ ergibt $0 \le a_n \le f(1) - f(n) \le f(1)$, d.h. (a_n) ist beschränkt und wegen

$$a_n - a_{n+1} = \int_n^{n+1} f(x)\,dx - f(n) = \int_n^{n+1} (f(x) - f(n))\,dx \le 0$$

monoton wachsend, also konvergent.   ☕

Beispiel 5.9 Für $f(x) = 1/x$ erhält man die Folge $\gamma_n = \sum_{k=1}^{n-1} 1/k - \log n$, ihr Grenzwert ist die *Euler-Mascheronische Konstante* $\gamma = 0{,}577\ldots$. Man erkennt, *wie* die harmonische Reihe divergiert: $\sum_{k=1}^{n} 1/k = \log n + \gamma_n$ und $\gamma_n \uparrow \gamma$ (vgl. Abb. 5.3).

Aufgabe 5.7 Zu untersuchen ist die Reihe $\sum_{k=2}^{\infty} \dfrac{1}{k(\log k)^\alpha}$ und (dies kann beliebig weitergeführt werden) $\sum_{k=3}^{\infty} \dfrac{1}{k \log k (\log \log k)^\alpha}$ für $\alpha > 0$ auf Konvergenz.

Aufgabe 5.8 Man berechne den Grenzwert $\lim_{n \to \infty} n^{-\alpha-1} \sum_{k=1}^{n} k^\alpha$ ($\alpha > -1$).

5.20 Majorisierte Konvergenz Wieder einmal lautet die Frage, unter welchen Umständen der Grenzübergang $f_n \to f$ und die (diesmal uneigentliche) Integration vertauschbar sind, d.h. ob und wann

$$\lim_{n \to \infty} \int_a^b f_n(x)\,dx = \int_a^b f(x)\,dx \tag{5.10}$$

gilt. Eine Antwort darauf gibt der nachfolgende

Satz 5.17 (über majorisierte Konvergenz) *Sind die Funktionen* f_n *über* (a, b)
uneigentlich integrierbar und gilt

- $f_n \to f$, *gleichmäßig in jedem Teilintervall* $[\alpha, \beta] \subset (a, b)$,
- $|f_n(x)| \leq g(x)$, *wobei* g *über* (a, b) *absolut uneigentlich integrierbar ist,*

so ist f *uneigentlich integrierbar über* (a, b) *und es gilt* (5.10).

Beweis ‖ Die lokale Integrierbarkeit von f ist gewährleistet nach Satz 5.4, und die
(absolute) uneigentliche Integrierbarkeit nach dem Majorantenkriterium da $|f(x)| =$
$\lim\limits_{n \to \infty} |f_n(x)| \leq g(x)$. Für $[\alpha, \beta] \subset (a, b)$ gilt

$$\left| \int_a^b (f(x) - f_n(x)) \, dx \right| \leq \int_\alpha^\beta |f(x) - f_n(x)| \, dx + \int_a^\alpha 2\,g(x) \, dx + \int_\beta^b 2\,g(x) \, dx;$$

bei gegebenem $\epsilon > 0$ werden α und β so gewählt, dass die beiden Integrale über
$2g$ jeweils $< \epsilon$ sind, und dann n_0 so, dass das erste Integral $< \epsilon$ für $n \geq n_0$ ist
(gleichmäßige Konvergenz $f_n \to f$ auf $[\alpha, \beta]$). Zusammen folgt

$$\left| \int_a^b (f(x) - f_n(x)) \, dx \right| \leq 3\epsilon \quad (n \geq n_0). \qquad \text{☕}$$

Bemerkung 5.3 Die *majorisierte* Konvergenz ist ganz wesentlich, da in unbeschränkten Intervallen selbst die gleichmäßige Konvergenz $f_n \to f$ nicht die Integrierbarkeit von f garantieren kann.
So konvergiert $f_n(x) = \dfrac{1}{x} - \dfrac{1}{x+n}$ (mit uneigentlichem Integral $\int_1^\infty f_n(x)\,dx = \log(1+n)$)
gleichmäßig auf $[1, \infty)$ gegen die nicht über $[1, \infty)$ integrierbare Funktion $f(x) = 1/x$. Die Konvergenz kann nicht majorisiert sein.

5.21 Die Eulersche Gammafunktion Wir betrachten als eine nichttriviale Anwendung die *Eulersche Gammafunktion*

$$\Gamma(x) = \int_0^\infty e^{-t} t^{x-1} \, dt, \qquad (5.11)$$

auch *Eulersches Integral 2. Gattung* genannt. Die Existenz des Integrals ist für $x > 0$
gesichert, da $e^{-t} t^{x-1} \leq t^{x-1}$ für $0 < t < 1$ und $e^{-t} t^{x-1} = t^{x-1}/e^t \leq m!\,t^{x-1-m}$ für
$t > 1$ und $m > x$.

Satz 5.18 *Die Gammafunktion ist in* $(0, \infty)$ *beliebig oft differenzierbar, man darf unter dem Integralzeichen differenzieren,*

$$\Gamma^{(k)}(x) = \int_0^\infty e^{-t} t^{x-1} (\log t)^k \, dt.$$

Beweis ‖ Zum Beweis der Stetigkeit in $x > 0$ sei (x_n) eine Folge $x_n \to x$, wobei man $0 < a \le x_n \le b$ annehmen darf. Die Funktionenfolge $f_n(t) = e^{-t} t^{x_n-1}$ konvergiert in jedem Intervall $[\alpha, \beta] \subset (0, \infty)$ gleichmäßig gegen $f(t) = e^{-t} t^{x-1}$. Eine integrierbare Majorante ist z. B. $g(t) = t^{a-1}$ in $(0, 1]$ und $g(t) = e^{-t} t^{b-1}$ in $(1, \infty)$: es gilt $|f_n(t)| \le g(t)$. Nach dem Konvergenzsatz gilt dann $\lim_{n \to \infty} \Gamma(x_n) = \Gamma(x)$. Ähnlich behandelt man die Differenzierbarkeit, hier exemplarisch für die erste Ableitung. Der Differenzenquotient ist

$$\Delta(x, h) = \frac{\Gamma(x+h) - \Gamma(x)}{h} = \int_0^\infty \frac{t^h - 1}{h} e^{-t} t^{x-1} \, dt.$$

Nach dem Taylorschen Satz, angewandt auf $h \mapsto t^h = e^{h \log t}$ ($t > 0$ fest) gilt

$$t^h = 1 + h \log t + \frac{1}{2} (\theta h)^2 (\log t)^2 \quad (0 < \theta = \theta(t, h) < 1).$$

Für $h_n \to 0$, $f_n(t) = \dfrac{t^{h_n} - 1}{h_n} t^{x-1} e^{-t}$ und $f(t) = (\log t) t^{x-1} e^{-t}$ liefert dies

$$|f_n(t) - f(t)| \le \frac{1}{2} |h_n| (\log t)^2 e^{-t} t^{x-1};$$

damit gilt $f_n(t) - f(t) \to 0$, gleichmäßig in jedem Intervall $[a, b] \subset (0, \infty)$, und majorisiert durch $g(t) = (\log t)^2 e^{-t} t^{x-1}$ in $(0, \infty)$. Dies ergibt

$$\Gamma'(x) = \lim_{n \to \infty} \Delta(x, h_n) = \int_0^\infty e^{-t} t^{x-1} \log t \, dt.$$

Die Diskussion der höheren Ableitungen verläuft analog, an die Stelle von $\log t$ tritt der Faktor $(\log t)^k$.   ☕

Aufgabe 5.9 Man zeige für $x > 0$:

1. $\displaystyle\int_0^\infty (\log t)^m e^{-t} t^{x-1} \, dt$ ($m \in \mathbb{N}$) konvergiert absolut.

2. $\Gamma(x) = \displaystyle\int_1^\infty e^{-t} t^{x-1} \, dt + \sum_{k=0}^\infty \frac{(-1)^k / k!}{x + k}$; das Integral existiert für alle x und die Reihe kon-

   vergiert für $x \in \mathbb{R} \setminus \{0, -1, -2, \ldots\}$. (**Hinweis.** $e^{-t} = \displaystyle\sum_{k=0}^\infty (-t)^k / k!$ in $[0, 1]$.)

3. $\Gamma(x) = \lim\limits_{n\to\infty} \int_0^n (1 - t/n)^n t^{x-1}\, dt$, gleichmäßig für $0 < a \le x \le b < \infty$.
   (**Hinweis.** $0 \le (1 - t/n)^n \le e^{-t}$ in $[0, n]$.)

4. Die durch $\int_0^n (1 - t/n)^n t^{x-1}\, dt = n^x \int_0^1 (1 - s)^n s^{x-1}\, ds = n^x G_n(x)$ definierten Funktionen G_n erfüllen $G_n(x) = \dfrac{1}{x} G_{n-1}(x + 1)$. (**Hinweis.** Partielle Integration.)
   Es folgt $\Gamma(x + 1) = x\Gamma(x)$.

5. Mit $G_0(x) = 1/x$ folgt $\Gamma(x) = \lim\limits_{n\to\infty} \dfrac{n!n^x}{x(x + 1)\cdots(x + n)}$ (Gauß).

6. $\Gamma(x) = \lim\limits_{n\to\infty} \dfrac{e^{x(\log n - 1/1 - 1/2 - \cdots - 1/n)}}{x(1 + x/1)e^{-x/1}(1 + x/2)e^{-x/2}\cdots(1 - x/n)e^{-x/n}}$, was auch als
   $$\dfrac{1}{\Gamma(x)} = e^{\gamma x}\, x \prod_{k=1}^{\infty}(1 + x/k)e^{-x/k}$$ geschrieben wird.

7. Die Reihe $\sum\limits_{k=m+1}^{\infty} [\log(1 + x/k) - x/k]$ konvergiert gleichmäßig im Intervall $[-m, m]$, damit
   konvergiert das unendliche Produkt, als Grenzwert der Folge $p_n(x) = \prod\limits_{k=1}^{n}(1 + x/k)e^{-x/k}$
   aufgefasst, gleichmäßig in jedem Intervall $[a, b] \subset \mathbb{R}$ und stellt eine stetige Funktion auf $\mathbb{R}$
   dar; ein weiterer Beweis für die Stetigkeit der Gammafunktion.

Bemerkung 5.4 Bei vorsichtiger Benutzung gelten partielle Integration und die Transformationsformel auch für uneigentliche Integrale. Für die Gammafunktion und $x > 0$ ergibt sich so wieder

$$\Gamma(x + 1) = \int_0^{\infty} e^{-t} t^x\, dt = -e^{-t} t^x \Big|_0^{\infty} + x \int_0^{\infty} e^{-t} t^{x-1}\, dt = x\, \Gamma(x).$$

Das letzte Gleichheitszeichen folgt dabei aus $\lim\limits_{t\to\infty} e^{-t} t^x = 0$. Berücksichtigt man noch $\Gamma(1) = \int_0^{\infty} e^{-t}\, dt = 1$, so folgt $\Gamma(n) = (n - 1)!$ für $n \in \mathbb{N}$ mit Induktion.

5.22 Das Abel-Dirichlet-Kriterium für Integrale Uneigentliche Integrale verhalten sich zu absolut konvergenten wie konvergente zu absolut konvergenten Reihen. Ebenso verhält es sich mit den Konvergenzkriterien.

Satz 5.19 (Abel-Dirichlet-Kriterium) *Es sei* $f \in C^1[a, \infty)$ *monoton fallend und es gelte* $f(x) \to 0$ *für* $x \to \infty$. *Weiter sei* $g : [a, \infty) \to \mathbb{R}$ *stetig und* $G(x) = \int_a^x g(t)\, dt$ *beschränkt. Dann gilt*

$$\int_a^{\infty} f(x)g(x)\, dx = -\int_a^{\infty} f'(x)G(x)\, dx, \tag{5.12}$$

wobei die rechte Seite absolut konvergiert.

Beweis ‖ Partielle Integration über $[a, \beta]$ ergibt

$$\int_a^{\beta} f(x)g(x)\, dx = f(\beta)G(\beta) - \int_a^{\beta} f'(x)G(x)\, dx;$$

beachtet man hier $f(\beta)G(\beta) \to 0$ und $\int_a^{\beta} f'(x)\, dx = f(\beta) - f(a) \to -f(a)$ für $\beta \to \infty$ sowie $-f'(x) \ge 0$ und $|f'(x)G(x)| \le M(-f'(x))$, so folgt die Konvergenz der linken Seite von (5.12), die absolute Konvergenz des uneigentlichen Integrals $\int_a^\infty f'(x)G(x)\,dx$ sowie die behauptete Identität.   ✑

Beispiel 5.10 Die Funktion $h(x) = \dfrac{\sin x}{x}$ ist über $(0, \infty)$ uneigentlich, aber nicht absolut integrierbar. Für $\epsilon > 0$ ergibt das Abel-Dirichletkriterium mit $f(x) = 1/x$, $g(x) = \sin x$ und $G(x) = 1 - \cos x$

$$\int_\epsilon^\infty \frac{\sin x}{x}\,dx = \frac{\cos\epsilon - 1}{\epsilon} + \int_\epsilon^\infty \frac{1 - \cos x}{x^2}\,dx \to \int_0^\infty \frac{1 - \cos x}{x^2}\,dx \quad (\epsilon \to 0)$$

(man beachte $\lim\limits_{x\to 0}(1 - \cos x)/x^2 = 1/2$ und $\lim\limits_{\epsilon\to 0}(1 - \cos\epsilon)/\epsilon = 0$). Aus

$$\int_{n\pi}^{(n+1)\pi} \frac{|\sin x|}{x}\,dx > \frac{1}{(n+1)\pi} \int_0^\pi \sin x\,dx = \frac{2}{(n+1)\pi}$$

und der Divergenz der harmonischen Reihe folgt, dass h nicht absolut integrierbar ist. Es gilt (noch ohne Beweis) $\int_0^\infty \dfrac{\sin x}{x}\,dx = \dfrac{\pi}{2}$.

Aufgabe 5.10 Man zeige, dass das Abel-Dirichlet-Kriterium auch dann gilt, wenn man anstelle $(*)$ $f \in \mathcal{C}^1$, $f \downarrow 0$, d.h. $f'(x) \le 0$ und $f(x) \to 0$ die Konvergenz von $\int_a^\infty |f'(x)|\,dx$ voraussetzt. Dies folgt aus $(*)$: $\int_a^\beta |f'(x)|\,dx = -\int_a^\beta f'(x)\,dx = f(a) - f(\beta) \to f(a)$ $(\beta \to \infty)$.

Aufgabe 5.11 Man zeige, dass das uneigentliche Integral $\int_0^\infty \dfrac{\sin x}{\sqrt{x}}\,dx$ sowie die *Fresnelschen Integrale* $\int_0^\infty \sin(x^2)\,dx$ und $\int_0^\infty \cos(x^2)\,dx$ konvergieren. (**Hinweis.** Substitution $t = x^2$.)

Aufgabe 5.12 Existiert $\int_0^\infty [\arctan(x^2) - \pi/2]\,dx$ als uneigentliches Integral? Dieselbe Frage für $\int_0^\infty x(1 - \tanh x)\,dx$ und $\int_0^\infty \sqrt{x}(1 - \coth x)\,dx$. (**Hinweis.** Partielle Integration.)

Aufgabe 5.13 Man zeige, dass folgende Grenzwerte existieren: (i) $\lim\limits_{n\to\infty}\left(2\sqrt{n} - \sum\limits_{k=1}^n \dfrac{1}{\sqrt{k}}\right)$; (ii) $\lim\limits_{n\to\infty}\left((\log n)^2 - 2\sum\limits_{k=2}^n \dfrac{\log k}{k}\right)$; (iii) $\lim\limits_{n\to\infty}\left(\log\log n - \sum\limits_{k=2}^n \dfrac{1}{k\log k}\right)$.

5.6 Nullmengen und Treppenfunktionen

Nach dem Riemann-Integral soll nun seine wichtigste Verallgemeinerung, das Lebesgue-Integral definiert und diskutiert werden. Dazu bedarf es im Wesentlichen nur einer Neuinterpretation der Darbouxschen Summen.

5.23 Treppenfunktionen Eine auf ganz $\mathbb{R}$ definierte reellwertige Funktion ϕ heißt *Treppenfunktion* mit *Trägerintervall* $[a, b]$, wenn es eine Zerlegung $Z = \{x_0, x_1, \ldots, x_n\}$ von $[a, b]$ und reelle Zahlen c_ν gibt, so dass $\phi(x) = c_0 = 0$ für $x < a$ und für $x > b$ sowie $\phi(x) = c_\nu$ in $I_\nu = (x_{\nu-1}, x_\nu)$ $(1 \le \nu \le n)$ gilt. Die offenen Intervalle I_ν sind die *Konstanzintervalle* von ϕ, die Zahlen c_ν ihre *Konstanzwerte* (vgl. Abb. 5.4). Wie eine Treppenfunktion ϕ in den Randpunkten $x = x_\nu$ der Konstanzintervalle definiert wird ist unwesentlich, zwei denkbare Normalisierungen sind $\phi(x_\nu) = \max\{c_\nu, c_{\nu+1}\}$ und $\phi(x_\nu) = \min\{c_\nu, c_{\nu+1}\}$, wobei $c_{n+1} = 0$ zu setzen ist.

Abb. 5.4 Eine
Treppenfunktion

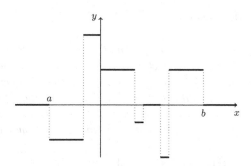

Satz 5.20 *Aus zwei Treppenfunktionen* ϕ, ψ *sowie* $\lambda \in \mathbb{R}$ *kann man die folgenden Treppenfunktionen punktweise bilden:* $\lambda\phi$, $\phi + \psi$, $\phi\psi$, $\max\{\phi, \psi\}$, $\min\{\phi, \psi\}$, $\phi^+ = \max\{\phi, 0\}$, $\phi^- = \max\{-\phi, 0\}$ *und* $|\phi| = \phi^+ + \phi^-$.

Beweis ‖ Sind ϕ und ψ mit den Trägerintervallen $[a, b]$ und $[a', b']$ sowie den Zerlegungspunkten x_ν und x'_μ gegeben, so bildet die Gesamtheit der Punkte x_ν, x'_μ eine Zerlegung von $[\min\{a, a'\}, \max\{b, b'\}]$; dies ermöglicht eine Darstellung von ϕ und ψ mit gemeinsamen Konstanzintervallen, und somit auch die angegebenen arithmetischen Operationen. ☕

5.24 Das Lebesgue-Integral einer Treppenfunktion ist ϕ ist nichts anderes als ihr Riemann-Integral

$$\int_a^b \phi(x)\,dx = \sum_{\nu=1}^n c_\nu |I_\nu|,$$

wird aber als $\int \phi$ geschrieben und als Integral über $\mathbb{R}$ aufgefasst. Das Lebesgue-Integral von Treppenfunktionen ist additiv, homogen, monoton und es gilt die Dreiecksungleichung.

Bemerkung 5.5 Einer jeden *beschränkten* Funktion $f : [a, b] \to \mathbb{R}$ sind bei gegebener Zerlegung $Z = \{x_0, x_1, \ldots, x_n\}$ offensichtlich zwei Treppenfunktionen ϕ_Z und Φ_Z in natürlicher Weise zugeordnet: $\phi_Z(x) = m_\nu = \inf_{y \in \overline{I_\nu}} f(y)$ und $\Phi_Z(x) = M_\nu = \sup_{y \in \overline{I_\nu}} f(y)$, jeweils in $I_\nu = (x_{\nu-1}, x_\nu)$ sowie $\phi_Z(x_\nu) = \Phi_Z(x_\nu) = f(x_\nu)$ und (stillschweigend) $\phi_Z(x) = \Phi_Z(x) = 0$ für $x < a$ und für $x > b$. Es ist dann $s(Z) = \int \phi_Z$ und $S(Z) = \int \Phi_Z$.

5.25 Nullmengen Eine Menge $N \subset \mathbb{R}$ heißt *Nullmenge*, wenn es zu jedem $\epsilon > 0$ (endlich oder) abzählbar viele Intervalle I_ν gibt, die N überdecken ($N \subset \bigcup_\nu I_\nu$) und die Gesamtlänge $\sum_\nu |I_\nu| < \epsilon$ haben.

Hilfssatz —

1. *Eine Nullmenge kann kein offenes Intervall enthalten.*
2. *Mit N ist auch jede Teilmenge $N' \subset N$ eine Nullmenge.*
3. *Endliche Mengen $\{x_1, \ldots x_m\}$ sind Nullmengen.*
4. *Die endliche oder abzählbare Vereinigung von Nullmengen ist wieder eine Null-menge. Beispielsweise ist $\mathbb{Q}$ eine Nullmenge.*
5. *In der Definition der Nullmenge darf man die Intervalle I_ν offen annehmen.*

Beweis ‖ Die erste Behauptung ist offensichtlich. Endliche Mengen werden für $l > 0$ überdeckt durch die Intervalle $(x_\mu - l, x_\mu + l)$ der Gesamtlänge $2ml$, die man durch geeignete Wahl von l beliebig klein machen kann. Werden die einzelnen Null-mengen N_k ($k \in \mathbb{N}$ oder $k = 1, 2, \ldots, m$) bei gegebenem $\epsilon > 0$ durch Intervalle $I_{k\nu}$ der Gesamtlänge $\sum |I_{k\nu}| < \epsilon 2^{-k}$ überdeckt und bezeichnet (J_ν) eine Abzäh-lung aller Intervalle $I_{k\nu}$, so ist $\bigcup_k N_k \subset \bigcup_\nu J_\nu$ und nach dem Doppelreihensatz gilt $\sum_\nu |J_\nu| < \sum_{k=1}^{\infty} \epsilon 2^{-k} = \epsilon$. Schließlich kann jedes Intervall I_ν mit Mittelpunkt ξ_ν und Länge l_ν durch das offene Intervall $\tilde{I}_\nu = (\xi_\nu - l_\nu, \xi_\nu + l_\nu)$ der doppelten Länge er-setzt werden, womit $N \subset \bigcup_\nu \tilde{I}_\nu$ und $\sum_\nu |\tilde{I}_\nu| < 2\epsilon$ gilt.   ☕

5.26 Die Cantorsche Drittelmenge Es sei $I = [0, 1]$, $f_0(x) = \frac{1}{3}x$ und $f_2(x) = \frac{1}{3}(x + 2)$. Im ersten Schritt wird $I_0 = f_0(I) = \left[0, \frac{1}{3}\right]$ und $I_2 = f_2(I) = \left[\frac{2}{3}, 1\right]$ ge-setzt. Wird dieser erste Schritt mit I_0 und I_2 anstelle I wiederholt, so entstehen die Intervalle $I_{\alpha\beta} = f_\alpha(I_\beta)$ für $\alpha = 0, 2$ und $\beta = 0, 2$, ausführlich $I_{00} = \left[0, \frac{1}{9}\right]$, $I_{02} = \left[\frac{2}{9}, \frac{3}{9}\right]$, $I_{20} = \left[\frac{6}{9}, \frac{7}{9}\right]$, $I_{22} = \left[\frac{8}{9}, 1\right]$. Für $n \in \mathbb{N}$ erhält man allgemein 2^n Intervalle $I_{\alpha_1\alpha_2\ldots\alpha_n} = f_{\alpha_1}(I_{\alpha_2\ldots\alpha_n}) \subset I_{\alpha_1\ldots\alpha_{n-1}}$ ($\alpha_j \in \{0, 2\}$), jedes hat die Länge 3^{-n}. Die Can-torsche $\frac{1}{3}$-Menge ist dann

$$C = \bigcap_{n\in\mathbb{N}} \bigcup_{\alpha_\nu\in\{0,2\}} I_{\alpha_1\alpha_2\ldots\alpha_n}.$$

Sie wird für jedes $n \in \mathbb{N}$ überdeckt von der Gesamtheit der Intervalle $I_{\alpha_1\alpha_2\ldots\alpha_n}$ der n-ten Generation der Gesamtlänge $2^n 3^{-n}$; somit ist C eine Nullmenge. Die Kon-struktion zeigt noch Folgendes: In $I_{\alpha_1\alpha_2\ldots\alpha_n}$ liegen genau die Zahlen, deren *triadische* Entwicklung mit $0.\alpha_1\alpha_2\ldots\alpha_n$ beginnt. Somit besteht C genau aus den Zahlen mit einer triadischen Entwicklung $0.\alpha_1\alpha_2\alpha_3\ldots$, die ohne die Ziffer 1 auskommt (zwar ist z. B. $\frac{1}{3} = 0,1 \in C$, aber man kann auch $\frac{1}{3} = 0,0\overline{2}$ schreiben).

Bemerkung 5.6 Nullmengen sind *kleine* Mengen, auf die es in gewisser Weise nicht ankommt; ihre Bedeutung liegt aber gerade darin, dass sie in der Lebesgueschen (und in der Riemannschen!) Theorie unvermeidlich sind.

5.27 Fast überall Eine Eigenschaft $E(x)$, die einer reellen Zahl x zukommen kann oder auch nicht, gilt definitionsgemäß *fast überall* in einer Menge $M \subset \mathbb{R}$, wenn die

Menge $N = \{x \in M : E(x)$ gilt nicht$\}$ eine Nullmenge ist; die übliche Schreibweise ist $E(x)$ *f.ü.* (in M). Beispielsweise gilt die Aussage x *ist irrational* *f.ü.* (in $\mathbb{R}$), weil $\mathbb{Q}$ als abzählbare Menge eine Nullmenge ist.

5.7 Definition des Lebesgue-Integrals

Der hier gewählte Aufbau der Lebesgueschen Theorie beruht auf zwei Sätzen über monotone Folgen von Treppenfunktionen, genannt Lemma A und Lemma B, und folgt weitgehend der Darstellung in dem bereits erwähnten Buch von F. Riesz und Sz. Nagy[4], dem auch die Bezeichnungen entnommen sind.

5.28 Lemma A beschäftigt sich mit monoton fallenden Folgen von Treppenfunktionen und ihren Integralen.

Satz 5.21 (Lemma A) *Es sei* (ϕ_n) *eine Folge von Treppenfunktionen mit*

- $\phi_{n+1}(x) \le \phi_n(x)$ *f.ü.* $(n \in \mathbb{N})$;
- $\phi_n(x) \to 0$ *f.ü.* $(n \to \infty)$.

Dann gilt auch $\int \phi_n \to 0$ $(n \to \infty)$.

Beweis ‖ Ohne die Integralwerte zu ändern kann man jedes ϕ_n so vergrößern, dass $\phi_{n+1}(x) \le \phi_n(x)$ und $\phi_n(x) \ge 0$ *überall* gilt. Dazu muss ϕ_n nur in den Endpunkten der zugehörigen Konstanzintervalle $I_\nu^{(n)}$ den größeren der Werte in den benachbarten Konstanzintervallen annehmen. Die Voraussetzung $\phi_n(x) \to 0$ *f.ü.* bleibt weiterhin erfüllt, denn es kommt höchstens die abzählbare Menge $N_0 = \bigcup_{n,\nu} \partial I_\nu^{(n)}$ hinzu, in der $\phi_n(x) \to 0$ möglicherweise nicht gilt. In keinem Konstanzintervall kann $\phi_n(x) < 0$ sein, da sonst die Voraussetzung $\phi_n \to 0$ *f.ü.* verletzt wäre. Bei gegebenem $\epsilon > 0$ wird die Nullmenge $N = N_0 \cup \{x : \phi_n(x) \not\to 0\}$ durch *offene* Intervalle J_k der Gesamtlänge $< \epsilon$ überdeckt. Für $x \in [a, b] \setminus N$ gibt es einen Index $n(x)$, so dass $0 \le \phi_n(x) < \epsilon$ für $n \ge n(x)$ ist. Aber jedes derartige x gehört zu einem offenen Konstanzintervall $I(x)$ von $\phi_{n(x)}$, und wegen der Monotonie gilt dann $\phi_n(y) \le \phi_{n(x)}(y) = \phi_{n(x)}(x) < \epsilon$ *für alle* $y \in I(x)$ *und alle* $n \ge n(x)$. Ebenfalls wegen der Monotonie und $\phi_n(x) \ge 0$ für alle x ist $\phi_n(x) = 0$ außerhalb des Trägerintervalls $[a, b]$ von ϕ_1; somit wird $[a, b]$ überdeckt von der Gesamtheit der offenen Intervalle $I(x)$ und J_k. Nach dem Satz von Heine-Borel genügen dazu endlich viele, etwa $J_1, \ldots, J_m$ und $I(x_1), \ldots, I(x_p)$. Setzt man noch $n_0 = \max\{n(x_j) : 1 \le j \le p\}$ und $K = \max\{\phi_1(x) : x \in [a, b]\}$, so ist

$$0 \le \phi_n(x) < \epsilon \quad \text{für } n \ge n_0 \text{ in } [a, b] \setminus \bigcup_{\mu=1}^m J_\mu$$
$$0 \le \phi_n(x) \le K \quad \text{für } n \in \mathbb{N} \text{ in } \bigcup_{\mu=1}^m J_\mu.$$

---

[4] *Vorlesungen über Funktionalanalysis,* Deutscher Verlag der Wissenschaften, Berlin 1971.

Es folgt $0 \leq \int \phi_n < \sum_{\mu=1}^{m} K|J_\mu| + (b-a)\epsilon < (K+b-a)\epsilon$ für $n \geq n_0$.   🙰

5.29 Lemma B handelt von monoton wachsenden Folgen von Treppenfunktionen mit zugehöriger beschränkter Integralfolge und ist die Vorstufe zu dem für den Aufbau des Lebesgueschen Integralbegriffs zentralen Satz von Beppo Levi.

Satz 5.22 (Lemma B) *Es sei (ϕ_n) eine Folge von Treppenfunktionen mit*

- $\phi_n(x) \leq \phi_{n+1}(x) f.\ddot{u}.$ $(n \in \mathbb{N})$;
- $\int \phi_n \leq C$.

Dann ist $\lim\limits_{n\to\infty} \phi_n(x) < \infty f.\ddot{u}.$

Bemerkung 5.7 Die wesentliche Aussage ist dabei nicht die *Existenz* des Grenzwertes *f.ü.* (die ergibt sich ja aus der Monotonie), sondern seine *Endlichkeit f.ü.*

Beweis ‖ Man kann wieder *überall* $\phi_n(x) \leq \phi_{n+1}(x)$ annehmen und außerdem $\phi_1(x) = 0$, indem man die Folge (ϕ_n) durch $(\phi_n - \phi_1)$ ersetzt. Es ist dann $\phi_n(x) \geq 0$ überall, und die Abänderungen beinflussen $\lim\limits_{n\to\infty} \phi_n(x)$ nur auf einer Nullmenge. Es sei $E = \{x \in \mathbb{R} : \phi_n(x) \to +\infty\}$ und $E_n = \{x : \phi_n(x) > C/\epsilon\}$, $\epsilon > 0$ beliebig. Es gilt dann

$$E_n = \bigcup_{k=1}^{p_n} I_k \subset E_{n+1}$$

mit Intervallen I_k, $I_j^\circ \cap I_k^\circ = \emptyset$ für $j \neq k$. Die Gesamtlänge der Intervalle I_k ist $\leq \epsilon$, dies folgt aus $\dfrac{C}{\epsilon} \sum\limits_{k=1}^{p_n} |I_k| < \int \phi_n \leq C$ und so $\sum\limits_{k=1}^{p_n} |I_k| < \epsilon$. Damit ist $E \subset \bigcup\limits_{n=1}^{\infty} E_n \subset \bigcup\limits_{k=1}^{\infty} I_k$ eine Nullmenge, es gilt also $\lim\limits_{n\to\infty} \phi_n(x) < +\infty$ außerhalb E, d. h. *f.ü.* 🙰

5.30 Die Klasse $\mathcal{L}^+$ Auf der Grundlage von Lemma A und B kann das Lebesgue-Integral von den Treppenfunktionen auf eine weitaus größere Klasse von Funktionen ausgedehnt werden. Dieser Prozess ist so angelegt, dass er unmittelbar auf den n-dimensionalen Fall übertragen werden kann, wenn man unter einem *Intervall* in $\mathbb{R}^2$ ein *Rechteck*, in $\mathbb{R}^3$ einen *Quader* usw. versteht (man dazu vgl. das Kapitel *Das Lebesgue-Integral*). Die Klasse $\mathcal{L}^+$ besteht definitionsgemäß aus allen Funktionen $f : \mathbb{R} \to \mathbb{R}$, zu denen es eine Folge (ϕ_n) von Treppenfunktionen wie in Lemma B gibt, so dass

$$f(x) = \lim_{n\to\infty} \phi_n(x) \quad f.\ddot{u}$$

gilt. Dafür wird $(\phi_n) \uparrow f$ geschrieben und das Lebesgue-Integral von f durch

$$\int f = \lim_{n\to\infty} \int \phi_n$$

definiert; der Grenzwert existiert, da die Integralfolge monoton wachsend und beschränkt ist. Es muss aber die *Unabhängigkeit* dieser Definition von der Folge (ϕ_n) nachgewiesen werden. Dies folgt aus nachstehendem Ergebnis für $f = g$.

Hilfssatz — *Sind $f, g \in \mathcal{L}^+$ mit assoziierten Folgen $(\phi_n) \uparrow f$ und $(\psi_n) \uparrow g$ gegeben, und ist $f(x) \leq g(x) f.\ddot{u}.$, so gilt $\lim\limits_{n \to \infty} \int \phi_n \leq \lim\limits_{n \to \infty} \int \psi_n$.*

Beweis ‖ Für festes m und jedes n ist

$$\phi_m(x) \leq (\phi_m(x) - \psi_n(x))^+ + \psi_n(x) = \chi_n(x) + \psi_n(x)$$

Dort, wo $f(x) \leq g(x)$ und gleichzeitig $\phi_n(x) \uparrow f(x)$ und $\psi_n(x) \uparrow g(x)$ gelten, also *f.ü.*, gilt auch

$$\chi_n(x) \downarrow (\phi_m(x) - g(x))^+ \leq (f(x) - g(x))^+ = 0 \quad (n \to \infty).$$

Nach Lemma A folgt daraus $\int \chi_n \to 0$ für $n \to \infty$, also $\int \phi_m \leq \lim\limits_{n \to \infty} \int \psi_n$ für jedes $m \in \mathbb{N}$, und damit auch $\lim\limits_{m \to \infty} \int \phi_m \leq \lim\limits_{n \to \infty} \int \psi_n$. &

Satz 5.23 *Mit $f, g \in \mathcal{L}^+$ und $\lambda \geq 0$ gehören auch die Funktionen $f + g$, λf, f^+, $\max\{f, g\}$ zu $\mathcal{L}^+$ und es gilt*

$$\int (f + g) = \int f + \int g \quad und \quad \int \lambda f = \lambda \int f$$

sowie $\int f \leq \int g$ falls $f(x) \leq g(x) f.\ddot{u}.$.

Beweis ‖ Zu $f, g \in \mathcal{L}^+$ seien Folgen $(\phi_n) \uparrow f$ und $(\psi_n) \uparrow g$ ausgewählt. Für $f + g$ ist dann $(\phi_n + \psi_n) \uparrow f + g$ zulässig wegen $\int (\phi_n + \psi_n) = \int \phi_n + \int \psi_n$; es ergibt sich auch die Additivität des Integrals als Folge der Additivität des Grenzwertes. Für λf ($\lambda \geq 0$) ist die Folge $(\lambda \phi_n) \uparrow \lambda f$ zugelassen; es ist $\int \lambda \phi_n = \lambda \int \phi_n$, woraus gleichzeitig $\lambda f \in \mathcal{L}^+$ und die (positive) Homogenität des Integrals folgen. Die Wahl $(\phi_n^+) \uparrow f^+$ liegt ebenfalls nahe. Aus $\phi_n^+ \leq \phi_n - \phi_1 + \phi_1^+$ folgt $\int \phi_n^+ \leq \int \phi_n - \int \phi_1 + \int \phi_1^+$. Für $\max\{f, g\}$ bietet sich die Folge $\chi_n = \max\{\phi_n, \psi_n\}$ an. Die Beschränktheit der Integralfolge folgt aus

$$\chi_n \leq \max\{\phi_n - \phi_1, \psi_n - \psi_1\} + \phi_1^+ + \psi_1^+$$
$$\leq \phi_n + \psi_n + \phi_1^+ - \phi_1 + \psi_1^+ - \psi_1.$$

Die letzte Aussage schließlich ist schon bewiesen. &

5.31 Fast überall stetige Funktionen Der gewählte Zugang dient mehr der *theoretischen* Definition als der *praktischen* Berechnung des Integrals von $f \in \mathcal{L}^+$. Außer Treppenfunktionen sind bisher keine $\mathcal{L}^+$-Funktionen bekannt.

Satz 5.24 *Die f.ü. stetigen Funktionen $f : \mathbb{R} \to [0, \infty)$ sind Kandidaten für $\mathcal{L}^+$. Insbesondere gehören nichtnegative (eigentlich oder uneigentlich) Riemannintegrierbare Funktionen zu $\mathcal{L}^+$.*

Beweis ‖ Für $-n2^n \leq k < n2^n$ sei $I_{n,k} = (k2^{-n}, (k+1)2^{-n})$, $\phi_0(x) = 0$ und

$$\phi_n(x) = \inf\{f(y) : y \in \overline{I_{n,k}}\} \text{ in } I_{n,k}$$

sowie $\phi_n(k2^{-n}) = \phi_{n-1}(k2^{-n})$ und $\phi_n(x) = 0$ in $(-\infty, -n) \cup (n, \infty)$. Dann ist $\phi_n(x) \leq \phi_{n+1}(x) \leq f(x)$ von selbst erfüllt. Ist $x \neq k2^{-n}$ eine Stetigkeitsstelle von f, so gibt es zu $\epsilon > 0$ ein $\delta > 0$ mit $f(x) - \epsilon < f(y) < f(x) + \epsilon$ für $x - \delta < y < x + \delta$. Für $n \geq n_0 > |x| + \delta$ und $2^{-n_0} < \delta$ ist dann $x \in I_{n,k} \subset (x - \delta, x + \delta)$ für ein geeignetes k und $\phi_n(x) \geq f(x) - \epsilon$, also insgesamt $0 \leq f(x) - \phi_n(x) < \epsilon$. Dies zeigt $\phi_n(x) \uparrow f(x)$ **f.ü.** Die Bedingung $\int \phi_n \leq C$ ist natürlich nicht für jedes dieser f erfüllt (deshalb auch *Kandidaten*).   ☕

Beispiel 5.11 Konkret wird $f(x) = e^{-x}$ für $x > 0$ und $f(x) = 0$ in $(-\infty, 0]$ betrachtet. In $I_{n,k}$ $(0 \leq k < n2^n)$ ist $\phi_n(x) = e^{-(k+1)2^{-n}}$, und $\phi_n(x) = 0$ sonst; ϕ_n konvergiert lokal gleichmäßig und majorisiert durch e^{-x} in $[0, \infty)$ gegen e^{-x}, woraus bereits im Rahmen der Riemannschen Theorie $\int \phi_n \to \int_0^\infty e^{-x}\, dx = \int f$ folgt.

5.32 Die Klasse $\mathcal{L}$ umfasst die *Lebesgue-integrierbaren* Funktionen und besteht aus den Differenzen $f = f_1 - f_2$ von Funktionen $f_1, f_2 \in \mathcal{L}^+$ mit *Lebesgue-Integral*

$$\int f = \int f_1 - \int f_2.$$

Henri **Lebesgue** (1875–1941, Paris) entwickelte nach Vorarbeiten von Camille **Jordan** (1838–1822) und Émile **Borel** (1871–1956) ab 1901 die Maßtheorie, und darauf aufbauend die nach ihm benannte Integrationstheorie. Wie auch bei Riemann kam der Anstoß zur Entwicklung des neuen Integralbegriffs, einer der bedeutendsten Errungenschaften der Analysis des zwanzigsten Jahrhunderts, von der zentralen Fragestellung der Fourieranalysis: *Welche Funktionen werden durch ihre Fourierreihe dargestellt?* In seiner Dissertation *Intégrale, longueur, aire* löste Lebesgue dieses Problem für Funktionen, die durch beschränkt konvergente trigonometrische Reihen gegeben sind. Zu einem gewissen Abschluss kam diese Fragestellung erst 1966 mit einer Arbeit von Lennart **Carleson** (*1928), wonach $\mathcal{L}^2$-Funktionen *fast überall* durch ihre Fourierreihe dargestellt werden. Lebesgue arbeitete später über Topologie, Potentialtheorie und das Dirichletproblem.

Hilfssatz — *Die Definition des Lebesgue-Integrals $\int f$ ist unabhängig von der Darstellung $f = f_1 - f_2$.*

Beweis ‖ Aus $f = f_1 - f_2 = g_1 - g_2$ folgt $f_1 + g_2 = g_1 + f_2$, also $\int f_1 + \int g_2 = \int g_1 + \int f_2$ wegen der Additivität des Integrals in $\mathcal{L}^+$, und so $\int f_1 - \int f_2 = \int g_1 - \int g_2$.   ☕

Satz 5.25 *Mit $f, g \in \mathcal{L}$ und $\lambda \in \mathbb{R}$ sind auch die Funktionen*

$$f + g, \ \lambda f, \ f^+, \ f^-, \ |f|, \ \max\{f, g\}, \ \min\{f, g\} \in \mathcal{L};$$

insbesondere ist $\mathcal{L}$ ein Vektorraum über $\mathbb{R}$ und $f \mapsto \int f$ ein lineares und monotones Funktional, d. h. es gilt

$$\int (f+g) = \int f + \int g \quad \text{und} \quad \int \lambda f = \lambda \int f$$

sowie $\int f \le \int g$ falls $f(x) \le g(x)$ f.ü. und insbesondere die Dreiecksungleichung $|\int f| \le \int |f|$.

Beweis ‖ Es sei $f = f_1 - f_2$ und $g = g_1 - g_2$ mit $f_1, g_1, f_2, g_2 \in \mathcal{L}^+$; die angegebenen Funktionen sind als Differenzen von Funktionen in $\mathcal{L}^+$ zu schreiben. Zunächst ist $f + g = (f_1 + g_1) - (f_2 + g_2)$ mit $f_1 + g_1, f_2 + g_2 \in \mathcal{L}^+$. Für $\lambda \ge 0$ ist $\lambda f = (\lambda f_1) - (\lambda f_2)$ und $\lambda f_1, \lambda f_2 \in \mathcal{L}^+$, wohingegen für $\lambda < 0$ gilt $\lambda f = (-\lambda f_2) - (-\lambda f_1)$, diesmal mit $-\lambda f_1, -\lambda f_2 \in \mathcal{L}^+$. Weiter ist $f^+ = \max\{f_1, f_2\} - f_2$ und $\max\{f_1, f_2\} \in \mathcal{L}^+$, $f^- = (-f)^+$, $|f| = f^+ + f^-$, und schließlich $\max\{f, g\} = (f - g)^+ + g$ und $\min\{f, g\} = -\max\{-f, -g\}$. Die Additivität und Homogenität folgen aus den entsprechenden Eigenschaften des Integrals für Funktionen aus $\mathcal{L}^+$, ebenso die beiden Ungleichungen; z.B. ist $f(x) \le g(x)$ f.ü. äquivalent mit $f_1(x) + g_2(x) \le g_1(x) + f_2(x)$ f.ü.   ☕

5.8 Der Satz von Beppo Levi

Einer der Vorzüge des Lebesgue-Integrals ist, dass die Vertauschung von Integration und Grenzübergang unter sehr schwachen und daher meist leicht nachprüfbaren Voraussetzungen möglich ist. In dem hier gewählten Aufbau ist der Satz von Beppo Levi zentral. Dieser Satz zeigt, dass eine Wiederholung der Prozedur aus Lemma B, die aus Treppenfunktionen die Funktionen der Klasse $\mathcal{L}^+$ erzeugt, nichts Neues mehr ergibt, wenn man Treppenfunktionen durch Lebesgue-integrierbare Funktionen ersetzt. Der Prozess ist vielmehr abgeschlossen.

> Beppo **Levi** (1875–1961), ital. Mathematiker, arbeitete über algebraische Flächen, elliptische Kurven und die Lebesguesche Theorie. Aufgrund der antisemitischen Gesetze während der Mussolinizeit musste er 1938 nach Argentinien emigrieren; er baute in Rosario ein mathematisches Institut auf, das heutige *Instituto de Matemática Beppo Levi*.

Satz 5.26 (von Beppo Levi) *Es sei (f_n) eine Folge in $\mathcal{L}$ mit*

- $f_n(x) \le f_{n+1}(x)$ *f.ü. und*
- $\int f_n \le C$ *für alle $n \in \mathbb{N}$.*

Dann ist $f(x) = \lim\limits_{n \to \infty} f_n(x) < \infty$ f.ü., die sonst durch $f(x) = 0$ (oder irgendwie) definierte Funktion f gehört zu $\mathcal{L}$, und es gilt $\int f = \lim\limits_{n \to \infty} \int f_n$.

Beweis ‖ Zuerst gelte $f_n \in \mathcal{L}^+$. Mit f_n ist eine Folge $(\phi_{n\nu})_{\nu \in \mathbb{N}}$ von Treppenfunktionen mit den Eigenschaften

- $\phi_{n\nu}(x) \le \phi_{n\nu+1}(x)$ f.ü. $(\nu \in \mathbb{N})$,
- $\lim\limits_{\nu \to \infty} \phi_{n\nu}(x) = f_n(x)$ f.ü. und
- $\lim\limits_{\nu \to \infty} \int \phi_{n\nu} = \int f_n$

assoziiert. Aus diesen Folgen wird eine weitere Folge (ϕ_ν) von Treppenfunktionen gemäß $\phi_\nu(x) = \max\{\phi_{n\nu}(x) : 1 \leq n \leq \nu\}$ definiert (man vgl. dazu das nachfolgende Schema):

$$\begin{array}{llllll}
\phi_{11} & \phi_{12} & \phi_{13} & \phi_{14} & \cdots & \phi_{1\nu} & \cdots & f_1 \\
 & \phi_{22} & \phi_{23} & \phi_{24} & \cdots & \phi_{2\nu} & \cdots & f_2 \\
 & & \phi_{33} & \phi_{34} & \cdots & \phi_{3\nu} & \cdots & f_3 \\
 & & & \phi_{44} & \cdots & \phi_{4\nu} & \cdots & f_4 \\
 & & & & \ddots & \vdots & \cdots & \vdots \\
 & & & & & \phi_{\nu\nu} & \cdots & f_\nu
\end{array}$$

$$\phi_1 \quad \phi_2 \quad \phi_3 \quad \phi_4 \quad \cdots \quad \phi_\nu \quad \cdots \quad f$$

Es gilt dann definitionsgemäß $\phi_\nu(x) \leq \phi_{\nu+1}(x)$ **f.ü.**, während $\phi_\nu(x) \leq f_\nu(x)$ aus $\phi_{n\nu}(x) \leq f_n(x) \leq f_\nu(x)$ $(1 \leq n \leq \nu)$ folgt. Die Folge (ϕ_ν) führt nach Lemma B zu einer Funktion

$$f(x) = \lim_{n \to \infty} \phi_\nu(x) \leq \lim_{\nu \to \infty} f_\nu(x) \, \textbf{f.ü.}$$

in $\mathcal{L}^+$ mit

$$\int f = \lim_{\nu \to \infty} \int \phi_\nu \leq \lim_{\nu \to \infty} \int f_\nu.$$

Es fehlt somit noch eine Ungleichung. Wegen $\phi_\nu(x) \geq \phi_{n\nu}(x)$ für $\nu \geq n$ ist auch $f(x) \geq \lim_{\nu \to \infty} \phi_{n\nu}(x) = f_n(x) \, \textbf{f.ü.}$, somit auch $f(x) \geq \lim_{\nu \to \infty} f_n(x) \, \textbf{f.ü.}$ und $\int f \geq$ $\lim_{n \to \infty} \int f_n$; soweit der Beweis für $f_n \in \mathcal{L}^+$ $(n \in \mathbb{N})$.

Allgemein ist $f_n = g_n - h_n$ mit $g_n, h_n \in \mathcal{L}^+$, allerdings werden die Folgen (g_n) und (h_n) nicht monoton wachsend und die Integralfolgen $\int g_n$ und $\int h_n$ nicht unbedingt beschränkt sein. Falls dies doch erreicht werden kann, ergibt der erste Teil $g_n \to g$, $h_n \to h \, \textbf{f.ü.}$ und $\int g_n - \int h_n \to \int g - \int h$, also die Behauptung mit $f = g - h$. Um eine Darstellung $f_n = g_n - h_n$ mit wachsenden Folgen (g_n) und (h_n) mit beschränkter Integralfolge zu finden, benötigen wir folgenden

Hilfssatz — *Zu $f \in \mathcal{L}$ und $\epsilon > 0$ gibt es Funktionen $g, h \in \mathcal{L}^+$ mit $h(x) \geq 0 \, \textbf{f.ü.}$, $\int h < \epsilon$ und $f = g - h \, \textbf{f.ü.}$*

Beweis ‖ Es sei $f = g_1 - h_1$ mit $g_1, h_1 \in \mathcal{L}^+$ und ϕ eine Treppenfunktion mit $\phi(x) \leq h_1(x) \, \textbf{f.ü.}$ und $\int h_1 \leq \int \phi + \epsilon$; ϕ existiert nach Definition der Klasse $\mathcal{L}^+$. Es muss dann nur noch $g = g_1 - \phi \in \mathcal{L}^+$ und $h = h_1 - \phi \in \mathcal{L}^+$ gesetzt werden, denn dann ist gleichzeitig $h(x) = h_1(x) - \phi(x) \geq 0 \, \textbf{f.ü.}$, $\int h = \int h_1 - \int \phi < \epsilon$ und $f = (g_1 - \phi) - (h_1 - \phi) = g - h$. ☕

Zur Beendigung des Beweises wird $f_0 = 0$ und $f_n - f_{n-1} = \tilde{g}_n - \tilde{h}_n$ geschrieben, wobei $\tilde{g}_n, \tilde{h}_n \in \mathcal{L}^+$ nach dem Hilfssatz zu $f_n - f_{n-1}$ so gewählt werden, dass $\tilde{h}_n(x) \geq 0 \, \textbf{f.ü.}$ und $\int \tilde{h}_n \leq 2^{-n}$ ist; weiter sei $g_n = \sum_{k=1}^{n} \tilde{g}_k$ und $h_n = \sum_{k=1}^{n} \tilde{h}_k$. Dann ist $h_n \in \mathcal{L}^+$ und es gilt $h_n(x) \le h_{n+1}(x)\,\boldsymbol{f.\ddot{u}.}$ sowie $\int h_n \le \sum_{k=1}^{n} 2^{-k} < 1$. Ebenso ist

auch $g_n \in \mathcal{L}^+$, $\int g_n = \int f_n + \int h_n \le C + 1$ und $f_n = \sum_{k=1}^{n}(f_k - f_{k-1}) = g_n - h_n$.
Die Ungleichung $g_n(x) \le g_{n+1}(x)\,\boldsymbol{f.\ddot{u}.}$ schließlich folgt aus

$$\tilde{g}_k(x) = (f_k(x) - f_{k-1}(x)) + \tilde{h}_k(x) \ge 0 \qquad ☕$$

Aus $f(x) = 0\,\boldsymbol{f.\ddot{u}.}$ folgt $\int f = 0$. Es gilt auch die Umkehrung, genauer der

Satz 5.27 *Es ist $\int |f| = 0$ genau dann, wenn $f(x) = 0\,\boldsymbol{f.\ddot{u}.}$ gilt.*

Beweis ‖ Nach dem Satz von Beppo Levi, angewandt auf die Folge $(n|f|)_{n\in\mathbb{N}}$, ist $f(x) = 0$ genau da, wo $\lim\limits_{n\to\infty} n|f(x)|$ endlich ist, d. h. $\boldsymbol{f.\ddot{u}.}$ ☕

5.33 Der Satz von Beppo Levi für Funktionenreihen wird eigens formuliert, sein Beweis ergibt sich aus dem Satz von Beppo Levi, angewandt auf die Folge der Partialsummen.

Satz 5.28 **(von Beppo Levi)** *Es sei (f_n) eine Folge in $\mathcal{L}$, $f_n(x) \ge 0\,\boldsymbol{f.\ddot{u}.}$ und die Reihe $\sum\limits_{n=0}^{\infty} \int f_n$ sei konvergent. Dann ist $f(x) = \sum\limits_{n=0}^{\infty} f_n(x)\,\boldsymbol{f.\ddot{u}.}$ konvergent, $f \in \mathcal{L}$* (etwa $f(x) = 0$ gesetzt wo die Reihe divergiert) *und $\int f = \sum\limits_{n=0}^{\infty} \int f_n$.*

5.34 Vergleich von Riemann- und Lebesgue-Integral Treppenfunktionen mit Trägerintervall $[a, b]$ sind Riemann-integrierbar, $\boldsymbol{f.\ddot{u}.}$ stetig und die Integrale $\int \phi$ und $\int_a^b \phi(x)\,dx$ stimmen überein. Dagegen sind nur bedingt, aber nicht absolut uneigentlich integrierbare Funktionen nicht Lebesgue-integrierbar. Die Dirichletfunktion ist Lebesgue- aber nicht Riemann-integrierbar. Ansonsten gilt der

Satz 5.29 *Riemann-integrierbare Funktionen $f : [a, b] \longrightarrow \mathbb{R}$ gehören zu $\mathcal{L}^+$ und sind $\boldsymbol{f.\ddot{u}.}$ stetig[5]. Über (a, b) absolut uneigentlich integrierbare Funktionen sind ebenfalls Lebesgue-integrierbar, und in beiden Fällen stimmt das* (eigentliche oder uneigentliche) *Riemann- mit dem Lebesgue-Integral überein, $\int f = \int_a^b f(x)\,dx$* (stillschweigend wird $f(x) = 0$ für $x < a$ und für $x > b$ angenommen).

Beweis ‖ Zunächst sei f über $[a, b]$ Riemann-integrierbar. Mit der äquidistanten Zerlegung Z_n der Feinheit $(b - a)2^{-n}$ sind die obere und untere Treppenfunktion Φ_n und ϕ_n assoziiert (man vgl. die Bemerkung auf S. 151). Es gilt $\phi_n(x) \le \phi_{n+1}(x) \le f(x) \le \Phi_{n+1}(x) \le \Phi_n(x)$ sogar überall, und $\lim\limits_{n\to\infty} \int \phi_n = \lim\limits_{n\to\infty} \int \Phi_n = \int_a^b f(x)\,dx$. Auf $\chi_n = \phi_n - \Phi_n$ ist Lemma B anwendbar mit dem Ergebnis $\lim\limits_{n\to\infty} \chi_n(x) = h(x) \le 0$ (ebenfalls überall) und $\int_a^b h(x)\,dx = 0$, d. h. aber $h(x) = 0\,\boldsymbol{f.\ddot{u}.}$ Es sei $h(x) = 0$,

---

[5] Was schon bekannt ist und hier noch einmal bewiesen wird.

aber x kein Teilpunkt $(x \notin \bigcup_{n \geq 1} Z_n)$ und $\epsilon > 0$. Dazu gibt es einen Index $n = n(x)$ mit $\phi_n(x) \leq f(x) \leq \Phi_n(x) \leq \phi_n(x) + \epsilon$. Diese Ungleichung gilt auch für y anstelle x in dem gemeinsamen Konstanzintervall $I_n(x)$ von ϕ_n und Φ_n, das x enthält, woraus sofort $|f(x) - f(y)| < \epsilon$ für alle $y \in (x - \delta, x + \delta) \subset I_n(x)$ (so ist $\delta > 0$ zu wählen) folgt. Damit ist aber die Stetigkeit $f.\ddot{u}.$ von f gezeigt, denn $\{x : h(x) \neq 0\} \cup \bigcup_{n \geq 1} Z_n$ ist eine Nullmenge; die Gleichheit der Integrale folgt aus $\int f = \lim_{n \to \infty} \int \phi_n = \int_a^b f(x)\,dx$. Über (a, b) absolut uneigentlich Riemann-integrierbare Funktionen f und auch ihr Betrag $|f|$ gehören lokal, d.h. eingeschränkt auf Intervalle $[\alpha, \beta] \subset (a, b)$ zu $\mathcal{L}^+$ nach dem ersten Teil und sind wegen $\int_a^\alpha |f(x)|\,dx + \int_\beta^b |f(x)|\,dx \to 0$ für $\alpha \to a$, $\beta \to b$ auch Lebesgue-integrierbar. Die Gleichheit der Integrale ist auch hier offensichtlich.   ☕

5.35 Der Satz von Lebesgue über majorisierte Konvergenz ergibt sich fast unmittelbar aus dem Satz von Beppo Levi; bei einem anderen Zugang kann dies genau umgekehrt sein.

Satz 5.30 (über majorisierte Konvergenz) *Es sei (f_n) eine Folge in $\mathcal{L}$ mit der Eigenschaft $f_n(x) \to f(x)\,f.\ddot{u}.$ und es gelte $|f_n(x)| \leq g(x)\,f.\ddot{u}.$ für eine integrierbare Funktion g. Dann ist auch $f \in \mathcal{L}$ und es gilt $\int f = \lim_{n \to \infty} \int f_n$.*

Bemerkung 5.8 Man nennt die Funktion g aus naheliegendem Grund eine *integrierbare Majorante* und die Konvergenz *majorisiert*.

Beweis ‖ Aus der Folge (f_n) ist eine *monotone* Folge mit derselben Grenzfunktion $f.\ddot{u}.$ zu konstruieren. Dazu sei bei festem $n \in \mathbb{N}$ und für $k = 1, 2, 3, \ldots$

$$g_{nk}(x) = \max\{f_{n+j}(x) : 0 \leq j \leq k\}.$$

Es ist offensichtlich $g_{nk}(x) \leq g_{nk+1}(x) \leq g(x)\,f.\ddot{u}.$, erst recht $\int g_{nk} \leq \int g$. Nach dem Satz von Beppo Levi existiert $g_n \in \mathcal{L}$ mit $g_n(x) = \lim_{k \to \infty} g_{nk}(x)\,f.\ddot{u}.$, d.h. es ist $g_n(x) = \sup\{f_{n+j}(x) : j \in \mathbb{N}_0\} < \infty\,f.\ddot{u}.$ Weiter gilt $g_n(x) \geq g_{n+1}(x) \geq -g(x)$ $f.\ddot{u}.$, und somit $\int(-g_n) \leq \int g$, so dass zum zweiten Mal der Satz von Beppo Levi angewendet werden kann, diesmal auf die Folge $(-g_n)$. Die Grenzfunktion ist aber, nach Elimination des Vorzeichens, $\lim_{n \to \infty} g_n(x) = \limsup_{n \to \infty} f_n(x) = f(x)\,f.\ddot{u}.$, und so $\lim_{n \to \infty} \int g_n = \int f$. Genauso kann man $h_n(x) = \inf\{f_{n+j}(x) : j \in \mathbb{N}_0\} > -\infty$ $f.\ddot{u}.$ bilden und auf die Folge (h_n) den Satz von Beppo Levi anwenden, mit dem Ergebnis $\lim_{n \to \infty} h_n(x) = \liminf_{n \to \infty} f_n(x) = f(x)\,f.\ddot{u}.$ und $\lim_{n \to \infty} \int h_n = \int f$. Wegen $h_n(x) \leq f_n(x) \leq g_n(x)\,f.\ddot{u}.$ folgt schließlich $\lim_{n \to \infty} \int f_n = \int f$.   ☕

5.9 Das Riemann-Stieltjes-Integral

5.36 Definition des Riemann-Stieltjes-Integrals Die Einführung des Riemann-Integrals geschah mittels Darbouxscher Ober- und Untersummen und dann mittels Riemannscher Zwischensummen $\sigma(Z, \xi) = \sigma(Z, \xi, f)$. Zur Definition des Riemann-Stieltjes-Integrals

$$\int_a^b f(x)\, dg(x) \tag{5.13}$$

werden ebenfalls Zwischensummen betrachtet. Gegeben seien Funktionen $f, g :$ $[a, b] \longrightarrow \mathbb{R}$, eine Zerlegung $Z : a = x_0 < x_1 < \cdots < x_n = b$ von $[a, b]$, und ein Satz von passenden Zwischenpunkten $\xi = (\xi_1, \ldots, \xi_n), x_{\nu-1} \le \xi_\nu \le x_\nu$. Dann heißt

$$\sigma(Z, \xi, f, g) = \sum_{\nu=1}^{n} f(\xi_\nu)(g(x_\nu) - g(x_{\nu-1}))$$

Zwischensumme zum Riemann-Stieltjes-Integral (5.13); f heißt *Integrand* und g *Integrator*. Der folgende Satz liefert die Grundlage für die Definition des Integrals (5.13).

Satz 5.31 *Existiert für jede Zerlegungsfolge (Z_n) mit $\|Z_n\| \to 0$ und jedes zu Z_n passende Zwischenpunktsystem $\xi^{(n)}$ der Grenzwert*

$$\lim_{n \to \infty} \sigma(Z_n, \xi^{(n)}, f, g) \tag{5.14}$$

so sind alle diese Grenzwerte gleich dem dadurch definierten Riemann-Stieltjes-Integral (5.13).

Beweis ‖ Aus Folgen $(\sigma(Z_n, \xi^{(n)}, f, g))$ und $(\sigma(\tilde{Z}_n, \tilde{\xi}^{(n)}, f, g))$ mit $\|Z_n\| + \|\tilde{Z}_n\| \to 0$ wird die Mischfolge $(\ldots, \sigma(Z_n, \xi^{(n)}, f, g), \sigma(\tilde{Z}_n, \tilde{\xi}^{(n)}, f, g), \ldots)$ gebildet, die nach Voraussetzung ebenfalls konvergiert; es folgt

$$\lim_{n \to \infty} \sigma(Z_n, \xi^{(n)}, f, g) = \lim_{n \to \infty} \sigma(\tilde{Z}_n, \tilde{\xi}^{(n)}, f, g). \qquad \text{☕}$$

Thomas **Stieltjes** (1856–1894), niederl. Mathematiker, arbeitete vornehmlich über Probleme der Analysis und der Zahlentheorie.

Satz 5.32 *Das Riemann-Stieltjes-Integral ist bilinear, d. h. es gilt*

$$\int_a^b \sum_{j=1}^{2} \alpha_j f_j(x)\, d\left(\sum_{k=1}^{2} \beta_k g_k(x)\right) = \sum_{j,k=1}^{2} \alpha_j \beta_k \int_a^b f_j(x)\, dg_k(x).$$

Existiert $\int f\, dg$, so auch $\int g\, df$ und es gilt

$$\int_a^b f(x)\,dg(x) + \int_a^b g(x)\,df(x) = f(x)g(x)\Big|_a^b. \qquad (5.15)$$

Beweis ‖ Die erste Behauptung folgt aus

$$\sigma(Z,\xi,\alpha_1 f_1 + \alpha_2 f_2, \beta_1 g_1 + \beta_2 g_2) = \sum_{j,k=1}^{2} \alpha_j \beta_k \sigma(Z,\xi,f_j,g_k),$$

und die zweite (partielle Integration (5.15)) aus

$$\begin{aligned}
\sigma(Z,\xi,g,f) &= \sum_{\nu=1}^{n} g(\xi_\nu)f(x_\nu) - \sum_{\nu=1}^{n} g(\xi_\nu)f(x_{\nu-1}) \\
&= \sum_{\nu=1}^{n-1}(g(\xi_\nu) - g(\xi_{\nu+1}))f(x_\nu) + (g(\xi_n) - g(b))f(x_n) \\
&\quad + (g(a) - g(\xi_1))f(a) + f(b)g(b) - f(a)g(a) \\
&= -\sigma(\tilde{Z},\tilde{\xi},f,g) + f(b)g(b) - f(a)g(a),
\end{aligned}$$

wobei $\tilde{Z} : a = \xi_0 \le \xi_1 < \cdots < \xi_n \le \xi_{n+1} = b$ mit $\frac{1}{2}\|Z\| \le \|\tilde{Z}\| \le 2\|Z\|$ und $\tilde{\xi} = (x_0, x_1, \ldots, x_n)$ ist.   ☕

Bemerkung 5.9 Welche Funktionenpaare f, g kommen in Frage? Bei *monoton wachsenden* Integratorenen g kann man sinnvollerweise von Unter- und Obersummen

$$s(Z,f,g) = \sum_{\nu=1}^{n} m_\nu(g(x_\nu) - g(x_{\nu-1})) \quad \text{und} \quad S(Z,f,g) = \sum_{\nu=1}^{n} M_\nu(g(x_\nu) - g(x_{\nu-1}))$$

sprechen. Wie beim Riemann-Integral folgt aus den Bedingungen

(i) $s(Z,f,g) \le s(\tilde{Z},f,g) \le S(\tilde{Z},f,g) \le S(Z,f,g)$ für $Z \subset \tilde{Z}$,
(ii) $s(Z,f,g) \le \sigma(Z,\xi,f,g) \le S(Z,f,g)$,
(iii) $s(Z,f,g) = \inf_\xi \sigma(Z,\xi,f,g)$ und $S(Z,f,g) = \sup_\xi \sigma(Z,\xi,f,g)$,

dass das Riemann-Stieltjes-Integral genau für $\sup_Z s(Z,f,g) = \inf_Z S(Z,f,g)$ existiert.

Satz 5.33 *Das Riemann-Stieltjes-Integral (5.13) existiert für stetige Integranden und monotone Integratoren.*

Beweis ‖ Es sei etwa g monoton wachsend. Zu gegebenem $\epsilon > 0$ gibt es ein $\delta > 0$ mit $|f(x) - f(x')| < \epsilon$ für $x, x' \in [a,b]$, $|x - x'| < \delta$ (gleichmäßige Stetigkeit von f). Es folgt $S(Z,f,g) - s(Z,f,g) \le \epsilon(g(b) - g(a))$, also die Existenz von (5.13).   ☕

5.37 Funktionen von endlicher Variation Die *Variation* von $g : [a,b] \longrightarrow \mathbb{R}$ ist definiert durch

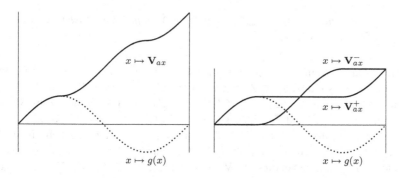

Abb. 5.5 Die Graphen von g, $x \mapsto V_{ax}$ und $x \mapsto V_{ax}^{\pm}$

$$V_{ab}(g) = \sup_{Z} \Sigma_{ab}(Z),$$

wobei $\Sigma_{ab}(Z) = \sum\limits_{\nu=1}^{n} |g(x_\nu) - g(x_{\nu-1})|$ und das Supremum über alle Zerlegungen zu bilden ist; g heißt von **endlicher Variation**[6], wenn $V_{ab}(g)$ endlich ist. Neben $V_{ab}(g)$ werden noch die *positive* und *negative Variation*

$$V_{ab}^{+}(g) = \sup_{Z} \Sigma_{ab}^{+}(Z) \quad \text{und} \quad V_{ab}^{-}(g) = \sup_{Z} \Sigma_{ab}^{-}(Z)$$

mit $\Sigma_{ab}^{\pm}(Z) = \sum\limits_{\nu=1}^{n} (g(x_\nu) - g(x_{\nu-1}))^{\pm}$ betrachtet. Für monoton wachsende Funktionen ist $V_{ab}(g) = V_{ab}^{+}(g) = g(b) - g(a)$ und $V_{ab}^{-}(g) = 0$.

Bemerkung 5.10 Stellt man sich das Höhenprofil eines Wanderweges als Funktion g vor, so bereitet $V_{ab}^{+}(g)$ Probleme für konditionsarme Wanderer, und $V_{ab}^{-}(g)$ für Wanderer mit Knieproblemen. Die Spezies der konditionsarmen Wanderer mit Knieproblemen fürchtet die (Total-)Variation $V_{ab}(g)$ (vgl. Abb. 5.5).

Beispiel 5.12 Differenzen von monoton wachsenden Funktionen g_1 und g_2 haben endliche Variation $V_{ab}(g_1 - g_2) \leq g_1(b) - g_1(a) + g_2(b) - g_2(a)$. Allgemein (auch ohne Monotonie) gilt $V_{ab}(g_1 + g_2) \leq V_{ab}(g_1) + V_{ab}(g_2)$ und $V_{ab}(\alpha g) = |\alpha| V_{ab}(g)$.

Beispiel 5.13 Die Variation $V_{01}(g)$ von $g(x) = \sin(\pi/x)$ auf $(0, 1]$, $g(0) = 0$ ist unendlich: für die Zerlegung Z mit Zerlegungspunkten 0 und $2/k$ ($k = 2, \ldots, 2n + 1$) gilt $\Sigma_{01}(g) = 2n$. Dies liegt nicht an der Unstetigkeit in $x = 0$. Auch die Variation der stetigen Funktion $h(x) = x g(x)$ ist unendlich (dieselbe Zerlegung; es kommt die harmonische Reihe ins Spiel).

Beispiel 5.14 Für $g \in C^1[a, b]$ gilt $V_{ab}(g) \leq \int_a^b |g'(x)| \, dx$ (tatsächlich gilt „$=$").

Satz 5.34 *Die Variationen sind intervall-additiv, d. h. für $a < c < b$ gelten $V_{ab}(g) = V_{ac}(g) + V_{cb}(g)$ und entsprechende Identitäten für V_{ab}^{+} und V_{ab}^{-}. Insbesondere*

---

[6] In verschiedenen Textbüchern wird von *beschränkter* Variation gesprochen. Aber die Variation $V_{ab}(g)$ ist entweder endlich oder unendlich, keinesfalls beschränkt oder unbeschränkt.

sind die Funktionen $\mathbf{V}_{ax}(g)$, $\mathbf{V}_{ax}^+(g)$ *und* $\mathbf{V}_{ax}^-(g)$ *monoton wachsend und es gilt* $\mathbf{V}_{ax}(g) = \mathbf{V}_{ax}^+(g) + \mathbf{V}_{ax}^-(g)$.

Beweis ‖ Da die Summen $\Sigma_{ab}(Z)$ durch Hinzunahme weiterer Zerlegungspunkte nicht abnehmen, kann man $c \in Z$ annehmen und $Z_1 = Z \cap [a, c]$, $Z_2 = Z \cap [c, b]$ setzen. Es gilt dann $\Sigma_{ab}(Z) = \Sigma_{ac}(Z_1) + \Sigma_{cb}(Z_2)$, und Übergang zum Supremum bzgl. Z bzw. Z_1 und Z_2 ergibt $\mathbf{V}_{ab}(g) \geq \Sigma_{ac}(Z_1) + \Sigma_{cb}(Z_2)$ bzw. $\Sigma_{ab}(Z) \leq \mathbf{V}_{ac}(g) + \mathbf{V}_{cb}(g)$, also die Intervall-Additivität, wenn man jetzt umgekehrt bzgl. Z_1 und Z_2 bzw. Z zum Supremum übergeht. Die additive Beziehung zwischen der Variationen folgt auf genau dieselbe Weise aus $\Sigma_{ab}(Z) = \Sigma_{ab}^+(Z) + \Sigma_{ab}^-(Z)$. ☕

Satz 5.35 *Die Funktion* $\mathbf{V}_{ax}(g) - g(x)$ *ist monoton wachsend, so dass g auf zweifache Weise als Differenz zweier monoton wachsender Funktionen geschrieben werden kann:* $g(x) = \mathbf{V}_{ax}(g) - (\mathbf{V}_{ax}(g) - g(x))$ *und* $g(x) = g(a) + \mathbf{V}_{ax}^+(g) - \mathbf{V}_{ax}^-(g)$.

Beweis ‖ Für $a \leq x < y \leq b$ ist

$$(\mathbf{V}_{ay}(g) - g(y)) - (\mathbf{V}_{ax}(g) - g(x)) = \mathbf{V}_{xy}(g) - (g(y) - g(x))$$
$$\geq |g(y) - g(x)| - (g(y) - g(x)) \geq 0,$$

also ist $\mathbf{V}_{ax}(g) - g(x)$ monoton wachsend und $g(x) = \mathbf{V}_{ax}(g) - (\mathbf{V}_{ax}(g) - g(x))$. Die zweite Identität gilt wegen $\Sigma_{ax}^+(Z) - \Sigma_{ax}^-(Z) = g(x) - g(a)$. ☕

Satz 5.36 *Funktionen* $g : [a, b] \longrightarrow \mathbb{R}$ *mit Riemann-integrierbarer Ableitung in* (a, b) *haben endliche Variation* $\mathbf{V}_{ab}(g) = \int_a^b |g'(x)| \, dx$. *Für jede stetige Funktion* $f : [a, b] \longrightarrow \mathbb{R}$ *gilt*

$$\int_a^b f(x) \, dg(x) = \int_a^b f(x) g'(x) \, dx.$$

Beweis ‖ Die Ungleichung $\mathbf{V}_{ab}(g) \leq \int_a^b |g'(x)| \, dx$ wurde bereits bewiesen; für monotone Funktionen mit integrierbarer Ableitung gilt Gleichheit. Andererseits gibt es $\xi_\nu^* \in (x_{\nu-1}, x_\nu)$ mit $\sum_{\nu=1}^n |g'(\xi_\nu^*)|(x_\nu - x_{\nu-1}) = \sum_{\nu=1}^n |g(x_\nu) - g(x_{\nu-1})| \leq \mathbf{V}_{ab}(g)$, und die linke Seite strebt gegen $\int_a^b |g'(x)| \, dx$ für $\|Z\| \to 0$, sodass $\int_a^b |g'(x)| \, dx \leq \mathbf{V}_{ab}(g)$ gilt. Weiterhin gibt es zu $\epsilon > 0$ ein $\delta > 0$ mit $|f(x) - f(y)| < \epsilon$ für $|x - y| < \delta$, $x, y \in [a, b]$ (gleichmäßige Stetigkeit von f) sowie Zerlegungen Z mit $\|Z\| < \delta$ und

$$\left| \sigma(Z, \xi^*, fg') - \int_a^b f(x) g'(x) \, dx \right| < \epsilon$$

(Riemannsche Zwischensumme, Zwischenpunkte ξ_ν^* wie oben). Für jedes andere Zwischenpunktsystem ξ zu Z ist dann

$$\left| \sigma(Z, \xi, f, g) - \int_a^b f(x)g'(x)\,dx \right| < \epsilon(1 + \mathbf{V}_{ab}(g)) \quad (\|Z\| < \delta).$$

Bemerkung 5.11 Der Satz gilt auch für Funktionen $g(x) = \int_a^x \phi(t)\,dt$ mit Lebesgue-integrierbarer Funktion ϕ. Funktionen dieser Art heissen *absolut stetig*, es gilt (o. Beweis) $g'(x) = \phi(x)$ *f.ü.*.

Da monotone Funktionen als Integratoren stetiger Integranden zugelassen sind, gilt der

Satz 5.37 *Ist* $f : [a, b] \longrightarrow \mathbb{R}$ *stetig und* $g : [a, b] \longrightarrow \mathbb{R}$ *von endlicher Variation, so existiert das Riemann-Stieltjes-Integral* (5.13).

Beispiel 5.15 Es sei $f : [a, b] \longrightarrow \mathbb{R}$ stetig und $g : [a, b] \longrightarrow \mathbb{R}$ stückweise konstant mit Sprungstellen und -höhen ξ_k und $h_k = g(\xi_k+) - g(\xi_k-)$ ($1 \le k \le n$, $g(\xi_k)$ zwischen $g(\xi_k+)$ und $g(\xi_k-)$). Dann ist $\mathbf{V}_{ab}(g) = \sum_{k=1}^{n} |h_k|$ und $\int_a^b f(x)\,dg(x) = \sum_{k=1}^{n} f(\xi_k)h_k$. Für jede Zerlegung Z, welche die ξ_k voneinander trennt ist $\sigma(Z, \xi, f, g) = \sum_{k=1}^{n} f(\xi_k)h_k$.

Bemerkung 5.12 Das Kriterium von Riemann-Lebesgue erfährt folgende Verallgemeinerung: Ist $g : [a, b] \longrightarrow \mathbb{R}$ von endlicher Variation, so existiert das Riemann-Stieltjes-Integral $\int_a^b f(x)\,dg(x)$ genau dann, wenn für jedes $\epsilon > 0$ die Menge der Unstetigkeiten von $f : [a, b] \longrightarrow \mathbb{R}$ durch endlich oder abzählbar viele Intervalle (a_k, b_k) mit $\sum_k |g(b_k) - g(a_k)| < \epsilon$ überdeckt werden kann.

Aufgabe 5.14 Es sei $f \in C^1[1, n]$. Man zeige

$$\sum_{k=1}^{n} f(k) = nf(n) - \int_1^n f'(x)[x]\,dx$$

$$= nf(n) + \frac{1}{2}(f(n) - f(1)) - \int_1^n xf'(x)\,dx + R_n$$

mit $|R_n| \le \frac{1}{2}\mathbf{V}_{1n}(f)$. (**Hinweis.** $g(x) = [x]$, partielle Integration unter Verwendung von $[x] = x - \frac{1}{2} - (x - [x] - \frac{1}{2})$, $|x - [x] - \frac{1}{2}| \le \frac{1}{2}$.)

5.10 Anhang: Von Riemann zu Lebesgue

Flächen- und Volumenberechnungen wurden schon lange vor der Entwicklung der Infinitesimalrechnung in der Antike (Archimedes) durchgeführt[7]. Zur Zeit von Newton und Leibniz, und durchgehend im 18. Jahrhundert war *Integral* im Wesentlichen dasselbe wie *Stammfunktion*, der Zusammenhang mit der Flächenberechnung war (schien) evident. Wie viele neuere Entwicklungen im 19. Jahrhundert ist

---

[7] Es gibt gute Gründe anzunehmen, dass der Stand der Wissenschaft im Hellenismus erst wieder im 16./17. Jahrhundert erreicht wurde.

auch der moderne Integralbegriff den Fourierreihen zu verdanken. Ein Hauptproblem war dabei die Frage, welche *willkürlichen* 2π-periodischen Funktionen in eine trigonometrische Reihe $\dfrac{a_0}{2} + \sum\limits_{k=1}^{\infty} (a_k \cos kx + b_k \sin kx)$ entwickelt werden können. Die unter sinnvollen Annahmen notwendigerweise sich einstellenden Darstellungen $\pi a_k = \int_{-\pi}^{\pi} f(x) \cos kx \, dx$ und $\pi b_k = \int_{-\pi}^{\pi} f(x) \sin kx \, dx$ erforderten eine Klärung des Integralbegriffs. Von Cauchy (um 1820) stammt ein auf die stetigen Funktionen ausgerichteter Integralbegriff, der auf den Riemannsummen $\sum\limits_{\nu=1}^{n} (x_\nu - x_{\nu-1}) f(x_{\nu-1})$ beruht. In seiner Habilitationsschrift (1854) hat Riemann den hier dargestellten und von Darboux modifizierten Integralbegriff entwickelt, der aber im Grunde genommen auch nur auf stetige Funktionen passt. Er hat zudem den Nachteil, dass die Vertauschung von Integration und Grenzwertbildung nur unter relativ starken Voraussetzungen möglich ist, und dass (punktweise) Grenzfunktionen von Folgen integrierbarer Funktionen nicht notwendigerweise integrierbar sind. Gegen Ende des 19. Jahrhunderts begann die Entwicklung der Maßtheorie, einer Methode, beliebigen Mengen $E \subset \mathbb{R}$ eine Länge, $E \subset \mathbb{R}^2$ eine Fläche, und $E \subset \mathbb{R}^3$ ein Volumen zuzuweisen. An diesen Arbeiten waren u. a. Camille **Jordan** (1838–1922) und Émile **Borel** (1871–1956) wesentlich beteiligt. Darauf aufbauend kam dann Henri Lebesgue in seiner Dissertation *Intégrale, longueur, aire* zu seinem Maß- und Integralbegriff, angekündigt in *Sur une généralisation de l'intégrale définie* (1901). Lebesgues Zugang zum Integral ist gleichwertig, aber deutlich verschieden von dem hier vorgestellten (Abb. 5.6).

Er verallgemeinert zunächst den Begriff der Länge eines Intervalls auf gewisse Mengen $E \subset \mathbb{R}$; diesen sogenannten messbaren Mengen wird ein Maß $\lambda(E) \geq 0$ zugeordnet, wobei $\lambda([\alpha, \beta]) = \beta - \alpha$ gilt. Ist $f : [a, b] \to \mathbb{R}$ zunächst beschränkt, $A < f(x) < B$, so werden nach Lebesgue einer Zerlegung Z des *Ordinatenintervalls* $[A, B)$ in halboffene Teilintervalle $I_k = [c_{k-1}, c_k)$ die Summen $s_Z = \sum\limits_{k=1}^{n} c_{k-1} \lambda(E_k)$ und $S_Z = \sum\limits_{k=1}^{n} c_k \lambda(E_k)$ (Unter- und Obersumme) zugeordnet – unter der Voraussetzung, dass alle Mengen $E_k = f^{-1}(I_k)$ messbar sind; Funktionen f mit dieser Eigenschaft nennt Lebesgue messbar. Es gilt dann $\lim\limits_{n \to \infty} s_{Z_n} = \lim\limits_{n \to \infty} S_{Z_n}$ für $\|Z_n\| \to 0$, f heißt über $[a, b]$ Lebesgue-integrierbar und der gemeinsame Grenzwert Lebesgue-Integral $\int_a^b f(x) \, dx$ von f. Die Ausdehnung des Begriffs auf gewisse unbeschränkte Funktionen macht keine größeren Schwierigkeiten, die Vorteile gegenüber dem Riemann-Integral sind immens. Die allgemeine Maßtheorie bildet seit Andrej Nikolajewitsch **Kolmogoroff** (1903–1987) die Grundlage der Wahrscheinlichkeitstheorie.

Abb. 5.6 Je eine
Lebesguesche Unter- und
Obersumme. In diesem
Beispiel besteht jede Menge
E_k aus einem oder zwei
Intervallen

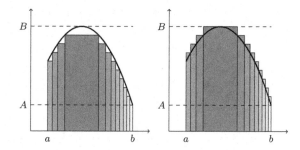

Kapitel 6
Metrische und normierte Räume

In diesem Kapitel werden die Inhalte der ersten drei Kapitel in der erforderlichen Allgemeinheit und Abstraktion wiederholt sowie die wichtigsten topologischen Begriffe zusammengestellt. Die Unterschiede zum konkreten reellen Fall bestehen im Wesentlichen in der Ersetzung des absoluten Betrages durch eine *Norm* oder *Metrik*. Allerdings gelten viele anschauliche und vertraute Tatsachen nicht weiter, und es treten neue Begriffe und Objekte in natürlicher Weise auf.

6.1 Norm und Metrik

6.1 Der euklidische Raum Die Elemente des euklidischen Raumes $\mathbb{R}^n$ sind die *n-Tupel* $\mathfrak{x} = (x_1, x_2, \ldots, x_n)^\top$ reeller Zahlen x_ν, genannt *Koordinaten* oder *Komponenten* von $\mathfrak{x}$. Dabei bedeutet $^\top$ die Transposition, d. h. eigentlich müssten die x_ν (wie in der Fußnote) untereinander geschrieben werden, $\mathfrak{x}$ ist ein *Spaltenvektor;* aus Platzgründen verbietet sich diese Schreibweise[1]. Naturgemäß wird in diesem Kapitel stärker auf die Ergebnisse der Vorlesung *Lineare Algebra* zurückgegriffen. Mit der *Addition* $\mathfrak{x} + \mathfrak{y} = (x_1 + y_1, \ldots, x_n + y_n)^\top$ und der *skalaren Multiplikation* $\lambda\mathfrak{x} = (\lambda x_1, \ldots, \lambda x_n)^\top$ $(\lambda \in \mathbb{R})$ wird $\mathbb{R}^n$ zu einem *Vektorraum* oder *linearen Raum* über $\mathbb{R}$ der Dimension n. Die *Standardbasis* ist $\mathfrak{e}_1, \ldots, \mathfrak{e}_n$, die ν-te Koordinate von $\mathfrak{e}_\nu$ ist $= 1$, alle anderen sind $= 0$; es ist also $\mathfrak{x} = \sum\limits_{\nu=1}^{n} x_\nu \mathfrak{e}_\nu$.

---

[1] Spielt die Vektoreigenschaft von $\mathfrak{x}$ keine Rolle, so wird sogar nur $\mathfrak{x} = (x_1, x_2, \ldots, x_n)$ geschrieben, z. B. dann, wenn Funktionen $f(\mathfrak{x}) = f(x_1, x_2, \ldots, x_n)$ betrachtet werden. Ansonsten ist zwischen dem *Punkt* $(x_1, \ldots, x_n)$ und dem *Vektor* $\begin{pmatrix} x_1 \\ \vdots \\ x_n \end{pmatrix}$ zu unterscheiden.

© Der/die Autor(en), exklusiv lizenziert an Springer-Verlag GmbH, DE, ein Teil von Springer Nature 2024
N. Steinmetz, *Analysis*, https://doi.org/10.1007/978-3-662-68086-5_6

6.2 Das euklidische Skalar- oder Innenprodukt Darunter versteht man die Abbildung $(\mathfrak{x}, \mathfrak{y}) \mapsto \mathfrak{x} \cdot \mathfrak{y} = \sum_{\nu=1}^{n} x_\nu y_\nu$. Offensichtlich gilt

Satz 6.1 *Das euklidische Skalarprodukt erfüllt*

    a) $\mathfrak{x} \cdot \mathfrak{x} > 0$ *für* $\mathfrak{x} \neq \mathfrak{o}$ (Definitheit),

    b) $\mathfrak{x} \cdot \mathfrak{y} = \mathfrak{y} \cdot \mathfrak{x}$ (Symmetrie),

    c) $(\lambda \mathfrak{x}) \cdot \mathfrak{y} = \lambda (\mathfrak{x} \cdot \mathfrak{y})$ *für* $\lambda \in \mathbb{R}$ (Homogenität),

    d) $\mathfrak{x} \cdot (\mathfrak{y} + \mathfrak{z}) = \mathfrak{x} \cdot \mathfrak{y} + \mathfrak{x} \cdot \mathfrak{z}$ (Distributivität).

Euklids (365?–300? v. Chr., Alexandria) Darstellung der griechischen Mathematik in den 13 Büchern der *Elemente* gilt als das einflussreichste Werk in der Mathematik überhaupt. Die Elemente bildeten bis ins 19. Jahrhundert eine der Grundlagen des gymnasialen Mathematikunterrichts. Euklids Beweis der Tatsache, dass es unendlich viele Primzahlen gibt, wird noch heute verwendet.

Ist E irgendein Vektorraum über $\mathbb{R}$, so heißt jede Abbildung $E \times E \longrightarrow \mathbb{R}$, $(x, y) \mapsto \langle x, y \rangle$ mit den analogen Eigenschaften $\langle x, x \rangle > 0$ für $x \neq 0$, $\langle x, y \rangle = \langle y, x \rangle$, $\langle \lambda x, y \rangle = \lambda \langle x, y \rangle$ für $\lambda \in \mathbb{R}$ und $\langle x, y + z \rangle = \langle x, y \rangle + \langle x, z \rangle$ ein **Skalarprodukt** auf E.

6.3 Die Cauchy-Schwarzsche Ungleichung lautet abstrakt

$$\langle x, y \rangle^2 \leq \langle x, x \rangle \langle y, y \rangle,$$

und im Fall des euklidischen Skalarproduktes, das im Vordergrund des Interesses steht, folgendermaßen:

Satz 6.2 *Für* $\mathfrak{x}, \mathfrak{y} \in \mathbb{R}^n$ *gilt*

$$\sum_{\nu=0}^{n} x_\nu y_\nu \leq \left(\sum_{\nu=0}^{n} x_\nu^2 \right)^{1/2} \left(\sum_{\nu=0}^{n} y_\nu^2 \right)^{1/2}, \text{ kurz } \mathfrak{x} \cdot \mathfrak{y} \leq \sqrt{(\mathfrak{x} \cdot \mathfrak{x})(\mathfrak{y} \cdot \mathfrak{y})}.$$

Abgesehen von $\mathfrak{x} = \mathfrak{o}$ *oder* $\mathfrak{y} = \mathfrak{o}$ *gilt Gleichheit genau dann, wenn* $\mathfrak{y} = \lambda \mathfrak{x}$ *für ein* $\lambda > 0$ *ist. Es gilt auch* $(\mathfrak{x} \cdot \mathfrak{y})^2 \leq (\mathfrak{x} \cdot \mathfrak{x})(\mathfrak{y} \cdot \mathfrak{y})$, *und hier gilt Gleichheit genau dann, wenn* $\mathfrak{x}$ *und* $\mathfrak{y}$ *linear abhängig sind.*

Beweis ‖ Für $\mathfrak{x} = \mathfrak{o}$ oder $\mathfrak{y} = \mathfrak{o}$ ist nichts zu zeigen. Für $t \in \mathbb{R}$ wird das nichtnegative quadratische Polynom $at^2 + 2bt + c = (t\mathfrak{x} + \mathfrak{y}) \cdot (t\mathfrak{x} + \mathfrak{y}) \geq 0$ mit den Koeffizienten $a = \mathfrak{x} \cdot \mathfrak{x} > 0$, $b = \mathfrak{x} \cdot \mathfrak{y}$ und $c = \mathfrak{y} \cdot \mathfrak{y} > 0$ betrachtet. Quadratische Ergänzung ergibt $a(t + b/a)^2 + c - b^2/a \geq 0$, und speziell für $t = -b/a$ folgt $b^2 \leq ac$ und $b \leq |b| \leq \sqrt{ac}$; dies ist aber (mehr als) die Cauchy-Schwarzsche Ungleichung. Das Gleichheitszeichen steht dann und nur dann, wenn $b = |b| > 0$ und $-b\mathfrak{x} + a\mathfrak{y} = \mathfrak{o}$ gilt.   ☕

Bemerkung 6.1 Im konkreten Fall war die Cauchy-Schwarzsche Ungleichung Teil einer Übungsaufgabe im ersten Kapitel. Der hier angegebene Beweis stützt sich nicht auf die explizite Form des Skalarproduktes, sondern nur auf seine Eigenschaften; es handelt sich um einen strukturellen Beweis. Gleichgültig wie in anderen Fällen das Skalarprodukt definiert sein mag, es gilt *immer* die Cauchy-Schwarzsche Ungleichung mit diesem Beweis.

6.4 Die Euklidnorm von $\mathfrak{x} \in \mathbb{R}^n$ ist $|\mathfrak{x}| = \sqrt{\mathfrak{x} \cdot \mathfrak{x}}$ (in manchen Büchern $\|\mathfrak{x}\|_2$ geschrieben). Offensichtlich gilt:

Satz 6.3 *Die Euklidnorm hat folgende Eigenschaften:*

   a) $|\mathfrak{x}| > 0$ *für* $\mathfrak{x} \neq \mathfrak{o}$ *und* $|\mathfrak{o}| = 0$ (Definitheit),

   b) $|\lambda\mathfrak{x}| = |\lambda||\mathfrak{x}|$ *für* $\lambda \in \mathbb{R}$ (Homogenität),

   c) $|\mathfrak{x} + \mathfrak{y}| \leq |\mathfrak{x}| + |\mathfrak{y}|$ (Dreiecksungleichung),

   d) $\big||\mathfrak{x}| - |\mathfrak{y}|\big| \leq |\mathfrak{x} - \mathfrak{y}|$ (umgekehrte Dreiecksungleichung).

Das Gleichheitszeichen steht in beiden Ungleichungen genau dann, wenn $\mathfrak{x} = \mathfrak{o}$ *oder* $\mathfrak{y} = \mathfrak{o}$ *oder* $\mathfrak{y} = \lambda\mathfrak{x}$ *für ein* $\lambda > 0$ *gilt.*

Beweis ‖ Es wird nur die Dreiecksungleichung nachgeprüft, ihre Umkehrung folgt wie beim Absolutbetrag (auch dies ist ein struktureller Beweis). Es ist

$$|\mathfrak{x} + \mathfrak{y}|^2 = (\mathfrak{x} + \mathfrak{y}) \cdot (\mathfrak{x} + \mathfrak{y}) = \mathfrak{x} \cdot \mathfrak{x} + \mathfrak{x} \cdot \mathfrak{y} + \mathfrak{y} \cdot \mathfrak{x} + \mathfrak{y} \cdot \mathfrak{y}$$
$$= |\mathfrak{x}|^2 + 2(\mathfrak{x} \cdot \mathfrak{y}) + |\mathfrak{y}|^2 \leq |\mathfrak{x}|^2 + 2|\mathfrak{x}||\mathfrak{y}| + |\mathfrak{y}|^2 = (|\mathfrak{x}| + |\mathfrak{y}|)^2$$

nach der Cauchy-Schwarzschen Ungleichung; nach dieser Herleitung steht das Gleichheitszeichen hier genau dann, wenn es auch dort gilt.   ☕

Aufgabe 6.1 Was ist am Beweis zu ändern, wenn das euklidische Skalarprodukt $\mathfrak{x} \cdot \mathfrak{y}$ durch ein beliebiges ersetzt wird?

Bemerkung 6.2 Der *Satz des Pythagoras* lautet in $\mathbb{R}^n$

$$\mathfrak{x} \cdot \mathfrak{y} = 0 \Leftrightarrow |\mathfrak{x} - \mathfrak{y}|^2 = |\mathfrak{x}|^2 + |\mathfrak{y}|^2,$$

und die bekannte geometrische Interpretation ist: $\mathfrak{o}$, $\mathfrak{x}$ und $\mathfrak{y}$, als Punkte des $\mathbb{R}^n$ betrachtet, liegen entweder auf einer Geraden oder bilden die Ecken eines Dreiecks mit den Seitenlängen $|\mathfrak{x}|$, $|\mathfrak{y}|$ und $|\mathfrak{x} - \mathfrak{y}|$. Der Winkel γ ($0 < \gamma < \pi$) im Eckpunkt $\mathfrak{o}$ erfüllt $\cos\gamma = \dfrac{\mathfrak{x} \cdot \mathfrak{y}}{|\mathfrak{x}||\mathfrak{y}|}$, es ist $\gamma = \pi/2$ genau dann, wenn $\mathfrak{x} \cdot \mathfrak{y} = 0$.

6.5 Normierte Räume Eine *Norm* auf einem *Vektorraum E* über $\mathbb{R}$ ist nichts anderes als eine Abbildung $E \longrightarrow [0, \infty)$, $x \mapsto \|x\|$ mit denselben Eigenschaften, wie sie auch die Euklidnorm besitzt:

   a) $\|x\| > 0$ *für* $x \neq 0$ *und* $\|0\| = 0$ (Definitheit),

   b) $\|\lambda x\| = |\lambda|\|x\|$ *für* $\lambda \in \mathbb{R}$ (Homogenität),

   c) $\|x + y\| \leq \|x\| + \|y\|$ (Dreiecksungleichung),

   d) $\big|\|x\| - \|y\|\big| \leq \|x - y\|$ (umgekehrte Dreiecksungleichung).

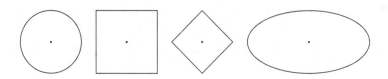

Abb. 6.1 Die Einheitskugel $\{\mathfrak{x} \in \mathbb{R}^2 : \|\mathfrak{x}\| < 1\}$ für die Euklid-, Maximums- und Summennorm sowie die Norm $\|\mathfrak{x}\| = \sqrt{\frac{1}{4}x^2 + y^2}$ $(\mathfrak{x} = (x, y)^\top)$

E, genauer $(E, \|\ \|)$ heißt **normierter Raum.** Jedes Skalarprodukt auf einem Vektorraum über $\mathbb{R}$ erzeugt in derselben Weise eine Norm $\|x\| = \langle x, x \rangle^{1/2}$ wie das euklidische Skalarprodukt auf $\mathbb{R}^n$ die Euklidnorm.

6.6 Maximums- und Summennorm Neben der Euklidnorm gibt es viele weitere Normen auf $\mathbb{R}^n$, besonders erwähnt werden die

$$\textit{\textbf{Maximumsnorm}} \ |\mathfrak{x}|_\infty = \max\{|x_\nu| : \nu = 1, \dots, n\};$$
$$\textit{\textbf{Summennorm}} \ |\mathfrak{x}|_1 = \sum_{\nu=1}^{n} |x_\nu|.$$

Die Normeigenschaften sind in beiden Fällen als Aufgabe zu überprüfen. Alle diese Normen sind vergleichbar, d. h. gegenseitig bis auf konstante Faktoren abschätzbar (vgl. Abb. 6.1).

Satz 6.4 *Es gilt* $|\mathfrak{x}|_\infty \leq |\mathfrak{x}| \leq |\mathfrak{x}|_1 \leq \sqrt{n}|\mathfrak{x}| \leq n|\mathfrak{x}|_\infty$. *Keine der auftretenden Konstanten* $1, 1, \sqrt{n}, n$ *kann verkleinert werden.*

Beweis $\|$ Die erste und die letzte Ungleichung sind offensichtlich, sie folgen aus $|x_\nu| \leq |\mathfrak{x}|$ und $x_\nu^2 \leq |\mathfrak{x}|_\infty^2$. Die dritte folgt aus der Cauchy-Schwarzschen Ungleichung
$$|\mathfrak{x}|_1^2 = \Big(\sum_{\nu=1}^{n} 1 \cdot |x_\nu| \Big)^2 \leq \sum_{\nu=1}^{n} 1^2 \sum_{\nu=1}^{n} x_\nu^2 = n|\mathfrak{x}|^2. \text{ Für } |\mathfrak{x}|_1 \leq 1 \text{ gilt } x_\nu^2 \leq |x_\nu|, \text{ also } |\mathfrak{x}|^2 \leq$$
$|\mathfrak{x}|_1^2$, und dies ist auch für $|\mathfrak{x}|_1 > 1$ richtig: es gilt

$$|\mathfrak{x}| = |\mathfrak{x}|_1 \big| \mathfrak{x}/|\mathfrak{x}|_1 \big| \leq |\mathfrak{x}|_1 \big| \mathfrak{x}/|\mathfrak{x}|_1 \big|_1 = |\mathfrak{x}|_1.$$

Schließlich ist $|\mathfrak{x}|_\infty = |\mathfrak{x}| = |\mathfrak{x}|_1$ für $\mathfrak{x} = \mathfrak{e}_\nu$, und $|\mathfrak{x}| = \sqrt{n}|\mathfrak{x}|_\infty$ sowie $|\mathfrak{x}|_1 = \sqrt{n}|\mathfrak{x}|$ gelten für $\mathfrak{x} = (1, \dots, 1)^\top$. ☕

6.7 Der Raum $\mathcal{C}[a, b]$ besteht aus den stetigen Funktionen $f : \mathbb{R} \longrightarrow \mathbb{R}$ und ist bekanntlich ein Vektorraum über $\mathbb{R}$.

Satz 6.5 $\mathcal{C}[a, b]$ *wird mit jeder der Normen*

a) $\|f\|_\infty = \max\{|f(t)| : a \leq t \leq b\}$ (Maximumsnorm),

b) $\|f\|_1 = \displaystyle\int_a^b |f(t)|\, dt$ ($\mathcal{L}^1$-Norm) *und*

c) $\|f\|_2 = \langle f, f\rangle^{1/2}$ ($\mathcal{L}^2$-Norm), *wobei* $\langle f, g\rangle = \int_a^b f(t)g(t)\, dt$

zu einem normierten Raum. Es gilt

$$\|f\|_1 \le \sqrt{b-a}\,\|f\|_2 \le (b-a)\,\|f\|_\infty.$$

Beweis $\|$ Die Normeigenschaften sind jeweils als Aufgabe nachzuweisen. Die zweite Ungleichung ist trivial, und die erste folgt aus der Cauchy-Schwarzschen Ungleichung $\langle f, g\rangle^2 \le \langle f, f\rangle\langle g, g\rangle$ für $g(t) = 1$, konkret

$$\left(\int_a^b |f(t)|\, dt\right)^2 = \left(\int_a^b 1 \cdot |f(t)|\, dt\right)^2 \le \int_a^b 1^2\, dt \int_a^b f(t)^2\, dt. \qquad \text{\reflectbox{G}}$$

Bemerkung 6.3 Es gibt es keine für alle $f \in C[a, b]$ gültige Abschätzung der Form $\|f\|_\infty \le C\|f\|_1$ oder $\|f\|_\infty \le C\|f\|_2$ oder $\|f\|_2 \le C\|f\|_1$, wie das Beispiel der Funktionen $f_n \in C[0, 1]$, $f_n(x) = n - n^2 x$ in $[0, 1/n]$ und $f_n(x) = 0$ in $[1/n, 1]$ zeigt: Es ist $\|f_n\|_\infty = n$, aber $\|f_n\|_1 = 1/2$ und $\|f_n\|_2 = \sqrt{n/3}$.

6.8 Vektorräume über $\mathbb{C}$ können natürlich ebenfalls normiert sein/werden. Die Norm ist reellwertig, beim Skalarprodukt $E \times E \longrightarrow \mathbb{C}$ ist allerdings $\langle y, x\rangle = \overline{\langle x, y\rangle}$ anstatt $\langle y, x\rangle = \langle x, y\rangle$ zu fordern. Beispielsweise betrachtet man im Raum $\mathbb{C}^n$ über $\mathbb{C}$ (die Punkte oder Vektoren sind die n-Tupel $\mathfrak{z} = (z_1, \ldots, z_n)^\top$ mit $z_\nu = x_\nu + iy_\nu \in \mathbb{C}$)

- das euklidische Skalarprodukt $\mathfrak{z} \cdot \mathfrak{w} = \displaystyle\sum_{\nu=1}^n z_\nu \bar{w}_\nu$,

- die Euklidnorm $|\mathfrak{z}| = \sqrt{\mathfrak{z} \cdot \mathfrak{z}} = \left(\displaystyle\sum_{\nu=1}^n |z_\nu|^2\right)^{1/2}$,

- die Maximumsnorm $|\mathfrak{z}|_\infty = \max\{|z_\nu| : 1 \le \nu \le n\}$ und

- die Summennorm $|\mathfrak{z}|_1 = \displaystyle\sum_{\nu=1}^n |z_\nu|$.

Man kann $\mathbb{C}^n$ mit $\mathbb{R}^{2n}$ und $\mathfrak{z} = \mathfrak{x} + i\mathfrak{y}$ mit $\begin{pmatrix}\mathfrak{x} \\ \mathfrak{y}\end{pmatrix}$ identifizieren ($\mathfrak{x}, \mathfrak{y} \in \mathbb{R}^n$).

6.9 Metrische Räume In $\mathbb{R}^n$ ist $|\mathfrak{x} - \mathfrak{y}|$ in gewisser Weise der *natürliche*, weil in $\mathbb{R}^2$ und $\mathbb{R}^3$ der vertraute Abstand zwischen den Punkten $\mathfrak{x}$ und $\mathfrak{y}$. Die Normeigenschaften reflektieren die üblichen Abstandseigenschaften (z. B. besagt die Dreiecksungleichung, dass ein Umweg nicht kürzer als der direkte Weg ist, und $|\mathfrak{x} - \mathfrak{y}| = |\mathfrak{y} - \mathfrak{x}|$, dass es von $\mathfrak{x}$ nach $\mathfrak{y}$ genauso weit ist wie von $\mathfrak{y}$ nach $\mathfrak{x}$). Eine **Metrik** auf der Menge $M \ne \emptyset$ (mit Elementen $x, y, z, \ldots$) ist eine Abbildung $d : M \times M \longrightarrow [0, \infty)$ mit den Eigenschaften

a) $d(x, y) > 0$ *für* $x \neq y$ *und* $d(x, x) = 0$ (Definitheit),
b) $d(x, y) = d(y, x)$ (Symmetrie),
c) $d(x, y) \leq d(x, z) + d(z, y)$ (Dreiecksungleichung).

M oder genauer (M, d) heißt dann **metrischer Raum;** die umgekehrte Dreiecksungleichung

d) $|d(x, z) - d(z, y)| \leq d(x, y)$

beweist man wie im Fall des Absolutbetrages.

Maurice **Fréchet** (1878–1973, Paris) führte in seiner Dissertation den Begriff des metrischen Raumes *(avant la lettre)* ein sowie weitere Begriffe der mengentheoretischen Topologie, wie z. B. *kompakt, separabel, gleichmäßig konvergent* und *gleichmäßig stetig.* Nach ihm ist eine Klasse von topologischen Vektorräumen, die *Frécheträume* sowie die *Fréchetableitung* benannt. Die Bezeichnung metrischer Raum stammt von Felix **Hausdorff** (1868–1942, Bonn), der die Grundlagen der mengentheoretischen Topologie in seinem einflussreichen und in mehrere Sprachen übersetzten Buch *Grundzüge der Mengenlehre* zusammenfasste. Mit seinem Namen verbunden bleiben die Begriffe *Hausdorffraum, -metrik, -maß* und *-dimension.* Hausdorff war ab 1921 o. Professor in Bonn und wurde 1935 durch die Nationalsozialisten zum Rücktritt von seiner Professur gezwungen. Er beging zusammen mit seiner Frau 1942 Selbstmord, um der Deportation nach Theresienstadt zu entgehen.

Beispiel 6.1 Jeder Vektorraum E mit Norm $\| \cdot \|$ und jede nichtleere Teilmenge $M \subset E$ kann auch als metrischer Raum mit der Metrik $d(x, y) = \|x - y\|$ aufgefasst werden.

Beispiel 6.2 Die *Metrik des französischen Eisenbahnsystems:* $d(\mathfrak{x}, \mathfrak{y}) = |\mathfrak{x} - \mathfrak{y}|$, wenn $\mathfrak{x}, \mathfrak{y}$ und $\mathfrak{p}$ auf einer Geraden liegen, und $d(\mathfrak{x}, \mathfrak{y}) = |\mathfrak{x} - \mathfrak{p}| + |\mathfrak{y} - \mathfrak{p}|$ sonst; $| \cdot |$ ist die Euklidnorm. Der Nachweis der Metrikeigenschaften wird als Aufgabe gestellt. Was ist $\mathfrak{p}$?

Beispiel 6.3 Die Metrik $d(\mathfrak{x}, \mathfrak{y}) = \dfrac{|\mathfrak{x} - \mathfrak{y}|}{1 + |\mathfrak{x} - \mathfrak{y}|}$ auf $\mathbb{R}^n$; $| \cdot |$ ist die Euklidnorm. Es wird nur die Dreiecksungleichung bewiesen: $t \mapsto \dfrac{t}{1 + t}$ ist monoton wachsend in $[0, \infty)$, insbesondere gilt

$d(\mathfrak{x}, \mathfrak{y}) \leq \dfrac{|\mathfrak{x} - \mathfrak{z}| + |\mathfrak{z} - \mathfrak{y}|}{1 + |\mathfrak{x} - \mathfrak{z}| + |\mathfrak{z} - \mathfrak{y}|} \leq d(\mathfrak{x}, \mathfrak{z}) + d(\mathfrak{z}, \mathfrak{y})$. Allgemeiner $d(x, y) = \dfrac{\varrho(x, y)}{1 + \varrho(x, y)}$, wenn ϱ irgendeine Metrik auf M ist.

Beispiel 6.4 Das Straßensystem in $\mathbb{R}^2$ bestehe aus den von $(0, 0)$ ausgehenden Strahlen und allen Kreisen mit Mittelpunkt $(0, 0)$. Als kürzeste Verbindung $d(\mathfrak{p}_1, \mathfrak{p}_2)$ zwischen zwei Punkten $\mathfrak{p}_1 = r_1(\cos \theta_1, \sin \theta_1)$ und $\mathfrak{p}_2 = r_2(\cos \theta_2, \sin \theta_2)$ mit $\theta_1 \neq \theta_2$ (für $\theta_1 = \theta_2$ ist der kürzeste Weg $|r_2 - r_1|$) kommen nur folgende in Frage (man kann $r_1 \leq r_2$, $\theta_2 = 0$, also $\mathfrak{p}_2 = (r_2, 0)$ und $0 < \theta_1 < \pi$ annehmen): Die Strecke von $\mathfrak{p}_2$ nach $\mathfrak{p} = (r, 0)$, gefolgt vom Kreisbogen von $(r, 0)$ nach $\mathfrak{q} = r(\cos \theta_1, \sin \theta_1)$ und danach der Strecke von $\mathfrak{q}$ nach $\mathfrak{p}_1$. Die Gesamtlänge ist $L(r) = r_2 - r + r\theta_1 + r_1 - r$, da man offensichtlich nur den Fall $0 \leq r \leq r_1$ betrachten muss. Es ist $L'(r) = -2 + \theta_1 < 0$ für $\theta_1 < 2$ und > 0 für $\theta_1 > 2$. Im zweiten Fall wird das Minimum $r_2 + r_1$ nur für $r = 0$ erreicht, im ersten Fall ist $L(r)$ nur für $r = r_1$ minimal $= r_2 - r_1 + r_1\theta_1$; nur im Fall $\theta_1 = 2$ sind alle $r \in [0, r_1]$ zugelassen und der kürzeste Weg hat wieder die Länge $r_1 + r_2$ (vgl. Abb. 6.2).

6.10 Abstände kann man nicht nur zwischen Punkten in metrischen Räumen, sondern auch zwischen Punkten und Teilmengen und zwischen Teilmengen selbst mes-

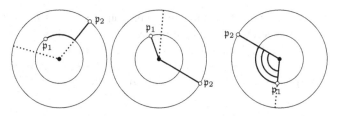

Abb. 6.2 $d(\mathfrak{p}_1, \mathfrak{p}_2) = |r_2 - r_1| + \min\{r_1, r_2\}|\theta_1 - \theta_2|$ falls $|\theta_1 - \theta_2| < 2$ und $d(\mathfrak{p}_1, \mathfrak{p}_2) = r_1 + r_2$ falls $2 \le |\theta_1 - \theta_2| \le \pi$; nur im Fall $|\theta_1 - \theta_2| = 2$ (etwa $114°35'30''$) gibt es mehr als eine, nämlich unendlich viele Kürzeste

sen, und schließlich den *Durchmesser* einer Menge A. Für $x \in M$ und nichtleere Mengen $A, B \subset M$ heißt

$$\text{dist}\,(x, A) = \inf\{d(x, a) : a \in A\} \qquad \textit{Abstand zwischen } x \text{ und } A;$$
$$\text{dist}\,(A, B) = \inf\{d(a, b) : a \in A, b \in B\} \qquad \textit{Abstand zwischen } A \text{ und } B;$$
$$\text{diam}\,A = \sup\{d(a, a') : a, a' \in A\} \qquad \textit{Durchmesser von } A.$$

6.2 Topologische Grundbegriffe

In diesem Abschnitt ist (M, d) stets ein metrischer Raum, $A, B, \ldots$ sind Teilmengen von M. Ist $A \ne \emptyset$, so ist (A, d) selbst ein metrischer Raum. Der Raum $\mathbb{R}^n$ wird stets mit der *Euklidmetrik* $d(\mathfrak{x}, \mathfrak{y}) = |\mathfrak{x} - \mathfrak{y}|$ ausgestattet.

6.11 Offene Mengen Die *offene Kugel* um x_0 mit Radius r ist

$$K(x_0, r) = \{x : d(x, x_0) < r\}.$$

Der Punkt $x_0 \in A$ heißt *innerer Punkt* von A, wenn es eine Kugel $K(x_1, \epsilon) \subset A$ gibt mit $x_0 \in K(x_1, \epsilon)$. Die Menge $A \subset M$ heißt *offen,* wenn jedes $x \in A$ innerer Punkt ist; $A° = \{x \in A : x$ innerer Punkt von $A\}$ bezeichnet das *Innere* von A.

Bemerkung 6.4 In der Definition des inneren Punktes darf man erforderlichenfalls $x_1 = x_0$ wählen, dazu ist nur die Kugel $K(x_1, \epsilon)$ durch $K(x_0, \epsilon - d(x_1, x_0)) \subset K(x_1, \epsilon)$ zu ersetzen. Die leere Menge $\emptyset$ sowie M selbst sind definitionsgemäß offen.

Satz 6.6 *In einem metrischen Raum (M, d) gelten:*

a) *Offene Kugeln $K(x_0, r)$ sind offen.*
b) *$A°$ ist offen; A ist genau dann offen, wenn $A = A°$ ist.*
c) *Sind die Mengen A_λ ($\lambda \in \Lambda$) offen, so auch $\bigcup_{\lambda \in \Lambda} A_\lambda$.*
d) *Sind die Mengen $A_1, \ldots, A_m$ offen, so auch $\bigcap_{j=1}^m A_j$.*

Beweis $\parallel K(x_0, r)$ ist offen nach Definition, und nicht wegen der Namensgebung – *offene Kugel* ist eine Bezeichnung, *offen* hingegen eine Eigenschaft! Ist $x_0 \in A°$, mithin $K(x_0, \epsilon) \subset A$ für ein $\epsilon > 0$, so ist jedes $y \in K(x_0, \epsilon)$ innerer Punkt von $K(x_0, \epsilon)$

nach dem ersten Teil, erst recht auch innerer Punkt von A, somit ist $K(x_0, \epsilon) \subset A°$; dies zeigt, dass $A°$ selbst offen ist. Es gilt immer $A° \subset A$. Ist aber A offen, so besteht A nur aus inneren Punkten, somit ist dann $A \subset A°$. Ist $x \in \bigcup_{\lambda \in \Lambda} A_\lambda$, mithin $x \in A_\mu$ für ein μ, so gibt es $\epsilon > 0$ mit $K(x, \epsilon) \subset A_\mu \subset \bigcup_{\lambda \in \Lambda} A_\lambda$. Ist schließlich $x \in \bigcap_{j=1}^m A_j$, so gibt es $\epsilon_j > 0$ mit $K(x, \epsilon_j) \subset A_j$; mit $\epsilon = \min\{\epsilon_j : 1 \leq j \leq m\}$ ist dann $K(x, \epsilon) \subset \bigcap_{j=1}^m A_j$.   ☕

6.12 Abgeschlossene Mengen Eine Menge $A \subset M$ heißt *abgeschlossen,* wenn ihr Komplement $A^c = M \setminus A$ offen ist. Bezeichnet $\mathcal{A}$ die Menge aller abgeschlossenen Obermengen von A, so heißt $\overline{A} = \bigcap_{B \in \mathcal{A}} B$ *abgeschlossene Hülle* von A. Die leere Menge $\emptyset$ sowie M selbst sind immer abgeschlossen. Das Analogon für abgeschlossene Mengen zu dem eben bewiesenen Satz über offene Mengen lautet folgendermaßen:

Satz 6.7 *In einem metrische Raum (M, d) gelten*

a) $K^*(x_0, r) = \{x : d(x, x_0) \leq r\}$ *ist abgeschlossen und enthält* $\overline{K(x_0, r)}$;
b) $\overline{A}$ *ist abgeschlossen; A ist genau dann abgeschlossen, wenn $A = \overline{A}$ ist;*
c) *Sind die Mengen $A_\lambda (\lambda \in \Lambda)$ abgeschlossen, so auch $\bigcap_{\lambda \in \Lambda} A_\lambda$;*
d) *Sind die Mengen $A_1, \ldots, A_m$ abgeschlossen, so auch $\bigcup_{j=1}^m A_j$.*

Beweis ‖ Benötigt werden nur die *Regeln von de Morgan:*

$$(M \setminus A) \cup (M \setminus B) = M \setminus (A \cap B) \quad \text{und} \quad (M \setminus A) \cap (M \setminus B) = M \setminus (A \cup B).$$

Die durch $M \setminus K^*(x_0, r) = \{x : d(x, x_0) > r\} = L$ definierte Menge L ist offen, eine offene Kugel in L um $x \in L$ ist $K(x, \epsilon)$ mit $\epsilon = d(x, x_0) - r$, und somit ist $K^*(x_0, r)$ abgeschlossen. Nach Definition ist dann $\overline{K(x_0, r)} \subset K^*(x_0, r)$. Dies beweist die erste Behauptung. Weiter folgt aus der Definition von $\overline{A}$, dass $M \setminus \overline{A} = \bigcup_{B \in \mathcal{A}} (M \setminus B)$ offen, also $\overline{A}$ abgeschlossen ist. Ist $A = \overline{A}$, so ist A abgeschlossen; es gilt immer $A \subset \overline{A}$. Wenn nun A abgeschlossen ist, so ist nach Defintion $\overline{A} \subset A$ wegen $A \in \mathcal{A}$. Dies beweist die zweite Behauptung, und genauso folgen die dritte und vierte: $M \setminus \bigcap_{\lambda \in \Lambda} A_\lambda = \bigcup_{\lambda \in \Lambda} (M \setminus A_\lambda)$ und $M \setminus \bigcup_{j=1}^m A_j = \bigcap_{j=1}^m (M \setminus A_j)$ sind offen.   ☕

Bemerkung 6.5 In $K^*(x_0, r) \supset \overline{K(x_0, r)}$ gilt nicht generell Gleichheit, wie man annehmen könnte. Im Zusammenhang mit metrischen Räumen muss man sich aber vor der Anschauung und voreiligen Analogieschlüssen hüten. Ein Beispiel (das allerdings für die Analysis nicht besonders interessant ist) dazu soll genügen, eine beliebige, mindestens 2-punktige Menge M mit der Metrik $d(x, y) = 1$ für $x \neq y$, und $d(x, x) = 0$. Die offene Kugel $K(x_0, r)$ besteht nur aus x_0 für $0 < r \leq 1$, und es ist $K(x_0, r) = M$ für $r > 1$. Für $r < 1$ ist $K^*(x_0, r) = \{x_0\}$, dagegen ist $K^*(x_0, r) = M$ für $r \geq 1$; alle Teilmengen von M sind offen *und* abgeschlossen, insbesondere ist $K(x_0, r) = \overline{K(x_0, r)}$ und somit $\overline{K(x_0, 1)} \neq K^*(x_0, 1)$.

6.3 Folgen in metrischen Räumen

Eine *Folge* (x_n) im metrischen Raum (M, d) ist diesmal eine Abbildung $\mathbb{N} \longrightarrow M$, $n \mapsto x_n$, geschrieben (x_n). *Konvergenz* $x_n \to x \in M$ $(n \to \infty)$ oder $\lim_{n\to\infty} x_n = x$ bedeutet wieder: zu jedem $\epsilon > 0$ existiert ein $n_0 \in \mathbb{N}$ mit $d(x, x_n) < \epsilon$, d. h. $x_n \in K(x, \epsilon)$ für $n \geq n_0$, oder eben $\lim_{n\to\infty} d(x, x_n) = 0$; x heißt *Grenzwert* oder *Limes* von (x_n). Die Folge (x_n) heißt *beschränkt*, wenn es ein $a \in M$ gibt mit $\sup\{d(x_n, a) : n \in \mathbb{N}\} < \infty$; äquivalent ist diam $\{x_n : n \in \mathbb{N}\} < \infty$.

Satz 6.8 *In einem metrischen Raum* (M, d)

a) *ist der* Grenzwert *einer konvergenten Folge* (x_n) *eindeutig bestimmt;*
b) *folgt aus* $x_n \to x$ *und* $y_n \to y$ *auch* $d(x_n, y_n) \to d(x, y)$;
c) *sind konvergente Folgen beschränkt.*

Beweis $\parallel$ Die Eindeutigkeit wird wie im reellen Fall bewiesen, es ist nur $|x - y|$ durch $d(x, y)$ zu ersetzen. Aus der Ungleichungskette

$$|d(x_n, y_n) - d(x, y)| \leq |d(x_n, y_n) - d(x_n, y)| + |d(x_n, y) - d(x, y)|$$
$$\leq d(y_n, y) + d(x_n, x)$$

folgt die zweite Behauptung. Der Nachweis der Beschränktheit wieder verläuft wie in $\mathbb{R}$. Für $n \geq n_0$ ist $d(x_n, x) < 1$, somit

$$d(x_n, x) \leq \max\{d(x_j, x) : 1 \leq j \leq n_0\} + 1 \quad (n \in \mathbb{N}).$$ &

6.13 Cauchyfolgen Jede konvergente Folge ist eine *Cauchyfolge*, d. h. zu jedem $\epsilon > 0$ existiert ein $n_0 \in \mathbb{N}$ mit $d(x_n, x_m) < \epsilon$ für $n > m \geq n_0$. Die Umkehrung gilt nicht immer. Den *vollständigen* metrischen Räumen, in denen dies gilt, ist ein eigener Abschnitt gewidmet.

Beispiel 6.5 Der Raum $C[0, 1]$ wird mit der Metrik $d(f, g) = \|f - g\|_2$ ausgestattet. Die Folge (f_n) mit $f_n(t) = \min\{t^{-1/3}, n^{1/3}\}$ ist eine Cauchyfolge, denn es gilt

$$\|f_n - f_m\|_2^2 \leq \int_0^{1/n} (n^{1/3} - m^{1/3})^2 \, dt + \int_{1/n}^{1/m} (t^{-1/3} - m^{1/3})^2 \, dt$$
$$< \frac{1}{n} n^{2/3} + 3t^{1/3} \Big|_{1/n}^{1/m} < n^{-1/3} + 3 m^{-1/3} < 4 m^{-1/3} \quad (n > m).$$

Punktweise in $(0, 1]$, und sogar gleichmäßig in jedem Intervall $[a, 1] \subset (0, 1]$ gilt $f_n(t) \to f(t) = t^{-1/3}$. Es ist $f \notin C[0, 1]$, dies beweist aber zunächst nichts! Nach dem Satz über majorisierte Konvergenz (S. 147) aber gilt $\|f_n - f\|_2 \to 0$ $(n \to \infty)$ wegen $|f_n(t)|^2 \leq t^{-2/3} = g(t)$ und $\int_0^1 g(t) \, dt = 3$. Die Cauchyfolge (f_n) ist in $(C[0, 1], \|\cdot\|_2)$ *nicht* konvergent.

6.14 Folgen in $\mathbb{R}^n$ werden als $(\mathfrak{x}^{(k)})$ anstelle $(\mathfrak{x}_k)$ geschrieben. Mit der Euklidnorm ausgestattet, ist in $\mathbb{R}^n$ mehr zu erwarten als im abstrakten metrischen Raum.

Satz 6.9 *Die Konvergenz einer Folge* $\mathfrak{x}^{(k)} \to \mathfrak{x}$ $(k \to \infty)$ *in* $\mathbb{R}^n$ *ist äquivalent mit der* komponentenweisen *Konvergenz* $x_\nu^{(k)} \to x_\nu$ $(k \to \infty)$, $\nu = 1, \ldots, n$. *Jede Cauchyfolge in* $\mathbb{R}^n$ *ist auch konvergent. Aus* $\mathfrak{x}^{(k)} \to \mathfrak{x}$ *und* $\mathfrak{y}^{(k)} \to \mathfrak{y}$ *folgt* $\mathfrak{x}^{(k)} + \mathfrak{y}^{(k)} \to \mathfrak{x} + \mathfrak{y}$, $\lambda \mathfrak{x}^{(k)} \to \lambda \mathfrak{x}$, $\mathfrak{x}^{(k)} \cdot \mathfrak{y}^{(k)} \to \mathfrak{x} \cdot \mathfrak{y}$ *und* $|\mathfrak{x}^{(k)}| \to |\mathfrak{x}|$.

Beweis ‖ Wie beim Übergang von $\mathbb{R}$ nach $\mathbb{C}$ ergeben sich die Aussagen über die komponentenweise Konvergenz und die Konvergenz der Cauchyfolgen aus der Vollständigkeit von $\mathbb{R}$ und den Ungleichungen

$$|x_\nu| \leq |\mathfrak{x}|_\infty \leq |\mathfrak{x}| \leq |\mathfrak{x}|_1 = |x_1| + \cdots + |x_n|,$$

die für $\mathfrak{x}^{(k)} - \mathfrak{x}$ bzw. $\mathfrak{x}^{(k)} - \mathfrak{x}^{(m)}$ anstelle $\mathfrak{x}$ verwendet werden. Die Regeln ergeben sich nun entweder unmittelbar oder aus dem Zusammenhang mit den zugehörigen Koordinatenfolgen und den entsprechenden Regeln für reelle Folgen. Die Details sind als Aufgabe auszufüllen.   ☕

6.15 Häufungs-, Rand- und isolierte Punkte (M, d) ist weiterhin ein metrischer Raum und $A \subset M$ nichtleer. Der Punkt $x_0 \in M$ heißt

- *Häufungspunkt* von A, wenn $K(x_0, \epsilon) \cap A \neq \{x_0\}$ für alle $\epsilon > 0$ ist; die Menge der Häufungspunkte von A wird mit A' bezeichnet;
- *Randpunkt* von A, wenn für jedes $\epsilon > 0$ sowohl $A \cap K(x_0, \epsilon) \neq \emptyset$ als auch $K(x_0, \epsilon) \setminus A \neq \emptyset$ ist; die Menge der Randpunkte ist der *Rand* ∂A von A;
- *isolierter Punkt* von A, wenn es ein $\delta > 0$ gibt mit $K(x_0, \delta) \cap A = \{x_0\}$ (Abb. 6.3).

Satz 6.10 $x_0 \in M$ *ist genau dann Häufungspunkt von* $A \subset M$, *wenn es eine Folge* (x_n) *in* $A \setminus \{x_0\}$ *gibt mit* $x_n \to x_0$.

Beweis ‖ Ist x_0 ein Häufungspunkt von A, so gibt es für jedes $n \in \mathbb{N}$ ein $x_n \in A \cap K(x_0, 1/n) \setminus \{x_0\}$; es gilt $x_n \to x_0$. Andererseits erfüllt jede Folge (x_n) wie be-

Abb. 6.3 Innerer Punkt x und Randpunkt y von A; z könnte äußerer oder isolierter Punkt von A sein

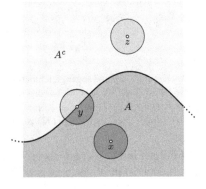

schrieben bei gegebenem $\epsilon > 0$: $x_n \in A \cap K(x_0, \epsilon) \setminus \{x_0\}$ für $n \geq n_0(\epsilon)$; dies zeigt, dass x_0 Häufungspunkt von A ist.   ☕

Satz 6.11 *Die Mengen ∂A und A' sind abgeschlossen, und es gilt*

$$\overline{A} = A \cup A' = A \cup \partial A;$$

$x \in A$ *ist entweder Häufungspunkt oder isoliert, und entweder innerer Punkt oder Randpunkt. In $\mathbb{R}^n$* (Euklidmetrik) *ist* $\overline{K}(\mathfrak{x}_0, r) = \{\mathfrak{x} \in \mathbb{R}^n : |\mathfrak{x} - \mathfrak{x}_0| \leq r\}$.

Beweis ‖ Ist x_0 Häufungspunkt von ∂A oder A' und $\epsilon > 0$, so gibt es ein $x \in \partial A \cap K(x_0, \epsilon)$ bzw. ein $x \in A' \cap K(x_0, \epsilon) \setminus \{x_0\}$. Zu diesem x wiederum gibt es $y \in A \cap K(x_0, \epsilon)$ und $y' \in K(x_0, \epsilon) \setminus A$ im ersten Fall, und $y \in A \cap K(x_0, \epsilon) \setminus \{x_0\}$ im zweiten Fall. Dies beweist, dass x_0 selbst Randpunkt bzw. Häufungspunkt von A ist; ∂A und A' sind also abgeschlossen. Die Alternativen isolierter Punkt *oder* Häufungspunkt und innerer Punkt *oder* Randpunkt sind offensichtlich. Ist x ein bzw. kein äußerer Punkt von A, so ist $x \in \overline{A}$ und $x \in A \cup A'$ und $x \in A \cup \partial A$ bzw. $x \notin \overline{A}$ und $x \notin A \cup A'$ und $x \notin A \cup \partial A$, d. h. die Mengen $\overline{A}$, $A \cup A'$ und $A \cup \partial A$ sind gleich da ihre Komplemente jeweils dem Äußeren von A gleichen. In $\mathbb{R}^n$ schließlich ist $\mathfrak{x}$ mit $|\mathfrak{x} - \mathfrak{x}_0| = r$ ein Häufungspunkt von $K(\mathfrak{x}_0, r)$ wegen $\mathfrak{x}^{(k)} = \mathfrak{x}_0 + (1 - \frac{1}{k})(\mathfrak{x} - \mathfrak{x}_0) \to \mathfrak{x}$ und $|\mathfrak{x}^{(k)} - \mathfrak{x}_0| < r$.   ☕

Aufgabe 6.2 Es sei $[\mathfrak{a}, \mathfrak{b}) = \{\mathfrak{x} \in \mathbb{R}^n : a_\nu \leq x_\nu < b_\nu, \ 1 \leq \nu \leq n\}$ ein halboffenes Intervall (Rechteck in $\mathbb{R}^2$, Quader in $\mathbb{R}^3$). Man bestimme (mit Beweis!) das Innere, den Abschluss und den Rand von $[\mathfrak{a}, \mathfrak{b})$. Insbesondere ist für jeden inneren Punkt $\mathfrak{x}_0$ explizit eine offene euklidische Kugel $K(\mathfrak{x}_0, r) \subset [\mathfrak{a}, \mathfrak{b})$ anzugeben.

Aufgabe 6.3 Die konvexe Hülle $\mathbf{co}(M)$ von $M \subset \mathbb{R}^n$ ist die Menge aller Konvexkombinationen $\sum_{k=1}^{m} \alpha_k \mathfrak{x}_k$ ($m \in \mathbb{N}$, $\mathfrak{x}_k \in M$ und $\alpha_k > 0$ mit $\sum_{k=1}^{m} \alpha_k = 1$ beliebig). Man zeige $\overline{\mathbf{co}(M)} = \mathbf{co}(\overline{M})$ und $\operatorname{diam} \mathbf{co}(M) = \operatorname{diam} M$.

Aufgabe 6.4 Gegeben sei das Ellipseninnere $\mathcal{E} = \{(x, y) : x^2/a^2 + y^2/b^2 < 1\}$. Man gebe eine Norm $\|\cdot\|$ in $\mathbb{R}^2$ an, in der $\mathcal{E}$ die Einheitskugel $\{\mathfrak{x} : \|\mathfrak{x}\| < 1\}$ ist.

Aufgabe 6.5 Zu bestimmen (mit Beweis!) sind das Innere, der Abschluss, das Äußere und alle Häufungspunkte der Mengen $\{(x, y) : y^2 \leq |x|, x \geq -1\}$ und $\{(x, y) : |x| + |y| < 1, y \geq x\}$ (in $\mathbb{R}^2$ mit Euklidnorm). (**Hinweis.** Eine Skizze hilft.)

6.4 Vollständige metrische Räume

Ein metrischer Raum (M, d) heißt **vollständig,** wenn in M jede Cauchyfolge konvergiert (mit Grenzwert in M!). Ein normierter linearer Raum heißt *vollständig* oder **Banachraum,** wenn er mit der durch die Norm erzeugten Metrik $d(x, y) = \|x - y\|$ vollständig ist. Wird die Norm von einem Skalarprodukt erzeugt, so heißt der dann vollständige(!) normierte Raum auch **Hilbertraum.**

Stefan **Banach** (1892–1945, Lwiw/Lemberg), poln. Mathematiker, war der bedeutendste Mitbegründer der Funktionalanalysis; er konnte dabei auf Vorarbeiten von Vito **Volterra** (1860–1940), Ivar **Fredholm** (1866–1927), Hilbert u.A. über Integralgleichungen aufbauen. Die Bezeichnung *Banachraum* geht auf Frechét zurück, in seinem Buch *Théorie des opérations linéares* bezeichnete Banach diese Räume mit *espace du type* (B). Banach lieferte auch wichtige Beiträge zur Maßtheorie und zur Theorie der reellen Funktionen. Das *Banach-Tarski-Paradoxon* besagt, dass man z.B. eine dreidimensionale Kugel in endlich viele Teilmengen zerlegen und diese wieder so zusammensetzen kann, dass eine Kugel vom doppelten Volumen entsteht! Banachs Arbeitsstil war ungewöhnlich, Mathematik betrieb er im *Schottischen Cafe (Szocka Café)*, die diskutierten Probleme und Ergebnisse wurden im *Schottischen Buch* festgehalten. Ungewöhnlich war auch, dass er ohne regulären Universitätsabschluss in Mathematik promovierte. Den gegen die polnische Intelligenz gerichteten Ausrottungsmaßnahmen der Nationalsozialisten entging er nur knapp.

David **Hilbert** (1862–1945, Königsberg, Göttingen), gilt mit Henri Poincaré als einer der bedeutendsten Mathematiker des zwanzigsten Jahrhunderts. Er arbeitete auf fast allen Gebieten der Mathematik, angefangen mit Invariantentheorie, algebraische Zahlentheorie und Geometrie, Integralgleichungen und mathematische Physik. Seine Untersuchungen über Integralgleichungen führten ihn im Spezialfall zu dem Begriff des Hilbertraumes. Er verließ ein Gebiet, wenn er sich seine Grundlagen angeeignet hatte und wandte sich dann einem anderen zu. Auf dem internationalen Mathematikerkongress 1900 in Paris stellte Hilbert seine berühmten 23 Probleme vor, von denen einige gelöst, teilweise gelöst oder noch vollständig offen sind, die aber in jedem Fall die Richtung mitbestimmt haben, in der sich die Mathematik im 20. Jahrhundert entwickelt hat. Hilberts besonderes Interesse galt dem axiomatischen Aufbau der Mathematik, den er im Fall der Geometrie vollständig durchführte. Sein Optimismus in Bezug auf die Möglichkeiten, die eine Axiomatisierung und Formalisierung der Mathematik bieten sollten, wurde durch Kurt **Gödel** (1906–1978, Wien, Princeton) im Fall der Zahlentheorie empfindlich gedämpft: Nach Gödel gibt es in jedem widerspruchsfreien Axiomensystem der ganzen Zahlen unentscheidbare Aussagen, die also innerhalb des Systems weder bewiesen noch widerlegt werden können. Hilbert, der 1930 emeritiert wurde, musste mitansehen, wie das von ihm mitaufgebaute Göttinger Institut von Weltgeltung durch die Entlassung und Vertreibung der jüdisch-deutschen und auch nichtjüdischen Mathematiker Felix **Bernstein** (1878–1956), Richard **Courant** (1888–1972), Kurt Otto **Friedrichs** (1901–1982), Edmund **Landau** (1877–1938), Hans **Lewy** (1904–1988), Emmy **Noether** (1882–1935), Hermann **Weyl** (1885–1955) u.v.a.m durch die Nationalsozialisten vollkommen bedeutungslos wurde.

Satz 6.12 *Eine abgeschlossene Teilmenge A eines vollständigen metrischen Raumes M ist, als metrischer Raum aufgefasst, wieder vollständig.*

Beweis ‖ Eine Cauchyfolge (x_n) in A ist konvergent mit Grenzwert $x \in M$; da aber A abgeschlossen ist, gilt sogar $x \in A$.   ☕

Im vorhergehenden Abschnitt wurde schon der erste Teil des nachfolgenden Satz bewiesen, ohne dass der Terminus *vollständig* benutzt wurde.

Satz 6.13 *Der euklidische Raum $\mathbb{R}^n$ mit der Euklidnorm ist ein Hilbertraum und $C[a, b]$ mit der Maximumsnorm $\| f \|_\infty$ ein Banachraum.*

Beweis ‖ Cauchyfolge in $(C[a, b], \| \cdot \|_\infty)$ zu sein bedeutet bei gegebenem $\epsilon > 0$ die Existenz eines $n_0 \in \mathbb{N}$ mit $|f_n(t) - f_m(t)| \leq \| f_n - f_m \|_\infty < \epsilon$ für $n > m \geq n_0$ und $a \leq t \leq b$. Damit gilt auch $f_n(t) \to f(t)$ gleichmäßig, d.h. $f \in C[a, b]$ und $\| f - f_m \|_\infty \leq \epsilon$ für $m \geq n_0$; anders gesagt gilt $f_n \to f$ in der Norm.   ☕

Bemerkung 6.6 $C[a, b]$ ist mit $\|f\|_2 = \left(\int_a^b |f(t)|^2 \, dt \right)^{1/2}$ *nicht vollständig.*

6.16 Der Banachsche Fixpunktsatz, auch *Kontraktionsprinzip* genannt, beschäftigt sich mit *kontrahierenden Selbstabbildungen* $T : M \longrightarrow M$ vollständiger metrischer Räume; *kontrahierend* bedeutet dabei, dass

$$d(T(x), T(y)) \leq q \, d(x, y)$$

für ein $q < 1$ und alle $x, y \in M$ gilt.

Satz 6.14 (Banachscher Fixpunktsatz) *Eine Kontraktion T eines vollständigen metrischen Raumes besitzt genau einen* Fixpunkt x^*, *d. h. es gibt in M genau eine Lösung der Gleichung $T(x) = x$. Man erhält x^* als Grenzwert der Folge der* sukzessiven Approximationen $(x_n) : x_0 \in M$ *beliebig und* $x_n = T(x_{n-1})$, *mit der Fehlerabschätzung $d(x^*, x_n) \leq \dfrac{q^n}{1 - q} \, d(x_0, x_1)$.*

Beweis ‖ Es gilt $d(x_{k+1}, x_k) = d(T(x_k), T(x_{k-1})) \leq q d(x_k, x_{k-1})$ für $k \geq 1$, und induktiv folgt $d(x_{k+1}, x_k) \leq q^k d(x_1, x_0)$. Dies ergibt für $n > m \geq 1$

$$d(x_n, x_m) \leq \sum_{k=m}^{n-1} d(x_{k+1}, x_k) \leq d(x_1, x_0) \sum_{k=m}^{n-1} q^k$$
$$= d(x_1, x_0) \, q^m \, \frac{1 - q^{n-m}}{1 - q} \leq \frac{q^m}{1 - q} \, d(x_1, x_0).$$

Als Cauchyfolge ist (x_k) konvergent gegen $x^* \in M$, und nach Grenzübergang $n \to \infty$ folgt die Fehlerabschätzung $d(x^*, x_m) \leq d(x_1, x_0) \, \dfrac{q^m}{1 - q}$ wie behauptet. Die Eindeutigkeit folgt unmittelbar: Ist $x^* = T(x^*)$ und $x^{**} = T(x^{**})$, so ist $d(x^*, x^{**}) = d(T(x^*), T(x^{**})) \leq q \, d(x^*, x^{**})$, also $x^* = x^{**}$. 🙵

Beispiel 6.6 Legt man im Hörsaal einen Stadtplan (der zugehörigen Stadt) auf einen Tisch, so gibt es auf dem Plan genau einen Punkt über seinem realen Standort.

Beispiel 6.7 Ist $f : [a, b] \longrightarrow [a, b]$ stetig differenzierbar und $|f'(x)| < 1$ in $[a, b]$, so hat die Gleichung $x = f(x)$ genau eine Lösung $x^* \in [a, b]$, es gilt $x^* = \lim_{n \to \infty} x_n$, wobei $x_n = f(x_{n-1})$ und $x_0 \in [a, b]$ beliebig ist. Dies ist klar wegen $|f'(x)| \leq q < 1$ in $[a, b]$ und somit $|f(x) - f(y)| \leq q \, |x - y|$ in $[a, b]$ nach dem Mittelwertsatz.

Aufgabe 6.6 Man zeige, dass durch $(Tf)(x) = 1 + \displaystyle\int_0^x t f(t) \, dt \; (-1 \leq x \leq 1)$ eine Kontraktion $T : C[-1, 1] \longrightarrow C[-1, 1]$ bezüglich der Maximumsnorm $\|f\|_\infty = \max_{-1 \leq x \leq 1} |f(x)|$ definiert wird; die sukzessiven Approximationen $f_n = T f_{n-1}$ sind, ausgehend von $f_0(x) = 1$ zu berechnen, ebenso ihr Grenzwert, der Fixpunkt von T in Form einer unendlichen Reihe und auch formelmäßig.

Der Cantorsche Durchschnittssatz ist das abstrakte Analogon zur Intervallschachtelung und lautet:

Satz 6.15 (**Cantorscher Durchschnittssatz**) *Es sei* (M, d) *ein vollständiger metrischer Raum und* (A_n) *eine geschachtelte Folge* $(A_{n+1} \subset A_n)$ *von nichtleeren, abgeschlossenen Teilmengen von* M *mit* diam $A_n \to 0$ *für* $n \to \infty$. *Dann ist* $\bigcap_{n \in \mathbb{N}} A_n = \{a\}$.

Beweis ‖ $a_n \in A_n$ wird beliebig gewählt. Dann gilt $a_n \in A_m$ für $m < n$ und so $d(a_n, a_m) \le$ diam A_m, d.h. (a_n) ist eine Cauchyfolge wegen diam $A_m \to 0$, mithin konvergent gegen a. Da aber $a_{n+k} \in A_n$ für alle k und A_n abgeschlossen ist, ist auch $a \in A_n$ für alle n, somit $a \in \bigcap_{n \in \mathbb{N}} A_n$. Weitere Punkte $b \in \bigcap_{n \in \mathbb{N}} A_n$ kann es wegen $d(a, b) \le$ diam $A_n \to 0$ $(n \to \infty)$ nicht geben.   ☕

6.5 Kompakte metrische Räume

Ein metrischer Raum (M, d) heißt *kompakt* (auch: *folgenkompakt*), wenn jede Folge in M eine konvergente Teilfolge besitzt. Eine Teilmenge $A \subset M$ heißt kompakt, wenn (A, d) kompakt ist, anders gesagt, wenn jede Folge in A eine konvergente Teilfolge mit *Grenzwert in* A besitzt.

Satz 6.16 *Ein kompakter metrischer Raum ist vollständig. Kompakte Teilmengen* A *eines beliebigen metrischen Raumes* M *sind abgeschlossen und beschränkt.*

Beweis ‖ Der Beweis der ersten Aussage verläuft wortwörtlich wie der Beweis des Cauchykriteriums in $\mathbb{R}$, es ist nur $d(x, y)$ durch $|x - y|$ zu ersetzen; die vorausgesetzte Kompaktheit ersetzt gerade den Satz von Bolzano-Weierstraß. Es sei nun $A \subset M$ kompakt und (x_n) eine Folge in A. Gilt $x_n \to x$, so ist $x \in A$, denn wegen der Kompaktheit konvergiert eine Teilfolge (damit die gesamte Folge) gegen einen Grenzwert (hier x) in A; dies zeigt, dass A abgeschlossen ist. Wird dagegen (x_n) gemäß $d(x_n, x_0) \to \sup\{d(x_0, a) : a \in A\}$ gewählt, so kann man eine konvergente Teilfolge $x_{n_k} \to x^* \in A$ auswählen, es folgt diam $A \le 2d(x^*, x_0) < \infty$. Ist M kompakt und $A \subset M$ abgeschlossen, dann hat jede Folge (x_n) in A eine konvergente Teilfolge (x_{n_k}) mit Grenzwert $x^* \in M$; wegen der Abgeschlossenheit von A ist aber $x^* \in A$, also A selbst kompakt.   ☕

In beliebigen metrischen Räumen sind die abgeschlossenen und beschränkten Teilmengen nicht immer kompakt, dies zeigt das folgende

Beispiel 6.8 $M = \mathbb{R}$ mit der Metrik $d(x, y) = \dfrac{|x - y|}{1 + |x - y|}$; M ist *abgeschlossen* und *beschränkt* (diam $M = 1$), aber *nicht* kompakt, wie die Folge $(n)_{n \in \mathbb{N}}$ ohne konvergente Teilfolge zeigt.

Satz 6.17 (**von Bolzano-Weierstraß**) *In* $\mathbb{R}^n$ (*mit Euklidmetrik*) *besitzt jede beschränkte Folge eine konvergente Teilfolge, und jede beschränkte unendliche Menge einen Häufungspunkt. In* $\mathbb{R}^n$ *sind genau die abgeschlossenen und beschränkten Mengen kompakt.*

Abb. 6.4 Beweis des Satzes
von Bolzano-Weierstraß
durch Intervallhalbierung

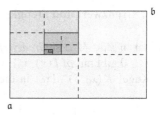

Beweis ‖ Der reelle Beweis (Intervallschachtelung, vgl. Abb. 6.4) kann leicht ange-
passt werden, es genügt zu zeigen, dass eine beschränkte unendliche Menge $E \subset \mathbb{R}^n$
(wenigstens) einen Häufungspunkt besitzt. Dazu sei

$$E \subset I_0 = [\mathfrak{a}, \mathfrak{b}] = \{\mathfrak{x} : a_\nu \le x_\nu \le b_\nu, \nu = 1, \ldots, n\}.$$

Wird I_0 durch Kantenhalbierung in 2^n gleichgroße Intervalle zerlegt, so enthält eines
davon, es wird mit I_1 bezeichnet, unendlich viele Punkte von E; aus $I_1 \cap E$ wird $\mathfrak{x}_1$
gewählt. Diesen Schritt kann man beliebig oft wiederholen, man erhält eine Folge
(I_k) von Intervallen mit $I_k \subset I_{k-1}$, wobei die maximale Kantenlänge $l_k = 2^{-n} l_0$ von
I_k gegen Null konvergiert. Wegen $|\mathfrak{x}^{(k)} - \mathfrak{x}^{(m)}| \le \sqrt{n}\, l_m = \sqrt{n}\, l_0 2^{-m}$ für $k > m$ ist
$(\mathfrak{x}^{(k)})$ eine Cauchyfolge in E, ihr Grenzwert ist Häufungspunkt von E. Damit ist auch
gezeigt, dass die beschränkten und abgeschlossenen Teilmengen von $\mathbb{R}^n$ kompakt
sind.   ☕

Aufgabe 6.7   Es sei (M, d) ein metrischer Raum, $\emptyset \ne A, B \subset M$ und $x, y \in M$. Man zeige:

a) $|\text{dist}\,(x, A) - \text{dist}\,(y, A)| \le d(x, y)$;
b) Ist A kompakt, so gibt es zu x ein $a \in A$ mit $\text{dist}\,(x, A) = d(x, a)$;
c) Sind A, B kompakt, so gibt es $a \in A, b \in B$ mit $\text{dist}\,(A, B) = d(a, b)$;
d) (fortgesetzt) Es gilt $\text{dist}\,(A, B) > 0 \Leftrightarrow A \cap B = \emptyset$.

Aufgabe 6.8   Jetzt sei $M = \mathbb{R}^n$ mit Euklidnorm $|\cdot|, \emptyset \ne A, B \subset \mathbb{R}^n$.

a) Man zeige: Ist A kompakt und B abgeschlossen, so gibt es $\mathfrak{a} \in A, \mathfrak{b} \in B$ mit $\text{dist}\,(A, B) =$
   $|\mathfrak{a} - \mathfrak{b}|$;
b) Man zeige, dass die Mengen $E = \{\mathfrak{x} \in \mathbb{R}^n : x_n^2 > x_1 + \cdots + x_{n-1}\}$ und $F = \{\mathfrak{x} \in \mathbb{R}^n : |\mathfrak{x}|_\infty <$
   $2, x > y^2 > 0\}$ offen sind bestimme ihren Rand und Abschluss.(**Hinweis.** Als Faustregel –
   nicht als Lehrsatz – gilt: Teilmengen des $\mathbb{R}^n$, die durch strikte Ungleichungen zwischen stetigen
   Funktionen beschrieben werden, sind offen.)
c) Man berechne $\text{dist}\,(A, B)$ für $A = \{(x, y) \in \mathbb{R}^2 : y > 1/x > 0\}$ und $B = \{(x, y) \in \mathbb{R}^2 : y <$
   $0\}$ (**Hinweis.** Eine Skizze hilft.)

6.6 Stetige Funktionen

In diesem Abschnitt sind stets (M, d) und (N, ϱ) metrische Räume; $\mathbb{R}^n$ sei stets mit
der Euklidmetrik ausgestattet.

6.17 Grenzwert und Stetigkeit Eine Funktion $f : M \longrightarrow N$

- hat in $x_0 \in M$ den *Grenzwert* oder *Limes* $y_0 \in N$, wenn es zu jedem $\epsilon > 0$ ein $\delta > 0$ gibt mit $\varrho(f(x), y_0) < \epsilon$ für $0 < d(x, x_0) < \delta$, d.h. wenn f die punktierte Kugel $K(x_0, \delta) \setminus \{x_0\}$ in die Kugel $K(y_0, \epsilon)$ abbildet; man schreibt $\lim\limits_{x \to x_0} f(x) = y_0$;
- heißt *stetig* in $x_0 \in M$, wenn es zu jedem $\epsilon > 0$ ein $\delta > 0$ gibt mit $\varrho(f(x), f(x_0)) < \epsilon$ für $d(x, x_0) < \delta$, d.h. wenn $\lim\limits_{x \to x_0} f(x) = f(x_0)$ ist;
- heißt *stetig in M*, wenn f in jedem $x_0 \in M$ stetig ist, man schreibt dafür $f \in \mathcal{C}(M, N)$;
- heißt *gleichmäßig stetig*, wenn es zu jedem $\epsilon > 0$ ein $\delta > 0$ gibt mit $\varrho(f(x), f(x_0)) < \epsilon$ für $d(x, x_0) < \delta$ und *alle* $x_0 \in M$.

Bemerkung 6.7 Man kann die Stetigkeit auch so formulieren: $f : M \longrightarrow N$ *ist genau dann stetig, wenn für jede offene Menge* $O \subset N$ *auch* $f^{-1}(O) \subset M$ *offen ist* (Urbilder offener Mengen sind offen). Ebenfalls äquivalent zur Stetigkeit ist die *Folgenstetigkeit*. Sie bedeutet: *Aus* $\lim\limits_{n \to \infty} x_n = x_0$ *in* (M, d) *folgt* $\lim\limits_{n \to \infty} f(x_n) = f(x_0)$ *in* (N, ϱ). Der **Beweis** ‖ der Gleichwertigkeit wird beidesmal als Aufgabe gestellt.

Beispiel 6.9 Die Funktion $f : \mathbb{R}^n \longrightarrow \mathbb{R}$, $f(\mathfrak{x}) = |\mathfrak{x}|$ ist (sogar gleichmäßig) stetig. Für $\mathfrak{x}, \mathfrak{y} \in \mathbb{R}^n$ folgt nämlich aus der umgekehrten Dreiecksungleichung

$$|f(\mathfrak{x}) - f(\mathfrak{y})| = ||\mathfrak{x}| - |\mathfrak{y}|| \leq |\mathfrak{x} - \mathfrak{y}| \quad (\delta = \epsilon).$$

Ist $\| \cdot \|$ *irgendeine* Norm in $\mathbb{R}^n$, so kann man das Beispiel zu $f(\mathfrak{x}) = \|\mathfrak{x}\|$ modifizieren; auch diese Funktion ist gleichmäßig stetig, denn es ist

$$|f(\mathfrak{x}) - f(\mathfrak{y})| = |\|\mathfrak{x}\| - \|\mathfrak{y}\|| \leq \|\mathfrak{x} - \mathfrak{y}\| \leq \sum_{\nu=1}^{n} |x_\nu - y_\nu| \, \|\mathfrak{e}_\nu\| \leq C |\mathfrak{x} - \mathfrak{y}|$$

nach der Cauchy-Schwarzschen Ungleichung mit $C = \left(\sum\limits_{\nu=1}^{n} \|\mathfrak{e}_\nu\|^2 \right)^{1/2}$.

Bemerkung 6.8 Es werden vorwiegend Funktionen vom Typ $\mathbb{R}^n \longrightarrow \mathbb{R}^m$ behandelt. Hier ist erfahrungsgemäß die folgende Warnung nicht überflüssig: Die Stetigkeit einer Funktion von $\mathfrak{x} \in \mathbb{R}^n$, also von *mehreren* Veränderlichen $x_1, \ldots, x_n$ *gleichzeitig* darf *nicht* verwechselt werden mit der Stetigkeit in den *einzelnen* Variablen, d.h. der Stetigkeit der Funktionen $t \mapsto f(x_1, \ldots, x_{k-1}, t, x_{k+1}, \ldots, x_n)$ bei festgehaltenen x_j ($j \neq k$).

Beispiel 6.10 Die Funktion $f : \mathbb{R}^2 \longrightarrow \mathbb{R}$ mit $f(0, 0) = 0$ und

$$f(x, y) = \begin{cases} y/x^2 & \text{falls } |y| \leq x^2, \text{ aber } (x, y) \neq (0, 0) \\ x^2/y & \text{falls } |y| > x^2 \end{cases}$$

ist *unstetig* in $(0, 0)$. Zwar ist sowohl $x \mapsto f(x, 0)$ stetig in $x = 0$ als auch $y \mapsto f(0, y)$ stetig in $y = 0$, da $\lim\limits_{x \to 0} f(x, 0) = \lim\limits_{y \to 0} f(0, y) = 0 = f(0, 0)$ ist. Es gilt sogar $f(x, y) \to 0$ für $(x, y) \to (0, 0)$ längs *jeder* Geraden $y = \alpha x$; für $|x| < |\alpha|$ ist dann $x^2 < |\alpha||x| = |y|$, also $f(x, y) = f(x, \alpha x) = x/\alpha \to 0$ für $x \to 0$. Andererseits ist $f(x, \pm x^2) = \pm 1$, also f unstetig in $(0, 0)$ (vgl. Abb. 6.5).

Abb. 6.5 Eine unstetige
Funktion mit radialen
Grenzwerten
$\lim\limits_{r\to 0} f(r\cos\theta, r\sin\theta) = 0$
$(0 \le \theta \le 2\pi)$

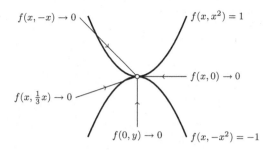

$f(x, -x) \to 0$ $f(x, x^2) = 1$

$f(x, \tfrac{1}{3}x) \to 0$ $f(x, 0) \to 0$

$f(0, y) \to 0$ $f(x, -x^2) = -1$

6.18 Komponenten Funktionen $\mathfrak{f} : M \longrightarrow \mathbb{R}^m$, wobei (M, d) ein metrischer Raum ist, setzen sich aus ihren *Komponenten* $f_\mu : M \longrightarrow \mathbb{R}$ zusammen. Aus $\mathfrak{y}^{(k)} = \mathfrak{f}(x_k) \to \mathfrak{y} \Leftrightarrow y_\mu^{(k)} = f_\mu(x_k) \to y_\mu$ für $1 \le \mu \le m$ ergibt sich der

Satz 6.18 *Die Stetigkeit von $\mathfrak{f}$ [in x_0 oder ganz M] bzw. die gleichmäßige Stetigkeit ist mit der Stetigkeit [in x_0 oder ganz M] bzw. der gleichmäßigen Stetigkeit der Gesamtheit der Komponenten $f_\mu : M \longrightarrow \mathbb{R}$ ($1 \le \mu \le m$) äquivalent.*

6.19 Kompaktheit und stetige Funktionen In diesem Abschnitt geht es einerseits um die Frage, ob sich Eigenschaften wie Kompaktheit oder Vollständigkeit unter stetigen Funktionen transformieren, und andererseits darum, inwieweit aus dem Reellen bekannte Eigenschaften stetiger Funktionen im allgemeineren Rahmen weiterhin Gültigkeit haben. So sind auf $[a, b]$ stetige und reellwertige Funktionen gleichmäßig stetig nach dem Satz von Heine, und es gilt der Satz vom Minimum und Maximum. Im abstrakten Rahmen gilt:

Satz 6.19 *Ist $f : M \longrightarrow N$ stetig und M kompakt, so ist $f(M)$ kompakt und f gleichmäßig stetig. Im Spezialfall $N = \mathbb{R}$ hat f Maximum und Minimum.*

Beweis ‖ Es sei (y_n) eine Folge in $f(M)$, also $y_n = f(x_n)$. Da M kompakt ist, besitzt (x_n) eine konvergente Teilfolge (x_{n_k}), $x_{n_k} \to x_0$, und wegen der Stetigkeit von f gilt $y_{n_k} = f(x_{n_k}) \to f(x_0) \in f(M)$. Dies beweist die Kompaktheit von $f(M)$. Der Nachweis der gleichmäßigen Stetigkeit verläuft wie im reellen Fall. Schließlich ist $f(M) \subset \mathbb{R}$ daher beschränkt und abgeschlossen und besitzt ein Minimum $f(x_*)$ und ein Maximum $f(x^*)$. ☕

6.20 Äquivalente Normen In einem Vektorraum E kann es ganz unterschiedliche Normen geben. Zwei Normen $\| \cdot \|$ und $| \cdot |$ heißen äquivalent, wenn es Konstanten $a, b > 0$ mit $\|x\| \le a|x|$ und $|x| \le b\|x\|$ für alle $x \in E$ gibt. Geometrisch bedeutet dies, dass man jede Kugel $K(x_0, r)$ in der einen Norm in einer Kugel um x_0 der anderen unterbringen kann, wenn man sie mit einem fixen, von x_0 und r unabhängigen Faktor reskaliert. Beispielsweise sind in $\mathbb{R}^n$ die Normen $| \cdot |$, $\| \cdot \|_1$ und $\| \cdot \|_\infty$ äquivalent (vgl. Abb. 6.6), nicht aber die Normen $\| \cdot \|_2$ und $\| \cdot \|_\infty$ in $\mathcal{C}[a, b]$.

Abb. 6.6 Geschachtelte „Kugeln" in verschiedenen Normen des $\mathbb{R}^2$. Welche?

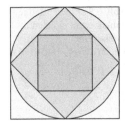

Satz 6.20 *In $\mathbb{R}^n$ sind alle Normen äquivalent.*

Beweis ‖ Es genügt, eine beliebige Norm $\| \cdot \|$ mit der Euklidnorm zu vergleichen. Die Ungleichung $\|\mathfrak{x}\| \leq C\,|\mathfrak{x}|$ ist schon bewiesen, sie folgt aus der Stetigkeit von $f : \mathbb{R}^n \longrightarrow \mathbb{R}$, $f(\mathfrak{x}) = \|\mathfrak{x}\|$. Diese Funktion besitzt auf der kompakten Oberfläche der Einheitskugel $\{\mathfrak{x} : |\mathfrak{x}| = 1\}$ ein positives Minimum α, es gilt also $\|\mathfrak{x}\| \geq \alpha|\mathfrak{x}|$ zunächst für $|\mathfrak{x}| = 1$, und dann wegen der Homogenität der Normen auf ganz $\mathbb{R}^n$: Für $\mathfrak{x} \neq \mathfrak{o}$ ist $\|\mathfrak{x}\| = |\mathfrak{x}|\,\|\mathfrak{x}/|\mathfrak{x}|\| \geq \alpha|\mathfrak{x}|$.   ☕

Bemerkung 6.9 Anstatt mit der Euklidnorm können so im $\mathbb{R}^n$ die topologischen Begriffe mit einer beliebigen Norm bzw. der davon erzeugten Metrik $d(x, y) = \|x - y\|$ definiert werden, mit *demselben* Ergebnis.

6.21 Der Satz von Heine-Borel lautet im Spezialfall so: *Sind I_λ beliebige offene Intervalle mit $[a, b] \subset \bigcup_{\lambda \in \Lambda} I_\lambda$, so gilt bereits $[a, b] \subset \bigcup_{k=1}^{m} I_{\lambda_k}$ mit endlich vielen dieser Intervalle.* Im metrischen Raum (M, d) (und auch in $\mathbb{R}$!) wird dieser Satz allgemein so formuliert:

Satz 6.21 (von Heine-Borel) *$A \subset M$ ist genau dann kompakt, wenn jede offene Überdeckung (O_λ) von A eine endliche Teilüberdeckung $(O_{\lambda_j})_{j=1}^{n}$ enthält, d. h. wenn aus $A \subset \bigcup_{\lambda \in \Lambda} O_\lambda$, alle O_λ offen, stets auf endlich viele O_{λ_j} mit $A \subset \bigcup_{j=1}^{m} O_{\lambda_j}$ geschlossen werden kann.*

Die Aussage lautet in Kurzform: Bei metrischen Räumen ist *Folgenkompaktheit* dasselbe wie *Überdeckungskompaktheit*.

Beweis ‖ Es sei $(O_\lambda)_{\lambda \in \Lambda}$ eine offene Überdeckung der kompakten Menge A und die Funktion $r : A \longrightarrow (0, 1]$ definiert durch

$$r(x) = \sup\{\rho < \operatorname{diam} A : \text{es gibt ein } \lambda \in \Lambda \text{ mit } K(x, \rho) \subset O_\lambda\};$$

diese Funktion ist (beschränkt durch $\operatorname{diam} A$) und stetig: Aus $K(x, \rho) \subset O_\lambda$ und $y \in A$ mit $d(x, y) < \rho < r(x)$ folgt $K(y, \rho - d(x, y)) \subset O_\lambda$. Das heißt aber $r(y) \geq \rho - d(x, y)$ oder, nach üblichem Schluss, $r(x) - r(y) \leq d(x, y)$, und dies gilt trivialerweise auch für $d(x, y) \geq r(x)$. Aus Symmetriegründen ist dann auch $r(y) - r(x) \leq d(y, x)$, also

$$|r(x) - r(y)| \leq d(x, y).$$

In A hat die Funktion r ein Minimum $> R > 0$, und das heißt: zu beliebigem $x \in A$ gibt es ein $\lambda \in \Lambda$ mit $K(x, R) \subset O_\lambda$. Wenn nun das System $(O_\lambda)_{\lambda \in \Lambda}$ keine endliche Teilüberdeckung enthält, dann erst recht nicht die aus offenen Kugeln bestehende Überdeckung $(K(x, R))_{x \in A}$. Dann kann aber A im Widerspruch zur Voraussetzung nicht kompakt sein. Zum Beweis wählt man $x_1 \in A$, dazu $x_2 \in A \setminus K(x_1, R)$ (gäbe es so ein x_2 nicht, so wäre bereits $A \subset K(x_1, R)$), danach $x_3 \in A \setminus (K(x_1, R) \cup K(x_2, R))$, es existiert mit ähnlicher Begründung. So fortfahrend erhält man eine Folge (x_n), so dass $x_n \in A \setminus \bigcup_{m=1}^{n-1} K(x_m, R)$ ist. Diese Folge enthält aber wegen $d(x_n, x_m) \geq R$ für $n > m$ keine konvergente Teilfolge. Hat umgekehrt A die Überdeckungseigenschaft und ist (x_n) eine Folge in A mit $x_n \neq x_m$ ($n \neq m$), aber ohne konvergente Teilfolge (mit Grenzwert in $A(!)$), so gibt es zu jedem $a \in A$ ein $\rho(a) > 0$, so dass $d(x_n, a) < \rho(a)$ nur für endlich viele (eventuell gar kein) n gilt. Das System der Kugeln $(K(a, \rho(a)))_{a \in A}$ bildet eine offene Überdeckung von A. Es kann aber keine endliche Teilüberdeckung $\bigcup_{j=1}^{m} K(a_j, \rho(a_j))$ von A geben, da diese nur endlich viele der unendlich vielen x_n enthielte. ✌

6.22 Funktionenfolgen Es seien (M, d) und (N, ρ) metrische Räume und (f_n) eine Folge von Funktionen $f_n : M \longrightarrow N$. Die Funktionenfolge (f_n) heißt

- *punktweise konvergent*, wenn für jedes $x \in M$ die Folge $(f_n(x))$ in N konvergiert; es entsteht dann die Grenzfunktion $f(x) = \lim_{n \to \infty} f_n(x)$;
- *gleichmäßig konvergent* gegen $f : M \longrightarrow N$, wenn es zu jedem $\epsilon > 0$ ein $n_0 \in \mathbb{N}$ gibt mit $\varrho(f_n(x), f(x)) < \epsilon$ für alle $n \geq n_0$ *und alle* $x \in M$;
- *lokal gleichmäßig konvergent*, wenn es um jedes $x_0 \in M$ eine Kugel $K(x_0, r)$ in M gibt, so dass $f_n \to f$, gleichmäßig in $K(x_0, r)$ gilt.

6.23 Die Stetigkeit der Grenzfunktion Wie im Reellen gilt auch hier mit unverändertem Beweis ($|x - y|$ ist durch $d(x, y)$ und $|f(x) - f_n(x)|$ durch $\varrho(f(x), f_n(x))$ zu ersetzen) der Satz über die Stetigkeit der Grenzfunktion. Dass die Voraussetzung der gleichmäßigen Konvergenz nur *lokal* vorliegt, ist unwesentlich, da die Stetigkeit ja auch eine *lokale* Eigenschaft ist.

Satz 6.22 (über die Stetigkeit der Grenzfunktion) *Konvergiert $f_n \to f$ lokal gleichmäßig und sind alle f_n stetig in x_0 [in ganz M], so gilt dasselbe für f.*

6.24 Der Raum $\mathcal{C}(M, E)$ Es sei (M, d) ein metrischer Raum und $(E, \|\cdot\|)$ ein Banachraum über $\mathbb{R}$ oder $\mathbb{C}$. Dann bezeichnet $\mathcal{C}(M, E)$ den Raum der stetigen und beschränkten Funktionen $f : M \longrightarrow E$, ausgestattet mit der *Supremumsnorm* $\|f\|_\infty = \sup\{\|f(x)\| : x \in M\}$. Ist M kompakt, so enthält $\mathcal{C}(M, E)$ *alle* stetigen Funktionen $f : M \longrightarrow E$ und es ist $\|f\|_\infty$ die *Maximumsnorm*: das Supremum von $\|f(x)\|$ in M wird angenommen.

Satz 6.23 *Unter diesen Umständen ist $C(M, E)$ selbst ein Banachraum; Konvergenz $f_n \to f$ in $C(M, E)$ bedeutet dasselbe wie gleichmäßige Konvergenz von (f_n) gegen f.*

Beweis ‖ Es sei (f_n) eine Cauchyfolge in $C(M, E)$; sie erfüllt bei gegebenem $\epsilon > 0$ für $n > m \geq n_0(\epsilon)$ die Cauchybedingung $\|f_n - f_m\|_\infty < \epsilon$, und erzeugt für $x \in M$ wegen $\|f_n(x) - f_m(x)\| \leq \|f_n - f_m\|_\infty < \epsilon$ die Cauchyfolge $(f_n(x))$ in E. Wegen der Vollständigkeit von E gilt $f_n(x) \to f(x)$ punktweise in M. Der Grenzübergang $n \to \infty$ ergibt dann $\|f(x) - f_m(x)\| \leq \epsilon$ für $m \geq n_0$ und alle $x \in M$. Damit herrscht gleichmäßige Konvergenz, f ist stetig, und wegen $\|f(x)\| \leq \|f_{n_0}(x)\| + \epsilon \leq \|f_{n_0}\|_\infty + \epsilon$ auch beschränkt, d. h. es ist $f \in C(M, E)$, und es gilt $\|f - f_n\|_\infty \leq \epsilon$ für $n \geq n_0(\epsilon)$), somit $f_n \to f$ in $C(M, E)$. Umgekehrt ergibt sich aus der gleichmäßigen Konvergenz $f_n \to f$: Zu gegebenem $\epsilon > 0$ gibt es $n_0 \in \mathbb{N}$ mit $\|f_n(x) - f(x)\| < \epsilon$ für $n \geq n_0$ und alle $x \in M$; es folgt die Beschränktheit, $\|f(x)\| \leq \|f_{n_0}(x)\| + \epsilon \leq \|f_{n_0}\| + \epsilon$ und die Konvergenz in der Norm, $\|f_n - f\|_\infty \leq \epsilon$ $(n \geq n_0)$.   ☕

Aufgabe 6.9 Es seien $f : [a, b] \longrightarrow \mathbb{R}$ und $g : [c, d] \longrightarrow \mathbb{R}$ stetig. Man zeige, dass $h(x, y) = f(x) + g(y)$ und $k(x, y) = f(x)g(y)$ auf $[a, b] \times [c, d] \subset \mathbb{R}^2$ gleichmäßig stetig sind.

Aufgabe 6.10 Die Funktion $f(x, y) = \dfrac{1 - \cos(x^2 - y^2)}{(x - y)^2}$ ist definiert und stetig außerhalb der Diagonalen $y = x$. Wie ist sie dort zu definieren, damit eine stetige Funktion $\mathbb{R}^2 \longrightarrow \mathbb{R}^2$ entsteht? Dasselbe für $f(x, y) = \dfrac{\sin(y^3 - x^6)}{y - x^2}$ außerhalb der Parabel $y = x^2$.

Aufgabe 6.11 Es seien $A, B \subset \mathbb{R}^n$ (Euklidmetrik) nichtleer, abgeschlossen und disjunkt. Man zeige, dass $f(\mathfrak{x}) = \dfrac{\text{dist}\,(\mathfrak{x}, A \cup B)}{\text{dist}\,(\mathfrak{x}, A) + \text{dist}\,(\mathfrak{x}, B)}$ stetig ist und $f(\mathfrak{x}) \leq 1/2$ erfüllt. Man berechne f explizit für $n = 2$, $A = K((2, 0), 1)$ und $A = K((-2, 0), 1)$ (Skizze!). Wo ist $f(x, y) = 1/2$?

Aufgabe 6.12 Man bestimme eine stetige und bijektive Abbildung der ‚Einheitskugel' $\{\mathfrak{x} \in \mathbb{R}^n : |\mathfrak{x}|_\infty < 1\}$ auf $\{\mathfrak{x} \in \mathbb{R}^n : |\mathfrak{x}| < 1\}$.

Aufgabe 6.13 Es sei (M, d) ein kompakter metrischer Raum und (A_n) eine geschachtelte Folge nichtleerer, abgeschlossener Teilmengen von M $(A_{n+1} \subset A_n)$. Man zeige: $A = \bigcap_{n \in \mathbb{N}} A_n$ ist nichtleer und abgeschlossen. (**Hinweis.** $A = \emptyset \Rightarrow M = \bigcup_{n \in \mathbb{N}}(M \setminus A_n)$.)

6.7 Zusammenhang

6.25 Wegzusammenhang Es ist zweckmäßig, mit dem anschaulichen Begriff des Wegzusammenhangs zu beginnen. Ein *Weg* γ in einem metrischen Raum (M, d) ist eine stetige Abbildung $\gamma : [a, b] \longrightarrow M$; er verläuft von $\gamma(a)$ nach $\gamma(b)$. M heißt *wegzusammenhängend,* wenn es zu beliebigen $x, y \in M$ einen Weg in M von x nach y gibt. Eine Teilmenge $A \subset M$ heißt wegzusammenhängend, wenn der metrische Raum (A, d) wegzusammenhängend ist. Eine maximal wegzusammenhängende Teilmenge von $E \subset M$ heißt *Wegkomponente.* Offensichtlich ist der *Träger*

$|\gamma| = \{\gamma(t) : a \le t \le b\}$ eines Weges $\gamma : [a, b] \longrightarrow M$ selbst wegzusammenhängend, denn Punkte $x = \gamma(t_1)$ und $y = \gamma(t_2)$ werden verbunden durch den Weg $\gamma|_{[t_1,t_2]}$. In $\mathbb{R}^n$ sind die einfachsten Wege die Strecken $\overline{ab}$ oder die aus Strecken $\overline{a_j a_{j+1}}$ zusammengesetzten Strecken- oder Polygonzüge $\overline{a_1 a_2 \cdots a_m}$.

Satz 6.24 (1. Version des Zwischenwertsatzes) *Ist M ein wegzusammenhängender, N irgendein metrischer Raum und $f : M \longrightarrow N$ stetig, so ist das Bild $f(M)$ wegzusammenhängend. Im Fall $N = \mathbb{R}$ ist $f(M)$ ein Intervall; anders gesagt, zu $f(x_1) < y < f(x_2)$ gibt es ein $x \in M$ mit $f(x) = y$.*

Beweis ‖ Zu $y_1 = f(x_1)$ und $y_2 = f(x_2)$ existiert ein Weg γ in M, der x_1 mit x_2 verbindet. Somit verbindet $f \circ \gamma$ die Punkte y_1 und y_2 in N.   ☕

6.26 Partitionen Es sei (M, d) ein metrischer Raum. Unter einer **Partition** der Menge $E \subset M$ versteht man ein Paar (A, B) von offenen Mengen $A, B \subset M$ mit folgenden Eigenschaften:

$$A \cap E \ne \emptyset, \; B \cap E \ne \emptyset, \; E \subset A \cup B \text{ und } A \cap B \cap E = \emptyset.$$

Satz 6.25 *Ein wegzusammenhängender Raum besitzt keine Partition.*

Beweis ‖ Wenn doch, so werden Punkte $a \in A$ und $b \in B$ gewählt und durch einen Weg $\gamma : [0, 1] \longrightarrow M$ verbunden $(a = \gamma(0), b = \gamma(1))$ und $t^* = \sup\{t : \gamma(t) \in A\}$ gesetzt. Da A und B offen sind, gilt $\gamma|_{[0,\delta]} \subset A$ und $\gamma|_{[1-\delta,1]} \subset B$ für ein $\delta > 0$. Somit ist $0 < t^* < 1$, aber weder $\gamma(t^*) \in A$ (es wäre $\gamma([t^*, t^* + \delta)) \subset A$ für ein $\delta > 0$) noch $\gamma(t^*) \in B$ ist möglich.   ☕

6.27 Gebiete in einem metrischen Raum sind nichtleere, offene und wegzusammenhängende Teilmengen. Beispielsweise sind in $\mathbb{R}^n$ alle offenen Kugeln Gebiete.

Satz 6.26 *In einem Gebiet des $\mathbb{R}^n$ können je zwei Punkte durch einen achsenparallelen Polygonzug verbunden werden* (und damit durch einen glatten Weg, indem man die Ecken abrundet).

Beweis ‖ Es wird ein Referenzpunkt $\mathfrak{x}_0 \in D$ gewählt und Mengen $A, B \subset D$ folgendermaßen definiert: $\mathfrak{x} \in A$, wenn es einen achsenparallelen Polygonzug in D von $\mathfrak{x}_0$ nach $\mathfrak{x}$ gibt, und $\mathfrak{x} \in B$ sonst. Mit $\mathfrak{x} \in D$ ist auch $K(\mathfrak{x}, \delta(\mathfrak{x})) \subset D$ für ein $\delta(\mathfrak{x}) > 0$. Ist $\mathfrak{a} \in A$, so kann ein achsenparalleler Polygonzug in D von $\mathfrak{x}_0$ nach $\mathfrak{a}$ achsenparallel in $K(\mathfrak{a}, \delta(\mathfrak{a}))$ nach $\mathfrak{x} \in K(\mathfrak{a}, \delta(\mathfrak{a}))$ verlängert werden, d. h. es ist $K(\mathfrak{a}, \delta(\mathfrak{a})) \subset A$, A ist offen. Ist aber $\mathfrak{b} \in B$, so könnte ein achsenparalleler Polygonzug in D von $\mathfrak{x}_0$ nach $\mathfrak{x}' \in K(\mathfrak{b}, \delta(\mathfrak{b}))$ auch achsenparallel in $K(\mathfrak{b}, \delta(\mathfrak{b}))$ nach $\mathfrak{b}$ verlängert werden. Dies zeigt, dass es ein derartiges $\mathfrak{x}'$ nicht gibt und so auch B offen ist. Da D aber keine Partition zulässt und $A \ne \emptyset$ ist (es ist ja $\mathfrak{x}_0 \in A$), ist wie behauptet $D = A$ und je zwei Punkte über $\mathfrak{x}_0$ achsenparallel verbindbar (vgl. Abb. 6.7).   ☕

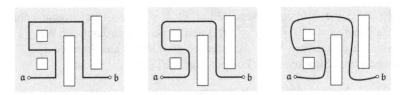

Abb. 6.7 Verbindungswege in einem Teilgebiet des $\mathbb{R}^2$ mit Hindernissen: achsenparalleler Streckenzug; mit gerundeten Ecken; $\mathcal{C}^\infty$-Weg

6.28 Die Wegkomponenten In jedem metrischen Raum M ist folgende Relation $\approx$ erklärt: $x \approx y \Leftrightarrow x$ und y sind in M durch einen Weg verbindbar. Dies ist offenbar eine Äquivalenzrelation, die Äquivalenzklassen heißen **Wegkomponenten;** Wegkomponenten sind nach Definition *maximal* wegzusammenhängend, d. h. ist E eine Wegkomponente und $F \subset M$ wegzusammenhängend, so ist entweder $E \cap F = \emptyset$ oder $F \subset E$; insbesondere sind zwei Wegkomponenten entweder punktfremd oder einander gleich.

Satz 6.27 *Jede Teilmenge eines metrische Raum zerfällt in Wegkomponenten. Die Wegkomponenten von offenen Teilmengen sind selbst offen, also Gebiete, sofern Kugeln wegzusammenhängend sind[2]. In $\mathbb{R}^n$ bestehen die offenen Mengen aus endlich oder abzählbar vielen Gebieten.*

Beweis ‖ Die erste Aussage ist bereits bewiesen. Ist $O \subset M$ offen, E eine Wegkomponente und $x \in E$ sowie $K(x, r) \subset O$ eine offene Kugel, so gilt $K(x, r) \subset E$ (sofern wegzusammenhängend). Unter dieser Zusatzvoraussetzung ist E offen. In $\mathbb{R}^n$ enthalten disjunkte Gebiete voneinander verschiedene rationale Punkte $\mathfrak{x} \in \mathbb{Q}^n$, die Anzahl der Wegkomponenten ist also höchstens abzählbar.   ☕

6.29 Zusammenhang Ein metrischer Raum M heißt *zusammenhängend,* wenn es *keine* Partition von M gibt. Wegzusammenhängende Mengen sind dieser Definition nach auch zusammenhängend.

Aufgabe 6.14 Man zeige: Die zusammenhängenden Teilmengen von $\mathbb{R}$ sind die Intervalle, d. h. in $\mathbb{R}$ fallen beide Zusammenhangsbegriffe zusammen. Dies gilt nicht mehr in $\mathbb{R}^n$ ($n \geq 2$), wie das letzte Beispiel dieses Abschnitts zeigt.

Satz 6.28 **(2. Version des Zwischenwertsatzes)** *Sind M und N metrische Räume, ist $f : M \longrightarrow N$ stetig und M zusammenhängend, so ist auch $f(M)$ zusammenhängend.*

Beweis ‖ Jede aus offenen Mengen bestehende Partition (A, B) von $f(M) \subset N$ erzeugt die offene Partition $(f^{-1}(A), f^{-1}(B))$ von M, die es wegen des Zusammenhangs von M aber nicht geben kann.   ☕

---

[2] Was nicht immer der Fall ist, wie z. B. in $\mathbb{Q}^n$.

6.30 Zusammenhangskomponenten Wie zu Beginn wird auf M eine Relation $\sim$ betrachtet: $x \sim y \Leftrightarrow$ es gibt eine zusammenhängende Menge $F \subset M$ mit $x, y \in F$. Die *Reflexivität* $x \sim x$ und die *Symmetrie* $x \sim y \Rightarrow y \sim x$ dieser Relation sind offensichtlich, nicht aber die *Transitivität:* $x \sim y$ und $y \sim z \Rightarrow x \sim z$. Die folgt aus dem nachfolgenden allgemeineren Hilfssatz, für dessen Beweis der Nachweis der Transitivität jetzt unterbrochen wird.

Hilfssatz — *Sind F_λ $(\lambda \in \Lambda)$ zusammenhängende Teilmengen von M mit $F_\lambda \cap F_\mu \neq \emptyset$ für beliebige $\lambda, \mu \in \Lambda$, so ist $F = \bigcup_{\lambda \in \Lambda} F_\lambda$ zusammenhängend.*

Beweis ‖ Ist (A, B) eine Partition von F, so gilt für jedes einzelne F_λ entweder $F_\lambda \subset A$ oder $F_\lambda \subset B$; wegen $F_\lambda \cap F_\mu \neq \emptyset$ und $A \cap B \cap F = \emptyset$ gilt aber immer dieselbe Inklusion, etwa $F_\lambda \subset A$ für alle $\lambda \in \Lambda$ und so $F \subset A$. Eine Partition von F kann also nicht existieren: F ist zusammenhängend. &

Die Transitivität von $\sim$ folgt jetzt so: $x \sim y$ und $y \sim z$ bedeutet $x, y \in F_1 \subset E$ und $y, z \in F_2 \subset E$, wobei F_1 und F_2 zusammenhängend sind. Wegen $y \in F_1 \cap F_2$ ist dann auch $F_1 \cup F_2$ zusammenhängend und $x, z \in F_1 \cup F_2 \subset E$, d.h. $x \sim z$. Die Äquivalenzklassen $[x]$ sind die **Zusammenhangskomponenten** von M. Wie die Wegkomponenten sind sie maximal, und insbesondere sind je zwei Zusammenhangskomponenten entweder gleich oder disjunkt, ihre Vereinigung ist M. Da aus $x \approx y$ auch $x \sim y$ folgt, ist jede Wegkomponente in einer Zusammenhangskomponente enthalten; Gleichheit gilt nicht immer.

Beispiel 6.11 Der Graph $\mathfrak{G}(f) \subset \mathbb{R}^2$ von $f(x) = \sin \frac{\pi}{x}, 0 < x \leq 1$ ist (wie jeder Graph einer auf einem Intervall stetigen Funktion) wegzusammenhängend, ebenso die senkrechte Strecke S von $(0, -1)$ nach $(0, 1)$, nicht aber die Vereinigung $\mathfrak{G}(f) \cup S$, obwohl sie, wie als Aufgabe zu zeigen ist, keine Partition besitzt und somit zusammenhängend ist.

6.8 Der Satz von Arzelà-Ascoli

Jede beschränkte Folge in $\mathbb{R}, \mathbb{C}$ oder $\mathbb{R}^n$ besitzt eine konvergente Teilfolge, so die Aussage des Satzes von Bolzano-Weierstraß. Kompakte metrische Räume sind durch diese Eigenschaft charakterisiert.

Beispiel 6.12 Der Raum $\mathcal{C}[-\pi, \pi]$ wird mit der Maximumsnorm $\|f\|_\infty$ ausgestattet, eine beschränkte Folge (f_n) ist gegeben durch $f_n(t) = \cos nt$. Sie besitzt keine in der Norm, d.h. gleichmäßig konvergente Teilfolge (f_{n_k}), denn es ist

$$2\pi \|f_n - f_m\|_\infty^2 \geq \|f_n - f_m\|_2^2 = \|f_n\|_2^2 - 2\langle f_n, f_m \rangle + \|f_m\|_2^2 = \pi - 0 + \pi = 2\pi$$

$(n \neq m)$, also $\|f_n - f_m\|_\infty \geq 1$. Benutzt wurde $\langle f_n, f_m \rangle = \int_0^{2\pi} \cos nt \cos mt \, dt = 0$ $(n \neq m)$.

6.31 Gleichgradige Stetigkeit Es sei $E \subset \mathbb{R}^n$ ein Gebiet oder der Abschluss eines Gebietes (auch andere Mengen könnten zugelassen werden), und $\mathcal{F}$ eine Familie (= Menge) von stetigen Funktionen $\mathfrak{f} : E \longrightarrow \mathbb{R}^m$. Die Familie $\mathcal{F}$ heißt

- *beschränkt*, wenn es ein $M > 0$ gibt mit $|\mathfrak{f}(\mathfrak{x})| \leq M$ für alle $\mathfrak{x} \in E$ *und alle* $\mathfrak{f} \in \mathcal{F}$;
- *gleichgradig stetig*, wenn es zu jedem $\epsilon > 0$ ein $\delta > 0$ gibt, so dass $|\mathfrak{f}(\mathfrak{x}) - \mathfrak{f}(\mathfrak{y})| < \epsilon$ für alle $\mathfrak{x}, \mathfrak{y} \in E$ mit $|\mathfrak{x} - \mathfrak{y}| < \delta$ *und alle* $\mathfrak{f} \in \mathcal{F}$ gilt.

Beispiel 6.13 Es sei $\mathcal{F}$ die Familie aller stetigen Funktionen $f : [a, b] \longrightarrow \mathbb{R}$, welche die *Lipschitzbedingung* $|f(x) - f(y)| \leq L|x - y|$ ($x, y \in [a, b]$) mit ein und derselben Lipschitzkonstanten L erfüllen; $\mathcal{F}$ ist gleichgradig stetig, es gilt $|f(x) - f(y)| < \epsilon$ für alle $x, y \in [a, b]$ mit $|x - y| < \delta = \epsilon/L$ und alle $f \in \mathcal{F}$. Ist $\mathcal{F}$ in *einem Punkt c* beschränkt, d. h. gilt $|f(c)| \leq m$ für alle $f \in \mathcal{F}$, so überall: $|f(x)| \leq |f(c)| + |f(x) - f(c)| \leq |f(c)| + L|x - c| \leq m + L(b - a) = M$.

6.32 Eine Vorform des Satzes von Arzelà-Ascoli lautet:

Satz 6.29 *Es sei $E \subset \mathbb{R}^n$ eine abgeschlossene Kugel und $\mathcal{F}$ eine beschränkte und gleichgradig stetige Familie von Funktionen $\mathfrak{f} : E \longrightarrow \mathbb{R}^m$. Dann besitzt jede Folge $(\mathfrak{f}_\ell)$ in $\mathcal{F}$ eine gleichmäßig konvergente Teilfolge.*

Beweis ‖ Es sei $R = \{\mathfrak{x}^{(j)} : j \in \mathbb{N}\} \subset E$ eine abzählbare und dichte Teilmenge ($\overline{R} = E$), z. B. $R = E \cap \mathbb{Q}^n$. Da die $\mathbb{R}^m$-Folge $(\mathfrak{f}_\ell(\mathfrak{x}^{(1)}))$ beschränkt ist, besitzt sie eine konvergente, mit $(\mathfrak{f}_{1,k}(\mathfrak{x}^{(1)}))_{k \in \mathbb{N}}$ bezeichnete Teilfolge: $\mathfrak{f}_{1,k}(\mathfrak{x}^{(1)}) \to \mathfrak{c}_1$ ($k \to \infty$). Ebenso besitzt $(\mathfrak{f}_{1,k}(\mathfrak{x}^{(2)}))$ eine konvergente Teilfolge $(\mathfrak{f}_{2,k}(\mathfrak{x}^{(2)}))_{k \in \mathbb{N}}$, $\mathfrak{f}_{2,k}(\mathfrak{x}^{(2)}) \to \mathfrak{c}_2$ ($k \to \infty$); es gilt aber auch $\mathfrak{f}_{2,k}(\mathfrak{x}^{(1)}) \to \mathfrak{c}_1$. So fortfahrend erhält man für jedes $\ell \in \mathbb{N}$ eine Teilfolge $(\mathfrak{f}_{\ell,k})_{k \in \mathbb{N}}$ von $(\mathfrak{f}_{\ell-1,k})_{k \in \mathbb{N}}$, für die $\mathfrak{f}_{\ell,k}(\mathfrak{x}^{(j)}) \to \mathfrak{c}_j$ für $k \to \infty$ und $1 \leq j \leq \ell$ gilt. Es wird jetzt gezeigt, dass die *Diagonalfolge* $(\mathfrak{g}_k) = (\mathfrak{f}_{k,k})$ in E gleichmäßig konvergiert; $(\mathfrak{g}_k)$ ist eine Teilfolge von $(\mathfrak{f}_k)$ und $(\mathfrak{g}_k)_{k \geq \ell}$ eine Teilfolge von $(\mathfrak{f}_{\ell,k})_{k \in \mathbb{N}}$, so dass insbesondere $\mathfrak{g}_k(\mathfrak{x}^{(j)}) \to \mathfrak{c}_j$ für $k \to \infty$ und *alle* $j \in \mathbb{N}$ gilt. Zu $\epsilon > 0$ wird eine gemäß der Definition der gleichgradigen Stetigkeit zugeordnete Zahl $\delta > 0$ gewählt. Endlich viele der offenen Kugeln $K_j = K(\mathfrak{x}^{(j)}, \delta)$, etwa für $j = 1, \dots p$, überdecken bereits E, und es gibt ein $k_0 \in \mathbb{N}$ mit $|\mathfrak{g}_k(\mathfrak{x}^{(j)}) - \mathfrak{g}_\ell(\mathfrak{x}^{(j)})| < \epsilon$ für $k > \ell \geq k_0$ und $1 \leq j \leq p$. Zu beliebigem $\mathfrak{x} \in E$ wird $j \leq p$ mit $\mathfrak{x} \in K_j$ gewählt, wegen $|\mathfrak{x} - \mathfrak{x}^{(j)}| < \delta$ folgt

$$|\mathfrak{g}_k(\mathfrak{x}) - \mathfrak{g}_\ell(\mathfrak{x})| \leq |\mathfrak{g}_k(\mathfrak{x}) - \mathfrak{g}_k(\mathfrak{x}^{(j)})| + |\mathfrak{g}_k(\mathfrak{x}^{(j)}) - \mathfrak{g}_\ell(\mathfrak{x}^{(j)})| + |\mathfrak{g}_\ell(\mathfrak{x}^{(j)}) - \mathfrak{g}_\ell(\mathfrak{x})| < 3\epsilon;$$

die Abschätzung des ersten und letzten Terms durch ϵ gilt für alle k und ℓ, die des mittleren für $k > \ell \geq k_0$. Damit ist $(\mathfrak{g}_k)$ eine Teilfolge von $(\mathfrak{f}_k)$ und zugleich gleichmäßige Cauchyfolge, somit also eine gleichmäßig konvergente Teilfolge. ⬚

Cesare **Arzelà** (1874–1912) und Giulio **Ascoli** (1843–1896), it. Mathematiker, bewiesen bedeutende Ergebnisse über reelle Funktionen und Folgen holomorpher Funktionen.

6.33 Der Satz von Arzelà-Ascoli In vielen Anwendungen ist weder die Voraussetzung der Beschränktheit noch die der gleichgradigen Stetigkeit *global*, sondern nur *lokal* erfüllt. Es sei $D \subset \mathbb{R}^n$ ein Gebiet und $\mathcal{F}$ eine Familie von stetigen Funktionen $f : D \longrightarrow \mathbb{R}$. Die Familie $\mathcal{F}$ heißt *lokal beschränkt* bzw. *lokal gleichgradig stetig*, wenn es zu jedem $\mathfrak{x}_0 \in D$ eine Kugel $K_{\mathfrak{x}_0} = K(\mathfrak{x}_0, r(\mathfrak{x}_0))$ mit $\overline{K}_{\mathfrak{x}_0} \subset D$ gibt, so dass die Familie $\mathcal{F}_{\mathfrak{x}_0}$ aller Funktionen $f|_{\overline{K}_{\mathfrak{x}_0}}$ beschränkt bzw. gleichgradig stetig ist. Der Satz von Arzelà-Ascoli lautet dann in einer hinreichend allgemeinen und praktikablen Form:

Satz 6.30 (von Arzelà-Ascoli) *Es sei* $D \subset \mathbb{R}^n$ *ein Gebiet und* $\mathcal{F}$ *eine lokal beschränkte und lokal gleichgradig stetige Familie von Funktionen* $\mathfrak{f} : D \longrightarrow \mathbb{R}^m$. *Dann besitzt jede Folge* $(\mathfrak{f}_\ell)$ *in* $\mathcal{F}$ *eine lokal gleichmäßig konvergente Teilfolge.*

Beweis ‖ Zunächst werden abzählbar viele abgeschlossene Kugeln $K_j \subset D$ mit $D = \bigcup_{j=1}^\infty K_j$ angegeben, so dass in jeder Kugel K_j die soeben bewiesene Vorform angewendet werden kann. Dies beweist man so: Die Menge

$$C_\ell = \{\mathfrak{x} \in D : \text{dist}\,(\mathfrak{x}, \partial D) \geq 1/\ell,\ |\mathfrak{x}| \leq \ell\}$$

ist für jedes $\ell \in \mathbb{N}$ kompakt und es gilt $D = \bigcup_{\ell=1}^\infty C_\ell$. Zu $\mathfrak{x} \in D$ gibt es ein $\rho(\mathfrak{x}) > 0$, so dass $\overline{K}(\mathfrak{x}, \rho(\mathfrak{x})) \subset D$ ist und zugleich die auf $\overline{K}(\mathfrak{x}, \rho(\mathfrak{x}))$ eingeschränkte Familie $\mathcal{F}_\mathfrak{x}$ beschränkt und gleichgradig stetig ist. Es gilt $C_\ell \subset \bigcup_{\mathfrak{x} \in C_\ell} K(\mathfrak{x}, \rho(\mathfrak{x})) \subset D$, und wegen der Kompaktheit von C_ℓ reichen endlich viele der Kugeln, etwa $K(\mathfrak{x}_j, \rho(\mathfrak{x}_j))$ für $k_{\ell-1} < j \leq k_\ell$ zur Überdeckung von C_ℓ aus; die gesuchten Kugeln sind dann $K_j = \overline{K}(\mathfrak{x}, \rho(\mathfrak{x}_j))$ ($j \in \mathbb{N}$). Der endgültige Beweis besteht dann in einer Wiederholung des vorher benutzten Diagonalarguments. Ist die Folge $(\mathfrak{f}_k)$ in $\mathcal{F}$ gegeben, so wird eine Teilfolge $(\mathfrak{f}_{1,k})$ ausgewählt, die in K_1 gleichmäßig konvergiert, dann eine Teilfolge $(\mathfrak{f}_{2,k})$ von $(\mathfrak{f}_{1,k})$, die in K_2 (und in K_1) gleichmäßig konvergiert, allgemein eine Teilfolge $(\mathfrak{f}_{\ell,k})$ von $(\mathfrak{f}_{\ell-1,k})$, die in K_ℓ (und in $K_1 \cup K_2 \cup \cdots \cup K_{\ell-1}$) gleichmäßig konvergiert. Die Diagonalfolge $\mathfrak{g}_k = \mathfrak{f}_{k,k}$ ist eine Teilfolge von $(\mathfrak{f}_k)$ und ab $k = \ell$ eine Teilfolge von $(\mathfrak{f}_{\ell,k})_{k\in\mathbb{N}}$ und daher gleichmäßig konvergent in jeder Kugel K_j, d. h. sie ist lokal gleichmäßig konvergent in D. ☺

Aufgabe 6.15 Für $\mathfrak{a} \in \mathbb{R}^n$ sei $f_\mathfrak{a}(\mathfrak{x}) = e^{\mathfrak{a} \cdot \mathfrak{x}}$ auf $K(\mathfrak{o}, 1) \subset \mathbb{R}^n$. Man zeige, dass die Familie $\{\mathfrak{f}_\mathfrak{a} : |\mathfrak{a}| < 1\}$ beschränkt und gleichgradig stetig ist.

Aufgabe 6.16 Dasselbe für die Familie aller Funktionen $f(t) = \sum_{j=1}^m a_j e^{-jt}$ auf $0 \leq t < \infty$; dabei sind alle $m \in \mathbb{N}$ und alle $a_j \in \mathbb{R}$ mit $\sum_{j=1}^m j|a_j| \leq 1$ zugelassen. Welche Grenzfunktionen können auftreten?

Aufgabe 6.17 Es sei $k : [0,1] \times [0,1] \longrightarrow \mathbb{R}$ stetig und Φ eine Familie von Riemann- oder Lebesgue-integrierbaren Funktionen $\phi : [0,1] \longrightarrow [-1,1]$. Man zeige, dass die Familie der Funktionen $f(x) = \int_0^1 k(x,y)\phi(y)\,dy$ $(0 \leq x \leq 1,\ \phi \in \Phi)$ beschränkt und gleichgradig stetig ist. (**Hinweis.** Man zeige $\sup_{0\leq y\leq 1} |k(x_1, y) - k(x_2, y)| \leq \omega(|x_1 - x_2|)$, $\omega(h) \to 0$ für $h \to 0$.)

6.9 Anhang: Topologie und Funktionalanalysis

Die Begriffe der Mengenlehre wie der mengentheoretischen *Topologie* (offen, abgeschlossen, kompakt, Häufungspunkt, vollständig,...) entwickelten sich nach und nach aus den Fragestellungen und Bedürfnissen der Analysis, insbesondere der Theorie der Fourierreihen. Systematisch wurde die Topologie (die ältere Bezeichnung *analysis situs* verschwand bald) in dem Buch *Grundzüge der Mengenlehre* von Hausdorff dargestellt, und später im zwanzigsten Jahrhundert in äußerst abstrakter Weise durch eine Gruppe von zumeist französischen Mathematikern der Universität *Nancago* (Nancy-Chicago), die unter dem gemeinsamen Pseudonym **Bourbaki** publizierten. Die Topologie ist einerseits eine eigenständige Teildisziplin und andererseits unentbehrliches Hilfsmittel für viele verschiedene Teilgebiete der Mathematik. Eng verbunden mit der Topologie ist die *Funktionalanalysis,* eine Synthese aus Analysis, Topologie und Lineare Algebra. Ein Themenfeld ist die Untersuchung unendlichdimensionaler normierter linearer Räume und der stetigen linearen Abbildungen (Operatoren) zwischen ihnen. Weitere Ursprünge liegen in der Variationsrechnung – hier werden Funktionale (Funktionen, die selbst auf Funktionenräumen definiert sind) minimiert und maximiert –, in der Theorie der Integralgleichungen und der unendlichen linearen Gleichungssysteme sowie der schon mehrfach erwähnten Theorie der Fourierreihen. Als Gründungsväter sind neben vielen anderen zu nennen Banach, Fréchet und F. Riesz.

Kapitel 7
Mehrdimensionale Differentialrechnung

In diesem Kapitel wird die im Kapitel *Eindimensionale Differentialrechnung* entwickelte gleichnamige Theorie auf den Fall von Funktionen von mehreren Veränderlichen übertragen. Hinzu kommen typisch mehrdimensionale Ergebnisse wie der Satz über implizite Funktionen und die Behandlung von Extremalaufgaben. Dies erfordert, deutlich mehr als im Kapitel *Metrische Räume*, die Methoden und Begriffe der linearen Algebra.

7.1 Lineare und quadratische Abbildungen

Zunächst werden einige Vorbereitungen getroffen und einfache Tatsachen aus der Linearen Algebra rekapituliert. Bezüglich der Bezeichnungsweise wird auf den Anfang des Kapitels *Metrische und normierte Räume* verwiesen. Im Unterschied zu dort spielt aber die Auffassung von $\mathfrak{x} \in \mathbb{R}^n$ als Spaltenvektor eine viel wichtigere Rolle, auch und gerade im Zusammenhang mit dem Matrizenkalkül; aus Platzgründen wird die Schreibweise $\mathfrak{x} = (x_1, \ldots, x_n)^\top$ bevorzugt. Das Rechnen mit Matrizen wird als bekannt vorausgesetzt (Lineare Algebra).

7.1 Lineare Abbildungen Eine $m \times n$-Matrix $A \in \mathbb{R}^{m \times n}$ wird zugleich als *lineare Abbildung* $\mathbb{R}^n \to \mathbb{R}^m$, $\mathfrak{x} \mapsto \mathfrak{y} = A\mathfrak{x}$, also

$$y_\mu = \sum_{\nu=1}^n a_{\mu\nu} x_\nu \quad (1 \le \mu \le m)$$

aufgefasst. Die $n \times m$-Matrix $A^\top = (a_{\nu\mu}) \in \mathbb{R}^{n \times m}$ ist die *Transponierte* von A. Das euklidische Skalarprodukt $\mathfrak{x} \cdot \mathfrak{y}$ stimmt mit $\mathfrak{x}^\top \mathfrak{y}$, als Matrizenprodukt Zeile mal Spalte aufgefasst, überein. Bezeichnet $\| \cdot \|$ je eine Norm in $\mathbb{R}^n$ und $\mathbb{R}^m$ (hier in der Schreibweise nicht unterschieden), so heißt

N. Steinmetz, *Analysis*, https://doi.org/10.1007/978-3-662-68086-5_7

$$\|A\| = \max\{\|A\mathfrak{x}\| : \mathfrak{x} \in \mathbb{R}^n, \|\mathfrak{x}\| = 1\}$$

Matrix- oder *Operatornorm* von A; sie hängt von den verwendeten Normen in $\mathbb{R}^n$ und $\mathbb{R}^m$ ab. Die Definition ist sinnvoll, denn die stetige Funktion $\mathfrak{x} \mapsto \|A\mathfrak{x}\|$ hat auf der kompakten Kugeloberfläche $K = \{\mathfrak{x} : \|\mathfrak{x}\| = 1\}$ ein Maximum M, es gilt also $\|A\mathfrak{x}\| \le M\|\mathfrak{x}\|$ für $\|\mathfrak{x}\| = 1$ (und $\mathfrak{x} = \mathfrak{o}$). Aus der der Homogenität der linearen Abbildung folgt $\|A\mathfrak{x}\| = \|\mathfrak{x}\| \left\| A \dfrac{\mathfrak{x}}{\|\mathfrak{x}\|} \right\| \le M\|\mathfrak{x}\|$ ($\mathfrak{x} \in \mathbb{R}^n \setminus \{\mathfrak{o}\}$).

Aufgabe 7.1 Man zeige $\|A\| = \inf\{C : \|A\mathfrak{x}\| \le C\|\mathfrak{x}\|$ für alle $\mathfrak{x} \in \mathbb{R}^n\}$.

Satz 7.1 *Für die Maximumsnorm, die Summennorm und die Euklidnorm jeweils in $\mathbb{R}^n$ und $\mathbb{R}^m$ gilt in dieser Reihenfolge*

$$|A|_\infty = \max\left\{ \sum_{\nu=1}^n |a_{\mu\nu}| : 1 \le \mu \le m \right\} \quad \text{(Zeilensummennorm)}$$

$$|A|_1 = \max\left\{ \sum_{\mu=1}^m |a_{\mu\nu}| : 1 \le \nu \le n \right\} \quad \text{(Spaltensummennorm)}$$

$$|A| \le \left(\sum_{\mu=1}^m \sum_{\nu=1}^n a_{\mu\nu}^2 \right)^{1/2}.$$

Der genaue Wert von $|A|$ wird als Aufgabe gleich und am Ende des Kapitels noch einmal bestimmt.

Beweis $\|$ Aus $|y_\mu| \le \sum_{\nu=1}^n |a_{\mu\nu}||x_\nu|$ folgt

$$|\mathfrak{y}|_\infty \le \max\left\{ \sum_{\nu=1}^n |a_{\mu\nu}| : 1 \le \mu \le m \right\} |\mathfrak{x}|_\infty.$$

Wird das Maximum für den Zeilenindex $\mu = k$ angenommen, so folgt für $x_\nu = \text{sign}(a_{k\nu})$ ($1 \le \nu \le n$) : $|\mathfrak{x}|_\infty = 1$ und $|y_k| = \sum_{\nu=1}^n |a_{k\nu}| = |A|_\infty$. Im zweiten Fall gilt

$$|\mathfrak{y}|_1 \le \sum_{\mu=1}^m \sum_{\nu=1}^n |a_{\mu\nu}||x_\nu| = \sum_{\nu=1}^n \left(\sum_{\mu=1}^m |a_{\mu\nu}| \right)|x_\nu| \le \sum_{\mu=1}^m |a_{\mu k}| \, |\mathfrak{x}|_1$$

für ein k; Gleichheit erhält man bei Wahl von $\mathfrak{x} = \mathfrak{e}_k$. Die letzte Behauptung folgt aus der Cauchy-Schwarzschen Ungleichung und Summation bezüglich μ :

$$\sum_{\mu=1}^m y_\mu^2 \le \sum_{\mu=1}^m \left(\sum_{\nu=1}^n a_{\mu\nu}^2 \sum_{\nu=1}^n x_\nu^2 \right). \qquad \text{☙}$$

7.2 Quadratische Formen Die (quadratische) $n \times n$-Matrix A heißt *symmetrisch*, wenn $A^\top = A$, also $a_{\mu\nu} = a_{\nu\mu}$ für alle μ, ν gilt; sie erzeugt die *quadratische Form*

$$Q_A(\mathfrak{x}) = \mathfrak{x}^\top A\mathfrak{x} = \mathfrak{x} \cdot (A\mathfrak{x}) = \sum_{\mu,\nu=1}^n a_{\mu\nu} x_\mu x_\nu.$$

Die Matrix A oder auch die quadratische Form Q_A heißt *positiv definit* bzw. *semi-definit*, in Zeichen $A > 0$ bzw. $A \geq 0$, wenn $Q_A(\mathfrak{x}) > 0$ für alle $\mathfrak{x} \neq \mathfrak{o}$ bzw. $Q_A(\mathfrak{x}) \geq 0$ für alle $\mathfrak{x} \in \mathbb{R}^n$ gilt. Sie heißt *negativ definit* ($A < 0$) bzw. *semi-definit* ($A \leq 0$), wenn $-A$ positiv definit bzw. semi-definit ist. Tritt keiner der genannten Fälle ein, so heißt A *indefinit*. In diesem Fall gibt es $\mathfrak{x}, \mathfrak{y} \in \mathbb{R}^n$ mit $Q_A(\mathfrak{x}) > 0$ und $Q_A(\mathfrak{y}) < 0$.

Bemerkung 7.1 Bekanntlich sind alle *Eigenwerte* $\lambda_1, \ldots, \lambda_n$ einer symmetrischen Matrix A reell und es gibt eine *Orthonormalbasis* $\mathfrak{c}_1, \ldots, \mathfrak{c}_n$ des $\mathbb{R}^n$ bestehend aus *Eigenvektoren*. Aus $\mathfrak{x} = \sum_{\nu=1}^{n} \xi_\nu \mathfrak{c}_\nu$ folgt dann $Q_A(\mathfrak{x}) = \sum_{\nu=1}^{n} \lambda_\nu \xi_\nu^2$.

Satz 7.2 *Die symmetrische Matrix A ist genau dann positiv [semi-] definit, wenn alle Eigenwerte λ_ν von A positiv [≥ 0] sind. Für jede quadratische Form gibt es eine Konstante $C > 0$ mit $|Q_A(\mathfrak{x})| \leq C|\mathfrak{x}|^2$; ist A positiv definit, so existiert ein $\alpha > 0$ mit $Q_A(\mathfrak{x}) \geq \alpha|\mathfrak{x}|^2$, beidesmal für alle $\mathfrak{x} \in \mathbb{R}^n$.*

Beweis ‖ Die erste Behauptung ist trivial: Aus $A\mathfrak{x} = \lambda\mathfrak{x}$ folgt $Q_A(\mathfrak{x}) = \lambda|\mathfrak{x}|^2$ und so $\lambda > 0$ [$\lambda \geq 0$] falls $A > 0$ [$A \geq 0$]. Zum Beweis des zweiten Teils wird die stetige Funktion $\mathfrak{x} \mapsto Q_A(\mathfrak{x})$ betrachtet. Sie hat auf der kompakten Menge $K = \{\mathfrak{x} : |\mathfrak{x}| = 1\}$ ein Minimum α und ein Maximum β, es folgt dann wegen der Homogenität $Q_A(\mathfrak{x}) = |\mathfrak{x}|^2 Q_A(\mathfrak{x}/|\mathfrak{x}|) \leq \beta|\mathfrak{x}|^2$ für $\mathfrak{x} \in \mathbb{R}^n \setminus \{\mathfrak{o}\}$, und ebenso $Q_A(\mathfrak{x}) \geq \alpha|\mathfrak{x}|^2$, trivialerweise auch für $\mathfrak{x} = \mathfrak{o}$. Man kann also $C = \max\{|\alpha|, |\beta|\}$ setzen. Für eine positiv definite Matrix A ist $\alpha > 0$, und wie eben ergibt sich $Q_A(\mathfrak{x}) \geq \alpha|\mathfrak{x}|^2$. Negativ (semi-)definite Matrizen liefern nichts Neues. ✑

Aufgabe 7.2 Man zeige, dass die quadratische Form $\sum_{\mu,\nu=1}^{n} x_\mu x_\nu$ positiv semi-definit ist.

Aufgabe 7.3 **(Zeilensummenkriterium)** Man zeige, dass jede symmetrische Matrix mit $a_{\nu\nu} > \sum_{\mu \neq \nu} |a_{\mu\nu}|$, $\nu = 1, \ldots, n$, positiv definit ist.

Aufgabe 7.4 Ist A eine $n \times n$ Matrix, so ist $A^\top A$ positiv semi-definit. Aus $|A\mathfrak{x}|^2 = \mathfrak{x}^\top A^\top A\mathfrak{x} = \mathfrak{x}^\top (A^\top A)\mathfrak{x}$ ist $|A| = \max\{\sqrt{\lambda} : \lambda$ Eigenwert von $A^\top A\}$ zu folgern.

Aufgabe 7.5 (fortgesetzt) Man zeige $|A| = \max\{\mathfrak{x}^\top A\mathfrak{y} : \mathfrak{x}, \mathfrak{y} \in \mathbb{R}^n, |\mathfrak{x}| = |\mathfrak{y}| = 1\}$ sowie $|A| = \max\{\mathfrak{x}^\top A\mathfrak{x} : \mathfrak{x} \in \mathbb{R}^n, |\mathfrak{x}| = 1\}$. Gilt dies auch, wenn man das euklidische durch irgendein Skalarprodukt mit zugehöriger Norm ersetzt?

Nur in Ausnahmefällen anwendbar, weil zu aufwendig ist:

Satz 7.3 **(Hurwitz-Kriterium)** *Die symmetrische Matrix A ist genau dann positiv [semi-]definit, wenn sämtliche Determinanten $\det(a_{\mu\nu})_{\mu,\nu=1}^{k}$ $(1 \leq k \leq n)$ positiv [nichtnegativ] sind.*

Beweis ‖ Eine Richtung ist offensichtlich: Ist A positiv [semi-]definit, so sind alle Eigenwerte $\lambda_j > 0$ [≥ 0], also $\det A = \lambda_1 \cdots \lambda_n > 0$ [≥ 0]. Da auch $A_k = (a_{\mu\nu})_{\mu,\nu=1}^{k}$ positiv (semi-)definit ist (man betrachte $Q_A(\mathfrak{x})$ nur für diejenigen $\mathfrak{x}$ mit $x_{k+1} = \cdots = x_n = 0$), folgt genauso $\det A_k > 0$ [≥ 0]. Für die Umkehrung wird auf die Lineare Algebra verwiesen. ✑

Adolf **Hurwitz** (1859-1919), dt. Mathematiker, arbeitete hauptsächlich in der Funktionentheorie, und hier insbesondere über Riemannsche Flächen. Einer seiner Studenten in Zürich war Albert **Einstein**, den er stark beeinflusste, dessen Bewerbung um eine Assistentenstelle er allerdings ablehnte.

7.3 Die Landausymbole O und o bedeuten in vielen Fällen eine wesentliche Vereinfachung der Schreibweise. Sie sind allerdings gewöhnungsbedürftig, und sich daran gewöhnen heißt, immer wieder den Umgang mit ihnen zu üben. Für $\mathfrak{f} : E \setminus \{\mathfrak{x}_0\} \subset \mathbb{R}^n \to \mathbb{R}^m$, $\mathfrak{x}_0$ ein Häufungspunkt von E, bedeutet

- $\mathfrak{f}(\mathfrak{x}) = o(1)$ für $\mathfrak{x} \to \mathfrak{x}_0$ nichts anderes als $\lim_{\mathfrak{x} \to \mathfrak{x}_0} \mathfrak{f}(\mathfrak{x}) = 0$;
- $\mathfrak{f}(\mathfrak{x}) = O(1)$ für $\mathfrak{x} \to \mathfrak{x}_0$, dass $\mathfrak{f}$ in $\{\mathfrak{x} \in E : 0 < |\mathfrak{x} - \mathfrak{x}_0| < \delta\}$ (für ein $\delta > 0$) beschränkt ist;
- $\mathfrak{f}(\mathfrak{x}) = o(\phi(\mathfrak{x}))$ bzw. $= O(\phi(\mathfrak{x}))$ $(\mathfrak{x} \to \mathfrak{x}_0)$ für $\phi : E \setminus \{\mathfrak{x}_0\} \to (0, \infty)$ dasselbe wie $\mathfrak{f}(\mathfrak{x})/\phi(\mathfrak{x}) = o(1)$ bzw. $\mathfrak{f}(\mathfrak{x})/\phi(\mathfrak{x}) = O(1)$.

Beispielsweise besagt $\mathfrak{f}(\mathfrak{x} + \mathfrak{h}) - \mathfrak{f}(\mathfrak{x}) = o(1)$ für $\mathfrak{h} \to \mathfrak{o}$ nichts anderes als die Stetigkeit von $\mathfrak{f}$ im Punkt $\mathfrak{x}$.

Bemerkung 7.2 Neben dem Grenzübergang $\mathfrak{x} \to \mathfrak{x}_0$ kann man o und O auch für $|\mathfrak{x}| \to \infty$ betrachten, sofern der Definitionsbereich E unbeschränkt ist. Dann bedeutet $\mathfrak{f}(\mathfrak{x}) = O(\phi(\mathfrak{x}))$ für $|\mathfrak{x}| \to \infty$, dass $|\mathfrak{f}(\mathfrak{x})|/\phi(\mathfrak{x})$ in $\{\mathfrak{x} \in E : |\mathfrak{x}| > R_0\}$ (für ein geeignetes $R_0 > 0$) beschränkt ist, und $\mathfrak{f}(\mathfrak{x}) = o(\phi(\mathfrak{x}))$ dass $\lim_{|\mathfrak{x}| \to \infty} |\mathfrak{f}(\mathfrak{x})|/\phi(\mathfrak{x}) = 0$ gilt. Im Zusammenhang mit den Landau-Symbolen ist die Relation „$=$" nicht symmetrisch: zwar gilt z. B. $O(|\mathfrak{x}|^2) = o(|\mathfrak{x}|)$ für $\mathfrak{x} \to \mathfrak{o}$, aber nicht $o(|\mathfrak{x}|) = O(|\mathfrak{x}|^2)$!

Beispiel 7.1 $f(\mathfrak{x}) = \dfrac{\mathfrak{x}}{1 + |\mathfrak{x}|^2}$ erfüllt die O-Bedingung $f(\mathfrak{x}) = O(1/|\mathfrak{x}|)$ für $|\mathfrak{x}| \to \infty$, und $f(\mathfrak{x}) = O(|\mathfrak{x}|)$, aber auch $f(\mathfrak{x}) = o(1)$ für $\mathfrak{x} \to \mathfrak{o}$.

Beispiel 7.2 Für jede quadratische Form gilt $Q_A(\mathfrak{x}) = O(|\mathfrak{x}|^2)$ sowohl für $\mathfrak{x} \to \mathfrak{o}$ als auch für $|\mathfrak{x}| \to \infty$.

Bemerkung 7.3 Es sind gerade die auf den ersten Blick den arithmetischen scheinbar widersprechenden Regeln, welche den Umgang mit o und O so bequem machen. So folgt aus $f(\mathfrak{x}) = O(1)$ und $g(\mathfrak{x}) = O(1)$ auch $f(\mathfrak{x}) + g(\mathfrak{x}) = O(1)$ und $f(\mathfrak{x})g(\mathfrak{x}) = O(1)$ $(\mathfrak{x} \to \mathfrak{x}_0)$; damit wird nichts anderes ausgedrückt als die Tatsache, dass Summe und Produkt von beschränkten Funktionen wieder beschränkt sind. Gilt neben $f(\mathfrak{x}) = O(\phi(\mathfrak{x}))$ noch $\phi(\mathfrak{x}) = o(\psi(\mathfrak{x}))$ bzw. $\phi(\mathfrak{x}) = O(\psi(\mathfrak{x}))$ für $\mathfrak{x} \to \mathfrak{x}_0$, so folgt $f(\mathfrak{x}) = o(\psi(\mathfrak{x}))$ bzw. $f(\mathfrak{x}) = O(\psi(\mathfrak{x}))$.

Aufgabe 7.6 Man zeige $O(\phi(\mathfrak{x})) + o(\phi(\mathfrak{x})) = O(\phi(\mathfrak{x}))$ und $O(\phi(\mathfrak{x}))o(\psi(\mathfrak{x})) = o(\phi(\mathfrak{x})\psi(\mathfrak{x}))$ für $\mathfrak{x} \to \mathfrak{x}_0$.

Das Hauptarbeitsgebiet von Edmund **Landau** (1877-1938, Berlin, Göttingen) war die analytische Zahlentheorie, worüber er sein 2-bändiges allumfassendes *Handbuch der Lehre von der Verteilung der Primzahlen* verfasste. Sein lakonischer *Voraussetzung-Behauptung-Beweis-Stil* bar jeglicher Motivation war berühmt-berüchtigt. 1933 von Studierenden boykottiert und 1934 von den Nationalsozialisten aus dem Staatsdienst entlassen, verbrachte er seine letzten Jahre in Berlin. Seine umfangreiche Bibliothek bildete den Grundstock der mathematischen Bibliothek der Hebräischen Universität in Jerusalem, für deren Gründung und Ausstattung er sich sehr einsetzte und an der er 1927/28 als Gastprofessor weilte.

7.2 Differenzierbare Funktionen

In diesem Abschnitt ist stets $D \subset \mathbb{R}^n$ ein *Gebiet*, d. h. eine offene und wegzusammenhängende Menge. Die eindimensionale Definition der Differenzierbarkeit über den Differentialquotienten $f'(x_0) = \lim\limits_{x \to x_0} \dfrac{f(x) - f(x_0)}{x - x_0}$ lässt sich offensichtlich so nicht ins Mehrdimensionale übertragen, wohl aber, wenn man sie mit dem Landausymbol o folgendermaßen schreibt:

$$f(x_0 + h) - f(x_0) - f'(x_0)h = o(h) \quad (h \to 0)$$

7.4 Mehrdimensionale Differenzierbarkeit Die Funktion $\mathfrak{f} : D \to \mathbb{R}^m$ heißt *differenzierbar* in $\mathfrak{x}_0 \in D$, wenn es eine $m \times n$-Matrix A gibt mit

$$\mathfrak{f}(\mathfrak{x}_0 + \mathfrak{h}) - \mathfrak{f}(\mathfrak{x}_0) - A\mathfrak{h} = o(\mathfrak{h}) \quad (\mathfrak{h} \to \mathfrak{o})^1.$$

Eine andere Schreibweise ist $\lim\limits_{\mathfrak{h} \to \mathfrak{o}} \dfrac{|\mathfrak{f}(\mathfrak{x} + \mathfrak{h}) - f(\mathfrak{x}) - A\mathfrak{h}|}{|\mathfrak{h}|} = 0.$

Hilfssatz – *Die Matrix A ist eindeutig bestimmt.*

Beweis ‖ Aus $\mathfrak{f}(\mathfrak{x}_0 + \mathfrak{h}) - \mathfrak{f}(\mathfrak{x}_0) - \tilde{A}\mathfrak{h} = o(\mathfrak{h})$ folgt $(A - \tilde{A})\mathfrak{h}/|\mathfrak{h}| = o(1)$ für $\mathfrak{h} \to \mathfrak{o}$, und so wegen der Homogenität $(A - \tilde{A})\mathfrak{x} = \mathfrak{o}$ für alle $\mathfrak{x} \in \mathbb{R}^n$, also $A = \tilde{A}$. &

7.5 Die Ableitung Die Matrix A heißt *Ableitung* oder *Jacobimatrix* von $\mathfrak{f}$ und wird meist $\mathfrak{f}'(\mathfrak{x}_0)$ geschrieben; eine andere, hier nicht benutzte Schreibweise ist $D\mathfrak{f}(\mathfrak{x}_0)$. Im skalaren Fall ($m = 1$) wird $f'(\mathfrak{x}_0)$ als n-dimensionaler *Zeilenvektor* betrachtet. Die Funktion $\mathfrak{f}$ heißt differenzierbar in D, wenn $\mathfrak{f}$ in jedem $\mathfrak{x}_0 \in D$ differenzierbar ist. Eine lineare Abbildung $\mathfrak{f}(\mathfrak{x}) = C\mathfrak{x}$ hat überall die Ableitung $\mathfrak{f}'(\mathfrak{x}) = C$.

Carl Gustav **Jacobi** (1804-1851) hat in der Zahlentheorie und Differentialgeometrie, über partielle Differentialgleichungen und Variationsprobleme gearbeitet. Sein Hauptwerk bestand im Aufbau einer Theorie der elliptischen Funktionen mittels seiner *Thetafunktionen*. Mit seinem Namen verbunden bleiben neben der Jacobimatrix die Jacobipolynome und das Jacobiverfahren für Eigenwerte.

Beispiel 7.3 Eine quadratische Form $Q(\mathfrak{x}) = \mathfrak{x}^\top C\mathfrak{x}$, hat die Ableitung $Q'(\mathfrak{x}) = 2\mathfrak{x}^\top C$ (und nicht etwa $2C\mathfrak{x}$; die Ableitung ist eine $1 \times n$-Matrix, also ein Zeilenvektor). Dies folgt aus $Q(\mathfrak{x} + \mathfrak{h}) - Q(\mathfrak{x}) = \mathfrak{h}^\top C\mathfrak{x} + \mathfrak{x}^\top C\mathfrak{h} + \mathfrak{h}^\top C\mathfrak{h}$ und $\mathfrak{h}^\top C\mathfrak{h} = O(|\mathfrak{h}|^2) = o(|\mathfrak{h}|)$ für $\mathfrak{h} \to \mathfrak{o}$; $\mathfrak{h}^\top C\mathfrak{x} = \mathfrak{x}^\top C^\top \mathfrak{h} = \mathfrak{x}^\top C\mathfrak{h}$ gilt weil C symmetrisch ist.

Satz 7.4 *Die Differenzierbarkeit impliziert die Stetigkeit.*

Beweis ‖ $\mathfrak{f}(\mathfrak{x}_0 + \mathfrak{h}) - \mathfrak{f}(\mathfrak{x}_0) = \mathfrak{f}'(\mathfrak{x}_0)\mathfrak{h} + o(\mathfrak{h}) = O(\mathfrak{h}) = o(1)$ für $\mathfrak{h} \to \mathfrak{o}$. &

Der wesentliche Unterschied zum Eindimensionalen bei der Untersuchungen von Funktionen vom Typ $\mathbb{R}^n \longrightarrow \mathbb{R}^m$ liegt nicht im Zielraum, sondern im Definitionsraum. In den meisten Fällen genügt es, skalare Funktionen (vom Typ $\mathbb{R}^n \longrightarrow \mathbb{R}$) zu betrachten.

---

[1] $o(\mathfrak{h})$ bezeichnet hier einen n-dimensionalen Vektor mit Einträgen der Größenordnung $o(|\mathfrak{h}|)$.

Satz 7.5 *Äquivalent zur Differenzierbarkeit von* $\mathfrak{f} : D \to \mathbb{R}^n$ *ist die Differenzierbarkeit der Koordinatenfunktionen* $f_\mu : D \to \mathbb{R}$, $1 \le \mu \le m$. *Es gilt* $\mathfrak{f}' = \begin{pmatrix} f_1' \\ \vdots \\ f_m' \end{pmatrix}$. (Man beachte, dass f_μ' ein n-Zeilenvektor ist).

Beweis ‖ Wie immer, wenn es um Koordinaten geht, folgt die Behauptung aus $|y_\mu| \le |\mathfrak{y}|_\infty \le |\mathfrak{y}|_1 = |y_1| + \cdots + |y_m|$; y_μ übernimmt dabei die Rolle von $f_\mu(\mathfrak{x} + \mathfrak{h}) - f_\mu(\mathfrak{x}) - f_\mu'(\mathfrak{x})\mathfrak{h}$ und $\mathfrak{y}$ die von $\mathfrak{f}(\mathfrak{x} + \mathfrak{h}) - \mathfrak{f}(\mathfrak{x}) - \mathfrak{f}'(\mathfrak{x})\mathfrak{h}$.   ☕

7.6 Die Differentiationsregeln gelten wie im Eindimensionalen und können zumeist darauf zurückgeführt werden.

Satz 7.6 *Die Funktionen* $\mathfrak{f}$, $\mathfrak{g} : D \to \mathbb{R}^m$ *seien differenzierbar in* $\mathfrak{x}_0 \in D$. *Dann sind* $\mathfrak{f} + \mathfrak{g}$, $\lambda\mathfrak{f}$ *für* $\lambda \in \mathbb{R}$ *und* $\mathfrak{f} \cdot \mathfrak{g}$ *differenzierbar in* $\mathfrak{x}_0$, *und es gelten*

a) $(\mathfrak{f} + \mathfrak{g})'(\mathfrak{x}_0) = \mathfrak{f}'(\mathfrak{x}_0) + \mathfrak{g}'(\mathfrak{x}_0)$,
b) $(\lambda\mathfrak{f})'(\mathfrak{x}_0) = \lambda\mathfrak{f}'(\mathfrak{x}_0)$,
c) $(\mathfrak{f} \cdot \mathfrak{g})'(\mathfrak{x}_0) = \mathfrak{g}^\top(\mathfrak{x}_0)\mathfrak{f}'(\mathfrak{x}_0) + \mathfrak{f}^\top(\mathfrak{x}_0)\mathfrak{g}'(\mathfrak{x}_0)$.

Beweis ‖ Es wird nur die letzte Aussage bewiesen. Es ist

$$\mathfrak{f}(\mathfrak{x}_0 + \mathfrak{h}) \cdot \mathfrak{g}(\mathfrak{x}_0 + \mathfrak{h}) - \mathfrak{f}(\mathfrak{x}_0) \cdot \mathfrak{g}(\mathfrak{x}_0) =$$
$$(\mathfrak{f}(\mathfrak{x}_0 + \mathfrak{h}) - \mathfrak{f}(\mathfrak{x}_0)) \cdot \mathfrak{g}(\mathfrak{x}_0 + \mathfrak{h}) + \mathfrak{f}(\mathfrak{x}_0) \cdot (\mathfrak{g}(\mathfrak{x}_0 + \mathfrak{h}) - \mathfrak{g}(\mathfrak{x}_0)) =$$
$$(\mathfrak{f}'(\mathfrak{x}_0)\mathfrak{h} + o(\mathfrak{h})) \cdot (\mathfrak{g}(\mathfrak{x}_0) + O(\mathfrak{h})) + \mathfrak{f}(\mathfrak{x}_0) \cdot (\mathfrak{g}'(\mathfrak{x}_0)\mathfrak{h} + o(\mathfrak{h})) =$$
$$(\mathfrak{f}'(\mathfrak{x}_0)\mathfrak{h}) \cdot \mathfrak{g}(\mathfrak{x}_0) + \mathfrak{f}(\mathfrak{x}_0) \cdot (\mathfrak{g}'(\mathfrak{x}_0)\mathfrak{h}) + o(\mathfrak{h}) =$$
$$\left(\mathfrak{g}^\top(\mathfrak{x}_0)\mathfrak{f}'(\mathfrak{x}_0) + \mathfrak{f}^\top(\mathfrak{x}_0)\mathfrak{g}'(\mathfrak{x}_0)\right)\mathfrak{h} + o(\mathfrak{h}).$$ ☕

Bemerkung 7.4 $\mathfrak{f} \cdot \mathfrak{g}$ bedeutet das euklidische Skalarprodukt, dagegen ist $\mathfrak{f}^\top\mathfrak{g}'$ das Produkt des m-Zeilenvektors $\mathfrak{f}^\top$ mit der $m \times n$-Matrix $\mathfrak{g}'$, im Ergebnis eine $1 \times n$-Matrix oder eben ein n-Zeilenvektor.

7.7 Die Kettenregel $(\mathfrak{f} \circ \mathfrak{g})' = (\mathfrak{f}' \circ \mathfrak{g})\mathfrak{g}'$ ist die wichtigste der Differentiationsregeln. Sie sieht formal aus wie im Eindimensionalen, nur sind die beteiligten Ableitungen Matrizen: $p \times m$ für $\mathfrak{f}'$ und $m \times n$ für $\mathfrak{g}'$, also $p \times n$ für $(\mathfrak{f} \circ \mathfrak{g})'$. Die obigen Regeln können alle als Spezialfälle der Kettenregel aufgefasst werden. Zum Beispiel ist $\mathfrak{f}(\mathfrak{x}) \cdot \mathfrak{g}(\mathfrak{x})$ zusammengesetzt aus der *inneren* Abbildung $(\mathfrak{f}, \mathfrak{g})^\top :$ $D \to \mathbb{R}^{2m}$ und der *äußeren* Abbildung $\mathbb{R}^{2m} \to \mathbb{R}$, $(\mathfrak{u}, \mathfrak{v})^\top \mapsto \mathfrak{u} \cdot \mathfrak{v}$.

Satz 7.7 **(Kettenregel)** *Es seien* $D \subset \mathbb{R}^n$ *und* $G \subset \mathbb{R}^m$ *Gebiete,* $\mathfrak{g} : D \to G$ *sei differenzierbar in* $\mathfrak{x}_0 \in D$ *und* $\mathfrak{f} : G \to \mathbb{R}^p$ *sei differenzierbar in* $\mathfrak{y}_0 = \mathfrak{g}(\mathfrak{x}_0)$. *Dann ist die Komposition* $\mathfrak{f} \circ \mathfrak{g} : D \longrightarrow$ $\mathbb{R}^p$ *differenzierbar in* $\mathfrak{x}_0$ *und es gilt*

$$(\mathfrak{f} \circ \mathfrak{g})'(\mathfrak{x}_0) = \mathfrak{f}'(\mathfrak{y}_0)\mathfrak{g}'(\mathfrak{x}_0) \quad (\mathfrak{y}_0 = \mathfrak{g}(\mathfrak{x}_0)).$$

Beweis ‖ Es gilt $\mathfrak{f}(\mathfrak{y}_0 + \mathfrak{k}) - \mathfrak{f}(\mathfrak{y}_0) = \mathfrak{f}'(\mathfrak{y}_0)\mathfrak{k} + o(\mathfrak{k})$ ($\mathfrak{k} \to \mathfrak{o}$) und

$$\mathfrak{k} = \mathfrak{g}(\mathfrak{x}_0 + \mathfrak{h}) - \mathfrak{g}(\mathfrak{x}_0) = \mathfrak{g}'(\mathfrak{y}_0)\mathfrak{h} + o(\mathfrak{h}) \quad (\mathfrak{h} \to \mathfrak{o}),$$

Abb. 7.1 Achsenparalleler Streckenzug im Gebiet D von $\mathfrak{x}_0$ nach $\mathfrak{x} = \mathfrak{x}_7$ mit Eck- und Zwischenpunkten $\mathfrak{x}_j$ und ξ_j

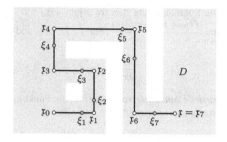

insbesondere ist $\mathfrak{k} = O(\mathfrak{h})$. Damit ist auch $o(\mathfrak{k}) = o(\mathfrak{h})$ und

$$\mathfrak{f}(\mathfrak{g}(\mathfrak{x}_0 + \mathfrak{h})) - \mathfrak{f}(\mathfrak{g}(\mathfrak{x}_0)) = (\mathfrak{f}'(\mathfrak{y}_0) + o(\mathfrak{h}))(\mathfrak{g}'(\mathfrak{x}_0)\mathfrak{h} + o(\mathfrak{h}))$$

$$= \mathfrak{f}'(\mathfrak{y}_0)\mathfrak{g}'(\mathfrak{x}_0)\mathfrak{h} + o(\mathfrak{h}) \quad (\mathfrak{h} \to \mathfrak{o}). \qquad ☕$$

7.8 Der Mittelwertsatz für Funktionen von mehreren Variablen wird auf den eindimensionalen Fall zurückgeführt:

Satz 7.8 (Mittelwertsatz) *Es seien* $f : D \to \mathbb{R}$ *bzw.* $\mathfrak{f} : D \to \mathbb{R}^m$ *differenzierbar, und* D *enthalte die Strecke* S *von* $\mathfrak{a}$ *nach* $\mathfrak{b}$. *Dann existiert ein* $\xi \in S$ *bzw.* $\xi^{(\mu)} \in S$ $(1 \le \mu \le m)$ *mit*

$$f(\mathfrak{b}) - f(\mathfrak{a}) = f'(\xi)(\mathfrak{b} - \mathfrak{a}) \quad \text{bzw.} \quad \mathfrak{f}(\mathfrak{b}) - \mathfrak{f}(\mathfrak{a}) = J(\xi^{(1)}, \ldots, \xi^{(m)})(\mathfrak{b} - \mathfrak{a}),$$

wobei $J(\xi^{(1)}, \ldots, \xi^{(m)})$ *die* $m \times n$-*Matrix* $\begin{pmatrix} f_1'(\xi^{(1)}) \\ \vdots \\ f_m'(\xi^{(m)}) \end{pmatrix}$ *ist.*

Beweis ∥ Im ersten Fall ist $\phi(t) = f(\mathfrak{a} + t(\mathfrak{b} - \mathfrak{a}))$ im Intervall $[0, 1]$ differenzierbar mit $\phi(0) = f(\mathfrak{a})$, $\phi(1) = f(\mathfrak{b})$ und $\phi'(t) = f'(\mathfrak{a} + t(\mathfrak{b} - \mathfrak{a}))(\mathfrak{b} - \mathfrak{a})$ nach der Kettenregel. Der eindimensionale Mittelwertsatz $\phi(1) - \phi(0) = \phi'(\tau)$ für ein $\tau \in (0, 1)$ ergibt dann die Behauptung mit $\xi = \mathfrak{a} + \tau(\mathfrak{b} - \mathfrak{a})$. Den zweiten Teil erhält man komponentenweise; es ist zu beachten, dass die Zwischenstellen $\xi^{(\mu)}$ für die einzelnen Komponenten untereinander nicht gleich sein müssen. ☕

Satz 7.9 *Eine differenzierbare Funktion* $\mathfrak{f} : D \to \mathbb{R}^m$ *mit Ableitung* $\mathfrak{f}' = O$ *(die* $m \times n$-*Nullmatrix) ist konstant.*

Beweis ∥ Es genügt, den Fall $m = 1$ zu betrachten, wesentlich ist, dass D ein Gebiet ist. Die Punkte $\mathfrak{x}_0 \in D$ (ein fester Referenzpunkt) und $\mathfrak{x} \in D$ werden durch einem Streckenzug S verbunden; S besteht aus den Strecken S_j von $\mathfrak{x}_{j-1}$ nach $\mathfrak{x}_j$ $(1 \le j \le p)$, wobei $\mathfrak{x}_p = \mathfrak{x}$ ist. Nach dem Mittelwertsatz ist dann $f(\mathfrak{x}_j) - f(\mathfrak{x}_{j-1}) = f'(\xi_j)(\mathfrak{x}_j - \mathfrak{x}_{j-1}) = \mathfrak{o}$, also $f(\mathfrak{x}) = f(\mathfrak{x}_0)$ (vgl. Abb. 7.1). ☕

7.3 Partielle und Richtungsableitungen

Die Differenzierbarkeitsdefinition erlaubt es nicht unmittelbar, die Ableitung $\mathfrak{f}'(\mathfrak{x}_0)$ zu berechnen. Im Fall $m = 1$, wo $f'(\mathfrak{x}_0) = (a_1, \ldots, a_n)$ ein Zeilenvektor ist, lautet die Differenzierbarkeitsbedingung

$$f(\mathfrak{x}_0 + \mathfrak{h}) - f(\mathfrak{x}_0) = a_1 h_1 + \cdots + a_n h_n + o(|\mathfrak{h}|) \quad (\mathfrak{h} \to \mathfrak{o}).$$

Die Spezialisierung $\mathfrak{h} = t e_\nu$ ergibt $f(\mathfrak{x}_0 + t e_\nu) - f(\mathfrak{x}_0) = a_\nu t + o(|t|)$ für $t \to 0$ und so $a_\nu = \lim\limits_{t \to 0} \dfrac{f(\mathfrak{x}_0 + t e_\nu) - f(\mathfrak{x}_0)}{t}$. Für $f : D \to \mathbb{R}$ und $\mathfrak{x}_0 \in D$ heißt

$$\frac{\partial f}{\partial x_\nu}(\mathfrak{x}_0) = f_{x_\nu}(\mathfrak{x}_0) = \partial_\nu f(\mathfrak{x}_0) = \lim_{t \to 0} \frac{f(\mathfrak{x}_0 + t e_\nu) - f(\mathfrak{x}_0)}{t}$$

partielle Ableitung von f nach x_ν im Punkt $\mathfrak{x}_0$ (es sind die gängigen Bezeichnungen angeführt). Ist allgemeiner $e \in \mathbb{R}^n \setminus \{\mathfrak{o}\}$, so heißt

$$\frac{\partial f}{\partial e} = \lim_{t \to 0} \frac{f(\mathfrak{x}_0 + t e) - f(\mathfrak{x}_0)}{t}$$

Richtungsableitung von f in Richtung e, sofern dieser Grenzwert existiert. Speziell für die Basisvektoren e_ν ist dann $\dfrac{\partial f}{\partial e_\nu} = \dfrac{\partial f}{\partial x_\nu}$. Existieren alle partiellen Ableitungen, so heißt

$$\operatorname{grad} f(\mathfrak{x}_0) = (f_{x_1}(\mathfrak{x}_0), \ldots, f_{x_n}(\mathfrak{x}_0))$$

Gradient von f in $\mathfrak{x}_0$; $\operatorname{grad} f$ ist ein Zeilenvektor. Schließlich wird $\nabla f = (\operatorname{grad} f)^\top$ gesetzt; ∇ ist der *Nablaoperator*, $\nabla f(\mathfrak{x}_0)$ ein Spaltenvektor.

Bemerkung 7.5 Partielle Ableitungen werden gebildet, indem alle Variablen x_μ ($\mu \neq \nu$) als konstant betrachtet werden und nach den entsprechenden eindimensionalen Regeln nach der Variablen x_ν differenziert wird.

7.9 Ableitung und partielle Ableitungen In einer Richtung ist der Zusammenhang zwischen beiden Ableitungsbegriffen sowie den Richtungsableitungen einfach zu beschreiben.

Satz 7.10 *Ist f differenzierbar in $\mathfrak{x}_0$, so existieren alle partiellen und Richtungsableitungen, es gilt $f'(\mathfrak{x}_0) = \operatorname{grad} f(\mathfrak{x}_0)$ und*

$$\frac{\partial f}{\partial e} = e \cdot (\operatorname{grad} f(\mathfrak{x}_0))^\top = e \cdot \nabla f(\mathfrak{x}_0).$$

Beweis ‖ Die Existenz der partiellen Ableitung wurde bereits nachgewiesen, für die Richtungsableitung gilt genauso: Bei Spezialisierung $\mathfrak{h} = t e$ ergibt die Ableitungsdefinition $f(\mathfrak{x}_0 + t e) - f(\mathfrak{x}_0) = f'(\mathfrak{x}_0)^\top \cdot (t e) + o(t)$ ($t \to 0$). ☕

Satz 7.11 *Der Gradient ist die Richtung des steilsten Anstiegs, es gilt*

$$-|e| |\nabla f(\mathfrak{x}_0)| \le \frac{\partial f(\mathfrak{x}_0)}{\partial e} \le |e| |\nabla f(\mathfrak{x}_0)|.$$

Gleichheit tritt für $\nabla f(\mathfrak{x}_0) \neq \mathfrak{o}$ nur auf in Richtung $e = \mp \nabla f(\mathfrak{x}_0)$ (Abb. 7.2).

Bemerkung 7.6 Warum nicht gleich so, könnte man einwenden. Warum wird nicht die einfache Definition der partiellen Ableitungen der doch komplizierteren Definition der Ableitung vorgezogen? Der Grund ist, dass aus der Existenz der partiellen Ableitungen *nicht* die Differenzierbarkeit und noch nicht einmal die Stetigkeit von f gefolgert werden kann.

Beispiel 7.4 Die Funktion $f : \mathbb{R}^2 \to \mathbb{R}$, $f(x, y) = \begin{cases} y/x^2 & (|y| < x^2) \\ 0 & (x = y = 0), \\ x^2/y & (\text{sonst}) \end{cases}$ aus Beispiel 6.10 ist

unstetig in $(0, 0)$ und kann daher in $(0, 0)$ auch nicht differenzierbar sein. Es gilt aber $f_x(0, 0) = f_y(0, 0) = 0$, und alle anderen Richtungsableitungen existieren ebenfalls, denn für $e = (a, b)^\top \neq (a, 0)$ und hinreichend kleines $t \neq 0$ ist $f(ta, tb) = \dfrac{(ta)^2}{tb} = t \dfrac{a^2}{b}$ und $\dfrac{\partial f}{\partial e}(0, 0) = \dfrac{a^2}{b}$.

Abb. 7.2 Höhenlinien von
$H(x, y) = x^2 + y^2 + \frac{1}{2}xy^2$.
Senkrecht dazu verlaufen die
Linien des steilsten Aufstiegs
in Richtung von $\nabla H(x, y)$

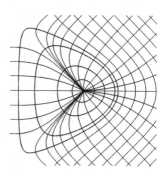

Aufgabe 7.7 Es sei $f(\mathfrak{o}) = 0$ und $f(\mathfrak{x}) = |\mathfrak{x}|^2 \sin(1/|\mathfrak{x}|)$ sonst in $\mathbb{R}^n$. Man zeige, dass f überall, insbesondere in $\mathfrak{o}$ differenzierbar ist, die partiellen Ableitungen aber in $\mathfrak{o}$ unstetig sind.

7.10 Die Tangentialhyperebene Der *Graph* $\mathfrak{G}(f) = \{(\mathfrak{x}, z) : \mathfrak{x} \in D, z = f(\mathfrak{x})\}$ einer Funktion $f : D \subset \mathbb{R}^n \to \mathbb{R}$ lässt sich wie im Fall $n = 1$ auch geometrisch deuten. Am einfachsten ist der Fall $n = 2$, dort kann man sich $\mathfrak{G}(f)$ als *Fläche* in $\mathbb{R}^3 = \mathbb{R}^2 \times \mathbb{R}$ vorstellen, und den Graphen von

$$z = f(x_0, y_0) + f_x(x_0, y_0)(x - x_0) + f_y(x_0, y_0)(y - y_0)$$

als eine Ebene, die *Tangentialebene*. Der Vektor $(-f_x(x_0, y_0), -f_y(x_0, y_0), 1)^\top$ steht *senkrecht* auf der Tangentialebene. Ist $f : D \subset \mathbb{R}^n \to \mathbb{R}$ differenzierbar in $\mathfrak{x}_0 \in D$, $D \subset \mathbb{R}^n$ ein Gebiet, so heißt

$$T(\mathfrak{x}_0) = \{(\mathfrak{x}, z) : \mathfrak{x} \in D, z = f(\mathfrak{x}_0) + f'(\mathfrak{x}_0)(\mathfrak{x} - \mathfrak{x}_0)\}$$

Tangentialhyperebene an den Graphen $\mathfrak{G}(f)$ im Punkt $(\mathfrak{x}_0, f(\mathfrak{x}_0))$. Der Vektor $\mathfrak{n} = (-f'(\mathfrak{x}_0), 1)^\top$ heißt *Normalenvektor*, er steht senkrecht auf $T(\mathfrak{x}_0)$. Die Tangentialhyperebene berührt $\mathfrak{G}(f)$ in *erster Ordnung.*

7.11 Die Klassen $\mathcal{C}^1(D)$ **und** $\mathcal{C}^1(D, \mathbb{R}^m)$ Ganz ohne Zusammenhang sind die beiden Differenzierbarkeitsbegriffe aber dann doch nicht. Sind die partiellen Ableitungen f_{x_ν} von $f : D \to \mathbb{R}^n$ stetig, so heißt f *stetig differenzierbar* und man schreibt $f \in \mathcal{C}^1(D) = \mathcal{C}^1(D, \mathbb{R})$. Entsprechend gehört $\mathfrak{f} : D \to \mathbb{R}^m$ zur Klasse $\mathcal{C}^1(D, \mathbb{R}^m)$, wenn alle Koordinatenfunktionen f_μ in $\mathcal{C}^1(D)$ sind.

Satz 7.12 *Funktionen* $\mathfrak{f} \in \mathcal{C}^1(D, \mathbb{R}^m)$ *sind differenzierbar in* D *mit Ableitung*

$$\mathfrak{f}'(\mathfrak{x}) = \begin{pmatrix} \operatorname{grad} f_1(\mathfrak{x}) \\ \vdots \\ \operatorname{grad} f_m(\mathfrak{x}) \end{pmatrix}.$$

Insbesondere für $m = 1$ *ist dann* $f'(\mathfrak{x}) = \operatorname{grad} f(\mathfrak{x})$.

Beweis ‖ Es genügt, im Fall $m = 1$ die Differenzierbarkeit zu beweisen. Bei gegebenem $\mathfrak{h} = (h_1, \dots, h_n)^\top \neq \mathfrak{o}$ wird $\mathfrak{h}_\nu = (h_1, \dots, h_\nu, 0, \dots, 0)^\top$ und $\mathfrak{h}_0 = \mathfrak{o}$ gesetzt. Es ist dann $f(\mathfrak{x} + \mathfrak{h}) - f(\mathfrak{x}) = \sum_{\nu=1}^n (f(\mathfrak{x} + \mathfrak{h}_\nu) - f(\mathfrak{x} + \mathfrak{h}_{\nu-1}))$; für die einzelnen Funktionsdifferenzen gilt nach dem *eindimensionalen* Mittelwertsatz $(0 < \theta_\nu < 1)$ und der vorausgesetzten Stetigkeit von f_{x_ν}

$$f(\mathfrak{x} + \mathfrak{h}_\nu) - f(\mathfrak{x} + \mathfrak{h}_{\nu-1}) = h_\nu f_{x_\nu}(\mathfrak{x} + \mathfrak{h}_{\nu-1} + \theta_\nu \mathfrak{h}_\nu) = h_\nu f_{x_\nu}(\mathfrak{x}) + o(|\mathfrak{h}|),$$

also insgesamt $f(\mathfrak{x} + \mathfrak{h}) - f(\mathfrak{x}) = \displaystyle\sum_{\nu=1}^{n} h_\nu f_{x_\nu}(\mathfrak{x}) + o(|\mathfrak{h}|)$ für $\mathfrak{h} \to \mathfrak{o}$.   🙢

Es gilt somit der folgende Zusatz zum Mittelwertsatz:

Satz 7.13 (**Mittelwertsatz**) *Ist* $\mathfrak{f} : K(\mathfrak{x}_0, r) \to \mathbb{R}^m$ *stetig differenzierbar, so existiert eine stetige* $m \times n$-*Matrix* $J : K(\mathfrak{x}_0, r) \times K(\mathfrak{x}_0, r) \to \mathbb{R}^{m \times n}$ *mit*

$$\mathfrak{f}(\mathfrak{y}) - \mathfrak{f}(\mathfrak{x}) = J(\mathfrak{x}, \mathfrak{y})(\mathfrak{y} - \mathfrak{x}) \quad (\mathfrak{x}, \mathfrak{y} \in K(\mathfrak{x}_0, r)).$$

Mit der zur Euklidnorm in $\mathbb{R}^n$ *und* $\mathbb{R}^m$ *gehörigen Matrizennorm gilt*

$$|J(\mathfrak{x}, \mathfrak{y})| \leq \sup\{|\mathfrak{f}'(\mathfrak{x})| : \mathfrak{x} \in K(\mathfrak{x}_0, r)\}.$$

Beweis ‖ Nach der Kettenregel und dem Hauptsatz gilt für $\mathfrak{x}, \mathfrak{y} \in K(\mathfrak{x}_0, r)$

$$\frac{d}{dt}\mathfrak{f}(\mathfrak{x} + t(\mathfrak{y} - \mathfrak{x})) = \mathfrak{f}'(\mathfrak{x} + t(\mathfrak{y} - \mathfrak{x}))(\mathfrak{y} - \mathfrak{x})$$

$$\mathfrak{f}(\mathfrak{y}) - \mathfrak{f}(\mathfrak{x}) = \left(\int_0^1 \mathfrak{f}'(\mathfrak{x} + t(\mathfrak{y} - \mathfrak{x})) \, dt \right)(\mathfrak{y} - \mathfrak{x}) = J(\mathfrak{x}, \mathfrak{y})(\mathfrak{y} - \mathfrak{x});$$

das Integral ist komponentenweise zu verstehen. Die Matrix J ist stetig in $K(\mathfrak{x}_0, r) \times K(\mathfrak{x}_0, r)$ (sie hat stetige Einträge), dies folgt aus der gleichmäßigen Stetigkeit von $(t, \mathfrak{x}, \mathfrak{y}) \mapsto \mathfrak{f}'(\mathfrak{x} + t(\mathfrak{y} - \mathfrak{x}))$ in $[0, 1] \times \overline{K(\mathfrak{x}_0, r)} \times \overline{K(\mathfrak{x}_0, r)}$, und es gilt $|J(\mathfrak{x}, \mathfrak{y})| \leq \displaystyle\sup_{\mathfrak{u} \in K(\mathfrak{x}_0, r)} |\mathfrak{f}'(\mathfrak{u})|$.   🙢

7.12 Komplexe Differenzierbarkeit   Ein Gebiet $D \subset \mathbb{R}^2$ kann als Gebiet $D \subset \mathbb{C}$ und eine Funktion $\mathfrak{f} = (u, v)^\top : D \to \mathbb{R}^2$ (auch **Vektorfeld** genannt) als komplexwertige Funktion $f : D \to \mathbb{C}$, $f(x + iy) = u(x, y) + iv(x, y)$ angesehen werden. Da man in $\mathbb{C}$ dividieren kann, ist die folgende Definition naheliegend: f heißt **komplex differenzierbar** in z_0, wenn der Grenzwert des *Differenzenquotienten*

$$f'(z_0) = \lim_{z \to z_0} \frac{f(z) - f(z_0)}{z - z_0}$$

existiert, und **holomorph** in D, wenn die *komplexe Ableitung* $f'(z)$ in ganz D vorhanden ist. Den Zusammenhang zwischen f' und der Ableitung von $\mathfrak{f} = (u, v)^\top$ beschreibt der

Satz 7.14 (**Cauchy-Riemann-Differentialgleichungen**) *Zur komplexen Differenzierbarkeit von* $f = u + iv$ *ist äquivalent, dass* $\mathfrak{f} = (u, v)^\top$ *(reell) differenzierbar ist und die Cauchy-Riemannschen Gleichungen* $u_x = v_y$ *und* $u_y = -v_x$ *erfüllt sind. Es ist dann*

$$f' = u_x + iv_x = u_x - iu_y.$$

Beweis ‖ Die komplexe Differenzierbarkeit im Punkt $z = x + iy$ bedeutet

$$f(z + h) = f(z) + f'(z)h + o(|h|) \quad (h = h_1 + ih_2 \to 0),$$

die Differenzierbarkeit von u im Punkt (x, y) dagegen

$$u(x + h_1, y + h_2) = u(x, y) + a_1 h_1 + a_2 h_2 + o(|\mathfrak{h}|) \quad (\mathfrak{h} = (h_1, h_2)^\top \to \mathfrak{o});$$

man beachte $|h| = |\mathfrak{h}|$. Analog gilt für v

$$v(x + h_1, y + h_2) = v(x, y) + b_1 h_1 + b_2 h_2 + o(|\mathfrak{h}|).$$

Nimmt man beide zusammen und setzt $a = \frac{1}{2}(a_1 - ia_2)$ und $b = \frac{1}{2}(b_1 - ib_2)$, so gilt: Die (reelle) Differenzierbarkeit von $\mathfrak{f}$ ist äquivalent mit

$$\begin{aligned}
f(z + h) - f(z) &= (a_1 + ib_1)h_1 + (a_2 + ib_2)h_2 + o(|h|)\\
&= (a_1 + ib_1)\tfrac{1}{2}(h + \bar{h}) + (a_2 + ib_2)\tfrac{1}{2i}(h - \bar{h}) + o(|h|)\\
&= (a + ib)h + (\bar{a} + i\bar{b})\bar{h} + o(|h|)
\end{aligned}$$

Da $\bar{h}/h$ für $h \to 0$ *keinen* Grenzwert hat, ist demnach f komplex differenzierbar genau dann, wenn $\bar{a} + i\bar{b} = 0$, d. h. wenn $a_1 = b_2$ und $a_2 = -b_1$ ist. Wegen $a_1 = u_x$, $a_2 = u_y$, $b_1 = v_x$ und $b_2 = v_y$ ist somit f genau dann in $z_0 = x_0 + iy_0$ komplex differenzierbar, wenn u und v in (x_0, y_0) (reell) differenzierbar sind und die Cauchy-Riemannschen Differentialgleichungen gelten.   ✎

Aufgabe 7.8 Man zeige, dass die holomorphe Funktion $f = u + iv$ bereits dann in ihrem Definitionsgebiet D konstant ist, wenn dort durchweg (i) $f'(z) = 0$ oder (ii) $u(z) = const$ oder (iii) $|f(z)| = const$ ist.

Aufgabe 7.9 Man zeige, dass die Funktionen z^n ($n \in \mathbb{N}$), $e^x(\cos y + i \sin y)$ und $\cos x \cosh y - i \sin x \sinh y$ ($z = x + iy$) in $\mathbb{C}$ holomorph sind.

7.4 Höhere Ableitungen und der Satz von Taylor

7.13 Der Satz von H.A. Schwarz Existieren für $f : D \to \mathbb{R}$, $D \subset \mathbb{R}^n$ ein Gebiet, die partiellen Ableitungen $\dfrac{\partial}{\partial x_{\nu_1}} \dfrac{\partial}{\partial x_{\nu_2}} \cdots \dfrac{\partial}{\partial x_{\nu_k}} f$ in D für beliebige $\nu_1, \ldots, \nu_k \in \{1, \ldots, n\}$ (die ν_j müssen dabei nicht paarweise verschieden sein), und sind sie *stetig,* so heißt f *k-mal stetig differenzierbar,* man schreibt dafür $f \in C^k(D)$. Entsprechend gehört $\mathfrak{f} : D \to \mathbb{R}^m$ zur Klasse $C^k(D, \mathbb{R}^m)$, wenn alle Koordinatenfunktionen f_μ zu $C^k(D)$ gehören. Schließlich ist $C^\infty(D) = \bigcap_{k \in \mathbb{N}} C^k(D)$ und entsprechend $C^\infty(D, \mathbb{R}^m) = \bigcap_{k \in \mathbb{N}} C^k(D, \mathbb{R}^m)$.

Satz 7.15 (von H.A. Schwarz) *Für* $f \in C^2(D)$ *gilt* $(f_{x_\mu})_{x_\nu} = (f_{x_\nu})_{x_\mu}$ ($\mu \neq \nu$).

Bemerkung 7.7 Künftig wird $f_{x_\mu x_\nu}$ anstelle $(f_{x_\mu})_{x_\nu}$ geschrieben, und $\dfrac{\partial^{p_1 + \cdots + p_n} f}{\partial x_1^{p_1} \cdots \partial x_n^{p_n}}$ für p_1-fache Ableitung nach x_1, \ldots, p_n-fache Ableitung nach x_n in irgendeiner Reihenfolge. Dass dies erlaubt ist beweist man für $f \in C^k(D)$ mit Induktion nach der Ableitungsordnung $p_1 + \cdots + p_n \leq k$ unter Verwendung des Satzes von Schwarz.

Beweis ‖ Da die Variablen x_k ($k \neq \mu, \nu$) nicht beteiligt sind, handelt es sich tatsächlich um ein zweidimensionales Problem, das auch so behandelt wird: f ist eine Funktion $D \subset \mathbb{R}^2 \to \mathbb{R}$ von (x, y), der Einfachheit halber werden $f_{xy} = (f_x)_y$ und $f_{yx} = (f_y)_x$ im Punkt $(0, 0)$ und dazu der Ausdruck

$$\Delta(x, y) = f(x, y) - f(x, 0) - f(0, y) + f(0, 0),$$

untersucht. Nach dem eindimensionalen Mittelwertsatz, angewandt auf die Funktion $x \mapsto f(x, y) - f(x, 0)$, ist $\Delta(x, y) = x \left(f_x(\xi, y) - f_x(\xi, 0) \right)$ mit einem $\xi = \xi(x, y)$ zwischen 0 und x. Wird bei festem ξ der Mittelwertsatz erneut angewendet, diesmal auf $y \mapsto f_x(\xi, y)$, so folgt

$$\Delta(x, y) = x \left(f_x(\xi, y) - f_x(\xi, 0) \right) = xy \, f_{xy}(\xi, \eta)$$

mit $\eta = \eta(\xi, y)$ zwischen 0 und y. Beim Vorgehen in umgekehrter Reihenfolge ergibt sich

$$\Delta(x, y) = yx \, f_{yx}(\xi', \eta').$$

Da mit $x \to 0$ und $y \to 0$ auch $\xi, \xi' \to 0$ und $\eta, \eta' \to 0$ gelten und f_{xy} und f_{yx} in $(0, 0)$ stetig sind, folgt $f_{xy}(0, 0) = f_{yx}(0, 0)$.   ☕

Aufgabe 7.10 Es sei $u \in C^2(D)$, $D = \{(x, y) : x^2 + y^2 < 1\}$ und $v(r, \theta) = u(r \cos\theta, r \sin\theta)$. Man zeige $u_{xx} + u_{yy} = v_{rr} + \dfrac{1}{r} v_r + \dfrac{1}{r^2} v_{\theta\theta}$.

Aufgabe 7.11 Es sei $f(x, y) = xy \dfrac{x^2 - y^2}{x^2 + y^2}$ in $\mathbb{R}^2 \setminus \{(0, 0)\}$ und $f(0, 0) = 0$. Zu bestimmen sind alle partiellen Ableitungen der Ordnung 2. Gilt $f_{xy}(0, 0) = f_{yx}(0, 0)$?

Aufgabe 7.12 Gilt der Satz von Schwarz auch, wenn nur f_{xy} und f_{yx} in D existieren und in (x_0, y_0) stetig sind?

7.14 Die Hessematrix von $f \in C^2(D)$ ist definiert als Matrix der zweiten Ableitungen,

$$H_f = \begin{pmatrix} f_{x_1 x_1} & \cdots & f_{x_1 x_n} \\ \vdots & & \vdots \\ f_{x_n x_1} & \cdots & f_{x_n x_n} \end{pmatrix}.$$

Sie ist *symmetrisch* nach dem Satz von Schwarz ($f_{x_\nu x_\mu} = f_{x_\mu x_\nu}$) und erzeugt im Punkt $\mathfrak{a}$ die quadratische Form $Q_{f(\mathfrak{a})}(\mathfrak{x}) = \displaystyle\sum_{\mu, \nu=1}^{n} f_{x_\mu x_\nu}(\mathfrak{a}) x_\mu x_\nu$.

Ludwig Otto **Hesse** (1811-1874, Heidelberg, München), Schüler von Jacobi, arbeitete hauptsächlich über algebraische Funktionen und die Theorie der Invarianten.

7.15 Die Taylorsche Formel wird zunächst nur dem sicherlich wichtigsten Spezialfall und dann erst allgemein formuliert und bewiesen. Einfacher ist nur noch die sich aus der Definition der Differenzierbarkeit ergebende Form

$$f(\mathfrak{x}) = f(\mathfrak{a}) + \nabla f(\mathfrak{a}) \cdot (\mathfrak{x} - \mathfrak{a}) + o(|\mathfrak{x} - \mathfrak{a}|) = T_1(\mathfrak{x}; \mathfrak{a}) + o(|\mathfrak{x} - \mathfrak{a}|) \quad (\mathfrak{x} \to \mathfrak{a}).$$

Satz 7.16 *Für $f \in C^2(K(\mathfrak{a}, r))$ und $\mathfrak{x} \to \mathfrak{a}$ gilt*

$$\begin{aligned} f(\mathfrak{x}) &= T_2(\mathfrak{x}; \mathfrak{a}) + o(|\mathfrak{x} - \mathfrak{a}|^2) \\ &= f(\mathfrak{a}) + \nabla f(\mathfrak{a}) \cdot (\mathfrak{x} - \mathfrak{a}) + \frac{1}{2} Q_{f(\mathfrak{a})}(\mathfrak{x} - \mathfrak{a}) + o(|\mathfrak{x} - \mathfrak{a}|^2); \end{aligned}$$

T_1 *bzw.* T_2 *bezeichnet das 1. bzw. 2. Taylorpolynom von f zum Entwicklungsmittelpunkt $\mathfrak{a}$.*

Beweis ‖ Man darf $\mathfrak{a} = \mathfrak{o}$ annehmen. Für $\phi(t) = f(t\mathfrak{x})$ $(0 \le t \le 1)$ ergibt die eindimensionale Taylorformel

$$\phi(1) = \phi(0) + \phi'(0) + \tfrac{1}{2}\phi''(0) + \tfrac{1}{2}(\phi''(\tau) - \phi''(0))$$

für ein $\tau \in (0, 1)$; dies muss jetzt nur noch von ϕ auf f umgerechnet werden. Es ist $\phi(1) = f(\mathfrak{x})$, $\phi(0) = f(\mathfrak{o})$, $\phi'(t) = f'(t\mathfrak{x})\mathfrak{x}$ und $\phi''(t) = \mathfrak{x}^\top H_f(t\mathfrak{x})\mathfrak{x}$, also $\phi'(0) = \nabla f(\mathfrak{o}) \cdot \mathfrak{x}$, und es gilt

$$f(\mathfrak{x}) = f(\mathfrak{o}) + \nabla f(\mathfrak{o}) \cdot \mathfrak{x} + \mathfrak{x}^\top \big(\tfrac{1}{2}H_f(\mathfrak{o})\big)\mathfrak{x} + R(\mathfrak{x}).$$

Wegen der Stetigkeit der Hessematrix gilt für den Fehlerterm

$$R(\mathfrak{x}) = \mathfrak{x}^\top \big(\tfrac{1}{2}H_f(\tau\mathfrak{x}) - \tfrac{1}{2}H_f(\mathfrak{o})\big)\mathfrak{x} = o(|\mathfrak{x}|^2) \quad (\mathfrak{x} \to \mathfrak{o}). \qquad \text{☕}$$

7.16 Lokale Maxima und Minima   In der angegebenen Form ist die Taylorformel bereits geeignet für die Untersuchung von Funktionen $f : K(\mathfrak{a}, r) \to \mathbb{R}$ in Bezug auf lokale Extrema. Definitionsgemäß besitzt $f : K(\mathfrak{a}, r) \to \mathbb{R}$ in $\mathfrak{a}$ ein *lokales Maximum* bzw. *Minimum* (zusammen: ein *lokales Extremum*), wenn $f(\mathfrak{x}) \leq f(\mathfrak{a})$ bzw. $f(\mathfrak{x}) \geq f(\mathfrak{a})$ in $|\mathfrak{x} - \mathfrak{a}| < \delta \leq r$ gilt. Das Extremum ist *strikt*, wenn jeweils eine strikte Ungleichung in $0 < |\mathfrak{x} - \mathfrak{a}| < \delta$ gilt.

Satz 7.17   *Bei differenzierbaren Funktionen ist für das Vorliegen eines lokalen Extremums in $\mathfrak{x} = \mathfrak{a}$ die Bedingung $\nabla f(\mathfrak{a}) = \mathfrak{o}$ notwendig.*

Beweis ‖ Bei festgehaltenen $x_\mu = a_\mu$, $\mu \neq \nu$, hat $\phi(t) = f(a_1, \ldots, a_{\nu-1}, t, a_{\nu+1}, \ldots, a_n)$ in $t = a_\nu$ ein lokales Extremum, es gilt also $\phi'(a_\nu) = f_{x_\nu}(\mathfrak{a}) = 0$. ☕

Bemerkung 7.8   Für $f \in C^2(K(\mathfrak{a}, r))$ ist mit derselben Begründung die Bedingung $f_{x_\nu x_\nu}(\mathfrak{a}) \geq 0$ $[f_{x_\nu x_\nu}(\mathfrak{a}) \leq 0]$ für $1 \leq \nu \leq n$ *notwendig* für das Vorliegen eines Minimums [Maximums] in $\mathfrak{a}$. Aber selbst die Bedingungen $f_{x_\nu x_\nu}(\mathfrak{a}) > 0$ $[f_{x_\nu x_\nu}(\mathfrak{a}) < 0]$ ist *nicht* hinreichend, dies zeigt das nachfolgende

Beispiel 7.5 $f(x, y) = x^2 - 3xy + y^2$. Es ist $f(0, 0) = f_x(0, 0) = f_y(0, 0) = 0$, $f_{xx}(0, 0) = f_{yy}(0, 0) = 2$, aber $f(x, x) = -x^2 < 0$ und $f(x, -x) = 5x^2 > 0$ für $x \neq 0$, d.h. es liegt kein Extremum vor. Vielmehr muss die Gesamtheit der zweiten Ableitungen betrachtet werden; die Hessematrix $\begin{pmatrix} 2 & -3 \\ -3 & 2 \end{pmatrix}$ ist indefinit.

Das dem eindimensionalen $f''(a) < 0$ bzw. $f''(a) > 0$ entsprechende hinreichende Kriterium lautet:

Satz 7.18   *Ist $f \in C^2(K(\mathfrak{a}, r))$, $\nabla f(\mathfrak{a}) = \mathfrak{o}$ und die Hessematrix $H_f(\mathfrak{a})$ negativ bzw. positiv definit, so hat f in $\mathfrak{a}$ ein striktes lokales Maximum bzw. Minimum, d.h. es gilt sogar $f(\mathfrak{x}) > f(\mathfrak{a})$ bzw. $f(\mathfrak{x}) < f(\mathfrak{a})$ für $0 < |\mathfrak{x} - \mathfrak{a}| < \delta$. Ist $H_f(\mathfrak{a})$ aber indefinit, so liegt kein Extremum vor.*

Beweis ‖ Nach der Taylorschen Formel gilt

$$f(\mathfrak{x}) - f(\mathfrak{a}) = \tfrac{1}{2}Q(\mathfrak{x} - \mathfrak{a}) + o(|\mathfrak{x} - \mathfrak{a}|^2) \quad (\mathfrak{x} \to \mathfrak{a});$$

Q ist die von der Hessematrix $H_f(\mathfrak{a})$ erzeugte quadratische Form. Ist sie positiv definit, gilt also $Q(\mathfrak{x} - \mathfrak{a}) \geq \alpha|\mathfrak{x} - \mathfrak{a}|^2$ für ein $\alpha > 0$, so folgt $f(\mathfrak{x}) > f(\mathfrak{a})$ in $0 < |\mathfrak{x} - \mathfrak{a}| < \delta \leq r$, und ebenso $f(\mathfrak{x}) < f(\mathfrak{a})$, wenn sie negativ definit ist. Ist Q aber indefinit (was nur für $n \geq 2$ vorkommen kann), so gibt es $\mathfrak{u}, \mathfrak{v} \in \mathbb{R}^n$ mit $Q(\mathfrak{u}) = -b < 0$ und $Q(\mathfrak{v}) = c > 0$. Für $|t|$ hinreichend klein ist dann $f(\mathfrak{a} + t\mathfrak{u}) - f(\mathfrak{a}) = -bt^2 + o(t^2) < 0$ und $f(\mathfrak{a} + t\mathfrak{v}) - f(\mathfrak{a}) = ct^2 + o(t^2) > 0$. ☕

Bemerkung 7.9   Die Hessematrix $H_f(\mathfrak{a})$ besitzt nur reelle Eigenwerte λ_ν sowie ein Orthonormalsystem aus zugehörigen Eigenvektoren $\mathfrak{c}_\nu$ $(1 \leq \nu \leq n)$. Schreibt man $\mathfrak{x} = \mathfrak{a} + \sum\limits_{\nu=1}^{n} \xi_\nu \mathfrak{c}_\nu$, so lässt sich an $f(\mathfrak{x}) = f(\mathfrak{a}) + \sum\limits_{\nu=1}^{n} \lambda_\nu \xi_\nu^2 + o(|\xi|^2)$ $(\nabla f(\mathfrak{a}) = \mathfrak{o}$ vorausgesetzt) bereits alles ablesen.

Beispiel 7.6 $f(x, y) = x^2 + y^m$ $(m \geq 3)$ hat in $(0, 0)$ die positiv semi-definite Hessematrix $\begin{pmatrix} 2 & 0 \\ 0 & 0 \end{pmatrix}$; für $m = 4$ liegt in $(0, 0)$ ein Minimum vor, im Fall $m = 3$ ein *Sattelpunkt* (es ist $f(x, 0) > 0$ für $x \neq 0$ und $f(0, y) < 0$ für $y < 0$), weder Minimum noch Maximum. Im semi-definiten Fall kann also alles passieren.

Aufgabe 7.13 (Methode der kleinsten Fehlerquadrate) Ein überbestimmtes lineares Gleichungssystem $A\mathfrak{x} = \mathfrak{b}$ mit n Unbekannten und $m > n$ Gleichungen hat i.A. keine Lösung. Man behilft sich, indem man $\mathfrak{x}$ so zu bestimmen versucht, dass $|A\mathfrak{x} - \mathfrak{b}|^2$ minimal wird. Man zeige, dass dies sicher in eindeutiger Weise möglich ist, wenn die $n \times n$-Matrix $A^\top A$ positiv definit ist. (**Hinweis.** Zu bestimmen ist ∇f und die Hessematrix von $f(\mathfrak{x}) = |A\mathfrak{x} - \mathfrak{b}|^2$.)

Aufgabe 7.14 Eine *Regressionsgerade* $y = a + bx$ zu den Daten (x_k, y_k) $(1 \leq k \leq n)$ ist dadurch bestimmt, dass sie *im quadratischen Mittel* am wenigsten von den Daten abweicht, d. h. so, dass $(a, b) \mapsto \sum_{k=1}^{n} (y_k - a - bx_k)^2$ minimal wird. Man zeige, dass für $n \geq 3$ (nur das ist sinnvoll) genau eine Regressionsgerade existiert sofern nicht alle x_k gleich sind.

(**Hinweis.** Wann gilt $\left(\sum_{\nu=1}^{n} x_\nu \right)^2 < n \sum_{\nu=1}^{n} x_\nu^2$?) In der Regel bilden die Punkte (x_ν, y_ν) eine riesige ‚Punktwolke‘.

7.17 Die Taylorsche Formel benötigt zu ihrer Formulierung einige auch sonst nützliche Begriffe.

- $\mathfrak{p} = (p_1, \ldots, p_n) \in \mathbb{N}_0^n$ ist ein ***Multi-Index.*** Man setzt

$$|\mathfrak{p}|_1 = p_1 + \cdots + p_n \quad \text{(Länge von } \mathfrak{p})$$
$$\mathfrak{p}! = p_1! \cdots p_n!$$
$$\mathfrak{x}^{\mathfrak{p}} = x_1^{p_1} \cdots x_n^{p_n} \quad (\mathfrak{x} \in \mathbb{R}^n)$$
$$\frac{\partial^{|\mathfrak{p}|_1} f}{\partial \mathfrak{x}^{\mathfrak{p}}} = \frac{\partial^{|\mathfrak{p}|_1} f}{\partial x_1^{p_1} \cdots \partial x_n^{p_n}} \quad (f \in C^{|\mathfrak{p}|_1}).$$

- Ein *Polynom* vom Grad k in n Veränderlichen ist eine endliche Summe $\sum_{|\mathfrak{p}|_1 \leq k} c_{\mathfrak{p}} \mathfrak{x}^{\mathfrak{p}}$ von *Monomen* $c_{\mathfrak{p}} \mathfrak{x}^{\mathfrak{p}} = c_{p_1, \ldots, p_n} x_1^{p_1} \cdots x_n^{p_n}$, $c_{\mathfrak{p}} \in \mathbb{R}$.

- Für $f \in C^k(K(\mathfrak{a}, r))$ heißt $T_k(\mathfrak{x}; \mathfrak{a}) = \sum_{|\mathfrak{p}|_1 \leq k} c_{\mathfrak{p}}(\mathfrak{x} - \mathfrak{a})^{\mathfrak{p}}$ mit Koeffizienten $c_{\mathfrak{p}} = \frac{1}{\mathfrak{p}!} \frac{\partial^{|\mathfrak{p}|_1} f}{\partial \mathfrak{x}^{\mathfrak{p}}}(\mathfrak{a})$ k-*tes Taylorpolynom* von f zum *Entwicklungsmittelpunkt* $\mathfrak{a}$.

Satz 7.19 (**von Taylor**) *Für* $f \in C^k(K(\mathfrak{a}, r))$ *gilt*

$$f(\mathfrak{x}) = T_k(\mathfrak{x}; \mathfrak{a}) + o(|\mathfrak{x} - \mathfrak{a}|^k) \quad (\mathfrak{x} \to \mathfrak{a}).$$

Beweis ‖ Zur Vereinfachung der Schreibweise wird $\mathfrak{a} = \mathfrak{o}$ angenommen. Für die Hilfsfunktion $\phi(t) = f(t\mathfrak{x})$ wird die eindimensionale Formel von Taylor

$$\phi(1) = \sum_{j=0}^{k} \phi^{(j)}(0)/j! + (\phi^{(k)}(\tau) - \phi^{(k)}(0))/k! \quad (0 < \tau < 1)$$

in Termen von f interpretiert. Es ist mittels vollständiger Induktion

$$\frac{\phi^{(j)}(t)}{j!} = \sum_{|\mathfrak{p}|_1 = j} \frac{1}{\mathfrak{p}!} \frac{\partial^{|\mathfrak{p}|_1} f}{\partial \mathfrak{x}^{\mathfrak{p}}}(t\mathfrak{x}) \mathfrak{x}^{\mathfrak{p}} \quad (j \leq k)$$

zu zeigen. Zum Induktionsschritt wird diese als richtig angenommene (und für $j = 0$ auch richtige) Identität nach t differenziert, mit dem Ergebnis

$$\frac{\phi^{(j+1)}(t)}{(j+1)!} = \sum_{|\mathfrak{p}|_1 = j} \frac{1}{(j+1)\mathfrak{p}!} \sum_{\nu=1}^{n} \frac{\partial^{|\mathfrak{p}+\mathfrak{e}_\nu|_1} f}{\partial \mathfrak{r}^{\mathfrak{p}+\mathfrak{e}_\nu}}(t\mathfrak{r})\,\mathfrak{r}^{\mathfrak{p}+\mathfrak{e}_\nu}.$$

Aus jedem Multi-Index $\mathfrak{p}$ der Länge j entstehen n neue Multi-Indizes $\mathfrak{q}_\nu = \mathfrak{p} + \mathfrak{e}_\nu$ der Länge $j + 1$. Hat umgekehrt ein Multi-Index $\mathfrak{q}$ der Länge $j + 1$ genau r von Null verschiedene Komponenten, so gibt es umgekehrt r verschiedene Multi-Indizes $\mathfrak{p} = \mathfrak{p}_\nu$ mit $\mathfrak{q} = \mathfrak{p}_\nu + \mathfrak{e}_\nu$ für geeignete ν; die Summe dieser Terme in der Summe rechts ist

$$\sum_{q_\nu \neq 0} \frac{1}{(j+1)\mathfrak{p}_\nu!} \frac{\partial^{|\mathfrak{q}|_1} f}{\partial \mathfrak{r}^{\mathfrak{q}}}(t\mathfrak{r})\mathfrak{r}^{\mathfrak{q}} \quad (\mathfrak{q} = (q_1, \ldots, q_n)^\top = \mathfrak{p}_\nu + \mathfrak{e}_\nu).$$

Nun ist aber $\dfrac{1}{\mathfrak{p}_\nu!} = \dfrac{q_\nu}{\mathfrak{q}!}$ und somit $\displaystyle\sum_{q_\nu \neq 0} \frac{1}{(j+1)\mathfrak{p}_\nu!} = \frac{1}{\mathfrak{q}!} \sum_{q_\nu \neq 0} \frac{q_\nu}{j+1} = \frac{1}{\mathfrak{q}!}.$ ☕

Beispiel 7.7 In Fällen wie $f(x, y) = \cos(x \sin(x - y))$ lassen sich die Taylorpolynome unter Benutzung der (Anfänge der) Potenzreihen der beteiligten Funktionen, hier $\sin t = t - \frac{1}{6}t^3 + \cdots$ und $\cos(xu) = 1 - \frac{1}{2}x^2u^2 + \cdots$ schnell bestimmen, z. B. folgt $T_4(x, y; 0, 0) = 1 - \frac{1}{2}x^4 + x^3 y - \frac{1}{2}x^2 y^2$ aus $f(x, y) = 1 - \frac{1}{2}(x^2(x - y)^2 + \cdots) + \cdots$.

Aufgabe 7.15 Zu bestimmen sind $T_6(x, y, z; 0, 0, 0)$ für $f(x, y, z) = \sin(z^2 + z \cos(xy))$.

Aufgabe 7.16 Es sei $f : \mathbb{R}^n \longrightarrow \mathbb{R}$ stetig differenzierbar und *homogen* vom Grad m, d. h. es gelte $f(t\mathfrak{r}) = t^m f(\mathfrak{r})$ für alle $\mathfrak{r} \in \mathbb{R}^n$ und alle $t > 0$. Man zeige $\mathfrak{r} \cdot \nabla f(\mathfrak{r}) = m f(\mathfrak{r})$.

Aufgabe 7.17 Man zeige: Ist $f \in \mathcal{C}^2(\mathbb{R}^n)$ homogen vom Grad 2, so gilt $f(\mathfrak{r}) = \mathfrak{r}^\top(\frac{1}{2}H_f(\mathfrak{o}))\mathfrak{r}$.

7.18 Potenzreihen $\displaystyle\sum_{|\mathfrak{p}|_1=0}^{\infty} c_\mathfrak{p}(\mathfrak{r} - \mathfrak{a})^\mathfrak{p}$ in mehreren Veränderlichen spielen eine weit weniger wichtige Rolle als im Eindimensionalen, dies liegt auch daran, dass es im Gegensatz zum eindimensionalen Fall keine für alle Potenzreihen einheitliche Form des Bereichs der absoluten Konvergenz (und nur die ist bei Mehrfachreihen interessant) gibt, dem Konvergenzintervall vergleichbar (vgl. Abb. 7.3).

Beispiel 7.8 Die *verallgemeinerte geometrische Reihe* $\displaystyle\sum_{|\mathfrak{p}|_1=0}^{\infty} \mathfrak{r}^\mathfrak{p}$ konvergiert absolut für $|\mathfrak{r}|_\infty < 1$ zum Wert $[(1 - x_1)(1 - x_2) \cdots (1 - x_n)]^{-1}$, und divergiert sonst.

Beispiel 7.9 Die Reihe $\displaystyle\sum_{k=0}^{\infty}(x_1 + \cdots + x_n)^k$ ist so geschrieben keine Potenzreihe, sie konvergiert für $|x_1 + \cdots + x_n| < 1$ zum Wert $[1 - (x_1 + \cdots + x_n)]^{-1}$; der Bereich der absoluten Konvergenz

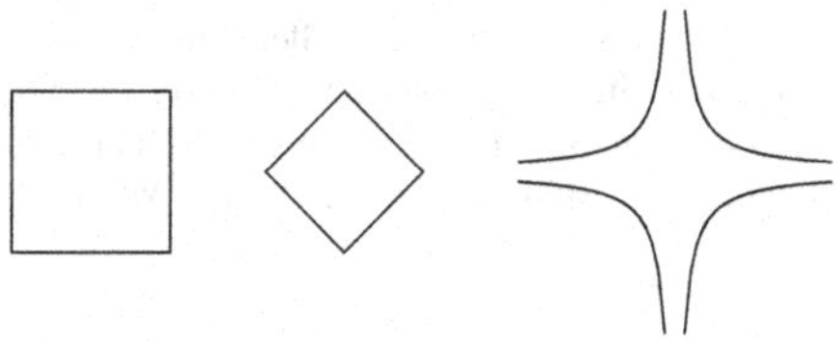

Abb. 7.3 Die Bereiche der absoluten Konvergenz in $\mathbb{R}^2$ der Potenzreihen
$$\sum_{|\mathfrak{p}|_1=0}^{\infty} \mathfrak{r}^\mathfrak{p}, \quad \sum_{|\mathfrak{p}|_1=0}^{\infty} \frac{|\mathfrak{p}|_1!}{\mathfrak{p}!}\mathfrak{r}^\mathfrak{p} \quad \text{und} \quad \sum_{k=0}^{\infty} \mathfrak{r}^{k\mathfrak{e}} \quad (\mathfrak{e} = (1, \ldots, 1)^\top).$$

ist unbeschränkt. Nach dem *polynomischen Satz* (s. u.) kann sie als Potenzreihe $\sum\limits_{|\mathfrak{p}|_1=0}^{\infty} \frac{|\mathfrak{p}|_1!}{\mathfrak{p}!}\mathfrak{x}^{\mathfrak{p}}$ ge-

schrieben werden, es herrscht absolute Konvergenz für $|\mathfrak{x}|_1 < 1$.

Beispiel 7.10 Die Potenzreihe $\sum\limits_{k=0}^{\infty} \mathfrak{x}^{k\mathfrak{e}}$ ($\mathfrak{e} = (1, \ldots, 1)^{\top}$) konvergiert für $|x_1 \cdots x_n| < 1$ zum Reihenwert $[1 - x_1 x_2 \cdots x_n]^{-1}$; der Konvergenzbereich ist unbeschränkt.

Der *polynomische Satz* ist eine Verallgemeinerung des binomischen Satzes und lautet:

Satz 7.20 *Für* $\mathfrak{x} \in \mathbb{R}^n$ *und* $m \in \mathbb{N}$ *gilt* $(x_1 + \cdots + x_n)^m = \sum\limits_{|\mathfrak{p}|_1=m} \frac{m!}{\mathfrak{p}!}\mathfrak{x}^{\mathfrak{p}}$.

Beweis ‖ Am einfachsten ist Induktion nach n, es wird nur den Schritt $2 \to 3$ durchgeführt und (x, y, z) anstelle (x_1, x_2, x_3) geschrieben. Es ist

$$(x + y + z)^m = \sum_{j=0}^{m}\binom{m}{j}x^j \sum_{k=0}^{m-j}\binom{m-j}{k}y^k z^{m-j-k} = \sum_{j+k+l=m}\frac{m!}{j!k!l!}x^j y^k z^l,$$

denn mit $l = m - j - k$ gilt $\binom{m}{j}\binom{m-j}{k} = \frac{m!}{j!k!l!}$.   ☕

7.5 Implizite Funktionen und Umkehrfunktion

Beispiel 7.11 Die Gleichung $y^x = x^y$ hat in $x > 0$, $y > 0$ die offensichtlichen Lösungen $y = x$, davon verschieden sind die Lösungen $(x, y) = (2, 4)$ und $(x, y) = (4, 2)$; weitere Lösungen sind nicht unmittelbar erkennbar, aber es gibt sie! Für $f(x, y) = y^x - x^y$ ist $f(4, 2) = 0$ und $f_y(4, 2) = xy^{x-1} - x^y \log x\big|_{(x,y)=(4,2)} = 32 - 16\log 4 > 0$. Damit ist $f(4, 2 + \epsilon) > 0$ und $f(4, 2 - \epsilon) < 0$ für ein $\epsilon > 0$, und aus Stetigkeitsgründen gibt es ein $\delta > 0$, so dass $f_y(x, y) > 0$ in $[4 - \delta, 4 + \delta] \times [2 - \epsilon, 2 + \epsilon]$ sowie $f(x, 2 - \epsilon) < 0$ und $f(x, 2 + \epsilon) > 0$ für $4 - \delta \le x \le 4 + \delta$ ist. Für diese x ist $y \mapsto f(x, y)$ streng wachsend und die Gleichung $f(x, y) = 0$ hat genau eine Lösung $y = g(x) \in (2 - \epsilon, 2 + \epsilon)$. Welche Eigenschaften hat die durch Auflösung der Gleichung $f(x, y) = 0$ definierte Funktion $y = g(x)$?

Bemerkung 7.10 Die Gleichung $y^x = x^y$ wurde schon im 18. Jahrhundert untersucht, gedacht war sie hier und auch in den Vorlesungen immer nur als nichttriviales Beispiel zum Einstieg in die Thematik ‚implizite Funktionen'. Es sind alle Lösungen bekannt, man kann sie in der Form $x = t^{1/(t-1)}$, $y = t^{t/(t-1)}$ ($t > 0, t \ne 1$) schreiben.

Schreibt man die Ausgangsgleichung in der Form $\phi(y) = \phi(x)$ mit $\phi(t) = \dfrac{\log t}{t}$, so ergibt eine Kurvendiskussion dieser Funktion Folgendes: ϕ hat eine monoton wachsende Umkehrfunktion $\psi_1 : (-\infty, 1/e] \longrightarrow (0, e]$ mit $\psi_1(0, 1/e] = (1, e]$ und eine monoton fallende Umkehrfunktion $\psi_2 : (0, 1/e] \longrightarrow (e, \infty]$. Die Gleichung $x^y = y^x$ hat neben $y = x$ die einzige Lösung $y = g(x)$; sie existiert in $(1, \infty)$ und ist monoton fallend, genauer gilt $g(x) = \psi_1(\phi(x))$ für $x \ge e$ und $g(x) = \psi_2(\phi(x))$ für $1 < x \le e$ (beidesmal $g(e) = e$). Achtung: Weder $\psi_1 \circ \phi$ noch $\psi_2 \circ \phi$ ist die identische Abbildung, vielmehr gilt (vgl. Abb. 7.4)

$$[e, \infty) \xrightarrow{\phi} (0, 1/e] \xrightarrow{\psi_1} (1, e] \quad \text{und} \quad (1, e] \xrightarrow{\phi} (0, 1/e] \xrightarrow{\psi_2} [e, \infty).$$

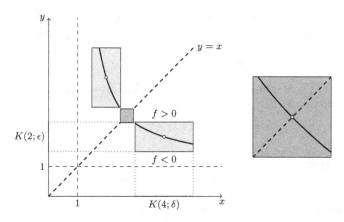

Abb. 7.4 Auflösung der Gleichung $f(x, y) = y^x - x^y = 0$ bei $(4, 2)$ und $(2, 4)$ in der Form $y = g(x)$ und $x = g(y)$, und bei (e, e); es ist grad $f(e, e) = (0, 0)$ und $f_y(x, y) > 0$ in $K(4; \delta) \times K(2; \epsilon)$

7.19 Der Satz über implizite Funktionen beantwortet allgemein die Frage nach der Auflösbarkeit von Gleichungen der Form $f(\mathfrak{x}, \mathfrak{y}) = \mathfrak{o}$ (wodurch *implizit* Funktionen definiert werden). Punkte in $\mathbb{R}^n \times \mathbb{R}^m$ werden als $(\mathfrak{x}, \mathfrak{y})$ geschrieben: $\mathfrak{x} \in \mathbb{R}^n$ und $\mathfrak{y} \in \mathbb{R}^m$. Die Jacobimatrix von f bzgl. der Variablen $\mathfrak{x}$ bzw. $\mathfrak{y}$ wird kurz in der Form $f_{\mathfrak{x}}(\mathfrak{x}, \mathfrak{y})$ (Format $m \times n$) bzw. $f_{\mathfrak{y}}(\mathfrak{x}, \mathfrak{y})$ (Format $m \times m$) geschrieben.

Satz 7.21 (über implizit definierte Funktionen) *Es sei $G \subset \mathbb{R}^n \times \mathbb{R}^m$ ein Gebiet und $f : G \to \mathbb{R}^m$ stetig differenzierbar. Gilt $f(\mathfrak{x}_0, \mathfrak{y}_0) = 0$ und $\det f_{\mathfrak{y}}(\mathfrak{x}_0, \mathfrak{y}_0) \neq 0$, so gibt es Kugeln $K(\mathfrak{x}_0, \delta) \subset \mathbb{R}^n$ und $K(\mathfrak{y}_0, \epsilon) \subset \mathbb{R}^m$ sowie eine stetig differenzierbare Funktion $\mathfrak{g} : K(\mathfrak{x}_0, \delta) \to K(\mathfrak{y}_0, \epsilon)$, so dass*

$$f(\mathfrak{x}, \mathfrak{y}) = \mathfrak{o} \text{ in } K(\mathfrak{x}_0, \delta) \times K(\mathfrak{y}_0, \epsilon) \Leftrightarrow \mathfrak{y} = \mathfrak{g}(\mathfrak{x}).$$

Es gilt $\mathfrak{g}'(\mathfrak{x}) = -\big(f_{\mathfrak{y}}(\mathfrak{x}, \mathfrak{g}(\mathfrak{x}))\big)^{-1} f_{\mathfrak{x}}(\mathfrak{x}, \mathfrak{g}(\mathfrak{x}))$.

Bemerkung 7.11 Am einfachsten Beispiel $f(\mathfrak{x}, \mathfrak{y}) = A\mathfrak{y} + \mathfrak{h}(x)$, A eine $m \times m$-Matrix und $\mathfrak{h}(\mathfrak{o}) = \mathfrak{o}$ erkennt man, dass man auf die Bedingung $\det f_{\mathfrak{y}}(\mathfrak{x}_0, \mathfrak{y}_0) \neq 0$, hier $\det A \neq 0$, nicht verzichten kann.

Beweis ‖ Zur Reduktion des Problems auf den Banachschen Fixpunktsatz in einem geeigneten Funktionenraum sind einige Vorbereitungen zu treffen. Die Annahme $\mathfrak{x}_0 = \mathfrak{o}$ und $\mathfrak{y}_0 = \mathfrak{o}$ ist erlaubt (sonst ersetze man $\mathfrak{x}, \mathfrak{y}$ durch $\mathfrak{x} - \mathfrak{x}_0, \mathfrak{y} - \mathfrak{y}_0$), sie dient nur der Vereinfachung der Schreibweise. Für geeignete $r > 0$, $R > 0$ ist $K(\mathfrak{o}, r) \times K(\mathfrak{o}, R) \subset D$ und $A = f_{\mathfrak{y}}(\mathfrak{o}, \mathfrak{o})$ ist eine reguläre $m \times m$-Matrix. Die Gleichung $f(\mathfrak{x}, \mathfrak{y}) = \mathfrak{o}$ ist somit äquivalent zu

$$\mathfrak{y} = \mathfrak{y} - A^{-1}f(\mathfrak{x}, \mathfrak{y}) = \mathbf{F}(\mathfrak{x}, \mathfrak{y}) \text{ mit } \mathbf{F}(\mathfrak{o}, \mathfrak{o}) = \mathfrak{o} \text{ und } \mathbf{F}_{\mathfrak{y}}(\mathfrak{o}, \mathfrak{o}) = \mathbf{O}$$

(die $m \times m$-Nullmatrix). Nach dem Zusatz zum Mittelwertsatz gibt eine stetige Matrix $J : K(\mathfrak{o}, r) \times K(\mathfrak{o}, R) \times K(\mathfrak{o}, R) \to \mathbb{R}^{m \times m}$ mit

$$\mathbf{F}(\mathfrak{x}, \mathfrak{y}) - \mathbf{F}(\mathfrak{x}, \tilde{\mathfrak{y}}) = J(\mathfrak{x}, \mathfrak{y}, \tilde{\mathfrak{y}})(\mathfrak{y} - \tilde{\mathfrak{y}}) \text{ und}$$

$$|J(\mathfrak{x}, \mathfrak{y}, \tilde{\mathfrak{y}})| \leq \sup\{|\mathbf{F}_{\mathfrak{y}}(\mathfrak{x}', \mathfrak{y}')| : \mathfrak{x}' \in K(\mathfrak{o}, r), \mathfrak{y}' \in K(\mathfrak{o}, R)\}.$$

Es wird dann $0 < \delta < r$ und $0 < \epsilon < R$ so gewählt, dass für $|\mathfrak{x}| \leq \delta$, $|\mathfrak{y}| \leq \epsilon$ und $|\tilde{\mathfrak{y}}| \leq \epsilon$ gilt $|\mathbf{F}(\mathfrak{x}, \mathfrak{o})| < \epsilon/2$ (möglich wegen $\mathbf{F}(\mathfrak{o}, \mathfrak{o}) = \mathfrak{o}$) und $|J(\mathfrak{x}, \mathfrak{y}, \tilde{\mathfrak{y}})| \leq 1/2$ (möglich wegen $\mathbf{F}_{\mathfrak{y}}(\mathfrak{o}, \mathfrak{o}) = \mathbf{O}$), somit

$$|\mathbf{F}(\mathfrak{x}, \mathfrak{y}) - \mathbf{F}(\mathfrak{x}, \tilde{\mathfrak{y}})| \leq \frac{1}{2}|\mathfrak{y} - \tilde{\mathfrak{y}}|.$$

Der Raum $\mathcal{C}(\overline{K(\mathfrak{o}, \delta)}, \mathbb{R}^m)$ aller stetigen Funktionen $\mathfrak{u} : \overline{K(\mathfrak{o}, \delta)} \to \mathbb{R}^m$ mit $\mathfrak{u}(\mathfrak{o}) = \mathfrak{o}$ ist mit der Norm $\|\mathfrak{u}\| = \max\{|\mathfrak{u}(\mathfrak{x})| : |\mathfrak{x}| \leq \delta\}$ ein Banachraum und

$$\mathcal{K} = \{\mathfrak{u} \in \mathcal{C}(\overline{K(\mathfrak{o}, \delta)}, \mathbb{R}^m) : \|\mathfrak{u}\| \leq \epsilon\}$$

eine abgeschlossene Teilmenge, also ein vollständiger metrischer Raum mit der Metrik $d(\mathfrak{u}, \mathfrak{v}) = \|\mathfrak{u} - \mathfrak{v}\|$. Die Abbildung

$$\mathfrak{u} \mapsto T\mathfrak{u}, \quad (T\mathfrak{u})(\mathfrak{x}) = \mathbf{F}(\mathfrak{x}, \mathfrak{u}(\mathfrak{x}))$$

wird sich als eine Kontraktion $T : \mathcal{K} \to \mathcal{K}$ herausstellen, ihr einziger Fixpunkt nach dem Banachschen Fixpunktsatz ist die gesuchte Lösung des Problems. Für $\mathfrak{u} \in \mathcal{K}$ ist $\mathfrak{x} \mapsto \mathbf{F}(\mathfrak{x}, \mathfrak{u}(\mathfrak{x}))$ stetig und es gilt

$$|\mathbf{F}(\mathfrak{x}, \mathfrak{u}(\mathfrak{x}))| \leq |\mathbf{F}(\mathfrak{x}, \mathfrak{o})| + |\mathbf{F}(\mathfrak{x}, \mathfrak{u}(\mathfrak{x})) - \mathbf{F}(\mathfrak{x}, \mathfrak{o})| \leq \tfrac{1}{2}\epsilon + \tfrac{1}{2}|\mathfrak{u}(\mathfrak{x})| \leq \epsilon,$$

so dass T tatsächlich $\mathcal{K}$ in sich abbildet. Weiter folgt

$$|\mathbf{F}(\mathfrak{x}, \mathfrak{u}(\mathfrak{x})) - \mathbf{F}(\mathfrak{x}, \tilde{\mathfrak{u}}(\mathfrak{x}))| \leq \tfrac{1}{2}|\mathfrak{u}(\mathfrak{x}) - \tilde{\mathfrak{u}}(\mathfrak{x})| \leq \tfrac{1}{2}\|\mathfrak{u} - \tilde{\mathfrak{u}}\|,$$

d. h. T ist eine Kontraktion mit der Kontraktionskonstanten $\frac{1}{2}$. Der Fixpunkt von T sei die Funktion $\mathfrak{g} \in \mathcal{K}$, nach Konstruktion gilt

$$\mathfrak{g}(\mathfrak{x}) = \mathbf{F}(\mathfrak{x}, \mathfrak{g}(\mathfrak{x})) \quad \text{und} \quad \mathfrak{f}(\mathfrak{x}, \mathfrak{g}(\mathfrak{x})) = \mathfrak{o} \quad (|\mathfrak{x}| \leq \delta).$$

Ist auch $\mathfrak{f}(\mathfrak{x}, \mathfrak{y}) = \mathfrak{o}$ für ein Paar $(\mathfrak{x}, \mathfrak{y})$ mit $|\mathfrak{x}| \leq \delta$, $|\mathfrak{y}| \leq \epsilon$, so folgt

$$|\mathfrak{y} - \mathfrak{g}(\mathfrak{x})| = |\mathbf{F}(\mathfrak{x}, \mathfrak{y}) - \mathbf{F}(\mathfrak{x}, \mathfrak{g}(\mathfrak{x}))| \leq \tfrac{1}{2}|\mathfrak{y} - \mathfrak{g}(\mathfrak{x})|, \quad \text{also } \mathfrak{y} = \mathfrak{g}(\mathfrak{x}).$$

Insbesondere zeigt dies, dass es andere Lösungen des Problems (etwa mit anderen Methoden gewonnene) nicht geben kann. Die Differenzierbarkeit von $\mathfrak{g}$ wird zuerst in $\mathfrak{x} = \mathfrak{o}$ untersucht. Aus $\mathfrak{g}(\mathfrak{h}) = \mathbf{F}_{\mathfrak{x}}(\mathfrak{o}, \mathfrak{o})\mathfrak{h} + o(|\mathfrak{h}|) + o(|\mathfrak{g}(\mathfrak{h})|)$ (wegen $\mathbf{F}_{\mathfrak{y}}(\mathfrak{o}, \mathfrak{o}) = \mathbf{O}$) folgt $\mathfrak{g}(\mathfrak{h}) = O(|\mathfrak{h}|)$, $o(|\mathfrak{g}(\mathfrak{h})|) = o(|\mathfrak{h}|)$ und

$$\mathfrak{g}(\mathfrak{h}) = \mathbf{F}_{\mathfrak{x}}(\mathfrak{o}, \mathfrak{o})\mathfrak{h} + o(|\mathfrak{h}|) = -(\mathfrak{f}_{\mathfrak{y}}(\mathfrak{o}, \mathfrak{o}))^{-1}\mathfrak{f}_{\mathfrak{x}}(\mathfrak{o}, \mathfrak{o})\mathfrak{h} + o(|\mathfrak{h}|),$$

d. h. $\mathfrak{g}'(\mathfrak{o}) = -(\mathfrak{f}_{\mathfrak{y}}(\mathfrak{o}, \mathfrak{o}))^{-1}\mathfrak{f}_{\mathfrak{x}}(\mathfrak{o}, \mathfrak{o})$. Im Fall $0 < |\mathfrak{x}_0| < \delta$, $\mathfrak{y}_0 = \mathfrak{g}(\mathfrak{x}_0)$ wird in den neuen Koordinaten $\mathfrak{u} = \mathfrak{x} - \mathfrak{x}_0$ und $\mathfrak{v} = \mathfrak{y} - \mathfrak{y}_0$ die Fixpunktgleichung als

$$\mathfrak{v} = \tilde{\mathbf{F}}(\mathfrak{u}, \mathfrak{v}) = \mathfrak{v} - (\mathfrak{f}_{\mathfrak{y}}(\mathfrak{x}_0, \mathfrak{y}_0))^{-1}\mathfrak{f}(\mathfrak{x}_0 + \mathfrak{u}, \mathfrak{y}_0 + \mathfrak{v}), \quad \tilde{\mathbf{F}}(\mathfrak{o}, \mathfrak{o}) = \mathfrak{o},$$

geschrieben. Die Lösung $\tilde{\mathfrak{g}}(\mathfrak{x}) = \mathfrak{g}(\mathfrak{x}_0 + \mathfrak{x}) - \mathfrak{y}_0$ erfüllt nach dem bereits Bewiesenen $\tilde{\mathfrak{g}}'(\mathfrak{o}) = -(\mathfrak{f}_{\mathfrak{y}}(\mathfrak{x}_0, \mathfrak{y}_0))^{-1}\mathfrak{f}_{\mathfrak{x}}(\mathfrak{x}_0, \mathfrak{y}_0)$, d. h. es ist

$$\mathfrak{g}'(\mathfrak{x}_0) = \tilde{\mathfrak{g}}'(\mathfrak{o}) = -(\mathfrak{f}_{\mathfrak{y}}(\mathfrak{x}_0, \mathfrak{g}(\mathfrak{x}_0)))^{-1}\mathfrak{f}_{\mathfrak{x}}(\mathfrak{x}_0, \mathfrak{g}(\mathfrak{x}_0)).$$

Hieraus folgt auch unmittelbar die Stetigkeit von $\mathfrak{g}'$, da die Inversion einer Matrix eine stetige Operation der Matrixeinträge ist (s. Aufgabe 7.18). &

Bemerkung 7.12 Setzt man nur die Stetigkeit von $\mathfrak{f}$ und $\mathfrak{f}_{\mathfrak{y}}$ (als Funktionen von $(\mathfrak{x}, \mathfrak{y})$) voraus, so erhält man dieselbe Aussage bis auf die stetige Differenzierbarkeit von $\mathfrak{g}$. Ist hingegen $\mathfrak{f} \in \mathcal{C}^k(D, \mathbb{R}^m)$, so ist auch $\mathfrak{g} \in \mathcal{C}^k(K(\mathfrak{x}_0, \delta), \mathbb{R}^m)$. Denn nimmt man $\mathfrak{g} \in \mathcal{C}^p$ an (p maximal), so folgt aus $\mathfrak{g}_{\mathfrak{x}}(\mathfrak{x}) = -(\mathfrak{f}_{\mathfrak{y}}(\mathfrak{x}, \mathfrak{g}(\mathfrak{x})))^{-1}\mathfrak{f}_{\mathfrak{x}}(\mathfrak{x}, \mathfrak{g}(\mathfrak{x}))$ und der Kettenregel $p - 1 \geq \min\{k - 1, p\}$, also $p \geq k$. Offen ist nur, ob die Implikation $\mathfrak{f}_{\mathfrak{y}} \in \mathcal{C}^{k-1} \Rightarrow (\mathfrak{f}_{\mathfrak{y}})^{-1} \in \mathcal{C}^{k-1}$ wahr ist. Die Antwort steckt in folgender

Aufgabe 7.18 Es sei $A = (a_{jk})$ eine reguläre $n \times n$-Matrix. Man zeige, dass die Einträge von $(\det A)A^{-1} = (\alpha_{\mu\nu})$ Polynome in den Variablen a_{jk} sind.

Beispiel 7.12 Wie man die höheren Ableitungen implizit definiter Funktionen konkret berechnet sei am Beispiel einer reellen Gleichung $f(x, y, z) = 0$ demonstriert. Angenommen wird $f(x_0, y_0, z_0) = 0$ und $f_z(x_0, y_0, z_0) \neq 0$, so dass in der Form $z = g(x, y)$ aufgelöst werden kann. Differentiation von $f(x, y, g(x, y)) = 0$ nach x bzw. y ergibt $f_x + f_z g_x = 0$ bzw. $f_y + f_z g_y = 0$, woraus man g_x bzw. g_y in (x_0, y_0) berechnen kann. Nochmalige Differentiation ergibt folgende Gleichungen zur Berechnung von g_{xx}, g_{xy} und g_{yy} in (x_0, y_0):

$$f_{xx} + 2f_{zx}g_x + f_{zz}g_x^2 + f_z g_{xx} = 0,$$

$$f_{xy} + f_{zx}g_y + f_{zy}g_x + f_{zz}g_x g_y + f_z g_{xy} = 0,$$

$$f_{yy} + 2f_{zy}g_y + f_{zz}g_y^2 + f_z g_{yy} = 0.$$

Aufgabe 7.19 Man zeige, dass die Gleichung $x^3 - y^3 + z^3 + 2z^2 - 3xyz = 0$ in einer Umgebung von $(1, -1, -1)$ in der Form $z = g(x, y)$ aufgelöst werden kann. Zu bestimmen ist das Taylorpolynom $T_2(x, y; 1, -1)$ von g.

Aufgabe 7.20 Man zeige, dass das Gleichungssystem $x^2 + y^2 = 2uv$, $x^3 + y^3 = v^3 - u^3$ in einer Umgebung von $(x, y) = (-1, 1)$ in der Form $u = g(x, y)$, $v = h(x, y)$ mit $g(0, 0) = h(0, 0) = 1$ aufgelöst werden kann. Zu bestimmen ist die Jacobimatrix von (g, h).

7.20 Der Satz über die Umkehrfunktion ist im gewählten Aufbau eine Folgerung aus dem Satz über implizite Funktionen. Zur Motivation der entscheidenden Voraussetzung wird an lineare Abbildungen $\mathfrak{f}(\mathfrak{x}) = A\mathfrak{x}$ erinnert, wo A eine $n \times n$-Matrix ist; $\mathfrak{f}$ besitzt eine Umkehrfunktion und die Matrix A somit eine Inverse genau dann, wenn $\det A = \det \mathfrak{f}'(\mathfrak{x}) \neq 0$ ist.

Satz 7.22 (über die Umkehrfunktion) *Es seien $D \subset \mathbb{R}^n$ ein Gebiet, $\mathfrak{f} : D \to \mathbb{R}^n$ stetig differenzierbar, $\mathfrak{x}_0 \in D$, $\mathfrak{y}_0 = \mathfrak{f}(\mathfrak{x}_0)$ und $\det \mathfrak{f}'(\mathfrak{x}_0) \neq 0$. Dann existieren $\epsilon > 0$ und $\delta > 0$, so dass $\mathfrak{f}$ eine stetig differenzierbare Umkehrfunktion $\mathfrak{f}^{-1} : K(\mathfrak{y}_0, \epsilon) \to K(\mathfrak{x}_0, \delta)$ mit Ableitung $(\mathfrak{f}^{-1})'(\mathfrak{y}) = \left(\mathfrak{f}'(\mathfrak{x})\right)^{-1}\Big|_{\mathfrak{x}=\mathfrak{f}^{-1}(\mathfrak{y})}$ besitzt.*

Beweis ‖ Die Gleichung $\mathbf{F}(\mathfrak{x}, \mathfrak{y}) = \mathfrak{f}(\mathfrak{x}) - \mathfrak{y} = \mathfrak{o}$ besitzt eine Lösung, nämlich $(\mathfrak{x}_0, \mathfrak{y}_0)$, und es ist $\mathbf{F}_{\mathfrak{x}}(\mathfrak{x}_0, \mathfrak{y}_0) = \mathfrak{f}'(\mathfrak{x}_0)$ nach Voraussetzung regulär. Damit ist der Satz über implizite Funktionen anwendbar (die Variablen $\mathfrak{x}$ und $\mathfrak{y}$ sind zu vertauschen), er liefert eine stetig differenzierbare Funktion $\mathfrak{g} : K(\mathfrak{y}_0, \epsilon) \to K(\mathfrak{x}_0, \delta)$ mit $\mathfrak{g}(\mathfrak{y}_0) = \mathfrak{x}_0$ und $\mathfrak{f}(\mathfrak{g}(\mathfrak{y})) = \mathfrak{y}$, die gesuchte Umkehrfunktion. Ihre Ableitung ergibt sich durch Differentiation der Identität $\mathfrak{f}(\mathfrak{g}(\mathfrak{y})) = \mathfrak{y}$. ☙

7.21 Diffeomorphismen sind bijektive Abbildungen zwischen Gebieten des $\mathbb{R}^n$, die mit ihrer Umkehrfunktion stetig differenzierbar ist.

Satz 7.23 *Ist $D \subset \mathbb{R}^n$ ein Gebiet und $\mathfrak{f} : D \to \mathbb{R}^n$ injektiv und stetig differenzierbar mit $\det \mathfrak{f}'(\mathfrak{x}) \neq 0$ in D, so ist $G = \mathfrak{f}(D)$ ein Gebiet und $\mathfrak{f} : D \longrightarrow G$ ein Diffeomorphismus.*

Beweis ‖ Die Existenz der Umkehrfunktion ist nach Voraussetzung global, d. h. in G garantiert, ihre Differenzierbarkeit, eine *lokale* Eigenschaft, folgt aus dem Satz über die Umkehrfunktion. Daraus folgt auch, dass G offen ist (mit $\mathfrak{y}_0 \in G$ ist auch $K(\mathfrak{y}_0, \epsilon) \subset G$). Der Beweis des Wegzusammenhangs von G erfordert dagegen nur die Stetigkeit von $\mathfrak{f}$. ☙

Beispiel 7.13 $\mathfrak{f}(x, y) = \begin{pmatrix} x + g(y) \\ y + h(x) \end{pmatrix}$, wobei $g, h : \mathbb{R} \to \mathbb{R}$ stetig differenzierbar sind und $|g'(t)| \leq q < 1$, $|h'(t)| \leq q < 1$ überall gilt, kann man als eine Störung der Identität auffassen.

Es ist $\mathfrak{f}'(x, y) = \begin{pmatrix} 1 & g'(y) \\ h'(x) & 1 \end{pmatrix}$ und somit $\det \mathfrak{f}'(x, y) = 1 - g'(y)h'(x) > 0$; $\mathfrak{f}$ ist auch injektiv, denn $\mathfrak{f}(x, y) = \mathfrak{f}(\tilde{x}, \tilde{y})$ impliziert

$$\left. \begin{matrix} x + g(y) = \tilde{x} + g(\tilde{y}) \\ y + h(x) = \tilde{y} + h(\tilde{x}) \end{matrix} \right\} \Rightarrow \begin{cases} |x - \tilde{x}| = |g(y) - g(\tilde{y})| = |y - \tilde{y}||g'(\eta)| \le q|y - \tilde{y}| \\ |y - \tilde{y}| = |h(x) - h(\tilde{x})| = |x - \tilde{x}||h'(\xi)| \le q|x - \tilde{x}| \end{cases}$$

also $x = \tilde{x}$ und $y = \tilde{y}$. Die Umkehrfunktion $\mathfrak{f}^{-1}$ ist in ganz $\mathbb{R}^2$ definiert, wie aus folgender weitergehenden Aufgabe folgt.

Aufgabe 7.21 Es sei $\mathfrak{h} \in C^1(\mathbb{R}^n, \mathbb{R}^n)$ mit $|\mathfrak{h}'(\mathfrak{r})| \le q < 1$. Man zeige, dass $\mathfrak{f}(\mathfrak{r}) = \mathfrak{r} + \mathfrak{h}(\mathfrak{r})$ eine Bijektion $\mathbb{R}^n \longrightarrow \mathbb{R}^n$ ist. (**Hinweis.** Zum Beweis der Surjektivität schreibe man die Gleichung $\mathfrak{f}(\mathfrak{r}) = \mathfrak{u}$ in Fixpunktform $\mathfrak{r} = \mathfrak{u} - \mathfrak{h}(\mathfrak{r})$.)

7.6 Extrema mit Nebenbedingungen

Von einer (wenigstens stetigen) Funktion $f : D \to \mathbb{R}, D \subset \mathbb{R}^n$ ein Gebiet, sind Maximum und/oder Minimum zu finden, allerdings unter gewissen *Nebenbedingungen*, die gewöhnlich durch Gleichungen der Form $g_1(\mathfrak{r}) = 0, \dots, g_m(\mathfrak{r}) = 0$ beschrieben werden. Es ist so das Maximum oder Minimum von f auf der Menge $M = \{\mathfrak{r} \in D : \mathfrak{g}(\mathfrak{r}) = \mathfrak{o}\}$ zu bestimmen.

7.22 Die Methode der Lagrange-Multiplikatoren wird für die *Lösung* dieser Aufgabe oft benutzt. Vorausgehen oder nachfolgen muss der Existenznachweis eines Extremums, da nur notwendige Bedingungen geliefert werden.

Satz 7.24 *Es sei* $D \subset \mathbb{R}^n$ *ein Gebiet,* $f : D \to \mathbb{R}$ *und* $\mathfrak{g} : D \longrightarrow \mathbb{R}^m$ *stetig differenzierbar. Liegt in* $\mathfrak{r}_0$ *ein lokales Extremum von* f *unter der Nebenbedingung* $\mathfrak{g}(\mathfrak{r}_0) = \mathfrak{o}$ *vor, und ist* rang $\mathfrak{g}'(\mathfrak{r}_0) = m < n$ *maximal, so existiert ein* $\lambda = (\lambda_1, \dots, \lambda_m)^\top \in \mathbb{R}^m$ *mit*

$$\nabla(f - \lambda \cdot \mathfrak{g})(\mathfrak{r}_0) = \mathfrak{o}; \tag{7.1}$$

λ *heißt* **Lagrange-Multiplikator** *und* $f(\mathfrak{r}) - \lambda \cdot \mathfrak{g}(\mathfrak{r})$ **Lagrange-Funktion.**

Beweis ‖ Die Rangbedingung besagt, dass die $m \times n$-Matrix $\mathfrak{g}'(\mathfrak{r}_0)$ m linear unabhängige Spalten enthält. Der Einfachheit halber wird $\det \left(\dfrac{\partial g_\mu}{\partial x_\nu} \right)_{\mu, \nu = 1}^m \ne 0$ angenommen (andernfalls würden geeignete Variablen vertauscht). Es wird $\mathfrak{r} = (\mathfrak{u}, \mathfrak{v})^\top$ mit $\mathfrak{u} \in \mathbb{R}^m$, $\mathfrak{v} \in \mathbb{R}^{n-m}$ und $\mathfrak{r}_0 = (\mathfrak{u}_0, \mathfrak{v}_0)^\top$ geschrieben. Die Gleichung $\mathfrak{g}(\mathfrak{u}, \mathfrak{v}) = \mathfrak{o}$ kann dann nahe $\mathfrak{v}_0$ in der Form $\mathfrak{u} = \mathfrak{h}(\mathfrak{v})$ aufgelöst werden, wobei

$$\mathfrak{h}'(\mathfrak{v}) = -(\mathfrak{g}_\mathfrak{u})^{-1}(\mathfrak{u}, \mathfrak{v}) \, \mathfrak{g}_\mathfrak{v}(\mathfrak{u}, \mathfrak{v}), \quad \mathfrak{u} = \mathfrak{h}(\mathfrak{v})$$

gilt; die Auflösung muss aber glücklicherweise nicht explizit geschehen. Es liegt danach folgende Situation vor: $F(\mathfrak{v}) = f(\mathfrak{h}(\mathfrak{v}), \mathfrak{v})$ hat im Mittelpunkt $\mathfrak{v} = \mathfrak{v}_0$ von $K(\mathfrak{v}_0, \epsilon)$ ein lokales Extremum, es gilt also $\nabla F(\mathfrak{v}) = \mathfrak{o}$ für $\mathfrak{v} = \mathfrak{v}_0$. Nach der Kettenregel bedeutet dies im Punkt $\mathfrak{r}_0 = (\mathfrak{u}_0, \mathfrak{v}_0)$

$$- f_\mathfrak{u} (\mathfrak{g}_\mathfrak{u})^{-1} \mathfrak{g}_\mathfrak{v} + f_\mathfrak{v} = \mathfrak{o}; \tag{7.2}$$

es ist nützlich, sich die Formate der beteiligten Matrizen klarzumachen! Mit der Abkürzung $\lambda^\top = f_\mathfrak{u}(\mathfrak{r}_0)(\mathfrak{g}_\mathfrak{u}(\mathfrak{r}_0))^{-1}$ erhält man die ersten m Bedingungen (7.1) in der Form $f_\mathfrak{u} - \lambda^\top \mathfrak{g}_\mathfrak{u} = \mathfrak{o}$, und aus (7.2) ergeben sich die restlichen $n - m$ Bedingungen $f_\mathfrak{v} - \lambda^\top \mathfrak{g}_\mathfrak{v} = f_\mathfrak{v} - f_\mathfrak{u} (\mathfrak{g}_\mathfrak{u})^{-1} \mathfrak{g}_\mathfrak{v} = \mathfrak{o}$. ▧

7.23 Die Lagrange-Funktion $L(\mathfrak{r}, \lambda) = f(\mathfrak{r}) - \lambda \cdot \mathfrak{g}(\mathfrak{r})$ erzeugt das Gleichungssystem $L_{x_\nu}(\mathfrak{r}, \lambda) = 0$ ($\nu = 1 \dots, n$), $L_{\lambda_\mu}(\mathfrak{r}, \lambda) = 0$ ($\mu = 1 \dots, m$); diese Gleichungen fallen mit $g_\mu(\mathfrak{r}) = 0$ zusammen.

Es ist nicht immer erforderlich, die Lösungen $(\mathfrak{x}, \lambda)$ explizit zu bestimmen, da es meist nur auf die Extremwerte ankommt. Die Bedingung rang $g'(\mathfrak{x}) = m$ kann am Schluss nachgewiesen werden (nur im Extremalpunkt; sie muss nicht überall vorliegen).

Beispiel 7.14 Welche der Kreislinie $K : x^2 + y^2 = 1$ einbeschriebenen n-Ecke ($n \geq 3$ fest) haben die größte Fläche? Ein n-Eck besteht aus n nicht-überlappenden Dreiecken $\triangle_j$, jeweils mit Eckpunkt und Winkel α_j im Ursprung und $\sum\limits_{j=1}^{n} \alpha_j = 2\pi$. Die Fläche von $\triangle_j$ ist $\sin\dfrac{\alpha_j}{2} \cos\dfrac{\alpha_j}{2} = \dfrac{1}{2}\sin\alpha_j$, es ist also $f(\alpha) = \sum\limits_{j=1}^{n} \frac{1}{2}\sin\alpha_j$ unter der Nebenbedingung $g(\alpha) = \sum\limits_{j=1}^{n} \alpha_j - 2\pi = 0$ zu maximieren. Der Lagrange-Ansatz $L = \sum\limits_{j=1}^{n} \frac{1}{2}\sin\alpha_j - \lambda(\sum\limits_{j=1}^{n} \alpha_j - 2\pi)$ ergibt $\frac{1}{2}\cos\alpha_j - \lambda = 0$, also $\alpha_j = 2\pi/n$ unabhängig von j, und die maximale Fläche $\dfrac{n}{2}\sin\dfrac{2\pi}{n}$ des regulären n-Ecks. Der Vollständigkeit halber: Die stetige Funktion f besitzt auf der kompakten Menge $\{\alpha : \alpha_1, \ldots, \alpha_n \geq 0, \ g(\alpha) = \sum\limits_{j=1}^{n} \alpha_j - 2\pi = 0\} \subset \mathbb{R}^n$ sicherlich ein Maximum, und es gilt rang $g'(\alpha) = 1$.

Beispiel 7.15 Es ist die Matrizennorm der $m \times n$-Matrix A zu bestimmen, wenn in $\mathbb{R}^n$ und $\mathbb{R}^m$ die Euklidnorm zugrunde gelegt wird. Zu maximieren ist also

$$f(\mathfrak{x}) = |A\mathfrak{x}|^2 = (A\mathfrak{x}) \cdot A\mathfrak{x} = \mathfrak{x}^\top (A^\top A)\mathfrak{x}$$

unter der Nebenbedingung $g(\mathfrak{x}) = |\mathfrak{x}|^2 - 1 = 0^2$. Die $n \times n$-Matrix $B = A^\top A = (b_{\mu\nu})_{\mu,\nu=1}^{n}$ ist symmetrisch und positiv semi-definit. Die Lagrange-Funktion

$$L(\mathfrak{x}, \lambda) = \sum_{\mu,\nu=1}^{n} b_{\mu\nu} x_\mu x_\nu - \lambda\Big(\sum_{\nu=1}^{n} x_\nu^2 - 1\Big)$$

führt auf die Bedingungen $\sum\limits_{\nu=1}^{n} (b_{k\nu} x_\nu + b_{\nu k} x_\nu) = 2\lambda x_k$ ($1 \leq k \leq n$). Als Extremalstellen kommen also nur Eigenvektoren $\mathfrak{x}$ ($|\mathfrak{x}| = 1$) von B in Frage, für das Maximum von f nur die Eigenwerte λ. Wegen rang $g'(\mathfrak{x}) = $ rang $2\mathfrak{x}^\top = m = 1$ gilt

$$|A| = \max\{\sqrt{\lambda} : \lambda \text{ Eigenwert von } A^\top A\}, \text{ und}$$
$$|A| = \max\{|\lambda| : \lambda \text{ Eigenwert von } A\}, \text{ wenn } A \text{ (quadratisch und) symmetrisch ist.}$$

Beispiel 7.16 Es soll det A als Funktion der n^2 Variablen $a_{\mu\nu}$ unter den Nebenbedingungen $\sum\limits_{\nu=1}^{n} a_{\mu\nu}^2 = 1$ ($\mu = 1, \ldots, n$) maximiert werden. Aus der Linearen Algebra wird als bekannt vorausgesetzt: Bezeichnet $A^{\mu\nu}$ die $(n-1) \times (n-1)$-Matrix, die entsteht wenn aus A die μ-te Zeile und die ν-te Spalte gestrichen werden, und wird $A_{\mu\nu} = (-1)^{\mu+\nu} \det A^{\mu\nu}$ gesetzt, so ist (det A) $A^{-1} = (A_{\nu\mu})_{\mu,\nu=1}^{n}$, det $A = \sum\limits_{k=1}^{n} A_{k\nu} a_{k\nu}$ und somit $\dfrac{\partial \det A}{\partial a_{\mu\nu}} = A_{\mu\nu}$. Der Lagrange-Ansatz $L(A, \lambda) = $ det $A - \sum\limits_{\mu=1}^{n} \lambda_\mu \big(\sum\limits_{\nu=1}^{n} a_{\mu\nu}^2 - 1\big)$ führt auf die Bedingungen $A_{\mu\nu} - 2\lambda_\mu a_{\mu\nu} = 0$. Multiplikation mit $a_{\kappa\nu}$ und Summation bezüglich ν ergibt dann (det A) $\delta_{\mu\kappa} = \sum\limits_{\nu=1}^{n} A_{\mu\nu} a_{\kappa\nu} = 2\lambda_\mu \sum\limits_{\nu=1}^{n} a_{\mu\nu} a_{\kappa\nu}$ für alle

---

[2] Wie immer, wenn differenziert werden muss, ist $|\mathfrak{x}|^2$ der Norm $|\mathfrak{x}|$ vorzuziehen.

μ; $\delta_{\mu\kappa}$ ist das *Kroneckersymbol.* Für $\mu = \kappa$ ergibt sich $\lambda_\mu = \lambda = \frac{1}{2}$ det A unabhängig von μ, während für $\mu \neq \kappa$ folgt $\sum\limits_{\nu=1}^{n} A_{\mu\nu} a_{\kappa\nu} = \sum\limits_{\nu=1}^{n} a_{\mu\nu} a_{\kappa\nu} = 0$, d. h. insgesamt ist A eine *orthogonale* Matrix und $2\lambda = $ det $A = 1$. Die Rangbedingung rang $\mathfrak{g}'(A) = $ rang $(2A) = n$ ist erfüllt.

Ist $A = (a_{\mu\nu})$ eine beliebige $n \times n$-Matrix mit det $A \neq 0$, so ist immer $s_\mu = \left(\sum\limits_{\nu=1}^{n} a_{\mu\nu}^2 \right)^{1/2} > 0$; betrachtet man $\tilde{A} = (a_{\mu\nu}/s_\mu)$, so folgt aus diesem Beispiel (trivialerweise auch für det $A = 0$):

Satz 7.25 (**Determinantenungleichung von Hadamard**) *Für jede quadratische Matrix $A = (a_{\mu\nu})$ gilt*

$$(\det A)^2 \leq \prod_{\mu=1}^{n} \left(\sum_{\nu=1}^{n} a_{\mu\nu}^2 \right);$$

Gleichheit tritt nur ein, wenn $A^\top A$ eine Diagonalmatrix ist.

Aufgabe 7.22 Zu bestimmen sind Minimum und Maximum von $f(x, y, z) = x^3 + y^3 + z^3$ auf $M = \{(x, y, z) \in \mathbb{R}^3 : x^2 + y^2 + z^2 = 1, x, y, z \geq 0\}$.

Aufgabe 7.23 Man bestimme den achsenparallelen Quader größten Volumens, der in dem Ellipsoid $\{(x, y, z) \in \mathbb{R}^3 : (x/a)^2 + (y/b)^2 + (z/c)^2 \leq 1\}$ Platz hat.

Aufgabe 7.24 Zu bestimmen sind Maximum und Minimum von $f(x, y, z) = xyz$ unter den Nebenbedingungen $x + y + z = 5$ und $xy + xz + yz = 8$.
(In allen Fällen ist die Existenz der jeweiligen Extrema nachzuweisen.)

7.7 Kurvenintegrale und Bogenlänge

7.24 Wege Ein *Weg* in einer Menge $M \subset \mathbb{R}^n$ ist nichts anderes als eine stetige Abbildung $\gamma : [a, b] \to M$. Damit verbunden sind eine Reihe von Begriffen:

- $\gamma(a)$ heißt *Anfangspunkt* und $\gamma(b)$ *Endpunkt* von γ.
- Der *Träger* von γ ist die Punktmenge $|\gamma| = \{\gamma(t) : a \leq t \leq b\} \subset M$ (das, was man sieht).
- γ ist *orientiert,* d. h. für $t_1 < t_2$ kommt $\gamma(t_1)$ *vor* $\gamma(t_2)$.
- $\gamma^-(t) = \gamma(-t)$ $(-b \leq t \leq -a)$ ist der entgegengesetzt orientierte Weg.
- γ heißt *geschlossen,* wenn $\gamma(a) = \gamma(b)$ ist,
- *Jordanbogen,* wenn γ injektiv ist, und
- *Jordankurve,* wenn γ geschlossen und auf $[a, b)$ injektiv ist.

Beispiel 7.17 Eine *Polarkurve* $\gamma(\theta) = r(\theta)(\cos\theta, \sin\theta)^\top$ $(\alpha \leq \theta \leq \beta)$ in $\mathbb{R}^2$ ist durch die Angabe der stetigen Funktion $r : [\alpha, \beta] \to [0, \infty)$ festgelegt.

7.25 Die Weglänge Die einfachsten Wege in $\mathbb{R}^n$ sind die *Strecken* $\overline{\mathfrak{ab}} : t \mapsto \mathfrak{a} + t(\mathfrak{b} - \mathfrak{a})$ $(0 \leq t \leq 1)$; sie haben die *Länge* $|\mathfrak{b} - \mathfrak{a}|$. Danach kommen die *Strecken-* oder *Polygonzüge* $\overline{\mathfrak{a}_0 \cdots \mathfrak{a}_m}$, endlich viele hintereinander durchlaufene Strecken $\overline{\mathfrak{a}_0 \mathfrak{a}_1}, \overline{\mathfrak{a}_1 \mathfrak{a}_2}, \ldots, \overline{\mathfrak{a}_{m-1} \mathfrak{a}_m}$; ihre Länge ist $\sum\limits_{\mu=1}^{m} |\mathfrak{a}_\mu - \mathfrak{a}_{\mu-1}|$. Ist $\gamma : [a, b] \to \mathbb{R}^n$ ein beliebiger Weg, so erzeugt eine Zerlegung $Z = \{t_0, t_1, \ldots, t_m\}$ von $[a, b]$ einen *einbeschriebenen* Streckenzug $\overline{\mathfrak{a}_0 \mathfrak{a}_1 \cdots \mathfrak{a}_{m-1} \mathfrak{a}_m}$ mit Eckpunkten $\mathfrak{a}_\mu = \gamma(t_\mu)$ und der Länge L_Z. Der Weg $\gamma : [a, b] \to \mathbb{R}^n$ heißt **rektifizierbar,** wenn seine *Länge* $L(\gamma) = \sup_Z L_Z$ endlich ist; das Supremum ist zu bilden über alle Zerlegungen von $[a, b]$ (Abb. 7.5).

Abb. 7.5 Ein der
geschlossenen glatten Kurve
γ einbeschriebener
Streckenzug

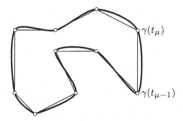

Satz 7.26 *Ein* C^1-*Weg* $\gamma : [a, b] \to \mathbb{R}^n$ *hat die Länge* $L(\gamma) = \int_a^b |\gamma'(t)| \, dt.$

Beweis ‖ Wegen $L_Z \leq L_{\tilde{Z}}$ für $Z \subset \tilde{Z}$ genügt es, hinreichend feine Zerlegungen zu betrachten, es ist demnach $L(\gamma) = \sup\{L_Z : \|Z\| < \delta\}$ für jedes $\delta > 0$. Nach dem Mittelwertsatz gilt $\gamma_\nu(t_\mu) - \gamma_\nu(t_{\mu-1}) = \gamma'_\nu(\tau_{\nu\mu})(t_\mu - t_{\mu-1})$ mit Zwischenstellen $\tau_{\nu\mu} \in (t_{\mu-1}, t_\mu)$, und so

$$L_Z = \sum_{\mu=1}^{m} (t_\mu - t_{\mu-1}) \Big(\sum_{\nu=1}^{n} \gamma'_\nu(\tau_{\nu\mu})^2 \Big)^{1/2}.$$

Andererseits gibt es Zwischenstellen τ_μ mit

$$\int_a^b |\gamma'(t)| \, dt = \sum_{\mu=1}^{m} (t_\mu - t_{\mu-1}) |\gamma'(\tau_\mu)|.$$

Aus der gleichmäßigen Stetigkeit von $(s_1, \ldots, s_n) \mapsto \Big(\sum_{\nu=1}^{n} \gamma'_\nu(s_\nu)^2 \Big)^{1/2}$ als Funktion von n Veränderlichen auf $[a, b]^n$ folgt dann: Zu $\epsilon > 0$ existiert $\delta > 0$ mit $\big| \big(\sum_{\nu=1}^{n} \gamma'_\nu(\tau_{\nu\mu})^2 \big)^{1/2} - |\gamma'(\tau_\mu)| \big| < \epsilon$ sofern $|\tau_{\nu\mu} - \tau_\mu| < \delta$; dies ist erfüllt für $\|Z\| < \delta$, da dann $|\tau_{\nu\mu} - \tau_\mu| \leq |t_\mu - t_{\mu-1}| < \delta$, es folgt $\big| L_Z - \int_a^b |\gamma'(t)| \, dt \big| < \epsilon(b-a)$ für $\|Z\| < \delta$. ☕

Beispiel 7.18 Eine stetig differenzierbare Polarkurve $r = r(\theta)$ hat die Länge

$$L(\gamma) = \int_\alpha^\beta \sqrt{r(\theta)^2 + r'(\theta)^2} \, d\theta.$$

a) Die *Kardioide* $r = 1 + \cos\theta$ $(0 \leq \theta \leq 2\pi)$ hat die Länge
$\int_0^{2\pi} \sqrt{2(1 + \cos\theta)} \, d\theta = \int_0^{2\pi} \sqrt{4\sin^2(\tfrac{1}{2}\theta)} \, d\theta = 8$.

b) Die Länge der *logarithmischen Spirale* $r = c^\theta$ $(\alpha \leq \theta \leq \beta)$ ist
$\sqrt{1 + (\log c)^2} \int_\alpha^\beta c^\theta \, d\theta = \sqrt{1 + (\log c)^2} \, \dfrac{c^\beta - c^\alpha}{\log c};$
für $c < 1$, $\alpha = 0$ und $\beta \to \infty$ ergibt sich die Länge $\sqrt{1 + (\log c)^{-2}}$.

c) Die Länge der *Lemniskate* $r = \sqrt{2\cos 2\theta}$ $(|\theta| \leq \pi/4$ bzw. $|\theta - \pi| \leq \pi/4$ kann nicht elementar berechnet werden (Abb. 7.6).

7.26 Die Bogenlänge, genauer die *Bogenlängenfunktion* eines stetig differenzierbaren Weges $\gamma : [a, b] \to \mathbb{R}^n$ ist definiert durch

$$s(t) = \int_a^t |\gamma'(\tau)| \, d\tau;$$

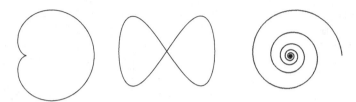

Abb. 7.6 Kardioide, Lemniskate und logarithmische Spirale

$ds = |\gamma'(t)| \, dt$ heißt *Bogenelement*. Ist $\gamma'(t) \neq 0$ (außer in endlich vielen Punkten), so ist $s :$ $[a, b] \rightarrow [0, L(\gamma)]$ streng monoton wachsend und besitzt eine streng wachsende Umkehrfunktion $t = t(s)$. Man nennt dann $\tilde{\gamma}(s) = \gamma(t(s))$ die *Darstellung von γ nach der Bogenlänge*. Bis auf endlich viele Punkte ist $|\tilde{\gamma}'(s)| = 1$.

Bemerkung 7.13 Wege und ebenso die noch zu definierenden Weg- oder Kurvenintegrale sind für die einführende Vorlesung Analysis *Mittel zum Zweck*. Auf Fragen wie die nach Umparametrisierungen wird nicht eingegangen, und schon gar nicht werden *Kurven* als *Äquivalenzklassen von Wegen* betrachtet. Trotzdem ist nicht zu leugnen, dass in gewisser Weise γ und $\tilde{\gamma}$ (parametrisiert nach der Bogenlänge) einander gleich sind: Es ist $|\gamma| = |\tilde{\gamma}|$ und beide Wege haben dieselbe Orientierung und denselben Anfangs- und Endpunkt. Könnte man sich allerdings in die Rolle eines Massenpunktes versetzen, der γ bzw. $\tilde{\gamma}$ durchläuft, so würde man unterschiedliche Momentangeschwindigkeiten, einerseits $|\gamma'(t)|$ und andererseits $|\tilde{\gamma}'(s)| = 1$, feststellen.

7.27 Das Weg- oder Kurvenintegral Stetige Funktionen $f : |\gamma| \rightarrow \mathbb{R}$ und Vektorfelder $\mathfrak{v} : |\gamma| \rightarrow \mathbb{R}^n$ werden über stetig differenzierbare Wege $\gamma : [a, b] \rightarrow \mathbb{R}^n$ folgendermaßen integriert:

$$\int_\gamma f(\mathfrak{x}) \, ds = \int_a^b f(\gamma(t))|\gamma'(t)| \, dt \quad \text{(Integral nach der Bogenlänge)}$$

$$\int_\gamma \mathfrak{v}(\mathfrak{x}) \cdot d\mathfrak{x} = \int_a^b \mathfrak{v}(\gamma(t)) \cdot \gamma'(t) \, dt \quad \text{(Weg- oder Kurvenintegral)}.$$

Satz 7.27 *Die Integrale sind* linear, *das Kurvenintegral ist orientiert, das Bogenlängenintegral nicht, und es gilt die* Dreiecksungleichung:

$$\int_\gamma (\alpha f(\mathfrak{x}) + \beta g(\mathfrak{x})) \, ds = \alpha \int_\gamma f(\mathfrak{x}) \, ds + \beta \int_\gamma g(\mathfrak{x}) \, ds$$

$$\int_\gamma (\alpha\mathfrak{v}(\mathfrak{x}) + \beta\mathfrak{w}(\mathfrak{x})) \cdot d\mathfrak{x} = \alpha \int_\gamma \mathfrak{v}(\mathfrak{x}) \cdot d\mathfrak{x} + \beta \int_\gamma \mathfrak{w}(\mathfrak{x}) \cdot d\mathfrak{x}$$

$$\int_{\gamma^-} f(\mathfrak{x}) \, ds = \int_\gamma f(\mathfrak{x}) \, ds$$

$$\int_{\gamma^-} \mathfrak{v}(\mathfrak{x}) \cdot d\mathfrak{x} = - \int_\gamma \mathfrak{v}(\mathfrak{x}) \cdot d\mathfrak{x}$$

$$\left| \int_\gamma \mathfrak{v}(\mathfrak{x}) \cdot d\mathfrak{x} \right| \leq \int_\gamma |\mathfrak{v}(\mathfrak{x})| \, ds.$$

Beweis Es wird nur die letzte Aussage bewiesen, sie folgt aus der Cauchy-Schwarzschen Ungleichung $|\mathfrak{v}(\gamma(t)) \cdot \gamma'(t)| \leq |\mathfrak{v}(\gamma(t))| \, |\gamma'(t)|$. ☕

7.28 Integrationswege In vielen Fällen ist über Wege zu integrieren, die nicht stetig differenzierbar sind. Sind $\gamma_j : [a_j, b_j] \to \mathbb{R}^n$ Wege mit $\gamma_1(b_1) = \gamma_2(a_1)$, so ist die *Aneinanderkettung* $\gamma = \gamma_1 + \gamma_2$ folgendermaßen definiert:

$$\gamma(t) = \begin{cases} \gamma_1(t) & (a_1 \le t \le b_1) \\ \gamma_2(t - b_1 + a_2) & (b_1 \le t \le b_1 + b_2 - a_2). \end{cases}$$

Diese Operation kann auf mehr als zwei beteiligte Wege ausgedehnt und so

$$\gamma = \gamma_1 + \gamma_2 + \cdots + \gamma_m \tag{7.3}$$

gebildet werden. Ein Weg $\gamma : [a, b] \to \mathbb{R}^n$ der Form (7.3) mit stetig differenzierbaren Wegen γ_μ heißt *stückweise stetig differenzierbar* oder *Integrationsweg*. Die oben eingeführten Integrale werden gemäß

$$\int_\gamma f(\mathfrak{x})\,ds = \sum_{\mu=1}^m \int_{\gamma_\mu} f(\mathfrak{x})\,ds \quad \text{und} \quad \int_\gamma \mathfrak{v}(\mathfrak{x}) \cdot d\mathfrak{x} = \sum_{\mu=1}^m \int_{\gamma_\mu} \mathfrak{v}(\mathfrak{x}) \cdot d\mathfrak{x}$$

verallgemeinert, ihre offensichtlichen Eigenschaften gemäß Satz 7.27 aber nicht mehr eigens aufgezählt. Es wird auch weiterhin $\int_a^b f(\gamma(t))|\gamma'(t)|\,dt$ und $\int_a^b \mathfrak{v}(\gamma(t)) \cdot \gamma'(t)\,dt$ geschrieben, obwohl möglicherweise $\gamma'(t)$ in endlich vielen Punkten nicht existiert. Für stetige, stückweise stetig differenzierbare Funktionen gilt weiterhin der Hauptsatz

$$\int_a^b \phi'(t)\,dt = \phi(b) - \phi(a).$$

7.8 Das Lemma von Poincaré

Ein Vektorfeld $\mathfrak{v} : D \to \mathbb{R}^n$, $D \subset \mathbb{R}^n$ ein Gebiet, heißt *Gradientenfeld*, wenn es eine $\mathcal{C}^1$-Funktion $V : D \to \mathbb{R}$ mit $\mathfrak{v} = \nabla V$ gibt; V heißt auch *Stammfunktion* und $-V$ *Potential* von $\mathfrak{v}$.

Hilfssatz – *Für Stammfunktionen V_1 und V von $\mathfrak{v}$ gilt $V_1 = V + const$.*

Beweis ‖ Es ist $\nabla(V_1(\mathfrak{x}) - V(\mathfrak{x})) = \mathfrak{o}$ in D. ☕

Den Zusammenhang zwischen Kurvenintegralen und Stammfunktionen beschreibt der nachfolgende

Satz 7.28 *Es sei $D \subset \mathbb{R}^n$ ein Gebiet und $\mathfrak{v} : D \to \mathbb{R}^n$ ein Vektorfeld. Dann sind folgende Aussagen äquivalent:*

a) $\mathfrak{v}$ *ist ein Gradientenfeld.*
b) $\int_\gamma \mathfrak{v}(\mathfrak{x}) \cdot d\mathfrak{x} = 0$ *für jeden geschlossenen Integrationsweg γ in D.*
c) $\int_\gamma \mathfrak{v}(\mathfrak{x}) \cdot d\mathfrak{x}$ *hängt nur vom Anfangs- und Endpunkt von γ ab.*

Beweis ‖ Aus a) folgt $\int_\gamma \mathfrak{v}(\mathfrak{x}) \cdot d\mathfrak{x} = \int_a^b \frac{d}{dt} V(\gamma(t))\,dt = V(\gamma(b)) - V(\gamma(a))$, somit b) und c); dabei wurde stillschweigend γ als stetig differenzierbar angenommen. Im Fall eines beliebigen Integrationsweges gilt der Hauptsatz für $V(\gamma(t))$ aber weiter. Der Beweis von b) $\Leftrightarrow$ c) verbleibt als Aufgabe. Zum Beweis von c) $\Rightarrow$ a) sei $\mathfrak{x}_0 \in D$ ein festgewählter Referenzpunkt, $\mathfrak{x} \in D$ und $\gamma_{\mathfrak{x}}$ ein Integrationsweg in D von $\mathfrak{x}_0$ nach $\mathfrak{x}$. Wegen der Wegunabhängigkeit des Integrals wird durch $V(\mathfrak{x}) = \int_{\gamma_{\mathfrak{x}}} \mathfrak{v}(\mathfrak{y}) \cdot d\mathfrak{y}$ eine Funktion $V : D \to \mathbb{R}$ definiert. Für hinreichend kleines $|\mathfrak{h}|$ gilt (wieder wegen der Wegunabhängigkeit) mit der Abkürzung $s_{\mathfrak{h}} = \overline{\mathfrak{x}, \mathfrak{x} + \mathfrak{h}}$ (Strecke von $\mathfrak{x}$ nach $\mathfrak{x} + \mathfrak{h}$)

$$|V(\mathfrak{x} + \mathfrak{h}) - V(\mathfrak{x}) - \mathfrak{v}(\mathfrak{x}) \cdot \mathfrak{h}| = \Big| \int_{s_{\mathfrak{h}}} (\mathfrak{v}(\mathfrak{y}) - \mathfrak{v}(\mathfrak{x})) \cdot d\mathfrak{y} \Big|$$

$$\leq |\mathfrak{h}| \, \max\{|\mathfrak{v}(\mathfrak{y}) - \mathfrak{v}(\mathfrak{x})| : |\mathfrak{y} - \mathfrak{x}| \leq |\mathfrak{h}|\} = o(|\mathfrak{h}|) \quad (\mathfrak{h} \to \mathfrak{o}),$$

(Stetigkeit von $\mathfrak{v}$), also $\nabla V(\mathfrak{x}) = \mathfrak{v}(\mathfrak{x})$ (vgl. Abb. 7.7). $\mathcal{C}$

Bemerkung 7.14 Anders als im Eindimensionalen haben in $\mathbb{R}^n$ nicht alle stetigen Vektorfelder eine Stammfunktion. Denn ist $\mathfrak{v} = \nabla V$ ein sogar stetig differenzierbares Gradientenfeld, so folgen aus dem Satz von H. A. Schwarz wegen $\dfrac{\partial v_\mu}{\partial x_\nu} = V_{x_\mu x_\nu}$ die notwendigen Bedingungen

$$\frac{\partial v_\mu}{\partial x_\nu} = \frac{\partial v_\nu}{\partial x_\mu} \quad (1 \leq \mu < \nu \leq n). \tag{7.4}$$

Ein lineares Feld $\mathfrak{v}(\mathfrak{x}) = A\mathfrak{x}$ erfüllt dies nur, wenn $A = \mathfrak{v}'(\mathfrak{x})$ symmetrisch ist. In diesem Fall ist $V(\mathfrak{x}) = -\mathfrak{x}^\top (\frac{1}{2} A)\mathfrak{x}$ ein Potential.

Henri **Poincaré** (1854-1912, Paris) gilt als einer der letzten mathematischen Universalgelehrten und bedeutendsten Mathematiker überhaupt; er steht damit in einer Reihe mit Cauchy, Euler, Fermat, Gauß, Lagrange, Newton, Riemann und Hilbert[3]. Seine Begabung trat schon in der Schulzeit hervor. Nach einem Ingenieurstudium und kurzer Berufstätigkeit wandte er sich der Mathematik zu. Seine Interessen waren breit gestreut und reichten von Mathematik, Physik und Philosophie bis hin zur Psychologie. Er lieferte u.a. bedeutende Beiträge zur Himmelsmechanik, Theorie der Differentialgleichungen, Differentialgeometrie, Topologie, Funktionentheorie und Zahlentheorie, und entdeckte etwa gleichzeitig mit Einstein die spezielle Relativitätstheorie. Poincaré war einer der Mitbegründer der algebraischen Topologie und der Funktionentheorie mehrerer Veränderlicher und insbesondere der heute so genannten kontinuierlichen dynamischen Systeme.

In der einfachsten und anschaulichsten Form gilt

Satz 7.29 (Lemma von Poinaré) *Ein differenzierbares Vektorfeld* $\mathfrak{v}$, *das im Gebiet* $D \subset \mathbb{R}^n$ *die Integrabilitätsbedingungen* (7.4) *erfüllt, besitzt lokal eine Stammfunktion.*

Abb. 7.7 Der Integrationsweg $\gamma_{\mathfrak{x}+\mathfrak{h}}$ setzt sich zusammen aus $\gamma_{\mathfrak{x}}$ und der Strecke von $\mathfrak{x}$ nach $\mathfrak{x} + \mathfrak{h}$

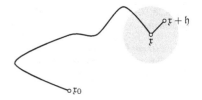

---

[3] Wir übernehmen hier die Wertung der IBM-Tafel *Bedeutende Mathematiker* von Charles Eames, Ray Eames und Ray Redheffer.

Bemerkung 7.15 Die Bedingung *lokal* bedeutet: *D ist eine Kugel*[4]. Dann kann zur Konstruktion einer Stammfunktion gradlinig über die Strecke $\overline{\mathfrak{x}_0\mathfrak{x}}$ integriert werden, und Bedingung b) in Satz 7.28 wird nur benötigt für geschlossene Streckenzüge der Form $\overline{\mathfrak{x}_0\mathfrak{x}(\mathfrak{x}+\mathfrak{h})\mathfrak{x}_0}$ (Dreiecke). Setzt man sogar die *stetige* Differenzierbarkeit von $\mathfrak{v}$ voraus, so kann man direkt (aber relativ aufwendig) nachrechnen, dass durch

$$V(\mathfrak{x}) = \int_0^1 \mathfrak{v}(\mathfrak{x}_0 + t(\mathfrak{x}-\mathfrak{x}_0)) \cdot (\mathfrak{x}-\mathfrak{x}_0)\, dt = \int_{\overline{\mathfrak{x}_0\mathfrak{x}}} \mathfrak{v}(\mathfrak{y}) \cdot d\mathfrak{y}$$

eine Stammfunktion von $\mathfrak{v}$ definiert ist.

Beweis ‖ Wir gehen einen Weg, der in der Funktionentheorie auf Édouard **Gorsat** (1858–1936) zurückgeht, möglicherweise ein Vorbild für das Lemma von Poincaré war und auf die *stetige* Differenzierbarkeit von $\mathfrak{v}$ *verzichtet*. Gezeigt wird: Sind $\mathfrak{a}, \mathfrak{b}, \mathfrak{c} \in D$ und $\gamma_0 = \overline{\mathfrak{a}\mathfrak{b}\mathfrak{c}\mathfrak{a}}$, so ist

$$\int_{\gamma_0} \mathfrak{v}(\mathfrak{x}) \cdot d\mathfrak{x} = 0. \tag{7.5}$$

Wie im Beweis von Satz 7.28 c) $\Rightarrow$ a). folgt daraus die Existenz einer Stammfunktion. (7.5) ist offensichtlich, wenn $\mathfrak{a}, \mathfrak{b}, \mathfrak{c}$ auf einer Geraden liegen. Im anderen Fall bilden $\mathfrak{a}, \mathfrak{b}, \mathfrak{c}$ die Ecken eines Dreiecks $\triangle_0$ und γ_0 wird als orientierte Randkurve von $\triangle_0$ gedeutet. Wird das Dreieck $\triangle_0$ in vier kongruente Dreiecke mit orientierten Randkurven $\gamma^{(j)}$ zerlegt, so gilt

$$\int_{\gamma_0} \mathfrak{v}(\mathfrak{x}) \cdot d\mathfrak{x} = \sum_{j=1}^4 \int_{\gamma^{(j)}} \mathfrak{v}(\mathfrak{x}) \cdot d\mathfrak{x} \quad \text{und} \quad \left| \int_{\gamma_0} \mathfrak{v}(\mathfrak{x}) \cdot d\mathfrak{x} \right| \leq 4 \left| \int_{\gamma_1} \mathfrak{v}(\mathfrak{x}) \cdot d\mathfrak{x} \right|$$

für eines dieser Dreiecke, etwa $\triangle_1 \subset \triangle_0$ mit orientierter Randkurve γ_1 (vgl. Abb. 7.8). So fortfahrend erhält man eine geschachtelte Folge $(\triangle_k)$ von Dreiecken mit orientierten Rändern γ_k und

$$\left| \int_{\gamma_0} \mathfrak{v}(\mathfrak{x}) \cdot d\mathfrak{x} \right| \leq 4^k \left| \int_{\gamma_k} \mathfrak{v}(\mathfrak{x}) \cdot d\mathfrak{x} \right|. \tag{7.6}$$

Wegen $\operatorname{diam} \triangle_k = 2^{-k} \operatorname{diam} \triangle_0$ ist $\bigcap_{k \in \mathbb{N}} \triangle_k = \{\mathfrak{x}_0\}$, die Differenzierbarkeit von $\mathfrak{v}$ ergibt $\mathfrak{v}(\mathfrak{x}) = \mathfrak{v}(\mathfrak{x}_0) + \mathfrak{v}'(x_0)(\mathfrak{x}-\mathfrak{x}_0) + o(|\mathfrak{x}-\mathfrak{x}_0|)$, und der lineare Anteil

$$\mathfrak{v}_0(\mathfrak{x}) = \mathfrak{v}(\mathfrak{x}_0) + \mathfrak{v}'(x_0)(\mathfrak{x}-\mathfrak{x}_0)$$

besitzt die Stammfunktion $V_0(\mathfrak{x}) = \mathfrak{v}(\mathfrak{x}_0) \cdot (\mathfrak{x}-\mathfrak{x}_0) + (\mathfrak{x}-\mathfrak{x}_0)^\top \left(\frac{1}{2}\mathfrak{v}'(x_0)\right)(\mathfrak{x}-\mathfrak{x}_0)$, woraus $\int_{\gamma_k} \mathfrak{v}_0(\mathfrak{x}) \cdot d\mathfrak{x} = 0$, und mit $|o(|\mathfrak{x}-\mathfrak{x}_0|)| < \epsilon|\mathfrak{x}-\mathfrak{x}_0|$

$$\left| \int_{\gamma_k} \mathfrak{v}(\mathfrak{x}) \cdot d\mathfrak{x} \right| \leq \epsilon (\operatorname{diam} \triangle_k) L(\gamma_k) < \epsilon L(\gamma_k)^2 = \epsilon 4^{-k} L(\gamma_0)^2 \quad (k \geq k_0)$$

folgt. Wegen (7.6) bedeutet dies $\left| \int_{\gamma_0} \mathfrak{v}(\mathfrak{x}) \cdot d\mathfrak{x} \right| < \epsilon L(\gamma_0)^2$, d. h. (7.5) gilt.   ✑

Bemerkung 7.16 Der Beweis sagt nicht, wie in konkreten Fällen eine Stammfunktion aufzufinden ist. Manchmal kann man nach folgendem Schema vorgehen, das sich am einfachsten im Fall $n = 2$ erläutern lässt. Es bezeichne $V_1(x, y)$ eine Stammfunktion von v_1 bzgl. der Variablen x bei festgehaltener Variable y; sofern man richtig gerechnet hat ist dann $v_2 - (V_1)_y$ eine Funktion von

---

[4] Dies kann durch *D ist sternförmig* ersetzt werden (was aber auch nicht der Weisheit letzter Schluss ist), wie aus dem Beweis folgt. Dabei heißt *D sternförmig* bezüglich $\mathfrak{x}_0$, wenn mit beliebigem $\mathfrak{x} \in D$ die ganze Strecke $\overline{\mathfrak{x}_0\mathfrak{x}}$ in D liegt.

y allein, für die eine eindimensionale Stammfunktion $V_2(y)$ zu finden ist; $V(x, y) = V_1(x, y) + V_2(y)$ ist dann eine Stammfunktion von $\mathfrak{v} = (v_1, v_2)^\top$.

Beispiel 7.19 $\mathfrak{v} = \left(\dfrac{-y}{x^2 + y^2}, \dfrac{-x + 2x^2 y + 2y^3}{x^2 + y^2} \right)$; die Integrabilitätsbedingung ist erfüllt. Es ist $V_1 = \int v_1\,dx = \arctan(y/x)$, $(V_1)_y - v_1 = -2y$ und $V = \arctan(y/x) - y^2$, z. B. in der Halbebene $x > 0$.

7.9 Der lokale Cauchysche Integralsatz

Ein Gebiet $D \subset \mathbb{R}^2$ kann als Gebiet $D \subset \mathbb{C}$, ein Vektorfeld $\mathfrak{f} = (u, v)^\top : D \to \mathbb{R}^2$ als komplexwertige Funktion $f = u + iv : D \to \mathbb{C}$, und ein Integrationsweg $\gamma = (\gamma_1, \gamma_2) : [a, b] \to D$ auch als *komplexer Integrationsweg* $\gamma = \gamma_1 + i\gamma_2 : [a, b] \to D \subset \mathbb{C}$ gedeutet werden. Damit ist auch ein *komplexes Kurvenintegral*

$$\int_\gamma f(z)\,dz = \int_a^b f(\gamma(t))\gamma'(t)\,dt = \int_\gamma (u\,dx - v\,dy) + i \int_\gamma (u\,dy + v\,dx)$$

(man beachte die formale Identität $(u + iv)d(x + iy) = u\,dx - v\,dy + i(u\,dy + v\,dx)$) und ein *komplexes Integral nach der Bogenlänge* erklärt:

$$\int_\gamma f(z)\,ds = \int_\gamma f(\gamma(t))|\gamma'(t)|\,dt \quad \text{mit} \quad \left| \int_\gamma f(z)\,dz \right| \le \int_\gamma |f(z)|\,ds.$$

Satz 7.30 *Es sei $D \subset \mathbb{C}$ ein Gebiet und $f = u + iv : D \to \mathbb{C}$ eine stetige Funktion. Dann sind folgende Aussagen äquivalent:*

a) *f besitzt eine holomorphe Stammfunktion.*
b) *$\int_\gamma f(z)\,dz = 0$ für jeden geschlossenen Integrationsweg γ in D.*
c) *$\int_\gamma f(z)\,dz$ hängt nur vom Anfangs- und Endpunkt von γ ab.*

Der **Beweis** ‖ wird als Übungsaufgabe gestellt wird. Holomorphe Stammfunktion bedeutet hier natürlich, dass F in D holomorph ist und $F' = f$ (komplexe Ableitung) erfüllt. ☕

Ist $f = u + iv$ holomorph im Gebiet D, so gelten die Cauchy-Riemannschen Differentialgleichungen $u_x = v_y$, $u_y = -v_x$. Dies sind aber gerade die Integrabilitätsbedingungen für die Vektorfelder $\mathfrak{v} = (v, u)^\top : v_y = u_x$ bzw. $\mathfrak{w} = (-u, v)^\top : (-u)_y = v_x$. Ist zudem D eine Kreisscheibe, so besitzen $\mathfrak{v}$ und $\mathfrak{w}$ je eine reelle Stammfunktion V bzw. W (bezüglich der reellen Variablen (x, y)). Es ist dann $F(x + iy) = V(x, y) + iW(x, y)$ eine komplexwertige Funktion, für sie gilt $V_x = v = W_y$ und $V_y = u = -W_x$, d. h. die Cauchy-Riemannschen Differentialgleichungen sind erfüllt, F ist eine holomorphe Stammfunktion von f und es gilt der

Satz 7.31 (Integralsatz von Cauchy) *Für jede in der Kreisscheibe D holomorphe Funktion f und jeden geschlossenen Integrationsweg γ in D gilt*

$$\int_\gamma f(z)\,dz = 0.$$

Der Beweis des Lemmas von Poincaré in Kugeln $D : |\mathfrak{x} - \mathfrak{x}_0| < r$ oder auch *sternförmigen* Gebieten beruht auf $\int_\gamma \mathfrak{v}(\mathfrak{x}) \cdot d\mathfrak{x} = 0$ für orientierte Randkurven $\partial\triangle$ beliebiger ausgefüllter Dreiecke $\triangle \subset D$. Dabei dürfen an einzelnen Stellen die Voraussetzungen an $\mathfrak{v}$ so abgeschwächt werden:

Abb. 7.8 Lemma von Poincaré und die drei wesentlichen Fälle im Zusatz

Satz 7.32 (Zusatz zum Lemma von Poincaré/Goursat) *Es sei* $\mathfrak{v} : D \longrightarrow \mathbb{R}^n$ *stetig und erfülle die Voraussetzung des Lemmas von Poincaré in* $D \setminus \{a\}$. *Dann gilt* $\int_\gamma \mathfrak{v}(\mathfrak{x}) \cdot d\mathfrak{x} = 0$ *für jede Dreieckskurve* $\gamma = \partial\Delta$, $\Delta \subset D$; *insbesondere besitzt* $\mathfrak{v}$ *in* D *eine Stammfunktion.*

Beweis ‖ Es werden vier Fälle unterschieden: Für $a \notin \Delta$ ist nichts zu zeigen. Ist a ein *Eckpunkt* von Δ, so wird bei gegebenem $\epsilon > 0$ ein Dreieck Δ_0 mit Ecke a und orientiertem Rand γ_0 der Länge $L(\gamma_0) < \epsilon$ von Δ abgeschnitten, und der Rest in zwei Teildreiecke Δ_1 und Δ_2 mit orientierten Rändern γ_1 und γ_2 zerlegt. Es ist dann $\left| \int_\gamma \mathfrak{v}(\mathfrak{x}) \cdot d\mathfrak{x} \right| = \left| \int_{\gamma_0} \mathfrak{v}(\mathfrak{x}) \cdot d\mathfrak{x} \right| \leq \epsilon M$ falls $|\mathfrak{v}(\mathfrak{x})| \leq M$ in Δ, also nach üblichem Schluss $\int_\gamma \mathfrak{v}(\mathfrak{x}) \cdot d\mathfrak{x} = 0$. Liegt a auf einer *Randseite,* so wird Δ in zwei Teildreiecke Δ_1 und Δ_2 zelegt, die beide a als Eckpunkt haben. Ist schließlich a ein *innerer Punkt* von Δ, so wird Δ in zwei Teildreiecke Δ_1 und Δ_2 zerlegt, die beide a auf ihrer gemeinsamen Randseite enthalten (Abb. 7.8). ☕

7.29 Die lokale Cauchysche Integralformel Für eine in $D : |z - z_0| < R$ holomorphe Funktion f kann dies auf die Hilfsfunktion $g = u + iv$, definiert durch $g(z) = \dfrac{f(z) - f(a)}{z - a}$ in $D \setminus \{a\}$ und $g(a) = f'(a)$ angewandt werden und ergibt insbesondere $\int_\gamma g(z)\, dz = 0$ für alle geschlossenen Integrationswege in D, ausführlich

$$\int_\gamma \frac{f(z)}{z-a}\, dz = f(a) \int_\gamma \frac{dz}{z-a}.$$

Man erhält so den

Satz 7.33 (Integralformel von Cauchy) *Für jede in* $D = \{z : |z - z_0| < R\}$ *holomorphe Funktion* f *gilt*

$$f(z) = \frac{1}{2\pi i} \int_{\gamma_r} \frac{f(\zeta)}{\zeta - z}\, d\zeta \quad (|z - z_0| < r < R);$$

dabei ist γ_r *die positiv orientierte Kreislinie* $z = z_0 + re^{it}$, $0 \leq t \leq 2\pi$.

Beweis ‖ Es ist $H(z) = \int_{\gamma_r} (\zeta - z)^{-1}\, d\zeta = 2\pi i$ für $|z - z_0| < r$ zu beweisen. Dazu nutzt man, dass man H *unter dem Integral* nach z differenzieren darf[5], somit

$$H'(z) = \int_{\gamma_r} (\zeta - z)^{-2}\, d\zeta$$

---

[5] Dies kann man im vorliegenden Fall elementar beweisen,

$$H(z+h) - H(z) - h \int_{\gamma_r} \frac{d\zeta}{(\zeta - z)^2} = \int_{\gamma_r} \frac{h^2}{(\zeta - z - h)(\zeta - z)^2}\, d\zeta = O(|h|^2) \quad (h \to 0),$$

oder im Kapitel *Das Lebesgue-Integral* unter dem Stichwort *Parameterintegrale* nachlesen.

gilt. Da aber $(\zeta - z)^{-2}$ bezüglich $\zeta \in D \setminus \{z\}$ die Stammfunktion $-(\zeta - z)^{-1}$ hat, ist $H'(z) = 0$ und somit

$$H(z) = H(z_0) = \int_{\gamma_r} (\zeta - z_0)^{-1} \, d\zeta = \int_0^{2\pi} i \, dt = 2\pi i.$$ ☕

7.30 Die Taylorreihe einer holmorphen Funktion Entwickelt man den Integranden in der Cauchyschen Integralformel mittels der geometrischen Reihe,

$$\frac{f(\zeta)}{\zeta - z} = \frac{f(\zeta)}{\zeta - z_0} \frac{1}{1 - \dfrac{z - z_0}{\zeta - z_0}} = \sum_{n=0}^{\infty} \frac{f(\zeta)}{(\zeta - z_0)^{n+1}} (z - z_0)^n$$

und integriert erlaubterweise[6] gliedweise, so erhält man den

Satz 7.34 **(Potenzreihenentwicklung)** *Jede in $|z - z_0| < R$ holomorphe Funktion besitzt eine eindeutig bestimmte Potenzreihenentwicklung*

$$f(z) = \sum_{n=0}^{\infty} a_n (z - z_0)^n \qquad (|z - z_0| < r < R)$$

mit den Koeffizienten $a_n = \dfrac{1}{2\pi i} \displaystyle\int_{\gamma_r} \dfrac{f(\zeta)}{(\zeta - z_0)^{n+1}} \, d\zeta$ *($r < R$ beliebig).*

Bemerkung 7.17 Komplexe Potenzreihen darf man gliedweise differenzieren,

$$\frac{d}{dz} \sum_{n=0}^{\infty} a_n (z - z_0)^n = \sum_{n=1}^{\infty} n a_n (z - z_0)^{n-1} \qquad (|z - z_0| < R),$$

und dies beliebig wiederholen. Damit gilt auch $a_n = \dfrac{f^{(n)}(z_0)}{n!}$. Der Satz von Taylor gilt für die holomorphen Funktionen – und nur für diese, da man in jeder reellen Potenzreihe (Taylorreihe) $f(x) = \sum_{n=0}^{\infty} a_n (x - x_0)^n$ mit positivem Konvergenzradius r die Variable x durch die komplexe Variable z ersetzen darf, wodurch eine holomorphe Funktion $f(z) = \sum_{n=0}^{\infty} a_n (z - x_0)^n$ im Konvergenzkreis $|z - x_0| < r$ entsteht. Alle elementaren Funktionen fallen darunter. Der Beweis der Differenzierbarkeit einer komplexen Potenzreihe läßt sich wiederum auf die reelle Potenzreihe $F(t) = \sum_{n=0}^{\infty} |a_n| t^n$ mit demselben Konvergenzradius zurückführen: Aus

$$|(z+h)^n - z^n - nhz^{n-1}| = \left| \sum_{\nu=0}^{n-2} \binom{n}{\nu} z^\nu h^{n-\nu} \right| \leq \sum_{\nu=0}^{n-2} \binom{n}{\nu} |z|^\nu |h|^{n-\nu}$$

$$= (|z| + |h|)^n - |z|^n - n|h||z|^{n-1} \quad \text{folgt}$$

$$\left| f(z+h) - f(z) - h \sum_{n=1}^{\infty} n a_n z^{n-1} \right| \leq F(|z| + |h|) - F(|z|) - |h|F'(|z|) = O(|h|^2)$$

für $|h| \to 0$.

---

[6] wegen $\left| \dfrac{z - z_0}{\zeta - z_0} \right| = \dfrac{|z - z_0|}{r} < 1$ und $|f(\zeta)| \leq M$.

Kapitel 8
Das Lebesgue-Integral

Der Aufbau des eindimensionalen Lebesgue-Integrals im Kapitel *Riemann- und Lebesgue-Integral* kann mit kleinen Modifikationen unmittelbar auf den mehrdimensionalen Fall übertragen werden. Im Anschluß daran werden typisch mehrdimensionale Probleme wie der Satz von Fubini/Tonelli und die deutlich aufwendigere Transformationsformel sowie einige Beispiele von allgemeinem Interesse diskutiert. Das im eindimensionalen Fall überhaupt nicht erwähnte Lebesguesche Maß wird erst hier eingeführt, bei einer anderen Vorgehensweise geschieht dies vor der Einführung des Integrals, das aber für die Analysis wesentlich bedeutsamer ist als das Maß.

8.1 Definition des Lebesgue-Integrals

8.1 Intervalle Mit $[\mathfrak{a}, \mathfrak{b}] = [a_1, b_1] \times \cdots \times [a_n, b_n] \subset \mathbb{R}^n$ wird ein *abgeschlossenes* und mit $(\mathfrak{a}, \mathfrak{b}) = (a_1, b_1) \times \cdots \times (a_n, b_n)$ das zugehörige *offene Intervall* bezeichnet. Jede Menge I mit $(\mathfrak{a}, \mathfrak{b}) \subset I \subset [\mathfrak{a}, \mathfrak{b}]$ heißt *Intervall;*

$$|I| = \prod_{\nu=1}^{n}(b_\nu - a_\nu)$$

ist sein *elementarer Inhalt.*

8.2 Nullmengen Eine Menge $N \subset \mathbb{R}^n$ heißt **Nullmenge,** wenn es zu jedem $\epsilon > 0$ endlich oder abzählbar viele Intervalle I_k gibt mit

$$N \subset \bigcup_k I_k \quad \text{und} \quad \sum_k |I_k| < \epsilon.$$

© Der/die Autor(en), exklusiv lizenziert an Springer-Verlag GmbH, DE, ein Teil von
Springer Nature 2024
N. Steinmetz, *Analysis*, https://doi.org/10.1007/978-3-662-68086-5_8

Ist E eine Eigenschaft, die einem Punkt $\mathfrak{x} \in M \subset \mathbb{R}^n$ zukommen kann oder auch nicht, so bedeutet $E(\mathfrak{x})$ *f.ü.* *(fast überall)* in M, dass

$$N = \{\mathfrak{x} \in M : E(\mathfrak{x}) \text{ gilt nicht}\}$$

eine Nullmenge ist. In nachfolgender Darstellung werden Teile von Kap. 5 im allgemeineren Rahmen wiederholt, aber nicht mehr bewiesen. Es ist eine gute Übung und wird dringend empfohlen, die vorliegenden eindimensionalen Beweise n-dimensional zu formulieren und dabei nachzuprüfen, ob die Übertragung wirklich so unmittelbar einleuchtend ist.

Satz 8.1 (Einfache Eigenschaften von Nullmengen)

a) *Endliche und abzählbare Mengen sind Nullmengen.*

b) *Die abzählbare Vereinigung von Nullmengen ist eine Nullmenge.*

c) *Die Intervalle I_k dürfen bei Bedarf offen angenommen werden.*

d) *Kompakte Nullmengen benötigen zur ϵ-Überdeckung nur endlich viele Intervalle.*

e) *Intervalle von positivem Inhalt sind keine Nullmengen.*

f) *Äquivalent zur Definiton der Nullmenge ist, dass es abzählbar viele Intervalle I_μ gibt mit $\sum_{\mu=1}^{\infty} |I_\mu| < \infty$ und $N \subset \bigcup_{\mu=m}^{\infty} I_\mu$ für alle $m \in \mathbb{N}$.*

g) *Mit $N_p \subset \mathbb{R}^p$ $(1 \le p < n)$ ist auch $N = N_p \times \mathbb{R}^{n-p} \subset \mathbb{R}^n$ eine Nullmenge im jeweiligen Raum.*

h) *Ränder von Intervallen $(p = n - 1)$ in $\mathbb{R}^n$ sind Nullmengen.*

Beweis ‖ Es wird nur die vorletzte, einzig typisch mehrdimensionale Aussage bewiesen; die letzte Behauptung ist ihr Spezialfall. Für $k = 1, 2, \ldots$ wird die Menge N_p überdeckt durch die p-dimensionalen Intervalle $I_\mu^{(k)}$ vom Gesamtinhalt $\sum_\mu |I_\mu^{(k)}| < \epsilon 2^{-k}$. Mit $I_{\mu,k} = I_\mu^{(k)} \times [-k, k]^{n-p}$ folgt $N_p \times \mathbb{R}^{n-p} \subset \bigcup_{\mu,k} I_{\mu,k}$ und

$$\sum_{\mu,k} |I_{\mu,k}| < \epsilon \sum_{k=1}^{\infty} (2k)^{n-p} 2^{-k} = C_{n-p}\, \epsilon \quad \text{nach dem Doppelreihensatz.} \qquad ☕$$

Aufgabe 8.1 Man zeige, dass die Menge der $\mathfrak{x} \in \mathbb{R}^n$, die wenigstens eine rationale Komponente besitzen, eine Nullmenge ist.

Aufgabe 8.2 Man zeige, dass der Graph einer Riemann-integrierbaren Funktion $f : [a, b] \longrightarrow \mathbb{R}$ eine Nullmenge in $\mathbb{R}^2$ ist. Gilt das auch für uneigentlich/absolut uneigentlich Riemann-integrierbare Funktionen $f : (a, b) \longrightarrow \mathbb{R}$?

Beispiel 8.1 Ein abgeschlossenes Quadrat Q wird in 9 gleichgroße abgeschlossene Quadrate Q_j $(0 \le j \le 8)$ zerlegt, das zentrale sei Q_0. Dieser Schritt wird mit den verbliebenen Quadraten Q_j wiederholt, es entstehen die Quadrate Q_{jk} $(1 \le j, k \le 8)$ sowie die jeweilig zentralen Quadrate Q_{j0} $(1 \le j \le 8)$, usw.; $T = \bigcup_{n=1}^{\infty} \bigcup_{1 \le j_\nu \le 8} Q_{j_1 \cdots j_{n-1} 0}^{\circ}$ ist der (offene) *Sierpiński-Teppich*. Er wird berandet (und zusammengehalten) von der abgeschlossenen und zusammenhängenden Nullmenge

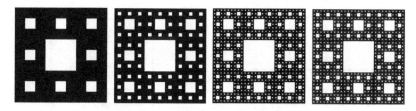

Abb. 8.1 Vier Approximationen des Sierpiński-Teppichs/der Sierpiński-Kurve

$S = Q \setminus T = \bigcap_{n=1}^{\infty} \bigcup_{1 \le j_v \le 8} Q_{j_1 \cdots j_n}$, überraschenderweise eine Kurve, die *Sierpiński-Kurve*! Es gilt

$\sum_{1 \le j_v \le 8} |Q_{j_1 \cdots j_n}| = (8/9)^n$ (vgl. Abb. 8.1).

Wacław **Sierpiński** (1882-1969, Warschau) war ein außerordentlich produktiver Mathematiker. Hauptsächlich arbeitete er in der mengentheoretischen Topologie, der Funktionen- und Zahlentheorie. Während der deutschen Besatzungszeit war er Mitarbeiter der polnischen Untergrund-Universität.

Aufgabe 8.3 Auf dieselbe Art und Weise kann in $\mathbb{R}^3$ aus *Rubik's Cube* der zusammenhängende, aber massenlose *Schweizer Käse* konstruiert werden. Die Aufgabe besteht in der Ausfüllung der Details.

8.3 Treppenfunktionen und ihr Lebesgueintegral Eine *Zerlegung* von $[a, b]$ besteht aus offenen Intervallen $I_1, \ldots, I_m$ mit

$$[a, b] = \bigcup_{\mu=1}^{m} \overline{I}_\mu \quad \text{und} \quad I_\mu \cap I_v = \emptyset \quad (\mu \ne v). \tag{8.1}$$

Eine beschränkte Funktion $\phi : \mathbb{R}^n \to \mathbb{R}$ wird *Treppenfunktion* genannt, wenn es eine Zerlegung (8.1) von $[a, b]$ in *Konstanzintervalle* und reelle *Konstanzwerte* $c_1, \ldots, c_m$ gibt mit $\phi(\mathfrak{x}) = \begin{cases} c_\mu & \text{in } I_\mu \ (1 \le \mu \le m) \\ 0 & \text{in } \mathbb{R}^n \setminus [a, b] \end{cases}$; dabei ist unwesentlich, wie ϕ auf den Rändern der Intervalle I_μ definiert ist – eben weil Ränder Nullmengen sind. Bei Bedarf kann man ϕ *auf*- oder *abrunden*, indem man in Randpunkten der Konstanzintervalle $\phi(\mathfrak{x})$ gleich dem größten oder kleinsten Konstanzwert aller dem Randpunkt benachbarten Intervalle setzt. Für den *Träger* $\mathrm{tr}(\phi) = \overline{\{\mathfrak{x} : \phi(\mathfrak{x}) \ne 0\}}$ von ϕ gilt $\mathrm{tr}(\phi) \subset [a, b]$.

Hilfssatz – *Aus zwei Treppenfunktionen ϕ und ψ sowie $\lambda \in \mathbb{R}$ können wieder die folgenden neuen Treppenfunktionen punktweise gebildet werden:*

$$\lambda\phi, \ \phi + \psi, \ \phi\psi, \ \max\{\phi, \psi\}, \ \min\{\phi, \psi\}, \phi^+, \ \phi^- \text{ und } |\phi|.$$

Beweis ‖ Es muss nur eine Darstellung von ϕ und ψ mit *gemeinsamem* Trägerintervall $[a, b]$ und *gemeinsamer* Zerlegung $I_1, \ldots I_m$ gefunden werden. Sind $[a', b']$ bzw. $[a'', b'']$ und $I_1', \ldots, I_{m'}'$ bzw. $I_1'', \ldots, I_{m''}''$ die zu ϕ und ψ gehörigen Trägerintervalle

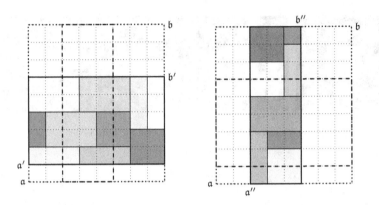

Abb. 8.2 Treppenfunktionen in $[\mathfrak{a}', \mathfrak{b}']$ bzw. $[\mathfrak{a}'', \mathfrak{b}'']$ und gemeinsame Verfeinerung mit Träger $[\mathfrak{a}, \mathfrak{b}]$. Verschiedene Graustufen repräsentieren verschieden Konstanzwerte

und Zerlegungen, so sei $[\mathfrak{a}, \mathfrak{b}]$ das kleinste Intervall, welches $[\mathfrak{a}', \mathfrak{b}'] \cup [\mathfrak{a}'', \mathfrak{b}'']$ enthält (vgl. Abb. 8.2). Durch alle Ecken der Zerlegungsintervalle werden die Hyperebenen parallel zu allen Hyperebenen $x_\nu = 0$ gelegt, sie zerlegen $[\mathfrak{a}, \mathfrak{b}]$ in offene Intervalle $I_1, \ldots I_m$. In $I_\kappa \subset I'_\mu \cap I''_\nu$ erhalten ϕ und ψ den Konstanzwert c'_μ und c''_ν, und jeweils den Wert 0, wenn $I_\kappa \cap [\mathfrak{a}', \mathfrak{b}'] = \emptyset$ bzw. $I_\kappa \cap [\mathfrak{a}'', \mathfrak{b}''] = \emptyset$ ist. Die angegebenen Operationen sind durchführbar und man erhält jeweils wieder Treppenfunktionen. ☜

Das *Lebesgue-Integral* der Treppenfunktion ϕ mit Konstanzintervallen I_μ und Konstanzwerten c_μ ist wieder $\int \phi = \sum_{\mu=1}^{m} c_\mu |I_\mu|$. Dieses Integral ist wie im eindimensionalen Fall linear und monoton und es gilt die Dreiecksungleichung.

8.4 Lemma A und Lemma B bilden wie im eindimensionalen Fall das Fundament für den Aufbau des Lebesgue-Integrals. Sie werden zur Erinnerung noch einmal formuliert, aber nicht erneut bewiesen.

Lemma A *Es sei (ϕ_k) eine Folge von Treppenfunktionen mit*

- $\phi_{k+1}(\mathfrak{x}) \le \phi_k(\mathfrak{x}) \, f.\ddot{u}. \ (k \in \mathbb{N})$;
- $\phi_k(\mathfrak{x}) \to 0 \, f.\ddot{u}. \ (k \to \infty)$.

Dann gilt auch $\int \phi_k \to 0 \ (k \to \infty)$.

Lemma B *Es sei (ϕ_k) eine Folge von Treppenfunktionen mit*

- $\phi_k(\mathfrak{x}) \le \phi_{k+1}(\mathfrak{x}) \, f.\ddot{u}. \ (k \in \mathbb{N})$;
- $\int \phi_k \le C$.

Dann ist $\lim_{k \to \infty} \phi_k(\mathfrak{x}) < \infty \, f.\ddot{u}.$

8.5 Die Klasse $\mathcal{L}^+(\mathbb{R}^n)$ Die Funktion $f : \mathbb{R}^n \to \mathbb{R}$ gehört

- zur Klasse $\mathcal{L}^+(\mathbb{R}^n)$, wenn es eine Folge (ϕ_k) von Treppenfunktionen wie in Lemma B gibt mit $f(\mathfrak{x}) = \lim\limits_{k\to\infty} \phi_k(\mathfrak{x})$ *f.ü.*; dafür wird kurz $(\phi_n) \uparrow f$ geschrieben. Das Lebesgue-Integral von $f \in \mathcal{L}^+(\mathbb{R}^n)$ ist durch $\int f = \lim\limits_{k\to\infty} \int \phi_k$ definiert. Der Grenzwert existiert da die Integralfolge monoton wachsend und beschränkt ist. Die Unabhängigkeit von der speziellen Folge (ϕ_k) ergibt sich wie im eindimensionalen Fall;

- zur Klasse $\mathcal{L}(\mathbb{R}^n)$ der *Lebesgue-integrierbaren* Funktionen, wenn sie als Differenz $f = f_1 - f_2$ zweier Funktionen $f_1, f_2 \in \mathcal{L}^+(\mathbb{R}^n)$ geschrieben werden kann. Das *Lebesgue-Integral* von $f = f_1 - f_2 \in \mathcal{L}(\mathbb{R}^n)$ wird durch $\int f = \int f_1 - \int f_2$ definiert. Diese Integraldefinition ist wieder unabhängig von der Darstellung $f = f_1 - f_2, f_1, f_2 \in \mathcal{L}^+$.

Genau wie im Eindimensionalen verläuft auch der Beweis des nachstehenden Satzes.

Satz 8.2 *Mit f und g gehören auch die Funktionen $f + g$, λf $(\lambda \in \mathbb{R})$, f^+, f^-, $|f|$, $\max\{f, g\}$ und $\min\{f, g\}$ zu $\mathcal{L}(\mathbb{R}^n)$. Das Lebesgue-Integral ist additiv, homogen und monoton, es gilt also*

$$\int (f + g) = \int f + \int g, \quad \int \lambda f = \lambda \int f \quad \text{und} \quad f(\mathfrak{x}) \leq g(\mathfrak{x}) \, f\ddot{u} \Rightarrow \int f \leq \int g$$

sowie die Dreiecksungleichung $\left| \int f \right| \leq \int |f|$.

Aufgabe 8.4 Man zeige, dass die in $\{(x, y) : x > 0, y > 0, x + y < 1\}$ durch $f(x, y) = 1$ und $f(x, y) = 0$ sonst definierte Funktion zu $\mathcal{L}^+(\mathbb{R}^2)$ gehört.

Aufgabe 8.5 Man zeige, dass es zu $f \in \mathcal{L}(\mathbb{R}^n)$ eine Folge $(\phi_k)_{k\in\mathbb{N}}$ von Treppenfunktionen gibt mit $\|f - \phi_k\|_1 = \int |f - \phi_k| \to 0$ $(k \to \infty)$.

Aufgabe 8.6 Zu bestimmen ist eine besonders interessante Verteilung der Konstanzwerte der nachstehenden Treppenfunktion ϕ mit $\int \phi = 405$.

6			2		4	5	8	
9	4		5	8				2
				3		1		
8			1		2	9		3
	3		8	9		5		
	1							
			4	2		7		
								4
7	9		6				3	

8.2 Die Sätze von Beppo Levi und Lebesgue

8.6 Der Satz von Beppo Levi zeigt wie im eindimensionalen Fall, dass eine Wiederholung der Prozedur aus Lemma B, die aus Treppenfunktionen die Funktionen der Klasse $\mathcal{L}^+$ erzeugte, nichts Neues mehr ergibt, wenn man Treppenfunktionen durch Lebesgue-integrierbare Funktionen ersetzt.

Satz 8.3 (*von Beppo Levi*) *Es sei* (f_k) *eine Folge in* $\mathcal{L}(\mathbb{R}^n)$ *mit den Eigenschaften*

- $f_k(\mathfrak{x}) \leq f_{k+1}(\mathfrak{x}) \, f.\ddot{u}. \, (k \in \mathbb{N})$ *und*
- $\int f_k \leq C \, (k \in \mathbb{N})$.

Dann ist $f(\mathfrak{x}) = \lim\limits_{k \to \infty} f_k(\mathfrak{x}) \, f.\ddot{u}. \, endlich, \, die \, durch \, f(\mathfrak{x}) = 0$ [*oder beliebig*] *sonst fortgesetzte Funktion* f *gehört zu* $\mathcal{L}(\mathbb{R}^n)$, *und es gilt*

$$\int f = \lim\limits_{k \to \infty} \int f_k. \tag{8.2}$$

8.7 Der Satz von Lebesgue über majorisierte Konvergenz ergibt sich wie eindimensional unmittelbar aus dem Satz von Beppo Levi.

Satz 8.4 (**über majorisierte Konvergenz**) *Es sei* (f_k) *eine Folge in* $\mathcal{L}(\mathbb{R}^n)$ *mit den Eigenschaften*

- $f_k(\mathfrak{x}) \to f(\mathfrak{x}) \, f.\ddot{u}.$ *und*
- $|f_k(\mathfrak{x})| \leq g(\mathfrak{x}) \, f.\ddot{u}. \, (k \in \mathbb{N})$ *für ein* $g \in \mathcal{L}(\mathbb{R}^n)$

Dann ist auch $f \in \mathcal{L}(\mathbb{R}^n)$ *und es gilt ebenfalls (8.2)*.

8.8 Gliedweise Integration von Funktionenreihen Die Sätze von Beppo Levi und Lebesgue für Funktionenreihen $\sum\limits_{k=1}^{\infty} f_k$ in $\mathcal{L}(\mathbb{R}^n)$ können folgendermaßen formuliert werden; auch dieser Beweis verläuft wie im eindimensionalen Fall.

Satz 8.5 (**von Beppo Levi für Funktionenreihen**) *Ist* $f_k(\mathfrak{x}) \geq 0 \, f.\ddot{u}.$ *und gilt* $\sum\limits_{k=0}^{\infty} \int f_k < +\infty$, *so konvergiert* $\sum\limits_{k=1}^{\infty} f_k(\mathfrak{x}) \, f.\ddot{u}.$ *und es gilt*

$$\int \sum\limits_{k=1}^{\infty} f_k = \sum\limits_{k=1}^{\infty} \int f_k. \tag{8.3}$$

8.9 Das Lemma von Fatou Ohne integrierbare Majorante bleibt der Satz von Lebesgue nicht richtig. So gilt bereits im eindimensionalen Beispiel für $f_k(x) = (k+1)^2 x^k$ in $[0, 1)$: $\lim\limits_{k\to\infty} f_k(\mathfrak{x}) = 0$, aber $\int_0^1 f_k(x)\,dx = k+1 \to \infty$. Allgemein gilt der

Satz 8.6 (**Lemma von Fatou**) *Für f_k in $\mathcal{L}(\mathbb{R}^n)$ und $f_k(\mathfrak{x}) \geq 0$ f.ü. gilt*

$$\int \liminf_{k\to\infty} f_k \leq \liminf_{k\to\infty} \int f_k.$$

Bemerkung 8.1 $\liminf\limits_{k\to\infty} f_k(\mathfrak{x})$ ist punktweise zu bilden. Die rechte Seite kann unendlich und die Ungleichung strikt sein wie im vorausgehenden Beispiel.

Beweis ‖ Man kann $J = \liminf\limits_{k\to\infty} \int f_k < \infty$ annehmen. Die durch

$$g_k(\mathfrak{x}) = \inf\{f_{k+j}(\mathfrak{x}) : j \geq 0\}$$

definierte Folge (g_k) ist monoton wachsend und erfüllt $0 \leq g_k(\mathfrak{x}) \leq f_k(\mathfrak{x})$ *f.ü.*, somit gilt $\lim\limits_{k\to\infty} \int g_k \leq \liminf\limits_{k\to\infty} \int f_k = J$. Nach dem Satz von Beppo Levi ist $g(\mathfrak{x}) = \lim\limits_{k\to\infty} g_k(\mathfrak{x})$ *f.ü.* endlich, gehört zu $\mathcal{L}(\mathbb{R}^n)$ und erfüllt $\int g \leq J$. Offensichtlich ist aber $g(\mathfrak{x}) = \liminf\limits_{k\to\infty} f_k(\mathfrak{x})$. &

Pierre **Fatou** (1878-1929) war einer der ersten Anwender der Lebesgueschen Theorie, insbesondere in der Theorie der konformen Abbildungen. Bestens bekannt ist er (neben Gaston **Julia** (1893-1978)) als einer der Begründer der Theorie der *komplexen dynamischen Systeme* – Iteration rationaler und ganzer Funktionen.

Bemerkung 8.2 $f(\mathfrak{x}) = 0$ *f.ü.* impliziert $\int |f| = 0$. Umgekehrt folgt ersteres aus letzterem, denn der Satz von Beppo Levi angewandt auf die Folge $f_k = k|f|$ mit $\int f_k = 0$ liefert $f(\mathfrak{x}) = 0$ *f.ü.* (nämlich da wo $\lim\limits_{k\to\infty} f_k(\mathfrak{x}) < \infty$ ist).

8.3 Messbare Mengen und Funktionen

8.10 Messbare Funktionen Eine Funktion $f : \mathbb{R}^n \to \mathbb{R}$ heißt *messbar,* wenn es eine Folge (ϕ_k) von Treppenfunktionen gibt mit $\phi_k(\mathfrak{x}) \to f(\mathfrak{x})$ *f.ü.* Nach Definition sind integrierbare Funktionen auch messbar. Aus den Grenzwertregeln folgt:

Satz 8.7 *Mit f, g und h ($h(\mathfrak{x}) \neq 0$) sind auch die Funktionen*

$$f + g, \ \lambda f \ (\lambda \in \mathbb{R}), \ fg, \ f^+, \ f^-, \ \max\{f, g\}, \ \min\{f, g\}, \ |f| \ \text{und} \ f/h$$

messbar.

Aufgabe 8.7 Man zeige: Ist $F : \mathbb{R}^p \to \mathbb{R}$ stetig und sind $f_\rho : \mathbb{R}^n \to \mathbb{R}$ ($1 \leq \rho \leq p$) messbare Funktionen, so ist auch $f(\mathfrak{x}) = F(f_1(\mathfrak{x}), \dots, f_p(\mathfrak{x}))$ messbar.

Bemerkung 8.3 Man kann für $f \in \mathcal{L}(\mathbb{R}^n)$ die Folge (ϕ_k) so auswählen, dass die Konvergenz $\phi_k \to f$ majorisiert ist. Dies folgt für $f \in \mathcal{L}^+(\mathbb{R}^n)$ und $\phi_k(\mathfrak{x}) \uparrow f(\mathfrak{x})$ *f.ü.* aus

$$|\phi_k(\mathfrak{x})| \le |\phi_k(\mathfrak{x}) - \phi_1(\mathfrak{x})| + |\phi_1(\mathfrak{x})| = \phi_k(\mathfrak{x}) - \phi_1(\mathfrak{x}) + |\phi_1(\mathfrak{x})|$$
$$\le f(\mathfrak{x}) - \phi_1(\mathfrak{x}) + |\phi_1(\mathfrak{x})| \le |f(\mathfrak{x})| + 2|\phi_1(\mathfrak{x})|,$$

und allgemein für $f = f_1 - f_2 \in \mathcal{L}(\mathbb{R}^n)$ aus $|\phi_k(\mathfrak{x})| \le |f_1(\mathfrak{x})| + |f_2(\mathfrak{x})| + \psi(\mathfrak{x})$ *f.ü.* mit einer Treppenfunktion ψ. Die Umkehrung sieht so aus:

Satz 8.8 *Ist f messbar und gilt $|f(\mathfrak{x})| \le g(\mathfrak{x})$* **f.ü.** *mit einer Funktion $g \in \mathcal{L}(\mathbb{R}^n)$* (einer integrierbaren Majorante), *so ist f auch integrierbar.*

Beweis ‖ Es gelte $\phi_k(\mathfrak{x}) \to f(\mathfrak{x})$ **f.ü.** für eine Folge von Treppenfunktionen (ϕ_k). Die Modifikationen $f_k(\mathfrak{x}) = \min\{\max\{\phi_k(\mathfrak{x}), -g(\mathfrak{x})\}, g(\mathfrak{x})\}$ ($\phi_k(\mathfrak{x})$ wird nach oben bzw. unten durch $g(\mathfrak{x})$ bzw. $-g(\mathfrak{x})$ abgeschnitten) sind integrierbar und es gilt $|f_k(\mathfrak{x})| \le g(\mathfrak{x})$ überall sowie $f_k(\mathfrak{x}) \to f(\mathfrak{x})$ **f.ü.**, nämlich da, wo $\phi_k(\mathfrak{x}) \to f(\mathfrak{x})$ *und zugleich* $|f(\mathfrak{x})| \le g(\mathfrak{x})$ gilt. Der Satz von Lebesgue liefert $f \in \mathcal{L}(\mathbb{R}^n)$ sowie $\int f = \lim\limits_{k \to \infty} \int f_k$. ☕

Satz 8.9 *Sind alle Funktionen f_k messbar und gilt $f_k(\mathfrak{x}) \to f(\mathfrak{x})$ f.ü., so ist auch f messbar. Jede f.ü. stetige Funktion ist messbar.*

Beweis ‖ Es sei h eine positive Funktion in $\mathcal{L}(\mathbb{R}^n)$, z. B. $h(\mathfrak{x}) = e^{-|\mathfrak{x}|_1}$[1]. Dann ist

$$g_k(\mathfrak{x}) = \frac{h(\mathfrak{x}) f_k(\mathfrak{x})}{h(\mathfrak{x}) + |f_k(\mathfrak{x})|}.$$

messbar und wegen $|g_k(\mathfrak{x})| < h(\mathfrak{x})$ überall auch integrierbar. Weiterhin gilt $g_k(\mathfrak{x}) \to g(\mathfrak{x}) = \dfrac{h(\mathfrak{x}) f(\mathfrak{x})}{h(\mathfrak{x}) + |f(\mathfrak{x})|}$ *f.ü.* und $|g(\mathfrak{x})| < h(\mathfrak{x})$ überall. Nach dem Satz von Lebesgue über majorisierte Konvergenz ist $g \in \mathcal{L}(\mathbb{R}^n)$, also auch messbar, und $f(\mathfrak{x}) = \dfrac{h(\mathfrak{x}) g(\mathfrak{x})}{h(\mathfrak{x}) - |g(\mathfrak{x})|}$ ist dann ebenfalls messbar. Für nichtnegative und *f.ü.* stetige Funktionen f gibt es Folgen von Treppenfunktionen mit $\phi_k(\mathfrak{x}) \uparrow f(\mathfrak{x})$ in allen Stetigkeitspunkten von f. Da mit f auch f^+ und f^- *f.ü.* stetig sind, ist auch $f = f^+ - f^-$ messbar. ☕

8.11 Messbare und quadrierbare Mengen Für $E \subset \mathbb{R}^n$ heißt die Funktion $\mathbf{1}_E : \mathbb{R}^n \to \mathbb{R}$, $\mathbf{1}_E(\mathfrak{x}) = \begin{cases} 1 & (\mathfrak{x} \in E) \\ 0 & (\mathfrak{x} \in \mathbb{R}^n \setminus E) \end{cases}$ *charakteristische Funktion* von E. Die Menge E heißt *messbar*, wenn ihre charakteristische Funktion messbar ist. Ist $\mathbf{1}_E$ integrierbar, so heißt E *quadrierbar* und

$$\lambda^n(E) = \int \mathbf{1}_E$$

---

[1] $h(t) = e^{-|t|}$ ist eindimensional (Lebesgue-)integrierbar, somit ist $H(\mathfrak{x}) = h(x_1) \cdots h(x_n) = e^{-|\mathfrak{x}|_1}$ in $\mathcal{L}(\mathbb{R}^n)$ und $\int H = \int h \cdots \int h$.

das n-dimensionale **Lebesguemaß** von E. Messbare, aber nicht quadrierbare Mengen erhalten das Lebesguesche Maß $\lambda^n(E) = \infty$.

Satz 8.10 *Lebesguemaß und elementarer Inhalt stimmen bei Intervallen überein. Genau die Nullmengen haben auch Lebesguemaß* $\lambda^n(N) = 0$.

Beweis ‖ Die erste Aussage ist klar, und die zweite wurde schon allgemeiner (für $|f|$ anstelle $\mathbf{1}_N$) bewiesen: es ist $\int \mathbf{1}_N = 0 \Leftrightarrow \mathbf{1}_N(\mathfrak{x}) = 0 \, f.\ddot{u}.$ ☕

Satz 8.11 *Die leere Menge $\emptyset$ und $\mathbb{R}^n$ sind messbare Mengen, und mit E und F sind auch $E \cup F$, $E \cap F$ und $E \setminus F$ messbar. Offene und abgeschlossene Mengen sind messbar. Die messbaren Teilmengen von $\mathbb{R}^n$ bilden eine Algebra.*

Beweis ‖ Es ist $\mathbf{1}_{\mathbb{R}^n} = \lim\limits_{k \to \infty} \mathbf{1}_{[-k,k]^n}$, $\mathbf{1}_{E \cup F} = \max\{\mathbf{1}_E, \mathbf{1}_F\}$, $\mathbf{1}_{E \cap F} = \mathbf{1}_E \cdot \mathbf{1}_F$ und $\mathbf{1}_{E \setminus F} = (\mathbf{1}_E - \mathbf{1}_F)^+$, somit sind die genannten Mengen messbar. Nun sei $E \subset \mathbb{R}^n$ eine offene und zunächst beschränkte Menge. Ein Intervall der Form

$$2^{-m}[k_1, k_1 + 1) \times \cdots \times [k_n, k_n + 1) \quad (k_j \in \mathbb{Z})$$

heißt dyadisches Intervall der m-ten Generation. Es seien $I_1, \ldots, I_{p_1}$ genau die Intervalle der 1. Generation mit $I_j \subset E$; ihre Anzahl ist endlich, da E beschränkt ist. Ebenso seien $I_{p_1+1}, \ldots, I_{p_2}$ genau diejenigen der 2. Generation mit $I_j \subset E \setminus \bigcup_{k=1}^{p_1} I_k$, usw., somit $\bigcup_{k=1}^{\infty} I_k \subset E$. Ist $\mathfrak{x} \in E$, so gibt es eine Kugel $K(\mathfrak{x}, \epsilon) \subset E$, und somit sicher ein Intervall I_j, das $\mathfrak{x}$ enthält, so dass $E = \bigcup\limits_{k=1}^{\infty} I_k$ und $\mathbf{1}_E(\mathfrak{x}) = \sum\limits_{k=1}^{\infty} \mathbf{1}_{I_k}(\mathfrak{x})$ ist. Allgemein ist $E_k = E \cap (-k, k)^n$ offen und beschränkt, also messbar; es gilt $\mathbf{1}_E(\mathfrak{x}) = \lim\limits_{k \to \infty} \mathbf{1}_{E_k}(\mathfrak{x})$. Für eine abgeschlossene Menge E schließlich ist $\mathbf{1}_E(\mathfrak{x}) = 1 - \mathbf{1}_{\mathbb{R}^n \setminus E}(\mathfrak{x})$ messbar. ☕

8.12 Ausschöpfung von offenen Mengen Die Möglichkeit, offene und beschränkte Mengen durch halboffene dyadische Intervalle ausschöpfen zu können wird ausdrücklich festgehalten (vgl. Abb. 8.3).

Satz 8.12 *Jede offene, beschränkte Menge E lässt sich schreiben als abzählbare Vereinigung von halboffenen, paarweise disjunkten dyadischen Intervallen; jede Generation trägt mit höchstens endlich vielen Intervallen dazu bei, es werden unendlich viele Generationen benötigt (es gibt keine letzte).*

8.13 Sigma-Ring und Algebra Ein System S von Teilmengen einer Menge M heißt σ-**Ring,** wenn folgendes gilt: (i) $\emptyset \in S$, (ii) $A, B \in S \Rightarrow B \setminus A \in S$ sowie (iii) $A_k \in S \Rightarrow \bigcup_{k \in \mathbb{N}} A_k \in S$. Eine σ-**Algebra** liegt vor, wenn zusätzlich $M \in S$ ist; die Bedingung (ii) kann dann zu $A \in S \Rightarrow M \setminus A \in S$ abgeändert werden.

Satz 8.13 *Mit $E_k \subset \mathbb{R}^n$ $(k \in \mathbb{N})$ sind auch $V = \bigcup_{k \in \mathbb{N}} E_k$ und $D = \bigcap_{k \in \mathbb{N}} E_k$ messbar; es gilt $\lambda^n(V) \leq \sum\limits_{k=1}^{\infty} \lambda^n(E_k)$ sowie*

Abb. 8.3 Ausschöpfung
einer beschränkten offenen
Menge durch dyadische
halboffene Intervalle
(gezeigt werden die
Generationen 1, 2 und 3)

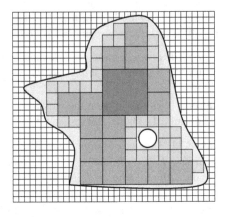

a) $E_j \cap E_k = \emptyset \ (j \neq k) \Rightarrow \lambda^n(V) = \sum\limits_{k=1}^{\infty} \lambda^n(E_k);$

b) $E_k \subset E_{k+1} \ (k \in \mathbb{N}) \Rightarrow \lambda^n(V) = \lim\limits_{k \to \infty} \lambda^n(E_k);$

c) $E_k \supset E_{k+1} \ (k \in \mathbb{N})$ *und* $\lambda^n(E_1) < \infty \Rightarrow \lambda^n(D) = \lim\limits_{k \to \infty} \lambda^n(E_k).$

Die Lebesgue-messbaren Teilmengen des Raumes $\mathbb{R}^n$ bilden eine σ-Algebra.

Beweis ‖ Die Mengen $V_p = \bigcup_{k=1}^{p} E_k$ und $D_p = \bigcap_{k=1}^{p} E_k$ sind messbar, dies beweist man mit Induktion nach p. Damit sind auch die charakteristischen Funktionen $\mathbf{1}_V(\mathfrak{x}) = \lim\limits_{p \to \infty} \mathbf{1}_{V_p}(\mathfrak{x})$ und $\mathbf{1}_D(\mathfrak{x}) = \lim\limits_{p \to \infty} \mathbf{1}_{D_p}(\mathfrak{x})$ als monotone Limites ($\mathbf{1}_{V_p} \uparrow, \mathbf{1}_{D_p} \downarrow$) messbar. Ist V sogar quadrierbar, so folgt aus dem Satz von Beppo Levi

$$\lim_{p \to \infty} \lambda^n(V_p) = \lim_{p \to \infty} \int \mathbf{1}_{V_p} = \lambda^n(V).$$

Wird dieser Satz auf die wachsende Folge $(-\mathbf{1}_{D_p})$ angewendet und $\lambda^n(E_1) < \infty^2$ berücksichtigt (alle Funktionen $\mathbf{1}_{E_k} = \mathbf{1}_{D_p}$ sind integrierbar), so folgt

$$\lim_{p \to \infty} \lambda^n(D_p) = \lim_{p \to \infty} \int \mathbf{1}_{D_p} = \lambda^n(D).$$

Die Ungleichung $\lambda^n(V) \leq \sum\limits_{k} \lambda^n(E_k)$ folgt aus $\mathbf{1}_{V_p}(\mathfrak{x}) \leq \sum\limits_{k=1}^{p} \mathbf{1}_{E_k}(\mathfrak{x})$. Im ersten Fall gilt hier Gleichheit, also auch Gleichheit nach Integration. Schließlich ist im zweiten Fall $E_p = V_p$, und $E_p = D_p$ im dritten.   ☕

---

[2] Diese Voraussetzung ist unentbehrlich, wie das Beispiel $E_k = (0, 1/k) \times \mathbb{R} \subset \mathbb{R}^2$ zeigt, wo $\bigcap_{k \in \mathbb{N}} E_k = \emptyset$, aber $\lambda^2(E_k) = \infty$ ist.

8.14 Messbare Funktionen auf messbaren Mengen Eine Funktion $f : E \longrightarrow \mathbb{R}$, wobei $E \subset \mathbb{R}^n$ selbst messbar ist, heißt *messbar*, wenn ihre *triviale Fortsetzung*

$$f_0(\mathfrak{x}) = \begin{cases} f(\mathfrak{x}) & (\mathfrak{x} \in E) \\ 0 & (\mathfrak{x} \in \mathbb{R}^n \setminus E) \end{cases} \text{ messbar ist.}$$

Satz 8.14 *Es seien $E \subset \mathbb{R}^n$ und $f : E \to \mathbb{R}$ messbar. Dann sind für $c \in \mathbb{R}$ auch $E(f < c) = \{\mathfrak{x} \in E : f(\mathfrak{x}) < c\}$ und die analog definierten Mengen $E(f \le c)$, $E(f > c)$ und $E(f \ge c)$ messbar.*

Beweis $\parallel 1_{E(f<c)}(\mathfrak{x}) = 1_E(\mathfrak{x}) \lim\limits_{k\to\infty} \min\{k[c - f(\mathfrak{x})]^+, 1\}$ ist messbar. Die Definition als Grenzwert gilt streng genommen natürlich nur in E, außerhalb E wird $1_{E(f<c)}(\mathfrak{x}) = 0$ gesetzt. Die anderen Fälle werden genauso behandelt.   &

8.15 Integration über messbare Mengen Ist f integrierbar und $g : \mathbb{R}^n \to \mathbb{R}$ messbar und beschränkt ($|g(\mathfrak{x})| \le M$ f.ü.), so ist auch gf integrierbar; denn gf ist jedenfalls messbar, und hat die integrierbare Majorante $M|f|$. Ist $E \subset \mathbb{R}^n$ messbar und $f \in \mathcal{L}(\mathbb{R}^n)$, so wird das Lebesgue-Integral von f über E durch

$$\int_E f(\mathfrak{x})\, d\mathfrak{x} = \int 1_E f$$

erklärt. Ist andererseits $f : E \to \mathbb{R}$ gegeben und gehört die *triviale Fortsetzung* f_0 zu $\mathcal{L}(\mathbb{R}^n)$, so heißt f *über E integrierbar*, man schreibt dafür $f \in \mathcal{L}(E)$ und $\int_E f(\mathfrak{x})\, d\mathfrak{x} = \int f_0$. An dieser Stelle kann der Satz von Lebesgue über beschränkte Konvergenz formuliert werden; er bedarf keines Beweises mehr, denn Konstanten sind über quadrierbare Mengen integrierbar.

Satz 8.15 *Es sei $E \subset \mathbb{R}^n$ quadrierbar und (f_k) eine Folge in $\mathcal{L}(E)$ mit $f_k(\mathfrak{x}) \to f(\mathfrak{x})$ sowie $|f_k(\mathfrak{x})| \le M$ f.ü. in E ($k \in \mathbb{N}$). Dann ist auch $f \in \mathcal{L}(E)$ und es gilt*

$$\int_E f(\mathfrak{x})\, d\mathfrak{x} = \lim_{k\to\infty} \int_E f_k(\mathfrak{x})\, d\mathfrak{x}.$$

Dies gilt insbesondere dann, wenn die Folge (f_k) gleichmäßig gegen f konvergiert und f beschränkt ist.

Bemerkung 8.4 Der Satz gilt bekanntlich allgemeiner für $|f(\mathfrak{x})| \le g(\mathfrak{x})$ und $g \in \mathcal{L}(E)$.

8.16 Absolute Stetigkeit Das Integral einer beschränkten Funktion wird klein mit dem Maß der Menge E, über die integriert wird. Allgemeiner gilt:

Satz 8.16 *Ist $f \in \mathcal{L}(\mathbb{R}^n)$, so gibt es zu jedem $\epsilon > 0$ ein $\delta > 0$, so dass für jede messbare Menge E mit $\lambda^n(E) < \delta$ gilt*

$$\int_E |f(\mathfrak{x})|\, d\mathfrak{x} + \int_{\{|\mathfrak{x}|>1/\delta\}} |f(\mathfrak{x})|\, d\mathfrak{x} < \epsilon.$$

Man nennt diese Eigenschaft des Lebesgue-Integrals auch absolute Stetigkeit.

Beweis ‖ Eine Treppenfunktion ϕ erfüllt $|\phi(\mathfrak{x})| < K$ überall und $\phi(\mathfrak{x}) = 0$ in $|\mathfrak{x}| > R$. Mit $\delta = \min\{1/R, \epsilon/K\}$ folgt

$$\int_E |\phi(\mathfrak{x})|\, d\mathfrak{x} < K\delta < \epsilon \quad (\lambda^n(E) < \delta) \quad \text{und} \quad \int_{\{|\mathfrak{x}|>1/\delta\}} |\phi(\mathfrak{x})|\, d\mathfrak{x} = 0.$$

Ist $f \in \mathcal{L}^+(\mathbb{R}^n)$, so gibt es zu $\epsilon > 0$ eine Treppenfunktion ϕ mit $\phi(\mathfrak{x}) \le f(\mathfrak{x})$ *f.ü.* und $\int_{\mathbb{R}^n} \left(f(\mathfrak{x}) - \phi(\mathfrak{x}) \right) d\mathfrak{x} < \epsilon$, sowie ein $\delta > 0$ mit $\int_E |\phi(\mathfrak{x})|\, d\mathfrak{x} < \epsilon$ falls $\lambda^n(E) < \delta$ und $\phi(\mathfrak{x}) = 0$ in $|\mathfrak{x}| > 1/\delta$. Es folgt

$$\int_{E\cup\{|\mathfrak{x}|>1/\delta\}} |f(\mathfrak{x})|\, d\mathfrak{x} \le \int_{E\cup\{|\mathfrak{x}|>1/\delta\}} \left(f(\mathfrak{x}) - \phi(\mathfrak{x}) \right) d\mathfrak{x} + \int_E |\phi(\mathfrak{x})|\, d\mathfrak{x} < 2\epsilon.$$

Der allgemeine Fall ergibt sich aus $f = f_1 - f_2$ mit $f_1, f_2 \in \mathcal{L}^+(\mathbb{R}^n)$.   ☕

8.4 Der Satz von Fubini

Zum ersten Mal tritt nun eine nur im mehrdimensionalen Raum relevante Fragestellung auf, nämlich ob und wie n-dimensionale Integrale auf niedriger-dimensionale, im Endeffekt auf eindimensionale Integrale reduziert werden können. Die einfachste Variante ist sicherlich die Identität

$$\int_{I\times J} g(x)h(y)\, d(x, y) = \int_I g(x)\, dx \int_J h(y)\, dy \quad (I, J \subset \mathbb{R} \text{ Intervalle}).$$

Es wird $\mathbb{R}^n = \mathbb{R}^p \times \mathbb{R}^q$ $(n = p + q)$ geschrieben und die Variable in $\mathbb{R}^n$ mit $(\mathfrak{x}, \mathfrak{y})$ bezeichnet, wobei $\mathfrak{x} \in \mathbb{R}^p$ und $\mathfrak{y} \in \mathbb{R}^q$ ist. Der angesprochene Satz lautet:

Satz 8.17 (von Fubini) *Es sei $f \in \mathcal{L}(\mathbb{R}^n)$. Dann existiert*

$$F(\mathfrak{x}) = \int_{\mathbb{R}^q} f(\mathfrak{x}, \mathfrak{y})\, d\mathfrak{y} \quad \textit{f.ü. in } \mathbb{R}^p$$

und es gilt

$$\int_{\mathbb{R}^n} f(\mathfrak{x}, \mathfrak{y})\, d(\mathfrak{x}, \mathfrak{y}) = \int_{\mathbb{R}^p} F(\mathfrak{x})\, d\mathfrak{x} = \int_{\mathbb{R}^p} \int_{\mathbb{R}^q} f(\mathfrak{x}, \mathfrak{y})\, d\mathfrak{y}\, d\mathfrak{x}.$$

Guido **Fubini** (1879-1943, Genua, Turin, New York) hatte weitgespannte Interessen. Er arbeitete über gewöhnliche Differentialgleichungen, Differentialgeometrie, Variationsrechnung, das Lebesgue-Integral, Integralgleichungen, Gruppentheorie und projektive Geometrie. Aufgrund der zunehmend antisemitischen Stimmung im faschistischen Italien emigrierte er im Jahr 1939.

Bemerkung 8.5 Wie es öfter vorkommt, ist die Funktion F nur *f.ü.* in $\mathbb{R}^p$ definiert, nämlich für die $\mathfrak{x} \in \mathbb{R}^p$, für die $f(\mathfrak{x}, \mathfrak{y})$ bezüglich $\mathfrak{y}$ integrierbar ist; nur *f.ü.* definierte Funktionen kann man sich durch 0 oder irgendwie sonst fortgesetzt denken. Es ist einige Vorsicht geboten, da der Begriff *f.ü.* in Räumen unterschiedlicher Dimension auftritt; dies wird durch die zusätzliche Angabe der Dimension oder des Raumes selbst kenntlich gemacht.

Beweis ‖ Im einfachsten Fall ist $f = \mathbf{1}_I$ die charakteristische Funktion eines offenen Intervalls $I = I_1 \times I_2$, $I_1 \subset \mathbb{R}^p$ und $I_2 \subset \mathbb{R}^q$ jeweils offen und beschränkt. Dann existiert $F(\mathfrak{x}) = \int_{\mathbb{R}^q} f(\mathfrak{x}, \mathfrak{y}) \, d\mathfrak{y} = \begin{cases} |I_2| & (\mathfrak{x} \in I_1) \\ 0 & \text{sonst} \end{cases}$ in $\mathbb{R}^p$ und es gilt

$$\int_{\mathbb{R}^n} f(\mathfrak{x}, \mathfrak{y}) \, d(\mathfrak{x}, \mathfrak{y}) = |I| = |I_1| \, |I_2| = \int_{\mathbb{R}^p} \int_{\mathbb{R}^q} f(\mathfrak{x}, \mathfrak{y}) \, d\mathfrak{y} \, d\mathfrak{x} = \int_{\mathbb{R}^p} F(\mathfrak{x}) \, d\mathfrak{x}.$$

Dies ändert sich auch nicht, wenn f auch auf ∂I Werte $\neq 0$ annimmt und F dann gegebenenfalls für $\mathfrak{x} \in \partial I_1$ nicht definiert ist. Somit gilt die Behauptung des Satzes von Fubini für beliebige Treppenfunktionen, und der Fall $f \in \mathcal{L}^+(\mathbb{R}^n)$ ist vorbereitet. Zu $f \in \mathcal{L}^+(\mathbb{R}^n)$ gibt es eine Folge (ϕ_k) von Treppenfunktionen $\phi_k : \mathbb{R}^n \to \mathbb{R}$ mit folgenden Eigenschaften:

- $\phi_k(\mathfrak{x}, \mathfrak{y}) \leq \phi_{k+1}(\mathfrak{x}, \mathfrak{y})$ $(k \in \mathbb{N})$;
- $\phi_k(\mathfrak{x}, \mathfrak{y}) \to f(\mathfrak{x}, \mathfrak{y})$ $(k \to \infty)$

(beidesmal *f.ü.* in $\mathbb{R}^n$, d.h. in $\mathbb{R}^n \setminus N$);

- $\int_{\mathbb{R}^n} f(\mathfrak{x}, \mathfrak{y}) \, d(\mathfrak{x}, \mathfrak{y}) = \lim_{k \to \infty} \int_{\mathbb{R}^n} \phi_k(\mathfrak{x}, \mathfrak{y}) \, d(\mathfrak{x}, \mathfrak{y})$.

Jede Funktion

$$\Phi_k(\mathfrak{x}) = \int_{\mathbb{R}^q} \phi_k(\mathfrak{x}, \mathfrak{y}) \, d\mathfrak{y}$$

ist dann *f.ü.* in $\mathbb{R}^p$, d.h. außerhalb einer Nullmenge $N_k \subset \mathbb{R}^p$, wohldefiniert; in N_k wird $\Phi_k(\mathfrak{x}) = 0$ gesetzt. Dann ist Φ_k selbst eine p-dimensionale Treppenfunktion und es gilt

$$\int_{\mathbb{R}^p} \Phi_k(\mathfrak{x}) \, d\mathfrak{x} = \int_{\mathbb{R}^n} \phi_k(\mathfrak{x}, \mathfrak{y}) \, d(\mathfrak{x}, \mathfrak{y}) \leq \int_{\mathbb{R}^n} f(\mathfrak{x}, \mathfrak{y}) \, d(\mathfrak{x}, \mathfrak{y}).$$

Das Ziel ist, Lemma B oder den Satz von Beppo Levi auf die Folge (Φ_k) anzuwenden. Dazu ist zu zeigen, dass $\Phi_k(\mathfrak{x}) \leq \Phi_{k+1}(\mathfrak{x})$ $(k \in \mathbb{N})$ *f.ü.* in $\mathbb{R}^p$ gilt. Zum Beweis genügt es aber *nicht*, auf $\phi_k(\mathfrak{x}, \mathfrak{y}) \leq \phi_{k+1}(\mathfrak{x}, \mathfrak{y})$ *f.ü.* in $\mathbb{R}^n$ zu verweisen (dies wird manchmal übersehen; n-dimensionale Nullmengen können geometrisch sehr ausgedehnt sein, z.B. ist $\mathbb{R}^p$, als Teilmenge von $\mathbb{R}^n$ aufgefasst eine Nullmenge). Es muss vielmehr zuvor der Zusammenhang zwischen einer Nullmenge $N \subset \mathbb{R}^n$ und ihren $\mathfrak{x}$-*Schnitten*

$$N_{\mathfrak{x}} = \{\mathfrak{y} \in \mathbb{R}^q : (\mathfrak{x}, \mathfrak{y}) \in N\} \subset \mathbb{R}^q$$

untersucht werden.

Hilfssatz – *Mit $N \subset \mathbb{R}^n$ ist auch $N_{\mathfrak{x}} \subset \mathbb{R}^q$ für fast alle $\mathfrak{x} \in \mathbb{R}^p$ eine p-dimensionale Nullmenge.*

Beweis ‖ N wird durch Intervalle $I_k \subset \mathbb{R}^n$ so überdeckt, dass

$$\sum_{k=1}^{\infty} |I_k| = \sum_{k=1}^{\infty} \lambda^n(I_k) < 1 \quad \text{und} \quad N \subset \bigcup_{k \geq m} I_k \quad (m \in \mathbb{N})$$

gilt, also auch $N_{\mathfrak{x}} \subset \bigcup_{k \geq m}(I_k)_{\mathfrak{x}}$. Für $\psi_m(\mathfrak{x}) = \sum_{k=1}^{m} |(I_k)_{\mathfrak{x}}| = \sum_{k=1}^{m} \lambda^q((I_k)_{\mathfrak{x}})$ gilt

$$\psi_m(\mathfrak{x}) \leq \psi_{m+1}(\mathfrak{x}) \quad \text{und} \quad \int_{\mathbb{R}^p} \psi_m(\mathfrak{x})\, d\mathfrak{x} = \sum_{k=1}^{m} \lambda^n(I_k) < 1.$$

Aus Lemma B folgt somit $\sum_{k=1}^{\infty} \lambda^q((I_k)_{\mathfrak{x}}) = \lim_{m \to \infty} \psi_m(\mathfrak{x}) < \infty \, \textbf{\textit{f.ü.}}$, d. h. außerhalb der p-dimensionalen Nullmenge $\tilde{N} \subset \mathbb{R}^p$. Das wiederum bedeutet

$$N_{\mathfrak{x}} \subset \bigcup_{k \geq m}(I_k)_{\mathfrak{x}} \quad (m \in \mathbb{N}) \quad \text{und} \quad \sum_{k=1}^{\infty} \lambda^q((I_k)_{\mathfrak{x}}) < \infty \quad (\mathfrak{x} \notin \tilde{N});$$

alle diese $N_{\mathfrak{x}}$ ($\mathfrak{x} \notin \tilde{N}$) sind somit Nullmengen in $\mathbb{R}^q$.   ☕

Der Hilfssatz wird so verwendet: Die Ungleichung $\phi_k(\mathfrak{x}, \mathfrak{y}) \leq \phi_{k+1}(\mathfrak{x}, \mathfrak{y})$ gilt in $\mathbb{R}^n \setminus N$, N eine n-dimensionale Nullmenge. Für fast alle $\mathfrak{x} \in \mathbb{R}^p$ ist dann $N_{\mathfrak{x}}$ eine q-dimensionale Nullmenge, d. h. für fast alle $\mathfrak{x} \in \mathbb{R}^p$ gilt

$$\phi_k(\mathfrak{x}, \mathfrak{y}) \leq \phi_{k+1}(\mathfrak{x}, \mathfrak{y}) \, \textbf{\textit{f.ü.}} \text{ in } \mathbb{R}^q \quad \text{und} \quad \Phi_k(\mathfrak{x}) \leq \Phi_{k+1}(\mathfrak{x}) \, \textbf{\textit{f.ü.}} \text{ in } \mathbb{R}^p.$$

Nach demselben Schluss gilt auch für fast alle $\mathfrak{x} \in \mathbb{R}^p$:

$$\phi_k(\mathfrak{x}, \mathfrak{y}) \to f(\mathfrak{x}, \mathfrak{y}) \quad (k \to \infty) \, \textbf{\textit{f.ü.}} \text{ in } \mathbb{R}^q,$$

also existiert auch

$$\int_{\mathbb{R}^q} f(\mathfrak{x}, \mathfrak{y})\, d\mathfrak{y} = \lim_{k \to \infty} \int_{\mathbb{R}^q} \phi_k(\mathfrak{x}, \mathfrak{y})\, d\mathfrak{y} = \lim_{k \to \infty} \Phi_k(\mathfrak{x}) = F(\mathfrak{x}) \, \textbf{\textit{f.ü.}} \text{ in } \mathbb{R}^p.$$

Nach Konstruktion ist $F \in \mathcal{L}^+(\mathbb{R}^p)$, und es gilt

$$\int_{\mathbb{R}^n} f(\mathfrak{x}, \mathfrak{y})\, d(\mathfrak{x}, \mathfrak{y}) = \lim_{k \to \infty} \int_{\mathbb{R}^n} \phi_k(\mathfrak{x}, \mathfrak{y})\, d(\mathfrak{x}, \mathfrak{y})$$

$$= \lim_{k \to \infty} \int_{\mathbb{R}^p} \int_{\mathbb{R}^q} \phi_k(\mathfrak{x}, \mathfrak{y})\, d\mathfrak{y}\, d\mathfrak{x} = \int_{\mathbb{R}^p} \int_{\mathbb{R}^q} f(\mathfrak{x}, \mathfrak{y})\, d\mathfrak{y}\, d\mathfrak{x}.$$

Der Satz von Fubini ist somit für $f \in \mathcal{L}^+(\mathbb{R}^n)$ bewiesen, also auch für $f = f_1 - f_2 \in \mathcal{L}(\mathbb{R}^n)$ mit $f_1, f_2 \in \mathcal{L}^+(\mathbb{R}^n)$ und $F = F_1 - F_2$. ☙

Beispiel 8.2 Für $f(x, y) = \dfrac{x - y}{(x + y)^3}$ auf $Q = \{(x, y) : x > 1, y > 1\}$ gilt (innere Substitution $y = xt,\ dy = x\, dt$)

$$\int_1^\infty \int_1^\infty \frac{x - y}{(x + y)^3}\, dy\, dx = \int_1^\infty \frac{1}{x} \int_{1/x}^\infty \frac{1 - t}{(1 + t)^3}\, dt\, dx = \int_1^\infty \frac{-1}{(1 + x)^2}\, dx = -\frac{1}{2},$$

aber $\displaystyle\int_1^\infty \int_1^\infty \frac{x - y}{(x + y)^3}\, dx\, dy = \frac{1}{2}$. Dies ist aber kein Widerspruch zum Satz von Fubini, sondern zeigt nur $f \notin \mathcal{L}(Q)$!

8.5 Der Satz von Tonelli

In vielen Fällen ist der Satz von Fubini nicht anwendbar, da die Hauptvoraussetzung $f \in \mathcal{L}(\mathbb{R}^n)$ erst durch die *Anwendung dieses Satzes* nachgeprüft werden kann. Nachgeprüft werden kann dagegen sehr oft die Existenz von *iterierten Integralen,* wie sie auch im Satz von Fubini auftreten. Dafür steht der Satz von Tonelli zur Verfügung.

Satz 8.18 (von Tonelli) *Es sei $f : \mathbb{R}^n \to \mathbb{R}$ eine messbare Funktion. Existiert das iterierte Integral*

$$\int_{\mathbb{R}^p} \int_{\mathbb{R}^q} |f(\mathfrak{x}, \mathfrak{y})|\, d\mathfrak{y}\, d\mathfrak{x},$$

so ist $f \in \mathcal{L}(\mathbb{R}^n)$ und es gilt die Schlussfolgerung des Satzes von Fubini.

> Leonida **Tonelli**s (1885-1946) mathematische Interessen galten der Variationsrechnung und der Lebesgueschen Integrationstheorie.

Bemerkung 8.6 Das vorangegangene Beispiel 8.2 zeigt, dass die iterierten Integrale für $|f|$, und nicht nur für f, existieren müssen. Im Beispiel ist $\displaystyle\int_1^\infty \left| \frac{x - y}{(x + y)^3} \right| dy = \frac{1 + x^2}{2x(1 + x)^2}$ nicht über $(1, \infty)$ integrierbar.

Beweis ‖ Es sei $f_k(\mathfrak{x}, \mathfrak{y}) = \min\{|f(\mathfrak{x}, \mathfrak{y})|, \mathbf{1}_{(-k,k)^n}\}$. Dann ist $f_k \in \mathcal{L}(\mathbb{R}^n)$ und es gilt $f_k(\mathfrak{x}, \mathfrak{y}) \leq f_{k+1}(\mathfrak{x}, \mathfrak{y})$ und $f_k(\mathfrak{x}, \mathfrak{y}) \to |f(\mathfrak{x}, \mathfrak{y})|$ für $k \to \infty$ überall in $\mathbb{R}^n$; weiter ist nach dem Satz von Fubini für f_k

$$\int_{\mathbb{R}^p} \int_{\mathbb{R}^q} f_k(\mathfrak{x}, \mathfrak{y})\, d\mathfrak{y}\, d\mathfrak{x} = \int_{\mathbb{R}^n} f_k(\mathfrak{x}, \mathfrak{y})\, d(\mathfrak{x}, \mathfrak{y}) \leq \int_{\mathbb{R}^p} \int_{\mathbb{R}^q} |f(\mathfrak{x}, \mathfrak{y})|\, d\mathfrak{y}\, d\mathfrak{x}.$$

Nach dem Satz von Beppo Levi ist $|f| \in \mathcal{L}(\mathbb{R}^n)$, also auch f selbst wegen der vorausgesetzten Messbarkeit, und der Satz von Fubini ist anwendbar.   ☕

Bemerkung 8.7 Die Rollen von $\mathfrak{x}$ und $\mathfrak{y}$ können natürlich vertauscht werden. Überhaupt liegt die Verallgemeinerung $(\{v_1, \ldots, v_n\} = \{1, \ldots, n\})$

$$\int_{\mathbb{R}^n} f(\mathfrak{x}) \, d\mathfrak{x} = \int_{\mathbb{R}} \cdots \int_{\mathbb{R}} \int_{\mathbb{R}} f(x_1, x_2, \ldots, x_n) \, dx_{v_1} \, dx_{v_2} \cdots dx_{v_n}$$

bei beliebiger Reihenfolge der $v_1, \ldots, v_n$ auf der Hand und kann leicht mit Induktion bewiesen werden. Voraussetzung ist, neben der Messbarkeit von f, dass

$$\int_{\mathbb{R}} \cdots \int_{\mathbb{R}} \int_{\mathbb{R}} |f(x_1, x_2, \ldots, x_n)| \, dx_{v_1} \, dx_{v_2} \cdots dx_{v_n}$$

existiert; die Situation erinnert an den Doppelreihensatz.

Beispiel 8.3 Die Berechnung von $\int_P xy^2 \, d(x, y)$ über den Parabelabschnitt $P = \{(x, y) : y^2 < x < 4\}$ führt zu

$$\int_0^4 \int_{-\sqrt{x}}^{\sqrt{x}} xy^2 \, dy \, dx = \int_0^4 x \frac{1}{3} y^3 \Big|_{-\sqrt{x}}^{\sqrt{x}} dx = \frac{2}{3} \int_0^4 x^{5/2} \, dx = \frac{512}{21}.$$

Man hätte auch zuerst bezüglich x integrieren können (vgl. Abb. 8.4).

Beispiel 8.4 Zu berechnen ist $\int_T xyz \, d(x, y, z)$ über das Tetraeder $T \subset \mathbb{R}^3$ mit den Eckpunkten $(0, 0, 0)$, $(1, 0, 0)$, $(0, 1, 0)$ und $(0, 0, 1)$. Schon bei diesem Beispiel treten für Ungeübte Schwierigkeiten auf, wenn das Integral in ein iteriertes umgeschrieben werden soll: es gilt, die Grenzen zu finden! Hier ist $T = \{(x, y, z) : x > 0, \ y > 0, \ z > 0, \ x + y + z < 1\}$, somit wird T durch die Ungleichungen $0 < x < 1$, $0 < y < 1 - x$ und $0 < z < 1 - x - y$ beschrieben; die alphabetische Anordnung ist natürlich nicht zwingend. Es folgt

$$\int_T xyz \, d(x, y, z) = \int_0^1 \int_0^{1-x} \int_0^{1-x-y} xyz \, dz \, dy \, dx = 1/720.$$

Beispiel 8.5 Das Rechteck $R = [a', a''] \times [b', b'']$ sei lückenlos überdeckt durch endlich viele nichtüberlappende Rechtecke $R_v = [a_v', a_v''] \times [b_v', b_v'']$. Für jedes v sei bekannt, dass $a_v'' - a_v'$ oder $b_v'' - b_v'$ (oder beide Kantenlängen) natürliche Zahlen sind. Ist dann auch $a'' - a'$ oder $b'' - b'$ eine natürliche Zahl? Kombinatorische Überlegungen werden bald zum Albtraum. Die Antwort ist Ja. Es ist

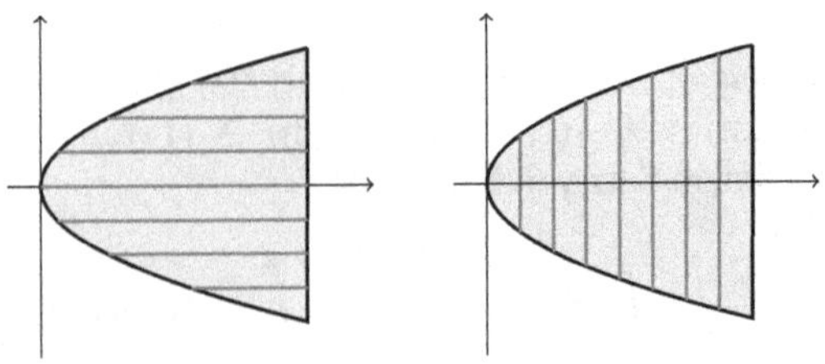

Abb. 8.4 $\displaystyle\int_P xy^2 \, d(x, y) =$

$$\int_{-2}^2 \int_{y^2}^4 xy^2 \, dx \, dy =$$

$$\int_0^4 \int_{-\sqrt{x}}^{\sqrt{x}} xy^2 \, dy \, dx$$

$$\int_{R_\nu} e^{2\pi i(x+y)} \, d(x, y) = \int_{a'_\nu}^{a''_\nu} e^{2\pi ix} \, dx \int_{b'_\nu}^{b''_\nu} e^{2\pi iy} \, dy = 0,$$

da wenigstens eines der beiden Integrale verschwindet (das erste für $a''_\nu - a'_\nu \in \mathbb{N}$ und das zweite für $b''_\nu - b'_\nu \in \mathbb{N}$); somit ist auch

$$\int_R e^{2\pi i(x+y)} \, d(x, y) = \int_{a'}^{a''} e^{2\pi ix} \, dx \int_{b'}^{b''} e^{2\pi iy} \, dy = 0.$$

Dies bedeutet, dass eines der beiden Integrale verschwinden muss, was umgekehrt $a'' - a' \in \mathbb{N}$ oder $b'' - b' \in \mathbb{N}$ bedingt.

8.17 Das Prinzip von Cavalieri Ist $E \subset \mathbb{R}^n = \mathbb{R}^p \times \mathbb{R}^q$ messbar, so kann man wie bei Nullmengen die $\mathfrak{x}$- bzw. $\mathfrak{y}$-Schnitte $E_{\mathfrak{x}} = \{\mathfrak{y} : (\mathfrak{x}, \mathfrak{y}) \in E\} \subset \mathbb{R}^q$ bzw. $E_{\mathfrak{y}} = \{\mathfrak{x} : (\mathfrak{x}, \mathfrak{y}) \in E\} \subset \mathbb{R}^p$ betrachten (vgl. Abb. 8.5). Eine Spezialisierung des Satzes von Fubini/Tonelli ergibt dafür das (zumindest in Dimension 2 und 3) völlig einleuchtende Prinzip von Cavalieri.

Satz 8.19 (Prinzip von Cavalieri) *Ist $E \subset \mathbb{R}^n = \mathbb{R}^p \times \mathbb{R}^q$ quadrierbar, dann sind $\mathbb{R}^p$-fast alle $\mathfrak{x}$-Schnitte $E_{\mathfrak{x}} \subset \mathbb{R}^q$ quadrierbar und es gilt*

$$\lambda^n(E) = \int_{\mathbb{R}^p} \lambda^q(E_{\mathfrak{x}}) \, d\mathfrak{x}. \tag{8.4}$$

Ist umgekehrt E messbar, sind $\mathbb{R}^p$-fast alle $\mathfrak{x}$-Schnitte $E_{\mathfrak{x}} \subset \mathbb{R}^q$ quadrierbar, und existiert $\int_{\mathbb{R}^p} \lambda^q(E_{\mathfrak{x}}) \, d\mathfrak{x}$, so ist E quadrierbar und es gilt wieder (8.4).

Beweis ‖ Die Voraussetzungen und Behauptungen entsprechen denen der Sätze von Fubini bzw. Tonelli für die messbare Funktion $f = \mathbf{1}_E$. ✎

Francesco Bonaventura **Cavalieri** (1598-1647, Bologna), kam bei der Untersuchung von Kurven und Flächen der Definition des Längen-, Flächen- und Volumenelementes und damit der Integrationstheorie nahe. Nach dem Cavalierischen Prinzip bestehen Kurven, Flächen und Körper aus *unteilbaren* Punkten, Kurven und Flächen, durch ihre *Summierung* erhält man die Länge, die Fläche und das Volumen.

Bemerkung 8.8 Das n-dimensionale Lebesguemaß ist ein *Produktmaß:* Sind die Mengen $E_1, \dots, E_n \subset \mathbb{R}$ quadrierbar, so ist

$$\lambda^n(E_1 \times \cdots \times E_n) = \lambda^1(E_1) \cdots \lambda^1(E_1).$$

Dies verwundert natürlich nicht, war doch der Ausgangspunkt die Definition des elementaren Inhalts des n-dimensionalen Intervalls $I_1 \times \cdots \times I_n$ als *Produkt* der Längen $|I_\nu|$.

8.18 Rotationskörper $R = \{(x, y, z) : \sqrt{y^2 + z^2} \leq f(x), x \in [a, b]\} \subset \mathbb{R}^3$ entstehen durch die Rotation des Bereichs zwischen der x-Achse und dem Graphen der messbaren und quadratisch integrierbaren Funktion $f : [a, b] \to [0, \infty)$ um die x-Achse. Für $x \in [a, b]$ ist der x-Schnitt R_x eine Kreisscheibe vom Radius $f(x)$ mit

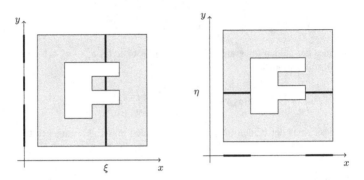

Abb. 8.5 Die Schnitte E_ξ bzw. E_η auf der y- bzw. x-Achse

der Fläche $\pi f(x)^2$. Damit hat der Rotationskörper R das 3-dimensionale Volumen

$$\lambda^3(R) = \pi \int_a^b f(x)^2 \, dx.$$

Aufgabe 8.8 Es sei $G = \{(x, y) : |y| \le 4 - x^2\} \subset \mathbb{R}^2$ die Grundfläche eines 3-dimensionalen massiven Körpers K, dessen y-Schnitt K_y für $-4 < y < 4$ jeweils eine gleichseitige Dreiecksfläche ist. Zu berechnen ist das Volumen von K.

Aufgabe 8.9 Dasselbe, wenn man entsprechende x-Schnitte K_x für $-2 < x < 2$ zugrunde legt.

Aufgabe 8.10 Aus der 3-dimensionalen Einheitskugel $\{(x, y, z) : x^2 + y^2 + z^2 \le 1\}$ wird der Zylinder $\{(x, y, z) : x^2 + y^2 \le r^2, z \in \mathbb{R}\}$ ausgeschnitten ($0 < r < 1$). Zu berechnen ist das Volumen der so entstehenden Perle (i) mittels des Prinzips von Cavalieri und (ii) als Rotationskörper. (**Hinweis.** Beidesmal spielt die Zahl $\sqrt{1 - r^2}$ eine Rolle.)

Aufgabe 8.11 Zu berechnen ist $\int_Q y e^{-(1+x^2)y^2} \, d(x, y)$ ($Q = (0, \infty) \times (0, \infty)$ ist der 1. Quadrant) mittels beider im Satz von Fubini vorgesehenen Reihenfolgen, um auf $\int_0^\infty e^{-x^2} \, dx = \frac{1}{2}\sqrt{\pi}$ zu schließen. (**Hinweis.** In einem Fall ist $xy = u$, $ydx = du$ zu substituieren.)

Aufgabe 8.12 Von dem zwischen der Geraden $y + 2x = 9$ und der Parabel $y^2 = 12x + 81$ gelegenen beschränkten Gebiet D ist die Fläche (das Lebesguemaß) zu berechnen.

8.19 Ordinatenmengen Ist $E \subset \mathbb{R}^n$ messbar und sind $f, g : E \to \mathbb{R}$ messbare Funktionen mit $f(\mathfrak{x}) \le g(\mathfrak{x})$ in E, so nennt man die Mengen

$$E(f, g) = \{(\mathfrak{x}, z) \in E \times \mathbb{R} : f(\mathfrak{x}) < z < g(\mathfrak{x})\} \subset \mathbb{R}^{n+1},$$

und analog $E[f, g]$, $E(f, g]$ und $E[f, g)$ **Ordinatenmengen.**

Satz 8.20 *Ordinatenmengen sind messbar. Für $g - f \in \mathcal{L}(E)$ haben alle dasselbe $(n + 1)$-dimensionale Maß*

$$\int_E (g(\mathfrak{x}) - f(\mathfrak{x})) \, d\mathfrak{x}; \tag{8.5}$$

insbesondere ist der Graph $\mathfrak{G}(f) = E[f, f]$ eine $(n + 1)$-dimensionale Nullmenge.

Beweis ‖ Die charakteristische Funktion $\mathbf{1}_{E(f,g)}(\mathfrak{x}, z)$ beispielsweise wird approximiert durch die Folge $\phi_k(\mathfrak{x}, z) = \mathbf{1}_E(\mathfrak{x}) \min\{1, k\,[(z - f(\mathfrak{x}))(g(\mathfrak{x}) - z)]^+\}$ messbarer Funktionen, und ist daher messbar. Ähnlich verfährt man in den restlichen Fällen. Für $\mathfrak{x} \in E$ hat der Schnitt $E(f, g)_{\mathfrak{x}}$ die Länge $g(\mathfrak{x}) - f(\mathfrak{x})$, es gilt damit (8.5) nach dem Prinzip von Cavalieri. 🥨

8.6 Die Transformationsformel

8.20 Lineare Abbildungen und Lebesguemaß Ein Intervall $I \subset \mathbb{R}$ der Länge $|I|$ wird durch einen Diffeomorphismus $\Phi : I \to J$ in ein Intervall der Länge $|J| = \int_I |\Phi'(x)|\,dx$ transformiert. Um herauszufinden, wie sich in $\mathbb{R}^n$ das Maß quadrierbarer Mengen unter Diffeomorphismen verändert, werden zuerst Intervalle in $\mathbb{R}^n$ und lineare Abbildungen des $\mathbb{R}^n$ untersucht. Die Lösung dieses Problems erweist sich zugleich als Schlüssel zum Beweis der Transformationsformel[3].

Satz 8.21 *Es sei A eine $n \times n$-Matrix, $\mathfrak{b} \in \mathbb{R}^n$ und $\Phi(\mathfrak{x}) = A\mathfrak{x} + \mathfrak{b}$. Dann gilt für jede beschränkte offene Menge $E \subset \mathbb{R}^n$*

$$\lambda^n(\Phi(E)) = |\det A|\,\lambda^n(E).$$

Beweis ‖ Eine Parallelverschiebung $\mathfrak{y} = \mathfrak{x} + \mathfrak{b}$ ändert nichts am Maß eines Intervalls und damit einer beliebigen quadrierbaren Menge; ab jetzt wird $\mathfrak{b} = \mathfrak{o}$ angenommen. Zwei einfache Spezialfälle werden vorgezogen:

- $A = \operatorname{diag}(\lambda_1, \ldots, \lambda_n)$. Sind $l_1, \ldots, l_n$ die Kantenlängen von I, so ist $\Phi(I)$ ein Intervall mit den Kantenlängen $|\lambda_\nu|\,l_\nu$ und somit

$$\lambda^n(\Phi(I)) = |\lambda_1 \cdots \lambda_n|\,\lambda^n(I) = |\det A|\,\lambda^n(I).$$

- $\det A = 0$. Dann liegt das Bild $\Phi(\mathbb{R}^n)$ in einer Hyperebene des $\mathbb{R}^n$, die man als Graph einer linearen Funktion $\mathbb{R}^{n-1} \to \mathbb{R}$ auffassen kann; jedenfalls ist für jedes Intervall $\lambda^n(\Phi(I)) = 0 = |\det A|\lambda^n(I)$.

Für eine beliebige reguläre $n \times n$-Matrix A und $\Phi(\mathfrak{x}) = A\mathfrak{x}$ sei jetzt

$$\mu(A) = \lambda^n(\Phi([0, 1)^n)),$$

---

[3] Nachfolgende elegante Schlussweise ist W. Walter, *Analysis 2*, Springer-Lehrbuch 1990 entnommen.

und das erste Ziel ist der Nachweis von $\lambda^n(\Phi(E)) = \mu(A)\,\lambda^n(E)$ für beschränkte offene Mengen $E \subset \mathbb{R}^n$. Dafür ausreichend ist der Beweis von

$$\lambda^n(\Phi(I)) = \mu(A)\,\lambda^n(I) \quad (I = \mathfrak{a} + [0, \ell)^n = \mathfrak{a} + \ell[0, 1)^n) \tag{8.6}$$

da man jede beschränkte offene Menge als Vereinigung halboffener dyadischer Würfel I (Kantenlänge $\ell = 2^{-k}$, Eckpunkt $\mathfrak{a} \in 2^{-k}\mathbb{Z}^n$, $k \in \mathbb{N}$) schreiben kann. Die Behauptung (8.6) folgt dann aus der Homogenität von Φ und λ^n,

$$\lambda^n(\Phi(I)) = \lambda^n(\ell\Phi([0, 1)^n)) = \ell^n \mu(A) = \mu(A)\lambda^n(I).$$

Offensichtlich ist die Funktion μ *multiplikativ:* $\mu(A_1 A_2) = \mu(A_1)\mu(A_2)$, und es bleibt $\mu(A) = |\det A|$ nachzuweisen. Dies ist für *Diagonalmatrizen* bekannt und folgt für *orthogonale Matrizen* aus $\Phi(K(\mathfrak{o}, 1)) = K(\mathfrak{o}, 1)$, also $\mu(A) = 1 = |\det A|$. Allgemein betrachtet man die Matrix $A^\top A$; sie ist symmetrisch und positiv definit, demnach diagonalisierbar: Es gibt eine orthogonale $n \times n$-Matrix C mit $C^\top A^\top A C = D = \mathrm{diag}\,(\lambda_1, \ldots, \lambda_n)$, alle $\lambda_\nu > 0$. Mit $D_1 = \mathrm{diag}\,(\sqrt{\lambda_1}, \ldots, \sqrt{\lambda_n})$ ist dann $D_1 D_1 = D_1^2 = D$ und $\mathsf{E} = D_1^{-1} D D_1^{-1} = (D_1^{-1})^\top C^\top A^\top A C D_1^{-1}$ die $n \times n$-Einheitsmatrix; somit ist $S = A C D_1^{-1}$ eine Orthogonalmatrix. Aus der Multiplikativität von μ und den bereits bewiesenen Teilergebnissen folgt dann

$$\mu(A) = \mu(S D_1 C^{-1}) = \mu(S)\,\mu(D_1)\,\mu(C^{-1}) = \sqrt{\lambda_1 \cdots \lambda_n} = |\det A|. \quad \text{☙}$$

8.21 Diffeomorphismen und Lebesguemaß Das Ergebnis für lineare Transformationen wird nun, wie üblich und gar nicht anders möglich, durch einen Grenzprozess auf beliebige Diffeomorphismen übertragen.

Satz 8.22 *Es sei $U \subset \mathbb{R}^n$ offen und $\Phi : U \longrightarrow \Phi(U)$ ein Diffeomorphismus. Dann gilt für jede beschränkte offene Menge E mit $\overline{E} \subset U$*

$$\lambda^n(\Phi(E)) = \int_E |\det \Phi'(\mathfrak{x})|\, d\mathfrak{x}; \tag{8.7}$$

Φ ist auch nullmengentreu, *d. h. ist N eine Nullmenge mit $\overline{N} \subset U$, so ist auch $\Phi(N)$ eine Nullmenge.*

Beweis ‖ Zunächst wird ein halboffenes Intervall $I_0 = [\mathfrak{a}, \mathfrak{b})$ mit $[\mathfrak{a}, \mathfrak{b}] \subset U$ betrachtet und die Zahl q durch

$$q\,\lambda^n(\Phi(I_0)) = \int_{I_0} |\det \Phi'(\mathfrak{x})|\, d\mathfrak{x}$$

definiert. Erstes Ziel ist der Nachweis von $q \geq 1$. Wird I_0 durch Halbierung der Kanten in 2^n halboffene Intervalle $I_0^{(j)}$ zerlegt, so gilt wegen

$$\sum_{j=1}^{2^n} \int_{I_0^{(j)}} |\det \Phi'(\mathfrak{x})| \, d\mathfrak{x} = \int_{I_0} |\det \Phi'(\mathfrak{x})| \, d\mathfrak{x} = q\lambda^n(\Phi(I_0)) = q\sum_{j=1}^{2^n} \lambda^n(\Phi(I_0^{(j)})),$$

dass eines dieser Intervalle, mit I_1 bezeichnet, die Ungleichung

$$q\lambda^n(\Phi(I_1)) \geq \int_{I_1} |\det \Phi'(\mathfrak{x})| \, d\mathfrak{x}$$

erfüllt. So fortfahrend erhält man eine geschachtelte Intervallfolge (I_k) mit

$$q\lambda^n(\Phi(I_k)) \geq \int_{I_k} |\det \Phi'(\mathfrak{x})| \, d\mathfrak{x} \quad \text{und} \quad \text{diam } I_{k+1} = \tfrac{1}{2}\text{diam } I_k.$$

Nach dem Cantorschen Durchschnittssatz gilt $\bigcap_{k \in \mathbb{N}} \overline{I_k} = \{\mathfrak{x}_0\} \subset [a, b]$, der einfacheren Schreibweise halber wird nach zwei Parallelverschiebungen $\mathfrak{x}_0 = o$ und $\Phi(o) = o$ angenommen. Nach Voraussetzung ist $A = \Phi'(o)$ regulär und

$$\Phi(\mathfrak{x}) = A(\mathfrak{x} + o(\mathfrak{x})) = A\Psi(\mathfrak{x}),$$

wobei $o(\mathfrak{x})$ ein Vektor der Norm $o(|\mathfrak{x}|)$ für $\mathfrak{x} \to o$ ist. Damit ist $\Psi(I_k)$ in einem Intervall J_k mit $\lambda^n(J_k)/\lambda^n(I_k) = 1 + \epsilon_k \to 1$ $(k \to \infty)$ enthalten und es gilt

$$\int_{I_k} |\det \Phi'(\mathfrak{x})| \, d\mathfrak{x} \leq q\lambda^n(\Phi(I_k)) \leq q|\det A|\lambda^n(J_k) = q(1 + \epsilon_k)|\det A| \, \lambda^n(I_k).$$

Andererseits folgt aus der Stetigkeit von $\mathfrak{x} \mapsto |\det \Phi'(\mathfrak{x})|$

$$\int_{I_k} |\det \Phi'(\mathfrak{x})| \, d\mathfrak{x} = |\det A|\lambda^n(I_k)(1 + \delta_k) \quad (\delta_k \to 0).$$

Zusammen ergibt sich die Ungleichung $|\det A| \leq q|\det A|$, also $q \geq 1$; die Umkehrung $q \leq 1$, zusammen also $q = 1$, beweist man genauso. Aus der Gültigkeit von (8.7) für halboffene Intervalle folgt dies auch für beschränkte offene Mengen mit $\overline{E} \subset U$. Die Nullmengentreue folgt so: Für $\epsilon > 0$ wird E durch offene Intervalle I_k vom Gesamtmaß $< \epsilon$ überdeckt und das bereits Bewiesene auf die offene Menge $\bigcup_k I_k$ angewandt. &

8.22 Die Transformationsformel kann nach diesen Vorbereitungen in folgender Form bewiesen werden.

Satz 8.23 (Transformationsformel) *Es seien* $X, Y \subset \mathbb{R}^n$ *offen,* $\Phi : X \to Y$ *ein Diffeomorphismus und* $f \in \mathcal{L}(Y)$. *Dann gehört die Funktion* $(f \circ \Phi)|\det \Phi'|$ *zu* $\mathcal{L}(X)$ *und es gilt*

$$\int_Y f(\mathfrak{y}) \, d\mathfrak{y} = \int_X f(\Phi(\mathfrak{x}))|\det \Phi'(\mathfrak{x})| \, d\mathfrak{x}, \tag{8.8}$$

insbesondere

$$\lambda^n(\Phi(E)) = \int_E |\det \Phi'(\mathfrak{x})| \, d\mathfrak{x}$$

für alle messbaren Mengen $E \subset X$ mit quadrierbarem Bild $\Phi(E)$.

Bemerkung 8.9 Da auch $\Psi = \Phi^{-1} : Y \to X$ ein Diffeomorphismus mit Funktionaldeterminante $\det \Psi'(\mathfrak{y}) = 1/\det \Phi'(\mathfrak{x})$ für $\mathfrak{y} = \Phi(\mathfrak{x})$ ist, kann man die Transformationsformel auch von rechts nach links lesen.

Satz 8.24 *Ist die Funktion $g(\mathfrak{x}) = f(\Phi(\mathfrak{x}))|\det \Phi'(\mathfrak{x})|$ über X integrierbar, so auch $f(\mathfrak{y}) = g(\Psi(\mathfrak{y}))|\det \Psi'(\mathfrak{y})|$ über Y und es gilt (8.8).*

Beweis $\parallel$ der Transformationsformel. Aus (8.7) für beliebige Intervalle $E = I$ mit $\overline{I} \subset X$ folgt die Behauptung für Treppenfunktionen mit Träger in Y, dann für $f \in \mathcal{L}^+(Y)$ mit Hilfe des Satzes von Beppo Levi, und schließlich allgemein. Die zweite Behauptung wird nun ausführlich behandelt. Ist $f \in \mathcal{L}^+(Y)$, so bezeichnet (ψ_k) eine assoziierte Folge von Treppenfunktionen, $\psi_k(\mathfrak{y}) \uparrow f(\mathfrak{y})$ in $Y \setminus N$, $N \subset Y$ eine Nullmenge. Für diese Funktionen gilt

$$\int_Y \psi_k(\mathfrak{y}) \, d\mathfrak{y} = \int_X \psi_k(\Phi(\mathfrak{x})) \, |\det \Phi'(\mathfrak{x})| \, d\mathfrak{x}$$

sowie $\psi_k(\Phi(\mathfrak{x})) \, |\det \Phi'(\mathfrak{x})| \to f(\Phi(\mathfrak{x})) \, |\det \Phi'(\mathfrak{x})|$ für $k \to \infty$ in $X \setminus \tilde{N}$; $\tilde{N} = \Phi^{-1}(N)$ ist eine Nullmenge, da Φ^{-1} ein Diffeomorphismus ist. Die Konvergenz ist monoton wegen $|\det \Phi'(\mathfrak{x})| > 0$, und die Integralfolge ist beschränkt wegen

$$\int_X \psi_k(\Phi(\mathfrak{x})) \, |\det \Phi'(\mathfrak{x})| \, d\mathfrak{x} = \int_Y \psi_k(\mathfrak{y}) \, d\mathfrak{y} \le \int_Y f(\mathfrak{y}) \, d\mathfrak{y}.$$

Der Satz von Beppo Levi ergibt die Behauptung für $f \in \mathcal{L}^+(X)$, woraus unmittelbar die für $f = f_1 - f_2 \in \mathcal{L}(\mathbb{R}^n)$ folgt. Die letzte Aussage des Satzes erhält man für $f = \mathbf{1}_E$.   ☙

Beispiel 8.6 Als Anwendung der Transformationsformel wird die Beziehung

$$\Gamma(x)\,\Gamma(y) = \Gamma(x+y)\,\mathsf{B}(x,y) \quad (x, y > 0)$$

bewiesen; dabei ist $\Gamma(x) = \int_0^\infty e^{-s} s^{x-1} \, ds$ die bereits eingeführte *Eulersche Gammafunktion* und

$$\mathsf{B}(x,y) = \int_0^1 u^{x-1}(1-u)^{y-1} \, du = 2 \int_0^{\pi/2} (\sin t)^{2x-1}(\cos t)^{2y-1} \, dt$$

(Substitution $u = \sin^2 t$) die *Eulersche Betafunktion*. Es ist

$$\Gamma(x)\,\Gamma(y) = \int_0^\infty e^{-s} s^{x-1} \, ds \int_0^\infty e^{-t} t^{y-1} \, dt = \int_Q e^{-s-t} s^{x-1} t^{y-1} \, d(s, t),$$

$Q = (0, \infty) \times (0, \infty)$ ist der erste Quadrant. Die Transformation $s = uv, t = (1 - u)v$ mit Umkehrung $u = \dfrac{s}{s+t}$, $v = s + t$ und Funktionaldeterminante $\det \dfrac{\partial(s, t)}{\partial(u, v)} = v$ bildet den halben Par-

Abb. 8.6 $s = uv, t =$
$(1 - u)v$ bildet
$(0, 1) \times (0, \infty)$ diffeomorph
auf den 1. Quadranten ab mit
Funktionaldeterminante v

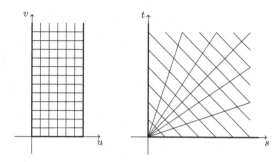

allelstreifen $(0, 1) \times (0, \infty)$ diffeomorph auf Q ab; es folgt (Abb. 8.6)

$$\Gamma(x)\,\Gamma(y) = \int_0^\infty \int_0^1 e^{-v}(uv)^{x-1}((1-u)v)^{y-1}v\,du\,dv$$
$$= \int_0^\infty e^{-v}v^{x+y-1}\,dv \int_0^1 u^{x-1}(1-u)^{y-1}\,du = \Gamma(x+y)\mathrm{B}(x, y).$$

Speziell $x = y = \frac{1}{2}$ ergibt $\Gamma\left(\frac{1}{2}\right)^2 = \int_0^1 (u(1-u))^{-1/2}\,du = \pi$, wie man mit elementaren Methoden nachrechnet, also $\Gamma(\frac{1}{2}) = \sqrt{\pi}$ und wieder

$$\int_{-\infty}^\infty e^{-t^2}\,dt = 2\int_0^\infty e^{-t^2}\,dt = \int_0^\infty e^{-u}u^{-1/2}\,du = \sqrt{\pi}\,.$$

Beispiel 8.7 Die Fläche eines Dreiecks bzw. das Volumen einer Pyramide berechnet sich nach der Formel $\frac{1}{2} \times$ Grundseite $\times$ Höhe bzw. $\frac{1}{3} \times$ Grundfläche $\times$ Höhe. Dies lässt sich folgendermaßen verallgemeinern. Ein massiver *Kegel* $K \subset \mathbb{R}^{n+1}$ der Höhe $h > 0$ ist eine Punktmenge der Form $K = \{(\mathfrak{x} + (z/h)(\mathfrak{x}_0 - \mathfrak{x}), z) : \mathfrak{x} \in G,\ 0 \le z \le h\} \subset \mathbb{R}^{n+1};\ G \subset \mathbb{R}^n$ wird als quadrierbar angenommen, die Spitze liegt in $(\mathfrak{x}_0, h)$. Der z-Schnitt K_z hat dasselbe n-dimensionale Maß wie das Bild von G unter der Stauchung $\mathfrak{x} \mapsto (1 - z/h)\mathfrak{x}$ mit Funktionaldeterminante $(1 - z/h)^n$, es ist $\lambda^n(K_z) = (1 - z/h)^n\lambda^n(G)$ und

$$\lambda^{n+1}(K) = \lambda^n(G)\int_0^h \left(1 - \frac{z}{h}\right)^n dz = \frac{h}{n+1}\lambda^n(G).$$

8.7 Spezielle Koordinatentransformationen

8.23 Polarkoordinaten Der Übergang von kartesischen zu Polarkoordinaten und umgekehrt geschieht durch den Diffeomorphismus

$$\Phi : (0, \infty) \times (-\pi, \pi) \to \mathbb{R}^2 \setminus \{(x, 0) : x \le 0\}, \quad \Phi(r, \theta) = (r\cos\theta, r\sin\theta)$$

mit Funktionaldeterminante $\det \Phi'(r, \theta) = \begin{vmatrix} \cos\theta & -r\sin\theta \\ \sin\theta & r\cos\theta \end{vmatrix} = r$. Polarkoordinaten eignen sich insbesondere immer dann, wenn über eine *runde* Menge zu integrieren oder der Integrand *rotationssymmetrisch* ist, also nur von r abhängt.

Beispiel 8.8 $\int_{\mathbb{R}^2} e^{-x^2-y^2}\, d(x,y) = 2\pi \int_0^\infty re^{-r^2}\, dr = 2\pi\, \frac{-1}{2} e^{-r^2}\big|_0^\infty = \pi$. Da nach einer trivialen Version des Satzes von Fubini auch $\int_{\mathbb{R}^2} e^{-x^2-y^2}\, d(x,y) = \int_{\mathbb{R}} e^{-x^2}\, dx \int_{\mathbb{R}} e^{-y^2}\, dy$ ist, folgt wieder $\int_{-\infty}^\infty e^{-x^2}\, dx = \sqrt{\pi}$.

Aufgabe 8.13 Zu berechnen ist das Integral von $e^{-x^2-y^2} x^{2p-1} y^{2q-1}$ $(p, q > 0)$ über den 1. Quadranten $Q : x > 0$, $y > 0$ auf zwei Arten, um wieder $\dfrac{\Gamma(p)\Gamma(q)}{\Gamma(p+q)} = \mathrm{B}(p,q)$ zu beweisen.

8.24 Zylinderkoordinaten Die Transformation

$$\Phi(r, \theta, z) = (r\cos\theta, r\sin\theta, z), \quad \det \Phi'(r, \theta, z) = r$$

führt für (x, y) Polarkoordinaten ein und lässt z ungeändert; zugelassen zur Transformation sind offene Mengen $X \subset (0, \infty) \times (0, 2\pi) \times \mathbb{R}$; (r, θ, z) heißen *Zylinderkoordinaten*.

Beispiel 8.9 $R = \{(x, y, z) : a^2 < x^2 + y^2 < b^2,\ 0 \le z < f(r)\} \subset \mathbb{R}^3$ $(r = \sqrt{x^2+y^2}, (a, b) \subset [0, \infty))$ entsteht durch Rotation des in der xz-Ebene gelegenen Bereiches $\{(x, z) : a < x < b,\ 0 \le z < f(x)\}$ um die z-Achse. Ist f integrierbar, so ist das 3-dimensionales Volumen von R nach Einführung von Zylinderkoordinaten gleich $\lambda^3(R) = \int_0^{2\pi} \int_a^b f(r) r\, dr\, d\theta = 2\pi \int_a^b f(r) r\, dr$.

Beispiel 8.10 Das *Trägheitsmoment* eines festen Körpers $K \subset \mathbb{R}^3$ in Bezug auf die Rotationsachse $\mathcal{A}$ ist $J = \int_K \rho(\mathfrak{x}) r(\mathfrak{x})^2\, d\mathfrak{x}$; dabei ist $\rho(\mathfrak{x})$ die *Massendichte* und $r(\mathfrak{x})$ der *Abstand* des Punktes $\mathfrak{x}$ zur Achse $\mathcal{A}$. Speziell für die z-Achse ist $r(\mathfrak{x}) = \sqrt{x^2+y^2}$ und $J = \int_K \rho(x, y, z)(x^2+y^2)\, d(x, y, z)$. Für die Kugel $K(\mathfrak{o}, R)$ mit der Dichte $\rho \equiv 1$ ergibt die Einführung von Zylinderkoordinaten unter Beachtung der Symmetrie das Trägheitsmoment

$$J = 4\pi \int_0^R \int_0^{\sqrt{R^2-z^2}} r^2 r\, dr\, dz = \pi \int_0^R (R^2 - z^2)^2\, dz = \frac{8}{15}\pi R^5.$$

Beispiel 8.11 Der *Schwerpunkt* $\mathfrak{s}$ von $K \subset \mathbb{R}^n$ (Dichte 1) hat die Koordinaten

$$s_\nu = \frac{1}{\lambda^n(K)} \int_K x_\nu\, d\mathfrak{x} \quad (1 \le \nu \le n).$$

Ist $K = \{(x, y, z) : x^2 + y^2 \le f(z)^2,\ a \le z \le b\} \subset \mathbb{R}^3$ ein Rotationskörper in Bezug auf die z-Achse, so liegt $\mathfrak{s}$ auf dieser Achse ($s_1 = s_2 = 0$), nach Einführung von Zylinderkoordinaten folgt

$$s_3 = \frac{\int_a^b z f(z)^2\, dz}{\int_a^b f(z)^2\, dz}.$$

8.25 Kugelkoordinaten Die Koordinaten in Luft- und Seefahrt sind die geographische Breite und Länge. Man gelangt so zu den *Kugelkoordinaten*:

$$x = r \cos \lambda \cos \beta$$
$$y = r \sin \lambda \cos \beta \quad \text{mit} \quad \det \frac{\partial(x,y,z)}{\partial(r,\lambda,\beta)} = r^2 \cos \beta;$$
$$z = r \sin \beta$$

λ $(-\pi \le \lambda \le \pi)$ und β $(-\pi/2 \le \beta \le \pi/2)$ sind die *geographische Länge* und *Breite*[4], r ist der Abstand zum Nullpunkt. Hieraus erhält man leicht mit Induktion die Kugelkoordinaten in $\mathbb{R}^n$:

$$\Phi_n(r,\lambda,\beta_1,\ldots,\beta_{n-2}) = \begin{pmatrix} r \cos \lambda \cos \beta_1 \cos \beta_2 \ldots \cos \beta_{n-3} \cos \beta_{n-2} \\ r \sin \lambda \cos \beta_1 \cos \beta_2 \ldots \cos \beta_{n-3} \cos \beta_{n-2} \\ r \sin \beta_1 \cos \beta_2 \ldots \cos \beta_{n-3} \cos \beta_{n-2} \\ \vdots \\ r \sin \beta_{n-3} \cos \beta_{n-2} \\ r \sin \beta_{n-2} \end{pmatrix},$$

wobei $0 < r < \infty$, $-\pi < \lambda < \pi$, $-\pi/2 < \beta_\nu < \pi/2$ $(1 \le \nu \le n-2)$ und

$$\frac{\partial \Phi_n}{\partial(r,\lambda,\beta_1,\ldots,\beta_{n-2})} = r^{n-1}(\cos \beta_{n-2})^{n-2}(\cos \beta_{n-3})^{n-3}\ldots(\cos \beta_2)^2 \cos \beta_1.$$

Man setzt zur Herleitung $x_n = r \sin \beta_{n-2}$; dann gilt $x_1^2 + \ldots + x_{n-1}^2 = r^2 \cos^2 \beta_{n-2}$ und $\Phi_n(r,\lambda,\beta_1,\ldots,\beta_{n-2}) = \begin{pmatrix} \Phi_{n-1}(r,\lambda,\ldots,\beta_{n-3}) \cos \beta_{n-2} \\ r \sin \beta_{n-2} \end{pmatrix}$; diese Rekursion führt unmittelbar zum angegebenen Ergebnis. Die Berechnung der Funktionaldeterminante wird als Aufgabe gestellt; ein Hinweis ist

$$\Phi_n' = \begin{pmatrix} \Phi_{n-1}' \cos \beta_{n-2} & -\Phi_{n-1} \sin \beta_{n-2} \\ \sin \beta_{n-2} \; 0 \ldots 0 & r \cos \beta_{n-2} \end{pmatrix},$$

ein weiterer, dass Φ_{n-1}/r die erste Spalte von Φ_{n-1}' ist.

8.26 Das Maß einer n-dimensionalen Kugel.

Satz 8.25 *Die n-dimensionale Einheitskugel hat das Maß* $\dfrac{\pi^{n/2}}{\Gamma\left(1 + \frac{n}{2}\right)}$.

Beweis ‖ Eine Möglichkeit bietet das Prinzip von Cavalieri. Da $\mathfrak{x} \mapsto R\mathfrak{x}$ die Kugel $K(\mathfrak{o}, 1)$ diffeomorph mit Funktionaldeterminante R^n auf $K(\mathfrak{o}, R)$ abbildet, ist $\lambda^n(K(\mathfrak{o}, R)) = R^n \lambda^n(K(\mathfrak{o}, 1)) = c_n R^n$. Der z-Schnitt der $(n+1)$-dimensionalen Einheitskugel $K_{n+1}((\mathfrak{o}, 0), 1) = \{(\mathfrak{x}, z) : \mathfrak{x} \in \mathbb{R}^n, z \in \mathbb{R}, |\mathfrak{x}|^2 + z^2 < 1\}$ hat das n-dimensionale Maß $c_n(1 - z^2)^{n/2}$. Damit folgt

---

[4] Die Bezeichnung ist so gewählt, dass die nördliche Breite im Gradmaß von 0° bis 90°, die südliche von 0° bis −90° gezählt wird, und die geographische Länge positiv nach Osten bis 180° (Datumsgrenze) und negativ nach Westen bis −180°.

$$c_{n+1} = c_n \int_{-1}^{1} (1 - z^2)^{n/2}\, dz = 2\, c_n \int_{0}^{1} (1 - z^2)^{n/2}\, dz,$$

und die Substitution $z = \sin t$ führt zu

$$\frac{c_{n+1}}{c_n} = 2 \int_{0}^{\pi/2} (\cos t)^{n+1}\, dt = \mathsf{B}(\tfrac{1}{2}, \tfrac{n}{2} + 1) = \frac{\Gamma(\tfrac{n}{2} + 1)\Gamma(\tfrac{1}{2})}{\Gamma(\tfrac{n+1}{2} + 1)}.$$

Nach Bildung des Produktes über $n = 1, 2, \ldots, N - 1$ (man beachte $c_1 = 2$ und

$\Gamma(\tfrac{1}{2}) = \sqrt{\pi}$) ergibt sich $c_N = 2(\sqrt{\pi})^{N-1} \dfrac{\Gamma(\tfrac{1}{2} + 1)}{\Gamma(\tfrac{N}{2} + 1)} = \dfrac{(\sqrt{\pi})^{N}}{\Gamma(1 + \tfrac{N}{2})}$, und so

$$c_n = \frac{\pi^{n/2}}{\Gamma\left(1 + \tfrac{n}{2}\right)}, \quad c_{2n} = \frac{\pi^n}{n!} \quad \text{und} \quad c_{2n+1} = \frac{2^{2n+1}\, \pi^n\, n!}{(2n + 1)!}. \qquad ☕$$

Bemerkung 8.10 Das Maximum der Folge (c_n) ist $c_5 = \tfrac{8}{15}\pi^2 \approx 5.26379$, wie man mittels elementarer Überlegungen zeigt: Die Untersuchung von c_{n+2}/c_n ergibt $c_2 < c_4 < c_6 = \tfrac{\pi^3}{6}$ und $c_6 > c_8 > c_{10} > \cdots$ sowie $c_1 < c_3 < c_5$ und $c_5 > c_7 > c_9 > \cdots$. Wie kann man $c_n \to 0$ für $n \to \infty$ erklären?

8.8 Die $\mathcal{L}^p$-Räume

Eine komplexwertige Funktion $f = f_1 + if_2 : E \longrightarrow \mathbb{C}$, definiert in einer messbaren Menge $E \subset \mathbb{R}^n$, heißt *messbar* bzw. *integrierbar*, wenn die Funktionen f_1 und f_2 dies sind; man setzt in diesem Fall

$$\int_E f(\mathfrak{x})\, d\mathfrak{x} = \int_E f_1(\mathfrak{x})\, d\mathfrak{x} + i \int_E f_2(\mathfrak{x})\, d\mathfrak{x}.$$

Wegen $|f_1| \le |f|$, $|f_2| \le |f|$ und $|f| \le |f_1| + |f_1|$ ist f offensichtlich genau dann integrierbar, wenn f messbar und die reellwertige Funktion $|f|$ integrierbar ist. Die üblichen Regeln gelten weiter, insbesondere die Dreiecksungleichung

$$\left| \int_E f(\mathfrak{x})\, d\mathfrak{x} \right| \le \int_E |f(\mathfrak{x})|\, d\mathfrak{x}.$$

8.27 Der Raum $\mathcal{L}^p(E)$ $(p \ge 1)$ Es sei $E \subset \mathbb{R}^n$ messbar. Die messbaren Funktionen $f : E \to \mathbb{C}$ mit $|f|^p \in \mathcal{L}(E)$ bilden den Raum $\mathcal{L}^p(E)$. Die $\mathcal{L}^p$-*Norm* $\|f\|_p$ von $f \in \mathcal{L}^p$ ist definiert durch

$$\|f\|_p^p = \int_E |f(\mathfrak{x})|^p\, d\mathfrak{x}.$$

Bei Beschränkung auf reellwertige Funktionen erhält man den Raum $\mathcal{L}^p_{\mathbb{R}}(E)$; $f = f_1 + if_2$ gehört zu $\in \mathcal{L}^p(E)$ genau dann, wenn f_1, f_2 in $\mathcal{L}^p_{\mathbb{R}}(E)$ liegen. Dies folgt aus $|f_1|^p \le |f|^p$ und $|f_2|^p \le |f|^p$ einerseits, und

$$|f|^p \le 2^p \max\{|f_1|^p, |f_2|^p\} \le 2^p(|f_1|^p + |f_2|^p)$$

andererseits.

Bemerkung 8.11 Bekanntlich ist $\mathcal{L}^1(E)$ ein Vektorraum; dies gilt auch für $\mathcal{L}^p(E)$, $p > 1$, wie man obiger Überlegung entnehmen kann. Allerdings ist die $\mathcal{L}^p$-Norm $\|\cdot\|_p$ *keine* Norm auf $\mathcal{L}^p$; sie ist zwar *homogen*, $\|\lambda f\|_p = |\lambda|\,\|f\|_p$ gilt für $\lambda \in \mathbb{C}$ ebenso wie die *Dreiecksungleichung* (wie gleich gezeigt wird), sie ist aber nur *semidefinit:* Es ist $\|f\|_p \ge 0$ und $\|f\|_p = 0$ genau dann, wenn $f(\mathfrak{x}) = 0$ *f.ü.* Abhilfe kann man schaffen, indem man den *Quotientenraum* $\mathcal{L}^p(E)/\sim$ nach der Äquivalenzrelation $f \sim g \Leftrightarrow f(\mathfrak{x}) = g(\mathfrak{x})$ *f.ü.* betrachtet, also den Raum der Äquivalenzklassen $[f]$ mit vertreterunabhängig definierter Addition $[f] + [g] = [f + g]$, skalarer Multiplikation $\lambda[f] = [\lambda f]$ und Norm $\|[f]\|_p = \|f\|_p$. Die Quotientenbildung ist aber in der Analysis weniger beliebt als etwa in der Algebra oder Topologie und wird hier unterlassen.

Für $\lambda^n(E) = \infty$ gibt es keine allgemeingültigen Beziehungen zwischen verschiedenen Räumen $\mathcal{L}^p(E)$ und $\mathcal{L}^q(E)$. Dagegen gilt:

Satz 8.26 *Für $\lambda^n(E) < \infty$ und $p > q \ge 1$ gilt $\mathcal{L}^p(E) \subset \mathcal{L}^q(E)$.*

Beweis $\|$ Für $f \in \mathcal{L}^p(E)$ ist $|f(\mathfrak{x})|^q \le \max\{1, |f(\mathfrak{x})|^p\} \le 1 + |f(\mathfrak{x})|^p$ und somit $f \in \mathcal{L}^q(E)$, da alle Konstanten über E integrierbar sind. Für $E = K(\mathfrak{o}, 1)$ etwa gehört $f(\mathfrak{x}) = |\mathfrak{x}|^{-n/p}$ nicht zu $\mathcal{L}^p(E)$, wohl aber zu $\mathcal{L}^q(E)$ für $q < p$, die Inklusion $\mathcal{L}^p(E) \subset \mathcal{L}^q(E)$ ist echt. ☕

8.28 Der Raum $\mathcal{L}^2(E)$ ist neben $\mathcal{L}^1(E)$ sicherlich der wichtigste dieser Räume; er wird vorab behandelt.

Satz 8.27 *Für $f, g \in \mathcal{L}^2(E)$ ist $fg \in \mathcal{L}^1(E)$ und so*

$$\langle f, g \rangle = \int_E f(\mathfrak{x})\overline{g(\mathfrak{x})}\,d\mathfrak{x}$$

definiert. $\mathcal{L}^2(E)$ ist ein Vektorraum, und für $\lambda \in \mathbb{C}$ sowie $h \in \mathcal{L}^2(E)$ gelten

a) $\langle f, f \rangle \ge 0$ *und* $\langle f, f \rangle = 0$ *genau dann, wenn* $f(\mathfrak{x}) = 0$ *f.ü.;*
b) $\langle \lambda f, g \rangle = \lambda \langle f, g \rangle$ $(\lambda \in \mathbb{C})$;
c) $\langle g, f \rangle = \overline{\langle f, g \rangle}$, *insbesondere* $\langle f, \lambda g \rangle = \bar{\lambda}\langle f, g \rangle$;
d) $\langle f + g, h \rangle = \langle f, h \rangle + \langle g, h \rangle$;
e) $|\langle f, g \rangle|^2 \le \langle f, f \rangle\langle g, g \rangle$ *(Cauchy-Schwarzsche Ungleichung);*
f) $\|f + g\|_2 \le \|f\|_2 + \|g\|_2$ *(Dreiecksungleichung).*

Beweis ‖ Die Integrierbarkeit von fg folgt aus der Messbarkeit sowie der Ungleichung $|ab| \leq \frac{1}{2}(|a|^2 + |b|^2)$ $(a, b \in \mathbb{C})$, die zu $(|a| - |b|)^2 \geq 0$ äquivalent ist. Der Beweis der restlichen Aussagen wird als Aufgabe gestellt. Obwohl $\langle \, , \, \rangle$ wegen der nicht vorliegenden Definitheit (es gilt nur $\langle f, f \rangle \geq 0$) kein Skalarprodukt ist, kann der frühere Beweis der Cauchy-Schwarzschen Ungleichung im reellen Fall wortwörtlich übernommen werden: man betrachte das reelle quadratische Polynom $t \mapsto \langle f + tg, f + tg \rangle = \|f + tg\|^2 \geq 0$. Im komplexen Fall ist g durch $g_\alpha = e^{i\alpha} g$ so zu ersetzen, dass $\langle f, g_\alpha \rangle = |\langle f, g \rangle| \geq 0$ wird. Es gilt dann $|\langle f, g \rangle|^2 = \langle f, g_\alpha \rangle^2 \leq \langle f, f \rangle \langle g_\alpha, g_\alpha \rangle = \langle f, f \rangle \langle g, g \rangle$ und die Dreiecksungleichung für die $\mathcal{L}^2$-Norm.   ☕

8.29 Die Höldersche Ungleichung Der Nachweis der Dreiecksungleichung im Fall $p = 1$ verbleibt als Aufgabe; für $1 < p < \infty$ beruht der Beweis auf der *Hölderschen Ungleichung*, einer Verallgemeinerung der Cauchy-Schwarzschen.

Otto **Hölder** (1859-1937, Göttingen, Tübingen) arbeitete hauptsächlich über Fourierreihen und Gruppentheorie. Bekannt ist sein Satz über die Hypertranszendenz der Gammafunktion.

Satz 8.28 (Höldersche Ungleichung) *Für* $f \in \mathcal{L}^p(E)$, $g \in \mathcal{L}^q(E)$, $p, q > 1$ *und* $1/p + 1/q = 1$[5] *gilt* $fg \in \mathcal{L}^1(E)$ *und* $\|fg\|_1 \leq \|f\|_p \|g\|_q$.

Beweis ‖ Für $\|f\|_p \|g\|_q = 0$ ist nichts zu zeigen. Daher wird dieser Fall ausgeschlossen, $F(\mathfrak{x}) = |f(\mathfrak{x})|/\|f\|_p$ und $G(\mathfrak{x}) = |g(\mathfrak{x})|/\|g\|_q$ gesetzt und

$$\|FG\|_1 \leq 1 = \|F\|_p \|G\|_q, \text{ also } \|fg\|_1 \leq \|f\|_p \|g\|_q$$

gezeigt. Für festes $\mathfrak{x}$ mit $f(\mathfrak{x})g(\mathfrak{x}) \neq 0$ ist $F(\mathfrak{x}) = e^s$ und $G(\mathfrak{x}) = e^t$, also

$$F(\mathfrak{x})G(\mathfrak{x}) = e^{s+t} \leq \frac{1}{p} e^{ps} + \frac{1}{q} e^{qt} = \frac{1}{p} F(\mathfrak{x})^p + \frac{1}{q} G(\mathfrak{x})^q;$$

die Ungleichung folgt aus der Konvexität der Exponentialfunktion, sie gilt trivialerweise auch für $F(\mathfrak{x}) = 0$ bzw. $G(\mathfrak{x}) = 0$. Integration über E ergibt dann $\|FG\|_1 \leq \frac{1}{p} \|F\|_p^p + \frac{1}{q} \|G\|_q^q = 1$.   ☕

8.30 Die Minkowskische Ungleichung Die Dreiecksungleichung für die $\mathcal{L}^p$-Norm ist auch bekannt unter dem Namen *Minkowskische Ungleichung*.

Satz 8.29 *In* $\mathcal{L}^p(E)$ $(p \geq 1)$ *gilt die Dreiecksungleichung*

$$\|f + g\|_p \leq \|f\|_p + \|g\|_p.$$

---

[5] p und q heißen zueinander konjugierte Exponenten.

Beweis ‖ Der Fall $p = 1$ ist elementar, es wird $p > 1$ angenommen. Auf den ersten Term rechts in $(|f| + |g|)^p = |f|(|f| + |g|)^{p-1} + |g|(|f| + |g|)^{p-1}$ wird die Höldersche Ungleichung angewendet $(q = p/(p - 1))$ mit dem Ergebnis

$$\int_E |f(\mathfrak{x})| \left(|f(\mathfrak{x})| + |g(\mathfrak{x})|\right)^{p-1} d\mathfrak{x} \leq \|f\|_p \left\| (|f| + |g|)^{p-1} \right\|_q.$$

Die Hölder-Ungleichung ist tatsächlich anwendbar, denn wegen

$$\left(|f(\mathfrak{x})| + |g(\mathfrak{x})|\right)^{(p-1)q} = \left(|f(\mathfrak{x})| + |g(\mathfrak{x})|\right)^p \leq 2^p \max\{|f(\mathfrak{x})|^p, |g(\mathfrak{x})|^p\}$$

ist $(|f| + |g|)^{(p-1)q} \in \mathcal{L}^1(E)$ und so $(|f| + |g|)^{p-1} \in \mathcal{L}^q(E)$. Verfährt man mit dem zweiten Term genauso, so folgt wegen $1/q = 1 - 1/p$

$$\| |f| + |g| \|_p^p \leq \left(\|f\|_p + \|g\|_p\right)\left(\int_E \left(|f(\mathfrak{x})| + |g(\mathfrak{x})|\right)^{(p-1)q} d\mathfrak{x}\right)^{1-1/p}$$
$$= \left(\|f\|_p + \|g\|_p\right)\| |f| + |g| \|_p^{p-1},$$

und dies ist gleichbedeutend mit der Minkowski-Ungleichung. &

Hermann **Minkowski** (1864-1909, Zürich, Göttingen) stellte mit seinen Arbeiten über das *Raum-Zeit-Kontinuum*, ein nicht-euklidischer 4-dimensionaler Raum, das mathematische Rüstzeug für die allgemeine Relativitätstheorie bereit. Einer seiner Hörer in Zürich war Albert Einstein.

8.31 Der Satz von Riesz-Fischer Auch wenn $\| \cdot \|_p$ keine Norm ist, kann man von *Konvergenz* in der $\mathcal{L}^p$-Norm reden: $f_k \to f$ bedeutet dabei $\|f - f_k\|_p \to 0$ für $k \to \infty$; die Grenzfunktion ist allerdings nur *f.ü.* eindeutig bestimmt: $\|f_k - \tilde{f}\|_p \to 0$ ergibt $\|f - \tilde{f}\|_p = 0$, also $\tilde{f}(\mathfrak{x}) = f(\mathfrak{x})$*f.ü.*. Ebenfalls kann man den Begriff Cauchyfolge definieren: (f_k) heißt *Cauchyfolge* in $\mathcal{L}^p(E)$, wenn es zu jedem $\epsilon > 0$ ein $k_0 \in \mathbb{N}$ mit

$$\|f_k - f_\ell\|_p < \epsilon \quad (k > \ell \geq k_0)$$

gibt. Somit steht auch der Begriff der *Vollständigkeit* zur Verfügung. Die abstrakten Quotienträume $\mathcal{L}^p/_\sim$ sind Banachräume, und $\mathcal{L}^2/_\sim$ ist ein Hilbertraum; in fortgeschrittenen Vorlesungen bezeichnet man etwas lax $\mathcal{L}^p$ selbst als Banachraum und $\mathcal{L}^2$ als Hilbertraum.

Frigyes (Friedrich) **Riesz** (1880-1956, Szeged, Budapest), ungarischer Mathematiker, arbeitete auf verschiedenen Gebieten der Analysis (Fourieranalysis, subharmonische Funktionen, normierte Räume) und gilt als einer der Begründer der Funktionalanalysis. Man verdankt ihm eine Reihe von zentralen *Darstellungssätzen* für lineare Funktionale auf normierten Räumen.

Ernst **Fischer** (1875-1954), österreichischer Mathematiker, arbeitete u.a. über Orthogonalsysteme von Funktionen und bereitete damit den Begriff des Hilbertraumes vor.

Satz 8.30 (von **Riesz-Fischer**) *Der Raum $\mathcal{L}^p(E)$ ist* vollständig, *d. h. ist (f_k) eine Cauchyfolge in $\mathcal{L}^p(E)$, so gibt es ein $f \in \mathcal{L}^p(E)$ mit $\|f - f_k\|_p \to 0$ für $k \to \infty$. Eine Teilfolge (f_{k_j}) konvergiert punktweise f.ü. gegen f.*

Beweis ‖ Aus der Cauchybedingung folgt für $\epsilon = 2^{-j}$ die Existenz von k_j mit $\|f_k - f_{k_j}\|_p < 2^{-j}$ $(k > k_j)$. Man kann $k_{j+1} > k_j$ annehmen und erhält so eine Teilfolge (f_{k_j}) mit $\sum_{j=1}^{\infty} \|f_{k_{j+1}} - f_{k_j}\|_p < \sum_{j=1}^{\infty} 2^{-j} = 1$. Ist E quadrierbar, so ergibt die Höldersche Ungleichung

$$\int_E 1 \cdot |f_k(\mathfrak{x}) - f_\ell(\mathfrak{x})| \, d\mathfrak{x} \leq (\lambda^n(E))^{1/q} \|f_k - f_\ell\|_p \quad (1/p + 1/q = 1)$$

(im Fall $p = 1$ ist nichts zu tun) in Kombination mit dem Satz von Beppo Levi, der auf die punktweise wachsende Folge der Partialsummen

$$s_m(\mathfrak{x}) = \sum_{j=0}^{m} |f_{k_{j+1}}(\mathfrak{x}) - f_{k_j}(\mathfrak{x})| \quad (m \in \mathbb{N}, \ f_{k_0}(\mathfrak{x}) = 0)$$

angewendet wird, dass

$$f(\mathfrak{x}) = \lim_{j \to \infty} f_{k_j}(\mathfrak{x}) = f_{k_j}(\mathfrak{x}) + \sum_{\ell=j}^{\infty} (f_{k_{\ell+1}}(\mathfrak{x}) - f_{k_\ell}(\mathfrak{x}))$$

f.ü. in E existiert und über E integrierbar ist. Nach dem Lemma von Fatou gilt $\|f\|_p \leq \liminf_{j \to \infty} \|f_{k_j}\|_p \leq \|f_{k_1}\|_p + 1$, also $f \in \mathcal{L}^p(E)$; $f_{k_j} \to f$ gilt wegen $\|f - f_{k_j}\|_p \leq \sum_{\ell=j}^{\infty} \|f_{k_{\ell+1}} - f_{k_\ell}\|_p < 2^{-j+1}$. Die Konvergenz einer Teilfolge ergibt aber wie beim Beweis des Cauchykriteriums in $\mathbb{R}$ die Konvergenz der Gesamtfolge. Für $\lambda^n(E) = \infty$ wird E durch die quadrierbaren Mengen $E_m = E \cap [-m, m]^n$ ausgeschöpft; man erhält eine Funktion $f_{[m]} \in \mathcal{L}^p(E_m)$ mit $f_{[m]}(\mathfrak{x}) = \lim_{j \to \infty} f_{k_j}(\mathfrak{x})$ *f.ü.* in E_m. Zwar hängt $f_{[m]}$ von m ab, nicht aber die Folge (k_j), somit gilt $f_{[m]}(\mathfrak{x}) = f_{[k]}(\mathfrak{x})$*f.ü.* in E_m $(k > m)$, und durch $f(\mathfrak{x}) = f_{[1]}(\mathfrak{x})$ in E_1, $f(\mathfrak{x}) = f_{[m]}(\mathfrak{x})$ in $E_m \setminus E_{m-1}$, $m = 2, 3, \ldots$ wird eine messbare Funktion $f : E \longrightarrow \mathbb{C}$ mit $f(\mathfrak{x}) = f_{[m]}(\mathfrak{x})$*f.ü.* in E_m definiert. Es folgt

$$\int_{E_m} |f(\mathfrak{x})|^p \, d\mathfrak{x} \leq \int_{E_m} |f_{k_1}(\mathfrak{x})|^p \, d\mathfrak{x} + 1 \leq \|f_{k_1}\|_p^p + 1,$$

und wieder nach dem Satz von Beppo Levi (die Funktionenfolge $(|f|^p \mathbf{1}_{E_m})$ konvergiert in E monoton gegen $|f|^p$) folgt

$$\int_E |f(\mathfrak{x})|^p \, d\mathfrak{x} = \lim_{m \to \infty} \int_{E_m} |f(\mathfrak{x})|^p \, d\mathfrak{x} \leq \|f_{k_1}\|_p^p + 1,$$

und so $f \in \mathcal{L}^p(E)$; wie im ersten Teil gilt auch $\|f_k - f\|_p \to 0$ $(k \to \infty)$. ✆

Beispiel 8.12 Es seien $\eta : [0, 1] \to \mathbb{R}$ und $k : [0, 1] \times [0, 1] \to \mathbb{R}$ stetig und

$$\int_0^1 \int_0^1 k(x, y)^2 \, dx \, dy = q^2 < 1.$$

Gesucht ist eine stetige Lösung der *Integralgleichung*

$$f(x) = \eta(x) + \int_0^1 k(x, y) \, f(y) \, dy = (Tf)(x). \tag{8.9}$$

Der Raum $\mathcal{L}^2[0, 1]$ wird durch den Operator T in $C[0, 1] \subset \mathcal{L}^2[0, 1]$ abgebildet, die Stetigkeit der Funktion Tf folgt aus der gleichmäßigen Stetigkeit von η und k: zu $\epsilon > 0$ gibt es ein $\delta > 0$ mit $|\eta(x) - \eta(\tilde{x})| < \epsilon$ und $|k(x, y) - k(\tilde{x}, y)| < \epsilon$ für $x, \tilde{x}, y \in [0, 1]$ und $|x - \tilde{x}| < \delta$, woraus $|(Tf)(x) - (Tf)(\tilde{x})| \leq \epsilon + \epsilon \|f\|_1 \leq \epsilon(1 + \|f\|_2)$ (Cauchy-Schwarzsche Ungleichung) folgt. Ebenso gilt $|(Tf)(x) - (Tg)(x)|^2 \leq \int_0^1 k(x, y)^2 \, dy \, \|f - g\|_2^2$, also

$$\|Tf - Tg\|_2 \leq q\|f - g\|_2.$$

Nach dem Banachschen Fixpunktsatz (im Kapitel *Metrische und normierte Räume*) existiert eine modulo Nullmenge eindeutig bestimmte Funktion $f \in \mathcal{L}^2(E)$, so dass (8.9) *f.ü.* in $[0, 1]$ gilt. Wenn auch f nicht unbedingt stetig ist, so ist doch $f^* = Tf$ stetig und es gilt $f^*(x) = f(x)$ *f.ü.* in $[0, 1]$, also ist f^* eine (die einzige) *stetige* Lösung von (8.9).

8.32 Approximation durch $\mathcal{C}^\infty$-Funktionen Es sei $E \subset \mathbb{R}^n$ offen und $\mathcal{C}_c^k(E)$ der Raum der $\mathcal{C}^k$-Funktionen $(0 \leq k \leq \infty)$ $f : \mathbb{R}^n \longrightarrow \mathbb{C}$ mit *kompaktem Träger* in der offenen Menge $E \subset \mathbb{R}^n$, d.h. $f \in \mathcal{C}_c^k(E)$ gehört zu $C^k(\mathbb{R}^n)$ und der Träger $\mathrm{tr}(f) = \overline{\{\mathfrak{x} : f(\mathfrak{x}) \neq 0\}}$ von f ist kompakt und enthalten in E; schließlich ist $\mathcal{C}_c^\infty(E) = \bigcap_{k \in \mathbb{N}} \mathcal{C}_c^k(E)$.

Satz 8.31 *Jede Treppenfunktion ϕ mit Träger $\mathrm{tr}(\phi) \subset E$, $E \subset \mathbb{R}^n$ offen, kann durch Funktionen in $\mathcal{C}_c^\infty(E)$ beliebig genau in der $\mathcal{L}^p$-Norm approximiert werden.*

Beweis $\|$ Es genügt, den Fall $\phi = \mathbf{1}_{(\mathfrak{a}, \mathfrak{b})}$ zu untersuchen. Zunächst sei sogar $n = 1$ und $\phi = \mathbf{1}_{(0,1)}$. Für $0 < \epsilon < \frac{1}{4}$ werden die $\mathcal{C}^\infty$-Funktionen

- $\eta(x) = c e^{-1/(x-\epsilon)(2\epsilon - x)}$ für $\epsilon < x < 2\epsilon$, $\eta(x) = 0$ sonst mit $\int_{-\infty}^\infty \eta(x) \, dx = 1$,
- $h(x) = \int_{-\infty}^x \eta(t) \, dt$ mit $\lim\limits_{x \to \infty} h(x) = 1$ und
- $g_{(0,1)}(x) = h(x)h(1 - x)$

gebildet. Es ist $g_{(0,1)} \in \mathcal{C}_c^\infty(0, 1)$, genauer gilt $g_{(0,1)}(x) = 1$ im Intervall $[2\epsilon, 1 - 2\epsilon]$, $0 < g_{(0,1)}(x) < 1$ in $(\epsilon, 2\epsilon)$ und in $(1 - 2\epsilon, 1 - \epsilon)$, und $g_{(0,1)}(x) = 0$ sonst, und so $\|\phi - g_{(0,1)}\|_p^p < 4\epsilon$. Für $g_{(a,b)}(x) = g_{(0,1)}\left(\dfrac{x - a}{b - a}\right)$ folgt

$$\|\phi - g_{(a,b)}\|_p^p < 4\epsilon(b - a)^p;$$

dies erledigt den Fall $n = 1$. Im allgemeinen Fall $n > 1$ erhält man für $g(\mathfrak{x}) = \prod\limits_{\nu=1}^n g_{(a_\nu, b_\nu)}(x_\nu)$ die Ungleichung $\|\phi - g\|_p^p < C\epsilon$ mit einer von ϵ unabhängigen Konstanten $C = C_n(\mathfrak{a}, \mathfrak{b})$ (Abb. 8.7).   ☙

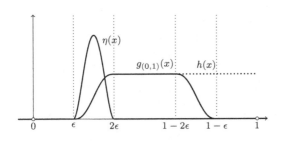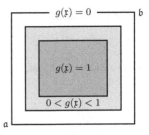

Abb. 8.7 Die Funktionen η, h, $g_{(0,1)}$ und $g(x_1, x_2) = g_{(a_1,b_1)}(x_1)g_{(a_2,b_2)}(x_2)$

Satz 8.32 *Für jede offene Menge $E \subset \mathbb{R}^n$ ist $\mathcal{C}_c^\infty(E)$ ein dichter Teilraum von $\mathcal{L}^p(E)$* *($1 \le p < \infty$), d. h. zu $f \in \mathcal{L}^p(E)$ und $\epsilon > 0$ gibt es $g \in \mathcal{C}_c^\infty(E)$ mit $\|f - g\|_p < \epsilon$.*

Beweis ‖ Es genügt, den Beweis für reellwertige Funktionen zu führen. Zunächst sei E beschränkt und f habe kompakten Träger in E und sei ebenfalls beschränkt ($|f(\mathfrak{x})| \le M$). Es gibt dann eine Folge (ϕ_k) von Treppenfunktionen mit $\phi_k(\mathfrak{x}) \to f(\mathfrak{x})$ *f.ü.*; man kann $\mathrm{tr}(\phi_k) \subset E$ und $|\phi(\mathfrak{x})| \le M$ annehmen. Der Satz von Lebesgue über beschränkte Konvergenz ergibt dann $\|f - \phi_k\|_p \to 0$, und nach dem Vorergebnis ist der Beweis in diesem Fall erbracht, da man gleichzeitig ϕ_k in der $\mathcal{L}^p$-Norm durch Funktionen in $\mathcal{C}_c^\infty(E)$ approximieren kann. Im allgemeinen Fall sei

$$f_k(\mathfrak{x}) = \begin{cases} \max\{-k, \min\{k, f(\mathfrak{x})\}\} & \text{in } E_k \\ 0 & \text{sonst} \end{cases}$$

mit $E_k = \{\mathfrak{x} \in E : |\mathfrak{x}| < k, \ \mathrm{dist}(\mathfrak{x}, \partial E) > 1/k\}$; diese Menge ist offen und beschränkt, und f_k ist beschränkt ($|f_k(\mathfrak{x})| \le k$) mit $\mathrm{tr}(f_k) \subset E_k$, so dass nach dem ersten Teil f_k in $\mathcal{C}_c^\infty(E_k) \subset \mathcal{C}_c^\infty(E)$ beliebig genau approximiert werden kann. Wegen $\|f - f_k\|_p \to 0$ ($k \to \infty$) gilt dies auch für f.   ☕

8.9   Parameterintegrale

sind bereits aufgetreten als $\Gamma(x) = \int_0^\infty e^{-t} t^{x-1} \, dt$ und $\mathsf{B}(x, y) = \int_0^1 t^{x-1}(1-t)^{y-1} \, dt$; die Variable x bzw. (x, y) tritt dabei als *Parameter unter dem Integral* auf, so die Redeweise. Allgemein hat man es mit Funktionen

$$F(\mathfrak{x}) = \int_E f(\mathfrak{x}, \mathfrak{y}) \, d\mathfrak{y} \tag{8.10}$$

zu tun, wobei folgendes vorausgesetzt wird:

- $E \subset \mathbb{R}^m$ ist messbar und $D \subset \mathbb{R}^n$ ist offen;
- $f : D \times E \to \mathbb{C}$ ist bei festem $\mathfrak{x} \in D$ über E Lebesgue-integrierbar.

Es erhebt sich die Frage, ob und inwieweit die Funktion F Eigenschaften von $\mathfrak{x} \mapsto f(\mathfrak{x}, \mathfrak{y})$ erbt. Es werden zwei Sätze über Parameterintegrale bewiesen, einer über Stetigkeit und einer über Differenzierbarkeit. Tatsächlich handelt es sich dabei um Sätze über die Vertauschbarkeit von Grenzprozessen, die aber im Lebesgueschen Rahmen unter besonders schwachen und daher leicht nachprüfbaren Voraussetzungen gelten.

8.33 Der Stetigkeitssatz besagt, dass die Stetigkeit von f bezüglich der Variablen $\mathfrak{x}$ sich unter der unvermeidlichen Majorantenbedingung auf F überträgt.

Satz 8.33 (über die Stetigkeit von Parameterintegralen) *Ist $\mathfrak{x} \mapsto f(\mathfrak{x}, \mathfrak{y})$ für fast alle $\mathfrak{y} \in E$ stetig im Punkt $\mathfrak{x}_0 \in D$ und gibt es eine Funktion $g \in \mathcal{L}(E)$* (eine integrierbare Majorante) *mit $|f(\mathfrak{x}, \mathfrak{y})| \le g(\mathfrak{y})$ für fast alle $\mathfrak{y} \in E$ und alle $\mathfrak{x} \in D$, so ist das Parameterintegral (8.10) stetig in $\mathfrak{x}_0$.*

Beweis ‖ Es sei $(\mathfrak{x}_k)$ eine Folge in D mit $\mathfrak{x}_k \to \mathfrak{x}_0$. Dann gilt $f(\mathfrak{x}_k, \mathfrak{y}) \to f(\mathfrak{x}_0, \mathfrak{y})$ für $k \to \infty$ und fast alle $\mathfrak{y} \in E$ sowie $|f(\mathfrak{x}_k, \mathfrak{y})| \le g(\mathfrak{y}) \, f.ü.$ in E, unabhängig von k. Nach dem Satz von Lebesgue über majorisierte Konvergenz gilt $\lim\limits_{k \to \infty} F(\mathfrak{x}_k) = F(\mathfrak{x}_0)$ (Folgenstetigkeit). &

Beispiel 8.13 $f(x, t) = e^{-t} t^{x-1}$ erfüllt die Voraussetzungen des Stetigkeitssatzes für $D = (a, b)$ ($a > 0$ und $b < \infty$ beliebig) und $E = (0, \infty)$; eine integrierbare Majorante ist $g(t) = \begin{cases} t^{a-1} & (0 < t < 1) \\ e^{-t} t^{b-1} & (t \ge 1) \end{cases}$. Damit ist die Gammafunktion $\Gamma(x) = \int_0^\infty e^{-t} t^{x-1} \, dt$ in $(0, \infty) = \bigcup\limits_{0 < a < b < \infty} (a, b)$ stetig.

8.34 Der Differenzierbarkeitssatz Überträgt man die entscheidende Voraussetzung, die Majorisierung von f, auf die Ableitung, so erhält man das zweite Hauptergebnis, den

Satz 8.34 (über die Differenzierbarkeit von Parameterintegralen) *Ist Ist die Funktion $\mathfrak{x} \mapsto f(\mathfrak{x}, \mathfrak{y})$ für fast alle $\mathfrak{y} \in E$ differenzierbar und gilt*

$$\left| \frac{\partial f}{\partial \mathfrak{x}}(\mathfrak{x}, \mathfrak{y}) \right| \le g(\mathfrak{y}) \quad \text{für fast alle } \mathfrak{y} \in E \text{ und alle } \mathfrak{x} \in D \tag{8.11}$$

mit einer Funktion $g \in \mathcal{L}(E)$, so ist F differenzierbar und es gilt

$$F_{x_\nu}(\mathfrak{x}) = \int_E f_{x_\nu}(\mathfrak{x}, \mathfrak{y}) \, d\mathfrak{y}$$

(man darf unter dem Integral differenzieren). *Die partielle Ableitung F_{x_ν} ist stetig* wo $\mathfrak{x} \mapsto f_{x_\nu}(\mathfrak{x}, \mathfrak{y})$ (für fast alle $\mathfrak{y}$) stetig ist.

Bemerkung 8.12 Die Voraussetzung (8.11) hat lokal die Bedingung

$$|f(\mathfrak{x}, \mathfrak{y}) - f(\mathfrak{x}_0, \mathfrak{y})| \le g(\mathfrak{y})|\mathfrak{x} - \mathfrak{x}_0| \ \textit{f.ü.} \ \text{in } E \text{ und } |\mathfrak{x} - \mathfrak{x}_0| < \delta \qquad (8.12)$$

zur Folge. Wird nur die Differenzierbarkeit von $f(\mathfrak{x}, \mathfrak{y})$ in $\mathfrak{x}_0$ und (8.12) anstelle (8.11) gefordert, so erhält man ebenfalls die Differenzierbarkeit von F in $\mathfrak{x}_0$.

Beweis ‖ Bei festem $\mathfrak{h}$ $(0 < |\mathfrak{h}| < \delta)$ ist die Funktion

$$\Delta(\mathfrak{h}, \mathfrak{y}) = \frac{1}{|\mathfrak{h}|}\left(f(\mathfrak{x}_0 + \mathfrak{h}, \mathfrak{y}) - f(\mathfrak{x}_0, \mathfrak{y}) - \frac{\partial f}{\partial \mathfrak{x}}(\mathfrak{x}_0, \mathfrak{y})\,\mathfrak{h}\right)$$

erklärt für $\mathfrak{y} \in E \setminus N$, N eine von $\mathfrak{h}$ unabhängige m-dimensionale Nullmenge; dagegen kann die Ausnahmemenge $N(\mathfrak{x})$ in (8.11) durchaus von $\mathfrak{x}$ abhängen. Aus

$$|f(\mathfrak{x}_0 + \mathfrak{h}, \mathfrak{y}) - f(\mathfrak{x}_0, \mathfrak{y})| = \left|\frac{\partial f}{\partial \mathfrak{x}}(\mathfrak{x}_0 + \tau\mathfrak{h}, \mathfrak{y})\mathfrak{h}\right| \le g(\mathfrak{y})|\mathfrak{h}|\,\textit{f.ü.}$$

(Mittelwertsatz) folgt $|\Delta(\mathfrak{h}, \mathfrak{y})| \le 2g(\mathfrak{y})\,\textit{f.ü.}$, d.h. in $E \setminus N(\mathfrak{h})$, und für jede Folge $\mathfrak{h}_k \to o$ gilt $\Delta(\mathfrak{h}_k, \mathfrak{y}) \to 0 \ (k \to \infty)$, majorisiert durch $2g(\mathfrak{y})\,\textit{f.ü.}$ in E (genauer in $E \setminus (N \cup \bigcup_k N(\mathfrak{x}_0 + \mathfrak{h}_k))$). Nach dem Satz von Lebesgue über majorisierte Konvergenz ergibt dies die Behauptung. Die Integrierbarkeit von f_{x_ν} folgt aus der Messbarkeit als Differentialquotient und der Existenz der integrierbaren Majorante g. ☙

Beispiel 8.14 Aus $\dfrac{\partial^k}{\partial x^k}e^{-t}t^{x-1} = e^{-t}t^{x-1}(\log t)^k$ folgt durch wiederholte Anwendung des Differenzierbarkeitssatzes, dass die Gammafunktion zu $\mathcal{C}^\infty(0, \infty)$ gehört mit

$$\Gamma^{(k)}(x) = \int_0^\infty e^{-t}t^{x-1}(\log t)^k\,dt;$$

für $0 < a < x < b < \infty$ ist $g(t) = \begin{cases} t^{a-1}|\log t|^k & (0 < t < 1) \\ e^{-t}t^{b-1}(\log t)^k & (t \ge 1) \end{cases}$ eine integrierbare Majorante. Der Nachweis der Integrierbarkeit von g verbleibt als Aufgabe.

Beispiel 8.15 Das Parameterintegral $F(x) = \int_{-\infty}^\infty e^{-t^2}\cos(xt)\,dt$ soll explizit berechnet werden. Differentiation unter dem Integral ist erlaubt und ergibt

$$F'(x) = \int_{-\infty}^\infty (-te^{-t^2})\sin(xt)\,dt$$

$$= \frac{1}{2}e^{-t^2}\sin(xt)\Big|_{-\infty}^\infty - \frac{x}{2}\int_{-\infty}^\infty e^{-t^2}\cos(xt)\,dt = -\frac{x}{2}F(x)$$

nach partieller Integration, also $F(x) = F(0)e^{-x^2/4} = \sqrt{\pi}e^{-x^2/4}$.

Aufgabe 8.14 $f(x) = \displaystyle\int_0^\infty \frac{\sin t}{t^{3/2} + x}\,dt$ ist definiert für $x > 0$. Ist f stetig? k-mal stetig differenzierbar? Wo? Existiert $f(0)$ als rechtsseitiger Grenzwert?

Aufgabe 8.15 Man zeige, dass $F(x) = \displaystyle\int_0^\infty \frac{1 - e^{-xy}}{y(1 + y^2)}\,dy$ in $[0, \infty)$ definiert und stetig ist. (**Hinweis.** $\int_0^\infty = \int_0^1 + \int_1^\infty$.)

Aufgabe 8.16 (fortgesetzt) Man stelle $F^{(n)}(x)$ für $x > 0$ und alle $n \in \mathbb{N}$ als Parameterintegral dar und zeige $F'''(x) + F'(x) = 1/x$ sowie $\lim\limits_{x \to 0} F'(x) = \pi/2$.

Aufgabe 8.17 $F(x) = \displaystyle\int_0^\infty \frac{\arctan(xy)}{y(1 + y^2)}\, dy$ ist auf $\mathbb{R}$ explizit zu berechnen mittels der Berechnung von $F'(x)$.

Aufgabe 8.18 Man zeige, dass $F(x) = \int_0^{\pi/2} \log(x^2 - \sin^2 y)\, dy$ für $x > 1$ definiert ist und berechne $F'(x)$ und $\int_1^x F'(t)\, dt$ explizit. Die Bestimmung von $\lim\limits_{x \to \infty}[F(x) - \pi \log x]$ und $\lim\limits_{x \to \infty}[\int_1^x F'(t)\, dt - \pi \log x]$ liefert $F(0) = \int_0^{\pi/2} \log(\cos^2 y)\, dy = -\pi \log 2$. (**Hinweis.** Im Integral für F' ist $u = \tan y$ mit $\sin^2 y = \dfrac{u^2}{1 + u^2}$ zu substituieren.)

8.35 Die Laplacetransformation Die Funktion

$$F(x) = \int_0^\infty f(t) e^{-xt}\, dt \tag{8.13}$$

heißt *Laplacetransformierte* von $f : (0, \infty) \longrightarrow \mathbb{R}$, und die Abbildung $f \mapsto F$ *Laplacetransformation*. Der Einfachheit halber wird vorausgesetzt, dass (8.13) für alle $x > 0$ als Lebesgue-Integral existiert; ist dies nur für $x > x_0$ der Fall, so wird $F(x_0 + x)$ anstelle $F(x)$, d.h. $f(t)e^{-x_0 t}$ anstelle f betrachtet. Zugelassen sind beispielsweise alle messbaren Funktionen f, die über $(0, 1)$ integrierbar sind und einer Wachstumsbeschränkung wie folgt genügen:

- $|f(t)| = O(t^m)$ $(t \to \infty)$ für ein $m \in \mathbb{N}$ (*polynomiales Wachstum*);
- $\log(1 + |f(t)|) = o(t)$ $(t \to \infty)$ (*sub-exponentielles Wachstum*), d.h. $|f(t)| \leq e^{\epsilon t}$ für $t > t_\epsilon$, $\epsilon > 0$ beliebig.

Mit f erfüllt auch $f_k(t) = (-t)^k f(t)$ eine entsprechende Voraussetzung.

Pierre Simon de **Laplace** (1749-1827, Paris), frz. Mathematiker und Physiker, arbeitete hauptsächlich über Himmelsmechanik. In seinem Hauptwerk *Méchanique céleste* entwickelte er eine Theorie über die Entstehung des Sonnensystems und eine dynamische Theorie der Gezeiten, und berechnete die Bahnen der Planeten unter Berücksichtigung ihrer gegenseitigen Störungen. In der Mathematik hinterließ er dauerhaft die Kugelfunktionen, das Potential, den Laplace-Operator, den Entwicklungssatz für Determinanten und die Laplacetransformation. Man verdankt ihm auch wesentlich die Entwicklung der Wahrscheinlichkeitstheorie (Laplace-Experiment).

8.36 Die Funktionenklasse $C_0^\infty(0, \infty)$ besteht aus den C^∞-Funktionen $F : (0, \infty) \longrightarrow \mathbb{R}$ mit $F^{(k)}(x) \to 0$ $(x \to \infty)$ für alle $k \in \mathbb{N}_0$; es gilt $C_c^\infty(0, \infty) \subset C_0^\infty(0, \infty)$.

Satz 8.35 *Die Laplacetransformierte (8.13) gehört zu* $C_0^\infty(0, \infty)$ *und es gilt*

$$F'(x) = \int_0^\infty -t f(t) e^{-xt}\, dt; \tag{8.14}$$

allgemeiner ist $F^{(k)}$ die Laplacetransformierte von $f_k(t) = (-t)^k f(t)$.

Beweis ‖ Es gilt $\left| f(t)e^{-xt} \right| = |f(t)|e^{-xt} \leq |f(t)|e^{-at} = g(t)$ $(x > a > 0)$, und dies ergibt die Stetigkeit von F in $[a, \infty)$ und so in $(0, \infty)$ sowie wegen $f(t)e^{-xt} \to 0$ für $x \to \infty$ und $0 < t < \infty$ auch $F(x) \to 0$ für $x \to \infty$ nach dem Satz von Lebesgue über majorisierte Konvergenz, also $F \in \mathcal{C}_0^0(0, \infty)$. Ebenso folgt aus $t^k e^{-at/2} \leq M_k = (2k/ae)^k$ und somit $t^k|f(t)e^{-xt}| \leq M_k|f(t)|e^{-at/2}$ $(x \geq a > 0, t > 0)$, dass F zu $\mathcal{C}_0^k(0, \infty)$ gehört und (8.14) gilt.   ☕

Beispiel 8.16 Für $F(x) = \int_0^\infty \dfrac{\sin t}{t} e^{-xt}\, dt$ ergibt sich

$$F'(x) = -\int_0^\infty e^{-xt} \sin t\, dt = -1 - x^2 \int_0^\infty e^{-xt} \sin t\, dt = -1 - x^2 F'(x)$$

nach zweifacher partieller Integration, also $F'(x) = -1/(1 + x^2)$ und (wegen $F(x) \to 0$ für $x \to \infty$) $F(x) = \pi/2 - \arctan x$. Partielle Integration ergibt

$$\begin{aligned}
F(x) &= \frac{e^{-xt}}{t}(1 - \cos t)\Big|_0^\infty + \int_0^\infty \frac{1 - \cos t}{t^2} e^{-xt}(1 + xt)\, dt \\
&= \int_0^\infty \frac{1 - \cos t}{t^2} e^{-xt}(1 + xt)\, dt.
\end{aligned}$$

Wegen $e^{-u}(1 + u) \leq 1$ für $u > 0$ liegt in $\dfrac{1 - \cos t}{t^2}$ eine integrierbare Majorante vor, nach dem Satz von Lebesgue folgt aus $e^{-xt}(1 + xt) \to 1$ für $x \to 0$ und $0 < t < \infty$:

$$\int_0^\infty \frac{\sin t}{t}\, dt = \int_0^\infty \frac{1 - \cos t}{t^2}\, dt = \lim_{x \to 0} F(x) = \frac{\pi}{2}.$$

8.37 Das Newtonpotential Ist $E \subset \mathbb{R}^n$ kompakt und $\rho : E \to \mathbb{R}$ messbar und beschränkt $(|\rho(\mathfrak{y})| \leq M)$, so heißt

$$U(\mathfrak{x}) = \int_E \frac{\rho(\mathfrak{y})}{|\mathfrak{x} - \mathfrak{y}|^{n-2}}\, d\mathfrak{y}$$

für $n \geq 3$ *Newtonpotential*. Für $n = 2$ betrachtet man das *logarithmische Potential*
$$U(\mathfrak{x}) = -\int_E \rho(\mathfrak{y}) \log |\mathfrak{x} - \mathfrak{y}|\, d\mathfrak{y}.$$

Satz 8.36 *Es gilt $U \in \mathcal{C}^\infty(D)$ in jedem Gebiet $D \subset \mathbb{R}^n$ mit $D \cap E = \emptyset$, und U löst die Lapalcegleichung $\Delta U = U_{x_1 x_1} + \cdots + U_{x_n x_n} = 0$ in D.*

Beweis ‖ Es sei $\mathfrak{x}_0 \notin E$ und $2d = \operatorname{dist}(\mathfrak{x}_0, E)$. Dann ist

$$\left| \frac{\partial}{\partial x_\nu} \frac{\rho(\mathfrak{y})}{|\mathfrak{x} - \mathfrak{y}|^{n-2}} \right| = \left| -(n-2)\rho(\mathfrak{y}) \frac{x_\nu - y_\nu}{|\mathfrak{x} - \mathfrak{y}|^n} \right| \leq (n-2)M d^{-n+1} \quad (\mathfrak{x} \in K(\mathfrak{x}_0, d))$$

und so nach dem Differenzierbarkeitssatz

$$U_{x_\nu}(\mathfrak{x}) = -(n-2) \int_E \rho(\mathfrak{y}) |\mathfrak{x} - \mathfrak{y}|^{-n}(x_\nu - y_\nu)\, d\mathfrak{y};$$

analog geht man bei höheren Ableitungen vor. Schließlich folgt $\Delta U = 0$ aus $\Delta |\mathfrak{x}|^{-n+2} = 0$ in $\mathbb{R}^n \setminus \{\mathfrak{o}\}$. Ein leicht modifizierter Beweis führt auch im Fall des logarithmischen Potentials zum Ziel.

Aufgabe 8.19 $\Delta |\mathfrak{x}|^{-n+2} = 0$ in $\mathbb{R}^n \setminus \{\mathfrak{o}\}$ $(n \geq 3)$ und $\Delta \log |\mathfrak{x}| = 0$ in $\mathbb{R}^2 \setminus \{\mathfrak{o}\}$ sind zu verifizieren.

8.38 Die Faltung Sind $f, g : \mathbb{R}^n \longrightarrow \mathbb{C}$ messbare Funktionen, so heißt

$$(f * g)(\mathfrak{x}) = \int_{\mathbb{R}^n} f(\mathfrak{x} - \mathfrak{y}) g(\mathfrak{y})\, d\mathfrak{y} \tag{8.15}$$

Faltung von f und g, sofern dieses Integral existiert.

Bemerkung 8.13 Beim Cauchyprodukt wird ebenfalls gefaltet: $\sum_{n=0}^{\infty} a_n \sum_{n=0}^{\infty} b_n = \sum_{n=0}^{\infty} c_n$ mit $c_n = \sum_{k=0}^{n} a_k b_{n-k}$, was auch als $(c_n) = (a_n) * (b_n)$ geschrieben wird.

Satz 8.37 *Für $f, g \in \mathcal{L}^1(\mathbb{R}^n)$ existiert (8.15) f.ü.; es gilt*

$$f * g \in \mathcal{L}^1(\mathbb{R}^n) \quad \text{und} \quad f * g = g * f \text{ f.ü.}.$$

Beweis ‖ Da $h(\mathfrak{t}, \mathfrak{y}) = f(\mathfrak{t}) g(\mathfrak{y})$ über $\mathbb{R}^{2n} = \mathbb{R}^n \times \mathbb{R}^n$ integrierbar ist, ergibt der Satz von Fubini und die nachfolgende Transformation $\mathfrak{x} = \mathfrak{t} + \mathfrak{y}$

$$\int_{\mathbb{R}^{2n}} f(\mathfrak{t}) g(\mathfrak{y})\, d(\mathfrak{t}, \mathfrak{y}) = \int_{\mathbb{R}^n} \int_{\mathbb{R}^n} f(\mathfrak{t}) g(\mathfrak{y})\, d\mathfrak{y}\, d\mathfrak{t} = \int_{\mathbb{R}^n} \int_{\mathbb{R}^n} f(\mathfrak{x} - \mathfrak{y}) g(\mathfrak{y})\, d\mathfrak{y}\, d\mathfrak{x},$$

also die Existenz von $(f * g)(\mathfrak{x})$ *f.ü.* in $\mathbb{R}^n$ sowie die Integrierbarkeit von $f * g$. Die Symmetrie (Kommutativität von $*$) $(f * g)(\mathfrak{x}) = (g * f)(\mathfrak{x})$ *f.ü.* ergibt sich mittels der Transformation $\mathfrak{y} = \mathfrak{x} - \mathfrak{z}$.

8.39 Glättungskerne Eine $\mathcal{C}^\infty$-Funktion $W : \mathbb{R}^n \to [0, \infty)$ mit

$$\int_{\mathbb{R}^n} W(\mathfrak{x})\, d\mathfrak{x} = 1 \tag{8.16}$$

und der Eigenschaft, dass die partiellen Ableitungen beliebiger Ordnung integrierbar sind, heißt *Glättungskern*. Mit W ist auch $W_\sigma(\mathfrak{x}) = \sigma^{-n} W(\sigma^{-1}\mathfrak{x})$ für $\sigma > 0$ ein Glättungskern, dies folgt aus der Transformationsformel. Wichtige Beispiele sind $W(\mathfrak{x}) = e^{-\pi|\mathfrak{x}|^2}$ (vgl. Abb. 8.8) und $W(\mathfrak{x}) = \begin{cases} c e^{1/(|\mathfrak{x}|^2 - 1)} & (|\mathfrak{x}| < 1) \\ 0 & (|\mathfrak{x}| \geq 1) \end{cases}$ $(c > 0$ so, dass (8.16) erfüllt ist).

Satz 8.38 *Es sei W ein Glättungskern und* $f : \mathbb{R}^n \to \mathbb{C}$ *messbar und beschränkt. Dann ist die Faltung* $f_\sigma = W_\sigma * f : \mathbb{R}^n \to \mathbb{C}$ *eine* C^∞-*Funktion und es gilt*

$$\lim_{\sigma \to 0+} f_\sigma(\mathfrak{x}) = f(\mathfrak{x})$$

punktweise überall da, wo f *stetig ist, und gleichmäßig in jedem Bereich, in dem* f *gleichmäßig stetig ist.*

Beweis ‖ Die Differenzierbarkeit von $W * f$ (analog von $W_\sigma * f$) ergibt sich wegen $W * f = f * W$ so:

$$(W * f)_{x_\nu}(\mathfrak{x}) = \int_{\mathbb{R}^n} W_{x_\nu}(\mathfrak{x} - \mathfrak{y}) f(\mathfrak{y}) \, d\mathfrak{y} = \int_{\mathbb{R}^n} W_{x_\nu}(\mathfrak{z}) f(\mathfrak{x} - \mathfrak{z}) \, d\mathfrak{z} = (W_{x_\nu} * f)(\mathfrak{x}).$$

Ist $|f| \le M$, so ist $M |W_{x_\nu}(\mathfrak{z})|$ eine integrierbare Majorante; genauso geht man bei höheren Ableitungen vor. Es sei nun $\mathfrak{x} \in \mathbb{R}^n$ ein Stetigkeitspunkt von f; zu $\epsilon > 0$ wird $\delta > 0$ so gewählt, dass $|f(\mathfrak{y}) - f(\mathfrak{x})| < \epsilon$ für $|\mathfrak{y} - \mathfrak{x}| < \delta$ gilt. Wegen (8.16) ist dann

$$f_\sigma(\mathfrak{x}) - f(\mathfrak{x}) = \int_{\mathbb{R}^n} \left[f(\mathfrak{y}) - f(\mathfrak{x}) \right] W_\sigma(\mathfrak{x} - \mathfrak{y}) \, d\mathfrak{y}$$

$$= \int_{\mathbb{R}^n} \left[f(\mathfrak{x} - \mathfrak{z}) - f(\mathfrak{x}) \right] W_\sigma(\mathfrak{z}) \, d\mathfrak{z}$$

$$= \left(\int_{\{|\mathfrak{z}| < \delta\}} + \int_{\{|\mathfrak{z}| \ge \delta\}} \right) \left[f(\mathfrak{x} - \mathfrak{z}) - f(\mathfrak{x}) \right] W_\sigma(\mathfrak{z}) \, d\mathfrak{z} = I_1 + I_2.$$

Zusammen mit der Ungleichung $|f(\mathfrak{x} - \mathfrak{z}) - f(\mathfrak{x})| \le 2M$ ergibt dann die Transformation $\mathfrak{u} = \sigma^{-1}\mathfrak{z}$ die Abschätzung

$$|I_2| \le 2M \int_{\{|\mathfrak{u}| \ge \delta/\sigma\}} W(\mathfrak{u}) \, d\mathfrak{u} < \epsilon \quad (0 < \sigma < \sigma_0)$$

wegen der absoluten Stetigkeit des Lebesgue-Integrals, während

$$|I_1| \le \epsilon \int_{\{|\mathfrak{z}| < \delta\}} W_\sigma(\mathfrak{z}) \, d\mathfrak{z} \le \epsilon \int_{\mathbb{R}^n} W_\sigma(\mathfrak{z}) \, d\mathfrak{z} = \epsilon$$

ist (man beachte beidesmal die Bedeutung von $W \ge 0$). Zusammen folgt

$$|f_\sigma(\mathfrak{x}) - f(\mathfrak{x})| < \epsilon(1 + 2M) \quad (0 < \sigma < \sigma_0).$$

Ist f gleichmäßig stetig in D, so hängen δ und somit σ_0 nur von ϵ, nicht aber von $\mathfrak{x} \in D$ ab; die letzte Abschätzung gilt unabhängig von $\mathfrak{x}$. ☕

Abb. 8.8 Die
Glättungskerne
$W_\sigma(x) = \sigma^{-1} e^{-\pi x^2/\sigma^2}$ für
$1/\sigma = 1, 2, 3, 4$

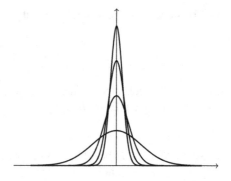

8.40 Der Approximationssatz von Weierstraß ergibt sich mittels *Glättung durch Faltung.*

Satz 8.39 *Zu* $f \in \mathcal{C}[-1, 1]$ *gibt es eine Polynomfolge* (P_n) *mit*

$$\|f - P_n\|_\infty \to 0 \quad (n \to \infty).$$

Beweis ‖ Zunächst wird f zu einer gleichmäßig stetigen Funktion $f : \mathbb{R} \longrightarrow \mathbb{R}$ mit $f(x) = 0$ für $x \leq -2$ und für $x \geq 2$ fortgesetzt (etwa linear in $[-2, -1]$ und in $[1, 2]$). Mit $W(x) = e^{-\pi x^2}$ gilt dann $f_{1/n} = W_{1/n} * f \to f$, gleichmäßig auf $\mathbb{R}$ (wo die fortgesetzte Funktion f gleichmäßig stetig und beschränkt ist). Da die Potenzreihe

$$\sum_{k=0}^{\infty} \frac{(-\pi)^k n^{2k+1}}{k!} f(y) t^{2k} = W_{1/n}(t) f(y)$$

in $t = x - y$ absolut für alle t und gleichmäßig für $|t| \leq R$ (beliebig groß) und $|y| \leq 2$ konvergiert, kann man

$$f_{1/n}(x) = \sum_{k=0}^{\infty} \frac{(-\pi)^k n^{2k+1}}{k!} \int_{-2}^{2} f(y)(x - y)^{2k} \, dy$$

nach dem Doppelreihensatz als Potenzreihe $\sum_{m=0}^{\infty} c_m(n) x^m$ mit Konvergenzradius $r = \infty$ schreiben; es gibt ein p_n mit $|f_{1/n}(x) - \sum_{m=0}^{p_n} c_m(n) x^m| < 1/n$ auf $[-1, 1]$. Die Polynome $P_n(x) = \sum_{k=0}^{p_n} c_k(n) x^k$ leisten das Verlangte. ☕

8.41 Holomorphe Parameterintegrale

$$F(z) = \int_E f(z, t)\, dt \qquad (8.17)$$

unterscheiden sich nicht in der Form, wohl aber in den Voraussetzungen von den bisher betrachteten. Es sei $E \subset \mathbb{R}^m$ messbar, $D \subset \mathbb{C}$ ein Gebiet und $f : D \times E \longrightarrow \mathbb{C}$

- bei festem $z \in D$ bezüglich t integrierbar;
- bei festem $t \in E$ holomorph bezüglich z.

8.42 Cauchyintegrale Zur Vorbereitung des Hauptergebnisses wird zunächst ein Spezialfall, der Satz über *Cauchyintegrale* behandelt:

Satz 8.40 *Es sei* $n \in \mathbb{N}$, γ *ein komplexer Integrationsweg,* $D \subset \mathbb{C}$ *ein Gebiet mit* $D \cap |\gamma| = \emptyset$ *und* $\phi : |\gamma| \longrightarrow \mathbb{C}$ *stetig. Dann ist das Cauchyintegral*

$$F_n(z) = \int_\gamma \frac{\phi(\zeta)}{(\zeta - z)^n}\, d\zeta$$

holomorph in D mit Ableitung $F_n'(z) = n F_{n+1}(z)$.

Beweis ‖ $\Delta(h) = F_n(z + h) - F_n(z) - n h F_{n+1}(z)$ lässt sich schreiben als

$$\Delta(h) = \int_\gamma \frac{\phi(\zeta) P(z - \zeta, h)}{(\zeta - z - h)^n (\zeta - z)^{n+1}}\, d\zeta \quad \text{mit}$$

$$P(w, h) = w^{n+1} - (w - h)^n w - n h (w - h)^n$$

$$= -\sum_{\nu=0}^{n-2} \binom{n}{\nu} h^{n-\nu} w^{\nu+1} - \sum_{\nu=0}^{n-1} n \binom{n}{\nu} h^{n-\nu+1} w^\nu = O(|h|^2)$$

für $h \to 0$, lokal gleichmäßig bezüglich $w = \zeta - z$. Für festes $z \in D$ und $\zeta \in |\gamma|$ ist $2\delta < |w| = |\zeta - z| < R$ und so $\delta < |w - h| < R + \delta$ für $|h| < \delta$. Da γ endliche Länge hat folgt $|\Delta(h)| = O(|h|)^2$ und damit die Behauptung.   ☙

Satz 8.41 *Besitzt* f *eine bezüglich* t *integrierbare Majorante* $g \in \mathcal{L}(E)$, *d. h. gilt für alle* $z \in D$ $|f(z, t)| \leq g(t)$ *f.ü. in* E, *so ist das Parameterintegral (8.17) in D holomorph mit Ableitung*

$$F'(z) = \int_E f_z(z, t)\, dt.$$

Beweis ‖ Für $\{z : |z - z_0| \leq 2r\} \subset D$ und $t \in E$ gilt nach der Cauchyschen Integralformel

$$f(z, t) = \frac{1}{2\pi i} \int_{|\zeta - z_0| = 2r} \frac{f(\zeta, t)}{\zeta - z} \, d\zeta.$$

Differentiation dieses Cauchyintegrals nach z ergibt die Abschätzung

$$|f_z(z, t)| = \left| \frac{1}{2\pi i} \int_{|\zeta - z_0| = 2r} \frac{f(\zeta, t)}{(\zeta - z)^2} \, d\zeta \right| \leq \frac{2}{r} g(t) \quad (|z - z_0| < r).$$

Ab hier verläuft der Beweis wie im reellen Fall.   ☕

Bemerkung 8.14 Wesentlich und neu ist, dass die entscheidende Voraussetzung $|f(z, t)| \leq g(t)$ sich auf f und *nicht* auf f_z bezieht, dann aber für f_z wenigstens lokal in modifizierter Form erfüllt ist. Der Satz kann iteriert werden und führt zu

$$F^{(k)}(z) = \int_E \frac{\partial^k}{\partial z^k} f(z, t) \, dt.$$

Beispiel 8.17 Unter denselben Voraussetzungen wie im reellen Fall ist die Laplacetransformierte $F(z) = \int_0^\infty f(t) e^{-zt} \, dt$ holomorph in der Halbebene $\operatorname{Re} z > 0$.

8.43 Die Gammafunktion $\Gamma(z) = \int_0^\infty e^{-t} t^{z-1} \, dt$ $(t^z = e^{z \log t})$ ist holomorph in jedem Parallelstreifen $0 < a < \operatorname{Re} z < b$, somit in der rechten Hablebene $\operatorname{Re} z > 0$, da $z \mapsto t^z = e^{z \log t}$ bei festem $t > 0$ holomorph in z ist und der Integrand $e^{-t} t^{z-1}$ für $0 < a \leq \operatorname{Re} z \leq b < \infty$ integrierbar majorisiert wird durch $g(t) = t^{a-1}$ in $0 < t < 1$ und $g(t) = e^{-t} t^{b-1}$ in $t > 1$. Weiter folgt aus $e^{-t} = \sum_{n=0}^\infty (-t)^n / n!$ in $(0, 1)$ und $\int_0^1 t^{z-1+n} \, dt = 1/(z+n)$

$$\Gamma(z) = \sum_{n=0}^\infty \frac{(-1)^n}{n!(z+n)} + \int_1^\infty e^{-t} t^{z-1} \, dt \quad (z \neq 0, -1, -2, -3, \dots).$$

Aufgabe 8.20 Man zeige, dass die Reihe in $\mathbb{C} \setminus \{0, -1, -2, \dots\}$ lokal gleichmäßig konvergiert und das Integral eine in $\mathbb{C}$ holomorphe Funktion darstellt.

8.10 Ein Ausblick: Maß, Integral und Wahrscheinlichkeit

$\mathbb{X}$ sei eine beliebige nichtleere Menge.

1. Eine Teilmenge $\mathcal{M}$ der Potenzmenge $\mathfrak{P}(\mathbb{X})$ von $\mathbb{X}$ mit den Eigenschaften (i) $\mathbb{X} \in \mathcal{M}$ (ii) $E, F \in \mathcal{M} \Rightarrow E \setminus F \in \mathcal{M}$ und (iii) $E_k \in \mathcal{M} \Rightarrow \bigcup_{k \in \mathbb{N}} E_k \in \mathcal{M}$ heißt σ-*Algebra,* und σ-*Ring* ohne Bedingung (i); die Mengen $E \in \mathcal{M}$ heißen *messbar.*

2. $f : \mathbb{X} \to \mathbb{R}$ heißt *messbar*, wenn die Mengen $\{x \in \mathbb{X} : f(x) < c\}$ $(c \in \mathbb{R})$ messbar sind.

3. Eine auf $\mathcal{M}$ definierte Funktion $\mu : \mathcal{M} \to [0, +\infty]$ heißt *Maß*, wenn

   a) $\mu(E) < \infty$ für wenigstens eine nichtleere Menge $E \in \mathcal{M}$, und

   b) $\mu(\bigcup_k E_k) = \sum_k \mu(E_k)$ für $E_k \in \mathcal{M}$ mit $E_j \cap E_k = \emptyset$ $(j \neq k)$ gilt.

4. *Nullmengen* sind messbare Mengen mit $\mu(N) = 0$.

5. *Treppenfunktionen* oder *einfache Funktionen* haben die Form

$$\phi = \sum_{k=1}^{n} c_k \mathbf{1}_{E_k} \quad (c_k \in \mathbb{R}, \; n \in \mathbb{N}, \; E_k \in \mathcal{M}, \; \mu(E_k) < \infty);$$

das *Integral* bzgl. μ ist $\int \phi \, d\mu = \sum_{k=1}^{n} c_k \mu(E_k)$ und es gilt $\mu(E) = \int \mathbf{1}_E \, d\mu$.

6. Ist $f : \mathbb{X} \to [0, \infty)$ messbar, so setzt man $\int f \, d\mu = \sup_\phi \int \phi \, d\mu$, wobei das Supremum über alle Treppenfunktionen mit $0 \leq \phi(x) \leq f(x)$ *f.ü.* in $\mathbb{X}$ (d. h. außerhalb einer Nullmenge) zu bilden ist; f heißt *integrierbar*, falls das Supremum endlich ist, und es wird $\int f \, d\mu = \int f^+ \, d\mu - \int f^- \, d\mu$ gesetzt falls f^+ und f^- integrierbar sind.

7. Ist $\mu(\mathbb{X}) = 1$, so heißt μ auch *Wahrscheinlichkeitsmaß* und $\mu(E)$ die *Wahrscheinlichkeit* des *Ereignisses* $E \in \mathcal{M}$.

8. Eine messbare Funktion $f : \mathbb{X} \longrightarrow \mathbb{R}$ heißt auch *Zufallsvariable*, ihr *Erwartungswert*, ihre *Varianz* und ihre *Standardabweichung* (auch *Volatilität* genannt) bezüglich des Wahrscheinlichkeitsmaßes μ sind

$$\mathcal{E}(f) = \int f \, d\mu, \quad \mathrm{var}(f) = \int (f - \mathcal{E}(f))^2 \, d\mu \quad \text{und} \quad \sigma(f) = \sqrt{\mathrm{var}(f)}.$$

9. Die Zufallsvariable $\phi(x) = \dfrac{1}{\sqrt{2\pi}\sigma} e^{-(x-m)^2/2\sigma^2}$ hat in Bezug auf das Lebesguemaß den Erwartungswert m und die Standardabweichung σ; ϕ ist zugleich die Dichte des Wahrscheinlichkeitsmaßes $\mu(E) = \int_E \phi(x) \, dx$ auf $\mathbb{R}$ und $F(x) = \int_{-\infty}^{x} \phi(t) \, dt$ ist die Verteilungsfunktion der *Normalverteilung*.

Beispiel 8.18 $\mathbb{X} = \mathbb{R}^n$, $\mathcal{M}$ ist die σ-Algebra der Lebesgue-messbaren Mengen und $\mu = \lambda^n$ das Lebesguemaß.

Beispiel 8.19 $\mathbb{X} = [a, b]$, $g : [a, b] \to \mathbb{R}$ monoton wachsend, $\mu([a, x)) = g(x-) - g(a)$, $\mu([a, x]) = g(x+) - g(a)$ und $\mu(\{x\}) = g(x+) - g(x-)$ (wobei $g(a-) = g(a)$ und $g(b+) = g(b)$). Für eine stetige Funktion $f : [a, b] \to \mathbb{R}$ erhält man das *Riemann-Stieltjes-Integral* $\int f \, d\mu = \int_a^b f(x) \, dg(x)$.

Beispiel 8.20 $\mathbb{X} = \mathbb{N}_0$, $\mathcal{M} = \mathfrak{P}(\mathbb{N}_0)$ und $\mu_1(E) = \mathrm{card}\, E$; das Integral ist die absolut konvergente Reihe $\int f \, d\mu = \sum_{k=0}^{\infty} f(k)$.

Beispiel 8.21 $\mathbb{X} = \mathbb{N}_0^2$, $\mathcal{M} = \mathfrak{P}(\mathbb{N}_0^2)$ und $\mu_2(E) = \operatorname{card} E$. Das Integral ist die summierbare Doppelreihe $\sum_{j,k \in \mathbb{N}_0} f(j,k)$, und der Satz von Fubini-Tonelli fällt mit dem Doppelreihensatz (Spalten- oder Zeilensummen) zusammen; auch hier ist μ_2 ein Produktmaß: $\mu_2(E_1 \times E_2) = \mu_1(E_1)\,\mu_1(E_2)$.

Beispiel 8.22 Ist μ bzw. ν ein Maß auf $\mathbb{X}$ bzw. $\mathbb{Y}$, so ist $\mu \times \nu$ ein Maß auf $\mathbb{X} \times \mathbb{Y}$, das Produktmaß (wie $\lambda^n = \lambda^p \times \lambda^q$ auf $\mathbb{R}^n = \mathbb{R}^p \times \mathbb{R}^q$, $p + q = n$):

$$(\mu \times \nu)(E \times F) = \mu(E)\,\nu(F).$$

Kapitel 9
Fourieranalysis

In diesem Kapitel werden Fourierreihen und die Fouriertransformation behandelt. Fourierreihen entstehen in natürlicher Weise aus der Fragestellung, welche 2π-periodischen Funktionen durch die zugehörigen Basisfunktionen Sinus und Cosinus dargestellt werden können,
während mittels der Fouriertransformation verwandte Fragestellungen bei nichtperiodischen
Vorgängen behandelt werden. Beide Themen münden in die Theorie des Hilbertraumes, dessen Grundelemente nach verschiedenen konkreten Anwendungen abschließend besprochen
werden.

9.1 Trigonometrische Reihen und Fourierreihen

9.1 Trigonometrische Reihen sind zweiseitig-unendliche Reihen der Form

$$\sum_{k=-\infty}^{\infty} c_k e^{ikx} \quad (c_k = \tfrac{1}{2}(a_k - ib_k) \in \mathbb{C}). \tag{9.1}$$

Für $c_{-k} = \bar{c}_k$ ($k \in \mathbb{Z}$) ist $c_k e^{ikx} + c_{-k} e^{-ikx} = a_k \cos kx + b_k \sin kx$, und man erhält
formal die *reelle trigonometrische Reihe*

$$\tfrac{1}{2}a_0 + \sum_{k=1}^{\infty} a_k \cos kx + b_k \sin kx. \tag{9.2}$$

Eine trigonometrische Reihe heißt **konvergent** im Punkt x, wenn die Folge (s_n) der
(symmetrisch gebildeten) Partialsummen

N. Steinmetz, *Analysis*, https://doi.org/10.1007/978-3-662-68086-5_9

$$s_n(x) = \sum_{k=-n}^{n} c_k e^{ikx} \quad \text{bzw.} \quad s_n(x) = \tfrac{1}{2}a_0 + \sum_{k=1}^{n} a_k \cos kx + b_k \sin kx$$

konvergiert; s_n ist ein **trigonometrisches Polynom** vom Grad $\leq n$.

Beispiel 9.1 Nach dem Kriterium von Abel-Jacobi konvergieren die trigonometrischen Reihen $\sum_{k=1}^{\infty} b_k \sin kx$ bzw. $\sum_{k=1}^{\infty} a_k \cos kx$ ($x \notin 2\pi\mathbb{Z}$) unter der Voraussetzung $b_k \downarrow 0$ bzw. $a_k \downarrow 0$, und die Reihe (9.1) falls $c_k \to 0$ für $|k| \to \infty$ und $\sum_{k=-\infty}^{\infty} |c_{k+1} - c_k| < \infty$, ebenfalls für $x \notin 2\pi\mathbb{Z}$.

9.2 Fourierreihen Konvergiert die Reihe $\sum_{k=-\infty}^{\infty} c_k e^{ikx}$ in $[-\pi, \pi)$, so stellt sie eine 2π-periodische Funktion $f : \mathbb{R} \to \mathbb{C}$ dar. Ist die Konvergenz in $[-\pi, \pi)$ gleichmäßig oder wenigstens *majorisiert*, so ist f stetig bzw. über $[-\pi, \pi)$ integrierbar, und der Satz von Lebesgue über majorisierte Konvergenz ergibt unter Benutzung von $\int_{-\pi}^{\pi} e^{i\ell x} dx = 0$ für $\ell \in \mathbb{Z} \setminus \{0\}$ dann

$$\int_{-\pi}^{\pi} f(x) e^{-imx} dx = \sum_{k=-\infty}^{\infty} c_k \int_{-\pi}^{\pi} e^{i(k-m)x} dx = 2\pi c_m.$$

Mit $\mathcal{L}_{2\pi}$ wird die Gesamtheit der 2π-periodischen und über $[-\pi, \pi]$ Lebesgue-integrierbaren Funktionen $f : \mathbb{R} \to \mathbb{C}$ bezeichnet. Die **Fourierkoeffizienten** von $f \in \mathcal{L}_{2\pi}$ sind definiert durch

$$\hat{f}_k = \frac{1}{2\pi} \int_{-\pi}^{\pi} f(x) e^{-ikx} dx \quad (k \in \mathbb{Z}), \tag{9.3}$$

und die Reihe

$$\sum_{k=-\infty}^{\infty} \hat{f}_k e^{ikx} \tag{9.4}$$

heißt die von f erzeugte **Fourierreihe**; dafür wird kurz $f \sim \sum_{k=-\infty}^{\infty} \hat{f}_k e^{ikx}$ geschrieben. Die n-te Partialsumme ist $s_n(x|f) = \sum_{k=-n}^{n} \hat{f}_k e^{ikx}$. Für reellwertige Funktionen f gilt $\hat{f}_k = \tfrac{1}{2}(a_k - ib_k)$, $\hat{f}_{-k} = \overline{\hat{f}_k} = \tfrac{1}{2}(a_k + ib_k)$ und

$$a_k = \frac{1}{\pi} \int_{-\pi}^{\pi} f(x) \cos kx \, dx \quad \text{und} \quad b_k = \frac{1}{\pi} \int_{-\pi}^{\pi} f(x) \sin kx \, dx.$$

Das Hauptwerk von Jean-Baptiste **Fourier** (1768-1830, Grenoble, Paris) galt der Theorie der Ausbreitung von Wärme in Festkörpern. Bei diesen Untersuchungen traten zum ersten

Mal Fourierreihen (avant la lettre) auf. 1798-1801 nahm er an Napoleons Ägyptenexpedition teil. Nach seiner Rückkehr überließ er Jean-Francois **Champollion** eine Kopie der Inschrift auf dem *Stein von Rosette*, dem später die Übersetzung dieses Textes und aufgrund dessen ein Einstieg in die Dechiffrierung der ägyptischen Hieroglyphen gelang.

9.3 Die Orthogonalitätsrelationen ergeben sich in einfacher Weise aus der elementaren Beziehung $\int_{-\pi}^{\pi} e^{ikx} \, dx = 2\pi \delta_{0k}$.

Satz 9.1 *Für* $k, \ell \in \mathbb{N}$ *gelten die* Orthogonalitätsrelationen

a) $\displaystyle \int_{-\pi}^{\pi} \cos kx \, \sin \ell x \, dx = 0$ *und*

b) $\displaystyle \int_{-\pi}^{\pi} \cos kx \, \cos \ell x \, dx = \int_{-\pi}^{\pi} \sin kx \, \sin \ell x \, dx = \pi \delta_{k\ell}.$

Für reellwertige $f \in \mathcal{L}_{2\pi}$, $k \in \mathbb{N}_0$ *und* $\ell \in \mathbb{N}$ *gilt*

c) $f \in \mathcal{L}_{2\pi}$ *ungerade* $\Leftrightarrow a_k = 0$ *und* $\displaystyle b_\ell = \frac{2}{\pi} \int_0^{\pi} f(x) \sin \ell x \, dx$ *und*

d) $f \in \mathcal{L}_{2\pi}$ *gerade* $\Leftrightarrow b_\ell = 0$ *und* $\displaystyle a_k = \frac{2}{\pi} \int_0^{\pi} f(x) \cos kx \, dx.$

Der *Beweis* ‖ verbleibt als Aufgabe. ☕

Im Folgenden wird stillschweigend jede über $[-\pi, \pi)$ integrierbare Funktion als 2π-periodisch fortgesetzt betrachtet.

Beispiel 9.2 Die durch $h(-\pi) = 0$ und $h(x) = \text{sign}(x)$ in $(-\pi, \pi)$ definierte Funktion h ist ungerade, daher ist $a_k = 0$ ($k \in \mathbb{N}_0$),

$$ b_{2k} = \frac{2}{\pi} \int_0^{\pi} \sin 2kx \, dx = -\frac{1}{k\pi} \cos 2kx \Big|_0^{\pi} = 0 \quad \text{und} \quad b_{2k+1} = \frac{4}{(2k+1)\pi}. $$

Die von h erzeugte Fourierreihe $\dfrac{4}{\pi} \displaystyle\sum_{m=0}^{\infty} \dfrac{\sin(2m+1)x}{2m+1}$ konvergiert überall nach dem Kriterium von Abel-Dirichlet; $H(x) = \frac{1}{2}(h(x) + 1)$ heißt *Heavisidefunktion*.

Beispiel 9.3 Die Funktion $f(x) = |x|$ in $[-\pi, \pi]$ ist gerade, daher ist $b_k = 0$ ($k \in \mathbb{N}$),

$$ a_0 = \frac{2}{\pi} \int_0^{\pi} x \, dx = \pi, $$

$$ a_k = \frac{2}{\pi} \int_0^{\pi} x \cos kx \, dx = \frac{2}{k\pi} x \sin kx \Big|_0^{\pi} - \frac{2}{k\pi} \int_0^{\pi} \sin kx \, dx $$

$$ = \frac{2}{k^2\pi} \cos kx \Big|_0^{\pi} = 0 \ (k \text{ gerade}) \quad \text{und} \quad a_k = -\frac{4}{k^2\pi} \ (k \text{ ungerade}). $$

Die Fourierreihe $\dfrac{\pi}{2} - \dfrac{4}{\pi} \displaystyle\sum_{k=0}^{\infty} \dfrac{\cos(2k+1)x}{(2k+1)^2}$ konvergiert überall, absolut und gleichmäßig.

Bemerkung 9.1 In beiden Beispielen muss der Reihenwert noch offenbleiben, ebenso verlangt der nicht zu übersehende Zusammenhang zwischen beiden Funktionen und Reihen eine Klärung.

Aufgabe 9.1 Zu bestimmen sind die Fourierreihen von $f_1(x) = |\sin x|$ und $f_2(x) = \max\{0, \sin x\}$. Numerische Experimente wie hier im Anschluss werden empfohlen (Abb. 9.1).

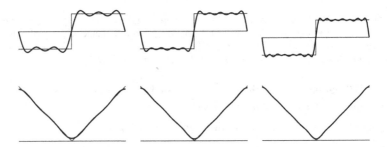

Abb. 9.1 Die Partialsummen $s_5(x|h)$, $s_9(x|h)$ und $s_{13}(x|h)$ für die Heaviside-Funktion und $s_3(x|f)$, $s_5(x|f)$ und $s_7(x|f)$ für $f(x) = |x|$ mod 2π. Wie es scheint, konvergiert in beiden Fällen die Fourierreihe gegen die jeweils erzeugende Funktion.

9.2 Konvergenz von Fourierreihen

9.4 Die Besselsche Ungleichung Die Klasse $\mathcal{L}_{2\pi}^2$ besteht definitionsgemäß aus den messbaren und 2π-periodischen Funktionen $f : \mathbb{R} \to \mathbb{C}$, die über $[-\pi, \pi]$ quadratisch integrierbar sind. Es ist also $\mathcal{L}_{2\pi}^2$ nichts anderes als $\mathcal{L}^2[-\pi, \pi]$ mit der Zusatzinformation, dass alle Funktionen stillschweigend 2π-periodisch (fortgesetzt) sind. Man beachte $\mathcal{L}_{2\pi}^2 \subset \mathcal{L}_{2\pi}$. In $\mathcal{L}_{2\pi}^2$ wird leicht abweichend von der früheren Notation

$$\langle f, g \rangle = \frac{1}{2\pi} \int_{-\pi}^{\pi} f(x)\overline{g(x)}\, dx \quad \text{und} \quad \|f\|_2^2 = \langle f, f \rangle = \frac{1}{2\pi} \int_{-\pi}^{\pi} |f(x)|^2\, dx$$

gesetzt. Es ist dann $\hat{f}_k = \langle f, \mathfrak{e}_k \rangle$ mit $\mathfrak{e}_k(x) = e^{ikx}$ auch für $f \in \mathcal{L}_{2\pi}$.

Satz 9.2 (Besselsche Ungleichung) *Für $f \in \mathcal{L}_{2\pi}^2$ und jedes trigonometrische Polynom $T_n \neq s_n$ vom Grad $\leq n$ gilt $\|f - s_n\|_2 < \|f - T_n\|_2$ sowie die* Besselsche Ungleichung

$$\|s_n\|_2^2 = \sum_{k=-n}^{n} |\hat{f}_k|^2 \leq \sum_{k=-\infty}^{\infty} |\hat{f}_k|^2 \leq \|f\|_2^2.$$

Bemerkung 9.2 Im reellen Fall ist $\sum_{k=-\infty}^{\infty} |\hat{f}_k|^2 = \frac{1}{4}a_0^2 + \frac{1}{2}\sum_{k=1}^{\infty}(a_k^2 + b_k^2)$. Die Partialsumme s_n liefert unter allen trigonometrischen Polynomen vom Grad $\leq n$ die beste Approximation an f im *quadratischen Mittel*.

Friedrich Wilhelm **Bessel** (1784-1846, Königsberg), deutscher Astronom, bestimmte verschiedene wichtige astronomische Konstanten. Beim Studium des Dreikörperproblems entdeckte er die nach ihm benannten Funktionen und ihre Differentialgleichung. Unter seiner Aufsicht wurde experimentell die Abplattungsrate der Erde bestimmt.

Beweis ‖ Es werden nur die Eigenschaften von $\langle\,,\,\rangle$ benutzt, nicht aber die konkrete Definition. Mit $T_n(x) = \sum_{k=-n}^{n} c_k e^{ikx}$ gilt

$$\|f - T_n\|_2^2 = \langle f, f \rangle - \sum_{k=-n}^{n} [\bar{c}_k \langle f, e_k \rangle + c_k \langle e_k, f \rangle] + \sum_{k,l=-n}^{n} c_k \bar{c}_l \langle e_k, e_l \rangle$$

$$= \langle f, f \rangle - 2 \sum_{k=-n}^{n} \mathrm{Re}\,(\bar{c}_k \hat{f}_k) + \sum_{k=-n}^{n} |c_k|^2$$

$$= \|f\|_2^2 - \sum_{k=-n}^{n} |\hat{f}_k|^2 + \sum_{k=-n}^{n} |\hat{f}_k - c_k|^2$$

und $\|f - s_n\|_2^2 = \|f\|_2^2 - \sum_{k=-n}^{n} |\hat{f}_k|^2 < \|f - T_n\|_2^2$, sofern $(c_k)_{k=-n}^{n} \neq (\hat{f}_k)_{k=-n}^{n}$ ist.

Die Besselsche Ungleichung schließlich folgt aus $\|f - s_n\|_2^2 \geq 0$. ☙

9.5 Der Dirichletkern Bei jeder Funktion $f \in \mathcal{L}_{2\pi}$ erhebt sich die Frage, unter welchen Umständen ihre Fourierreihe konvergiert, und ob im Konvergenzfall die Funktion f dargestellt wird. Aus der Vielzahl der Kriterien werden einige besonders einfache und zugleich schlagkräftige ausgewählt. Beide Problemstellungen lassen sich am einfachsten untersuchen, wenn man die Partialsummen $s_n(\cdot | f)$ mithilfe des *Dirichletkerns*

$$D_n(t) = \frac{\sin(n + \frac{1}{2})t}{\sin \frac{1}{2}t} \quad (t \neq k\pi), \quad D_n(k\pi) = 2n + 1$$

darstellt. Offensichtlich ist D_n stetig und 2π-periodisch (vgl. Abb. 9.2).

Satz 9.3 *Es gilt* $\displaystyle\int_{-\pi}^{\pi} D_n(t)\,dt = 2\pi$ *sowie*

$$s_n(x|f) = \frac{1}{2\pi} \int_{-\pi}^{\pi} D_n(x - t) f(t)\,dt \quad (f \in \mathcal{L}_{2\pi}).$$

Abb. 9.2 Die Dirichletkerne D_3, D_4 und D_5 über $[-\pi, \pi]$.

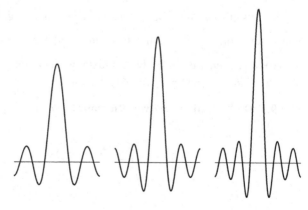

Beweis ‖ Nach Definition ist

$$s_n(x|f) = \sum_{k=-n}^{n} \frac{1}{2\pi} \int_{-\pi}^{\pi} f(t)e^{-ik(t-x)}\,dt = \frac{1}{2\pi} \int_{-\pi}^{\pi} \sum_{k=-n}^{n} e^{ik(x-t)} f(t)\,dt;$$

es bleibt $D_n(t) = \sum\limits_{k=-n}^{n} e^{ikt} = \sum\limits_{k=-n}^{n} z^{2k}$ für $z = e^{it/2} \neq 1$ zu berechnen:

$$D_n(t) = z^{-2n} \sum_{k=0}^{2n} z^{2k} = \bar{z}^{2n} \frac{1 - (z^2)^{2n+1}}{1 - z^2} = \frac{\bar{z}^{2n+1} - z^{2n+1}}{\bar{z} - z} = \frac{\sin(n + \frac{1}{2})t}{\sin \frac{1}{2}t}.$$

Die erste Behauptung ergibt sich für $f(x) = 1$ mit $s_n(x|f) = 1$.   ☕

9.6 Der Lokalisationssatz von Riemann zeigt, dass die punktweise Konvergenz einer Fourierreihe im Punkt x nur vom lokalen Verhalten der erzeugenden Funktion abhängt. Sein Beweis beruht auf dem

Satz 9.4 (von Riemann-Lebesgue) *Für $f \in \mathcal{L}(a, b)$ gilt*

$$\int_a^b f(x)e^{-ikx}\,dx \to 0 \quad (|k| \to \infty,\ k \in \mathbb{Z}),$$

und insbesondere $\hat{f}_k \to 0\ (|k| \to \infty)$ für $f \in \mathcal{L}_{2\pi}$.

Beweis ‖ Es genügt, den Fall $(a, b) \subset [-\pi, \pi)$ zu behandeln. Betrachtet wird
$g(x) = \begin{cases} f(x) & \text{in } (a, b) \\ 0 & \text{in } [-\pi, \pi) \setminus (a, b) \end{cases}$, aufgefasst als Funktion in $\mathcal{L}_{2\pi}$ mit

$$\int_a^b f(x)e^{-ikx}\,dx = 2\pi \hat{g}_k.$$

Ist g sogar stetig (somit insbesondere $g \in \mathcal{L}_{2\pi}^2$), so folgt $\hat{g}_k \to 0\ (|k| \to \infty)$ aus der Konvergenz von $\sum\limits_{k=-\infty}^{\infty} |\hat{g}_k|^2$. Im allgemeinen Fall benutzt man Approximation durch stetige Funktionen. Zu $\epsilon > 0$ gibt es eine stetige Funktion $h \in \mathcal{L}_{2\pi}$ mit $\|g - h\|_1 < \epsilon$, also $|\hat{g}_k| \leq |\hat{h}_k| + \frac{1}{2\pi} \|g - h\|_1 < \epsilon\ (|k| \geq k_0)$.   ☕

Satz 9.5 (Lokalisationssatz von Riemann) *Für $f \in \mathcal{L}_{2\pi}$ gilt*

$$\sum_{k=-\infty}^{\infty} \hat{f}_k e^{ikx} = s(x)$$

genau dann, wenn für ein (und dann alle) $0 < \delta < \pi$

$$\int_0^\delta [f(x+t) + f(x-t) - 2s(x)]D_n(t)\,dt \to 0 \quad (n \to \infty). \tag{9.5}$$

Beweis $\|$ Die Substitution $t - x = u$ ergibt

$$s_n(x|f) = \frac{1}{2\pi}\int_{-\pi-x}^{\pi-x} D_n(-u)f(x+u)\,du = \frac{1}{2\pi}\int_{-\pi}^{\pi} D_n(-u)f(x+u)\,du,$$

wobei das zweite Gleichheitszeichen wegen der 2π-Periodizität gilt. Da D_n *gerade* ist, ergibt eine einfache Rechnung (Aufspaltung in Integrale über $[-\pi, 0]$ und $[0, \pi]$, Substitution $v = -u$ im ersten Integral) mit der Abkürzung

$$g_x(u) = f(x+u) + f(x-u) - 2s(x)$$

$$2\pi\big[s_n(x|f) - s(x)\big] = \int_0^\delta g_x(u)D_n(u)\,du + \int_\delta^\pi g_x(u)D_n(u)\,du; \tag{9.6}$$

die Konstante $2s(x)$ kann wegen $\int_0^\pi D_n(t)\,dt = \pi$ im Integranden untergebracht werden. Im zweiten Integral schreibt man $h(u) = g_x(u)/\sin\frac{1}{2}u$; dann ist h über $[\delta, \pi]$ integrierbar, und nach dem Satz von Riemann-Lebesgue gilt

$$\int_\delta^\pi g_x(u)D_n(u)\,du = 2\int_{\delta/2}^{\pi/2} h(2t)\sin(2n+1)t\,dt \to 0 \quad (n \to \infty).$$

Das erste Integral in (9.6) strebt somit genau dann gegen 0, wenn die Fourierreihe zum Wert $s(x)$ konvergiert; $\delta \in (0, \pi)$ ist beliebig wählbar. ☕

Aufgabe 9.2 Man zeige: Hinreichend für (9.5) ist die Beschränktheit der Integralfolge

$$\int_0^\pi \big|(f(x+t) + f(x-t) - 2s(x))D_n(t)\big|\,dt \quad (n \in \mathbb{N}).$$

9.7 Das Konvergenzkriterium von Dini In der Literatur existiert eine große Zahl von ausgeklügelten Kriterien für die punktweise Konvergenz von Fourierreihen. Die Mehrzahl dieser Kriterien lassen sich aus dem nachfolgenden, im Wesentlichen auf Dini zurückgehenden Satz ableiten.

Satz 9.6 (über punktweise Konvergenz) *Unter der* Dini-Bedingung

$$\int_0^\pi (|f(x+t) - a| + |f(x-t) - b|)\,\frac{dt}{t} < \infty \tag{9.7}$$

gilt $\sum_{k=-\infty}^{\infty} \hat{f}_k e^{ikx} = \frac{1}{2}(a+b)$.

Beweis ‖ Für $0 < t < \pi$ ist $|t D_n(t)| \leq \dfrac{t}{\sin \frac{t}{2}} \leq \pi$, und so mit $s(x) = \frac{1}{2}(a + b)$

$$|(f(x + t) + f(x - t) - 2s(x))D_n(t)| \leq \pi \frac{|f(x + t) - a| + |f(x - t) - b|}{t}.$$

Die Behauptung ergibt sich aus Aufgabe 9.2.   ☕

Ulisse **Dini** (1845-1918, Pisa), war ein italienischer Mathematiker und Politiker. Sein Arbeitsgebiet war die reelle Analysis, worüber er mehrere Bücher geschrieben hat. Die Bedingung $\displaystyle\int_0^\delta \frac{|f(t_0 + t) - f(t_0)|}{t}\, dt < \infty$ *(Dini-Stetigkeit)* ist nach ihm benannt.

9.8 Differenzierbare Funktionen Die Dini-Bedingungl (9.7) ist sicher dann erfüllt, wenn ($f \in \mathcal{L}_{2\pi}$ und) die einseitigen Grenzwerte $f(x+) = a$ und $f(x-) = b$ sowie $f'(x+)$ und $f'(x-)$ existieren, erst recht, wenn f in x differenzierbar ist (und $a = b = f(x)$). Für eine 2π-periodische $\mathcal{C}^1$-Funktion f ist auch $f' \in \mathcal{L}_{2\pi}$, und für $k \neq 0$ gilt nach partieller Integration

$$\hat{f}_k = \frac{1}{-2\pi i k} f(t)e^{-ikt}\Big|_{-\pi}^{\pi} - \frac{1}{-2\pi i k} \int_{-\pi}^{\pi} f'(t)e^{-ikt}\, dt = -\frac{i}{k}\widehat{f'_k}$$

und somit

$$f' \sim \sum_{k=-\infty}^{\infty} \hat{f}_k \frac{d}{dx} e^{ikx} = \sum_{k=-\infty}^{\infty} ik \hat{f}_k e^{ikx}.$$

Die Cauchy-Schwarzsche und die Besselsche Ungleichung ergeben zusammen

$$\sum_{k=1}^{n} |f_{\pm k}| = \sum_{k=1}^{n} \frac{1}{k} |\widehat{f'_{\pm k}}| \leq \Big(\sum_{k=1}^{n} \frac{1}{k^2} \sum_{k=1}^{n} |\widehat{f'_{\pm k}}|^2\Big)^{1/2} \leq \frac{\pi}{\sqrt{6}} \|f'\|_2,$$ also den

Satz 9.7 *Die Fourierreihe einer $\mathcal{C}^1$-Funktion $f \in \mathcal{L}_{2\pi}$ konvergiert absolut und gleichmäßig gegen f.*

Eine stetige Funktion $f \in \mathcal{L}_{2\pi}$ ist gleichmäßig stetig mit Stetigkeitsmodul

$$\omega(h) = \sup\{|f(x) - f(y)| : |x - y| \leq h\}.$$

Es folgt mit $t = s + \pi/k$

$$\hat{f}_k = \frac{1}{2\pi} \int_{-\pi}^{\pi} f\Big(s + \frac{\pi}{k}\Big)e^{iks+\pi i}\, ds = -\frac{1}{2\pi} \int_{-\pi}^{\pi} f\Big(s + \frac{\pi}{k}\Big)e^{iks}\, ds \quad (k \neq 0),$$

$$|\hat{f}_k| = \frac{1}{4\pi}\Big|\int_{-\pi}^{\pi} \Big(f(t) - f\Big(t + \frac{\pi}{k}\Big)\Big)\, dt\Big| \leq \frac{1}{2}\omega\Big(\frac{\pi}{|k|}\Big).$$

Für $\mathcal{C}^n$-Funktionen in $\mathcal{L}_{2\pi}$ gilt $\hat{f}_k = \left(-\frac{i}{k} \right)^n \widehat{f_k^{(n)}}$ ($k \neq 0$), und so in Verbindung mit Satz 9.7:

Satz 9.8 *Ist $f \in \mathcal{L}_{2\pi} \cap \mathcal{C}^n(\mathbb{R})$ und hat $f^{(n)}$ den Stetigkeitsmodul ω_n, so gilt*

$$|\hat{f}_k| \le \frac{1}{2}|k|^{-n}\omega_n\left(\frac{\pi}{|k|} \right) \quad \text{und} \quad \sum_{k=-\infty}^{\infty} |k|^{2n}|\hat{f}_k|^2 < \infty.$$

9.3 Der Satz von Fejér

9.9 Der Fejérkern Auch für nichtkonvergente Folgen (c_n) kann die Folge der arithmetischen Mittel $\gamma_n = (c_1 + \cdots + c_n)/n$ konvergieren. Für $f \in \mathcal{L}_{2\pi}$ bezeichnet

$$\sigma_n(x|f) = \frac{1}{n} \sum_{\nu=0}^{n-1} s_\nu(x|f)$$

das arithmetische Mittel der ersten n Partialsummen.

Satz 9.9 *Mit dem Fejérkern (s. Abb. 9.3)* $F_n(t) = \frac{1}{n} \sum_{\nu=0}^{n-1} D_\nu(t) = \frac{1}{n}\left(\frac{\sin \frac{nt}{2}}{\sin \frac{t}{2}} \right)^2$ *für*
$t \notin 2\pi\mathbb{Z}$ *und* $F_n(2k\pi) = n$ *gilt*

$$\sigma_n(x|f) = \frac{1}{2\pi} \int_{-\pi}^{\pi} F_n(x - t)f(t)\,dt.$$

Lipót **Fejér** (1880-1959, Budapest), ungarischer Mathematiker (sein ursprünglicher Name war Leopold **Weiss**, er war Schüler von H.A. Schwarz), arbeitete hauptsächlich über harmonische Analysis, Potentialtheorie und Approximationstheorie.

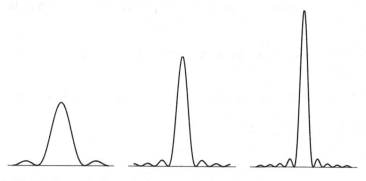

Abb. 9.3 Die Fejerkerne F_4, F_7 und F_{10} über $[-\pi, \pi]$.

Beweis ‖ Es gilt, wieder mit $z = e^{it/2} \neq 1$

$$
\begin{aligned}
n F_n(t) \sin \tfrac{t}{2} &= \sum_{\nu=0}^{n-1} \sin(\nu + \tfrac{1}{2})t = \sum_{\nu=0}^{n-1} \operatorname{Im} z^{2\nu+1} = \operatorname{Im} \frac{z(z^2)^n - 1}{z^2 - 1} \\
&= \operatorname{Im} \frac{z^{2n} - 1}{z - \bar{z}} = \operatorname{Im} \left(\frac{-(z^{2n} - 1)i}{(z - \bar{z})/i} \right) = \frac{\operatorname{Re}(1 - z^{2n})}{2 \sin \tfrac{t}{2}} \\
&= \frac{1 - \cos nt}{2 \sin \tfrac{t}{2}} = \frac{\left(\sin \tfrac{nt}{2} \right)^2}{\sin \tfrac{t}{2}}.
\end{aligned}
$$

Satz 9.10 *Für jede stetige und 2π-periodische Funktion $f : \mathbb{R} \to \mathbb{R}$ gilt $\sigma_n(x \mid f) \to f(x)$ $(n \to \infty)$, gleichmäßig auf $\mathbb{R}$.*

Beweis ‖ Wie für den Dirichletkern gilt auch hier $\int_{-\pi}^{\pi} F_n(t)\,dt = 2\pi$, und so

$$
2\pi[\sigma_n(x \mid f) - f(x)] = \int_{-\pi}^{\pi} F_n(x - t)\big[f(t) - f(x)\big]\,dt = I_1 + I_2 + I_3.
$$

Dabei bezeichnen I_1, I_2, und I_3 die Integrale über $[-\pi, x - \delta]$, $[x - \delta, x + \delta]$ und $[x + \delta, \pi]$. Zu $\epsilon > 0$ wird $\delta > 0$ unabhängig von x mit

$$
|f(t) - f(x)| < \epsilon \quad (|t - x| < \delta)
$$

gewählt (gleichmäßige Stetigkeit). Es folgt (man beachte $F_n(t) \geq 0$)

$$
|I_2| \leq \epsilon \int_{x-\delta}^{x+\delta} F_n(x - t)\,dt < \epsilon \int_{-\pi}^{\pi} F_n(x - t)\,dt = 2\pi\epsilon,
$$

unabhängig von x und n. Mit $|f(t)| \leq M$ und $\left| \sin \dfrac{t}{2} \right| \geq \sin \dfrac{\delta}{2} \geq \dfrac{\delta}{\pi}$ für $\delta \leq |t| \leq \pi$ folgt weiter $|I_1| + |I_3| \leq 2\pi \cdot 2M \dfrac{\pi^2}{n\delta^2} = \dfrac{4M\pi^3}{n\delta^2} < \epsilon$ $(n \geq n_0)$. Dies beweist den Satz von Fejér, da n_0 nur von δ (und M), letztlich also nur von ϵ, aber nicht von x, abhängt.

9.10 Die Parsevalsche Gleichung Als erste Folgerung aus dem Satz von Fejér ergibt sich der

Satz 9.11 *Für $f \in \mathcal{L}_{2\pi}^2$ gilt $\lim\limits_{n \to \infty} \| f - s_n(\cdot \mid f) \|_2 = 0$ und, dazu äquivalent, die Parsevalsche Gleichung $\sum\limits_{k=-\infty}^{\infty} |\hat{f}_k|^2 = \| f \|_2^2$.*

Beweis $\parallel$ Ist f sogar stetig, so gilt $\|f - s_n(\cdot|f)\|_2 \leq \|f - \sigma_n(\cdot|f)\|_2 \to 0$ für $n \to \infty$, und damit auch die Parsevalsche Gleichung (man vgl. den Beweis der Besselschen Ungleichung). Im allgemeinen Fall wird zu $\epsilon > 0$ eine stetige Funktion $g \in \mathcal{L}^2_{2\pi}$ mit $\|f - g\|_2 < \epsilon$ gewählt. Aus $\|g - s_n(\cdot|g)\|_2 < \epsilon$ $(n \geq n_0)$,

$$\|f - s_n(\cdot|f)\|_2 \leq \|f - g\|_2 + \|g - s_n(\cdot|g)\|_2 + \|s_n(\cdot|g) - s_n(\cdot|f)\|_2$$

sowie der Besselschen Ungleichung für $f - g$, nämlich

$$\|s_n(\cdot|f) - s_n(\cdot|g)\|_2 = \|s_n(\cdot|f - g)\|_2 \leq \|f - g\|_2$$

folgt schließlich $\|f - s_n(\cdot|f)\|_2 < 3\epsilon$ für $n \geq n_0$.   ☕

Marc-Antoine **Parseval** des Chênes (1755-1836) veröffentlichte 1799 ohne Bezug auf Fourierreihen und ohne Beweis eine Formel, die man als *Parsevalsche Formel* im modernen Sinn interpretieren kann.

9.4 Anwendungen der Fourierreihen

9.11 Der Approximationssatz von Weierstraß erfährt einen neuen Beweis mithilfe des Satzes von Fejér.

Satz 9.12 *Zu jeder stetigen Funktion $f : [a, b] \to \mathbb{R}$ gibt es eine Polynomfolge (P_n) mit $\|f - P_n\|_\infty \to 0$ $(n \to \infty)$.*

Beweis $\parallel$ Es genügt, den Fall $[a, b] = [-1, 1]$ zu betrachten. Die Funktion

$$g(\theta) = f(\cos \theta)$$

ist stetig, 2π-periodisch und gerade. Deshalb sind die Partialsummen $s_\nu(x|g)$ und $\sigma_n(\theta|g)$ reine *Cosinus-Polynome*, und nach dem Satz von Fejér gilt $\sigma_n(\theta|g) \to g(\theta)$ $(n \to \infty)$ gleichmäßig. Wie sogleich gezeigt wird, gilt $\sigma_n(\theta|g) = P_n(\cos \theta)$ mit einem Polynom P_n vom Grad höchstens n, somit

$$\|f - P_n\|_\infty = \max\{|g(\theta) - P_n(\cos \theta)| : \theta \in \mathbb{R}\} \to 0 \quad (n \to \infty).$$

Es bleibt zu zeigen, dass $\cos \nu\theta$ $(\nu \in \mathbb{N}_0)$ in eindeutiger Weise als $T_\nu(\cos \theta)$ mit einem Polynom T_ν geschrieben werden kann, da dann tatsächlich

$$\sigma_n(\theta|g) = \sum_{\nu=0}^{n-1} c_\nu \cos \nu\theta = \sum_{\nu=0}^{n-1} c_\nu T_\nu(\cos \theta) = P_n(\cos \theta)$$

ein Polynom in $\cos \theta$ ist.

Das Polynom T_n mit $\cos n\theta = T_n(\cos\theta)$ ist bekannt als **n-tes Tschebyscheff-Polynom 1. Art**. Es ergibt sich aus $\cos n\theta + i\sin n\theta = (\cos\theta + i\sin\theta)^n$ und dem binomischen Satz:

$$\cos n\theta = \sum_{0 \le 2k \le n} (-1)^k \binom{n}{2k} (\cos\theta)^{n-2k}(1 - \cos^2\theta)^k = T_n(\cos\theta). \quad \text{☕}$$

Aufgabe 9.3 Man zeige in derselben Weise $\sin n\theta = U_n(\cos\theta)\sin\theta$ mit dem *Tschebyscheff-Polynom 2. Art* U_n vom Grad $n - 1$.

Pafnuti Lwowitsch **Tschebyscheff** (1821-1894, St. Petersburg) bewies eine erste Annäherung an den von Gauß vermuteten *Primzahlsatz* $\lim_{x\to\infty} \dfrac{\pi(x)\log x}{x} = 1$. Sein Hauptinteresse galt den *orthogonalen* Polynomen, für die er eine geschlossene Theorie entwarf.

9.12 Der Folgenraum $\ell^2 = \ell^2(\mathbb{Z})$ besteht aus allen zweiseitig-unendlichen komplexen Folgen $\mathbf{a} = (a_k)_{k\in\mathbb{Z}}$ mit $\sum_{k=-\infty}^{\infty} |a_k|^2 < \infty$. Aus der Ungleichung $2|a_k b_k| \le |a_k|^2 + |b_k|^2$ folgt für $\mathbf{a}, \mathbf{b} \in \ell^2$ die Konvergenz von $\sum_{k=-\infty}^{\infty} |a_k b_k|$ und $\sum_{k=-\infty}^{\infty} (|a_k + b_k|)^2$. Mit der Addition $\mathbf{a} + \mathbf{b} = (a_k + b_k)$ und skalaren Multiplikation $\lambda\mathbf{a} = (\lambda a_k)$ wird daher ℓ^2 zu einem Vektorraum über $\mathbb{C}$, und zugleich wird durch $\langle \mathbf{a}, \mathbf{b} \rangle = \sum_{k=-\infty}^{\infty} a_k \bar{b}_k$ ein *Skalarprodukt* mit zugehöriger *Norm* $\|\mathbf{a}\|_2 = \langle \mathbf{a}, \mathbf{a} \rangle^{1/2}$ auf ℓ^2 erklärt. Die Vollständigkeit von ℓ^2 wird in Anhang I bewiesen. Für $f \in \mathcal{L}_{2\pi}^2$ gehört die Folge $\hat{\mathbf{f}} = (\hat{f}_k)_{k\in\mathbb{Z}}$ zu ℓ^2 und es gilt die Parsevalsche Gleichung $\|\hat{\mathbf{f}}\|_2 = \|f\|_2$. Umgekehrt ist für $\mathbf{c} \in \ell^2$ die Folge der Partialsummen $s_n(x) = \sum_{k=-n}^{n} c_k e^{ikx}$ wegen

$$\|s_n - s_m\|_2^2 = \sum_{m < |k| \le n} |c_k|^2 \quad (n > m > 0)$$

eine Cauchyfolge in $\mathcal{L}_{2\pi}^2$, es gibt also eine Funktion $f \in \mathcal{L}_{2\pi}^2$ mit

$$\|f - s_n\|_2^2 = \sum_{k=-n}^{n} |\hat{f}_k - c_k|^2 + \sum_{|k| > n} |c_k|^2 \to 0.$$

Zusammen gilt $\hat{f}_k = c_k$, $f \sim \sum_{k=-\infty}^{\infty} c_k e^{ikx}$ und $\|f\|_2 = \|\mathbf{c}\|_2$. Dies führt zum ursprünglichen Inhalt des Satzes von Riesz-Fischer:

Satz 9.13 *Die Hilberträume* ℓ^2 *und* $\mathcal{L}_{2\pi}^2/\!\sim$ *sind isometrisch isomorph, d.h. die Abbildung* $\mathcal{L}_{2\pi} \to \ell^2$, $f \mapsto (\hat{f}_k)_{k\in\mathbb{Z}} = \hat{\mathbf{f}}$ *ist linear, surjektiv, Norm- und Skalarprodukterhaltend sowie injektiv in dem Sinn, dass* $\hat{\mathbf{f}} = \hat{\mathbf{g}}$ *genau für* $f(x) = g(x)$ *f.ü. gilt.*

9.13 Die isoperimetrische Ungleichung[1] ergibt sich ebenfalls als Anwendung der Fourierreihen. Eine ebene $\mathcal{C}^1$-Jordankurve γ der Länge $L = L(\gamma)$ begrenzt ein Gebiet D der Fläche (2-dimensionales Lebesgue-Maß) $A = A(D)$. Wird $\mathbb{R}^2$ mittels $(x, y) \mapsto (kx, ky)$ gestreckt oder gestaucht, so hat $k\gamma$ die Länge kL und kD die Fläche k^2A, somit ist der Quotient L^2/A invariant unter Streckungen; für eine Kreislinie ergibt sich $4\pi A = L^2$.

Satz 9.14 *Es gilt $4\pi A \leq L^2$, und Gleichheit nur für Kreislinien.*

Beweis ‖ Die komplexe Schreibweise $\gamma = \gamma_1 + i\gamma_2 : [a, b] \to \mathbb{C}$ erweist sich als Schlüssel zum Beweis. Man kann annehmen, dass γ nach der Bogenlänge parametrisiert ist und (nach einer Streckung oder Stauchung) die Länge $L = 2\pi$ hat. Es gilt also $\gamma(s) = \sum\limits_{k=-\infty}^{\infty} \hat{\gamma}_k e^{iks}$, $\gamma' \sim \sum\limits_{k=-\infty}^{\infty} ik\hat{\gamma}_k e^{iks}$, $|\gamma'(s)| = 1$ und

$$\sum_{k=-\infty}^{\infty} k^2 |\hat{\gamma}_k|^2 = \|\gamma'\|_2^2 = \frac{1}{2\pi} \int_0^{2\pi} |\gamma'(s)|^2 \, ds = 1.$$

Nach dem Integralsatz von Gauß, der im Kapitel *Integralsätze und Vektoranalysis* bewiesen wird, ist $A = \frac{1}{2} \int_\gamma x \, dy - y \, dx$, was wegen $\int_\gamma x \, dx + y \, dy = 0$ und $\bar{z} \, dz = (x \, dx + y \, dy) + i(x \, dy - y \, dx)$

$$A = \frac{-i}{2} \int_\gamma \bar{z} \, dz = \frac{1}{2} \int_0^{2\pi} \overline{i\gamma(s)} \gamma'(s) \, ds = \pi \langle \gamma', i\gamma \rangle$$

$$= \pi \sum_{k=-\infty}^{\infty} k |\hat{\gamma}_k|^2 \leq \pi \sum_{k=-\infty}^{\infty} k^2 |\hat{\gamma}_k|^2 = \pi \|\gamma'\|_2^2 = \pi = \frac{L^2}{4\pi}$$

zur Folge hat. Gleichheit tritt genau dann ein, wenn $\hat{\gamma}_k = 0$ für $k \neq 0, 1$ ist, d.h. wenn eine Kreislinie $\gamma(s) = \hat{\gamma}_0 + \hat{\gamma}_1 e^{is}$ ($0 \leq s \leq 2\pi$) vom Radius $|\hat{\gamma}_1| = 1$ vorliegt. ☕

9.14 Der Poissonkern Das *Dirichletproblem* für den *Laplaceoperator* Δ lautet folgendermaßen: Es sei $D \subset \mathbb{R}^2$ ein Gebiet und $h : \partial D \to \mathbb{R}$ eine stetige Funktion. Gesucht ist eine Funktion $u \in \mathcal{C}^2(D) \cap \mathcal{C}(\overline{D})$ mit $u|_{\partial D} = h$ und $\Delta u = u_{xx} + u_{yy} = 0$ in D. Im Fall von $D = \{(x, y) : x^2 + y^2 < 1\}$ kann man so vorgehen: Ist $\sum\limits_{k=-\infty}^{\infty} \hat{h}_k e^{ik\theta}$ die von h erzeugte Fourierreihe, so ist

$$u(x, y) = \sum_{k=-\infty}^{\infty} \hat{h}_k r^{|k|} e^{ik\theta}$$

---

[1] Auch Problem der Dido genannt; Dido war die mythologische Gründerin von Karthago.

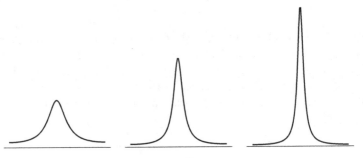

Abb. 9.4 Der Poissonkern $P(r, \psi) = \dfrac{1 - r^2}{1 - 2r \cos \psi + r^2}$ $(r = 0,5, 0,7, 0,8, |\psi| \leq \pi)$.

(Polarkoordinaten in D, $\hat{h}_{-k} = \overline{\hat{h}_k}$) unendlich oft differenzierbar: $u \in C^m(D)$ folgt aus der Konvergenz von $\sum\limits_{k=-\infty}^{\infty} |k|^m |\hat{h}_k| r^{|k|}$ $(0 \leq r < 1)$, und die *Laplacegleichung*

$\Delta u = u_{xx} + u_{yy} = 0$ aus $(\hat{h}_k e^{ik\theta} + \hat{h}_{-k} e^{-ik\theta}) r^k = 2\mathrm{Re}\,(\hat{h}_k z^k)$, $\Delta \mathrm{Re}\,(\hat{h}_k z^k) = 0^2$ $(z = x + iy = r e^{i\theta})$ mittels erlaubter gliedweiser Differentiation. Setzt man die Bedeutung der Fourierkoeffizienten ein, so folgt nach ebenfalls erlaubter Vertauschung von Integration und Summation

$$u(x, y) = \frac{1}{2\pi} \int_{-\pi}^{\pi} h(\cos\phi, \sin\phi) \sum_{k=-\infty}^{\infty} r^{|k|} e^{-ik\phi} e^{ik\theta} \, d\phi$$

$$= \frac{1}{2\pi} \int_{-\pi}^{\pi} P(r, \theta - \phi) h(\cos\phi, \sin\phi) \, d\phi$$

$(x = r\cos\theta, y = r\sin\theta)$ mit dem **Poissonkern** (vgl. Abb. 9.4)

$$P(r, \psi) = \sum_{k=-\infty}^{\infty} r^{|k|} e^{ik\psi} = 1 + \sum_{k=1}^{\infty} (z^k + \bar{z}^k) \quad (z = r e^{i\psi} \text{ gesetzt})$$

$$= 1 + \frac{z}{1 - z} + \frac{\bar{z}}{1 - \bar{z}} = \frac{1 - |z|^2}{|1 - z|^2} = \frac{1 - r^2}{1 - 2r\cos\psi + r^2};$$

dies ist sicherlich eine Lösung für $h \in C^1$, da dann $\sum\limits_{k=-\infty}^{\infty} |\hat{h}_k|$ und die Reihe für u auf $x^2 + y^2 \leq 1$ (absolut und) gleichmäßig konvergiert. Andernfalls sind die Randwerte des Integrals direkt zu untersuchen. Hierfür ist wesentlich $P(r, \psi) > 0$ und $\int_{-\pi}^{\pi} P(r, \psi) \, d\psi = 2\pi$, wie man für $h(\cos\theta, \sin\theta) = 1$ erkennt.

---

[2] Die Aussage $\Delta \mathrm{Re}\,(cz^k) = 0$ kann wesentlich verallgemeinert werden. Ist $f = u + iv$ holomorph in einem Gebiet D, so gilt $u, v \in C^\infty(D)$ und $u_x = v_y$ und $u_y = -v_x$, somit $u_{xx} = v_{yx} = v_{xy} = -u_{yy}$, also $\Delta u = 0$, und genauso $\Delta v = 0$ (s. das Kapitel *Einführung in die Funktionentheorie*).

Siméon-Denis **Poisson** (1781-1840), frz. Mathematiker und Physiker, arbeitete hauptsächlich über den Integralbegriff und Fourierreihen. Er veröffentlichte mehr als 300 Arbeiten. Mit seinem Namen verbunden bleiben die Begriffe Poisson-Verteilung, -Gleichung, -Integral, -Zahl, -Klammer, -Kern.

9.5 Die Fouriertransformation

9.15 Die Fouriertransformierte von $f \in \mathcal{L}^1(\mathbb{R}^n)$ wird folgendermaßen definiert:

$$\hat{f}(\mathfrak{x}) = \int_{\mathbb{R}^n} f(\mathfrak{t}) e^{-2\pi i \mathfrak{x} \cdot \mathfrak{t}} \, d\mathfrak{t}.$$

Die Abbildung $f \mapsto \hat{f}$ heißt **Fouriertransformation.**

Beispiel 9.4 $\phi(t) = e^{-\lambda |t|}$ $(\lambda > 0)$ hat die Fouriertransformierte

$$\hat{\phi}(x) = \int_0^\infty e^{-\lambda t - 2\pi i t x} \, dt + \int_0^\infty e^{-\lambda s + 2\pi i s x} \, dt$$

$$= \frac{1}{\lambda + 2\pi i x} + \frac{1}{\lambda - 2\pi i x} = \frac{2\lambda}{\lambda^2 + 4\pi^2 x^2}.$$

Für $f(\mathfrak{t}) = e^{-(\lambda_1 |t_1| + \cdots + \lambda_n |t_n|)}$ $(\lambda_\nu > 0)$ folgt

$$\hat{f}(\mathfrak{x}) = \frac{2^n \lambda_1 \cdots \lambda_n}{(\lambda_1^2 + 4\pi^2 x_1^2) \cdots (\lambda_n^2 + 4\pi^2 x_n^2)}.$$

Beispiel 9.5 Die Fouriertransformierte von $\phi(t) = e^{-\lambda t^2}$ $(\lambda > 0, n = 1)$ ist differenzierbar mit Ableitung

$$\hat{\phi}'(x) = \int_{-\infty}^\infty -2\pi i t e^{-\lambda t^2} e^{-2\pi i x t} \, dt = \frac{\pi i}{\lambda} \int_{-\infty}^\infty \frac{d}{dt} \left(e^{-\lambda t^2} \right) e^{-2\pi i x t} \, dt$$

$$= \frac{\pi i}{\lambda} e^{-\lambda t^2 - 2\pi i x t} \Big|_{-\infty}^\infty - \frac{\pi i}{\lambda} \int_{-\infty}^\infty e^{-\lambda t^2} \left(-2\pi i x \right) e^{-2\pi i x t} \, dt = \frac{-2\pi^2 x}{\lambda} \hat{\phi}(x);$$

mit $\hat{\phi}(0) = \sqrt{\pi/\lambda}$ folgt $\hat{\phi}(x) = (\pi/\lambda)^{1/2} e^{-\pi^2 x^2/\lambda}$ und speziell $\hat{\phi} = \phi$ für $\lambda = \pi$. Man erhält wie im ersten Beispiel für $f(\mathfrak{t}) = e^{-\lambda |\mathfrak{t}|^2}$ $(\lambda > 0, \mathfrak{t} \in \mathbb{R}^n)$: $\hat{f}(\mathfrak{x}) = (\pi/\lambda)^{n/2} e^{-\pi^2 |\mathfrak{x}|^2/\lambda}$. Speziell für den Glättungskern $W(\mathfrak{t}) = e^{-\pi |\mathfrak{t}|^2}$ gilt $\hat{W}(\mathfrak{x}) = W(\mathfrak{x})$.

Satz 9.15 (**Rechenregeln für die Fouriertransformation**)

a) $f(\mathfrak{t}) = \phi_1(t_1) \cdots \phi_n(t_n) \Rightarrow \hat{f}(\mathfrak{x}) = \hat{\phi}_1(x_1) \cdots \hat{\phi}_n(x_n)$.

b) $\widehat{f+g}(\mathfrak{x}) = \hat{f}(\mathfrak{x}) + \hat{g}(\mathfrak{x})$ *und* $\widehat{\alpha f}(\mathfrak{x}) = \alpha\, \hat{f}(\mathfrak{x})$.

c) $g(\mathfrak{t}) = f(\mathfrak{t}) e^{2\pi i \mathfrak{a} \cdot \mathfrak{t}} \Rightarrow \hat{g}(\mathfrak{x}) = \hat{f}(\mathfrak{x} - \mathfrak{a})$.

d) $g(\mathfrak{t}) = f(\mathfrak{t} - \mathfrak{a}) \Rightarrow \hat{g}(\mathfrak{x}) = \hat{f}(\mathfrak{x}) e^{-2\pi i \mathfrak{a} \cdot \mathfrak{x}}$.

e) $g(\mathfrak{t}) = \overline{f(\mathfrak{t})} \Rightarrow \hat{g}(\mathfrak{x}) = \overline{\hat{f}(-\mathfrak{x})}$.

f) $g(\mathfrak{t}) = f(-\mathfrak{t}) \Rightarrow \hat{g}(\mathfrak{x}) = \hat{f}(-\mathfrak{x})$.

g) $g(\mathfrak{t}) = f(A^{-1}\mathfrak{t}) \Rightarrow \hat{g}(\mathfrak{x}) = |\det A|\, \hat{f}(A\mathfrak{x})$ *(det $A \neq 0$)*.   ✆

Der *Beweis* ‖ wird als Aufgabe gestellt.

9.16 Fouriertransformation und Faltung $(f * g)(\mathfrak{x}) = \int_{\mathbb{R}^n} f(\mathfrak{x} - \mathfrak{y}) g(\mathfrak{y})\, d\mathfrak{y}$ stehen in enger wechselseitiger Beziehung[3].

Satz 9.16 *Für $f, g \in \mathcal{L}^1(\mathbb{R}^n)$ gilt $\widehat{f * g} = \hat{f}\hat{g}$.*

Beweis ‖ Da $f(\mathfrak{t}) g(\mathfrak{y})$ über $\mathbb{R}^{2n}$ integrierbar ist, gilt

$$\widehat{f * g}(\mathfrak{x}) = \int_{\mathbb{R}^n} \int_{\mathbb{R}^n} f(\mathfrak{t} - \mathfrak{y}) g(\mathfrak{y}) e^{-2\pi i \mathfrak{x} \cdot \mathfrak{t}}\, d\mathfrak{y}\, d\mathfrak{t}$$

$$= \int_{\mathbb{R}^n} \int_{\mathbb{R}^n} f(\mathfrak{t} - \mathfrak{y}) e^{-2\pi i \mathfrak{x} \cdot (\mathfrak{t}-\mathfrak{y})} g(\mathfrak{y}) e^{-2\pi i \mathfrak{x} \cdot \mathfrak{y}}\, d\mathfrak{y}\, d\mathfrak{t}$$

$$= \int_{\mathbb{R}^n} f(\mathfrak{u}) e^{-2\pi i \mathfrak{x} \cdot \mathfrak{u}}\, d\mathfrak{u} \int_{\mathbb{R}^n} g(\mathfrak{y}) e^{-2\pi i \mathfrak{x} \cdot \mathfrak{y}}\, d\mathfrak{y} = \hat{f}(\mathfrak{x})\, \hat{g}(\mathfrak{x}). \qquad ✆$$

9.17 Der Raum $\mathcal{C}_0(\mathbb{R}^n)$ besteht aus den stetigen Funktionen $f : \mathbb{R}^n \longrightarrow \mathbb{C}$ mit $\lim_{|\mathfrak{x}| \to \infty} f(\mathfrak{x}) = 0$. Offensichtlich ist $\mathcal{C}_0(\mathbb{R}^n)$ ein Vektorraum über $\mathbb{C}$. Weiterhin bezeichnet $\mathcal{C}_0^m(\mathbb{R}^n)$ $(1 \le m \le \infty)$ den Raum aller Funktionen $f : \mathbb{R}^n \longrightarrow \mathbb{C}$ mit

$$\nabla^{\mathfrak{p}} f = \frac{\partial^{p_1 + \cdots + p_n} f}{\partial x_1^{p_1} \cdots \partial x_n^{p_n}} \in \mathcal{C}_0(\mathbb{R}^n) \quad (|\mathfrak{p}|_1 \le m),$$

und schließlich ist $\mathcal{C}_0^\infty(\mathbb{R}^n) = \bigcap_{m \in \mathbb{N}} \mathcal{C}_0^m(\mathbb{R}^n)$.

Aufgabe 9.4 Man zeige, dass $f \in \mathcal{C}_0(\mathbb{R}^n)$ in $\mathbb{R}^n$ gleichmäßig stetig ist.

Satz 9.17 *Die Fouriertransformation ist eine lineare Abbildung*

$$\hat{} : \mathcal{L}^1(\mathbb{R}^n) \longrightarrow \mathcal{C}_0(\mathbb{R}^n);$$

es gilt $\|\hat{f}\|_\infty \le \|f\|_1$ [4] *sowie*

---

[3] Zur Erinnerung: Für $f, g \in \mathcal{L}^1(\mathbb{R}^n)$ existiert $(f * g)(\mathfrak{x})$ für fast alle $\mathfrak{x} \in \mathbb{R}^n$ und es ist $f * g \in \mathcal{L}^1(\mathbb{R}^n)$ sowie $f * g = g * f$ f.ü..

[4] Dies drückt die Stetigkeit dieser Transformation aus: $\|\hat{f} - \hat{g}\|_\infty \le \|f - g\|_1$.

a) *ist* $t \mapsto |t|^m f(t)$ *integrierbar, so ist* $\hat{f} \in C_0^m(\mathbb{R}^n)$;
   mit $f_p(t) = t^p f(t)$ *gilt* $\nabla^p \hat{f}(\mathfrak{x}) = (-2\pi i)^{|p|_1} \widehat{f_p}(\mathfrak{x})$ $(|p|_1 \leq m)$.
b) *für* $f \in C_0^m(\mathbb{R}^n)$ *mit* $\nabla^p f \in \mathcal{L}^1(\mathbb{R}^n)$ *für* $|p|_1 \leq m$ *gilt*
   $(2\pi i)^{|p|_1} \hat{f}_p(\mathfrak{x}) = \widehat{\nabla^p f}(\mathfrak{x})$, *insbesondere* $2\pi i x_\nu \hat{f}(\mathfrak{x}) = \widehat{f_{t_\nu}}(\mathfrak{x})$.

Beweis ‖ Die Stetigkeit von $\hat{f}$ folgt aus dem entsprechenden Satz über Parameterintegrale: Bei festem t ist $\mathfrak{x} \mapsto f(t)e^{-2\pi i \mathfrak{x} \cdot t}$ stetig und $|f(t)|$ eine integrierbare Majorante. Zum Beweis von $\lim_{|\mathfrak{x}| \to \infty} \hat{f}(\mathfrak{x}) = 0$ wird zunächst $\phi = \mathbf{1}_{[a,b]}$ $(n = 1)$

betrachtet, wofür $\hat{\phi}(x) = \int_a^b e^{-2\pi i x t}\, dt = \dfrac{e^{-2\pi i b x} - e^{-2\pi i a x}}{-2\pi i x} \to 0\ (x \to \pm\infty)$ gilt.
Daraus folgt $\hat{\phi}(\mathfrak{x}) \to 0$ $(|\mathfrak{x}| \to \infty)$ für n-dimensionale Treppenfunktionen. Allgemein wird zu $\epsilon > 0$ eine Treppenfunktion ϕ mit $\|f - \phi\|_1 < \epsilon$ gewählt, woraus $|\hat{f}(\mathfrak{x})| \leq |\hat{\phi}(\mathfrak{x})| + \|\hat{f} - \hat{\phi}\|_1 \leq |\hat{\phi}(\mathfrak{x})| + \|f - \phi\|_1 < 2\epsilon$ für $|\mathfrak{x}| > r_0$ folgt. Die stetige Differenzierbarkeit wird induktiv bewiesen. Aus

$$\left| \frac{\partial}{\partial x_\nu} f(t)e^{-2\pi i \mathfrak{x} \cdot t} \right| = |-2\pi i t_\nu f(t)e^{-2\pi i \mathfrak{x} \cdot t}| \leq 2\pi |t||f(t)|$$

folgt, dass der Satz über die (stetige) Differenzierbarkeit von Parameterintegralen anwendbar ist (Induktionsanfang $m = 1$). Schließlich gilt

$$2\pi i x_1 \hat{f}(\mathfrak{x}) = \int_{\mathbb{R}^n} f(t) 2\pi i x_1 e^{-2\pi i \mathfrak{x} \cdot t}\, dt = \int_{\mathbb{R}^n} f(t)\left(-\frac{\partial}{\partial t_1} e^{-2\pi i \mathfrak{x} \cdot t} \right) dt$$
$$= \int_{\mathbb{R}^n} f_{t_1}(t)\, e^{-2\pi i \mathfrak{x} \cdot t}\, dt = \widehat{f_{t_1}}(\mathfrak{x}),$$

wobei das vorletzte Gleichheitszeichen durch Anwendung des Satzes von Fubini $(t = (t_1, \tilde{t}))$, $\lim_{t_1 \to \pm\infty} f(t_1, \tilde{t}) = 0$ und partielle Integration

$$\int_{\mathbb{R}} f(t) \frac{\partial}{\partial t_1} e^{-2\pi i \mathfrak{x} \cdot t}\, dt_1 = f(t_1, \tilde{t})e^{-2\pi i \mathfrak{x} \cdot t}\Big|_{t_1 = -\infty}^{t_1 = +\infty} - \int_{\mathbb{R}} f_{t_1}(t)\, e^{-2\pi i \mathfrak{x} \cdot t}\, dt_1$$

gerechtfertigt wird. Es ist also $2\pi i x_1 \hat{f}(\mathfrak{x}) = \widehat{f_{t_1}}(\mathfrak{x})$ und analog $2\pi i x_\nu \hat{f}(\mathfrak{x}) = \widehat{f_{t_\nu}}(\mathfrak{x})$ (f lebt im t-Raum $\mathbb{R}^n$). Induktion ergibt dann

$$(2\pi i)^{|p|_1} \mathfrak{x}^p \hat{f}(\mathfrak{x}) = \widehat{\nabla^p f}(\mathfrak{x}),$$

solange $\nabla^p f$ integrierbar ist.   ☕

9.18 Der Schwartzraum Je stärker $f(\mathfrak{t})$ für $|\mathfrak{t}| \to \infty$ abfällt, desto glatter ist $\hat{f}$, und umgekehrt. Werden beide Eigenschaften kombiniert so gelangt man zum **Schwartzraum** $\mathcal{S} = \mathcal{S}(\mathbb{R}^n)$; er besteht aus allen C^∞-Funktionen $f : \mathbb{R}^n \to \mathbb{C}$, für die sämtliche Funktionen

$$\mathfrak{r} \mapsto |\mathfrak{r}|^m \nabla^{\mathfrak{p}} f(\mathfrak{r}) \quad (\mathfrak{p} \in \mathbb{N}_0^n, \ m \in \mathbb{N}_0)$$

zu $C_0(\mathbb{R}^n)$ gehören. Äquivalent zu $f \in \mathcal{S}$ ist

$$\sup\{|\mathfrak{r}|^m |\nabla^{\mathfrak{p}} f(\mathfrak{r})| : \mathfrak{r} \in \mathbb{R}^n\} < \infty \quad (m \in \mathbb{N}_0, \mathfrak{p} \in \mathbb{N}_0^n).$$

Trivialerweise gilt $C_c^\infty(\mathbb{R}^n) \subset \mathcal{S}(\mathbb{R}^n) \subset C_0^\infty(\mathbb{R}^n)$, somit gilt der

Satz 9.18 *Der Schwartzraum $\mathcal{S}$ liegt bezüglich der $\mathcal{L}^p$-Norm dicht in $\mathcal{L}^p(\mathbb{R}^n)$.*

Der *Beweis* ‖ verbleibt als Aufgabe.   ☕

Laurent **Schwartz** (1915-2002, Paris), frz. Mathematiker, erhielt die Fieldsmedaille 1950 für seine Theorie der *Distributionen* (verallgemeinerte Funktionen) verliehen. Schwartz war in der 2. Generation Mitglied der Gruppe Bourbaki.

Satz 9.19 *Mit f und g gehören auch fg, $\nabla^{\mathfrak{p}} f$ und $f_{\mathfrak{p}}(\mathfrak{r}) = \mathfrak{r}^{\mathfrak{p}} f(\mathfrak{r})$ $(\mathfrak{p} \in \mathbb{N}_0^n)$ sowie die Funktionen $\hat{f}$ und $f * g$ zu $\mathcal{S}$.*

Beweis ‖ Die ersten Aussagen sind offensichtlich, es verbleibt die Untersuchung von $\hat{f}$ und $f * g$. Für $f \in \mathcal{S}$ gilt $|\mathfrak{t}|^{m+n+1} f(\mathfrak{t}) \to 0$ ($|\mathfrak{t}| \to \infty$, $m \in \mathbb{N}$ beliebig), woraus $\hat{f} \in C_0^m(\mathbb{R}^n)$, also $\hat{f} \in C_0^\infty(\mathbb{R}^n)$ folgt. Weiterhin ist

$$(2\pi i)^{|\mathfrak{q}|_1} \mathfrak{r}^{\mathfrak{q}} \hat{f}(\mathfrak{r}) = \widehat{\nabla^{\mathfrak{q}} f}(\mathfrak{r})$$

beschränkt, und wegen $|\mathfrak{r}|^m \leq n^{m/2} |\mathfrak{r}|_\infty^m = n^{m/2} \max\{|\mathfrak{r}^{\mathfrak{q}}| : |\mathfrak{q}|_1 = m\}$ auch $|\mathfrak{r}|^m \hat{f}(\mathfrak{r})$ selbst. Wendet man dies auf $f_{\mathfrak{p}}$ und $\hat{f}_{\mathfrak{p}} = (-2\pi i)^{-|\mathfrak{p}|_1} \nabla^{\mathfrak{p}} \hat{f}$ anstelle f und $\hat{f}$ an, so folgt die Beschränktheit von $|\mathfrak{r}|^m \nabla^{\mathfrak{p}} \hat{f}(\mathfrak{r})$ für beliebige m und $\mathfrak{p}$, also $\hat{f} \in \mathcal{S}(\mathbb{R}^n)$. Damit ist auch $\widehat{f * g} = \hat{f}\hat{g} \in \mathcal{S}$, und wie gleich gezeigt wird, hat dies $f * g \in \mathcal{S}$ zur Folge.   ☕

9.6 Der Umkehrsatz

Die formelmäßig gegebene Fouriertransformation lässt sich umkehren, sofern $\hat{f}$ selbst wieder Fourier-transformierbar ist. Dies ist einfach zu beweisen im Schwartzraum.

Satz 9.20 *Für $f \in \mathcal{S}$ gilt $f(\mathfrak{t}) = \int_{\mathbb{R}^n} \hat{f}(\mathfrak{r}) e^{2\pi i \mathfrak{r} \cdot \mathfrak{t}} \, d\mathfrak{r}$, d.h. $f(\mathfrak{t}) = \hat{\hat{f}}(-\mathfrak{t})$.*

Beweis ‖ Es sei $W(\mathfrak{x}) = e^{-\pi|\mathfrak{x}|^2}$ und $H_\sigma(\mathfrak{x}) = W(\sigma\mathfrak{x})$, somit

$$\widehat{H_\sigma}(\mathfrak{x}) = W_\sigma(\mathfrak{x}) = \sigma^{-n}W(\sigma^{-1}\mathfrak{x}).$$

Da $f_0(\mathfrak{y}) = f(\mathfrak{y} + \mathfrak{t})$ ($\mathfrak{t} \in \mathbb{R}^n$ fest) die Fouriertransformierte

$$\widehat{f_0}(\mathfrak{x}) = \int_{\mathbb{R}^n} f(\mathfrak{y} + \mathfrak{t})e^{-2\pi i \mathfrak{x}\cdot\mathfrak{y}}\,d\mathfrak{y} = e^{2\pi i \mathfrak{t}\cdot\mathfrak{x}}\int_{\mathbb{R}^n} f(\mathfrak{z})e^{-2\pi i \mathfrak{x}\cdot\mathfrak{z}}\,d\mathfrak{z} = \hat{f}(\mathfrak{x})e^{2\pi i \mathfrak{t}\cdot\mathfrak{x}}$$

besitzt, folgt

$$(W_\sigma * f)(\mathfrak{t}) = \int_{\mathbb{R}^n} f(\mathfrak{t} - \mathfrak{x})W_\sigma(\mathfrak{x})\,d\mathfrak{x} = \int_{\mathbb{R}^n} f(\mathfrak{y} + \mathfrak{t})W_\sigma(\mathfrak{y})\,d\mathfrak{y}$$

$$= \int_{\mathbb{R}^n} f_0(\mathfrak{y})\widehat{H_\sigma}(\mathfrak{y})\,d\mathfrak{y} = \int_{\mathbb{R}^n} \hat{f}(\mathfrak{y})e^{2\pi i \mathfrak{t}\cdot\mathfrak{y}}H_\sigma(\mathfrak{y})\,d\mathfrak{y};$$

für das zweite Gleichheitszeichen ist die Transformation $\mathfrak{y} = -\mathfrak{x}$ und $W_\sigma(\mathfrak{y}) = W_\sigma(\mathfrak{x})$ verantwortlich, und das letzte gilt wegen $f_0, H_\sigma \in \mathcal{L}^1(\mathbb{R}^n)$. Für $\sigma \to 0$ strebt die linke Seite gegen $f(\mathfrak{t})$, während der Integrand rechts durch $|\hat{f}(\mathfrak{y})|$ majorisiert gegen $\hat{f}(\mathfrak{y})e^{2\pi i \mathfrak{t}\cdot\mathfrak{y}}$ konvergiert (man beachte $0 < H_\sigma(\mathfrak{y}) \le 1$ und $H_\sigma(\mathfrak{y}) \to 1$ punktweise für $\sigma \to 0$). Die rechte Seite strebt für $\sigma \to 0$ daher gegen $\int_{\mathbb{R}^n} \hat{f}(\mathfrak{y})e^{2\pi i \mathfrak{t}\cdot\mathfrak{y}}\,d\mathfrak{y} = \hat{\hat{f}}(-\mathfrak{t})$, woraus $f(\mathfrak{t}) = \hat{\hat{f}}(-\mathfrak{t})$ folgt. &

9.19 Die Formel von Plancherel Der Raum $\mathcal{S}$ erbt das Skalarprodukt und die Norm von $\mathcal{L}^2(\mathbb{R}^n)$. Es gilt die Parsevalsche Formel, die hier unter dem Namen *Formel von Plancherel* bekannt ist.

Satz 9.21 *Für $f, g \in \mathcal{S}$ gilt $\langle f, g \rangle = \langle \hat{f}, \hat{g} \rangle$ und $\|f\|_2 = \|\hat{f}\|_2$.*

Michel **Plancherel** (1885-1967), schweiz. Mathematiker mit Hauptarbeitsgebieten Analysis und Mathematische Physik.

Beweis ‖ Nach dem Satz von Tonelli gilt für $\phi, \psi \in \mathcal{S}(\mathbb{R}^n)$

$$\langle \hat{\phi}, \overline{\psi} \rangle = \frac{1}{2\pi}\int_{\mathbb{R}^n}\int_{\mathbb{R}^n} \phi(\mathfrak{t})e^{-2\pi i \mathfrak{t}\cdot\mathfrak{x}}\psi(\mathfrak{x})\,d\mathfrak{t}d\mathfrak{x}$$

$$= \frac{1}{2\pi}\int_{\mathbb{R}^n}\int_{\mathbb{R}^n} \psi(\mathfrak{x})e^{-2\pi i \mathfrak{t}\cdot\mathfrak{x}}\phi(\mathfrak{t})\,d\mathfrak{x}dt = \langle \hat{\psi}, \overline{\phi} \rangle.$$

Speziell für $\psi(\mathfrak{t}) = \overline{g(\mathfrak{t})}$ und $\hat{\phi}(\mathfrak{t}) = f(\mathfrak{t})$ ergibt sich $\hat{\psi}(\mathfrak{x}) = \overline{\hat{g}(-\mathfrak{x})}$ und $\phi(\mathfrak{x}) = \hat{f}(-\mathfrak{x})$ nach dem Umkehrsatz, somit

$$\langle f, g \rangle = \langle \hat{\phi}, \overline{\psi} \rangle = \langle \hat{\psi}, \overline{\phi} \rangle = \int_{\mathbb{R}^n} \hat{f}(-\mathfrak{x})\overline{\hat{g}(-\mathfrak{x})}\,d\mathfrak{x} = \langle \hat{f}, \hat{g} \rangle. \quad \text{&}$$

Kombination der vorstehenden Ergebnisse ergibt den

Satz 9.22 *Die Fouriertransformation^*: $\mathcal{S} \longrightarrow \mathcal{S}$ *ist eine lineare Isometrie* (linear, bijektiv, Norm- und Skalarprodukt-erhaltend).

9.20 Fortsetzung der Fouriertransformation Die Fouriertransformation^: $\mathcal{S} \longrightarrow$ $\mathcal{S}$ besitzt eine eindeutig bestimmte Fortsetzung als lineare Isometrie $\mathbf{F} : \mathcal{L}^2(\mathbb{R}^n)/\sim \longrightarrow \mathcal{L}^2(\mathbb{R}^n)/\sim$ in folgendem Sinn: Ist $[f] \in \mathcal{L}^2(\mathbb{R}^n)/\sim$, (f_k) eine Folge in $\mathcal{S}$, die in $\mathcal{L}^2(\mathbb{R}^n)$ gegen einen Vertreter f konvergiert, so ist auch die Folge $(\widehat{f_k})$ als Cauchyfolge $(\|\widehat{f_k} - \widehat{f_\ell}\|_2 = \|f_k - f_\ell\|_2)$ in $\mathcal{L}^2(\mathbb{R}^n)$ konvergent, somit konvergiert die Folge $([\widehat{f_k}])$ gegen $\mathbf{F}[f]$ in $\mathcal{L}^2(\mathbb{R}^n)/\sim$. Die Linearität und die Isometrieeigenschaft, somit insbesondere die Injektivität der Abbildung $\mathbf{F}$ sind offensichtlich. Zum Beweis der Surjektivität benutzt man die Umkehrformel in $\mathcal{S}$: Ist $[f] \in \mathcal{L}^2(\mathbb{R}^n)/\sim$ und (f_k) eine Folge in $\mathcal{S}$ mit $f_k \to f$ in $\mathcal{L}^2(\mathbb{R}^n)$, so ist auch die Folge $([\widehat{f_k}])$ konvergent gegen $[\tilde{g}] \in \mathcal{L}^2(\mathbb{R}^n)/\sim$, es folgt $\mathbf{F}[g] = [f]$ für $g(t) = \tilde{g}(-t)$. Etwas lax spricht man von der Fortsetzung ^: $\mathcal{L}^2(\mathbb{R}^n) \longrightarrow \mathcal{L}^2(\mathbb{R}^n)$, d.h. $f \in \mathcal{L}^2(\mathbb{R}^n)$ wird eine Funktion $\hat{f} \in \mathcal{L}^2(\mathbb{R}^n)$ zugeordnet, die nur *f.ü.* eindeutig bestimmt ist. Aber es ist Vorsicht geboten: Zwar gilt $\hat{f}(\mathfrak{x}) = \int_{\mathbb{R}^n} f(t)e^{-2\pi i \mathfrak{x} \cdot t}\, dt$ *f.ü.* für $f \in \mathcal{L}^1(\mathbb{R}^n) \cap \mathcal{L}^2(\mathbb{R}^n)$, aber nicht allgemein für $f \in \mathcal{L}^2(\mathbb{R}^n)$.

Beispiel 9.6 Die Funktion f, definiert durch $f(t) = 0$ in $(-1, 1)$ und $f(t) = 1/t$ sonst, gehört zu $\mathcal{L}^2(\mathbb{R})$, aber nicht zu $\mathcal{L}^1(\mathbb{R})$, und $\int_{\mathbb{R}} f(t)e^{-2\pi i x t}\, dt$ ist als *Cauchyscher Hauptwert*

$$\lim_{T \to \infty} \left(\int_{-T}^{-1} + \int_{1}^{T} \right) e^{-2\pi i t x}\frac{dt}{t} = -2i \int_{1}^{\infty} \sin(2\pi t x)\frac{dt}{t} = -2i \int_{|x|}^{\infty} \sin(2\pi u)\frac{du}{u}$$

$(x \neq 0)$ und schließlich als uneigentliches Integral zu interpretieren.

9.21 Vom Schwartzraum zu $\mathcal{L}^2$ Da $\mathcal{S}$ in $\mathcal{L}^p(\mathbb{R}^n)$ dicht liegt, lassen sich viele in $\mathcal{S}$ gültige Ergebnisse, wie z.B. die Formel von Plancherel und die Umkehrformel auf die Verhältnisse in $\mathcal{L}^1(\mathbb{R}^n)$ und $\mathcal{L}^2(\mathbb{R}^n)$ übertragen.

Satz 9.23 *In $\mathcal{L}^2(\mathbb{R}^n)$ gilt* $\langle f, g \rangle = \langle \hat{f}, \hat{g} \rangle$ *sowie* $\langle \hat{f}, g \rangle = \langle f, \hat{g} \rangle$, *und für* $f, \hat{f} \in$ $\mathcal{L}^1(\mathbb{R}^n)$ *gilt die Umkehrformel*

$$f(t) = \int_{\mathbb{R}^n} \hat{f}(\mathfrak{x})e^{2\pi i \mathfrak{x} \cdot t}\, d\mathfrak{x} = \hat{\hat{f}}(-t)\,f.ü. \tag{9.8}$$

Bemerkung 9.3 Mehr als $f(t) = \hat{\hat{f}}(-t)$ *f.ü.* ist nicht zu erwarten. Für $\hat{f} \in \mathcal{L}^1(\mathbb{R}^n)$ ist aber $\hat{\hat{f}} \in$ $\mathcal{C}_0(\mathbb{R}^n)$, d.h. f ist zu einer Funktion in $\mathcal{C}_0(\mathbb{R}^n)$, nämlich $\int_{\mathbb{R}^n} \hat{f}(\mathfrak{x})e^{2\pi i \mathfrak{x} \cdot t}\, d\mathfrak{x}$ äquivalent; für diese wieder mit f bezeichnete Funktion gilt $f(t) = \hat{\hat{f}}(-t)$ überall! In (9.8) sind dann sowohl f als auch $\hat{f}$ zu stetigen Funktionen äquivalent (*f.ü.* gleich).

Beweis $\|$ Die ersten beiden Aussagen sind trivial. Mit den Bezeichnungen $H_\sigma(\mathfrak{x}) = e^{-\pi\sigma^2|\mathfrak{x}|^2}$ und $W_\sigma = \widehat{H_\sigma}$ wie im Beweis des Umkehrsatzes erhält man

$$(W_\sigma * f)(t) = \int_{\mathbb{R}^n} f(t - \mathfrak{y})W_\sigma(\mathfrak{y})\, d\mathfrak{y} = \int_{\mathbb{R}^n} \hat{f}(\mathfrak{y})e^{2\pi i t \cdot \mathfrak{y}} H_\sigma(\mathfrak{y})\, d\mathfrak{y} \to \hat{\hat{f}}(-t)$$

für $\sigma \to 0$, allerdings ist $f(t) = \lim\limits_{\sigma\to 0}(W_\sigma * f)(t)$ und so $f(t) = \hat{\hat{f}}(-t)$ bisher nur

in *Stetigkeitspunkten* von f nachgewiesen, so dass über die Identität $f(t) = \hat{\hat{f}}(-t)$ keine allgemeingültige Aussage getroffen werden kann. Integration der Ungleichung

$$|(W_\sigma * f)(t) - f(t)| \le \int_{\mathbb{R}^n} |f(t-\mathfrak{y}) - f(t)| W_\sigma(\mathfrak{y}) \, d\mathfrak{y}$$

bezüglich t ergibt mit der Abkürzung $f_{(\mathfrak{y})}(t) = f(t-\mathfrak{y})$ nach dem Satz von Fubini

$$\|W_\sigma * f - f\|_1 \le \int_{\mathbb{R}^n}\int_{\mathbb{R}^n} |f_{(\mathfrak{y})}(t) - f(t)| \, W_\sigma(\mathfrak{y}) \, dt \, d\mathfrak{y}$$

$$= \int_{\mathbb{R}^n} \|f_{(\mathfrak{y})} - f\|_1 W_\sigma(\mathfrak{y}) \, d\mathfrak{y} = (W_\sigma * h)(\mathfrak{o})$$

mit $h(\mathfrak{y}) = \|f_{(\mathfrak{y})} - f\|_1$. Da, wie gleich gezeigt wird, h eine stetige Funktion ist, folgt $\lim\limits_{\sigma\to 0}(W_\sigma * h)(\mathfrak{o}) = h(\mathfrak{o}) = 0$, d.h. $W_\sigma * f \to f$ $(\sigma \to 0)$ in $\mathcal{L}^1(\mathbb{R}^n)$. Dann gilt zumindest für eine Folge $\sigma_k \to 0$ auch $(W_{\sigma_k} * f)(t) \to f(t)$ *f.ü.* nach dem Satz von Riesz-Fischer. Zu zeigen bleibt, dass die Funktion $h(\mathfrak{y}) = \|f_{(\mathfrak{y})} - f\|_p$ stetig ist. Die umgekehrte Dreiecksungleichung für die $\mathcal{L}^p$-Norm liefert

$$|h(\mathfrak{y}) - h(\mathfrak{z})| \le \|f_{(\mathfrak{y})} - f_{(\mathfrak{z})}\|_p = \|f_{(\mathfrak{y}-\mathfrak{z})} - f\|_p = h(\mathfrak{y}-\mathfrak{z}),$$

so dass nur $h(\mathfrak{y}) \to 0$ für $\mathfrak{y} \to \mathfrak{o}$ zu beweisen ist. Dies ist trivial für $f \in \mathcal{C}_c^\infty$, wo $f_{(\mathfrak{y})} \to f$ für $\mathfrak{y} \to \mathfrak{o}$ majorisiert gilt (aus $|f(t)| \le M$ in $|t| < R$, $f(t) = 0$ sonst und $|\mathfrak{y}| < 1$ folgt $|f(t) - f_{(\mathfrak{y})}(t)| \le 2M$ in $|t| < R+1$, $|f(t) - f_{(\mathfrak{y})}(t)| = 0$ sonst). Allgemein folgt dies ($g \in \mathcal{C}_c^\infty(\mathbb{R}^n)$ ist beliebig) aus

$$\|f_{(\mathfrak{y})} - f\|_p \le \|f_{(\mathfrak{y})} - g_{(\mathfrak{y})}\|_p + \|g_{(\mathfrak{y})} - g\|_p + \|g - f\|_p = 2\|g - f\|_p + \|g_{(\mathfrak{y})} - g\|_p$$

und der Tatsache, dass $\mathcal{C}_c^\infty(\mathbb{R}^n)$ in $\mathcal{L}^p(\mathbb{R}^n)$ dicht ist: Wähle zuerst $g \in \mathcal{C}_c^\infty(\mathbb{R}^n)$ mit $\|f - g\|_p < \epsilon$, und dann $\delta > 0$ mit $\|g_{(\mathfrak{y})} - g\|_p < \epsilon$ für $\|\mathfrak{y}\|$.   ☙

9.7 Anwendungen der Fouriertransformation

9.22 Die Wärmeleitungsgleichung lautet in n räumlichen Dimensionen

$$u_t = c^2 \Delta u \quad (\Delta u = u_{x_1 x_1} + \cdots + u_{x_n x_n});$$

$c > 0$ ist der *Wärmeleitkoeffizient*. Etwas allgemeiner wird die Gleichung

$$Lu = u_t - c^2 \Delta u - \mathfrak{b} \cdot \nabla u - au = 0 \quad (\mathfrak{b} \in \mathbb{R}^n, \ a \in \mathbb{R} \text{ fest})$$

mit $\nabla u = (u_{x_1}, \ldots, u_{x_n})^\top$ unter der *Cauchybedingung* (Anfangsbedingung) $u(0, \mathfrak{x})$ $= \phi(\mathfrak{x})$ betrachtet. Formal folgt aus dem Ansatz

$$u(t, \mathfrak{x}) = \int_{\mathbb{R}^n} \hat{u}(t, \mathfrak{y}) e^{2\pi i \mathfrak{x} \cdot \mathfrak{y}} \, d\mathfrak{y} : \quad u_t(t, \mathfrak{x}) = \int_{\mathbb{R}^n} \hat{u}_t(t, \mathfrak{y}) e^{2\pi i \mathfrak{x} \cdot \mathfrak{y}} \, d\mathfrak{y},$$

$$u_{x_\nu} = \int_{\mathbb{R}^n} 2\pi i y_\nu \, \hat{u}(t, \mathfrak{y}) e^{2\pi i \mathfrak{x} \cdot \mathfrak{y}} \, d\mathfrak{y} \quad \text{und} \quad u_{x_\nu x_\nu} = \int_{\mathbb{R}^n} -4\pi^2 y_\nu^2 \, \hat{u}(t, \mathfrak{y}) e^{2\pi i \mathfrak{x} \cdot \mathfrak{y}} \, d\mathfrak{y}$$

(die Fouriertransformation bezieht sich auf die räumliche Variable) insgesamt

$$Lu(t, \mathfrak{x}) = \int_{\mathbb{R}^n} \left[\hat{u}_t(t, \mathfrak{y}) + (4c^2\pi^2 |\mathfrak{y}|^2 - 2\pi i \mathfrak{b} \cdot \mathfrak{y} - a) \, \hat{u}(t, \mathfrak{y}) \right] d\mathfrak{y}.$$

Die eckige Klammer wird von $\hat{u}(t, \mathfrak{y}) = e^{at} \hat{\phi}(\mathfrak{y}) e^{-4c^2\pi^2 t |\mathfrak{y}|^2 + 2\pi i t \mathfrak{b} \cdot \mathfrak{y}}$ annulliert (der Anfangswert $\hat{u}(0, \mathfrak{y}) = \hat{\phi}(\mathfrak{y})$ ist bereits eingepreist), man erhält *formal*

$$\begin{aligned}
e^{-at} u(t, \mathfrak{x}) &= \int_{\mathbb{R}^n} \left(\int_{\mathbb{R}^n} \phi(\mathfrak{z}) e^{-2\pi i \mathfrak{y} \cdot \mathfrak{z}} \, d\mathfrak{z} \right) e^{-4c^2\pi^2 t |\mathfrak{y}|^2} e^{2\pi i t \mathfrak{b} \cdot \mathfrak{y}} e^{2\pi i \mathfrak{y} \cdot \mathfrak{x}} \, d\mathfrak{y} \\
&= \int_{\mathbb{R}^n} \int_{\mathbb{R}^n} \phi(\mathfrak{z}) e^{-4c^2\pi^2 t |\mathfrak{y}|^2} e^{-2\pi i (\mathfrak{z} - \mathfrak{x} - t\mathfrak{b}) \cdot \mathfrak{y}} \, d\mathfrak{y} \, d\mathfrak{z} \\
&= (4c^2\pi t)^{-n/2} \int_{\mathbb{R}^n} \phi(\mathfrak{z}) e^{-|\mathfrak{z} - \mathfrak{x} - t\mathfrak{b}|^2/(4c^2 t)} \, d\mathfrak{z} \\
&= (H * \phi)(\mathfrak{x} + t\mathfrak{b})
\end{aligned} \tag{9.9}$$

mit dem *Wärmeleitungskern*

$$H(t, \mathfrak{x}) = \int_{\mathbb{R}^n} e^{-4c^2\pi^2 t |\mathfrak{y}|^2} e^{-2\pi i \mathfrak{x} \cdot \mathfrak{y}} \, d\mathfrak{y} = (4c^2\pi t)^{-n/2} e^{-|\mathfrak{x}|^2/(4c^2 t)} = W_{\sqrt{4\pi c^2 t}}(\mathfrak{x});$$

die Faltung $*$ in (9.9) bezieht sich auf die Raumvariable. Soweit war die Rechnung weitgehend formal. Es ist aber aufgrund der Sätze über Parameterintegrale und wegen

$$\frac{\partial}{\partial t} W_{\sqrt{4\pi c^2 t}}(\mathfrak{x}) = c^2 \Delta W_{\sqrt{4\pi c^2 t}}(\mathfrak{x})$$

offensichtlich, dass das Folgende gilt (wobei die Aussage $u(t, \mathfrak{x}) \to \phi(\mathfrak{x})$ für $t \to 0+$ nichts anderes ist als *Glättung durch Faltung*):

Satz 9.24 *Ist $\phi : \mathbb{R}^n \to \mathbb{R}$ stetig und beschränkt, so gehört die in (9.9) definierte Funktion u zum Raum $\mathcal{C}^\infty((0, \infty) \times \mathbb{R}^n)$ und löst das Cauchyproblem*

$$u_t = c^2 \Delta u + \mathfrak{b} \cdot \nabla u + au \text{ in } (0, \infty) \times \mathbb{R}^n, \quad \lim_{t \to 0} u(t, \mathfrak{x}) = \phi(\mathfrak{x}). \tag{9.10}$$

9.23 Die Black-Scholes-Formel dient u. a. der Wertermittlung eines *europäischen calls*. Ohne auf die finanzmathematischen, ökonomischen und stochastischen Annahmen und Grundlagen einzugehen, u. a.

- der Kurs des zugrundeliegenden Papiers ist lognormal verteilt,
- der risikolose Zinssatz ist bekannt,
- es werden keine Dividenden ausbezahlt,
- es gibt keine Transaktionskosten und Arbitragemöglichkeiten,

wird die grundlegende *Black-Scholes Differentialgleichung*[5]

$$V_t + rsV_s + \frac{1}{2}\sigma^2 s^2 V_{ss} - rV = 0 \qquad (9.11)$$

hergeleitet, und daraus die Black-Scholes-Formel. Dabei ist

- $V = V(t, s)$ der Wert der Option zur Zeit $t > 0$ (in der Zukunft),
- r der als konstant angenommene (zukünftige) Zinssatz,
- s der Wert der Anlage und σ ihre Volatilität.

Es interessiert hier $V(0, s)$ bei gegebenem Wert $V(T, s) = F(s)$; dies liegt in der ökonomischen Natur des Problems und korrespondiert mit der mathematischen Tatsache, dass (9.11) *zeitlich vorwärts nicht lösbar ist*. Mit der Substitution $\tau = T - t$, $x = \log s$ und $u(\tau, x) = V(t, s)$, somit $V_t = -u_\tau$, $sV_s = u_x$ und $s^2 V_{ss} = u_{xx} - u_x$ erhält man die Gleichung

$$u_\tau - \frac{\sigma^2}{2}u_{xx} + \left(\frac{\sigma^2}{2} - r\right)u_x + ru = 0,$$

und nach einfachen Manipulationen die Black-Scholes-Formel

$$V(t, s) = \frac{e^{-r(T-t)}}{\sqrt{2\pi\sigma^2(T-t)}} \int_0^\infty F(\xi) \exp\left(-\frac{[\log(\xi/s) + (\sigma^2/2 - r)(T-t)]^2}{2\sigma^2(T-t)}\right) \frac{d\xi}{\xi}.$$

Fischer **Black** (1938-1995), US-amer. Wirtschaftswissenschaftler. Myron Samuel **Scholes** (*1941), kanad. Wirtschaftswissenschaftler, erhielt zusammen mit Robert **Merton** (*1944), US-amer. Mathematiker und Wirtschaftswissenschaftler, 1997 den Nobelpreis für Wirtschaftswissenschaften. Der frz. Mathematiker Louis **Bachelier** (1870-1946) und der ital. Mathematiker Vinzenz **Bronzin** (1872-1970) hatten lange zuvor (1900 bzw. 1908) die Optionspreistheorie begründet und waren zu ähnlichen Formeln gekommen, ohne dass sich jemand dafür interessiert hätte.

---

[5] Eigentlich eine stochastische Differentialgleichung; das zu erläutern würde allerdings zu weit führen.

9.24 Die Heisenbergsche Unschärferelation Für $\phi \in \mathcal{S}(\mathbb{R})$ ergibt partielle Integration unter Verwendung von $\dfrac{d}{dx}|\phi(x)|^2 = 2\mathrm{Re}\,(\overline{\phi(x)}\phi'(x))$ und Anwendung der Cauchy-Schwarzschen Ungleichung

$$\int_{\mathbb{R}} |\phi(x)|^2\, dx = x|\phi(x)|\Big|_{-\infty}^{\infty} - \int_{\mathbb{R}} x\frac{d}{dx}|\phi(x)|^2\, dx = -2\int_{\mathbb{R}} x\mathrm{Re}\,\big(\overline{\phi(x)}\phi'(x)\big)\, dx$$

$$\leq 2\int_{\mathbb{R}} |x\phi(x)||\phi'(x)|\, dx \leq 2\|\phi_1\|_2\,\|\phi'\|_2 \quad (\phi_1(x) = x\phi(x)).$$

Weiter ist $\phi'(x) = \displaystyle\int_{\mathbb{R}} 2\pi it\hat{\phi}(t)e^{2\pi ixt}\, dt = 2\pi i\hat{\psi}_1(-x)$ $(\psi_1(t) = t\hat{\phi}(t))$, und so $\|\phi'\|_2 = 2\pi\|\hat{\psi}_1\|_2 = 4\pi\|\psi_1\|_2$ nach der Formel von Plancherel, also

$$\|\phi\|_2 \leq 4\pi\|\phi_1\|_2\|\psi_1\|_2 = 4\pi\|(x\phi)\|_2\|(t\hat{\phi})\|_2.$$

Unter der Annahme $\|\phi\|_2 = 1$ erhält man den nachstehenden Satz für $x_0 = y_0 = 0$ und $n = 1$.

Satz 9.25 (Heisenbergsche Unschärferelation) *Für $\phi \in \mathcal{S}(\mathbb{R}^n)$ mit $\|\phi\|_2 = 1$ und $\mathfrak{x}_0, \mathfrak{y}_0 \in \mathbb{R}^n$ gilt*

$$\int_{\mathbb{R}^n} |\mathfrak{x} - \mathfrak{x}_0|^2\, |\phi(\mathfrak{x})|^2\, d\mathfrak{x} \int_{\mathbb{R}^n} |\mathfrak{y} - \mathfrak{y}_0|^2\, |\hat{\phi}(\mathfrak{y})|^2\, d\mathfrak{y} \geq \frac{n}{16\pi^2}. \tag{9.12}$$

Beweis $\|$ Wie in der Vorüberlegung zeigt man in Verbindung mit dem Satz von Fubini $\|x_\nu\phi\|_2\,\|y_\nu\hat{\phi}\|_2 \geq 1/4\pi$; Summation über $\nu = 1, \ldots, n$ ergibt mit der Cauchy-Schwarzschen Ungleichung

$$\frac{n}{16\pi^2} \leq \sum_{\nu=1}^{n} \|x_\nu\phi\|_2^2 \sum_{\nu=1}^{n} \|y_\nu\hat{\phi}\|_2^2 = \big\||\mathfrak{x}|\phi\big\|_2^2\,\big\||\mathfrak{y}|\hat{\phi}\big\|_2^2,$$

also die n-dimensionale Behauptung für $\mathfrak{x}_0 = \mathfrak{y}_0 = \mathrm{o}$. Zum Beweis von (9.12) sind nur noch die Funktionen ϕ und $\hat{\phi}$ durch $\phi_0(\mathfrak{x}) = \phi(\mathfrak{x} + \mathfrak{x}_0)e^{-2\pi i\mathfrak{y}_0\cdot\mathfrak{x}}$ und $\hat{\phi}_0(\mathfrak{y}) = \hat{\phi}(\mathfrak{y} + \mathfrak{y}_0)e^{2\pi i\mathfrak{x}_0\cdot\mathfrak{y}}$ zu ersetzen. ☙

Werner **Heisenberg** (1901-1976) war einer der bedeutendsten Physiker des 20. Jahrhunderts. Er erhielt 1932 den Nobelpreis für Physik für die Entdeckung der Quantenmechanik.

Bemerkung 9.4 In der quantenmechanischen Interpretation ist ϕ die *Zustandsfunktion;* die Wahrscheinlichkeit, dass das betrachtete Teilchen sich in der Menge E befindet ist $\int_E |\phi(\mathfrak{x})|^2\, d\mathfrak{x}$, seine erwartete Position ist der *Erwartungswert* $\mathfrak{x}_0 = \int_{\mathbb{R}^3} \mathfrak{x}|\phi(\mathfrak{x})|^2\, d\mathfrak{x}$, sein erwarteter Impuls $\mathfrak{y}_0 = \int_{\mathbb{R}^3} \mathfrak{y}|\hat{\phi}(\mathfrak{y})|^2\, d\mathfrak{y}$. Das Produkt (9.12) aus den zugehörigen Varianzen wird interpretiert als unvermeidbare Unschärfe.

9.25 Die Poissonsche Summenformel Unter *Periodisierung* einer Funktion $f :$ $\mathbb{R} \longrightarrow \mathbb{R}$ versteht man den Übergang zu der Funktion

$$F(x) = \sum_{n=-\infty}^{\infty} f(x+n).$$

Sofern f für $x \to \pm\infty$ hinreichend schnell abklingt, konvergiert diese Reihe absolut und gleichmäßig, und die dadurch dargestellte Funktion ist 1-periodisch; z.B. kann man $f \in S$ oder f stetig und $|f(x)| \leq C(1+x^2)^{-1}$ voraussetzen. Die Fourierkoeffizienten von F sind

$$\hat{F}_k = \int_0^1 F(x)e^{-2k\pi ix}\,dx = \sum_{n=-\infty}^{\infty} \int_0^1 f(x+n)e^{-2k\pi ix}\,dx$$

$$= \int_{-\infty}^{\infty} f(x)e^{-2k\pi ix}\,dx = \hat{f}(k).$$

Ist f so glatt, dass $F(x) = \sum\limits_{k=-\infty}^{\infty} \hat{F}_k e^{2k\pi ix}$ gilt, so erhält man den

Satz 9.26 (Poissonsche Summenformel) *Für $f \in S$ (und darüberhinaus) gilt*

$$\sum_{n=-\infty}^{\infty} f(x+n) = \sum_{n=-\infty}^{\infty} \hat{f}(n)e^{2n\pi ix}$$

und, dazu äquivalent $\sum\limits_{n=-\infty}^{\infty} f(n) = \sum\limits_{n=-\infty}^{\infty} \hat{f}(n).$

Beispiel 9.7 Die Voraussetzung $f \in S$ ist keineswegs notwendig. Für $f(x) = \dfrac{t/\pi}{t^2 + x^2}$ ($t > 0$ fest) und $\hat{f}(x) = e^{-2\pi t|x|}$ ergibt sich

$$\sum_{n=-\infty}^{\infty} \frac{t/\pi}{t^2+n^2} = 1 + 2\sum_{n=1}^{\infty} e^{-2\pi tn} = 1 + \frac{2e^{-2\pi t}}{1-e^{-2\pi t}} = \frac{e^{\pi t} + e^{-\pi t}}{e^{\pi t} - e^{-\pi t}},$$

(geometrische Reihe), somit für $t > 0$ (ebenso für $t < 0$)

$$\pi \coth \pi t = \frac{1}{t} + \sum_{n=1}^{\infty} \frac{2t}{t^2+n^2}.$$

Aufgabe 9.5 Für $f(x) = e^{-\pi tx^2}$ mit $\hat{f}(x) = \sqrt{1/t}\, e^{-(\pi/t)x^2}$ ($t > 0$) ist mit der Abkürzung $\vartheta(t) = \sum\limits_{n=-\infty}^{\infty} e^{-\pi n^2 t}$ die Identität $\sqrt{t}\,\vartheta(t) = \vartheta(1/t)$ zu beweisen. (Die Funktion ϑ spielt u. a. in der analytischen Zahlentheorie eine wichtige Rolle.)

9.26 Das Abtasttheorem von Shannon[6] beschäftigt sich mit der Rekonstruktion von Funktionen

$$f(x) = \int_{-1/2}^{1/2} \phi(t) e^{2\pi i x t}\, dt \quad (x \in \mathbb{R},\ \phi \in \mathcal{L}^2(-1/2, 1/2)) \tag{9.13}$$

aus den Funktionswerten (‚samples') $f(k)$, $k = 0, \pm 1, \pm 2, \cdots$[7]. Diese Funktionen f bilden einen Hilbertraum $\mathcal{H}$ über $\mathbb{C}$ mit dem von $\mathcal{L}^2(-1/2, 1/2)$ geerbten Skalarprodukt $\langle f, g \rangle = \langle \phi, \psi \rangle = \int_{-1/2}^{1/2} \phi(t) \overline{\psi(t)}\, dt$. Es gilt

$$|f(x)| \le \|\phi\|_1 \le \|\phi\|_2 \tag{9.14}$$

sowie $f \in \mathcal{L}^2(\mathbb{R})$ und $\phi = \hat{f}$ nach dem Umkehrsatz.

Aufgabe 9.6 Man zeige $|f^{(n)}(x)| \le \pi^n \|\phi\|_1$ und folgere

$$f(x) = \sum_{n=0}^{\infty} \frac{c_n}{n!} x^n \quad (x \in \mathbb{R}), \text{ wobei } |c_n| \le \pi^n \|\phi\|_1.$$

Mit $\sigma_\xi(t) = e^{-2\pi i \xi t}$ in $[-1/2, 1/2]$ und

$$K(x, \xi) = \int_{-1/2}^{1/2} \sigma_\xi(t) e^{2\pi i x t}\, dt = \frac{\sin \pi(x - \xi)}{\pi(x - \xi)} = \operatorname{sinc} \pi(x - \xi)$$

ergibt sich

$$\langle f, K(\cdot, \xi) \rangle = \langle \phi, \sigma_\xi \rangle = \int_{-1/2}^{1/2} \phi(t) \overline{e^{-2\pi i \xi t}}\, dt = \int_{-1/2}^{1/2} \phi(t) e^{2\pi i \xi t}\, dt = f(\xi).$$

Die Abschätzung (9.14) zeigt, dass die Konvergenz im Hilbertraum die gleichmäßige Konvergenz auf $\mathbb{R}$ impliziert. Die Funktionen $\mathfrak{s}_k(x) = \operatorname{sinc} \pi(x - k)$ $(k \in \mathbb{Z})$ bilden ein vollständiges Orthonormalsystem in $\mathcal{H}$ (siehe Anhang I), und es gilt die Parsevalsche Formel

$$\|f\|_2^2 = \sum_{k=-\infty}^{\infty} |\langle f, \mathfrak{s}_k \rangle|^2 = \sum_{k=-\infty}^{\infty} |f(k)|^2.$$

Satz 9.27 *Jede Funktion (9.13) hat eine eindeutig bestimmte Darstellung*

$$f(x) = \sum_{k=-\infty}^{\infty} f(k) \operatorname{sinc} \pi(x - k)\,;$$

---

[6] Auch WKS-Theorem genannt, nach Whittaker-Kotelnikov-Shannon; man könnte noch die Namen Küpfmüller, Nyquist, Raabe, Someya und vielleicht noch mehr hinzufügen.

[7] Die Folge $(f(k))_{k\in\mathbb{Z}}$ heißt *digitales Signal* von f.

die Reihe konvergiert gleichmäßig auf $\mathbb{R}$, und in $\mathcal{H}$ gilt $f = \sum_{k \in \mathbb{Z}} f(k) \mathfrak{s}_k$.

9.8 Anhang I: Elementare Hilbertraumtheorie

Ein (reeller oder komplexer) Hilbertraum $\mathcal{H}$ ist ein vollständiger normierter Vektor-raum über $\mathbb{R}$ oder $\mathbb{C}$, dessen Norm von einem Skalarprodukt (im komplexen Fall, wo $\langle \psi, \phi \rangle = \overline{\langle \phi, \psi \rangle}$ gilt, auch *Hermitesche Form* genannt) erzeugt wird: $\|\phi\|^2 = \langle \phi, \phi \rangle$. Es gilt immer die Cauchy-Schwarzsche Ungleichung $|\langle \phi, \psi \rangle| \leq \|\phi\| \|\psi\|$.

Aufgabe 9.7 Zu beweisen ist die *Parallelogrammidentität*

$$\|\phi + \psi\|^2 + \|\phi - \psi\|^2 = 2 \|\phi\|^2 + 2 \|\psi\|^2 .$$

Aufgabe 9.8 Man zeige, dass das Skalarprodukt $\langle \phi, \psi \rangle$ eine stetige Funktion $\mathcal{H} \times \mathcal{H} \longrightarrow \mathbb{C}$ ist, wobei in $\mathcal{H} \times \mathcal{H}$ die Norm $\|\phi\| + \|\psi\|$ oder $\sqrt{\|\phi\|^2 + \|\psi\|^2}$ und in $\mathbb{C}$ der absolute Betrag gewählt wird.

Beispiel 9.8 Der Raum $\ell^2 = \ell(\mathbb{N})$ aller (reellen oder komplexen) Folgen $\mathbf{a} = (a_k)$ mit $\sum_{k=1}^{\infty} |a_k|^2 < \infty$ und $\langle \mathbf{a}, \mathbf{b} \rangle = \sum_{k=1}^{\infty} a_k \bar{b}_k$ ist vollständig. Zum Beweis sei $(\mathbf{a}_n)$ mit $\mathbf{a}_n = (a_{nk})_{k \in \mathbb{N}}$ eine Cauchyfolge, d.h zu $\epsilon > 0$ gibt es ein n_0 mit $\sum_{k=1}^{N} |a_{nk} - a_{mk}|^2 \leq \sum_{k=1}^{\infty} |a_{nk} - a_{mk}|^2 = \|\mathbf{a}_n - \mathbf{a}_m\|^2 < \epsilon^2$ für alle $n > m \geq n_0$ und alle $N \in \mathbb{N}$. Damit sind die einzelnen Folgen $(a_{nk})_{n \in \mathbb{N}}$ reelle oder komplexe Cauchyfolgen, es gilt $a_{nk} \to a_k$ für $n \to \infty$, $\sum_{k=1}^{N} |a_k - a_{mk}|^2 \leq \epsilon^2$ für alle $N \in \mathbb{N}$ und $m \geq n_0$, also $\sum_{k=1}^{\infty} |a_k - a_{mk}|^2 \leq \epsilon^2$ $(m \geq n_0)$, d.h. $\mathbf{a}_m \to \mathbf{a} = (a_k)_{k \in \mathbb{N}} \in \ell^2$ in der Norm.

Beispiel 9.9 Ist ϕ über $[a, b]$ quadratisch integrierbar, so ist $f(x) = \int_a^x \phi(t) \, dt$ stetig, und dif-ferenzierbar überall da, wo ϕ stetig ist (f ist sogar *f.ü.* differenzierbar). Der *Sobolewraum* $W^{1,2}[a, b]$ besteht aus diesen Funktionen f und wird zum Hilbertraum mit dem Skalarprodukt $\langle f, g \rangle = \int_a^b \phi(x) \overline{\psi(x)} \, dx$.

Sergei Lwowitsch **Sobolew** (1908-1989, St. Petersburg, Moskau) war ein russischer Ma-thematiker mit Hauptarbeitsgebiet partielle Differentialgleichungen. Zu ihrer Behandlung führte er den Begriff der *verallgemeinerten Funktion* (Distribution) und die nach ihm benannten *Sobolewräume* $W^{k,p}(D)$ ein als Vervollständigung der mit der Norm $\|f\| = \left(\sum_{|\mathbf{p}|_1 \leq k} \|\nabla^{\mathbf{p}} f\|_p^p \right)^{1/p}$ oder $\max_{|\mathbf{p}|_1 \leq k} \|\nabla^{\mathbf{p}} f\|_p$ ausgestatteten, nicht-vollständigen Räume $C^k(D)$.

Beispiel 9.10 Die Funktionen $f(x) = \int_a^b \phi(t) e^{2\pi i x t} \, dt$ $(\phi \in \mathcal{L}^2[a, b])$ bilden mit dem Skalarpro-dukt $\langle f, g \rangle = \int_a^b \phi(t) \overline{\psi(t)} \, dt$ einen Hilbertraum.

Ein *Orthonormalsystem* im Hilbertraum $\mathcal{H}$ ist eine Menge von Elementen $\phi_\alpha \in \mathcal{H}$ (indiziert über eine endliche oder unendliche Indexmenge A) mit $\langle \phi_\alpha, \phi_\beta \rangle = \delta_{\alpha\beta}$. Es gilt immer die Besselsche Ungleichung

$$\sum_{k=1}^{n} |\langle \phi, \phi_{\alpha_k} \rangle|^2 \leq \|\phi\|^2 \quad (\phi \in \mathcal{H}, \ \phi_{\alpha_k} \neq \phi_{\alpha_j} \text{ für } j \neq k),$$

d.h. das System $(\langle \phi, \phi_{\alpha_k} \rangle)_{\alpha \in A}$ ist quadratisch summierbar. Das Orthonormalsystem (ϕ_α) heißt *vollständig*, wenn die lineare Hülle von (ϕ_α) in $\mathcal{H}$ dicht ist. Ein vollständiges Orthonormalsystem heißt auch *Orthonormalbasis*. Ein Hilbertraum $\mathcal{H}$ mit abzählbarer Orthonormalbasis heißt *separabel*.

Satz 9.28 *Äquivalent zur Separabilität ist jede der folgenden Bedingungen:*

a) *es gibt eine Folge (ψ_k), deren lineare Hülle in $\mathcal{H}$ dicht liegt;*
b) *es gibt eine abzählbare, dichte Teilmenge M von $\mathcal{H}$.*

Beweis ‖ In beiden Fällen wendet man das Orthogonalisierungsverfahren von Gram-Schmidt an, im ersten Fall auf die abzählbare Gesamtheit der Linearkombinationen der ψ_k über $\mathbb{Q}$ bzw. $\mathbb{Q} + i\mathbb{Q}$ (die ebenfalls dicht liegen), und auf die irgendwie aufgezählte dichte Teilmenge M im zweiten.   ☕

Satz 9.29 *Äquivalent zur Vollständigkeit des Orthonormalsystems (ϕ_k) im separablen Hilbertraum sind:*

a) *Die Parsevalsche Gleichung $\sum_{k=1}^{\infty} |\langle \phi, \phi_k \rangle|^2 = \|\phi\|^2$ gilt für alle $\phi \in \mathcal{H}$.*

b) *$\phi = \sum_{k=1}^{\infty} \langle \phi, \phi_k \rangle \phi_k$ gilt ebenfalls für alle $\phi \in \mathcal{H}$.*

c) *$\langle \phi, \phi_k \rangle = 0$ für alle $k \in \mathbb{N}$ impliziert $\phi = o$.*

d) *$\mathcal{H}$ ist normisomorph zu dem Raum $\ell^2(\mathbb{N})$ mittels $\phi \mapsto (\langle \phi, \phi_k \rangle)_{k \in \mathbb{N}}$.*

Beweis ‖ Wie bei Fourierreihen; entscheidend ist die Separabilität.   ☕

Beispiel 9.11 In $\mathcal{L}^2_{2\pi}$ mit Skalarprodukt $\frac{1}{2\pi} \int_0^{2\pi} f(x)\overline{g(x)}\, dx$ bilden die Funktionen $\mathfrak{e}_k(x) = e^{ikx}$ $(k \in \mathbb{Z})$ eine Orthonormalbasis (Satz von Riesz-Fischer).

Beispiel 9.12 Die Funktionen $\mathfrak{s}_k(x) = \text{sinc }\pi(x - k)$ bilden eine Orthonormalbasis im zugehörigen Hilbertraum $\mathcal{H}$ aus 9.7.

9.9   Anhang II: Orthogonale Polynome und Quadraturformeln

Es sei $w : (a, b) \longrightarrow (0, \infty)$ eine stetige *Gewichtsfunktion*, so dass alle *Momente*

$$\int_a^b w(x)x^n\, dx \quad (n \in \mathbb{N}_0)$$

als Lebesgue-Integrale existieren. Dann ist

$$\langle f, g \rangle = \int_a^b w(x) f(x) g(x) \, dx$$

ein Skalarprodukt auf dem Raum der auf $[a, b]$ stetigen oder meßbaren Funktionen mit $\int_a^b w(x) |f(x)|^2 \, dx < \infty$. Das Orthogonalisierungsverfahren von Gram-Schmidt (bei freier Normierung) verwandelt die *Monome* $1, x, x^2, x^3, \ldots$ in die *Orthogonalpolynome*

$$Q_0, Q_1, Q_2, Q_3, \ldots \quad (\text{Grad } Q_n = n).$$

Es gilt dann auch $\langle Q_n, P \rangle = 0$ sofern nur Grad $P < n$ ist.

Satz 9.30 *Die Polynome Q_n erfüllen eine dreigliedrige Rekursion*

$$Q_{n+1}(x) = (a_n x + b_n) Q_n(x) + c_n Q_{n-1}(x) \quad (n \geq 1). \tag{9.15}$$

Bemerkung 9.5 Die Normierung der Q_n bleibt offen, einmal ist $\langle Q_n, Q_n \rangle = 1$ zweckmäßig, ein andermal $Q_n(x) = x^n + \cdots$.

Beweis ‖ Bei geeigneter Wahl von a_n hat $Q_{n+1}(x) - a_n x Q_n(x)$ einen Grad $\leq n$, es gilt also $Q_{n+1}(x) - a_n x Q_n(x) = \sum_{k=0}^{n} d_k Q_k(x)$. Aus

$$d_j = \sum_{k=0}^{n} d_k \langle Q_k, Q_j \rangle = -a_n \langle x Q_n, Q_j \rangle = -a_n \langle Q_n, x Q_j \rangle = 0 \quad (j \leq n - 2)$$

folgt dann die Behauptung mit $b_n = d_n$ und $c_n = d_{n-1}$.   ☕

Man nennt $\sum_{k=1}^{n} c_k f(\xi_k)$ eine *Quadraturformel* für $\int_a^b w(x) f(x) \, dx$, wenn für alle Polynome von möglichst hohem Grad

$$\int_a^b w(x) P(x) \, dx = \sum_{k=1}^{n} c_k P(\xi_k) \tag{9.16}$$

gilt. Dabei sind bei festem n die *Stützstellen* $\xi_k \in (a, b)$ und die *Koeffizienten* c_k unabhängig von den Polynomen P; $c_k > 0$ garantiert die numerische Stabilität.

Satz 9.31 *Das Orthogonalpolynom Q_n hat n verschiedene Nullstellen $\xi_\nu = \xi_\nu^{[n]}$, alle liegen in (a, b). Die mit diesen Stellen gebildete Quadraturformel ist exakt für alle Polynome vom Grad $\leq 2n - 1$; die Koeffizienten $c_k = c_k^{[n]} > 0$ sind eindeutig bestimmt.*

Beweis ∥ Wegen $\int_a^b w(x) Q_n(x)\, dx = \langle Q_n, 1 \rangle = 0\ (n \geq 1)$ hat Q_n wenigstens einen Vorzeichenwechsel (eine Nullstelle ungerader Ordnung) in (a, b). Sind $\xi_1, \ldots, \xi_s$ diese Vorzeichenwechsel, so hat $P Q_n$ mit $P(x) = (x - \xi_1) \cdots (x - \xi_s)$ keine Vorzeichenwechsel in (a, b) und es gilt

$$\langle P, Q_n \rangle = \int_a^b w(x) P(x) Q_n(x)\, dx \neq 0.$$

Hieraus folgt $s = \operatorname{Grad} P \geq n$, also $s = n$, und $Q_n = const. P$ hat die paarweise verschiedenen Nullstellen $\xi_k = \xi_k^{[n]} \in (a, b)$. Damit werden die *Interpolationsgrundpolynome*

$$L_j(x) = \prod_{k \neq j} \frac{x - \xi_k}{\xi_j - \xi_k} \quad (1 \leq j \leq n)$$

gebildet, für sie gilt $L_j(\xi_k) = \delta_{jk}$. Zu gegebenen Werten y_k $(1 \leq k \leq n)$ ist $P(x) = \sum_{k=1}^{n} y_k L_k(x)$ das eindeutig bestimmte Polynom mit Grad $P < n$ und $P(\xi_k) = y_k$ in den *Stützstellen* ξ_k. Wenn überhaupt, so kann (9.16) nur mit

$$\int_a^b w(x) L_j(x)\, dx = \sum_{k=1}^{n} c_k L_j(\xi_k) = c_j$$

gelten; dies beweist die Eindeutigkeit der Koeffizienten. Zum Beweis von (9.16) sei zunächst Grad $P < n$, somit $P(x) = \sum_{k=1}^{n} P(\xi_k) L_k(x)$ und

$$\int_a^b w(x) P(x)\, dx = \sum_{k=1}^{n} P(\xi_k) \int_a^b w(x) L_k(x)\, dx = \sum_{k=1}^{n} c_k P(\xi_k).$$

Für $n \leq \operatorname{Grad} P \leq 2n - 1$ schreibt man $P = P_1 Q_n + P_0$ mit Grad $P_1 = \operatorname{Grad} P - n < n$ und Grad $P_0 < n$ (Division von P durch Q_n mit Rest P_0) und erhält mit $P(\xi_k) = P_0(\xi_k)$ und $\langle P_1, Q_n \rangle = 0$

$$\int_a^b w(x) P(x)\, dx = \int_a^b w(x) P_1(x) Q_n(x)\, dx + \int_a^b w(x) P_0(x)\, dx$$
$$= \langle P_1, Q_n \rangle + \sum_{k=1}^{n} c_k P_0(\xi_k) = \sum_{k=1}^{n} c_k P(\xi_k).$$

Schließlich folgt wegen Grad $L_j^2 = 2n - 2 < 2n - 1$ und $L_j^2(\xi_k) = \delta_{jk}$

$$c_j = \sum_{k=1}^{n} c_k L_j^2(\xi_k) = \int_a^b w(x) L_j^2(x)\, dx > 0.$$ &

Beispiel 9.13 Die *Legendrepolynome* P_n erhält man für $w(x) = 1$ in $(-1, 1)$, normiert durch $\langle P_n, P_n \rangle = \dfrac{2}{2n+1}$. Sie genügen der Rekursion

$$(n+1)P_{n+1}(x) = (2n+1)x\, P_n(x) - n P_{n-1}(x) \quad (P_0(x) = 1,\ P_1(x) = x).$$

Die Quadraturformel im Fall $n = 2$ lautet $f(-1/\sqrt{3}) + f(1/\sqrt{3})$; sie ist nach Gauß benannt und für kubische Polynome exakt.

Adrien-Marie **Legendre** (1752-1833), frz. Mathematiker, arbeitete hauptsächlich über Zahlentheorie, Ausgleichsrechnung, elliptische Integrale und spezielle Funktionen. Er bewies einen Spezialfall des Fermatschen Satzes indem er zeigte, dass die Gleichung $a^5 + b^5 = c^5$ keine Lösung in den natürlichen Zahlen besitzt.

Beispiel 9.14 Die *Tschebyscheffpolynome* T_n mit $T_n(\cos\theta) = \cos n\theta$ ergeben sich für die Gewichtsfunktion $w(x) = (1 - x^2)^{-1/2}$ auf $(-1, 1)$, normiert durch $\langle T_n, T_n \rangle = \pi/2$. Sie genügen der Rekursion $T_{n+1}(x) = 2x T_n(x) - T_{n-1}(x)$ $(T_0(x) = 1,\ T_1(x) = x)$.

Beispiel 9.15 Die *Laguerrepolynome* L_n erhält man für $w(x) = e^{-x}$ auf $(0, \infty)$. Sie sind normiert durch $\langle L_n, L_n \rangle = 1$ und genügen der Rekursion

$$(n+1)L_{n+1}(x) = (2n+1-x)L_n(x) - n L_{n-1}(x) \quad (L_0(x) = 1,\ L_1(x) = 1 - x).$$

Edmont Nicolas **Laguerre** (1834-1886), frz. Mathematiker, arbeitete über algebraische Gleichungen und Kettenbrüche. Nach ihm ist eine Klasse von ganzen Funktionen, die Laguerre-Pólya-Klasse benannt.

Beispiel 9.16 Die *Hermitepolynome* H_n erhält man für $w(x) = e^{-x^2}$ auf $\mathbb{R}$ mit der Normierung $\langle H_n, H_n \rangle = 2^n n! \sqrt{\pi}$. Die Rekursion lautet

$$H_{n+1}(x) = 2x H_n(x) - 2n H_{n-1}(x) \quad (H_0(x) = 1,\ H_1(x) = 2x),$$

und $\frac{1}{2}\sqrt{\pi}(f(-1/\sqrt{2}) + f(1/\sqrt{2}))$ ist eine zu $\int_{-\infty}^{\infty} e^{-x^2} f(x)\, dx$ gehörige Quadraturformel; sie ist wieder exakt für alle Polynome vom Grad ≤ 3.

Charles **Hermite** (1822-1901) war ein französischer Mathematiker mit Hauptarbeitsgebieten Zahlentheorie, Algebra und elliptische Funktionen. Er bewies als Erster, dass die Eulersche Zahl e *transzendent* ist, d.h. keiner Polynomgleichung mit ganzzahligen Koeffizienten genügt.

Kapitel 10
Integralsätze und Vektoranalysis

In diesem Kapitel werden die Integralsätze von Gauß, Green und Stokes hergeleitet, die auf ihre Weise als Verallgemeinerungen des Hauptsatzes der Differential- und Integralrechnung angesehen werden können. Die dazu erforderlichen Grundbegriffe wie Fläche, Flächenintegral und Mannigfaltigkeit werden in hinreichender Allgemeinheit, und doch nahe an der Anschauung bereitgestellt.

10.1 Flächen und Mannigfaltigkeiten

10.1 Hyperebenen Zur Annäherung an das Thema wird das einfachste Beispiel einer Fläche, eine *Ebene* in $\mathbb{R}^3$ betrachtet. Sind $\mathfrak{a}$, $\mathfrak{b} \in \mathbb{R}^3$ linear unabhängige Vektoren, $\mathfrak{c} \in \mathbb{R}^3$ und

$$\Phi(\mathfrak{u}) = \mathfrak{c} + u_1\mathfrak{a} + u_2\mathfrak{b}, \quad \mathfrak{u} = (u_1, u_2)^\top \in \mathbb{R}^2,$$

dann ist $\mathfrak{C} = \Phi(\mathbb{R}^2)$ eine Ebene in $\mathbb{R}^3$ in der bekannten *Parameterform*. Entsprechend heißt $\mathfrak{H} = \Phi(\mathbb{R}^{n-1})$ mit

$$\Phi(\mathfrak{u}) = \mathfrak{c} + u_1\mathfrak{a}_1 + \cdots + u_{n-1}\mathfrak{a}_{n-1} \quad (\mathfrak{u} = (u_1, \ldots, u_{n-1})^\top \in \mathbb{R}^{n-1}),$$

$\mathfrak{a}_1, \ldots, \mathfrak{a}_{n-1} \in \mathbb{R}^n$ linear unabhängige Vektoren und $\mathfrak{c} \in \mathbb{R}^n$, *Hyperebene* in $\mathbb{R}^n$. Der von $\mathfrak{a}_1, \ldots, \mathfrak{a}_{n-1}$ aufgespannte Unterraum $\mathbf{T} \subset \mathbb{R}^n$ hat die Dimension $n-1$, algebraisch gesehen ist $\mathfrak{H} = \mathfrak{c} + \mathbf{T}$ ein affiner Raum. Ist $\mathfrak{n} \in \mathbb{R}^n$ der bis auf das Vorzeichen eindeutig bestimmte Einheitsvektor mit $\mathfrak{n} \cdot \mathfrak{a}_\nu = 0$ $(1 \leq \nu < n)$, so ist

$$\mathfrak{H} = \{\mathfrak{r} \in \mathbb{R}^n : \mathfrak{n} \cdot (\mathfrak{r} - \mathfrak{c}) = 0\}$$

gerade die Darstellung in der *Hesseschen Normalform.*

© Der/die Autor(en), exklusiv lizenziert an Springer-Verlag GmbH, DE, ein Teil von Springer Nature 2024
N. Steinmetz, *Analysis*, https://doi.org/10.1007/978-3-662-68086-5_10

10.2 Flächenstücke Es sei $D \subset \mathbb{R}^{n-1}$ ein Gebiet und $\Phi : D \to \mathbb{R}^n$ eine injektive und stetig differenzierbare Abbildung mit rang $\Phi'(\mathfrak{u}) = n - 1$ für alle $\mathfrak{u} \in D$. Dann heißt $\mathfrak{F} = \Phi(D)$ ein $(n - 1)$-*Flächenstück*, (Φ, D) eine *Parameterdarstellung* und (Φ^{-1}, D) eine *Karte* von $\mathfrak{F}$.

Bemerkung 10.1 Im Englischen hat *map* sowohl die Bedeutung *Abbildung* als auch *Karte*. Die Rangbedingung rang $\Phi'(\mathfrak{u}) = n - 1$ besagt, dass die Vektoren $\Phi_{\mathfrak{u}_1}(\mathfrak{u}), \ldots, \Phi_{\mathfrak{u}_{n-1}}(\mathfrak{u})$ (entsprechend $\mathfrak{a}_1, \ldots, \mathfrak{a}_{n-1}$ im Fall der Hyperebene) linear unabhängig sind. Im Fall $n = 2$ ist das Flächenstück ein glatter Jordanbogen ohne Endpunkte; in jedem Punkt existiert der Tangentialvektor $\mathfrak{t} = \Phi'(t) \neq \mathfrak{o}$. Man kann für $1 \leq p < n$ auch p-Flächenstücke in $\mathbb{R}^n$ betrachten, dazu ist in der Definition nur $D \subset \mathbb{R}^p$ und rang $\Phi'(\mathfrak{u}) = p$ vorauszusetzen. Für $p = 1$ ergibt sich ein glatter Bogen ohne Endpunkte und Selbstüberschneidungen.

Beispiel 10.1 Es sei $D \subset \mathbb{R}^2$ ein Gebiet und $f : D \to \mathbb{R}$ eine C^1-Funktion. Dann ist der *Graph* $\mathfrak{G}(f) \subset \mathbb{R}^3$ von f ein *explizites Flächenstück* mit Parameterdarstellung

$$\Phi(\mathfrak{u}) = \begin{pmatrix} \mathfrak{u} \\ f(\mathfrak{u}) \end{pmatrix} \quad \text{und} \quad \Phi'(\mathfrak{u}) = \begin{pmatrix} 1 & 0 \\ 0 & 1 \\ f_{\mathfrak{u}_1}(\mathfrak{u}) & f_{\mathfrak{u}_2}(\mathfrak{u}) \end{pmatrix}.$$

Die *nördliche Hemisphäre* $\mathbb{S}^2_+ = \{\mathfrak{r} \in \mathbb{R}^3 : |\mathfrak{r}| = 1, x_3 > 0\} \subset \mathbb{R}^3$ kann als Graph von $f(\mathfrak{u}) = \sqrt{1 - |\mathfrak{u}|^2}$ über $D = \{\mathfrak{u} \in \mathbb{R}^2 : |\mathfrak{u}| < 1\}$ angesehen werden.

10.3 Stereographische Projektion Es sei $\mathbb{S}^2 = \{\mathfrak{r} : |\mathfrak{r}| = 1\} \subset \mathbb{R}^3$ die 2-*Sphäre* und $N = (0, 0, 1)^\top$ ihr Nordpol. Die Abbildung

$$\sigma : \mathbb{S}^2 \setminus \{N\} \to \mathbb{R}^2, \quad \sigma(\mathfrak{r}) = \frac{1}{1 - x_3} \begin{pmatrix} x_1 \\ x_2 \end{pmatrix},$$

ist eine Bijektion und heißt *stereographische Projektion;* ihre Umkehrabbildung ist $\sigma^{-1}(\mathfrak{u}) = \dfrac{1}{|\mathfrak{u}|^2 + 1} \begin{pmatrix} 2\mathfrak{u} \\ |\mathfrak{u}|^2 - 1 \end{pmatrix}$. Somit ist $(\sigma^{-1}, \mathbb{R}^2)$ eine Parameterdarstellung und $(\sigma, \mathbb{R}^2)$ eine Karte von $\mathbb{S}^2 \setminus \{N\}$. Die stereographische Projektion besitzt eine einfache geometrische Interpretation: Die Gerade durch den Nordpol N und den Punkt $\mathfrak{r} \in \mathbb{S}^2$ schneidet die $x_1 x_2$-Ebene gerade im Punkt $\sigma(\mathfrak{r})$; die Herleitung geschieht mit dem Strahlensatz.

Bemerkung 10.2 Genauso, d.h. mittels $\sigma(\mathfrak{r}) = \dfrac{\tilde{\mathfrak{r}}}{1 - x_n}$ $(\tilde{\mathfrak{r}} = (x_1, \ldots, x_{n-1})^\top)$ wird $\mathbb{S}^{n-1} = \{\mathfrak{r} \in \mathbb{R}^n : |\mathfrak{r}| = 1\}$ ohne $N = (0, \ldots, 0, 1)^\top$ auf $\mathbb{R}^{n-1}$ projiziert, und genauso ist $\sigma^{-1}(\mathfrak{u}) = \dfrac{1}{|\mathfrak{u}|^2 + 1} \begin{pmatrix} 2\mathfrak{u} \\ |\mathfrak{u}|^2 - 1 \end{pmatrix}$.

10.4 Parameterwechsel Ist (Φ, D) eine Parameterdarstellung von $\mathfrak{F}$ und $H : \Delta \to D$ ein Diffeomorphismus, so ist durch $\Psi = \Phi \circ H$ eine weitere Parameterdarstellung (Ψ, Δ) von $\mathfrak{F}$ definiert. Der *Parameterwechsel* H heißt **orientierungserhaltend** wenn $\det H' > 0$, ansonsten orientierungsumkehrend.

Satz 10.1 *Zwei Parameterdarstellungen eines Flächenstückes sind stets über einen Parameterwechsel miteinander verbunden.*

Beweis ‖ Es sei (Ψ, Δ) eine weitere Parameterdarstellung von $\mathfrak{F}$. Dann ist $H = \Phi^{-1} \circ \Psi$ eine Bijektion $\Delta \to D$. Um analytische Eigenschaften zu untersuchen wird $\mathfrak{x}_0 = \Psi(\mathfrak{v}_0) = \Phi(\mathfrak{u}_0) \in \mathfrak{F}$ fest gewählt. Wegen rang $\Phi'(\mathfrak{u}_0) = n - 1$ kann nach Umnummerierung der Koordinaten angenommen werden, dass mit den Bezeichnungen $\tilde{\Phi} = (\phi_1, \ldots, \phi_{n-1})^\top$, $\tilde{\mathfrak{x}} = (x_1, \ldots, x_{n-1})^\top$ und $\tilde{\Psi} = (\psi_1, \ldots, \psi_{n-1})^\top$ die Determinante det $\tilde{\Phi}'(\mathfrak{u}_0) \neq 0$ ist und so $\tilde{\Phi}$ eine C^1-Umkehrfunktion in einer Kugel um $\tilde{\mathfrak{x}}_0 = \tilde{\phi}(\mathfrak{u}_0)$ besitzt. Dies hat $H = \tilde{\Phi}^{-1} \circ \tilde{\Psi} \in C^1$ in einer Kugel $K(\mathfrak{v}_0, \delta) \subset \Delta$ zur Folge, wegen det $H'(\mathfrak{u}) \neq 0$ ist H ein Diffeomorphismus. &

Satz 10.2 *Jedes Flächenstück ist lokal als Graph einer C^1-Funktion darstellbar.*

Beweis ‖ Mit denselben Bezeichnungen $(\tilde{\Phi}, \tilde{\Psi}, \tilde{\mathfrak{x}}, \tilde{\mathfrak{x}}_0)$ setzt man $f(\tilde{\mathfrak{x}}) = \phi_n(\tilde{\Phi}^{-1}(\tilde{\mathfrak{x}}))$ in einer Kugel um $\tilde{\mathfrak{x}}_0$, wobei wieder det $\tilde{\Phi}'(\mathfrak{u}_0) \neq 0$ angenommen wird. &

Aufgabe 10.1 Die südliche Hemisphäre kann sowohl mittels (inverser) stereographischer Projektion, also $\Phi(\mathfrak{u}) = \sigma^{-1}(\mathfrak{u}) = \dfrac{1}{|\mathfrak{u}|^2 + 1} \begin{pmatrix} 2\mathfrak{u} \\ |\mathfrak{u}|^2 - 1 \end{pmatrix}$ als auch explizit mittels $f(\mathfrak{v}) = -\sqrt{1 - |\mathfrak{v}|^2}$, also $\Psi(\mathfrak{v}) = \begin{pmatrix} \mathfrak{v} \\ -\sqrt{1 - |\mathfrak{v}|^2} \end{pmatrix}$ dargestellt werden, beidesmal über der Einheitskreisscheibe. Zu bestimmen ist der Diffeomorphismus zwischen $\{\mathfrak{u} \in \mathbb{R}^2 : |\mathfrak{u}| < 1\}$ und $\{\mathfrak{v} \in \mathbb{R}^2 : |\mathfrak{v}| < 1\}$, der diesen Parameterwechsel bewirkt.

10.5 Kreuz- und Vektorprodukt Für $\mathfrak{a}, \mathfrak{b} \in \mathbb{R}^3$ heißt

$$\mathfrak{a} \times \mathfrak{b} = \begin{pmatrix} a_2 b_3 - a_3 b_2 \\ a_3 b_1 - a_1 b_3 \\ a_1 b_2 - a_2 b_1 \end{pmatrix} = \begin{vmatrix} a_1 & b_1 & \mathfrak{e}_1 \\ a_2 & b_2 & \mathfrak{e}_2 \\ a_3 & b_3 & \mathfrak{e}_3 \end{vmatrix}.$$

bekanntlich **Kreuzprodukt** von $\mathfrak{a}$ und $\mathfrak{b}$ (die Determinante ist symbolisch zu verstehen, aber nach den üblichen Regeln zu berechnen); es gilt

$$(\mathfrak{a} \times \mathfrak{b}) \cdot \mathfrak{a} = (\mathfrak{a} \times \mathfrak{b}) \cdot \mathfrak{b} = 0.$$

Aufgabe 10.2 Man zeige $(\mathfrak{a} \times \mathfrak{b}) \cdot \mathfrak{c} = \det(\mathfrak{a}, \mathfrak{b}, \mathfrak{c})$, insbesondere

$$\det(\mathfrak{a}, \mathfrak{b}, \mathfrak{a} \times \mathfrak{b}) = |\mathfrak{a} \times \mathfrak{b}|^2 = \begin{vmatrix} \mathfrak{a} \cdot \mathfrak{a} & \mathfrak{a} \cdot \mathfrak{b} \\ \mathfrak{b} \cdot \mathfrak{a} & \mathfrak{b} \cdot \mathfrak{b} \end{vmatrix} = |\mathfrak{a}|^2 |\mathfrak{b}|^2 - (\mathfrak{a} \cdot \mathfrak{b})^2 = |\mathfrak{a}|^2 |\mathfrak{b}|^2 \sin^2 \gamma,$$ wobei $\gamma \in [0, \pi]$

der Winkel zwischen den Vektoren $\mathfrak{a}$ und $\mathfrak{b}$ ist, sowie die Identität $(\mathfrak{a} \times \mathfrak{b}) \cdot (\mathfrak{c} \times \mathfrak{d}) = (\mathfrak{a} \cdot \mathfrak{c})(\mathfrak{b} \cdot \mathfrak{d}) - (\mathfrak{a} \cdot \mathfrak{d})(\mathfrak{b} \cdot \mathfrak{c}) = \begin{vmatrix} \mathfrak{a} \cdot \mathfrak{c} & \mathfrak{a} \cdot \mathfrak{d} \\ \mathfrak{b} \cdot \mathfrak{c} & \mathfrak{b} \cdot \mathfrak{d} \end{vmatrix}$.

Bei gegebenen Vektoren $\mathfrak{a}_1, \ldots, \mathfrak{a}_{n-1} \in \mathbb{R}^n$ wird durch (Abb. 10.1)

$$\phi(\mathfrak{x}) = \det(\mathfrak{a}_1, \ldots, \mathfrak{a}_{n-1}, \mathfrak{x})$$

ein *lineares Funktional* $\phi : \mathbb{R}^n \to \mathbb{R}$ definiert. Nach dem Rieszschen Darstellungssatz (Lineare Algebra) gibt es einen eindeutig bestimmten Vektor $\mathfrak{a}_n$ mit $\phi(\mathfrak{x}) = \mathfrak{a}_n \cdot \mathfrak{x}$; dieser Vektor heißt **Vektorprodukt** von $\mathfrak{a}_1, \ldots, \mathfrak{a}_{n-1}$ und wird

Abb. 10.1 Das
Parallelogramm hat die
Fläche $|a \times b| = |a||b| \sin \gamma$

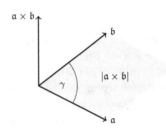

$$a_n = a_1 \wedge a_2 \wedge \cdots \wedge a_{n-1} \in \mathbb{R}^n$$

geschrieben. Es gilt $a_n \cdot a_\nu = \det (a_1, \ldots, a_{n-1}, a_\nu) = 0 \, (1 \le \nu \le n - 1)$ sowie $a \wedge b = a \times b$ im Fall $n = 3$.

10.6 Der Tangentialraum Es sei $\mathfrak{F}$ ein Flächenstück mit Parameterdarstellung (Φ, D). Dann heißt der von $\Phi_{u_1}(u), \ldots, \Phi_{u_{n-1}}(u)$ aufgespannte Vektorraum (ein Teilraum des $\mathbb{R}^n$) *Tangentialraum* an $\mathfrak{F}$ im Punkt $\mathfrak{x} = \Phi(u)$, er wird mit $T_{\mathfrak{x}}\mathfrak{F}$ bezeichnet. Weiter ist

$$n = n_{\mathfrak{x}} = \frac{\Phi_{u_1}(u) \wedge \cdots \wedge \Phi_{u_{n-1}}(u)}{|\Phi_{u_1}(u) \wedge \cdots \wedge \Phi_{u_{n-1}}|} \quad (\mathfrak{x} = \Phi(u))$$

einer von zwei auf Länge 1 normierten *Normalenvektoren* an $\mathfrak{F}$ im Punkt $\mathfrak{x} = \Phi(u)$.

Beispiel 10.2 Ein explizites Flächenstück $\Phi(u) = \begin{pmatrix} u \\ f(u) \end{pmatrix}$ über dem Gebiet $D \subset \mathbb{R}^{n-1}$ hat in $\mathfrak{x} = \Phi(u)$ bis auf Normierung die Normalen $\pm \begin{pmatrix} \nabla f(u) \\ -1 \end{pmatrix}$.

Satz 10.3 *Der Tangentialraum ist unabhängig von der Parameterdarstellung. Dagegen ist der Normalenvektor $n_{\mathfrak{x}}$ nur bis auf das Vorzeichen eindeutig bestimmt* (Es gibt also zwei Klassen von Parameterdarstellungen.)

Beweis ‖ Ist (Ψ, Δ) eine weitere Parameterdarstellung von $\mathfrak{F}$ und $\mathfrak{x} = \Psi(\mathfrak{v})$, so gilt $\Phi = \Psi \circ H$ mit einem Diffeomorphismus $H : D \to \Delta$, und die Kettenregel ergibt dann $\Phi'(u) = \Psi'(\mathfrak{v})H'(u)$, $\mathfrak{v} = H(u)$. Ausgeschrieben lautet dies mit $\eta_{kj} = \dfrac{\partial H_j}{\partial u_k}(u)$: $\Phi_{u_k}(u) = \sum\limits_{j=1}^{n-1} \eta_{kj} \Psi_{v_j}(\mathfrak{v})$, d. h. es liegt ein Basiswechsel vor. Die letzte Aussage sowie $\dim T_{\mathfrak{x}} = n - 1$ sind offensichtlich; man beachte insbesondere $n_{\mathfrak{x}} \perp T_{\mathfrak{x}}$.   ✸

Bemerkung 10.3 Die Vektoren $\Phi_{u_\nu}(u)$ kann man auffassen als die Tangentialvektoren der Bögen $\Gamma_\nu(t) = \Phi(u + te_\nu)$ im gemeinsamen Schnittpunkt $\Gamma_\nu(0) = \Phi(u)$, sie spannen den Tangentialraum $T_{\Phi(u)}\mathfrak{F}$ auf. Im Fall $n = 3$ hat der Tangentialraum eine offensichtliche geometrische Bedeutung: Die durch $\mathfrak{x} = \Phi(u) + t_1 \Phi_{u_1}(u) + t_2 \Phi_{u_2}(u)$ $((t_1, t_2) \in \mathbb{R}^2)$ in Parameterform beschriebene Ebene ist die *Tangentialebene* im Punkt $\mathfrak{x}_0 = \Phi(u)$; sie berührt $\mathfrak{F}$ im Punkt $\mathfrak{x}_0$ von erster Ordnung (Satz von Taylor).

10.7 Mannigfaltigkeiten Eine Menge $\mathfrak{M} \subset \mathbb{R}^n$ heißt (eingebettete und stetig diffe-renzierbare) *(n-1)-dimensionale Mannigfaltigkeit,* wenn sie lokal Flächenstücken gleicht. Genauer gibt es dann Gebiete $U_\alpha \subset \mathbb{R}^n$ und $(n-1)$-dimensionale Flächen-stücke $\mathfrak{F}_\alpha = \Phi_\alpha(D_\alpha)$ ($\alpha \in A$, A eine beliebige Indexmenge), so dass folgendes gilt:

- $\mathfrak{M} \subset \bigcup_{\alpha \in A} U_\alpha$;
- $U_\alpha \cap \mathfrak{M} \subset \mathfrak{F}_\alpha$.

Entweder ist $D_{\alpha\beta} = \Phi_\alpha^{-1}(\mathfrak{F}_\alpha \cap \mathfrak{F}_\beta) = \emptyset$ oder es gilt die Verträglichkeitsbedingung

- $H_{\alpha\beta} = \Phi_\beta^{-1} \circ \Phi_\alpha : D_{\alpha\beta} \longrightarrow D_{\beta\alpha}$ ist ein Diffeomorphismus (Abb. 10.2).

10.8 Atlas Eine wegzusammenhängende Mannigfaltigkeit $\mathfrak{M}$ heißt auch *Fläche.* Die Karten (Φ_α^{-1}, D_α) bilden zusammen einen *Atlas.* Allgemein versteht man unter einem Atlas eine Menge von verträglichen Karten (Φ_α^{-1}, D_α).

Auf dem Titelblatt der 1595 erschienenen Kartensammlung von Mercator sieht man eine Ab-bildung von Atlas, der einen Globus herstellt – es handelt sich wohl eher um den mythischen König Atlas von Mauretanien als den Titanen Atlas. Seither tragen gebundene Kartensamm-lungen den Namen *Atlas.* Karten, welche einander überlappende Teile abbilden (eventuell in verschiedenem Maßstab und durch verschiedene Projektionen gewonnen) sind verträglich, aber noch mehr: Die Diffeomorphismen zwischen je zwei Karten sind *orientierungserhal-tend,* es wird nicht etwa Nord und Süd vertauscht und gleichzeitig Ost und West belassen. In der heute üblichen Darstellung ist Nord oben; dass dann West links auf der Karte ist bedeu-

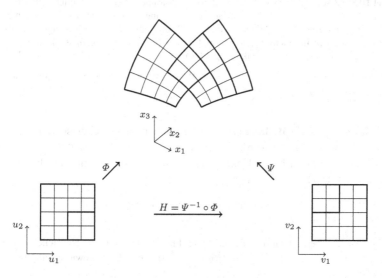

Abb. 10.2 Zwei einander überlappende Flächenstücke $\mathfrak{F}_\alpha$ und $\mathfrak{F}_\beta$. Der Parameterwechsel $\mathfrak{v} = H(\mathfrak{u})$ betrifft die hervorgehobenen Gebiete

tet, dass die Erde von *außen* angesehen wird (und die Kartenkunde auf der Nordhalbkugel entstanden ist). Ein Weltatlas benötigt mindestens zwei Karten, da die Sphäre $\mathbb{S}^2$ kompakt, die Kartengebiete D aber offen sind.

Gerhard **Mercator** (eigentlich Gerhard Kremer) (1512-1594) war ein flämischer Mathematiker, Geograph, Philosoph und Theologe; er gilt als der seinerzeit bedeutendste Kartograph seit Ptolemäus.

Beispiel 10.3　Ein Atlas für $\mathbb{S}^2$ besteht aus mindestens zwei Karten, z. B. je eine für $\mathbb{S}^2$ ohne Nordpol und Südpol mittels stereographische Projektion.

- *Geographische Koordinaten* führen zu $x = \cos\lambda \cos\beta$, $y = \sin\lambda \cos\beta$, $z = \sin\beta$; λ und β sind geographische Länge und Breite.
- Die *Zylinderprojektion* entsteht durch Zentralprojektion von $\mathbb{S}^2 \setminus \{(0,0,\pm1)\}$ auf den am Äquator berührenden Zylinder $x^2 + y^2 = 1$, der anschließend aufgerollt wird ($x = \cos\lambda$, $y = \sin\lambda$, $z = z$) zu einem Parallestreifen $-\pi < \lambda < \pi$, $-\infty < z < \infty$. Es entsteht die Abbildung $(\cos\lambda \cos\beta, \sin\lambda \cos\beta, \sin\beta) \mapsto (\cos\lambda, \sin\lambda, \tan\beta)$.

Aufgabe 10.3　In den nachfolgend angeführten Beispielen ist jeweils ein Atlas von $\mathfrak{M}$ anzugeben und in jedem Fall die Tangentialebene zu bestimmen. Es empfielt sich der Einsatz von Computeralgebra noch aus einem anderen Grund: Es lassen sich mit wenig Aufwand Bilder der betrachteten Flächenstücke herstellen.

Beispiel 10.4　Ein glatter Jordanbogen $x = \phi(t) > 0, z = \psi(t)$ ($a < t < b$) rotiert um die z-Achse des $\mathbb{R}^3$. Es entsteht die *Rotationsfläche*

$$\mathcal{R} : x = \phi(t)\cos\theta, \ y = \phi(t)\sin\theta, \ z = \psi(t) \quad (a < t < b, \ 0 \le \theta \le 2\pi);$$

glatt bedeutet $\phi, \psi \in \mathcal{C}^1$ mit $\phi'(t)^2 + \psi'(t)^2 > 0$. Ein prominentes Beispiel ist der *Torus*. Hier rotiert die Kreislinie $(x - R)^2 + z^2 = r^2$ ($0 < r < R$ fest).

Beispiel 10.5　Es sei $f : \mathbb{R}^n \longrightarrow \mathbb{R}$ stetig differenzierbar und $\nabla f(\mathfrak{x}) \ne \mathfrak{o}$ zumindest wo $f(\mathfrak{x}) = 0$. Dann ist $\mathfrak{M} = \{\mathfrak{x} \in \mathbb{R}^n : f(\mathfrak{x}) = 0\}$ (sofern nichtleer) eine $(n-1)$-dimensionale Mannigfaltigkeit; $\mathfrak{M}$ heißt *implizite Mannigfaltigkeit*. Für $\mathfrak{a} \in \mathfrak{M}$ und etwa $f_{x_n}(\mathfrak{a}) \ne 0$ besagt der Satz über implizite Funktionen: In einem Zylinderstumpf $Z = K(\tilde{\mathfrak{a}}, \delta) \times (a_n - \epsilon, a_n + \epsilon)$ um $\mathfrak{a} = (\tilde{\mathfrak{a}}, a_n)$ ist $\mathfrak{M} \cap Z$ der Graph einer $\mathcal{C}^1$-Funktion $g : K(\tilde{\mathfrak{a}}, \delta) \to (a_n - \epsilon, a_n + \epsilon)$. Die Normale ist bis auf Normierung gleich $\pm \begin{pmatrix} \nabla g(\tilde{\mathfrak{x}}) \\ -1 \end{pmatrix}$ ($\mathfrak{x} = (\tilde{\mathfrak{x}}, x_n)$), also $\mathfrak{n}_\mathfrak{x} = \pm \nabla f(\mathfrak{x})/|\nabla f(\mathfrak{x})|$ wegen $g_{x_\nu}(\tilde{\mathfrak{x}}) = -f_{x_\nu}(\tilde{\mathfrak{x}}, x_n)/f_{x_n}(\tilde{\mathfrak{x}}, x_n)$.

10.9 Zylinder und Mantelflächen

in $\mathbb{R}^3$ entstehen so: Gegeben sei ein glatter Jordanbogen oder eine glatte Jordankurve $x = \phi(t), y = \psi(t)$ ($t \in I = (a, b)$ bzw. $I = [a, b)$) in der xy-Ebene. *Mantelfläche* bzw. *Zylinder* nennt man die jeweilige Menge $\{(\phi(t), \psi(t), s)^\top : t \in I, s \in \mathbb{R}\}$.

Beispiel 10.6　Die *Schraubenfläche* mit Ganghöhe $h > 0$ ist gegeben durch $x = r\cos\theta, \ y = r\sin\theta, \ z = h\theta$ ($-\infty < \theta < \infty, \ 0 < r < \infty$).

Aufgabe 10.4　Zu bestimmen ist die implizite Fläche, definiert als Nullstellenmenge von $f(x, y, z) = R^2 + x^2 + y^2 + z^2 - r^2 - 2R\sqrt{x^2 + y^2}$ ($0 < r < R$ fest) sowie das zugehörige Normalenfeld.

10.10 Das Möbiusband In allen bisherigen Beispielen war es möglich, ein *stetiges* Normalenfeld $\mathfrak{n} : \mathfrak{M} \to \mathbb{S}^{n-1}$ anzugeben. Mannigfaltigkeiten mit dieser Eigenschaft heißen *orientierbar*, sie werden durch die Festlegung auf eines der beiden stetigen Normalenfelder *orientiert*. Orientierbare Mannigfaltigkeiten haben somit zwei Seiten. Die Sphäre $\mathbb{S}^{n-1}$ hat das stetige Normalenfeld $\mathfrak{n}_{\mathfrak{x}} = \mathfrak{x}$; der Tangentialraum ist $T_{\mathfrak{x}}\mathbb{S}^{n-1} = \{\mathfrak{y} : \mathfrak{x}\cdot\mathfrak{y} = 0\}$. Flächenstücke sind immer orientierbar, es gibt aber auch nicht-orientierbare Flächen und Mannigfaltigkeiten.

Beispiel 10.7 Das *Möbiusband* entsteht physikalisch durch Verdrillen und anschließendes Verkleben an den Schmalseiten eines (langen und zugleich schmalen) Papierstreifens. Analytisch hat man es etwa mit dem Bild des Parallelstreifens $-\infty < u < \infty$, $-\frac{1}{2} < v < \frac{1}{2}$ unter der Abbildung $\Phi(u, v) = ((1 + v \cos \frac{u}{2}) \cos u, (1 + v \cos \frac{u}{2}) \sin u, v \sin \frac{u}{2})^\top$ zu tun; Φ ist 4π-periodisch bzgl. u und injektiv in jedem Gebiet $(u_0, u_0 + 4\pi) \times (0, 1/2)$ und in $[u_0, u_0 + 2\pi) \times (-1/2, 1/2)$, allerdings gilt $\Phi(u, v) = \Phi(u + 2\pi, -v)$. Für das Normalenfeld

$$\mathfrak{n} = \begin{pmatrix} -\frac{v}{2} \sin u + (1 + v \cos \frac{u}{2}) \sin \frac{u}{2} \cos u \\ \frac{v}{2} \cos u + (1 + v \cos \frac{u}{2}) \sin \frac{u}{2} \sin u \\ -(1 + v \cos \frac{u}{2}) \cos \frac{u}{2} \end{pmatrix}$$

aber gilt $\mathfrak{n}(u, v) = -\mathfrak{n}(u + 2\pi, -v)$, das Möbiusband ist nicht orientierbar.

August Ferdinand **Möbius** (1790-1868, Leipzig) gilt als einer der Pioniere der Topologie. Nach ihm benannt sind auch die Möbiustransformationen in der Funktionentheorie.

10.2 Flächenintegrale

10.11 Die Gramsche Determinante Für $A = (\mathfrak{a}_1, \ldots, \mathfrak{a}_{n-1})$, $\mathfrak{a}_\nu \in \mathbb{R}^n$, ist die Matrix $A^\top A = (\mathfrak{a}_\mu\cdot\mathfrak{a}_\nu)_{\mu,\nu=1}^{n-1}$ symmetrisch und positiv semidefinit; ihre Determinante heißt *Gramsche Determinante* von A, geschrieben gram A.

Satz 10.4 *Es gilt* gram $A = |\mathfrak{a}_1 \wedge \cdots \wedge \mathfrak{a}_{n-1}|^2$.

Beweis ‖ Es sei $\mathfrak{a}_n = \mathfrak{a}_1 \wedge \cdots \wedge \mathfrak{a}_{n-1}$ und $\tilde{A} = (\mathfrak{a}_1, \ldots, \mathfrak{a}_n)$; dann ist die Matrix $\tilde{A}^\top \tilde{A} = (\mathfrak{a}_\mu\cdot\mathfrak{a}_\nu)_{\mu,\nu=1}^{n}$ positiv semidefinit, und Entwicklung nach der letzten Zeile $(0, \ldots, 0, |\mathfrak{a}_n|^2)$ ergibt $(\det \tilde{A})^2 = \det(\tilde{A}^\top \tilde{A}) = |\mathfrak{a}_n|^2\det(A^\top A) = |\mathfrak{a}_n|^2$gram A. Somit folgt die Behauptung aus

$$|\mathfrak{a}_n|^2 = \det(\mathfrak{a}_1, \ldots, \mathfrak{a}_{n-1}, \mathfrak{a}_n) = \det \tilde{A} = |\mathfrak{a}_n|\sqrt{\text{gram } A}. \qquad \text{☕}$$

Aufgabe 10.5 Für $A = \begin{pmatrix} \mathsf{E} \\ \mathfrak{c}^\top \end{pmatrix}$, wobei E die $(n-1) \times (n-1)$ Einheitsmatrix und $\mathfrak{c} \in \mathbb{R}^{n-1} \setminus \{\mathfrak{o}\}$ ist, ist zu zeigen:

a) $\mathfrak{c}\cdot\mathfrak{v} = 0$ impliziert $A^\top A\mathfrak{v} = \mathfrak{v}$.
b) $\mathfrak{v} = \mathfrak{c}$ ist Eigenvektor von $A^\top A$ zum Eigenwert $\lambda = 1 + |\mathfrak{c}|^2$.

c) gram $A = 1 + |\mathfrak{c}|^2$.

Jorgen Pedersen **Gram** (1850-1916, Kopenhagen) arbeitete als mathematischer Amateur u.a. über Wahrscheinlichkeitstheorie und eine mathematische Forstwirtschaftstheorie. Im Hauptberuf war er bei Versicherungsgesellschaften (später seiner eigenen) beschäftigt. Mit seinem Namen verbunden bleibt das *Gram-Schmidtsche Orthogonalisierungsverfahren*.

10.12 Flächeninhalt und -integral Das Bild von $(0, 1)^{n-1} \subset \mathbb{R}^{n-1}$ unter der linearen Abbildung

$$\Phi(\mathfrak{u}) = u_1\mathfrak{a}_1 + \cdots + u_{n-1}\mathfrak{a}_{n-1} \quad (\mathfrak{a}_1, \ldots, \mathfrak{a}_{n-1} \text{ linear unabhängig})$$

ist ein Parallelepiped $\mathfrak{P}$ in $\mathbb{R}^n$ (Parallelogramm für $n = 3$). Bezeichnet $|\mathfrak{P}|$ seinen elementaren Inhalt, so hat

$$W = \{\Phi(\mathfrak{u}) + u_n\mathfrak{a}_n : \mathfrak{u} \in (0, 1)^{n-1}, \ 0 < u_n < 1\} \quad \text{mit } \mathfrak{a}_n = \mathfrak{a}_1 \wedge \cdots \wedge \mathfrak{a}_{n-1}$$

wegen $\mathfrak{a}_n \perp \mathfrak{P}$ das Lebesguemaß $|\mathfrak{P}|\,|\mathfrak{a}_n|$. Nach der Transformationsformel ist $\lambda^n(W) = |\det(\mathfrak{a}_1, \ldots, \mathfrak{a}_{n-1}, \mathfrak{a}_n)| = |\mathfrak{a}_n|^2$, somit

$$|\mathfrak{P}| = |\mathfrak{a}_1 \wedge \cdots \wedge \mathfrak{a}_{n-1}| = \sqrt{\text{gram}(\mathfrak{a}_1, \ldots, \mathfrak{a}_{n-1})}.$$

Dem Vorgehen der Analysis entsprechend, Begriffe wie Tangente, Flächeninhalt usw. aus ihrer Bedeutung im elementaren Fall, also Gerade, Rechtecksfläche usw. abzuleiten, bleibt für Flächeninhalt und -integral nur folgende Definitionsmöglichkeit. Ist $\mathfrak{F}$ ein Flächenstück mit Parameterdarstellung (Φ, D), so werden der *Flächeninhalt* von $\mathfrak{F}$ und das *Flächenintegral* von $f : \mathfrak{F} \to \mathbb{R}$ über $\mathfrak{F}$ folgendermaßen definiert:

$$|\mathfrak{F}| = \int_D \sqrt{\text{gram}\,\Phi'(\mathfrak{u})}\,d\mathfrak{u} \quad \text{und}$$

$$\int_{\mathfrak{F}} f(\mathfrak{x})\,dS = \int_D f(\Phi(\mathfrak{u}))\sqrt{\text{gram}\,\Phi'(\mathfrak{u})}\,d\mathfrak{u},$$

sofern nur die rechtsstehenden Lebesgue-Integrale existieren.

Hilfssatz – *Die Definitionen sind von der Parameterdarstellung unabhängig.*

Beweis ‖ Es sei (Ψ, Δ) eine weitere Parameterdarstellung von $\mathfrak{F}$. Dann ist $\Phi = \Psi \circ H$, $H : D \to \Delta$ ein Diffeomorphismus und $\Phi'(\mathfrak{u}) = \Psi'(\mathfrak{v})H'(\mathfrak{u})$, $\mathfrak{v} = H(\mathfrak{u})$. Nach dem Determinantenmultiplikationssatz ist

$$\text{gram}\,\Phi'(\mathfrak{u}) = \det H'(\mathfrak{u})^{\top} \text{gram}\,\Psi'(\mathfrak{v}) \det H'(\mathfrak{u}) = \text{gram}\,\Psi'(\mathfrak{v})\,(\det H'(\mathfrak{u}))^2,$$

und nach der Transformationsformel

$$\int_D f(\Phi(\mathfrak{u}))\sqrt{\operatorname{gram}\Phi'(\mathfrak{u})}\,d\mathfrak{u} = \int_D f(\Phi(\mathfrak{u}))\sqrt{\operatorname{gram}\Psi'(H(\mathfrak{u}))}\,|\det H'(\mathfrak{u})|\,d\mathfrak{u}$$

$$= \int_\Delta f(\Psi(\mathfrak{v}))\sqrt{\operatorname{gram}\Psi'(\mathfrak{v})}\,d\mathfrak{v}.$$

Dies beweist die Unabhängigkeit beider Definitionen. ☕

Aufgabe 10.6 Ein explizites Flächenstück $x_n = f(x_1, \ldots, x_{n-1})$, $f : D \longrightarrow \mathbb{R}$ stetig differenzierbar, hat die Parameterdarstellung $\mathfrak{x} = \Phi(\mathfrak{u}) = \begin{pmatrix} \mathfrak{u} \\ f(\mathfrak{u}) \end{pmatrix}$ mit $\Phi'(\mathfrak{u}) = \begin{pmatrix} \mathsf{E} \\ \operatorname{grad} f(\mathfrak{u}) \end{pmatrix}$, wobei E die $(n-1) \times (n-1)$ Einheitsmatrix ist. Zu berechnen ist $\operatorname{gram}\Phi(\mathfrak{u})$.

Beispiel 10.8 Die nördliche Hemisphäre $\mathbb{S}_+^{n-1} = \{\mathfrak{x} \in \mathbb{S}^{n-1} : x_n > 0\}$, dargestellt als Graph von $x_n = \sqrt{1 - (x_1^2 + \cdots + x_{n-1}^2)}$ hat den Flächeninhalt

$$|\mathbb{S}_+^{n-1}| = \int_{|\mathfrak{u}|<1} \frac{d\mathfrak{u}}{\sqrt{1-|\mathfrak{u}|^2}} = c_{n-1} \int_0^1 \frac{t^{n-2}}{\sqrt{1-t^2}}\,dt$$

nach Einführung von Kugelkoordinaten in $\mathbb{R}^{n-1}$ mit $c_{n-1} = \lambda^{n-1}(K(\mathfrak{o}, 1))$. Mit der Substitution $t = \sin\theta$ folgt

$$|\mathbb{S}_+^{n-1}| = c_{n-1} \int_0^{\pi/2} (\sin\theta)^{n-2}\,d\theta = \frac{n}{2}c_n.$$

10.13 Zerlegung der Eins Der Integralbegriff lässt sich auf Mannigfaltigkeiten ausdehnen. Dies geschieht zunächst für kompakte Mannigfaltigkeiten über den Kunstgriff *Zerlegung der Eins*.

Satz 10.5 *Es sei* $M \subset \mathbb{R}^n$ *kompakt und es gelte* $M \subset \bigcup_{\alpha \in A} U_\alpha$ (U_α *offen, A eine beliebige Indexmenge). Dann gibt es endlich viele Indizes* $\alpha_1, \ldots, \alpha_m$, *eine offene Menge* $V \supset M$ *sowie* C^∞-*Funktionen* $\psi_j : \mathbb{R}^n \to [0, 1]$ ($1 \le j \le q$) *mit den Eigenschaften*

a) $M \subset \bigcup_{\mu=1}^m U_{\alpha_\mu}$;

b) $\psi_j(\mathfrak{x}) = 0$ *in* $\mathbb{R}^n \setminus U_{\alpha_{\mu(j)}}$ *für ein* $\mu(j)$ ($1 \le j \le q$);

c) $\sum_{j=1}^q \psi_j(\mathfrak{x}) = 1$ *in* V.

Beweis ‖ Die Funktionen $f(t) = c \exp\left(\dfrac{1}{(1-t)(2-t)}\right)$ in $1 < t < 2$ und $f(t) = 0$ sonst in $\mathbb{R}$ mit $\int_1^2 f(s)\,ds = \int_{-\infty}^\infty f(s)\,ds = 1$ (so ist $c > 0$ zu wählen) sowie $\Phi(t) = 1 - \int_{-\infty}^t f(s)\,ds$ gehören zur Klasse $C^\infty(\mathbb{R})$; es gilt $\Phi(t) = 1$ für $t \le 1$, $0 < \Phi(t) < 1$ für $1 < t < 2$ und $\Phi(t) = 0$ für $t \ge 2$ (vgl. Abb. 10.3). Betrachtet werden alle Kugeln $\overline{K(\mathfrak{x}, 2r)}$, die in irgendeiner der offenen Mengen U_α enthalten sind; zusammen überdecken bereits die offenen Kugeln $K(\mathfrak{x}, r)$ die Menge M, und nach dem Satz von Heine-Borel gibt es endlich viele Kugeln mit $M \subset \bigcup_{j=1}^q K(\mathfrak{x}_j, r_j)$ und $\overline{K(\mathfrak{x}_j, 2r_j)} \subset U_{\alpha_{\mu(j)}}$; die Indizes $\alpha_{\mu(j)}$ sind nicht unbedingt alle verschieden, ihre Gesamtheit wird mit $\{\alpha_1, \ldots, \alpha_m\}$ bezeichnet. Die Funktionen

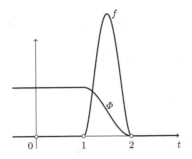 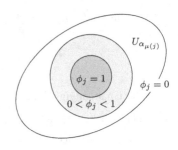

Abb. 10.3 Die $\mathcal{C}^\infty$-Funktionen f, $\Phi(t) = 1 - \int_{-\infty}^{t} f(s)\,ds$ und $\phi_j(\mathfrak{x}) = \Phi\left(\dfrac{\mathfrak{x} - \mathfrak{x}_j}{r_j}\right)$ sowie die Kugeln $K(\mathfrak{x}_j, r_j) \subset \overline{K(\mathfrak{x}_j, 2r_j)} \subset U_{\alpha_{\mu(j)}}$

$$\phi_j(\mathfrak{x}) = \Phi\left(\frac{|\mathfrak{x} - \mathfrak{x}_j|}{r_j}\right)$$

gehören zur Klasse $\mathcal{C}^\infty(\mathbb{R}^n)$ und erfüllen $\phi_j(\mathfrak{x}) = 1$ in $\overline{K(\mathfrak{x}_j, r_j)}$, $0 < \phi_j(\mathfrak{x}) < 1$ in $r_j < |\mathfrak{x} - \mathfrak{x}_j| < 2r_j$ und $\phi_j(\mathfrak{x}) = 0$ sonst; somit haben die Funktionen

$$\psi_j(\mathfrak{x}) = \phi_j(\mathfrak{x})/s(\mathfrak{x}) \quad \text{mit } s(\mathfrak{x}) = \sum_{j=1}^{q} \phi_j(\mathfrak{x}) + \prod_{j=1}^{q}(1 - \phi_j(\mathfrak{x}))$$

die verlangten Eigenschaften: es ist $s(\mathfrak{x}) > 0$ in $\mathbb{R}^n$ und $s(\mathfrak{x}) = \sum\limits_{j=1}^{q} \phi_j(\mathfrak{x})$ in $V = \bigcup_{j=1}^{q} K_j(\mathfrak{x}_j, r_j)$, also $\sum\limits_{j=1}^{q} \psi_j(\mathfrak{x}) = 1$.   ☕

10.3 Kompakte Mannigfaltigkeiten

Satz 10.6 *Eine kompakte Mannigfaltigkeit* $\mathfrak{M}$ *mit Atlas* $\mathfrak{A}$ *besitzt stets einen endlichen Teilatlas* $\mathfrak{A}' = \{(\Phi_\mu^{-1}, D_\mu) : 1 \leq \mu \leq m\} \subset \mathfrak{A}$ *und eine diesem Atlas untergeordnete Zerlegung der Eins, d. h. es gibt offene Kugeln* $K(\mathfrak{x}_j, r_j)$ *und* $\mathcal{C}^\infty$-*Funktionen* $\psi_j : \mathbb{R}^n \to [0, \infty)$ $(1 \leq j \leq q)$, *so dass gilt:*

a) $\mathfrak{M} \subset \bigcup\limits_{j=1}^{q} K(\mathfrak{x}_j, r_j)$.

b) $K(\mathfrak{x}_j, 2r_j) \cap \mathfrak{M} \subset \mathfrak{F}_\mu = \Phi_\mu(D_\mu)$ *für geeignetes* $\mu = \mu(j)$.

c) $\psi_j(\mathfrak{x}) = 0$ *in* $\mathbb{R}^n \setminus K(\mathfrak{x}_j, 2r_j)$.

d) $\sum\limits_{j=1}^{q} \psi_j(\mathfrak{x}) = 1$ *in* $\bigcup\limits_{j=1}^{q} K(\mathfrak{x}_j, r_j)$

Beweis ‖ Zu $\mathfrak{a} \in \mathfrak{M}$ wird eine Kugel $U_\mathfrak{a}$ um $\mathfrak{a}$ mit $U_\mathfrak{a} \cap \mathfrak{M} \subset \mathfrak{F}_\mathfrak{a}$ gewählt, wobei $\mathfrak{F}_\mathfrak{a} = \Phi_\mathfrak{a}(D_\mathfrak{a})$ ein Flächenstück mit Karte $(\Phi_\mathfrak{a}^{-1}, D_\mathfrak{a}) \in \mathfrak{A}$ ist. Die Kugeln $U_\mathfrak{a}$ spielen die Rolle der offenen Mengen U_α in Satz 10.20. Nach dem Satz von Heine-Borel wird $\mathfrak{M}$ von endlich vielen dieser Kugeln, bezeichnet mit $U_{\mathfrak{a}_\mu}$ ($1 \le \mu \le m$), überdeckt, und jeder dieser Kugeln ist ein Flächenstück $\mathfrak{F}_{\mathfrak{a}_\mu} = \Phi_{\mathfrak{a}_\mu}(D_{\mathfrak{a}_\mu})$ mit $\mathfrak{M} \cap U_{\mathfrak{a}_\mu} \subset \mathfrak{F}_{\mathfrak{a}_\mu}$ zugeordnet. Die Karten $(\Phi_{\mathfrak{a}_\mu}^{-1}, D_{\mathfrak{a}_\mu})$ bilden einen endlichen Teilatlas. Der Rest des Beweises folgt aus Satz 10.20. &

10.14 Integration über kompakte Mannigfaltigkeiten Es sei $\mathfrak{M} \subset \mathbb{R}^n$ eine kompakte $(n-1)$-dimensionale Mannigfaltigkeit mit Atlas $\mathfrak{A}$ und untergeordneter Zerlegung der Eins $(\psi_j)_{j=1}^q$. Dann werden das *Integral* der Funktion $f : \mathfrak{M} \longrightarrow \mathbb{R}$, der *Inhalt* $|\mathfrak{M}|$ von $\mathfrak{M}$ und der *Fluss* des Vektorfeldes $\mathfrak{v} : \mathfrak{M} \to \mathbb{R}$ folgendermaßen erklärt:

$$\int_\mathfrak{M} f(\mathfrak{x}) \, dS = \sum_{j=1}^q \int_{\mathfrak{F}_{\mu(j)}} \psi_j(\mathfrak{x}) f(\mathfrak{x}) \, dS, \qquad (10.1)$$

$$|\mathfrak{M}| = \int_\mathfrak{M} dS \quad \text{und} \quad \int_\mathfrak{M} \mathfrak{v}(\mathfrak{x}) \cdot d\mathfrak{n}_\mathfrak{x} = \int_\mathfrak{M} \mathfrak{v}(\mathfrak{x}) \cdot \mathfrak{n}_\mathfrak{x} \, dS, \qquad (10.2)$$

letzteres natürlich nur, wenn $\mathfrak{M}$ orientierbar ist.

Hilfssatz – *Die Definitionen sind unabhängig vom Atlas und der gewählten Zerlegung der Eins.*

Beweis ‖ Es sei $(\tilde{\psi}_k)_{k=1}^{\tilde{q}}$ eine dem Atlas $\tilde{\mathfrak{A}} = \{(\tilde{\Phi}_\mu^{-1}, \tilde{D}_\mu) : 1 \le \mu \le \tilde{m}\}$ untergeordnete Zerlegung der Eins. Dann ist $(\psi_j \tilde{\psi}_k)_{j,k}$ dem Atlas $\mathfrak{A} \cup \tilde{\mathfrak{A}}$ untergeordnet und es gilt wegen $\psi_j(\mathfrak{x}) \tilde{\psi}_k(\mathfrak{x}) = 0$ außerhalb $\mathfrak{F}_{\mu(j)} \cap \tilde{\mathfrak{F}}_{\nu(k)}$

$$\int_{\mathfrak{F}_{\mu(j)}} \psi_j(\mathfrak{x}) \tilde{\psi}_k(\mathfrak{x}) f(\mathfrak{x}) \, dS = \int_{\tilde{\mathfrak{F}}_{\nu(k)}} \psi_j(\mathfrak{x}) \tilde{\psi}_k(\mathfrak{x}) f(\mathfrak{x}) \, dS,$$

woraus die Behauptung nach Summation über alle j und k folgt: links entsteht

$$\sum_{j=1}^q \sum_{k=1}^{\tilde{q}} \int_{\mathfrak{F}_{\mu(j)}} \psi_j(\mathfrak{x}) \tilde{\psi}_k(\mathfrak{x}) f(\mathfrak{x}) \, dS = \sum_{j=1}^q \int_{\mathfrak{F}_{\mu(j)}} \psi_j(\mathfrak{x}) f(\mathfrak{x}) \, dS,$$

während die rechte Seite aus Symmetriegründen $\sum_{k=1}^{\tilde{q}} \int_{\tilde{\mathfrak{F}}_{\nu(k)}} \tilde{\psi}_k(\mathfrak{x}) f(\mathfrak{x}) \, dS$ gleicht. Für $f(\mathfrak{x}) = 1$ bzw. $f(\mathfrak{x}) = \mathfrak{v}(\mathfrak{x}) \cdot \mathfrak{n}_\mathfrak{x}$ erhält man die Integrale (10.2). &

10.15 Ausschöpfungen Es liegt nahe, im Fall einer nicht-kompakten Mannigfaltigkeit das Integral (10.1) mittels Ausschöpfungen zu definieren:

$$\int_{\mathfrak{M}} f(\mathfrak{x})\,dS = \lim_{j\to\infty} \int_{\mathfrak{M}\cap \overline{C}_j} f(\mathfrak{x})\,dS. \tag{10.3}$$

Eine *Ausschöpfung* von $\mathfrak{M}$ ist eine Folge (C_j) von offenen Mengen $C_j \subset \mathbb{R}^n$ mit folgenden Eigenschaften:

- $C_j \subset C_{j+1}$ und $\mathfrak{M} = \bigcup_{j=1}^{\infty} \mathfrak{M} \cap C_j$;
- $\mathfrak{R}_j = \mathfrak{M} \cap \overline{C}_j$ ist kompakt.

Damit auch $\int_{\mathfrak{R}_j} f(\mathfrak{x})\,dS$ definiert.

Satz 10.7 *Jede Mannigfaltigkeit $\mathfrak{M}$ besitzt eine Ausschöpfung (C_j). Der Grenzwert (10.3) existiert und ist unabhängig von der verwendeten Ausschöpfung.*

Beweis ‖ Es gibt nur abzählbar viele Kugeln $K(\mathfrak{q}, r)$ mit $\mathfrak{q} \in \mathbb{Q}^n$ und $r \in \mathbb{Q}$. Es seien $K_1, K_2, K_3, \ldots$ diejenigen unter ihnen, für die $\overline{K}_\nu \cap \mathfrak{M} \neq \emptyset$ und kompakt ist. Dann ist durch $C_j = \bigcup_{\nu=1}^{j} K_\nu$ $(j = 1, 2, \ldots)$ eine Ausschöpfung mit den erforderlichen Eigenschaften gegeben: Die Inklusion $\mathfrak{M} \supset \bigcup_{j=1}^{\infty} \mathfrak{M} \cap C_j$ ist trivial. Umgekehrt gibt es zu $\mathfrak{x} \in \mathfrak{M}$ sicher eine Kugel $K(\mathfrak{x}, r)$, so dass $\overline{K(\mathfrak{x}, r)} \cap \mathfrak{M} \neq \emptyset$ und kompakt ist; dies bleibt erhalten, wenn man $K(\mathfrak{x}, r)$ durch eine geeignete Kugel K_ν mit $\mathfrak{x} \in K_\nu$ (erst recht $\mathfrak{x} \in C_j$ für $j \geq \nu$) ersetzt, woraus $\mathfrak{M} \subset \bigcup_{j=1}^{\infty} \mathfrak{M} \cap C_j$ folgt. Die Existenz des Grenzwertes (10.3) ist trivial für nichtnegative Funktionen f (Monotonie). Ist $(\tilde{C}_k)$ eine weitere Ausschöpfung, so ist $\mathfrak{R}_j \subset \bigcup_{k=1}^{\infty} \tilde{C}_k$, also auch $\mathfrak{R}_j \subset \tilde{C}_k$ für ein $k = k_j$ nach dem Satz von Heine-Borel. Damit gilt

$$\lim_{j\to\infty} \int_{\mathfrak{R}_j} f(\mathfrak{x})\,dS \leq \lim_{k\to\infty} \int_{\tilde{\mathfrak{R}}_k} f(\mathfrak{x})\,dS,$$

und aus Symmetriegründen auch die umgekehrte Ungleichung. Die Behauptung im allgemeinen Fall $f = f^+ - f^-$ folgt daraus. ☙

10.16 Einfache Mannigfaltigkeiten Zur Definition des Flächenintegrals ist der Weg über die Zerlegung der Eins und die Ausschöpfung im nicht-kompakten Fall unumgänglich, aber alles andere als zur Berechnung in konkreten Fällen geeignet. Es liegt nahe, eine Mannigfaltigkeit $\mathfrak{M}$ in paarweise disjunkte Flächenstücke $\mathfrak{F}_j$ zu *zerschneiden* und $\int_{\mathfrak{M}} f(\mathfrak{x})\,dS$ mittels $\sum_{j=1}^{m} \int_{\mathfrak{F}_j} f(\mathfrak{x})\,dS$ zu berechnen. Allerdings bleibt beim Zerschneiden ein Rest $\mathfrak{N}$. Eine Teilmenge $\mathfrak{N}$ einer Mannigfaltigkeit $\mathfrak{M}$ heißt **Nullmenge**, wenn

$$|\mathfrak{N}| = \int_{\mathfrak{M}} \mathbf{1}_{\mathfrak{N}}(\mathfrak{x})\,dS = 0$$

ist. Eine Mannigfaltigkeit $\mathfrak{M}$ heißt *einfach*, wenn es endlich viele paarweise disjunkte Flächenstücke $\mathfrak{F}_j$ $(1 \leq j \leq m)$ und eine Nullmenge $\mathfrak{N}$ gibt mit

$$\mathfrak{M} = \mathfrak{F}_1 \cup \cdots \cup \mathfrak{F}_m \cup \mathfrak{N}.$$

Für einfache Mannigfaltigkeiten $\mathfrak{M}$ gilt offenbar

$$\int_{\mathfrak{M}} f(\mathfrak{x})\, dS = \sum_{j=1}^{m} \int_{\mathfrak{F}_j} f(\mathfrak{x})\, dS.$$

Satz 10.8 *Die Menge $\mathfrak{N} \subset \mathfrak{F}$, $\mathfrak{F}$ ein Flächenstück mit Parameterdarstellung (Φ, D), ist eine Nullmenge genau dann, wenn $N = \Phi^{-1}(\mathfrak{N}) \subset D$ eine $(n-1)$-dimensionale Lebesguesche Nullmenge ist.*

Beweis ‖ Dies folgt unmittelbar aus gram $\Phi'(\mathfrak{u}) > 0$ und

$$|\mathfrak{N}| = \int_{\mathfrak{F}} 1_{\mathfrak{N}}(\mathfrak{x})\, dS = \int_{D} 1_N \sqrt{\text{gram } \Phi'(\mathfrak{u})}\, d\mathfrak{u}. \qquad \text{☕}$$

Beispiel 10.9 Der Äquator $\{\mathfrak{x} : x_1^2 + \cdots + x_{n-1}^2 = 1,\ x_n = 0\}$ von $\mathbb{S}^{n-1}$ ist eine Nullmenge als Bild von $\{\mathfrak{u} \in \mathbb{R}^{n-1} : |\mathfrak{u}| = 1\}$ unter der Umkehrung σ^{-1} der stereographischen Projektion. Damit hat $\partial K(\mathfrak{o}, r) = r\mathbb{S}^{n-1}$ den Inhalt $|\partial K(\mathfrak{o}, r)| = \frac{d}{dr}\lambda^n(K(\mathfrak{o}, r))$.

Beispiel 10.10 Der Torus $\mathfrak{T}$ hat den Flächeninhalt $\int_0^{2\pi} \int_0^{2\pi} (R + r \cos t) r\, dt\, d\theta = 2\pi r \times 2\pi R$, das ist das Produkt aus dem Umfang $2\pi r$ des Kreises $(x - R)^2 + z^2 = r^2$ und der Länge $2\pi R$ der Bahn der x-Koordinate des Schwerpunktes dieses Kreises.

Beispiel 10.11 Dies gilt allgemein: Die Rotationsfläche

$$\mathfrak{R} = \{(\phi(t) \cos \theta, \phi(t) \sin \theta, \psi(t))^\top : a < t < b,\ 0 \le \theta \le 2\pi\} \subset \mathbb{R}^3$$

hat den Inhalt $|\mathfrak{R}| = 2\pi \int_\gamma x\, ds = 2\pi S_x L(\gamma)$; dabei ist $L(\gamma)$ die Länge von γ, $S_x = \frac{1}{L(\gamma)} \int_\gamma x\, ds$ die x-Koordinate des Schwerpunktes von γ und $2\pi S_x$ seine Bahnlänge bei einem Umlauf. Dies war schon Archimedes bekannt.

10.4 Der Integralsatz von Gauß in $\mathbb{R}^2$

Das Hauptziel dieses Abschnitts ist die Herleitung der Formel

$$\int_B (u_x + v_y)\, d(x, y) = \int_{\partial B} (u, v)^\top \cdot \mathfrak{n}\, ds \qquad (10.4)$$

in hinreichender Allgemeinheit. Dabei ist $B \subset \mathbb{R}^2$ ein Gebiet, dessen Rand ∂B aus endlich vielen glatten Jordankurven besteht, $\mathfrak{n}$ ist das äußere Normalenfeld von B, und u und v sind hinreichend glatte Funktionen.

10.17 Eine lokale Form des Satzes von Gauß Diese Form dient als Grundlage für den Beweis im allgemeinen Fall. Zur Formulierung werden einige Bezeichnungen benötigt.

- Ein glatter Jordanbogen $\gamma = (\gamma_1, \gamma_2)^\top : [a, b] \longrightarrow \mathbb{R}^2$ in $\mathbb{R}^2$ besitzt in jedem Punkt $\gamma(t)$ den *Tangenten-* und *Normalenvektor*

$$
\mathfrak{t} = \frac{1}{|\gamma'(t)|} \begin{pmatrix} \gamma_1'(t) \\ \gamma_2'(t) \end{pmatrix} \quad \text{und} \quad \mathfrak{n} = \frac{1}{|\gamma'(t)|} \begin{pmatrix} \gamma_2'(t) \\ -\gamma_1'(t) \end{pmatrix}.
$$

- Neben dem gewöhnlichen Integral eines Vektorfeldes $\mathfrak{f}$ über einen Integrationsweg γ werden noch die Integrale

$$
\int_\gamma u\, dx = \int_a^b u(\gamma(t))\gamma_1'(t)\, dt \quad \text{und} \quad \int_\gamma u\, dy = \int_a^b u(\gamma(t))\gamma_2'(t)\, dt
$$

von skalaren (reellwertigen) Funktionen $u(x, y)$ betrachtet.

- Ein *Normalgebiet* ist ein Gebiet $B \subset \mathbb{R}^2$, das von endlich vielen, paarweise disjunkten, glatten Jordankurven γ^k berandet wird. Das *äußere Normalenfeld*

$$
\mathfrak{n} : \partial B \to \mathbb{S}^1 = \{(u, v)^\top : u^2 + v^2 = 1\}, \quad \mathfrak{x} \mapsto \mathfrak{n}_\mathfrak{x}
$$

von ∂B wird folgendermaßen festgelegt: $\mathfrak{n}_\mathfrak{x}$ ist derjenige Normalenvektor von γ^k im Punkt $\mathfrak{x} = \gamma^k(t)$ mit $\mathfrak{x} - \tau\mathfrak{n}_\mathfrak{x} \in B$ und $\mathfrak{x} + \tau\mathfrak{n}_\mathfrak{x} \notin B$ ($0 < \tau < \delta$). Damit ist auch die Orientierung der Randkurven γ^k und des gesamten Randes ∂B festgelegt. Für den Kreisring $B = \{\mathfrak{x} : r < |\mathfrak{x}| < R\}$ beispielsweise ist $\mathfrak{n}_\mathfrak{x} = \mathfrak{x}/R$ auf $|\mathfrak{x}| = R$, aber $\mathfrak{n}_\mathfrak{x} = -\mathfrak{x}/r$ auf $|\mathfrak{x}| = r$.

- Eine stetige Funktion $u : \overline{B} \to \mathbb{R}$, $B \subset \mathbb{R}^2$ ein Gebiet, gehört zur Klasse $\mathcal{C}^k(\overline{B})$, wenn alle partiellen Ableitungen $u_x, u_y, u_{xx}, u_{xy}, u_{yy}, \ldots$ von u bis zur Ordnung k in B gleichmäßig stetig sind. Sie besitzen dann stetige Fortsetzungen auf den Rand ∂B, die wieder mit $u_x, u_y, u_{xx}, u_{xy}, u_{yy}, \ldots$ bezeichnet werden, aber auf ∂B nicht mehr unbedingt die Bedeutung von partiellen Ableitungen haben.

Satz 10.9 (lokale Version des Satzes von Gauß) *Die Formel (10.4) gilt für Gebiete* $B = \{(x, y) : c < y < \phi(x),\ a < x < b\}$ (*man vgl. dazu Abb. 10.4), wobei* $\phi : [a, b] \to (c, \infty)$ *stetig differenzierbar ist, und Funktionen* $u, v \in \mathcal{C}^1(\overline{B})$ *mit* $u = v = 0$ *auf* $\partial B \setminus \mathfrak{G}(\phi)$.

Beweis ‖ Nach dem Satz von Fubini und dem Hauptsatz der Differential- und Integralrechnung ist das Integral links in (10.4) wegen $v(x, c) = 0$ gleich

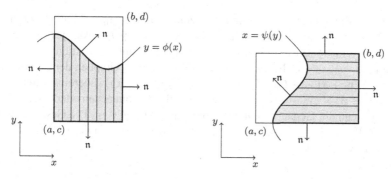

Abb. 10.4 Randzellen $R = (a, b) \times (c, d)$ 1. bzw. 4. Art mit äußerem Normalenfeld n; die Funktionen u und v haben jeweils kompakten Träger in R

$$\int_a^b \int_c^{\phi(x)} u_x(x, y)\, dy\, dx + \int_a^b v(x, \phi(x))\, dx.$$

Mit $\tilde{u}(x) = \int_c^{\phi(x)} u(x, y)\, dy$, $\tilde{u}'(x) = u(x, \phi(x))\phi'(x) - \int_c^{\phi(x)} u_x(x, y)\, dy$, $\tilde{u}(a) = \tilde{u}(b) = 0$ und so $\int_a^b \tilde{u}'(x)\, dx = 0$ gilt

$$\int_B \left(u_x(x, y) + v_y(x, y)\right) d(x, y) = \int_a^b \left(v(x, \phi(x)) - u(x, \phi(x))\phi'(x)\right) dx.$$

(10.5)

Auf drei Randseiten verschwinden u und v, und auf dem Randbogen $\mathfrak{G}(\phi)$ gilt
$$\mathfrak{n} = \frac{(-\phi'(x), 1)^\top}{\sqrt{1 + \phi'(x)^2}} \text{ und } ds = \sqrt{1 + \phi'(x)^2}\, dx. \text{ Somit hat die rechte Seite von (10.5)}$$
die Form $\int_{\partial B} (u, v)^\top \cdot \mathfrak{n}\, ds$. ☕

10.18 Zellen Es sei $B \subset \mathbb{R}^2$ ein Normalgebiet (berandet von endlich vielen glatten, geschlossenen und paarweise disjunkten Jordankurven). Ein offenes Rechteck $R = (a, b) \times (c, d)$ mit $\overline{R} \subset B$ heißt *innere Zelle* von B; R heißt *Randzelle*, wenn $B \cap R$ eine der nachstehenden Formen hat:

1. $\{(x, y) : a < x < b, \ c < y < \phi(x)\}$; 2. $\{(x, y) : a < x < b, \ \phi(x) < y < d\}$;
3. $\{(x, y) : c < y < d, \ a < x < \psi(y)\}$; 4. $\{(x, y) : c < y < d, \ \psi(y) < x < b\}$;

dabei ist $\phi : [a, b] \to (c, d)$ bzw. $\psi : [c, d] \to (a, b)$ stetig differenzierbar und $\overline{R} \cap \partial D$ stimmt mit $\mathfrak{G}(\phi)$ bzw. $\mathfrak{G}(\psi)$ überein.

Satz 10.10 *Der Abschluss $\overline{B}$ eines Normalgebietes B kann durch endlich viele Zellen überdeckt werden.*

Beweis ‖ Zu jedem inneren Punkt (x_0, y_0) von B wird irgendein Rechteck $R = (x_0 - \delta, x_0 + \delta) \times (y_0 - \epsilon, y_0 + \epsilon)$ mit $\overline{R} \subset B$ gewählt. Es bleibt zu zeigen, dass es zu jedem Randpunkt (x_0, y_0) eine Randzelle gibt, die (x_0, y_0) enthält. Dazu sei γ die Randkurve, die (x_0, y_0) enthält, also $(x_0, y_0) = \gamma(t_0)$. Aus $\gamma'(t_0) \neq 0$ und daher etwa $\gamma_1'(t_0) \neq 0$ folgt, dass $t \mapsto \gamma_1(t)$ eine C^1-Umkehrfunktion $t = \tau(x)$ im Intervall $[x_0 - \delta, x_0 + \delta]$ besitzt, und so γ lokal mit dem Graphen der C^1-Funktion $\phi : [x_0 - \delta, x_0 + \delta] \longrightarrow (y_0 - \epsilon, y_0 + \epsilon)$, $\phi(x) = \gamma_2(\tau(x))$ übereinstimmt; $R = (x_0 - \delta, x_0 + \delta) \times (y_0 - \epsilon, y_0 + \epsilon)$ ist eine Randzelle vom ersten oder zweiten Typ, die (x_0, y_0) enthält. Genauso geht man vor wenn $\gamma_2'(t_0) \neq 0$ ist. Die Gesamtheit der offenen Zellen $R = R(x_0, y_0)$ überdecken $\overline{B}$, so dass nur noch der Satz von Heine-Borel anzuwenden ist.

                                                                                             ☙

Bemerkung 10.4 Die lokale Form des Gaußschen Satzes gilt für innere und Randzellen gleichermaßen.

10.19 Der Integralsatz von Gauß (auch unter dem Namen *Gauß-Green-Ostrogradski* lautet in hinreichend allgemeiner Formulierung:

Satz 10.11 *Es sei $B \subset \mathbb{R}^2$ ein Normalgebiet mit normiertem äußeren Normalenfeld* n. *Dann gilt für* $u, v \in C^1(\overline{B})$ *Formel* (10.4).

George **Green** (1793-1841, Nottingham) hatte fast keine Schulausbildung und war mathematischer Autodidakt. Als einer der Mitbegründer der Potentialtheorie und der Theorie des Elektromagnetismus bleiben mit seinem Namen verbunden die *Greenschen Formeln* und die *Greensche Funktion*.

Beweis ‖ Es sei $(R_k)_{k=1}^m$ eine endliche Überdeckung von $\overline{B}$ durch Zellen mit untergeordneter Zerlegung der Eins $(\psi_j)_{j=1}^p$, wobei

$$\psi_j = \frac{\partial \psi_j}{\partial x} = \frac{\partial \psi_j}{\partial y} = 0 \quad \text{in } \mathbb{R}^2 \setminus R_{k(j)}$$

gilt. Mit $u_j = \psi_j u$ und $v_j = \psi_j v$, also $u = \sum_{j=1}^q u_j$ und $v = \sum_{j=1}^q v_j$ lautet dann die linke Seite des Satzes von Gauß

$$\int_B \Big(\sum_{j=1}^p \frac{\partial u_j}{\partial x} + \frac{\partial v_j}{\partial y} \Big) d(x, y) = \sum_{j=1}^p \int_{R_{k(j)}} \Big(\frac{\partial u_j}{\partial x} + \frac{\partial v_j}{\partial y} \Big) d(x, y).$$

Da der Träger von u_j und v_j im offenen Rechteck $R_{k(j)}$ enthalten ist, gilt für jede (innere oder Rand-) Zelle

$$\int_B \Big(\frac{\partial u_j}{\partial x} + \frac{\partial v_j}{\partial y} \Big) d(x, y) = \int_{R_{k(j)}} \Big(\frac{\partial u_j}{\partial x} + \frac{\partial v_j}{\partial y} \Big) d(x, y)$$

$$= \int_{R_{k(j)} \cap \partial B} (u_j, v_j)^\top \cdot n\, ds = \int_{\partial B} (u_j, v_j)^\top \cdot n\, ds;$$

Summation über j ergibt den Satz von Gauß.   ☕

10.20 Die Leibnizsche Sektorformel Durch Spezialisierung lassen sich aus dem Integralsatz von Gauß weitere Ergebnisse ableiten, z. B. den

Satz 10.12 *Ein Normalgebiet $B \subset \mathbb{R}^2$ hat die Fläche* (Lebesguemaß)

$$\lambda^2(B) = \frac{1}{2} \int_{\partial B} x\,dy - y\,dx = \int_{\partial B} x\,dy = -\int_{\partial B} y\,dx.$$

Beweis ‖ Für $u = x$, $v = 0$ oder $u = 0$, $v = y$ oder $u = \frac{1}{2}x$, $v = \frac{1}{2}y$ ist $u_x + u_y = 1$ und so $\lambda^2(B) = \int_{\partial B} u\,dy - v\,dx$.   ☕

Eine Analyse des Beweises des Integralsatzes zeigt, dass die Randkurven endlich viele Ecken haben dürfen. Speziell für eine Polarkurve γ erhält man so die

Satz 10.13 (Leibnizsche Sektorformel) *Der von der Polarkurve $r = r(\theta)$, $\alpha \le \theta \le \beta$, und den Strecken $\sigma_\alpha = \overline{0\gamma(\alpha)}$ und $\sigma_\beta = \overline{0\gamma(\beta)}$ berandete Sektor S hat die Fläche*

$$\lambda^2(S) = \frac{1}{2} \int_\alpha^\beta r(\theta)^2\,d\theta.$$

Beweis ‖ Strecken wie z. B. $\sigma : y = cx$ tragen nicht zum Randintegral $\int_{\partial S} x\,dy - y\,dx$ bei, da $\int_\sigma x\,dy - y\,dx = \int_\sigma x\,d(cx) - cx\,dx = 0$. Somit ist

$$2\lambda^2(S) = \int_\alpha^\beta r(\theta)\cos\theta \left(r'(\theta)\sin\theta + r(\theta)\cos\theta \right) d\theta$$

$$-\int_\alpha^\beta r(\theta)\sin\theta \left(r'(\theta)\cos\theta - r(\theta)\sin\theta \right) d\theta = \int_\alpha^\beta r(\theta)^2\,d\theta. \quad ☕$$

Bemerkung 10.5 Die Leibnizsche Sektorformel besitzt auch einen elementar-geometrischen Beweis. Bei gegebener Zerlegung $\alpha = \theta_0 < \theta_1 < \cdots < \theta_n = \beta$ hat der krummlinige Sektor $r = r(\theta)$, $\theta_{j-1} \le \theta \le \theta_j$ den Flächeninhalt $\frac{1}{2}r(\tilde{\theta}_j)(\theta_j - \theta_{j-1})^2$ mit einem $\tilde{\theta}_j$ zwischen θ_{j-1} und θ_j. Die Gesamtfläche entspricht also der Riemannsumme $\frac{1}{2}\sum_{j=1}^n r^2(\tilde{\theta}_j)(\theta_j - \theta_{j-1})$, die zu $\frac{1}{2}\int_\alpha^\beta r(\theta)^2\,d\theta$ führt.

Aufgabe 10.7 Zu berechnen ist die Fläche des Inneren
der Kardioide $x^4 + y^4 + 2x^2y^2 - 4x^3 - 4xy^2 - 4y^2 = 0$ und
der Lemniskate $x^4 + y^4 + 2x^2y^2 - 2x^2 + 2y^2 = 0$ ($x \ge 0$).
(**Hinweis.** Polarkoordinaten.)

10.21 Die Greenschen Formeln Für $u \in C^2(B)$, $B \subset \mathbb{R}^2$ ein Gebiet, setzt man
$\Delta u = u_{xx} + u_{yy}$; $\Delta = \dfrac{\partial^2}{\partial x^2} + \dfrac{\partial^2}{\partial y^2}$ ist der bereits eingeführte *Laplaceoperator*.

Satz 10.14 *Ist $B \subset \mathbb{R}^2$ ein Normalgebiet, $u \in C^2(\overline{B})$ und $v \in C^1(\overline{B})$ bzw. $u, v \in$
$C^2(\overline{B})$, so gelten die 1. und 2.* **Greensche Formel**

$$\int_B \left(v\Delta u + \nabla u \cdot \nabla v\right) d(x, y) = \int_{\partial B} v\frac{\partial u}{\partial \mathfrak{n}} ds$$

$$\int_B \left(v\Delta u - u\Delta v\right) d(x, y) = \int_{\partial B} \left(v\frac{\partial u}{\partial \mathfrak{n}} - u\frac{\partial v}{\partial \mathfrak{n}}\right) ds.$$

Beweis ‖ Die zweite Formel folgt aus der ersten durch Differenzbildung. Zum Beweis der ersten Formel ersetzt man im Integralsatz von Gauß u durch vu_x und v durch vu_y. Dann ist $(vu_x)_x = v_x u_x + vu_{xx}$ und $(vu_y)_y = v_y u_y + vu_{yy}$, und so $(vu_x)_x + (vu_y)_y = v\Delta u + \nabla u \cdot \nabla v$. Rechts ist dann nur noch $v(u_x, u_y)^\top \cdot \mathfrak{n}$ als Richtungsableitung $v\frac{\partial u}{\partial \mathfrak{n}}$ zu interpretieren.   ☕

10.5 Der Integralsatz von Gauß in $\mathbb{R}^n$

Der Satz von Gauß gilt in allen Räumen $\mathbb{R}^n$, der vorgezogene Beweis in $\mathbb{R}^2$ dient als Prototyp in einer besonders anschaulichen Situation und zugleich als Induktionsanfang für den Beweis des allgemeinen Sachverhalts. Wie im Fall $n = 2$ benötigen wir einige Bezeichnungen, und wie dort gründet der Beweis auf die durch Induktion nach der Dimension n zu beweisende lokale Version.

- Ein *Normalgebiet* ist ein Gebiet $B \subset \mathbb{R}^n$, dessen Rand aus endlich vielen, paarweise disjunkten, kompakten, orientierten Flächen besteht. Der Rand ∂B wird so als Mannigfaltigkeit mit stetigem äußerem Normalenfeld $\mathfrak{n} : \partial B \to \mathbb{S}^{n-1}$ angesehen, d. h. für $\mathfrak{x} \in \partial B$ gilt $\mathfrak{x} - t\mathfrak{n}_\mathfrak{x} \in B$ und $\mathfrak{x} + t\mathfrak{n}_\mathfrak{x} \notin B$ $(0 < t < \delta)$.
- Eine stetige Funktion $u : \overline{B} \to \mathbb{R}$ gehört zur Klasse $C^k(\overline{B})$, wenn sämtliche partiellen Ableitungen $u_{x_\nu}, u_{x_\nu x_\mu}, \ldots$ von u bis zur Ordnung k in B gleichmäßig stetig sind. Sie besitzen dann stetige Fortsetzungen auf $\overline{B}$, die wieder mit $u_{x_\nu}, u_{x_\nu x_\mu}, \ldots$ bezeichnet werden, auch wenn sie auf ∂B nicht den Charakter einer Ableitung haben. Definitionsgemäß gehört das Vektorfeld $\mathfrak{w} : \overline{B} \to \mathbb{R}^n$ zur Klasse $C^k(\overline{B}, \mathbb{R}^n)$, wenn alle Koordinatenfunktionen w_ν zu $C^k(\overline{B})$ gehören.
- Die *Divergenz* eines C^1-Vektorfeldes $\mathfrak{w} : B \to \mathbb{R}^n$ ist definiert durch

$$\operatorname{div} \mathfrak{w} = \nabla \cdot \mathfrak{w} = \sum_{\nu=1}^n \frac{\partial w_\nu}{\partial x_\nu} = \operatorname{spur} \mathfrak{w}'.$$

10.22 Der Integralsatz von Gauß oder Divergenzsatz lautet:

Satz 10.15 *Für $\mathfrak{w} \in C^1(\overline{B}, \mathbb{R}^n)$ gilt* $\displaystyle\int_B \operatorname{div} \mathfrak{w} \, d\mathfrak{x} = \int_{\partial B} \mathfrak{w} \cdot d\mathfrak{n} = \int_{\partial B} \mathfrak{w} \cdot \mathfrak{n} \, dS.$

Beweis ‖ Eine Analyse des Beweises des Integralsatzes von Gauß im Fall $n = 2$ zeigt, dass die folgenden Zutaten ausreichen:

- Eine endliche Überdeckung von $\overline{B}$ durch *innere* und *Randzellen*.
- Eine dieser Überdeckung untergeordnete *Zerlegung der Eins*.
- Eine lokale Version des Satzes von Gauß.

Innere Zellen sind offene Zylinderstümpfe (schreibe $\mathfrak{x} = (\tilde{\mathfrak{x}}, x_n) \in \mathbb{R}^{n-1} \times \mathbb{R}$) $Z = K(\tilde{\mathfrak{x}}_0, r) \times (c, d)$ mit $\overline{Z} \subset B$. *Randzellen* entstehen so: Lokal kann man ∂B nach dem Satz über implizite Funktionen als Graph einer $\mathcal{C}^1$-Funktion darstellen. Auf diese Art und Weise erhält man eine Überdeckung des Randes durch Randzellen in $2n$ möglichen Formen. Eine dieser Formen ist gegeben durch einen Zylinderstumpf $Z = K(\tilde{\mathfrak{x}}_0, r) \times (c, d)$, wobei vorausgesetzt wird:

$$
\begin{aligned}
D = Z \cap B &= \{(\tilde{\mathfrak{x}}, x_n) : c < x_n < \phi(\tilde{\mathfrak{x}}), \ \tilde{\mathfrak{x}} \in K(\tilde{\mathfrak{x}}_0, r) \subset \mathbb{R}^{n-1}\}, \\
\phi : \overline{K(\tilde{\mathfrak{x}}_0, r)} &\to (c, d) \text{ ist stetig, stetig differenzierbar in } K(\tilde{\mathfrak{x}}_0, r), \\
\overline{Z} \cap \partial B &= \mathfrak{G}(\phi) \text{ mit Normalenvektor } \mathfrak{n} = \frac{(-\operatorname{grad}\phi(\tilde{\mathfrak{x}}), 1)^\top}{\sqrt{1 + |\operatorname{grad}\phi(\tilde{\mathfrak{x}})|^2}}.
\end{aligned} \tag{10.6}
$$

Die Existenz einer endlichen Überdeckung von B durch Zellen und einer untergeordneten Zerlegung der Eins ist gesichert.

10.23 Die lokale Form des Gaußschen Integralsatzes sieht aus wie im 2-dimensionalen Fall.

Satz 10.16 (lokale Form des Divergenzsatzes) *Es sei D ein Gebiet der Form (10.6), $\mathfrak{w} \in \mathcal{C}^1(\overline{D}, \mathbb{R}^n)$ und $\mathfrak{w} = \mathfrak{o}$ auf $\partial D \setminus \mathfrak{G}(\phi)$. Dann gilt*

$$\int_D \operatorname{div}\mathfrak{w}\, d\mathfrak{x} = \int_{\mathfrak{G}(\phi)} \mathfrak{w} \cdot d\mathfrak{n} = \int_{\mathfrak{G}(\phi)} \mathfrak{w} \cdot \mathfrak{n}\, dS.$$

Beweis ‖ Zunächst wird in vollständiger Analogie zum Fall $n = 2$

$$\int_{K(\tilde{\mathfrak{x}}_0, r)} \int_c^{\phi(\tilde{\mathfrak{x}})} \frac{\partial w_n}{\partial x_n}(\tilde{\mathfrak{x}}, x_n)\, dx_n\, d\tilde{\mathfrak{x}} = \int_{K(\tilde{\mathfrak{x}}_0, r)} w_n(\tilde{\mathfrak{x}}, x_n)\Big|_{x_n = c}^{x_n = \phi(\tilde{\mathfrak{x}})}\, d\tilde{\mathfrak{x}}$$

und, für $1 \le \nu < n$ und $\tilde{\mathfrak{x}} \in K(\tilde{\mathfrak{x}}_0, r)$,

$$\int_c^{\phi(\tilde{\mathfrak{x}})} \frac{\partial w_\nu}{\partial x_\nu}(\tilde{\mathfrak{x}}, x_n)\, dx_n = \frac{\partial}{\partial x_\nu} \int_c^{\phi(\tilde{\mathfrak{x}})} w_\nu(\tilde{\mathfrak{x}}, x_n)\, dx_n - w_\nu(\tilde{\mathfrak{x}}, \phi(\tilde{\mathfrak{x}}))\phi_{x_\nu}(\tilde{\mathfrak{x}})$$

berechnet. Setzt man $\tilde{w}_\nu(\tilde{\mathfrak{x}}) = \displaystyle\int_c^{\phi(\tilde{\mathfrak{x}})} w_\nu(\tilde{\mathfrak{x}}, x_n)\, dx_n$ $(1 \le \nu < n)$ und integriert über $K(\tilde{\mathfrak{x}}_0, r)$, so lautet die linke Seite des Satzes von Gauß nach Anwendung des Satzes von Fubini und Summation der erzielten Ergebnisse

$$\int_{K(\tilde{x}_0,r)} \left[w_n(\tilde{x}, \phi(\tilde{x})) - \sum_{\nu=1}^{n-1} w_\nu(\tilde{x}, \phi(\tilde{x})) \phi_{x_\nu}(\tilde{x}) + \int_{K(\tilde{x}_0,r)} \operatorname{div} \tilde{w}(\tilde{x}) \right] d\tilde{x},$$

wobei $\tilde{w} = (\tilde{w}_1, \ldots, \tilde{w}_{n-1})^\top$ gesetzt wurde. Jetzt schließt ein Induktionsbeweis nach der Dimension n an. Wird der Satz von Gauß in $\mathbb{R}^{n-1}$ als richtig angenommen, so liefert seine Anwendung auf das Vektorfeld $\tilde{w}$ im Gebiet $K(\tilde{x}_0, r) \subset \mathbb{R}^{n-1}$

$$\int_{K(\tilde{x}_0,r)} \operatorname{div} \tilde{w}(\tilde{x}) \, d\tilde{x} = \int_{\partial K(\tilde{x}_0,r)} \tilde{w} \cdot d\tilde{n};$$

es ist aber $w(\tilde{x}, x_n) = o$ für $\tilde{x} \in \partial K(\tilde{x}_0, r)$ und $c \leq x_n \leq \phi(\tilde{x})$, und somit auch $\tilde{w} = o$ auf $\partial K(\tilde{x}_0, r)$, d.h. es ist $\int_{K(\tilde{x}_0,r)} \operatorname{div} \tilde{w}(\tilde{x}) \, d\tilde{x} = 0$. Wegen

$$\int_{K(\tilde{x}_0,r)} \left[-\sum_{\nu=1}^{n-1} w_\nu(\tilde{x}, \phi(\tilde{x})) \phi_{x_\nu}(\tilde{x}) + w_n(\tilde{x}, \phi(\tilde{x})) \right] d\tilde{x} = \int_{\mathfrak{G}(\phi)} w \cdot d\mathfrak{n}$$

beweist dies endgültig die lokale Version des Satzes von Gauß, und nach den Vorbemerkungen auch die globale.   ☕

Beispiel 10.12 Wie im Fall $n = 2$ hat ein Normalgebiet $B \subset \mathbb{R}^n$ das Maß $\lambda^n(B) = \dfrac{1}{n} \int_{\partial B} x \cdot d n$. Für $B = K(o, r)$ und $n_x = x/r$ folgt so

$$c_n r^n = \lambda^n(K(o, r)) = \frac{1}{n} \int_{\partial K(o,r)} \frac{|x|^2}{r} \, dS = \frac{r}{n} |\partial K(o, r)|,$$

also $|\partial K(o, r)| = n c_n r^{n-1} = \dfrac{d}{dr} \lambda^n(K(o, r))$ und insbesondere $|\mathbb{S}^{n-1}| = n c_n$, was aber schon bekannt ist.

10.24 Die Greenschen Formeln Über ihren Beweis muss nichts weiter gesagt werden, er verläuft wie im Fall $n = 2$; $\Delta = \dfrac{\partial^2}{\partial x_1^2} + \cdots + \dfrac{\partial^2}{\partial x_n^2}$ ist der Laplaceoperator in $\mathbb{R}^n$, er wirkt auf C^2-Funktionen gemäß $\Delta u = \sum_{\nu=1}^{n} u_{x_\nu x_\nu}$.

Satz 10.17 *Ist $B \subset \mathbb{R}^n$ ein Normalgebiet, $u \in C^2(\overline{B})$ und $v \in C^1(\overline{B})$ bzw. $u, v \in C^2(\overline{B})$, so gelten die 1. und 2. Greensche Formel*

$$\int_B (v \Delta u + \nabla u \cdot \nabla v) \, dx = \int_{\partial B} v \frac{\partial u}{\partial n} \, dS$$

$$\int_B (v \Delta u - u \Delta v) \, dx = \int_{\partial B} \left(v \frac{\partial u}{\partial n} - u \frac{\partial v}{\partial n} \right) dS.$$

10.25 Harmonische Funktionen Eine Funktion $u \in C^2(D)$, $D \subset \mathbb{R}^n$ ein Gebiet, heißt *harmonisch,* wenn sie in D die *Laplacegleichung* $\Delta u = 0$ erfüllt. Harmonische Funktionen treten in ganz unterschiedlichem Kontext auf; z. B. ist die stationäre Temperaturverteilung in einem massiven, am Rand isolierten Körper eine harmonische Funktion des Ortes $\mathfrak{x}$. Es gilt der

Satz 10.18 (**Mittelwertformel von Gauß**) *Jede in $K(\mathfrak{x}_0, R) \subset \mathbb{R}^n$ harmonische Funktion u erfüllt*

$$u(\mathfrak{x}_0) = \frac{1}{\omega_n} \int_{\mathbb{S}^{n-1}} u(\mathfrak{x}_0 + r\mathfrak{x}) \, dS \quad (0 < r < R);$$

dabei ist $\omega_n = nc_n$ der Flächeninhalt von $\mathbb{S}^{n-1}$. Speziell im Fall $n = 2$ gilt

$$u(x_0, y_0) = \frac{1}{2\pi} \int_0^{2\pi} u(x_0 + r\cos\theta, y_0 + r\sin\theta) \, d\theta.$$

Beweis ‖ Bezeichnet $m(r)$ die rechte Seite der Mittelwertformel, so ist

$$\omega_n \frac{d}{dr} m(r) = \int_{\mathbb{S}^{n-1}} \nabla u(\mathfrak{x}_0 + r\mathfrak{x}) \cdot \mathfrak{x} \, dS = \int_{K(\mathfrak{x}_0, r)} \operatorname{div} \nabla u(\mathfrak{x}_0 + r\mathfrak{x}) \, d\mathfrak{x} = 0;$$

das zweite Gleichheitszeichen gilt nach dem Satz von Gauß für das Gradientenfeld $\mathfrak{w}(\mathfrak{x}) = \nabla u(\mathfrak{x}_0 + r\mathfrak{x})$ (man beachte $\mathfrak{x} = \mathfrak{n}_{\mathfrak{x}}$), und das dritte gilt wegen $\operatorname{div} \nabla u = \Delta u = 0$. Es ist also $m(r)$ konstant gleich $m(0) = u(\mathfrak{x}_0)$. &

10.26 Das Maximumprinzip Aus der Mittelwertformel folgt unmittelbar

Satz 10.19 (**Maximumprinzip**) *Eine nichtkonstante harmonische Funktion $u : D \to \mathbb{R}$ hat im Gebiet D weder Minimum noch Maximum.*

Bemerkung 10.6 Gemeint ist hier *absolutes* Minimum/Maximum, die Aussage gilt aber auch für *lokale* Extrema (o. Beweis).

Beweis ‖ Es habe etwa u in $\mathfrak{x}_0$ sein absolutes Maximum. Aus der Mittelwertformel folgt dann

$$M = u(\mathfrak{x}_0) = \frac{1}{\omega_n} \int_{\mathbb{S}^{n-1}} u(\mathfrak{x}_0 + r\mathfrak{x}) \, dS \le M$$

für $0 \le r < r_0$, und so $u(\mathfrak{x}) = M$ in $K(\mathfrak{x}_0, r_0)$. Wird weiter $u(\mathfrak{x}_1) < M$ angenommen, so bezeichnet $\gamma : [0, 1] \to D$ einen Weg von $\mathfrak{x}_0 = \gamma(0)$ nach $\mathfrak{x}_1 = \gamma(1)$, und $\mathfrak{x}^* = \gamma(t^*)$ von $\mathfrak{x}_0$ aus gesehen den letzten Punkt auf γ mit $u(\mathfrak{x}^*) = M$. Es ist dann $t^* > 0$ nach der ersten Überlegung, und $t^* < 1$ wegen $u(\mathfrak{x}_1) < M$. Die Mittelwertformel um

$\mathfrak{x}^*$ liefert dann wie am Anfang $u(\mathfrak{x}) = M$ in $K(\mathfrak{x}^*, \delta)$ im Widerspruch zu $u(\gamma(t)) < M$ für $t^* < t \leq 1$[1].   ☕

10.6 Der Integralsatz von Stokes in $\mathbb{R}^3$

Neben den Operatoren $\times$, ∇, div, $\Delta = \nabla \cdot \nabla = \text{div}\,\nabla$ wird noch die **Rotation** eines dreidimensionalen Vektorfeldes eingeführt,

$$\text{rot}\,\mathfrak{w} = \nabla \times \mathfrak{w} = \begin{pmatrix} \dfrac{\partial w_3}{\partial x_2} - \dfrac{\partial w_2}{\partial x_3} \\ \dfrac{\partial w_1}{\partial x_3} - \dfrac{\partial w_3}{\partial x_1} \\ \dfrac{\partial w_2}{\partial x_1} - \dfrac{\partial w_1}{\partial x_2} \end{pmatrix}$$

Bemerkung 10.7 Die Bedingung $\text{rot}\,\mathfrak{w} = \mathfrak{o}$ fällt in $\mathbb{R}^3$ mit den Integrabilitätsbedingungen für die Existenz einer Stammfunktion von $\mathfrak{w}$ zusammen. Ist $\mathfrak{w}$ das Strömungsfeld einer *inkompressiblen* Flüssigkeit, so ist $\int_{\partial B} \mathfrak{w} \cdot d\mathfrak{n} = 0$ (durch den Rand von B fließt soviel hinein wie hinaus), somit $\int_B \text{div}\,\mathfrak{w}\,d\mathfrak{x} = 0$ für jeden Teilbereich, also $\text{div}\,\mathfrak{w} = 0$. Ist die Strömung sogar *wirbelfrei*, so gilt $\text{rot}\,\mathfrak{w} = \mathfrak{o}$ und $\mathfrak{w}$ besitzt somit ein harmonisches Potential U: $\mathfrak{w} = -\nabla U$ und $\Delta U = -\text{div}\,\mathfrak{w} = 0$.

Ein Gebiet $B \subset \mathbb{R}^2$ kann als Flächenstück $\mathfrak{F} = B \times \{0\} \subset \mathbb{R}^3$ mit der Parameterdarstellung $\Phi(x, y) = (x, y, 0)^\top$ und dem Normalenfeld $\mathfrak{n} = (0, 0, 1)^\top$, und $u \in \mathcal{C}^1(B)$ als eine $\mathcal{C}^1$-Funktion von $(x, y, z) \in B \times \mathbb{R}$ angesehen werden. Ist B von einer glatten Jordankurve berandet, so besagt der Satz von Gauß $\int_B (v_x - u_y)\,d(x, y) = \int_{\partial B} u\,dx + v\,dy$[2]. Diese Aussage wird mit $\mathfrak{w}(x, y, z) = (u, v, 0)$ komplizierter geschrieben als

$$\int_{\mathfrak{F}} \text{rot}\,\mathfrak{w} \cdot d\mathfrak{n} = \int_{\partial\mathfrak{F}} \mathfrak{w} \cdot d\mathfrak{x}; \tag{10.7}$$

dabei ist unter $\partial\mathfrak{F}$ die (als räumlich anzusehende) Kurve $\partial B \times \{0\}$ zu verstehen. Allgemein gilt:

Satz 10.20 (Integralsatz von Stokes in $\mathbb{R}^3$) *Es sei $D \subset \mathbb{R}^2$ ein Gebiet, B ein von einer glatten Jordankurve γ berandetes Gebiet mit $\overline{B} \subset D$, $\Phi \in \mathcal{C}^2(D, \mathbb{R}^3)$ und (Φ, B) die Parameterdarstellung des Flächenstücks $\mathfrak{F} \subset \mathbb{R}^3$. Weiter sei $U \supset \mathfrak{F}$ ein Gebiet in $\mathbb{R}^3$ und $\mathfrak{w} : U \to \mathbb{R}^3$ ein $\mathcal{C}^1$-Vektorfeld. Dann gilt (10.7), wobei $\partial\mathfrak{F}$ die räumliche Kurve $\Phi \circ \gamma$ bedeutet.*

---

[1] Schneller geht es so: Die Menge $A = \{\mathfrak{x} : u(\mathfrak{x}) = M\}$ ist, wie gerade gezeigt wurde, offen. Ihr Komplement $D \setminus A = \{\mathfrak{x} : u(\mathfrak{x}) < M\}$ ist es trivialerweise allein aus Stetigkeitsgründen. Da D zusammenhängend und u nicht konstant ist, ist $A = \emptyset$.

[2] leicht umformuliert. Es ist $\begin{pmatrix} v \\ -u \end{pmatrix} \cdot \mathfrak{n}\,ds = \begin{pmatrix} v \\ -u \end{pmatrix} \cdot \begin{pmatrix} \gamma_2'(t) \\ -\gamma_1'(t) \end{pmatrix} dt = v\,dy + u\,dx.$

George Gabriel **Stokes** (1819-1903) arbeitete sowohl als Mathematiker als auch als mathematischer und experimenteller Physiker. Neben dem Satz von Stokes tragen auch die Navier-Stokes-Gleichungen seinen Namen.

Beweis $\parallel$ Es sei $\Phi = (X, Y, Z)^\top$ und $\mathfrak{w} = (P, Q, R)^\top$, wobei es wegen der Linearität genügt, den Fall $\mathfrak{w} = (0, 0, R)^\top$ zu behandeln. Die Variablen in D und $\mathbb{R}^3$ heißen (u, v) und (x, y, z). Nach Definition gilt

$$\int_{\partial\mathfrak{F}} R(x, y, z)\, dz = \int_a^b R(\Phi(\gamma(t)))[Z_u(\gamma(t))\gamma_1'(t) + Z_v(\gamma(t))\gamma_2'(t)]\, dt$$

$$= \int_\gamma R(\Phi(u, v))\big(Z_v(u, v), -Z_u(u, v)\big)^\top \cdot n_\gamma\, ds$$

$$= \int_B \operatorname{div} \mathfrak{r}(u, v)\, d(u, v);$$

das letzte Gleichheitszeichen gilt nach dem Satz von Gauß für das Vektorfeld $\mathfrak{r}(u, v) = R(\Phi(u, v)) \begin{pmatrix} Z_v(u, v) \\ -Z_u(u, v) \end{pmatrix}$ und das äußere Normalenfeld $n_\gamma = \begin{pmatrix} \gamma_2' \\ -\gamma_1' \end{pmatrix}$. Einerseits ist

$$\begin{aligned} \operatorname{div} \mathfrak{r} &= (R_x X_u + R_y Y_u + R_z Z_u)Z_v + R Z_{vu} \\ &= -((R_x X_v + R_y Y_v + R_z Z_v)Z_u + R Z_{uv}) \\ &= R_x(X_u Z_v - X_v Z_u) + R_y(Y_u Z_v - Y_v Z_u), \end{aligned}$$

andererseits lautet die linke Seite von (10.7) ausführlich

$$\int_B \operatorname{rot} \mathfrak{w}(\Phi(u, v)) \cdot \big(\Phi_u(u, v) \times \Phi_v(u, v)\big)\, d(u, v),$$

und es gilt $\operatorname{rot} \mathfrak{w} \cdot (\Phi_u \times \Phi_v) = \begin{pmatrix} R_y \\ -R_x \\ 0 \end{pmatrix} \cdot \begin{pmatrix} Y_u Z_v - Z_u Y_v \\ Z_u X_v - Z_v X_u \\ X_u Y_v - Y_u X_v \end{pmatrix} = \operatorname{div} \mathfrak{r}.$ ☕

Aufgabe 10.8 Der Satz von Stokes ist für $\mathfrak{w}(x, y, z) = (x - y, z, y - x)^\top$ und das abgeschnittene Paraboloid $\mathcal{F} : z = x^2 + y^2$ $(x^2 + y^2 < 1)$ zu verifizieren, d.h. linke und rechte Seite des Satzes sind explizit zu berechnen.

10.7 Anhang: Klassische Differentialgeometrie

10.27 Die 1. Fundamentalform Es sei (Φ, D) eine Parameterdarstellung des Flächenstücks $\mathfrak{F}$. Die positiv definite Matrix

$$(g_{jk})_{j,k=1}^{n-1} = (\Phi_{u_j} \cdot \Phi_{u_k})_{j,k=1}^{n-1} = \Phi'(\mathfrak{u})^\top \Phi'(\mathfrak{u}) \quad (\mathfrak{u} \in D \text{ fest})$$

heißt *Maßtensor*; die zugeordnete quadratische Form $\sum\limits_{j,k=1}^{n-1} g_{jk}\xi_j\xi_k$ ist die

1. Fundamentalform. In der klassischen Differentialgeometrie ($n = 3$), deren Anfänge hier behandelt werden sollen, benutzt man die Bezeichnungen

$$E = g_{11} = \Phi_u \cdot \Phi_u, \quad F = g_{12} = g_{21} = \Phi_u \cdot \Phi_v, \quad G = g_{22} = \Phi_v \cdot \Phi_v$$
$$ds^2 = E\,du^2 + 2F\,du\,dv + G\,dv^2$$
$$|\Phi_u \times \Phi_v|^2 = EG - F^2, \quad \mathfrak{n} = \frac{\Phi_u \times \Phi_v}{|\Phi_u \times \Phi_v|} \quad (\mathfrak{u} = (u, v)).$$

10.28 Flächentreue Karten Die Karte (Φ^{-1}, D) heißt *flächentreu,* wenn für jedes Gebiet $\tilde{D} \subset D$ stets $|\Phi(\tilde{D})| = \lambda^2(\tilde{D})$ gilt.

Satz 10.21 *Notwendig und hinreichend für die Flächentreue ist* $EG - F^2 = 1$.

Beispiel 10.13 Die Länge eines Breitengrades auf $\mathbb{S}^2$ ist $2\pi \cos \beta$. Ersetzt man die geographische Länge λ durch $\theta = \lambda \cos \beta$, so entsteht die *Projektion von Sanson:* $u = \lambda \cos \beta$, $v = \beta$.

Aufgabe 10.9 Man zeige, dass die Projektionen von Sanson,

$$\text{Bonne:} \quad r = \pi/2 - \beta, \quad r\phi = \lambda \cos \beta, \text{ also } u = r \cos \phi, \; v = r \sin \phi \text{ und}$$
$$\text{Hammer:} \quad u = \frac{2\sqrt{2}\cos\beta\sin\frac{\lambda}{2}}{\sqrt{1 + \cos\beta\cos\frac{\lambda}{2}}}, v = \frac{\sqrt{2}\sin\beta}{\sqrt{1 + \cos\beta\cos\frac{\lambda}{2}}}$$

flächentreu sind; (r, ϕ) bzw. (u, v) sind Polar- bzw. kartesische Koordinaten in $\mathbb{R}^2$, (λ, β) geographische Koordinaten auf $\mathbb{S}^2$ (vgl. Abb. 10.5).

10.29 Winkeltreue Karten Die Bilder der Geraden $u = const$ und $v = const$ heissen *Parameterlinien.* Sie schneiden einander orthogonal genau für $F = \Phi_u \cdot \Phi_v = 0$. Allgemein bezeichnet $\angle(\gamma, \tilde{\gamma})$ den Winkel zwischen den Tangenten im Schnittpunkt zweier glatter Bögen γ und $\tilde{\gamma}$; (Φ, D) heißt *winkeltreu* oder *konform,* wenn für die Bilder $\Gamma = \Phi \circ \gamma$ und $\tilde{\Gamma} = \Phi \circ \tilde{\gamma}$ stets $\angle(\gamma, \tilde{\gamma}) = \angle(\Gamma, \tilde{\Gamma})$ ist.

Satz 10.22 *Notwendig und hinreichend für die Winkeltreue ist*

$$E = G \quad \text{und} \quad F = 0.$$

Abb. 10.5 Die flächentreuen (deshalb manchmal „gerecht" genannten) Projektionen von Sanson, Hammer und Bonne

Beweis ‖ Der Winkel $\theta = \angle(\gamma, \tilde{\gamma})$ zwischen $\gamma(t) = \mathfrak{u} + t\mathfrak{v}$ und $\tilde{\gamma}(t) = \mathfrak{u} + t\tilde{\mathfrak{v}}$ ($\mathfrak{v}, \tilde{\mathfrak{v}} \in \mathbb{S}^1$) im Schnittpunkt $\mathfrak{u}$ ist gegeben durch $\cos\theta = \mathfrak{v} \cdot \tilde{\mathfrak{v}} = v_1\tilde{v}_1 + v_2\tilde{v}_2$ ($0 \le \theta \le \pi$). Die Tangentenvektoren der Bilder sind $\mathfrak{w} = \Phi'(\mathfrak{u})\mathfrak{v}$ und $\tilde{\mathfrak{w}} = \Phi'(\mathfrak{u})\tilde{\mathfrak{v}}$, der Winkel Θ zwischen ihnen erfüllt

$$\cos\Theta = \frac{\mathfrak{w} \cdot \tilde{\mathfrak{w}}}{|\mathfrak{w}||\tilde{\mathfrak{w}}|} = \frac{Ev_1\tilde{v}_1 + F(v_1\tilde{v}_2 + v_2\tilde{v}_1) + Gv_2\tilde{v}_2}{\sqrt{Ev_1^2 + 2Fv_1v_2 + Gv_2^2}\sqrt{E\tilde{v}_1^2 + 2F\tilde{v}_1\tilde{v}_2 + G\tilde{v}_2^2}} = \frac{\langle \mathfrak{v}, \tilde{\mathfrak{v}} \rangle}{\|\mathfrak{v}\|\|\tilde{\mathfrak{v}}\|}$$

mit $\|v\|^2 = \langle \mathfrak{v}, \mathfrak{v} \rangle$. Dass $\Theta = \theta$ *für alle* $\mathfrak{v}, \tilde{\mathfrak{v}}$ mit $E = G$ und $F = 0$ äquivalent ist, folgt aus Aufgabe 10.10, die ein allgemeineres Problem behandelt. ✑

Aufgabe 10.10 Es sei $\langle \mathfrak{x}, \mathfrak{y} \rangle = \sum\limits_{j,k=1}^{n} a_{jk}x_jy_k$ ein Skalarprodukt auf $\mathbb{R}^n$ mit Norm $\|\cdot\|$, und es gelte $\frac{\langle \mathfrak{x}, \mathfrak{y} \rangle}{\|\mathfrak{x}\|\|\mathfrak{y}\|} = \frac{\mathfrak{x} \cdot \mathfrak{y}}{|\mathfrak{x}||\mathfrak{y}|}$ für alle $\mathfrak{x}, \mathfrak{y} \in \mathbb{R}^n \setminus \{\mathfrak{o}\}$. Man zeige $\langle \mathfrak{x}, \mathfrak{y} \rangle = \lambda \mathfrak{x} \cdot \mathfrak{y}$ für ein von $\mathfrak{x}$ und $\mathfrak{y}$ unabhängiges $\lambda > 0$. (**Hinweis.** Man setze $\mathfrak{x} = e_j$, $\mathfrak{y} = e_k$ im ersten Schritt und $\mathfrak{x} = e_j + e_k$, $\mathfrak{y} = e_j - e_k$ im zweiten, dabei jeweils $j \ne k$.)

Beispiel 10.14 $\mathbb{S}^2$ ohne die Datumsgrenze kann man mittels

$$\Phi(\lambda, v) = (\sqrt{1 - f(v)^2}\cos\lambda, \sqrt{1 - f(v)^2}\sin\lambda, f(v))^\top$$

darstellen, wobei $-\pi < \lambda < \pi$ und $f : \mathbb{R} \longrightarrow (-1, 1)$ stetig differenzierbar, $f'(v) > 0$ und $f(0) = 0$ ist. Es gilt $E = 1 - f(v)^2$, $F = 0$ und $G = \frac{f'(v)^2}{1 - f(v)^2}$, also $E = G$ genau für $f'(v)^2 = (1 - f(v)^2)^2$, d.h. für $f(v) = \tanh v$; man erhält die **Mercatorprojektion**, die einzige winkeltreue Zylinderprojektion.

Aufgabe 10.11 Wie hängt diese Projektion mit der ebenfalls winkeltreuen sterographischen Projektion zusammen?

Bemerkung 10.8 Winkeltreue bedeutet auch, dass zwar die Längenverzerrung vom Ort abhängen kann, aber in jeder Richtung dieselbe ist.

10.30 Längentreue Karten Ist γ eine glatte Kurve in D, so hat ihr Bild $\Gamma = \Phi \circ \gamma$ die Länge $\int_a^b \sqrt{E\gamma_1'^2 + 2F\gamma_1'\gamma_2' + G\gamma_2'^2}\,dt$. Die Längenverzerrung $|\Gamma'(t)|/|\gamma'(t)|$ hängt sowohl vom Ort ($\mathfrak{u} = \gamma(t)$) als auch von der Tangentenrichtung ($\mathfrak{t} = \gamma'(t)/|\gamma'(t)|$) ab. Die Parameterdarstellung (Φ, D) heißt **längentreu** oder *isometrisch*, wenn jede glatte Kurve $\gamma \subset D$ dieselbe Länge hat wie ihre Bildkurve $\Gamma = \Phi \circ \gamma$. Nach Definition gilt

Satz 10.23 *Notwendig und hinreichend für die Längentreue ist* $E = G = 1$ *und* $F = 0$. *Längentreue Abbildungen sind also zugleich flächen- und winkeltreu.*

Bemerkung 10.9 Längentreue Parameterdarstellungen haben z. B. die Schraubenfläche und der Zylinder, und allgemeiner alle Flächen in $\mathbb{R}^3$, die durch *Verbiegen* ebener Flächen entstehen. Die maximale bzw. minimale Längen- oder Maßstabsverzerrung im Punkt $\mathfrak{r} = \Phi(\mathfrak{u})$ ist $\sqrt{\lambda_{\max}}$ und $\sqrt{\lambda_{\min}}$, wobei $\lambda_{\max}$ bzw. $\lambda_{\min}$ der größte bzw. kleinste Eigenwert des Maßtensors ist; sie treten ein in Richtung eines zugehörigen Eigenvektors (abhängig von $\mathfrak{u}$). Diese Richtungen legen dann die Kurven maximaler bzw. minimaler Längenverzerrung fest. Die Eigenwerte sind $\frac{1}{2}(E + G \pm \sqrt{(E-G)^2 + 4F^2F^4})$. Überall derselbe Maßstab liegt vor, wenn beide gleich und unabhängig vom Ort sind, d. h. wenn $E = G = const$ und $F = 0$ ist.

10.31 Die Krümmung von Kurven und Flächen

Ist Γ eine glatte Kurve in $\mathbb{R}^3$, parametrisiert nach der Bogenlänge, so ist $\mathfrak{t} = \Gamma'(s)$ der Tangentialvektor im Punkt $\Gamma(s)$ und $\mathfrak{k} = \Gamma''(s)$ der **Krümmungsvektor;** aus $|\mathfrak{t}|^2 = \mathfrak{t} \cdot \mathfrak{t} = 1$ und $\mathfrak{k} = \mathfrak{t}'$ folgt $\mathfrak{k} \cdot \mathfrak{t} = 0$. Es sei $\Phi : D \longrightarrow \mathbb{R}^3$ die Parameterdarstellung eines $\mathcal{C}^2$-Flächenstücks $\mathfrak{F}$ und $\Gamma = \Phi \circ \gamma$ eine Kurve auf $\mathfrak{F}$ parametrisiert nach der Bogenlänge. Tangentialvektor und Krümmungsvektor von Γ sind $\mathfrak{t}$ und $\mathfrak{k}$, der Normalenvektor von $\mathfrak{F}$ ist $\mathfrak{n}$ (jeweils in einem festen Punkt). Die Zahl $\kappa = \mathfrak{k} \cdot \mathfrak{n}$ heißt *Normalkrümmung* von Γ im Punkt $\Gamma(s)$.

Satz 10.24 *Die Normalkrümmung κ hängt (außer vom Ort) nur von $\mathfrak{t}$ und der Festlegung von $\mathfrak{n}$ ab; explizit gilt mit den Abkürzungen*

$$e = \mathfrak{n} \cdot \Phi_{uu}, \quad f = \mathfrak{n} \cdot \Phi_{uv} = \mathfrak{n} \cdot \Phi_{vu} \quad \text{und} \quad g = \mathfrak{n} \cdot \Phi_{vv}$$

$$\kappa = \frac{e\gamma_1'^2 + 2f\gamma_1'\gamma_2' + g\gamma_2'^2}{E\gamma_1'^2 + 2F\gamma_1'\gamma_2' + G\gamma_2'^2}, \quad \text{klassisch } \kappa = \frac{e\,du^2 + 2f\,du\,dv + g\,dv^2}{E\,du^2 + 2F\,du\,dv + G\,dv^2}.$$

Beweis ‖ Im Punkt $\mathfrak{r} = \Phi(\gamma(s))$ hat Γ den Tangentialvektor

$$\mathfrak{t}(s) = \Phi_u(\gamma(s))\gamma_1'(s) + \Phi_v(\gamma(s))\gamma_2'(s)$$

und den Normalenvektor $\nu(s) = \mathfrak{n}(\gamma(s))$ mit $\mathfrak{n}(u, v) = \dfrac{\Phi_u(u, v) \times \Phi_v(u, v)}{|\Phi_u(u, v) \times \Phi_v(u, v)|}$. Damit wird (ab jetzt werden die Argumente weggelassen)

$$\kappa = \left(\frac{d}{ds}\mathfrak{t}\right) \cdot \nu = -\mathfrak{t} \cdot \frac{d}{ds}\nu \quad (\text{wegen } \mathfrak{t} \cdot \nu = 0)$$
$$= -(\Phi_u\gamma_1' + \Phi_v\gamma_2') \cdot (\mathfrak{n}_u\gamma_1' + \mathfrak{n}_v\gamma_2')$$
$$= -(\Phi_u \cdot \mathfrak{n}_u)\gamma_1'^2 - (\Phi_u \cdot \mathfrak{n}_v + \Phi_v \cdot \mathfrak{n}_u)\gamma_1'\gamma_2' - (\Phi_v \cdot \mathfrak{n}_v)\gamma_2'^2.$$

Aus $\mathfrak{n} \cdot \Phi_u = \mathfrak{n} \cdot \Phi_v = 0$ folgt durch Differentiation

$$-\mathfrak{n}_u \cdot \Phi_u = \mathfrak{n} \cdot \Phi_{uu}, \quad -\mathfrak{n}_v \cdot \Phi_v = \mathfrak{n} \cdot \Phi_{vv}, \quad -\mathfrak{n}_u \cdot \Phi_v = \mathfrak{n} \cdot \Phi_{uv} = -\mathfrak{n}_v \cdot \Phi_u,$$

$$E\gamma_1'^2 + 2F\gamma_1'\gamma_2' + G\gamma_2'^2 = |\mathfrak{t}|^2 = 1$$

und damit die behauptete Darstellung von κ. Offensichtlich ist $|\kappa|$ nur abhängig von $\mathfrak{t}$, und damit κ nur von $\mathfrak{t}$ und der durch Φ induzierten Orientierung. ☕

10.32 Die 2. Fundamentalform Die Matrix $\begin{pmatrix} e & f \\ f & g \end{pmatrix}$ bzw. die quadratische Form $e t_1^2 + 2f t_1 t_2 + g t_2^2$ heißt *Krümmungstensor* bzw. *2. Fundamentalform* von $\mathfrak{F}$ im Punkt $\mathfrak{r} = \Phi(\mathfrak{u})$.

Satz 10.25 *Das Maximum bzw. Minimum der 2. Fundamentalform unter der Nebenbedingung $E t_1^2 + 2F t_1 t_2 + G t_2^2 = 1$ ist der größere bzw. kleinere Eigenwert $\kappa_{\max}$ bzw. $\kappa_{\min}$ von $\begin{pmatrix} E & F \\ F & G \end{pmatrix}^{-1} \begin{pmatrix} e & f \\ f & g \end{pmatrix}$.*

Beweis ‖ Es handelt sich um die Bestimmung von Extrema unter Nebenbedingungen. Dieses Problem wird allgemeiner in nachstehender Aufgabe gelöst. ☕

Aufgabe 10.12 Es sei A eine symmetrische und B eine symmetrische und positiv definite $n \times n$-Matrix. Man zeige, dass Maximum bzw. Minimum von $\mathfrak{r}^\top A \mathfrak{r}$ unter der Nebenbedingung $\mathfrak{r}^\top B \mathfrak{r} = 1$ gleich dem größten bzw. kleinsten Eigenwert von $B^{-1}A$ ist.

Bemerkung 10.10 Die maximale bzw. minimale Krümmung $\kappa_{\max}$ und $\kappa_{\min}$ einer Kurve durch $\mathfrak{r} = \Phi(\mathfrak{u})$ tritt ein in Richtung eines zugehörigen Eigenvektors (abhängig von $\mathfrak{u}$). Diese Richtungen legen dann die *Hauptkrümmungskurven*, Kurven maximaler bzw. minimaler Krümmung fest.

10.33 Gaußsche und mittlere Krümmung Das Produkt bzw. das arithmetische Mittel

$$K = \kappa_{\max}\kappa_{\min} = \frac{eg - f^2}{EG - F^2} \quad \text{bzw.} \quad H = \tfrac{1}{2}(\kappa_{\max} + \kappa_{\min}) = \frac{Eg - 2Ff + Ge}{2(EG - F^2)}$$

heißt *Gaußsche* bzw. *mittlere Krümmung*. Während K von der Parametrisierung vollständig unabhängig ist, hängt das Vorzeichen von H von der (von Φ induzierten) Orientierung ab.

Beispiel 10.15 Die Gaußsche Krümmung von $\mathbb{S}^2$ ist $K = 1$. Ein Zylinder besitzt eine längentreue Parameterdarstellung $\Phi(u, v) = (\cos u, \sin u, v)^\top$ $(0 < u < 2\pi, v \in \mathbb{R})$ und hat Krümmung $K = 0$ $(e = -1, f = g = 0)$.

Aufgabe 10.13 Von sämtlichen bisher angeführten Beispielen (kann und) sind die 2. Fundamentalform, die Gaußsche und die mittlere Krümmung zu berechnen; am einfachsten geschieht dies mittels eines kleinen Computeralgebra-Programms.

10.34 Das Theorema Egregium[3] bildet einen Höhepunkt in der klassischen Differentialgeometrie. In einer von mehreren möglichen Fassungen besagt dieses *Bemerkenswerte Theorem:*

Satz 10.26 *Die Krümmung hängt nur von der 1. Fundamentalform ab; explizit gilt*

$$(EG - F^2)^2 \, K = \begin{vmatrix} -\frac{1}{2}E_{vv} + F_{uv} - \frac{1}{2}G_{uu} & \frac{1}{2}E_u & F_u - \frac{1}{2}E_v \\ F_v - \frac{1}{2}G_u & E & F \\ \frac{1}{2}G_v & F & G \end{vmatrix} - \begin{vmatrix} 0 & \frac{1}{2}E_v & \frac{1}{2}G_u \\ -\frac{1}{2}E_v & E & F \\ \frac{1}{2}G_u & F & G \end{vmatrix}.$$

Beweis ‖ Aus $\quad e = \mathfrak{n} \cdot \varPhi_{uu} = \dfrac{\varPhi_{uu} \cdot (\varPhi_u \times \varPhi_v)}{EG - F^2} = \dfrac{\det(\varPhi_{uu}, \varPhi_u, \varPhi_v)}{EG - F^2}$

$$\mathfrak{f} = \frac{\det(\varPhi_{uv}, \varPhi_u, \varPhi_v)}{EG - F^2}, \quad \mathfrak{g} = \frac{\det(\varPhi_{vv}, \varPhi_u, \varPhi_v)}{EG - F^2},$$

$$(EG - F^2)^2 \mathfrak{e}\mathfrak{g} = \det[(\varPhi_{uu}, \varPhi_u, \varPhi_v)^\top (\varPhi_{vv}, \varPhi_u, \varPhi_v)] \quad \text{und}$$

$$(EG - F^2)^2 \mathfrak{f}^2 = \det[(\varPhi_{uv}, \varPhi_u, \varPhi_v)^\top (\varPhi_{uv}, \varPhi_u, \varPhi_v)] \quad \text{folgt}$$

$$(EG - F^2)^2 K = \begin{vmatrix} \varPhi_{uu} \cdot \varPhi_{vv} & \varPhi_{uu} \cdot \varPhi_u & \varPhi_{uu} \cdot \varPhi_v \\ \varPhi_u \cdot \varPhi_{vv} & \varPhi_u \cdot \varPhi_u & \varPhi_u \cdot \varPhi_v \\ \varPhi_v \cdot \varPhi_{vv} & \varPhi_v \cdot \varPhi_u & \varPhi_v \cdot \varPhi_v \end{vmatrix} - \begin{vmatrix} \varPhi_{uv} \cdot \varPhi_{uv} & \varPhi_{uv} \cdot \varPhi_u & \varPhi_{uv} \cdot \varPhi_v \\ \varPhi_u \cdot \varPhi_{uv} & \varPhi_u \cdot \varPhi_u & \varPhi_u \cdot \varPhi_v \\ \varPhi_v \cdot \varPhi_{uv} & \varPhi_v \cdot \varPhi_u & \varPhi_v \cdot \varPhi_v \end{vmatrix}.$$

Werden beide Determinanten nach der ersten Spalte entwickelt, so steht bei dem (11)-Element jeweils der Faktor $EG - F^2 = \begin{vmatrix} \varPhi_u \cdot \varPhi_u & \varPhi_u \cdot \varPhi_v \\ \varPhi_v \cdot \varPhi_u & \varPhi_v \cdot \varPhi_v \end{vmatrix}$, so dass man, ohne etwas zu ändern, in der ersten Determinante $\varPhi_{uu} \cdot \varPhi_{vv}$ durch $\varPhi_{uu} \cdot \varPhi_{vv} - \varPhi_{uv} \cdot \varPhi_{uv}$ und $\varPhi_{uv} \cdot \varPhi_{uv}$ durch 0 in der zweiten ersetzen kann. Es sind jetzt alle auftretenden Terme mittels der partieller Ableitungen von E, F und G auszudrücken; die dazu erforderlichen elementaren Rechnungen verbleiben als Aufgabe. Ausgenommen ist die Umrechnung von $\varPhi_{uu} \cdot \varPhi_{vv}$ und $\varPhi_{uv} \cdot \varPhi_{uv}$, zu bestätigen ist hier $\varPhi_{uu} \cdot \varPhi_{vv} - \varPhi_{uv} \cdot \varPhi_{uv} = -\frac{1}{2}E_{vv} + F_{uv} - \frac{1}{2}G_{uu}$. Benötigt wird dazu $\varPhi \in \mathcal{C}^3$, obwohl in der Krümmungsformel nur zweite Ableitungen von $\varPhi$ auftreten. ☙

Bemerkung 10.11 Das Theorema Egregium hat verschiedene Formulierungen, alle besagen, dass die Krümmung einer Fläche eine *innere Eigenschaft* ist: Die Bewohner der Fläche können, ohne den umgebenden Raum überhaupt wahrzunehmen, die Krümmung berechnen sobald sie Längen und Winkel messen können.

Satz 10.27 *Ein Flächenstück mit längentreuer Parameterdarstellung hat die Gaußsche Krümmung $K = 0$ (und umgekehrt).*

Beweis ‖ Die Behauptung $K = 0$ folgt sofort aus $E = G = 1$, $F = 0$ und dem Theorema egregium. Die Umkehrung wird nicht bewiesen. ☙

---

[3] Von Gauß während der unter seiner Leitung durchgeführten Vermessung Norddeutschlands empirisch entdeckt bzw. vermutet.

Bemerkung 10.12 Für $\mathbb{S}^2$ erweist sich somit die Vorstellung eines einheitlichen Maßstabs als Chimäre und ist nur in hinreichend kleinen Ausschnitten annähernd zu verwirklichen. Es gibt keine Karte, die zugleich winkel- und flächentreu ist (ein Satz von Euler).

Aufgabe 10.14 Um zu zeigen, dass eine längentreue Parameterdarstellung $\Phi : D \longrightarrow \mathfrak{F}$ auch winkeltreu ist, betrachte man eine beliebig kleine Raute $R \subset D$ mitsamt ihren Diagonalen und zeige, dass das Bild $\mathfrak{R} = \Phi(P)$ im Grenzübergang diam $R \to 0$ ‚genauso' aussieht, somit Φ winkeltreu ist. (**Hinweis.** Die Winkel einer Raute mit festgelegtem Längenverhältnis der Diagonalen ist eindeutig bestimmt.)

Kapitel 11
Gewöhnliche Differentialgleichungen:
Eine Einführung

Die Modellierung verschiedenster Phänomene, insbesondere in den Natur- und Ingenieurwissenschaften, führt vielfach auf gewöhnliche Differentialgleichungen. In diesem einführenden Kapitel werden, neben elementaren Integrationsmethoden, die Fragen nach Existenz und Eindeutigkeit von Lösungen von Systemen von Differentialgleichungen sowie ihre Abhängigkeit von Daten behandelt. Die linearen Systeme mit konstanten Koeffizienten erhalten einen eigenen Abschnitt.

11.1 Differentialgleichungssysteme erster und Differentialgleichungen höherer Ordnung

Unter einer *gewöhnlichen Differentialgleichung* versteht man eine Gleichung zwischen der unabhängigen Variablen t (üblicherweise die Zeit), der abhängigen Variablen $x(t)$ und einiger ihrer Ableitungen $x'(t)$, $x''(t)$, $x'''(t)$ etc. Dabei darf und wird $x(t)$ auch vektorwertig sein, wofür dann $\mathfrak{x}(t)$, $\mathfrak{x}'(t)$ usw. geschrieben wird. Dagegen ist t immer eindimensional[1].

Beispiel 11.1 Wachstums- und Zerfallsprozesse wurden bereits im Kapitel *Eindimensionale Differentialrechnung* modelliert, das Ergebnis war die einfache Differentialgleichung $x'(t) = \alpha x(t)$ mit der allgemeinen Lösung $x(t) = C e^{\alpha t}$.

Beispiel 11.2 Es bezeichnet $x(t)$ bzw. $y(t)$ die Größe einer Beute- bzw. Raubfischpopulation zur Zeit t, die einzigen ihrer Art im betrachteten Ökosystem. Die Beutefische wachsen im Zeitraum Δt um $a_1 x(t) \Delta t$, eventuell beschränkte Ressourcen führen zu einem das Wachstum bremsenden Zusatzterm $-a_2 x(t)^2 \Delta t$ und sozialer Stress in Form von tödlichen Begegnungen mit den Raubfischen bewirken die Abnahme $-a_3 x(t) y(t) \Delta t$, d. h. es gilt

---

[1] Sonst würde es sich um partielle Differentialgleichungen handeln, die ebenfalls schon aufgetreten sind in Form der Laplacegleichung $\Delta u = u_{xx} + u_{yy} = 0$ für $u = u(x, y)$ und der Wärmeleitungsgleichung $u_t = c^2 \Delta u$ für $u = u(t, x, y)$.

© Der/die Autor(en), exklusiv lizenziert an Springer-Verlag GmbH, DE, ein Teil von Springer Nature 2024
N. Steinmetz, *Analysis*, https://doi.org/10.1007/978-3-662-68086-5_11

$$x(t + \Delta t) = (a_1 x(t) - a_2 x(t)^2 - a_3 x(t) y(t)) \Delta t.$$

Umgekehrt geht die Raubfischpopulation ohne Beute um $-b_1 y(t) \Delta t$ zurück, und bei gegebenenfalls vorhandenem sozialen Stress mit den Artgenossen noch einmal um $-b_2 y(t)^2 \Delta t$; sie erfährt aber eine Zunahme um $b_3 x(t) y(t) \Delta t$ proportional zur Zahl der Begegnungen mit den Beutefischen. Dieses einfache *Räuber-Beute-Modell* wird benannt nach Lotka und Volterra. Nach Grenzübergang $\Delta t \to 0$ erhält man das Differentialgleichungssystem

$$x'(t) = \quad a_1 x(t) - a_2 x(t)^2 - a_3 x(t) y(t)$$
$$y'(t) = -b_1 y(t) - b_2 y(t)^2 + b_3 x(t) y(t);$$

alle Koeffizienten sind ≥ 0 und alles spielt sich aus einleuchtenden Gründen im ersten Quadranten $x > 0$, $y > 0$ ab.

Alfred **Lotka** (1880-1949) war Chemiker, Demograph, Ökologe und Mathematiker.

Vito **Volterra** (1860-1940), ital. Mathematiker, arbeitete über Differential- und Integralgleichungen (*Volterrasche Integralgleichung 1. und 2. Art*); damit und mit seinen Arbeiten über *Funktionale* (Funktionen, deren Argumente ebenfalls Funktionen sind) wurde er zu einem Vorreiter der Funktionalanalysis. 1931 wurde er wegen seiner Opposition gegen den Faschismus aus dem Universitätsdienst entlassen.

11.1 Differentialgleichungssysteme erster Ordnung haben die Form

$$\mathfrak{x}' = \mathfrak{f}(t, \mathfrak{x}); \tag{11.1}$$

dabei ist die gegebene *rechte Seite* eine wenigstens stetige Funktion $\mathfrak{f} : G \to \mathbb{R}^n$ im Gebiet $G \subset \mathbb{R} \times \mathbb{R}^n$. Unter einer *Lösung* versteht man eine differenzierbare Funktion $\phi : I \to \mathbb{R}^n$ mit $\phi'(t) \equiv \mathfrak{f}(t, \phi(t))$ in einem Intervall I; Lösungen sind automatisch stetig differenzierbar. Darüberhinaus gilt der

Satz 11.1 *Für* $\mathfrak{f} \in C^m(G, \mathbb{R}^n)$ $(0 \leq m \leq \infty)$ *gehört jede Lösung zur Klasse* $C^{m+1}(I, \mathbb{R}^n)$.

Beweis ‖ Wird von der Lösung $\phi \in C^k(I)$, aber $\phi \notin C^{k+1}(I)$ angenommen, so ist $\mathfrak{f}(t, \phi(t))$ mindestens in $C^{\min\{k, m\}}(I, \mathbb{R}^n)$, und zugleich mit ϕ' genau in $C^{k-1}(I, \mathbb{R}^n)$. Dies ergibt $\min\{k, m\} \leq k - 1$, also $k \geq m + 1$. ∎

In (11.1) sind natürlich *skalare Differentialgleichungen* $x' = f(t, x)$ enthalten, aber auch

11.2 Differentialgleichungen n-ter Ordnung

$$u^{(n)} = g(t, u, u', \ldots, u^{(n-1)}), \tag{11.2}$$

die stets in gleichwertige spezielle Systeme (11.1) überführt werden können, z. B. durch die Substitution $x_1 = u, x_2 = u', \ldots, x_n = u^{(n-1)}$ in

$$x_1' = x_2, x_2' = x_3, \ldots, x_{n-1}' = x_n, x_n' = g(t, x_1, x_2, \ldots, x_n).$$

Die ursprüngliche Differentialgleichung ergibt sich umgekehrt aus

$$u^{(n)} = x_n' = g(t, x_1, \ldots, x_n) = g(t, u, u', \ldots, u^{(n-1)}).$$

Satz 11.2 *Für* $g \in C^k(G)$ *gehört jede Lösung von* (11.2) *zu* $C^{k+n}(I)$.

Bemerkung 11.1 In aller Regel werden die theoretischen Fragestellungen für Systeme formuliert und nach Möglichkeit beantwortet, die Beispiele und Aufgaben dagegen beziehen sich vorzugsweise auf skalare Differentialgleichungen (auch höherer Ordnung).

11.3 Anfangswertprobleme Wie einfache Beispiele zeigen, gibt es i.A. unendlich viele Lösungen. Einzelne Lösungen werden ausgewählt durch die Vorgabe eines Wertes ξ zum Zeitpunkt τ, $\mathfrak{x}(\tau) = \xi$. Es entsteht so das *Anfangswertproblem*

$$\mathfrak{x}' = \mathfrak{f}(t, \mathfrak{x}), \quad \mathfrak{x}(\tau) = \xi. \tag{11.3}$$

Gesucht ist eine Lösung in einem Intervall um τ, deren Graph durch $(\tau, \xi) \in G$ verläuft. Bei Differentialgleichungen n-ter Ordnung werden die Werte $u(\tau) = \xi_0, \ldots, u^{(n-1)}(\tau) = \xi_{n-1}$ vorgeschrieben. Der erste, tatsächlich wichtigste Schritt hin zu einer allgemeinen Existenztheorie ist der nachfolgende

Satz 11.3 *Das Anfangswertproblem* (11.3) *ist äquivalent zu der* **Integralgleichung**

$$\mathfrak{x}(t) = \xi + \int_{\tau}^{t} \mathfrak{f}(s, \mathfrak{x}(s)) \, ds \tag{11.4}$$

in folgendem Sinn. Jede Lösung des Anfangswertproblems genügt auch der Integralgleichung (11.4), und umgekehrt ist jede stetige Lösung der Integralgleichung sogar stetig differenzierbar und Lösung des Anfangswertproblems.

Beweis ‖ Beide Formen des Hauptsatzes der Differential- und Integralrechnung werden benötigt: Zum einen folgt (11.4) komponentenweise aus

$$x_\nu'(t) = f_\nu(t, x_1(t), \ldots, x_n(t)), \quad x_\nu(\tau) = \xi_\nu.$$

Umgekehrt folgt aus (11.4)

$$x_\nu'(t) = \frac{d}{dt}\left[\xi_\nu + \int_{\tau}^{t} f_\nu(s, x_1(s), \ldots, x_n(s)) \, ds\right] = f_\nu(t, x_1(t), \ldots, x_n(t))$$

aufgrund der Stetigkeit von $s \mapsto f_\nu(s, x_1(s), \ldots, x_n(s))$ sowie $x_\nu(\tau) = \xi_\nu$. ✇

Bemerkung 11.2 Die Integralgleichung (11.4) lautet im Fall einer Gleichung n-ter Ordnung

$$u(t) = \xi_0 + \xi_1(t - \tau) + \cdots + \frac{\xi_{n-1}}{(n-1)!}$$

$$+ \frac{1}{(n-1)!} \int_\tau^t (t-s)^{n-1} g(s, u(s), u'(s), \ldots, u^{(n-1)}(s)) \, ds.$$

Dies ist nichts anderes als der Satz von Taylor mit Integralrestglied.

11.4 Das Richtungsfeld Die rechte Seite $\mathfrak{f}(t, \mathfrak{x})$ erzeugt in jedem Punkt ihres Definitionsgebietes G ein Vektorfeld, das *Richtungsfeld* $\mathfrak{t} = \mathfrak{t}(t, \mathfrak{x}) = \begin{pmatrix} 1 \\ \mathfrak{f}(t, \mathfrak{x}) \end{pmatrix}$. Jede Lösungskurve durch den Punkt $(t, \mathfrak{x})$ hat dort den Tangentialvektor $\mathfrak{t}$. Im Fall einer skalaren Differentialgleichung $x' = f(t, x)$ läßt sich das Richtungsfeld dadurch visualisieren, dass durch ausgewählte Punkte $(t, x) \in G$ eine kurze Strecke mit der Steigung $f(t, x)$ gezeichnet wird. Anhand des Richtungsfeldes kann man sich schon eine erste Vorstellung vom Verlauf der Lösungen verschaffen: Sie müssen *auf das Richtungsfeld passen*. Für eine qualitative Analyse reichen die Informationen $/$ (wachsend), $\setminus$ (fallend) und $-$ (Ableitung Null). Die Mengen $\mathfrak{J}_c = \{(t, x) \in G : f(t, x) = c\}$ konstanter Steigung c heißen *Isoklinen;* idealerweise handelt es sich um Systeme von Kurven. Die *Nullklinen* $\mathfrak{J}_0$ trennen üblicherweise die Bereiche, in denen die Lösungen monoton wachsen von denjenigen, in denen sie monoton fallen[2].

Beispiel 11.3 Die Gleichung $x' = t - x^2$ hat genau eine Nullkline, die Parabel $t = x^2$. Solange eine Lösung innerhalb der Parabel verläuft ($t > x^2$) ist sie monoton wachsend, ansonsten monoton fallend. Man kann auch feststellen, in welchen Bereichen die Lösungen konvex/konkav sind: $x'' = 1 - 2x(t - x^2)$ verschwindet auf der Kurve $t = x^2 + 1/2x$, diese besteht aus zwei Teilen und trennt den Konvexitäts- vom Konkavitätsbereich der Lösungen (Abb. 11.1).

11.2 Elementare Integrationsmethoden

In diesem Abschnitt werden *explizite Lösungsmethoden* für ausgewählte Differentialgleichungen behandelt. Mehr noch als bei der Bestimmung von Stammfunktionen ist es bei Differentialgleichungen die *Regel,* dass ihre Lösungen *nicht explizit* bestimmt werden können; betrachtet werden somit nur die wenigen Ausnahmen von dieser Regel. Die auftretenden Funktionen $f, g, h, \ldots$ sind definiert und stetig in Intervallen. *Explizite* Beispiele werden nur behandelt, wenn an ihnen unerwartete Phänomene beobachtet werden können. Dies entbindet die Leserin/den Leser nicht von der Aufgabe, solche konkreten Beispiele durchzurechnen, um die nötige Routine zu gewinnen. *Danach* können auch Computeralgebrasysteme wie maple oder mathematica eingesetzt werden, die diese Routinearbeit übernehmen.

---

[2] Aber nicht immer: Die Lösungen von $x' = (t - x)^2$ sind alle monoton wachsend, die Nullkline ist die erste Winkelhalbierende

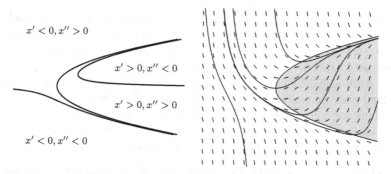

Abb. 11.1 $x' = t - x^2$. Das qualitative Bild (links) und das Richtungsfeld mit einigen Lösungskurven (rechts). Jede Lösung hat ein maximales Existenzintervall (α, β), wobei immer $\alpha > -\infty$, aber jedes $\beta \leq +\infty$ möglich ist, und genau einen Wendepunkt – mit einer Ausnahme: Genau eine Lösung ist durchweg konvex; sie schmiegt sich für $t \to \infty$ an $x = -\sqrt{t}$ an. Für alle Lösungen oberhalb dieser gilt $x(t) - \sqrt{t} \to 0$ für $t \to \infty$ und $x(t) \to \infty$ für $t \to \alpha$, alle Lösungen unterhalb haben ein beschränktes maximales Existenzintervall (α, β) und sind monoton fallend mit $x(t) \to \infty$ für $t \to \alpha$ und $x(t) \to -\infty$ für $t \to \beta$

11.5 Lineare Differentialgleichungen sind entweder *homogen,*

$$x' = f(t)x \tag{11.5}$$

oder *inhomogen,*

$$x' = f(t)x + g(t). \tag{11.6}$$

Die jeweilige rechte Seite ist stetig in $I \times \mathbb{R}$. Die homogene Gleichung besagt, dass f die logarithmische Ableitung $\phi'(t)/\phi(t) = \dfrac{d}{dt} \log |\phi(t)|$ einer jeden Lösung ist (abgesehen von der Lösung $x(t) = 0$).

Satz 11.4 *Das homogene Anfangswertproblem* (11.5), $x(\tau) = \xi$ *hat die eindeutig bestimmte Lösung*

$$\phi(t) = \xi e^{F(t)} \quad \text{mit } F(t) = \int_\tau^t f(s)\, ds; \tag{11.7}$$

sie existiert im Intervall I.

Beweis ‖ Die Probe zeigt, dass in (11.7) eine Lösung vorliegt. Ist ψ *irgendeine* Lösung des Anfangswertproblem in einem Intervall J um τ, so gilt

$$\frac{d}{dt}\big[\psi(t)e^{-F(t)}\big] = e^{-F(t)}\big[\psi'(t) - f(t)\psi(t)\big] = 0,$$

also $\psi(t)e^{-F(t)} \equiv \xi$ und $\psi(t) = \xi e^{F(t)}$.   ☕

11.6 Variation der Konstanten Lösungen der inhomogenen Differentialgleichung erhält man mit der Methode der *Variation der Konstanten*. Der *Ansatz*[3] $x(t) = C(t)h(t)$, wobei $h(t) \not\equiv 0$ eine Lösung der linear homogenen Aufgabe $h' = f(t)h$ ist, führt zu $C'(t)h(t) + C(t)h'(t) = f(t)C(t)h(t) + g(t)$, also $C'(t) = g(t)/h(t)$; hieraus erhält man die unbekannte Funktion C durch Integration (synonym für Bestimmung einer Stammfunktion) von g/h (erst an dieser Stelle ist eine explizite Darstellung von h erforderlich und zweckmäßig), und damit eine Lösung der Differentialgleichung bzw. des Anfangswertproblem. Die noch freie Integrationskonstante wird zur Anpassung an den Anfangswert $x(\tau) = \xi$ benutzt.

Beispiel 11.4 $x' = t^n - 2tx$, $x(0) = -1$. Die homogene Differentialgleichung wird gelöst von $h(t) = e^{-t^2}$, es ist also eine Stammfunktion von $t^n e^{t^2}$ gesucht; dies geht *explizit* für ungerade n, z. B. für $n = 1$: Die Stammfunktion $C(t) = \frac{1}{2}e^{t^2} + C_0$ führt zur Lösung $x(t) = \frac{1}{2} - \frac{3}{2}e^{-t^2}$. Im Fall $n = 2$ ergibt sich $C(t) = \frac{t}{2}e^{t^2} - \frac{1}{2}\int_0^t e^{s^2}\,ds + C_0$ und so $x(t) = \frac{t}{2} - e^{-t^2}\left[1 + \frac{1}{2}\int_0^t e^{s^2}\,ds\right]$. Die Angabe der Lösung ist nur *bis auf Integrationen* möglich, so die Redeweise.

11.7 Bernoullische Differentialgleichungen haben die Form

$$x' = f(t)x + g(t)x^\alpha \quad (\alpha \neq 0, 1, \ f(t)g(t) \not\equiv 0). \tag{11.8}$$

Wenn über α nichts weiter gesagt wird, hat die rechte Seite das Definitionsgebiet $I \times (0, \infty)$ und es wird nur $x(\tau) = \xi > 0$ betrachtet. Ist $\alpha \in \mathbb{Z}$, so kann auch $x(\tau) = \xi < 0$ in $I \times (-\infty, 0)$ untersucht werden. Nur für $\alpha \in \mathbb{N}$ gibt es keine Beschränkung, das Definitionsgebiet ist dann $I \times \mathbb{R}$. Wieder sollte man sich nur den *Ansatz* merken. Er lautet für $x(\tau) = \xi > 0$: $x(t) = u(t)^\beta$ mit einer neuen gesuchten Funktion u und noch zu bestimmendem Parameter β, und führt auf $\beta u^{\beta-1}u' = f(t)u^\beta + g(t)u^{\alpha\beta}$, also

$$u' = \frac{1}{\beta}\left[f(t)u + g(t)u^{\beta(\alpha-1)+1}\right].$$

Bei Wahl von $\beta = \dfrac{1}{1 - \alpha}$ ergibt sich die linear inhomogene Differentialgleichung

$$u' = (1 - \alpha)f(t)u + (1 - \alpha)g(t).$$

Die Anpassung an den Anfangswert $u(\tau) = \xi^{1/\beta} = \xi^{1-\alpha}$ kann bei der Integration der linearen Differentialgleichung für u, oder erst nach der Rücktransformation $x = u^\beta$ geschehen. Für $\alpha \in \mathbb{Z}$ und $x(\tau) < 0$ wird $x(t) = -u(t)^\beta$ angesetzt.

Satz 11.5 *Die Bernoullische Differentialgleichung* (11.8) *wird durch* $u = x^{1-\alpha}$ *in eine linear inhomogene Differentialgleichung transformiert. Für* $\alpha \in \mathbb{Z}$ *ist auch* $x(\tau) = \xi < 0$ *zugelassen; hier wird die Transformation* $x = -u^\beta$, $1 - \alpha = 1/\beta$ *benutzt.*

---

[3] Nur den lohnt es sich zu merken.

Beispiel 11.5 Für $x' = 3x + tx^{4/3}$, $x(0) = 1$, ergibt sich $x = u^{-3}$, $u' = -u - \frac{1}{3}t$ und $u(0) = 1$ mit der Lösung $u(t) = \frac{1}{3}\left(1 - t + 2e^{-t}\right)$, somit $x(t) = 27\left(1 - t + 2e^{-t}\right)^{-3}$. Dies gilt solange $1 - t + 2e^{-t} > 0$ ist, also in $(-\infty, t_0)$; $t_0 \approx 1{,}46$ ist die einzige Nullstelle von $1 - t + 2e^{-t}$.

Beispiel 11.6 In $x' = -x - tx^4$, $x(0) = -1$, führt der Ansatz $x = -u^{\beta}$, welcher der Anfangsbedingung $x(0) = -1 < 0$ Rechnung trägt, zu $\beta = -1/3$, $u' = 3u - 3t$, $u(0) = 1$, und insgesamt zu $x(t) = -\left(t + \frac{1}{3} + \frac{2}{3}e^{3t}\right)^{-1/3}$, diesmal in (t_0, ∞); $t_0 \approx -0{,}487$ ist die einzige Nullstelle von $t + \frac{1}{3} + \frac{2}{3}e^{3t}$.

Bemerkung 11.3 In beiden Beispielen tritt ein nicht vorherzusehendes Phänomen auf: Obwohl die rechte Seite in $\mathbb{R} \times (0, \infty)$ bzw. in $\mathbb{R} \times \mathbb{R}$ definiert ist, existiert die Lösung *nicht* für alle $t \in \mathbb{R}$. Dies ist typisch für nichtlineare Differentialgleichungen und tritt bei linearen nicht auf.

11.8 Riccatische Differentialgleichungen haben die Form

$$x' = f(t) + g(t)x + h(t)x^2,$$

wobei f, g und h im Intervall I stetig sind. Sie sind nicht immer explizit integrierbar[4]. Ist aber *eine* Lösung ϕ im Intervall $J \subset I$ bekannt, so führt die Substitution $x = y + \phi(t)$ auf die Bernoullische Differentialgleichung

$$y' = \left[g(t) + 2h(t)\phi(t)\right]y + h(t)y^2,$$

also für $z = 1/y$ auf die linear inhomogene Gleichung

$$z' = -h(t) - [g(t) + 2h(t)\phi(t)]z.$$

Jacopo Francesco **Riccati** (1676-1754), ital. Mathematiker, diskutierte ausführlich die Gleichung $x' = nt^{m+n-1} - \dfrac{1}{t^n}x^2$, die für $n = -4k/(2k+1), k \in \mathbb{N}$, *bis auf Integrationen* gelöst werden kann. Die *allgemeine* Form der Riccatischen Differentialgleichung stammt von Jean le Rond **d'Alembert** (1717-1783), frz. Philosoph der Aufklärung, Physiker und Mathematiker; er arbeitete u.a. über Zahlentheorie, Differentialgleichungen und Integralrechnung.

Beispiel 11.7 Eine Lösung von $x' = 2t - t^4 + x^2$ ist $\phi(t) = t^2$. Somit löst $y = x - t^2$ die Bernoulli-Differentialgleichung $y' = 2t^2y + y^2$ und $z = 1/y$ dann $z' = -1 - 2t^2z$. Für den Anfangswert $x(0) = 1$ ergibt sich

$$x(t) = t^2 + e^{2t^3/3}\left(1 - \int_0^t e^{2s^3/3}\,ds\right)^{-1}$$

solange $\int_0^t e^{2s^3/3}\,ds < 1$ ist; dies ist der Fall in $(-\infty, t_0)$, $t_0 \approx 0{,}883528$.

---

[4] Man nennt den Lösungsvorgang bei Differentialgleichungen auch *Integration,* weil dabei zumeist Stammfunktionen zu bestimmen sind.

11.9 Differentialgleichungen mit getrennten Veränderlichen haben ihren Namen von ihrer Form:

$$x' = f(t)g(x) \quad (f : I \to \mathbb{R}, \ g : J \to \mathbb{R} \text{ stetig}). \tag{11.9}$$

Das Definitionsgebiet der rechten Seite ist das Rechteck $I \times J$. Ist $x : \tilde{I} \subset I \to \mathbb{R}$ eine Lösung des Anfangswertproblem $x(\tau) = \xi$ und ist $g(\xi) \neq 0$, so folgt nach der Substitutionsregel und dem Hauptsatz der Differential- und Integralrechnung

$$G(x(t)) = \int_\xi^{x(t)} \frac{dy}{g(y)} = \int_\tau^t \frac{x'(s)}{g(x(s))} \, ds = \int_\tau^t f(s) \, ds = F(t). \tag{11.10}$$

Satz 11.6 *Das Anfangswertproblems* (11.9), $x(\tau) = \xi$ *mit* $g(\xi) \neq 0$ *besitzt genau eine Lösung in einem Intervall* $(\tau - \delta, \tau + \delta)$. *Sie ist implizit gegeben durch die Gl.* (11.10) *(die wegen* $G'(\xi) = 1/g(\xi) \neq 0$ *lokal nach* $x(t)$ *auflösbar ist, wenn auch meist nicht explizit).*

Beispiel 11.8 Für $x' = 2t(x^2 - x)$, $x(0) = 2$, erhält man aus

$$G(x) = \int_2^x \frac{dy}{y(y-1)} = \log\left|\frac{x-1}{x}\right| + \log 2 \quad \text{und} \quad F(t) = t^2$$

die Lösung $x(t) = \dfrac{2}{2 - e^{t^2}}$ im Intervall $|t| < \sqrt{\log 2}$.

Beispiel 11.9 Die Methode lebt von $g(\xi) \neq 0$. Im Fall $x' = 2\sqrt{|x|}$, $x(0) = 0$ ist diese Bedingung verletzt, eine Lösung ist $x_0(t) \equiv 0$. Man erhält aber *unendlich* viele weitere Lösungen $x : \mathbb{R} \to \mathbb{R}$, indem man $x_0(t)$ für $t > t_2 \geq 0$ zu $x(t) = (t - t_2)^2$ und/oder für $t < t_1 \leq 0$ zu $x(t) = -(t - t_1)^2$ stetig differenzierbar abändert. Die betragsgrößte Lösung ist $x(t) = t|t|$.

11.10 Euler-homogene Differentialgleichungen $x' = f(x/t)$ werden durch die Substitution $x = tu$ in $u' = (f(u) - u)/t$, eine Differentialgleichung mit getrennten Veränderlichen transformiert. Weitergehend ist dies auch für $x' = f(ax + bt + c)$ $(a \neq 0)$ möglich: Die Substitution $u = ax + bt + c$ führt auf $u' = af(u) + b$.

Beispiel 11.10 Auch Differentialgleichungen der Form

$$x' = f\left(\frac{ax + bt + c}{\alpha x + \beta t + \gamma}\right) \quad (a\beta - b\alpha \neq 0)$$

lassen sich so behandeln. Für $c = \gamma = 0$ liegt die Euler-homogene Differentialgleichung $x' = f\left(\frac{ax/t + b}{\alpha x/t + \beta}\right) = \tilde{f}(x/t)$ vor. Ansonsten hat das lineare Gleichungssystem $ax + bt + c = \alpha x + \beta t + \gamma = 0$ eine eindeutig bestimmte Lösung (x_0, t_0). Die Variablentransformation $t = t_0 + s$, $x(t) = x_0 + y(s)$ überführt die Gleichung in $y' = f\left(\frac{ay + bs}{\alpha y + \beta s}\right)$.

Beispiel 11.11 Für $x' = \dfrac{x+t+1}{x-t}$, $x(0) = -\frac{1}{2}$, erhält man $t_0 = x_0 = -\frac{1}{2}$. Die Transformation $t = -\frac{1}{2} + s$, $x = -\frac{1}{2} + y$ überführt das Anfangswertproblem in $y' = \dfrac{y+s}{y-s}$, $y(\frac{1}{2}) = 0$, und mit der anschließenden Transformation $u(s) = y(s)/s$ kommt man zu $u' = \dfrac{1}{s} \dfrac{1 + 2u - u^2}{u-1}$, $u(\frac{1}{2}) = 0$. Implizit ergibt sich $1 + 2u - u^2 = (2s)^{-2}$ und so

$$u(s) = 1 - \sqrt{2 - (2s)^{-2}}, \quad y(s) = s - \sqrt{2s^2 - \tfrac{1}{4}} \text{ und } x(t) = t - \sqrt{2t^2 + 2t + \tfrac{1}{4}}$$

in $(-\frac{1}{2} + \frac{1}{4}\sqrt{2}, \infty)$; $-\frac{1}{2} + \frac{1}{4}\sqrt{2} \approx -0{,}146$ ist die größte negative Nullstellen von $2t^2 + 2t + \frac{1}{4}$.

11.11 2D-autonome Systeme haben die Form

$$x' = p(x, y), \quad y' = q(x, y). \tag{11.11}$$

Sie heißen *autonom*, weil auf der rechten Seite die unabhängige Variable t nicht auftritt. Lösungen $(x(t), y(t))^\mathsf{T}$ werden im Definitionsgebiet $G \subset \mathbb{R}^2$ des Vektorfeldes $(-q, p)^\mathsf{T}$, dem sogenannten Phasenraum, als Kurven interpretiert. Die Gesamtheit der Lösungskurven (Trajektorien) heißt auch *Phasenportrait*. Ein **hamiltonsches System** liegt vor, wenn $(-q, p) = \operatorname{grad} H$ ein Gradientenfeld ist; $H \in \mathcal{C}^1(G)$ heißt **Hamiltonfunktion**. Es gilt

$$\frac{d}{dt} H(x, y) = H_x(x, y)x' + H_y(x, y)y'$$
$$= p(x, y)H_x(x, y) + q(x, y)H_y(x, y) = 0,$$

d. h. $H(x(t), y(t)) = const.$, so dass gegebenenfalls lokal nach x oder y aufgelöst werden kann. Für $p, q \in \mathcal{C}^1(G)$ ist die Bedingung $p_y + q_x = 0$ in G notwendig für die Existenz von H in G (Satz von Schwarz), und hinreichend für die lokale Existenz nach dem Lemma von Poincaré[5]. Abb. 7.2 zeigt das Phasenportrait des hamiltonschen Systems $x' = H_y(x, y)$, $y' = -H_x(x, y)$ zur Hamiltonfunktion $H(x, y) = x^2 + y^2 + \frac{1}{2}xy^2$ und das Portrait der dazu orthogonalen Trajektorien $x' = H_x$, $y' = H_y$. Auf diesen ist $H(x, y)$ monoton wegen $\dfrac{d}{dt} H(x(t), y(t)) = x'(t)^2 + y'(t)^2 \geq 0$.

---

[5] In der Literatur findet man auch die Bezeichnung *exakte Differentialgleichung* für (11.11), geschrieben als $q(x, y)\,dx - p(x, y)\,dy = 0$. Die Sprechweise kommt daher: Die *Differentialform* $\omega = q(x, y)\,dx - p(x, y)\,dy$ heißt *exakt*, wenn sie die Integrabilitätsbedingung $\operatorname{div}(q, p)^\mathsf{T} = p_y + q_x = 0$ erfüllt, und *geschlossen*, wenn $\int_\gamma \omega = \int_\gamma p\,dx - q\,dy = 0$ ist für jeden geschlossenen Integrationsweg im Definitionsgebiet D. Im ersten Fall gibt es eine lokale Stammform, $\omega = dH$, und eine globale im zweiten Fall.

Abb. 11.2 Ein
2D-Phasenportrait. Die
Überschneidungspunkte sind
keine (ihre Existen bedeutete
einen Widerspruch zum
Eindeutigkeitssatz). Es sind
vielmehr konstante
Trajektorienen (stationäre
Punkte), in die zwei
Trajektorien für $t \to \infty$ und
zwei für $t \to -\infty$
einmünden

Beispiel 11.12 Das System $x' = e^{-y}(\sin y - \cos y - e^x \cos x)$, $y' = -e^{x-y}(\cos x - \sin x)$ ist hamiltonsch mit Hamiltonfunktion $H(x, y) = e^{x-y} \cos x - e^{-y} \sin y$. Die Lösungkurven werden durch $e^x \cos x = \sin y + c\, e^y$, $c \in \mathbb{R}$, definiert. Eine explizite Auflösung nach y oder x ist nicht möglich (außer für $c = 0$, $y = \arcsin(e^x \cos x)$).

William **Hamilton** (1805-1865) war ein irischer Mathematiker und Physiker. Neben der hamiltonschen Mechanik in der Physik bleibt mit ihm verbunden die Entdeckung der *Quaternionen*, das sind Zahlen $x_0 + x_1 i + x_2 j + x_3 k$, die wie in $\mathbb{R}^4$ üblich addiert werden und deren (nicht kommutative) Multiplikation sich aus $i^2 = j^2 = k^2 = ijk = -1$, $ij = -ji = k$, $jk = -kj = i$ und $ki = -ik = j$ ergibt. Diese Regeln hat Hamilton in einen Stein der Broome Bridge eingeritzt, dies zu photographieren ist an einem leeren Akku gescheitert.

11.12 Eulersche Multiplikatoren Für eine positive Funktion $m \in \mathcal{C}^1(G)$ unterscheidet sich das Phasenportrait von (11.11) nicht von dem des Systems

$$x' = m(x, y)p(x, y), \quad y' = m(x, y)q(x, y).$$

Ist das neue System hamiltonsch, so nennt man die Funktion m einen **Eulerschen Multiplikator;** notwendig ist $(mp)_y + (mq)_x = 0$. Dies ist eine *lineare partielle Differentialgleichung erster Ordnung* für $m = m(x, y)$, vgl. auch Abschn. 11.9. Ohne Zusatzinformation ist ihre Behandlung wenigstens genauso aufwendig wie die des Systems (11.11), mit Zusatzinformationen über die spezielle Gestalt von m wird diese Aufgabe manchmal lösbar.

Beispiel 11.13 Das System $x' = \cos x - \sin x$, $y' = e^{-x}(\cos y - \sin y) + \cos x$ ist nicht hamiltonsch: es ist $p_y = 0$, dagegen $-q_x = \sin x + e^{-x}(\cos y - \sin y)$. Ist aber bekannt, dass es einen Multiplikator gibt, der nur von $x - y$ abhängt (dies ist die Zusatzinformation), so ergibt der *Ansatz* $m(x, y) = \Phi(x - y)$ dann

$$(q(x, y) - p(x, y))\Phi'(x - y) + (q_x(x, y) + p_y(x, y))\Phi(x - y) = 0,$$

also mit $q_x + p_y = -\sin x - e^{-x}(\cos y - \sin y) = -(q - p)$ und $t = x - y$ schließlich $\Phi'(t) - \Phi(t) = 0$, $\Phi(t) = e^t$ und $m(x, y) = e^{x-y}$. Dies führt zum vorigen Beispiel (woraus dieses entstanden ist).

11.3 Der Existenzsatz von Peano

Alle bisher diskutierten Anfangswertprobleme

$$\mathfrak{x}' = \mathfrak{f}(t, \mathfrak{x}), \quad \mathfrak{x}(\tau) = \xi \tag{11.12}$$

hatten stets mindestens eine (lokale) Lösung. Dass dies bei stetiger rechter Seite immer der Fall ist, besagt der

Satz 11.7 (Existenzsatz von Peano) *Das Anfangswertproblem (11.12) mit stetiger rechter Seite* $\mathfrak{f}$ *besitzt lokal, d. h.* in einem Intervall $(\tau - \delta, \tau + \delta)$ *wenigstens eine Lösung.*

Beweis ‖ Der Einfachheit halber wird $\tau = 0$, $\xi = \mathfrak{o}$ angenommen; dies lässt sich stets durch Übergang zu den neuen Variablen $\mathfrak{y} = \mathfrak{x} - \xi$, $s = t - \tau$, also

$$\mathfrak{y}' = \mathfrak{f}(s + \tau, \mathfrak{y} + \xi), \quad \mathfrak{y}(0) = \mathfrak{o}$$

erreichen. Gezeigt wird die Existenz nach rechts, also in einem Intervall $[0, \delta]$. Auf $[0, r] \times \overline{K(\mathfrak{o}, R)}$ ist $|f(t, \mathfrak{x})| \leq M$. Auf dem Intervall $[0, \delta] = [0, \min\{r, R/M\}]$ werden stückweise lineare *Näherungslösungen* ϕ_k folgendermaßen definiert. Sei $t_\kappa = \kappa \delta / k$, $\phi_k(0) = \mathfrak{o}$ und

$$\phi_k(t) = \phi_k(t_{\kappa-1}) + \mathfrak{f}(t_{\kappa-1}, \phi_k(t_{\kappa-1}))(t - t_{\kappa-1}) \quad \text{in } [t_{\kappa-1}, t_\kappa].$$

Dann ist $|\phi_k(t)| \leq tM \leq \delta M = R$, also ϕ_k in $[0, \delta]$ wohldefiniert und es gilt

$$\phi_k(t) = \sum_{\nu=1}^{\kappa-1} \mathfrak{f}(t_{\nu-1}, \phi_k(t_{\nu-1}))(t_\nu - t_{\nu-1}) + \mathfrak{f}(t_{\kappa-1}, \phi_k(t_{\kappa-1}))(t - t_{\kappa-1}) \tag{11.13}$$

in $[0, t_\kappa]$ $(1 \leq \kappa \leq k)$. Die rechte Seite in (11.13) ist eine Riemannsumme für das Integral $\int_0^t \mathfrak{f}(s, \phi_k(s)) \, ds$. Wegen $|\phi_k(s) - \phi_k(t)| \leq M|s - t|$ und $|\phi_k(t)| \leq R$ ist die Funktionenfolge (ϕ_k) gleichgradig stetig und beschränkt in $[0, \delta]$. Nach dem Satz von Arzelà-Ascoli konvergiert eine Teilfolge (ϕ_{k_j}) gleichmäßig gegen eine stetige Funktion $\phi : [0, \delta] \longrightarrow \overline{K(\mathfrak{o}, R)}$. Diese Funktion ist stetig und erfüllt wegen (11.13) die Integralgleichung (11.4); sie löst somit das Anfangswertproblem. Die Ausfüllung der Details verbleibt als Aufgabe.   ☕

Guiseppe **Peano** (1858-1932, Turin) formulierte u.a. die Axiome der natürlichen Zahlen (Peanoaxiome) und entdeckte eine stetige Kurve, die ein Quadrat ausfüllt (Peanokurve). Peano gilt als einer der Begründer der mathematischen Logik. Mit seinem Projekt *Formulario Mathematico*, einer Sammlung der bis dato bekannten Mathematik und formuliert in einer eigens dafür entwickelten Sprache, ist er gescheitert. Einige seiner Symbole, wie ∪, ∩, ∈, ∃, ∀ überlebten.

Aufgabe 11.1 Anstelle der zum Beweis des Satzes von Peano betrachteten *Euler-Cauchy-Polygonzüge* ϕ_k kann man auch (wieder wird der Einfachheit halber $\tau = 0$ und $\xi = 0$ angenommen) die Folge (ψ_k) der Näherungslösungen $\psi_k(t) = 0$ in $[-\delta, 0]$ und

$$\psi_k(t) = \int_0^t f(s, \psi_k(s - \delta/k))\, ds \quad \text{in } [0, \delta]$$

betrachten. Die Aufgabe besteht in der Ausfüllung der Details.

11.13 Eindeutigkeit Allein die Stetigkeit der rechten Seite garantiert nicht die *Eindeutigkeit*, wie das bereits behandelte skalare Beispiel $x' = \sqrt{|x|}$, $x(0) = 0$ zeigt. Sind Φ und Ψ Lösungen ein und desselben Anfangswertproblems $\mathfrak{x}' = f(t, \mathfrak{x})$, $\mathfrak{x}(0) = 0$, aber $\Phi(t) \neq \Psi(t)$ in $0 < t \le \delta$ und gilt eine Abschätzung der Form

$$|f(t, \mathfrak{v}) - f(t, \tilde{\mathfrak{v}})| \le q(|\mathfrak{v} - \tilde{\mathfrak{v}}|)$$

mit einer stetigen und monoton wachsenden Funktion $q : (0, \infty) \longrightarrow (0, \infty)$, so folgt für $u(t) = |\Phi(t) - \Psi(t)|$

$$u(t) \le \int_0^t |f(s, \Phi(s)) - f(s, \Psi(s))|\, ds \le \int_0^t q(u(s))\, ds = v(t),$$

$v(0) = 0$, $v(t) > 0$ in $(0, \delta]$ und $v'(t) = q(u(t)) \le q(v(t))$, also

$$\int_0^{u(t)} \frac{dw}{q(w)} \le \int_0^{v(t)} \frac{dw}{q(w)} = \int_0^t \frac{v'(s)}{q(v(s))}\, ds \le t \le \delta.$$

Somit herrscht sicher Eindeutigkeit, wenn das Integral $\displaystyle\int_0^u \frac{dw}{q(w)}$ divergiert. Die einfachste Eindeutigkeitsbedingung ist $q(w) = Lw$ (Lipschitzbedingung).

Aufgabe 11.2 Man zeige: Gilt eine Bedingung wie eben, wobei das Integral über $1/q$ divergiert, so konvergiert jeweils die gesamte Folge der Näherungslösungen (ϕ_k) bzw. (ψ_k) gegen *die einzige* Lösung des Anfangswertproblems (für $f \in C^1$ hat dies Cauchy bewiesen).

11.4   Der Satz von Picard-Lindelöf

11.14 Die Standardvoraussetzung Das Anfangswertproblem $\mathfrak{x}' = f(t, \mathfrak{x})$, $\mathfrak{x}(\tau) = \xi$ wird ab jetzt betrachtet unter Zugrundelegung folgender

Standardvoraussetzung

- $G \subset \mathbb{R} \times \mathbb{R}^n$ ist ein Gebiet und $(\tau, \xi) \in G$;
- $f : G \to \mathbb{R}^n$ ist stetig und genügt einer lokalen Lipschitzbedingung bezüglich $\mathfrak{x}$.

Dabei bedeutet *globale Lipschitzbedingung*, dass es ein $L > 0$ gibt mit

$$|\mathfrak{f}(t, \mathfrak{x}) - \mathfrak{f}(t, \eta)| \leq L|\mathfrak{x} - \eta| \quad ((t, \mathfrak{x}), (t, \eta) \in G),$$

und wie üblich bedeutet der Zusatz *lokal,* dass es zu jedem Punkt in G eine Kugel um diesem Punkt gibt, in dem eine Lipschitzbedingung vorliegt, wobei die Lipschitz-konstante L von Fall zu Fall variieren darf und wird.

Rudolf **Lipschitz** (1822-1903), dt. Mathematiker, arbeitete vornehmlich über Probleme der Analysis und der Zahlentheorie. Er entdeckte unabhängig von Clifford die *Clifford-Algebren.*

Beispiel 11.14 Ist A eine $n \times n$-Matrix, so erfüllt $\mathfrak{f}(\mathfrak{x}) = A\mathfrak{x}$ eine *globale* Lipschitzbedingung in $G = \mathbb{R} \times \mathbb{R}^n$ mit der Lipschitzkonstanten $L = |A|$ (Matrixnorm). Ist allgemeiner $A = A(t)$ eine $n \times n$-Matrix mit stetigen Einträgen $a_{\mu\nu} : I \to \mathbb{R}$, so erfüllt $\mathfrak{f}(t, \mathfrak{x}) = A(t)\mathfrak{x}$ in jedem Streifen $[a, b] \times \mathbb{R}^n \subset I \times \mathbb{R}^n$ eine Lipschitzbedingung mit $L = \max\{|A(t)| : a \leq t \leq b\}$.

Aufgabe 11.3 Man zeige: Hinreichend für das Bestehen einer lokalen Lipschitzbedingung ist $\mathfrak{f} \in C^1(G, \mathbb{R}^n)$ oder wenigstens $\dfrac{\partial \mathfrak{f}}{\partial \mathfrak{x}} \in C(G, \mathbb{R}^{n \times n})$. (**Hinweis.** Mittelwertsatz der Differentialrechnung.)

Benötigt wird folgender

Hilfssatz – *Genügt $\mathfrak{f}$ in G einer lokalen Lipschitzbedingung bezüglich $\mathfrak{x}$, so auch einer globalen in jeder kompakten Menge $M \subset G$.*

Beweis ‖ Ist die Behauptung für das Kompaktum $M \subset G$ falsch, so existieren Folgen $\big((t_k, \mathfrak{x}_k)\big)_{k \in \mathbb{N}}$ und $\big((t_k, \tilde{\mathfrak{x}}_k)\big)_{k \in \mathbb{N}}$ in M mit

$$|\mathfrak{f}(t_k, \mathfrak{x}_k) - \mathfrak{f}(t_k, \tilde{\mathfrak{x}}_k)| \geq k|\mathfrak{x}_k - \tilde{\mathfrak{x}}_k|. \tag{11.14}$$

Nach dem Satz von Bolzano-Weierstraß darf man $(t_k, \mathfrak{x}_k) \to (t_0, \mathfrak{x}_0) \in M$ und $(t_k, \tilde{\mathfrak{x}}_k) \to (t_0, \tilde{\mathfrak{x}}_0) \in M$ annehmen. Für $\mathfrak{x}_0 \neq \mathfrak{x}_0'$ ergibt sich sofort ein Widerspruch zu (11.14), da dort die linke Seite beschränkt ist. Somit ist $\mathfrak{x}_0 = \mathfrak{x}_0'$, und aus der in $K((t_0, \mathfrak{x}_0), \delta) \subset G$ gültigen L-Lipschitzbedingung entsteht wieder ein Widerspruch zu (11.14): Für $k \geq k_0$ ist $(t_k, \mathfrak{x}_k), (t_k, \tilde{\mathfrak{x}}_k) \in K((t_0, \mathfrak{x}_0), \delta)$, somit

$$|\mathfrak{f}(t_k, \mathfrak{x}_k) - \mathfrak{f}(t_k, \tilde{\mathfrak{x}}_k)| \leq L|\mathfrak{x}_k - \tilde{\mathfrak{x}}_k|. \qquad \text{☙}$$

11.15 Der Satz von Picard-Lindelöf wiederholt inhaltlich die Existenz- und Ein-deutigkeitsaussage, die sich als Kombination aus dem Satz von Peano und der lokalen Lipschitzbedingung ergibt. Die Beweismethode ist aber völlig verschieden von der des Satzes von Peano und erinnert an den Beweis des Satzes über implizite Funktio-nen.

Satz 11.8 (von Picard-Lindelöf) *Unter der Standardvoraussetzung hat das An-fangswertproblem $\mathfrak{x}' = \mathfrak{f}(t, \mathfrak{x})$, $\mathfrak{x}(\tau) = \xi$, genau eine lokale Lösung. Man erhält sie als gleichmäßigen Grenzwert der Folge der **Picard-Iterierten** oder **sukzessiven Approximationen***

$$\phi_0(t) = \xi, \quad \phi_k(t) = \xi + \int_\tau^t \mathfrak{f}(s, \phi_{k-1}(s)) \, ds \quad (k \in \mathbb{N});$$

es gilt $|\phi_{k+1}(t) - \phi_k(t)| \leq \dfrac{M L^k}{(k+1)!} |t - \tau|^{k+1}$ *sowie die Fehlerabschätzung*

$$|\mathfrak{x}(t) - \phi_m(t)| \leq \frac{M L^m}{(m+1)!} |t - \tau|^{m+1} e^{L|t-\tau|}. \tag{11.15}$$

Émile **Picard** (1856-1941, Paris) lieferte bedeutende Beiträge zur Theorie der gewöhnlichen und partiellen Differentialgleichungen, zur Funktionentheorie (Satz von Picard) und analytischen Geometrie.

Ernst **Lindelöf** (1870-1946) war ein finnischer Mathematiker. Sein Hauptarbeitsgebiet lag in der Funktionentheorie.

Beweis ‖ Wie beim Beweis des Satzes von Peano kann man von $\tau = 0$, $\xi = \mathfrak{o}$ und $|\mathfrak{f}(t, \mathfrak{x})| \leq M$ auf $[-r, r] \times \overline{K(\mathfrak{o}, R)} \subset G$ ausgehen. Zusätzlich wird die Gültigkeit der Lipschitzbedingung

$$|\mathfrak{f}(t, \mathfrak{x}) - \mathfrak{f}(t, \mathfrak{y})| \leq L |\mathfrak{x} - \mathfrak{y}| \quad ((t, \mathfrak{x}), (t, \mathfrak{y}) \in [-r, r] \times \overline{K(\mathfrak{o}, R)})$$

vorausgesetzt. Die Integralgleichung (11.4) hat bereits die Form einer Fixpunktgleichung. Zur Reduktion auf den Banachschen Fixpunktsatz muss nur ein metrischer Raum bestehend aus stetigen Funktionen gefunden werden, der durch den Operator

$$(T\mathfrak{u})(t) = \int_0^t \mathfrak{f}(s, \mathfrak{u}(s)) \, ds \tag{11.16}$$

kontrahierend in sich abgebildet wird. Dazu sei $\mathcal{B}$ der *Banachraum* der stetigen Funktionen $\mathfrak{u} : I = [-\delta, \delta] \to \mathbb{R}^n$ ($\delta M \leq R$) mit $\mathfrak{u}(0) = \mathfrak{o}$ und ausgestattet mit der Maximumsnorm

$$\|\mathfrak{u}\|_\infty = \max \{|\mathfrak{u}(t)| : t \in I\}$$

($|\cdot|$ ist die Euklidnorm in $\mathbb{R}^n$). Für $\mathfrak{u} \in \mathcal{K} = \{\mathfrak{u} \in \mathcal{B} : \|\mathfrak{u}\|_\infty \leq R\}$ ist auch $T\mathfrak{u}$ eine in $[-\delta, \delta]$ stetige Funktion, es gilt

$$|(T\mathfrak{u})(t) - (T\mathfrak{u})(\tilde{t})| \leq M |t - \tilde{t}| \quad \text{und} \quad |(T\mathfrak{u})(t)| \leq \delta M \leq R.$$

Somit bildet T die abgeschlossene Kugel $\mathcal{K}$ in sich ab und es gilt

$$|(T\mathfrak{u})(t) - (T\mathfrak{v})(t)| \leq L \left| \int_0^t |\mathfrak{u}(s) - \mathfrak{v}(s)| \, ds \right| \leq L |t| \, \|\mathfrak{u} - \mathfrak{v}\|_\infty \leq L\delta \|\mathfrak{u} - \mathfrak{v}\|_\infty,$$

für $u, v \in \mathcal{K}$, d. h. $\|Tu - Tv\|_\infty \leq L\delta \|u - v\|_\infty$. Für $L\delta < 1$ ist T eine Kontraktion und der einzig vorhandene Fixpunkt ist die Lösung der Integralgleichung und so des Anfangswertproblems.   ☕

11.16 Eine gewichtete Norm Der Beweis des Satzes von Picard-Lindelöf erfordert die einschränkende Bedingung $L\delta < 1$, d. h. er wird durch eine eventuelle Verkleinerung des Existenzintervalls erkauft. Diese Verkleinerung ist beweistechnisch bedingt und kann vermieden werden, wenn statt der Maximumsnorm die *gewichtete Maximumsnorm*

$$\|u\|_\infty = \max\{|u(t)|e^{-2L|t|} : -\delta \leq t \leq \delta\} \qquad (11.17)$$

verwendet wird[6]. Dann hängt δ nur von r, R und M ab, nicht aber von L.

Aufgabe 11.4 Man zeige, dass der Raum $\mathcal{B}$ auch mit der Norm (11.17) vollständig, die Kugel $\mathcal{K}$ unter dem Operator T invariant und T selbst kontrahierend mit der Kontraktionskonstanten $1/2$ ist.

Bemerkung 11.4 Die Art der Normierung des Raumes $\mathcal{B}$ ändert natürlich nichts an den *Picard-Iterierten* und der Fehlerabschätzung (11.15).

Aufgabe 11.5 Unter den Voraussetzungen $|f(t, \mathfrak{x})| \leq M$, $|f(t, \mathfrak{x}) - f(t, \mathfrak{y})| \leq L|\mathfrak{x} - \mathfrak{y}|$ in $[-\delta, \delta] \times \overline{K(\mathfrak{o}, R)} \subset G$ und $M\delta \leq R$ ist die Abschätzung für $|\phi_{k+1}(t) - \phi_k(t)|$ in Satz 11.8 mittels Induktion zu beweisen. Wie folgt daraus die Fehlerabschätzun (11.15)?

Aufgabe 11.6 Es sind die Picarditerierten zum Anfangswertproblem $x' = ty$, $x(0) = 1$, zu berechnen, ausgehend von $\phi_0(t) = 1$.

Aufgabe 11.7 Dasselbe für das System $x' = y$, $y' = -x$ zum Anfangswert $x(0) = 0$, $y(0) = 1$ mit Startwerten $\phi_0(t) = 0$, $\psi_0(t) = 1$.

Beispiel 11.15 Wo kann man die Lösung von $x' = f(t, x) = t - x^2$, $x(0) = 0$, garantieren? Mit obigen Bezeichnungen ist $M = r + R^2$, der Satz von Picard-Lindelöf ergibt dann $\delta = \min\{r, \dfrac{R}{r + R^2}\}$. Die beste Wahl ist $R = \sqrt{r}$, somit $\delta = \min\{R^2, \frac{1}{2}R^{-1}\}$, und dies wird maximal für $R = 2^{-1/3}$. Das optimale Ergebnis ist so $\delta = 4^{-1/3} \approx 0{,}63$. Nach *rechts* kommt man etwas weiter. In $[0, r] \times [-R, R]$ ist $M = \max\{r, R^2\}$, und dieselben Überlegungen führen zu $\delta = 1$, insgesamt zu Existenz in $[-0{,}63, 1]$.

Aufgabe 11.8 Man zeige, dass unter der Standardvoraussetzung die Lösung von $\mathfrak{x}' = f(t, \mathfrak{x})$, $\mathfrak{x}(0) = \mathfrak{o}$ sicher dann gerade bzw. ungerade ist, wenn f bezüglich t ungerade bzw. bezüglich $(t, \mathfrak{x})$ gerade ist. (**Hinweis.** Zu untersuchen ist das Anfangswertproblem für $\mathfrak{y}(t) = \mathfrak{x}(-t)$ bzw. $\mathfrak{y}(t) = -\mathfrak{x}(-t)$.)

11.17 Das maximale Existenzintervall

Das im Satz von Picard-Lindelöf nachgewiesene Existenzintervall wird nicht das letzte Wort sein. Es gibt sicherlich ein maximales Existenzintervall, über dessen Grenzen hinaus keine Fortsetzung *als Lösung* möglich ist. Warum man diesen Zusatz braucht, erklärt das

Beispiel 11.16 $x' = 1 + \dfrac{t - x}{1 - x}$, $x(0) = 0$. Die rechte Seite hat das Definitionsgebiet $G = \mathbb{R} \times (-\infty, 1)$ und $x(t) = t$ löst das Anfangswertproblem in $(-\infty, 1)$, aber nicht darüber hinaus; als differenzierbare Funktion existiert $x(t) = t$ dagegen überall.

---

[6] Diese Norm ist dem Autor aus seiner eigenen Anfängervorlesung vertraut, sie scheint aber nicht so weit verbreitet zu sein wie sie es verdient.

Satz 11.9 (**maximale Fortsetzung**) *Unter der Standardvoraussetzung hat das An-fangswertproblem* $\mathfrak{x}' = \mathfrak{f}(t, \mathfrak{x})$, $\mathfrak{x}(\tau) = \xi$ *eine eindeutig bestimmte, nicht fortsetzba-re Lösung* Φ. *Sie lebt im offenen* **maximalen Existenzintervall** $I_{max} = I_{max}(\tau, \xi) = (\alpha, \beta)$. *Ist* $K \subset G$ *kompakt, so gibt es Zahlen a und b mit* $\alpha < a < b < \beta$ *und* $K \cap \mathfrak{G}(\Phi|_{(\alpha,a)}) = K \cap \mathfrak{G}(\Phi|_{(b,\beta)}) = \emptyset$, *kurz:* Die maximale Lösung verläuft von Rand zu Rand, ihr Graph verlässt für $t \to \alpha$ und für $t \to \beta$ jede kompakte Teil-menge von G und kehrt nicht zurück.

Beweis ‖ Sind $\Phi : I \longrightarrow \mathbb{R}^n$ und $\Psi : J \longrightarrow \mathbb{R}^n$ Lösungen der Differentialglei-chung und ist $I \cap J \neq \emptyset$, so ist entweder $\Phi(t) \neq \Psi(t)$ in $I \cap J$ oder $\Phi(\tau) = \Psi(\tau)$ für ein $\tau \in I \cap J$. In diesem Fall gilt $\Phi(t) = \Psi(t)$ in $I \cap J$ und Φ und Ψ sind jeweils Fortsetzungen voneinander in das Intervall $I \cup J$. Nach dieser Vorbemer-kung gibt es eine Lösung Φ in $[\tau, \beta)$; dabei bezeichnet β das Supremum aller $b > \tau$, so dass in $[\tau, b]$ eine Lösung des gegebenen Anfangswertproblems exis-tiert. Analog geht man nach links vor und erhält so $(\alpha, \beta) \subset I_{max} \subset [\alpha, \beta]$. Nach dem Satz von Picard-Lindelöf ist $\beta \notin I_{max}$, da es sonst eine Lösung in $[\tau, \beta + \delta]$ für ein $\delta > 0$ gäbe, nämlich die Lösung zum Anfangswert $\mathfrak{x}(\beta) = \Phi(\beta)$; ebenso ist $\alpha \notin I_{max}$, $I_{max} = (\alpha, \beta)$ ist das maximale Existenzintervall und Φ die maximale Lösung. Es sei schließlich $K \subset G$ kompakt. Wenn die letzte Behauptung falsch ist, gibt es eine Folge $\big((t_k, \xi_k)\big)_{k \in \mathbb{N}}$ in K, $\xi_k = \Phi(t_k)$ und etwa $t_k \to \beta$. Nach dem Satz von Bolzano-Weierstraß kann man $\xi_k \to \xi^*$ annehmen, womit $(\beta, \xi^*) \in K \subset G$ und insbesondere $\beta < \infty$ ist. Aus dem Beweis des Satzes von Picard-Lindelöf folgt: Ist $|t_k - \beta| + |\xi_k - \xi^*|$ hinreichend klein, was für hinreichend große k der Fall ist, so existiert die Lösung des Anfangswertproblems $\mathfrak{x}' = \mathfrak{f}(t, \mathfrak{x})$, $\mathfrak{x}(t_k) = \xi_k$ in $[t_k, t_k + \delta]$, wobei $\delta > 0$ von k unabhängig gewählt werden kann[7]. Dies widerspricht aber der Definition von β. Genauso wird nach links argumentiert.   ✑

Beispiel 11.17 Wie wirkt sich der Fortsetzungssatz auf die Lösung von $x' = t - x^2$, $x(0) = 0$ aus? Für $0 < t < \delta$ ist $|x(t)| < \sqrt{t}$ wegen $x(0) = x'(0) = 0$, also $x'(t) = t - x(t)^2 > 0$, $x(t)$ ist monoton wachsend und bleibt dies, solange $0 < x(t) < \sqrt{t}$ ist; dies gilt in $(0, \infty)$: Sonst hätte $x(t) - \sqrt{t}$ die erste positive Nullstelle t_0, es folgte $x'(t_0) = t_0 - x(t_0)^2 = 0$ im Widerspruch zu $x'(t_0) \geq$

$$\frac{d}{dt}\sqrt{t}\big|_{t=t_0} = \frac{1}{2\sqrt{t_0}} > 0.$$ Somit ist durchweg $0 < x(t) < \sqrt{t}$ und $\beta = +\infty$. Für $y(t) = x(-t)$ gilt $y' = t + y(t)^2$, $y(0) = 0$, und es kann wieder nach rechts argumentiert werden. Die Lösung existiert in $[0, -\alpha) = [0, \alpha_*)$ und ist wegen $y' \geq t$ streng monoton wachsend. Für $0 < t_0 < \alpha_*$ ist $y' > t_0 + y^2$ in (t_0, α_*) und es gilt $y(t_0) > \int_0^{t_0} t\, dt = t_0^2/2$; damit ist $y(t) > v(t)$, wobei $v' = t_0 + v^2$,

$v(t_0) = t_0^2/2$ gilt. Weiter gilt $v(t) \to \infty$ für $t \to t^* > t_0$, also $\alpha_* \leq \alpha^* = t_0 + \int_{t_0^2/2}^{\infty} \frac{dv}{t_0 + v^2}$ (es

geht auch formelmäßig). Das Minimum $\approx 2, 1$ der rechten Seite (als Funktion von t_0) wird erreicht für $t_0 \approx 1,11$; somit existiert die Lösung nach links höchstens bis $-2,1$; tatsächlich ist $\alpha \approx -1,98$.

---

[7] Im Detail: Ist $[\beta - \sigma, \beta + \sigma] \times \overline{K(\xi^*, R)} \subset G$, gilt dort $|\mathfrak{f}(t, \mathfrak{x})| \leq M$, wird $2\delta = \min\{\sigma, R/M\}$ gesetzt und nimmt man $|t_k - \beta| < \sigma/2$ und $|\xi_k - \xi^*| < R/2$ an, so existiert die Lösung sicherlich in $[t_k, t_k + \delta]$.

11.5 Potenzreihenlösungen

Gehört die rechte Seite $\mathfrak{f}$ zur Klasse $\mathcal{C}^\infty$, so gilt dies auch für jede Lösung. Es gibt aber darüberhinaus eine qualitative Steigerung zur höchsten Stufe, nämlich dann, wenn die rechte Seite des Anfangswertproblems

$$\mathfrak{x}' = \mathfrak{f}(t, \mathfrak{x}) = \sum_{j,\alpha} \mathfrak{a}_{j,\alpha} t^j \mathfrak{x}^\alpha, \quad \mathfrak{x}(0) = \mathfrak{o} \tag{11.18}$$

eine Potenzreihenentwicklung besitzt. Zur Erinnerung: $j \in \mathbb{N}_0$ und $\alpha \in \mathbb{N}_0^n$ durchlaufen alle Indizes und Multiindizes, es ist $\mathfrak{x}^\alpha = x_1^{\alpha_1} \cdots x_n^{\alpha_n}$ und $\mathfrak{a}_{j,\alpha} = (a_{j,\alpha}^{[1]}, \ldots, a_{j,\alpha}^{[n]})^\top$ $\in \mathbb{R}^n$; im Bereich $B = [-r, r] \times \{\mathfrak{x} : \|\mathfrak{x}\|_\infty \le R\}$ konvergiert die Reihe mit $\tilde{\mathfrak{a}}_{j,\alpha} = (|a_{j,\alpha}^{[1]}|, \ldots, |a_{j,\alpha}^{[n]}|)^\top$ anstelle $\mathfrak{a}_{j,\alpha}$ (sie ist summierbar). Die Lösung des Anfangswertproblems (11.18) gehört dann sicherlich zur Klasse $\mathcal{C}^\infty[-\rho, \rho]$. Tatsächlich gilt der

Satz 11.10 (Existenzsatz von Cauchy) *Unter der angegebenen Voraussetzung wird die Lösung des Anfangswertproblems (11.18) in $(-\delta, \delta)$ durch ihre Taylorreihe dargestellt:*

$$\mathfrak{x}(t) = \sum_{k=1}^\infty \mathfrak{c}_k t^k \quad (\mathfrak{c}_k = (c_k^{[1]}, \ldots, c_k^{[n]})^\top, \quad c_k^{[\nu]} = x_\nu(k)/k!). \tag{11.19}$$

Beweis ‖ Die Taylorkoeffizienten der $\mathcal{C}^\infty$-Lösung lassen sich prinzipiell durch fortgesetzte Differentiation der Differentialgleichung bestimmen, angefangen mit $\mathfrak{c}_0 = \mathfrak{o}, \mathfrak{c}_1 = \mathfrak{f}(0, \mathfrak{o}), 2\mathfrak{c}_2 = \mathfrak{f}_t(0, \mathfrak{o}) + \left(\frac{\partial \mathfrak{f}}{\partial \mathfrak{x}}(0, \mathfrak{o})\right)\mathfrak{f}(0, \mathfrak{o})$, etc.; es wirklich formelmäßig zu tun wäre allerdings weder möglich noch von Nutzen. Es muss nur gezeigt werden, dass die Taylorreihe in (11.19) einen positiven Konvergenzradius ρ besitzt, denn dann löst sie selbst das Anfangswertproblem (sicher solange $|t| \le r$ und $\sum_{k=1}^\infty |c_k^{[\nu]}||t|^k \le R$ für $1 \le \nu \le n$) und stimmt so mit der bereits existenten Lösung überein. Dazu wird zunächst der Fall $\mathfrak{a}_{j,\alpha} \ge \mathfrak{o}$ für alle j, α betrachtet, wobei allgemein $\mathfrak{u} \ge \mathfrak{v}$ für $u_\nu \ge v_\nu$ $(1 \le \nu \le n)$ steht. Dann sind auch alle Koeffizienten $\mathfrak{c}_k \ge \mathfrak{o}$. Da im Sinne dieser Ordnung die rechte Seite im Bereich $t \ge 0, \mathfrak{x} \ge \mathfrak{o}$ monoton wächst, ist auch $\mathfrak{x}(t) \ge \mathfrak{o}$ in $[0, \delta]$; dies ergibt sich z. B. für $\phi_0(t) = \mathfrak{o}$ mit Induktion aus der Picarditeration $\phi_{k+1}(t) = \int_0^t \mathfrak{f}(s, \phi_k(s)) \, ds \ge \int_0^t \mathfrak{f}(s, \mathfrak{o}) \, ds \ge \mathfrak{o}$. Wie sämtliche Ableitungen der Funktionen $f_\nu(t, \mathfrak{x})$ $(1 \le \nu \le n)$ im Bereich B sind auch alle Ableitungen $x_\nu^{(k)}(t) \ge 0$, und die Darstellung

$$x_\nu(t) = \sum_{k=1}^\infty c_k^{[\nu]} t^k$$

folgt aus Satz 5.14 von Bernstein; in diesem Fall ist der Konvergenzradius $\geq \delta$. Im allgemeinen Fall wird zum Vergleich das Anfangswertproblem

$$\tilde{\mathfrak{x}}' = \tilde{\mathfrak{f}}(t, \tilde{\mathfrak{x}}) = \sum_{j,\alpha} \tilde{a}_{j,\alpha} t^j \tilde{\mathfrak{x}}^\alpha, \quad \tilde{\mathfrak{x}}(0) = \mathfrak{o} \quad \text{mit } \tilde{a}_{j,\alpha}^{[\nu]} = |a_{j,\alpha}^{[\nu]}| \tag{11.20}$$

herangezogen, dessen Lösung $\tilde{\mathfrak{x}}(t)$ in einem Intervall $[-\tilde{\delta}, \tilde{\delta}] \subset [-\delta, \delta]$ durch ihre Taylorreihe $\sum\limits_{k=1}^{\infty} \tilde{\mathfrak{c}}_k t^k$ dargestellt wird. Wegen $|c_k^{[\nu]}| \leq \tilde{c}_k^{[\nu]}$ gilt dies auch für $\mathfrak{x}(t)$. ☕

Bemerkung 11.5 Der Vergleich mit einem majoranten System war die entscheidende Idee von Cauchy, wenngleich er sie technisch anders als hier umgesetzt hat (Majorantenmethode, calcul des limites). Sie funktioniert auch im Komplexen, d. h. wenn man t und $\mathfrak{x}$ als komplexe Variable betrachtet, allerdings kann dort der Beweis des Satzes von Picard-Lindelöf Wort für Wort übertragen werden. Dies liegt daran, dass der Raum der in der *komplexen Kreisscheibe* $|t| < r$ konvergenten Potenzreihen $\mathfrak{x}(t) = \sum\limits_{k=0}^{\infty} \mathfrak{c}_k t^k$ mit endlicher Norm $\sup\limits_{|t|<r} |\mathfrak{x}(t)|$ vollständig ist, nicht aber der entsprechende reelle Raum mit der Norm $\sup\limits_{-r<t<r} |\mathfrak{x}(t)|$.

Beispiel 11.18 $x(t) = \frac{1}{2}t^2 + \sum\limits_{k=3}^{\infty} c_k t^k$ löst $x' = t - x^2$, $x(0) = 0$ in $(-\rho, \rho)$, die Koeffizienten erfüllen die Rekursion $k c_k = -\sum\limits_{j=2}^{k-3} c_j c_{k-1-j}$. Aus $|c_j| \leq A^{j+1}$ für $j < k$ ergibt sich $k|c_k| \leq (k-4)A^{k+1} < kA^{k+1}$. Wegen $c_2 = 1/2$ ist $A = \sqrt[3]{1/2}$ die beste Wahl und $\rho \geq \sqrt[3]{2} \approx 1{,}26$.

Aufgabe 11.9 (fortgesetzt) Aus $c_2 = 1/2$ ist $k c_k = -c_{k-3} - \sum\limits_{j=3}^{k-4} c_j c_{k-1-j}$ zu folgern, und daraus $c_3 = c_4 = 0$, $c_5 = -1/10$ sowie $\rho \geq \min\{\sqrt[3]{6}, \sqrt[6]{10}\} \approx 1{,}47$ (eine leichte Verbesserung). Numerisch erhält man $\rho \approx 1{,}98$. (**Hinweis.** Die Zahl 10 bzw. 6 kommt von $c_5 = -1/10$ bzw. $k|c_k| \leq A^{k-2} + (k-6)A^{k+1} \overset{(!)}{\leq} kA^{k+1}$.)

Aufgabe 11.10 Die Picard-Iterierten ϕ_k ($\phi_0(t) = \mathfrak{o}$) zum Anfangswertproblem (11.18) sind selbst mittels ihrer Taylorreihen darstellbar; dies besagt der Doppelreihensatz. Man zeige, dass die Koeffizienten der Reihe von ϕ_k bis zur Nummer k mit denen der Lösung ϕ und auch von ϕ_m für $m > k$ übereinstimmen.

11.6 Lineare Systeme und Gleichungen höherer Ordnung

Behandelt werden lineare Differentialgleichungssysteme

$$\mathfrak{x}' = A(t)\mathfrak{x} + \mathfrak{b}(t) \tag{11.21}$$

im *Streifengebiet* $G = I \times \mathbb{R}^n$, I ein offenes Intervall; A ist eine $n \times n$-Matrix und $\mathfrak{b}$ ein n-Vektor, beide mit stetigen Einträgen $a_{\mu\nu}, b_\nu : I \longrightarrow \mathbb{R}$.

11.18 Globale Lösungen Die Lösungen der skalaren linearen Differentialgleichung $x' = f(t)x + g(t)$ existieren im Stetigkeitsintervall der Koeffizienten $f, g : I \longrightarrow \mathbb{R}$. Dass dies auch in höheren Dimensionen zutrifft, wird jetzt bewiesen.

Satz 11.11 *Die rechte Seite in* $\mathfrak{x}' = \mathfrak{f}(t, \mathfrak{x})$ *erfülle im Streifen* $G = I \times \mathbb{R}^n$ *die Standardvoraussetzung, und* $\mathfrak{x} = \Phi(t)$ *sei eine Lösung mit maximalem Existenzintervall* $(\alpha, \beta) \subset (a, b)$. *Dann gilt (vgl. Abb. 11.3)*

- *entweder* $\alpha = a$ *oder* $a < \alpha$ *und* $\lim\limits_{t \to \alpha+} |\Phi(t)| = +\infty$;
- *entweder* $\beta = b$ *oder* $\beta < b$ *und* $\lim\limits_{t \to \beta-} |\Phi(t)| = +\infty$.

Erfüllt $\mathfrak{f} : (a, b) \times \mathbb{R}^n \to \mathbb{R}^n$ *neben der Standardvoraussetzung zusätzlich die* lineare Wachstumsbedingung

$$|\mathfrak{f}(t, \mathfrak{x})| \le \mathsf{a}(t) + \mathsf{b}(t)|\mathfrak{x}| \tag{11.22}$$

mit stetigen Funktionen $\mathsf{a}, \mathsf{b} : (a, b) \to [0, \infty)$, *so liegt für jede Lösung globale Existenz vor* ($I_{max} = (a, b)$). *Dies gilt insbesondere für die linearen Systeme* (11.21)

Beweis $\|$ Ist $\beta < b$ und zugleich $\liminf\limits_{t \to \beta-} |\Phi(t)| < R < \infty$, so verlässt der Graph die kompakte Menge $[0, \beta] \times \overline{K(\mathfrak{o}, R)} \subset (a, b) \times \mathbb{R}^n$ nicht ohne immer wieder zurückzukehren ($|\Phi(t_k)| < R$ auf einer Folge $t_k \to \beta$). Dieser Widerspruch beweist die Alternative nach rechts, ebenso nach links. Es bleibt zu zeigen, dass unter der linearen Wachstumsbedingung $(\alpha, \beta) = (a, b)$ gilt. Zur Vereinfachung der Schreibweise wird nur $t \ge \tau = 0$ sowie $\xi = \mathfrak{o}$ betrachtet. Wenn die Lösung des Anfangswertproblem nach rechts nur in $[0, c)$ mit $c < b$ existiert, so gilt einerseits $\lim\limits_{t \to c-} |\mathfrak{x}(t)| = +\infty$, aber anderseits mit $\mathsf{a}_0 = \max\{\mathsf{a}(t) : 0 \le t \le c\}$, $\mathsf{b}_0 = \max\{\mathsf{b}(t) : 0 \le t \le c\}$ die Ungleichung

$$|\mathfrak{x}(t)| \le \int_0^t |\mathfrak{f}(s, \mathfrak{x}(s))|\, ds \le \mathsf{a}_0 c + \mathsf{b}_0 \int_0^t |\mathfrak{x}(s)|\, ds.$$

Auf diese Situation ist das nachstehende *Lemma von Gronwall* zugeschnitten, es ergibt im Widerspruch zur Annahme $|\mathfrak{x}(t)| \le \mathsf{a}_0 c\, e^{\mathsf{b}_0 t}$ in $[0, c)$. ☕

11.19 Das Lemma von Gronwall verwandelt die Integralungleichung

$$u(t) \le \alpha + \beta \int_0^t u(s)\, ds \tag{11.23}$$

in eine explizite Abschätzung von u.

Abb. 11.3 Das maximale
Existenzintervall (α, β) kann
(wir hier) enden wegen
Oszillation der Lösung für
$t \to \alpha = a$ oder wegen
$|x(t)| \to \infty$ für $t \to \beta < b$

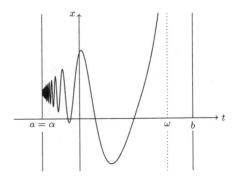

Satz 11.12 (Lemma von Gronwall) *Die stetige Funktion* $u : [0, c) \to \mathbb{R}$ *erfülle die Ungleichung* (11.23) *für gewisse Konstanten* $\alpha \in \mathbb{R}$, $\beta \geq 0$. *Dann ist* $u(t) \leq \alpha e^{\beta t}$ *in* $[0, c)$.

Thomas Hakon **Gronwall** (1877-1932), schwedischer Mathematiker und Ingenieur, arbeitete in der klassischen und angewandten Analysis, hier insbesondere über Probleme der physikalischen Chemie.

Beweis ‖ Die rechte Seite $\alpha + \beta \int_0^t u(s)\,ds = v(t)$ der vorausgesetzten Ungleichung ist sicherlich stetig differenzierbar (auch wenn u nur stetig ist) und erfüllt $u(t) \leq v(t)$ nach Voraussetzung. Weiterhin gilt $v' = \beta u \leq \beta v$ wegen $\beta \geq 0$. Damit ist $\dfrac{d}{dt}\left[v(t)e^{-\beta t}\right] = (v'(t) - \beta v(t))e^{-\beta t} \leq 0$, $v(t)e^{-\beta t}$ ist monoton fallend und insbesondere $\leq v(0) = \alpha$, also gilt $u(t) \leq v(t) \leq \alpha e^{\beta t}$. &

11.20 Die Fundamentalmatrix Es bezeichnet $\Phi(t; \tau, \xi)$ die Lösung von $\mathfrak{x}' = A(t)\mathfrak{x}$ zum Anfangswert $\mathfrak{x}(\tau) = \xi$; sie existiert im Intervall I.

Satz 11.13 *Die Lösungen des homogenen Systems bilden einen Vektorraum* $\mathcal{L}$ *über* $\mathbb{R}$ *der Dimension* n. *Bei festem* $\tau \in I$ *ist die Abbildung* $\mathbb{R}^n \to \mathcal{L}$, $\xi \mapsto \Phi(\cdot; \tau, \xi)$, *ein* Vektorraumisomorphismus.

Beweis ‖ Die genannte Abbildung ist wohldefiniert (dies besagt gerade der Existenz- und Eindeutigkeitssatz), surjektiv, weil jeder Anfangswert $\xi \in \mathbb{R}^n$ vorgeschrieben werden kann, und injektiv wegen $\Phi(\tau; \tau, \xi) = \xi$. Die Linearität $\Phi(t; \tau, \alpha\xi + \beta\eta) = \alpha\Phi(t; \tau, \xi) + \beta\Phi(t; \tau, \eta)$ folgt wieder aus dem Eindeutigkeitssatz: Beide Seiten lösen dasselbe Anfangswertproblem $\mathfrak{x}(\tau) = \alpha\xi + \beta\eta$. &

Aus n Lösungen $\Phi_1, \ldots, \Phi_n$ (Spalten) von $\mathfrak{x}' = A(t)\mathfrak{x}$ wird die Matrix

$$X(t) = (\Phi_1(t), \ldots, \Phi_n(t))$$

gebildet; die Gleichungen $\Phi_\nu'(t) = A(t)\Phi_\nu(t)$ werden zur Matrixdifferentialgleichung

$$X' = A(t)X$$

zusammengefasst. Sind diese Lösungen *linear unabhängig* und bilden sie somit eine *Basis* von $\mathcal{L}$, so heißt X *Fundamentalmatrix;* statt Basis sagt man auch *Fundamentalsystem* oder *Hauptsystem.*

11.21 Die Wronskideterminante Die Determinante $W(t) = \det X(t)$ heißt *Wronskische Determinante* von X.

Satz 11.14 *Die Wronskideterminante erfüllt die Differentialgleichung*

$$W' = \text{spur } A(t)\, W,$$

wobei spur $A = a_{11} + \cdots + a_{nn}$. *Die Funktionen* $\Phi_1, \ldots, \Phi_n$ *sind genau dann linear unabhängig, wenn* $W(t) \neq 0$ *in* I *ist, andernfalls ist* $W(t) \equiv 0$.

Beweis ‖ Zunächst wird bis auf Terme $O(\epsilon^2)$ für $\epsilon \to 0$ die Determinante von $E + \epsilon B$ berechnet; dabei ist E die $n \times n$-Einheitsmatrix und B eine feste $n \times n$-Matrix. Allgemein ist die Determinante eine endliche, alternierende Summe (mit $n!$ Summanden) von n-fachen Produkten, wobei aus jeder Spalte und Zeile jeweils ein Eintrag als Faktor vorkommt; entweder kommen *nur* Diagonalelemente vor oder *mindestens zwei* Außerdiagonalelemente. Bereits hieraus folgt das gewünschte Ergebnis

$$\det(E + \epsilon B) = \prod_{\nu=1}^{n}(1 + \epsilon b_{\nu\nu}) + O(\epsilon^2) = 1 + \epsilon \text{ spur } B + O(\epsilon^2).$$

Tatsächlich darf $B = B(\epsilon)$ von ϵ abhängen, wenn nur $\lim_{\epsilon \to 0} B(\epsilon) = B(0)$ existiert oder wenigstens $|B(\epsilon)|$ in $0 < |\epsilon| < \epsilon_0$ beschränkt ist. Nun zum eigentlichen Beweis. Ist $W(t_0) = 0$ für ein $t_0 \in I$, so gibt es eine nichttriviale Lösung $\alpha = (\alpha_1, \ldots, \alpha_n)^\top$ von $X(t_0)\alpha = o$, d. h. eine nichttriviale Linearkombination $\alpha_1 \Phi_1(t_0) + \cdots + \alpha_n \Phi_n(t_0) = o$ des Nullvektors $o \in \mathbb{R}^n$. Damit ist aber bereits $\alpha_1 \Phi_1 + \cdots + \alpha_n \Phi_n$ die *Null-Lösung* als eindeutige Lösung des Anfangswertproblems $\mathfrak{x}(t_0) = o$, und somit $W(t) \equiv 0$ in I. Im anderen Fall ist $X(t)$ stets regulär, und für $t, t + h \in I$ ($h \neq 0$) ist

$$\begin{aligned} X(t+h) &= X(t) + hX'(t) + o(|h|) = X(t) + hA(t)X(t) + o(|h|) \\ &= (E + hA(t) + o(|h|)X^{-1}(t))X(t) = (E + hA(t) + o(|h|))X(t); \end{aligned}$$

$o(|h|)$ ist eine von t abhängige $n \times n$-Matrix (nicht immer dieselbe), deren Einträge selbst von der Größenordnung $o(|h|)$ ($h \to 0$) sind. Nach dem Determinantenmultiplikationssatz und der Vorbemerkung ist dann

$$\det X(t+h) = (1 + h \text{ spur } A(t) + O(|h|^2))\det X(t) \quad (h \to 0). \qquad ☕$$

Jozef **Hoëne Wroński** (1776-1853) war ein polnischer Philosoph und Mathematiker.

11.22 Variation der Konstanten Wie immer bei linear inhomogenen Aufgaben gilt auch hier der

Satz 11.15 *Das* inhomogene *System* $\mathfrak{x}' = A(t)\mathfrak{x} + \mathfrak{b}(t)$ *hat die allgemeine Lösung* $\mathfrak{x} = \mathfrak{x}_0 + \mathfrak{y}$, *wobei* $\mathfrak{x}_0$ *eine fest gewählte, aber sonst beliebige und* partikulär *genannte Lösung der inhomogenen Gleichung und* $\mathfrak{y}$ *die allgemeine Lösung des zugehörigen homogenen Systems* $\mathfrak{y}' = A(t)\mathfrak{y}$ *ist.* Die Lösungsmenge ist also der affine Raum $\mathfrak{x}_0 + \mathcal{L}$.

Die Methode der **Variation der Konstanten** für $\mathfrak{x}' = A(t)\mathfrak{x} + \mathfrak{b}(t)$ besteht wie im Fall $n = 1$ in dem *Ansatz* $\mathfrak{x}(t) = X(t)\mathfrak{c}(t)$, wobei $X(t)$ eine Fundamentalmatrix für $\mathfrak{x}' = A(t)\mathfrak{x}$ und das Vektorfeld $\mathfrak{c} : I \to \mathbb{R}^n$ zu bestimmen ist. Der Ansatz ergibt

$$X'(t)\mathfrak{c}(t) + X(t)\mathfrak{c}'(t) = A(t)X(t)\mathfrak{c}(t) + X(t)\mathfrak{c}'(t) = A(t)X(t)\mathfrak{c}(t) + \mathfrak{b}(t),$$

also $X(t)\mathfrak{c}'(t) = \mathfrak{b}(t)$ und die allgemeine Lösung

$$\mathfrak{x}(t) = X(t)\Big[\mathfrak{c}_0 + \int_\tau^t X^{-1}(s)\mathfrak{b}(s)\,ds\Big] \quad (\mathfrak{c}_0 \in \mathbb{R}^n \text{ beliebig}).$$

Speziell für $X(\tau) = \mathsf{E}$ ist dies die Lösung des Anfangswertproblems $\mathfrak{x}(\tau) = \mathfrak{c}_0$.

11.23 Lineare Differentialgleichungen n-ter Ordnung werden in der Form

$$u^{(n)} + a_{n-1}(t)u^{(n-1)} + \cdots + a_1(t)u' + a_0(t)u = b(t), \quad \text{kurz } Lu = b(t) \quad (11.24)$$

geschrieben; die Koeffizienten $a_\nu, b : I \longrightarrow \mathbb{R}$ sind stetig. Gl. (11.24) kann mittels der Transformation $x_1 = u, x_2 = u', \ldots, x_n = u^{(n-1)}$ in ein entsprechende lineares System überführt werden. Die *Wronskische Determinante* von n Lösungen $u_1, \ldots, u_n$ der linear homogenen Gl. (11.24) $Lu = 0$ ist $\mathsf{W}(t) = \det U(t)$, wo U die $n \times n$-Matrix mit den Spaltenvektoren $(u_\nu, u'_\nu, \ldots, u_\nu^{(n-1)})^\top$ ist. Alle Lösungen existieren im Intervall I und gehören zur Klasse $C^{n+m}(I)$, wenn alle Koeffizienten m-mal stetig differenzierbar sind. Die Rückübertragung der gewonnenen Resultate ergibt den

Satz 11.16 *1. Die Lösungen der homogenen Differentialgleichung bilden einen Vektorraum der Dimension n.*

2. Die Wronskische Determinante erfüllt $\mathsf{W}' = -a_{n-1}(t)\mathsf{W}$. *Entweder ist* $\mathsf{W}(t) \equiv 0$ *oder* $\mathsf{W}(t) \neq 0$ *in* I, *dieses genau dann, wenn die Funktionen* $u_1, \ldots, u_n$ *linear unabhängig sind.*

3. Im inhomogenen Fall erhält man die Lösungsgesamtheit in der Form $u = u_0 + v$, *wobei* v *alle Lösungen von* $Lv = 0$ *durchläuft und* u_0 *eine partikuläre Lösung der inhomogenen Aufgabe ist.*

4. Die Methode der Variation der Konstanten *liefert eine partikuläre Lösung der inhomogenen Aufgabe in der Form* $c_1u_1 + \cdots c_nu_n$, *wobei* $u_1, \ldots, u_n$ *ein Fundamentalsystem mit zugehöriger Fundamentalmatrix U ist und* $\mathfrak{c}' = (c'_1, \ldots, c'_n)^\top$ *die Lösung des linearen Gleichungssystems* $U(t)\mathfrak{c}'(t) = (0, \ldots, 0, b(t))^\top$ *bedeutet.*

Bemerkung 11.6 Wegen der speziellen Form der rechten Seite bietet sich zur Lösung des linearen Gleichungssystems die Cramersche Regel an: Bezeichnet W_j die Wronskische Determinante von $u_1, \ldots, u_{j-1}, u_{j+1}, \ldots, u_n$, so ist $c_j'(t) = (-1)^{n+j} \dfrac{W_j(t)}{W(t)} b(t)$.

11.7 Kanonische Fundamentalsysteme

Für die Systeme oder Gleichungen höherer Ordnung mit *konstanten* Koeffizienten gibt es eine vollständige Lösungstheorie. Den Anfang machen

11.24 Homogene Differentialgleichungen n-ter Ordnung

$$Lu = u^{(n)} + a_{n-1}u^{(n-1)} + \cdots + a_1 u' + a_0 u = 0 \qquad (11.25)$$

mit konstanten Koeffizienten. Der *Ansatz* $u(t) = e^{\lambda t}$, somit $u'(t) = \lambda e^{\lambda t}$, $u''(t) = \lambda^2 e^{\lambda t}$, $u'''(t) = \lambda^3 e^{\lambda t}$ usw. führt auf

$$e^{\lambda t}(\lambda^n + a_{n-1}\lambda^{n-1} + \cdots + a_1\lambda + a_0) = 0;$$

man erhält also eine Lösung dieser Form genau dann, wenn λ eine Nullstelle des *charakteristischen Polynoms* $P(\lambda) = \lambda^n + a_{n-1}\lambda^{n-1} + \cdots + a_1\lambda + a_0$ von L ist. Hat P die *paarweise verschiedenen reellen* Nullstellen $\lambda_1, \ldots, \lambda_n$, so bilden die Funktionen $e^{\lambda_1 t}, \ldots, e^{\lambda_n t}$ ein Fundamentalsystem, wie nachfolgend gezeigt wird. Generell muss man aber mit den paarweise verschiedenen Nullstellen $\lambda_j \in \mathbb{R}$ mit Vielfachheiten m_j ($1 \le j \le r$) und $\alpha_j \pm i\beta_j \in \mathbb{C}$ mit Vielfachheiten n_j ($1 \le j \le s$) rechnen. Die Nullstellen $\alpha \pm i\beta$ erzeugen die reellwertigen Lösungen $e^{\alpha t}\cos\beta t$ und $e^{\alpha t}\sin\beta t$, somit gibt es jedenfalls $r + 2s$ rellwertige Lösungen der Form $e^{\lambda_j t}$ ($1 \le j \le r$), $e^{\alpha_j t}\cos\beta_j t$ und $e^{\alpha_j t}\sin\beta_j t$ ($1 \le j \le s$). Ist λ (reell oder komplex) eine m-fache Nullstelle, so ist

$$L[t^k e^{\lambda t}] = L\left[\frac{d^k}{d\lambda^k}e^{\lambda t}\right] = \frac{d^k}{d\lambda^k}L[e^{\lambda t}] = \frac{d^k}{d\lambda^k}[e^{\lambda t}P(\lambda)] = 0$$

für $k < m$; das zweite Gleichheitszeichen folgt dabei aus dem Satz von Schwarz oder kann direkt verifiziert werden. Jedenfalls ist $t \mapsto t^k e^{\lambda t}$ eine Lösung für $0 \le j < k$, aus der sich für konjugiert komplexe Paare $\lambda = \alpha + i\beta$ wieder zwei reellwertige und linear unabhängige Lösungen $t^k e^{\alpha t}\cos\beta t$ und $t^k e^{\alpha t}\sin\beta t$ ergeben.

11.25 Das kanonische Fundamentalsystem von $Lu = 0$ hat folgende Form:

Satz 11.17 *Die Funktionen* $t^k e^{\lambda_j t}$ $(0 \leq k \leq m_j - 1,\ 1 \leq j \leq r)$,

$$t^k e^{\alpha_j t} \cos(\beta_j t) \quad \text{und} \quad t^k e^{\alpha_j t} \sin(\beta_j t) \quad (0 \leq k \leq n_j - 1,\ 1 \leq j \leq s)$$

bilden zusammen ein (das kanonische) *Fundamentalsystem von* $Lu = 0$.

Beweis ‖ Es bleibt die lineare Unabhängigkeit dieser Funktionen zu zeigen. Eine beliebige Linearkombination $\sum\limits_{k=1}^{n} \alpha_k u_k$ hat, wenn passende Terme zusammengefasst werden, die Form

$$\sum_{j=1}^{n} \alpha_j u_j(t) = \sum_{j=1}^{m} Q_j(t) e^{\lambda_j t} = \Phi(t) \quad (\lambda_j \neq \lambda_\ell \text{ für } j \neq \ell);$$

Φ wird *Exponentialpolynom* genannt, die Koeffizienten $Q_j \not\equiv 0$ sind gewöhnliche Polynome. Es ist zu zeigen, dass $\Phi(t) \equiv 0$ nur dann gilt, wenn alle Q_j identisch verschwinden. Zum Beweis sei $\alpha = \max \operatorname{Re} \lambda_j$ für $1 \leq j \leq k$, somit $\operatorname{Re} \lambda_\ell < \alpha$ für $k < \ell \leq m$; die Zahlen $\beta_j = \operatorname{Im} \lambda_j$, $1 \leq j \leq m$ sind paarweise verschieden, und man kann $Q_j(t) = c_j t^p + \cdots$ $(c_j \neq 0)$ für $1 \leq j \leq q$, dagegen $Q_j(t) = O(t^{p-1})$ für $t \to \infty, q < j \leq k$ annehmen. Es folgt

$$\Phi(t) = e^{\alpha t} t^p \Big(\sum_{j=1}^{q} c_j e^{i\beta_j t} + O(t^{p-1}) + O(e^{-\epsilon t}) \Big)$$

für $t \to \infty$ und jedes $0 < \epsilon < \alpha - \max\limits_{k < \ell \leq m} \operatorname{Re} \lambda_\ell$; $\Phi(t) \equiv 0$ impliziert somit

$$\Psi(t) = \sum_{j=1}^{m} c_j e^{i\beta_j t} \equiv 0.$$

Funktionen dieser Form können jedoch nicht identisch verschwinden, da die einzelnen Summanden die paarweise verschiedenen Perioden $2\pi/\beta_j$ haben.　　　　　☕

11.26 Lineare System mit konstanten Koeffizienten besitzen ebenfalls explizite, rein algebraisch bestimmbare Fundamentalsysteme. Der Weg dahin ist etwas mühsamer als bei skalaren Gleichungen höherer Ordnung. Picard-Iteration für das Matrix-Anfangswertproblem $X' = AX$, $X(0) = \mathsf{E}$ ergibt

$$X_0(t) = \mathsf{E}, \quad X_1(t) = \mathsf{E} + \int_0^t AX_0(s)\,ds = \mathsf{E} + At, \quad \text{und allgemein}$$

$$X_m(t) = \mathsf{E} + \int_0^t AX_{m-1}(s)\,ds = \mathsf{E} + At + \tfrac{1}{2}A^2 t^2 + \cdots + \tfrac{1}{m!}A^m t^m.$$

Man gelangt so zur Fundamentalmatrix

$$X(t) = \lim_{m \to \infty} X_m(t) = \sum_{k=0}^{\infty} \frac{A^k}{k!} t^k = e^{At}.$$

Solange aber kein konkreter Weg zur Bestimmung von e^{At} angegeben werden kann ist dies nur eine andere Schreibweise für die kanonische Fundamentalmatrix.

Bemerkung 11.7 Ist $f(z) = \sum_{m=0}^{\infty} c_m z^m$ eine Potenzreihe mit Konvergenzradius $r > 0$ und A eine $n \times n$-Matrix mit Matrixnorm (Euklidnorm) $|A| < r$, so konvergiert die Reihe $\sum_{m=0}^{\infty} |c_m| \, |A|^m$.
Nach der Cauchy-Schwarzschen Ungleichung gilt $|a_{\mu\nu}| = |e_\mu^\top A e_\nu| \leq |A|$. Der Beweis der Ungleichung $|A^m| \leq |A|^m$ wird als Aufgabe gestellt (Induktion). Für $A^m = \left(a_{\mu\nu}^{[m]} \right)$ gilt dann $\left| a_{\mu\nu}^{[m]} \right| \leq |A^m| \leq |A|^m$; damit konvergiert jede der n^2 Reihen $\sum_{m=0}^{\infty} c_m a_{\mu\nu}^{[m]} = A_{\mu\nu}$ absolut, und man kann $f(A) = \sum_{m=0}^{\infty} c_m A^m = \left(A_{\mu\nu} \right)_{\mu,\nu=1}^{n}$ definieren, somit beispielsweise von $\cos A$ und $\sin A$, und eben auch e^A sprechen; diese Matrixfunktionen sind nicht nur formal, sondern auch analytisch definiert. Beispielsweise gilt für jede $n \times n$-Matrix der Norm $|A| < 1$ $\sum_{m=0}^{\infty} A^m = (E - A)^{-1}$; die Reihe heißt auch *Neumannsche Reihe*. Allgemein ist die Matrixfunktion $f(At)$ für $|t| < r|A|^{-1}$ definiert und erfüllt $\dfrac{d}{dt} f(At) = \lim_{h \to 0} \dfrac{f(At + Ah) - f(At)}{h} = Af'(At)$, also $\dfrac{d}{dt} e^{At} = A e^{At}$ im Spezialfall.
Dies ergibt sich wie beim Beweis der komplexen Differenzierbarkeit einer Potenzreihe $\sum_{m=0}^{\infty} c_m z^m$ am Ende von Kap. 7 aus dem Vergleich mit der reellen Potenzreihe $\sum_{m=0}^{\infty} |c_m| \, |A|^m t^m$. Zu beweisen ist $\left| (A(t+h))^m - (At)^m - mhA(At)^{m-1} \right| \leq |A|^m \left((|t| + |h|)^m - |t|^m - m|h| |t|^{m-1} \right)$. Die Aussage über die Exponentialfunktion folgt direkt oder aus nachfolgender

Aufgabe 11.11 Man zeige $e^A e^B = e^{A+B}$ für vertauschbare Matrizen A und B ($AB = BA$). (**Hinweis.** Cauchyprodukt.)

11.27 Diagonalisierbare Matrizen Für $A = \mathrm{diag}\,(\lambda_1, \ldots, \lambda_n)$ gilt $A^m = \mathrm{diag}\,(\lambda_1^m, \ldots, \lambda_n^m)$ und

$$e^{At} = \mathrm{diag}\,(e^{\lambda_1 t}, \ldots, e^{\lambda_n t}).$$

Hat allgemeiner A die n linear unabhängigen Eigenvektoren c_ν zu den (zunächst als reell angenommenen) Eigenwerten λ_ν, so gilt bekanntlich $AC = CD$, wobei $C = (c_1, \ldots, c_n)$, $D = \mathrm{diag}\,(\lambda_1, \ldots, \lambda_n)$ und $A^n C = CD^n$ ist, somit $e^{At} = C \, \mathrm{diag}\,(e^{\lambda_1 t}, \ldots, e^{\lambda_n t}) C^{-1}$. Ein Fundamentalsystem erhält man in der Form

$$\Phi_\nu(t) = e^{\lambda_\nu t} c_\nu \quad (A c_\nu = \lambda_\nu c_\nu, \ c_\nu \neq \mathfrak{o}).$$

Komplexe Eigenwerte $\lambda = \alpha + i\beta$ treten immer paarweise konjugiert komplex auf, mit dem Eigenvektor $c = \mathfrak{a} + i\mathfrak{b} \in \mathbb{C}^n \setminus \mathbb{R}^n$ ist $\bar{c} = \mathfrak{a} - i\mathfrak{b}$ ein Eigenvektor zum Eigenwert $\bar{\lambda} = \alpha - i\beta$. Dies führt zu zwei linear unabhängigen, $\mathbb{R}^n$-wertigen Lösungen

$e^{\alpha t}(\mathfrak{a}\cos\beta t - \mathfrak{b}\sin\beta t) = \operatorname{Re}[e^{\lambda t}\mathfrak{c}]$ und $e^{\alpha t}(\mathfrak{a}\sin\beta t + \mathfrak{b}\cos\beta t) = \operatorname{Im}[e^{\lambda t}\mathfrak{c}]$. Somit gilt:

Satz 11.18 *Ist die Matrix A diagonalisierbar, so erhält man mit den reellen und komplexen Eigenwerten λ_j $(1 \le j \le r)$ und $\alpha_k \pm i\beta_k$ $(1 \le k \le s)$ sowie den zugehörigen Eigenvektoren $\mathfrak{c}_j \in \mathbb{R}^n$ und $\mathfrak{a}_k \pm i\mathfrak{b}_k \in \mathbb{C}^n$ die insgesamt $n = r + 2s$ reellen ($\mathbb{R}^n$-wertigen) Lösungen*

$$e^{\lambda_j t}\mathfrak{c}_j, \quad e^{\alpha_j t}(\mathfrak{a}_k\cos\beta_k t - \mathfrak{b}_k\sin\beta_k t) \quad \text{und} \quad e^{\alpha_k t}(\mathfrak{a}_k\sin\beta_k t + \mathfrak{b}_k\cos\beta_k t);$$

ihre lineare Unabhängigkeit folgt aus der linearen Unabhängigkeit für $t = 0$.

Beispiel 11.19 $A = \begin{pmatrix} 1 & -1 \\ 1 & 0 \end{pmatrix}$ hat die Eigenwerte $(1 \pm i\sqrt{3})/2$. Die kanonische Fundamentalmatrix ist

$$\frac{1}{3}e^{\frac{1}{2}t}\begin{pmatrix} 3\cos\frac{\sqrt{3}}{2}t + \sqrt{3}\sin\frac{\sqrt{3}}{2}t & 2\sqrt{3}\sin\frac{\sqrt{3}}{2}t \\ -2\sqrt{3}\sin\frac{\sqrt{3}}{2}t & 3\cos\frac{\sqrt{3}}{2}t - \sqrt{3}\sin\frac{\sqrt{3}}{2}t \end{pmatrix}.$$

11.28 Die Jordansche Normalform Die Diagonalisierbarkeit ist die *Regel*, aber gerade der Ausnahmefall verursacht bekanntlich Schwierigkeiten.

Beispiel 11.20 Für $A = \begin{pmatrix} 1 & 1 \\ 0 & 1 \end{pmatrix}$ ist $A^k = \begin{pmatrix} 1 & k \\ 0 & 1 \end{pmatrix}$ und $e^{At} = \begin{pmatrix} e^t & te^t \\ 0 & e^t \end{pmatrix}$. Das $n \times n$-System

$$\mathfrak{r}' = J\mathfrak{r} \text{ mit } J = J(\lambda) = \begin{pmatrix} \lambda & 1 & \cdots & 0 \\ & \ddots & \ddots & \\ \vdots & & \lambda & 1 \\ 0 & \cdots & \cdots & \lambda \end{pmatrix} \text{ und } \lambda \text{ zunächst reell kann explizit gelöst werden. Die}$$

Komponenten der Lösung zum Anfangswert $\mathfrak{r}(0) = \mathfrak{e}_n$ ergeben sich so: Ausgehend von $x_n' = \lambda x_n$, $x_n(0) = 1$, also $x_n(t) = e^{\lambda t}$ erhält man $x_{n-1}' = \lambda x_{n-1} + e^{\lambda t}$, $x_{n-1}(0) = 0$. Eindimensionale Variation der Konstanten ergibt $x_{n-1}(t) = te^{\lambda t}$, und $x_{n-j}(t) = \dfrac{t^j}{j!}e^{\lambda t}$ mit Induktion. Genauso verschafft man sich die Lösung mit $\mathfrak{r}(0) = \mathfrak{e}_\nu$, sie hat die Form $e^{\lambda t}\Big(\dfrac{t^{\nu-1}}{(\nu-1)!}, \ldots, \dfrac{t^2}{2}, t, 1, 0, \ldots, 0\Big)^\top$ (die 1 steht an der Stelle ν), und damit die Fundamentalmatrix

$$e^{Jt} = e^{\lambda t}\begin{pmatrix} 1 & t & \cdots & \frac{t^{n-1}}{(n-1)!} \\ 0 & 1 & \cdots & \frac{t^{n-2}}{(n-2)!} \\ \vdots & \ddots & \ddots & \vdots \\ 0 & \cdots & 0 & 1 \end{pmatrix}.$$

Aus der Linearen Algebra ist bekannt, dass es zu jeder $n \times n$-Matrix A eine reguläre (i. A. komplexwertige) $n \times n$-Matrix C mit $AC = CJ$ mit $J = \operatorname{diag}(J_1, \ldots, J_m)$ gibt. Die Matrix J heißt *Jordansche Normalform* von A, sie wird aus *Jordanblöcken* $J_k = J(\lambda_k)$ gebildet, die wie $J(\lambda)$ im vorigen Beispiel definiert sind. Die Normalform ist bis auf die Anordnung der Jordanblöcke eindeutig bestimmt (die zugehörigen Eigenwerte $\lambda_1, \ldots, \lambda_m$ sind nicht unbedingt alle verschieden). Es gilt dann

$e^{At}C = Ce^{Jt}$ wegen $A^mC = CJ^m$, womit das Problem, e^{At} zu berechnen, zumindest theoretisch gelöst ist. Ist $\lambda = \alpha + i\beta$ in der $m \times m$-Matrix $J(\lambda)$ nicht reell, so tritt auch $J(\bar\lambda)$ in der kanonischen Darstellung auf, und $\begin{pmatrix} J(\lambda) & \mathsf{O} \\ \mathsf{O} & J(\bar\lambda) \end{pmatrix}$ kann durch die reelle $2m \times 2m$-Matrix (ein *reeller Jordanblock*)

$$\begin{pmatrix} D & \mathsf{E} & \cdots & \mathsf{O} \\ & \ddots & \ddots & \\ \vdots & & D & \mathsf{E} \\ \mathsf{O} & \cdots & \cdots & D \end{pmatrix} \quad \text{mit } D = \begin{pmatrix} \alpha & -\beta \\ \beta & \alpha \end{pmatrix}, \ \mathsf{E} = \begin{pmatrix} 1 & 0 \\ 0 & 1 \end{pmatrix} \text{ und } \mathsf{O} = \begin{pmatrix} 0 & 0 \\ 0 & 0 \end{pmatrix}$$

ersetzt werden. Echte Jordanblöcke $J(\lambda)$ treten nur auf, wenn die Dimension des Eigenraums zum Eigenwert λ (die geometrische Vielfachheit) kleiner als m (die algebraische Vielfachheit von λ) ist.

11.29 Eigen- und Hauptvektoren Die praktische Bestimmung einer Fundamentalmatrix wird im Folgenden exemplarisch beschrieben. Es sei λ ein m-facher Eigenwert von A und $\mathfrak{w}^{[0]} \in \mathbb{C}^n$ ein zugehöriger Eigenvektor. Die *Hauptvektoren* $\mathfrak{w}^{[k]}$ $(k \geq 1)$ zu λ sind sukzessive durch die linearen Gleichungssysteme

$$(A - \lambda \mathsf{E})\mathfrak{w}^{[k]} = \mathfrak{w}^{[k-1]}, \quad \text{also} \quad (A - \lambda \mathsf{E})^k\mathfrak{w}^{[k]} = \mathfrak{w}^{[0]}$$

definiert, solange diese lösbar sind; dies sei für $k = 1, \ldots, p$ der Fall (alle $p < m$ sind möglich). Man erhält so zu $e^{\lambda t}\mathfrak{w}^{[0]}$ weitere p linear unabhängige Lösungen

$$e^{\lambda t}\left(t\mathfrak{w}^{[0]} + \mathfrak{w}^{[1]}\right), \ e^{\lambda t}\left(\tfrac{t^2}{2}\mathfrak{w}^{[0]} + t\mathfrak{w}^{[1]} + \mathfrak{w}^{[2]}\right), \ldots, \ e^{\lambda t}\sum_{j=0}^{p}\tfrac{t^j}{j!}\mathfrak{w}^{[p-j]}; \text{ ist } \lambda \text{ nicht re-}$$

ell, so ergeben sich durch Real- und Imaginärteilbildung $2p$ linear unabhängige Lösungen. Aus der Linearen Algebra ist bekannt, dass es eine Basis des $\mathbb{C}^n$ bestehend aus Eigen- und Hauptvektoren zu den verschiedenen Eigenwerten von A gibt, so dass auf diese Weise ein Fundamentalsystem gewonnen werden kann.

Beispiel 11.21 Das charakteristische Polynom des Systems

$$\begin{aligned} x' &= \ 8x + 12y - 2z \\ y' &= -3x - 4y + z \\ z' &= -x - 2y + 2z \end{aligned}$$

ist $-(\lambda - 2)^3$; zum dreifachen Eigenwert $\lambda = 2$ gehört nur ein eindimensionaler Eigenraum, aufgespannt von $\mathfrak{w} = (2, -1, 0)^\top$. Wenn man sich obiges Ergebnis über die Hauptvektoren nicht gemerkt hat, macht man den *Ansatz* $\mathfrak{x} = e^{2t}(t\mathfrak{w} + \mathfrak{v})$. Er führt auf

$$\mathfrak{x}' = e^{2t}(2t\mathfrak{w} + 2\mathfrak{v} + \mathfrak{w}) = e^{2t}A(t\mathfrak{w} + \mathfrak{v}) = e^{2t}(2t\mathfrak{w} + A\mathfrak{v}),$$

also $(A - 2\mathsf{E})\mathfrak{v} = \mathfrak{w}$ und $\mathfrak{v} = (2, -1, -1)^\top$. Der nächste Ansatz ist $\mathfrak{x} = e^{2t}\left(\tfrac{t^2}{2}\mathfrak{w} + t\mathfrak{v} + \mathfrak{u}\right)$, er führt auf $(A - 2\mathsf{E})\mathfrak{u} = \mathfrak{v}$ mit Lösung $\mathfrak{u} = (-1, 1, 2)^\top$. Hier ist also

$$X(t) = e^{2t} \begin{pmatrix} 2 & 2+2t & -1+2t+t^2 \\ -1 & -1-t & 1-t-\frac{1}{2}t^2 \\ 0 & -1 & 2-t \end{pmatrix}$$

eine (nichtkanonische) Fundamentalmatrix.

Bemerkung 11.8 Die Methode der *Variation der Konstanten*, der Ansatz $\mathfrak{x}(t) = X(t)\mathfrak{c}(t)$ führt im Fall des Anfangwertproblems $\mathfrak{x}' = A\mathfrak{x} + \mathfrak{f}(t)$, $\mathfrak{x}(0) = \xi$ auf

$$\mathfrak{x}(t) = e^{At}\left[\xi + \int_0^t e^{-As}\mathfrak{f}(s)\,ds\right] = e^{At}\xi + \int_0^t e^{A(t-s)}\mathfrak{f}(s)\,ds.$$

11.8 Abhängigkeit von Parametern und Anfangswerten

In viele aus der Modellierung realer Prozesse hervorgehende Differentialgleichungen gehen Messwerte als *Parameter* ein, die meist ebensowenig wie die Anfangswerte genau bekannt sind. Man interessiert sich daher für die Frage, wie stark Änderungen der Anfangswerte und Parameter die Lösungen beeinflussen.

11.30 Ein Störungssatz Als Vorstufe zur Untersuchung der stetigen Abhängigkeit von Parametern dient der nachfolgende

Satz 11.19 *Es sei* $\Phi : [0, b] \to \mathbb{R}^n$ *Lösung des Anfangswertproblems* $\mathfrak{x}' = \mathfrak{f}(t, \mathfrak{x})$, $\mathfrak{x}(0) = \mathfrak{o}$. *Die rechte Seite* $\mathfrak{f}$ *genüge im* Streifen

$$S = \{(t, \mathfrak{x}) : 0 \le t \le b,\ |\mathfrak{x} - \Phi(t)| \le R\}$$

einer Lipschitzbedingung $|\mathfrak{f}(t, \mathfrak{x})) - \mathfrak{f}(t, \tilde{\mathfrak{x}})| \le L|\mathfrak{x} - \tilde{\mathfrak{x}}|$. *Weiter sei* Ψ *Lösung des Anfangswertproblems*

$$\mathfrak{y}' = \mathfrak{f}(t, \mathfrak{y}) + \mathfrak{g}(t, \mathfrak{y}),\ \mathfrak{y}(0) = \eta.$$

Unter der Voraussetzung $|\mathfrak{g}(t, \mathfrak{x})| \le \delta$ *in* S *und* $(|\eta| + b\delta)e^{Lb} \le R$ *existiert* Ψ *in* $[0, b]$ *und erfüllt dort*

$$|\Psi(t) - \Phi(t)| \le (|\eta| + b\delta)e^{Lt}.$$

Bemerkung 11.9 $\mathfrak{g}$ bzw. η werden als Störung der rechten Seite $\mathfrak{f}$ bzw. des Anfangswertes aufgefasst.

Beweis ‖ Für $\mathfrak{z}(t) = \Psi(t) - \Phi(t)$ gilt $|\mathfrak{z}(0)| = |\eta|$ und

$$|\mathfrak{z}'| = |\mathfrak{f}(t, \Phi(t) + \mathfrak{z}) - \mathfrak{f}(t, \Phi(t)) + \mathfrak{g}(t, \Psi(t))| \le L|\mathfrak{z}| + \delta,$$

letzteres aber nur, *solange* $\mathfrak{z}$ in S verläuft; dies sei der Fall in $[0, c)$, wobei $c \le b$ maximal gewählt sei. Integration ergibt dann

$$|\mathfrak{z}(t)| \le |\eta| + c\delta + L\int_0^t |\mathfrak{z}(s)|\,ds,$$

Abb. 11.4 Die Lösung des gestörten Systems verbleibt im Streifen S

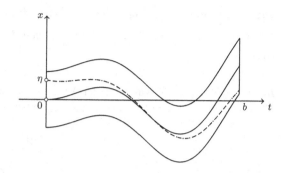

und aus dem Lemma von Gronwall, angewandt auf $u(t) = |\mathfrak{z}(t)|$ in $[0, c)$ folgt

$$|\mathfrak{z}(t)| \leq (|\eta| + c\delta)e^{Lt} \leq (|\eta| + b\delta)e^{Lb} \leq R,$$

und das bedeutet, dass $\mathfrak{z}(t)$, mithin $\Psi(t)$, im ganzen Intervall $[0, b]$ existiert und die genannte Ungleichung erfüllt ist (Abb. 11.4). ☕

11.31 Stetige Abhängigkeit Zur Untersuchung der Parameterabhängigkeit benötigt man folgende Erweiterung der *Standardvoraussetzung*

- $G \subset \mathbb{R} \times \mathbb{R}^n \times \mathbb{R}^m$ ist ein Gebiet; die Variablen werden in der Form $(t, \mathfrak{x}, \lambda) \in \mathbb{R} \times \mathbb{R}^n \times \mathbb{R}^m$ geschrieben.
- $\mathfrak{f} : G \to \mathbb{R}^n$ ist stetig und genügt in G einer lokalen Lipschitzbedingung bezüglich $\mathfrak{x}$.

Das Anfangswertproblem $\mathfrak{x}' = \mathfrak{f}(t, \mathfrak{x}, \lambda)$, $\mathfrak{x}(\tau) = \xi$, besitzt die maximale Lösung

$$\Phi(t; \tau, \xi, \lambda) \text{ in } I_{max} = I_{max}(\tau, \xi, \lambda).$$

Sie wird aufgefasst als Funktion

$$\Phi : \Omega = \{(t, \tau, \xi, \lambda) : (\tau, \xi, \lambda) \in G, \ t \in I_{max}(\tau, \xi, \lambda)\} \to \mathbb{R}^n. \tag{11.26}$$

Mit der Substitution $\mathfrak{y}(t) = \mathfrak{x}(t + \tau) - \xi$ erhält man

$$\mathfrak{y}' = \mathfrak{f}(t + \tau, \mathfrak{y} + \xi, \lambda) = \tilde{\mathfrak{f}}(t, \mathfrak{y}, \tau, \xi, \lambda), \quad \mathfrak{y}(0) = \mathfrak{o};$$

aus den Anfangswerten sind Parameter geworden. Die *stetige Abhängigkeit* der Lösung von Parametern und Anfangswerten kann nun folgendermaßen ausgedrückt werden.

Satz 11.20 (über die stetige Abhängigkeit) *Die in (11.26) definierte Menge* $\Omega \subset$ $\mathbb{R} \times \mathbb{R} \times \mathbb{R}^n \times \mathbb{R}^m$ *ist offen und die Funktionen* $\Phi : \Omega \to \mathbb{R}^n$ *und* $\dfrac{\partial \Phi}{\partial t} : \Omega \to \mathbb{R}^n$ *sind stetig* .

Beweis ‖ Nach der Verwandlung der Anfangswerte in Parameter und Rückkehr zur alten Bezeichnungsweise genügt es, das Anfangswertproblem

$$\mathfrak{x}' = \mathfrak{f}(t, \mathfrak{x}, \lambda), \quad \mathfrak{x}(0) = \mathfrak{o}$$

und seine Lösung $\Phi(t; \lambda)$ in Abhängigkeit von λ zu studieren. Die Lösung zum Parameter λ_0 hat das maximale Existenzintervall $I_{max} = I_{max}(\lambda_0)$. Es sei $[0, b]$ ein beliebiges kompaktes Teilintervall von I_{max} (wie üblich wird nach rechts argumentiert); $R > 0$ wird so gewählt, dass $\mathfrak{f}$ in

$$S \times \overline{K(\lambda_0, R)} \quad \text{mit} \quad S = \{(t, \mathfrak{x}) : 0 \le t \le b, \ |\mathfrak{x} - \Phi(t; \lambda_0)| \le R\}$$

definiert ist und dort eine L-Lipschitzbedingung bezüglich $\mathfrak{x}$ erfüllt. Zu gegebenem $\epsilon, 0 < \epsilon < R$ werden $\delta > 0$ und $\rho > 0$ so gewählt, dass $\delta b e^{Lb} \le \epsilon$ und

$$|\mathfrak{f}(t, \mathfrak{x}, \lambda) - \mathfrak{f}(t, \mathfrak{x}, \lambda_0)| \le \delta \quad \text{in } S \times \overline{K(\lambda_0, \rho)}$$

erfüllt sind. Für $|\lambda - \lambda_0| < \rho$ kann dann der Störungssatz mit $\Phi(t) = \Phi(t; \lambda_0), \eta = \mathfrak{o}$ und $\mathfrak{g}(t, \mathfrak{y}) = \mathfrak{f}(t, \mathfrak{y}, \lambda) - \mathfrak{f}(t, \mathfrak{y}, \lambda_0)$ auf die Lösung $\mathfrak{y} = \Psi(t) = \Phi(t; \lambda)$ von

$$\mathfrak{y}' = \mathfrak{f}(t, \mathfrak{y}, \lambda) = \mathfrak{f}(t, \mathfrak{y}, \lambda_0) + \mathfrak{g}(t, \mathfrak{y}), \quad \mathfrak{y}(0) = \mathfrak{o}$$

angewendet werden; er liefert die Existenz von $\Phi(t; \lambda)$ in $[0, b]$ sowie die Ungleichung $|\Phi(t; \lambda) - \Phi(t; \lambda_0)| \le b \delta e^{Lt} \le \epsilon$ für $0 \le t \le b$, $|\lambda - \lambda_0| < \rho$. Zusätzlich zur stetigen Abhängigkeit ist $[0, b] \subset I_{max}(\lambda)$ mitbewiesen worden. Hieraus folgt die Offenheit und der Wegzusammenhang der Menge Ω, die hier die Form $\{(t, \lambda) : (0, \mathfrak{o}, \lambda) \in G, t \in I_{max}(\lambda)\}$ hat: Ist $(t_0, \lambda_0) \in \Omega$, also $t_0 \in I_{max}(\lambda_0)$, so wählt man $[a, b] \subset I_{max}(\lambda_0)$ mit $0, t_0 \in (a, b)$ und $\rho > 0$ wie im Beweis. Es ist dann $(a, b) \times K(\lambda_0, \rho) \subset \Omega$, somit ist Ω offen und wegzusammenhängend. ▰

11.32 Die Variationsgleichungen Differenzierbare Abhängigkeit der Lösungen $\Phi(t; \tau, \xi, \lambda)$ von Parametern und Anfangswerten ist nur zu erwarten, wenn die rechte Seite ebenfalls stetig differenzierbar ist. Anstelle der Stetigkeit von $\mathfrak{f} : G \subset$ $\mathbb{R} \times \mathbb{R}^n \times \mathbb{R}^m \longrightarrow \mathbb{R}^n$ plus Lipschitzbedingung bezüglich $\mathfrak{x}$ wird jetzt $\mathfrak{f} \in \mathcal{C}^1(G, \mathbb{R}^n)$ gefordert. Der Beweis der differenzierbaren Abhängigkeit beruht wesentlich auf den linearen *Variationsgleichungen*

$$
\begin{aligned}
X' &= J(t)X, & X(\tau) &= \mathsf{E} \\
Y' &= J(t)Y + \Lambda(t), & Y(\tau) &= \mathsf{O} \\
\mathfrak{z}' &= J(t)\mathfrak{z}, & \mathfrak{z}(\tau) &= -\mathfrak{f}(\tau, \xi, \lambda);
\end{aligned}
\tag{11.27}
$$

dabei ist $J(t) = \dfrac{\partial f}{\partial \mathfrak{x}}(t, \Phi(t; \tau, \xi, \lambda), \lambda)$ und $\Lambda(t) = \dfrac{\partial f}{\partial \lambda}(t, \Phi(t; \tau, \xi, \lambda), \lambda)$, und E bzw. O bedeuten die $n \times n$ Einheits- bzw. $n \times m$ Nullmatrix. Die Lösungen existieren im maximalen Existenzintervall $I_{max}(\tau, \xi, \lambda)$.

Bemerkung 11.10 Die Variationsgleichungen sind folgendermaßen motiviert: Ist Φ nach ξ, λ und τ stetig differenzierbar, so folgt mit der Kettenregel (' bedeutet Ableitung nach t) und dem Satz von Schwarz

$$\frac{\partial}{\partial t}\frac{\partial \Phi}{\partial \xi}(t; \xi) = \frac{\partial \Phi'}{\partial \xi}(t; \xi) = \frac{\partial}{\partial \xi}f(t, \Phi(t; \xi)) = \frac{\partial f}{\partial \mathfrak{x}}(t, \Phi(t; \xi))\frac{\partial \Phi}{\partial \xi}(t; \xi);$$

die Anfangsbedingung $\dfrac{\partial \Phi}{\partial \xi}(\tau; \xi) = \mathsf{E}$ folgt aus $\Phi(\tau; \xi) = \xi$. Ebenso erhält man

$$\begin{aligned}\frac{\partial}{\partial t}\frac{\partial \Phi}{\partial \lambda}(t; \lambda) &= \frac{\partial \Phi'}{\partial \lambda}(t; \lambda) = \frac{\partial}{\partial \lambda}f(t, \Phi(t; \lambda), \lambda)\\ &= \frac{\partial f}{\partial \mathfrak{x}}(t, \Phi(t; \lambda), \lambda)\frac{\partial \Phi}{\partial \lambda}(t; \lambda) + \frac{\partial f}{\partial \lambda}(t, \Phi(t; \lambda), \lambda)\end{aligned}$$

mit Anfangswert O, da $\Phi(\tau; \lambda) = \xi$ unabhängig von λ ist, sowie

$$\frac{\partial}{\partial t}\frac{\partial \Phi}{\partial \tau}(t; \tau) = \frac{\partial \Phi'}{\partial \tau}(t; \tau) = \frac{\partial}{\partial \tau}f(t, \Phi(t; \tau)) = \frac{\partial f}{\partial \mathfrak{x}}(t, \Phi(t; \tau))\frac{\partial \Phi}{\partial \tau}(t; \tau);$$

die Anfangsbedingung ergibt sich aus

$$\frac{\partial \Phi(t; \tau)}{\partial \tau}\bigg|_{t=\tau} = \frac{\partial}{\partial \tau}\bigg[\xi + \int_{\tau}^{t} f(t, \Phi(s; \tau))\,ds\bigg]_{t=\tau} = -f(\tau, \xi).$$

11.33 Differenzierbare Abhängigkeit Bei den Variationsgleichungen handelt es sich auch bei beliebig auf $I = I_{max}(\tau, \xi, \lambda)$ vorgegebenen stetigen Matrizen J und Λ um lineare Differentialgleichungssysteme, die Existenz der Lösungen ist gesichert. Diese Sichtweise ermöglicht den Beweis des Differenzierbarkeitssatzes.

Satz 11.21 (über die differenzierbare Abhängigkeit) *Unter der Voraussetzung* $f \in C^1(G, \mathbb{R}^n)$ *ist* $\Phi : \Omega \to \mathbb{R}^n$ *ebenfalls stetig differenzierbar nach* τ, ξ *und* λ. *Weiter sind* $\dfrac{\partial \Phi}{\partial \tau}, \dfrac{\partial \Phi}{\partial \xi}$ *und* $\dfrac{\partial \Phi}{\partial \lambda}$ *nach* t *differenzierbar und diese Ableitungen sind in* Ω *stetig.*

Beweis ‖ Zunächst wird gezeigt, dass sich das Problem auf die stetig differenzierbare Abhängigkeit von ξ reduzieren lässt. Ist sie bewiesen, so ergibt sich die differenzierbare Abhängigkeit von τ bzw. λ so: Man betrachtet bei festem λ das $(n + 1)$-dimensionale Anfangswertproblem (die unabhängige Veränderliche t tritt nicht auf, dafür τ als Anfangswert)

$$\begin{aligned} z' &= 1, & z(0) &= \tau\\ \mathfrak{y}' &= f(z, \mathfrak{y}, \lambda), & \mathfrak{y}(0) &= \xi \end{aligned}$$

bzw. bei festem τ das $(n + m)$-dimensionale Anfangswertproblem

$$\mathfrak{y}' = \mathfrak{f}(t, \mathfrak{y}, \mathfrak{z}), \qquad \mathfrak{y}(\tau) = \xi$$
$$\mathfrak{z}' = \mathfrak{o}, \qquad\qquad \mathfrak{z}(\tau) = \lambda.$$

Die jeweilige Lösung hängt stetig differenzierbar von den Anfangswerten(!) (τ, ξ) bzw. (ξ, λ) ab, es ist $z(t; \tau) = t + \tau$ im ersten und $\mathfrak{z}(t; \lambda) = \lambda$ im zweiten Fall, so dass jedes dieser Anfangswertprobleme mit $\mathfrak{x}' = \mathfrak{f}(t, \mathfrak{x}, \lambda)$, $\mathfrak{x}(\tau) = \xi$, äquivalent ist. Genauer gilt (nur die wesentlichen Parameter werden hervorgehoben) $\Phi(t; \tau, \xi) = \mathfrak{y}(t - \tau; 0, \xi)$ bzw. $\Phi(t; \xi, \lambda) = \mathfrak{y}(t; \xi, \lambda)$.

Es sei $X(t)$ die Lösung der ersten Variationsgleichung (für $\tau = 0$, sämtliche Abhängigkeiten sind in ξ konzentriert) im maximalen Existenzintervall I_{max} und

$$\mathfrak{y}(t; \mathfrak{h}) = \frac{1}{|\mathfrak{h}|}\left[\Phi(t; \xi + \mathfrak{h}) - \Phi(t; \xi) - X(t)\mathfrak{h}\right]$$

für $\mathfrak{h} \in \mathbb{R}^n \setminus \{\mathfrak{o}\}$. Bei gegebenem Intervall $[a, b] \subset I_{max}$ ($0 \in [a, b]$) existiert diese Funktion für $0 < |\mathfrak{h}| < \delta$ in $[a, b]$ und löst dort das Anfangswertproblem

$$\mathfrak{y}' = \frac{1}{|\mathfrak{h}|}\left[\mathfrak{f}(t, \Phi(t; \xi + \mathfrak{h})) - \mathfrak{f}(t, \Phi(t; \xi)) - J(t)X(t)\mathfrak{h}\right], \quad \mathfrak{y}(0) = \mathfrak{o}.$$

Nach dem Mittelwertsatz ist

$$\mathfrak{f}(t, \Phi(t; \xi + \mathfrak{h})) - \mathfrak{f}(t, \Phi(t; \xi)) = J(t, \mathfrak{h})(\Phi(t; \xi + \mathfrak{h}) - \Phi(t; \xi))$$

mit der auf $[a, b] \times K(\mathfrak{o}, \delta)$ stetigen $n \times n$-Matrix

$$J(t, \mathfrak{h}) = \int_0^1 \frac{\partial \mathfrak{f}}{\partial \mathfrak{x}}(t; s\Phi(t; \xi + \mathfrak{h}) + (1 - s)\Phi(t; \xi)) \, ds$$

und $J(t) = J(t, \mathfrak{o}) = \lim\limits_{\mathfrak{h} \to \mathfrak{o}} J(t, \mathfrak{h})$. Somit kann auf das Anfangswertproblem

$$\mathfrak{y}' = J(t, \mathfrak{h})\mathfrak{y} + \frac{1}{|\mathfrak{h}|}\left[J(t, \mathfrak{h}) - J(t, \mathfrak{o})\right]X(t)\mathfrak{h}, \quad \mathfrak{y}(0) = \mathfrak{o},$$

mit Lösung $\mathfrak{y}(t; \mathfrak{h})$ der Stetigkeitssatz angewendet werden. Mit

$$\lim_{\mathfrak{h} \to \mathfrak{o}} \left(J(t, \mathfrak{h})\mathfrak{y} + \frac{1}{|\mathfrak{h}|}\left[J(t, \mathfrak{h}) - J(t, \mathfrak{o})\right]X(t)\mathfrak{h}\right) = J(t)\mathfrak{y} \quad \text{und}$$

$$\lim_{\mathfrak{h} \to \mathfrak{o}} \frac{1}{|\mathfrak{h}|}\left[\Phi(t; \xi + \mathfrak{h}) - \Phi(t; \xi) - X(t)\mathfrak{h}\right] = \lim_{\mathfrak{h} \to \mathfrak{o}} \mathfrak{y}(t; \mathfrak{h}) = \mathfrak{y}(t; \mathfrak{o})$$

folgt $\dfrac{\partial \Phi}{\partial \xi}(t; \xi) = X(t)$, da das Anfangswertproblem $\mathfrak{y}' = J(t)\mathfrak{y}$, $\mathfrak{y}(0) = \mathfrak{o}$, nur die Null-Lösung $\mathfrak{y}(t; \mathfrak{o}) = \mathfrak{o}$ besitzt. Zusammen gilt: $\Phi(t; \xi)$ ist nach ξ differenzierbar,

$\dfrac{\partial\Phi}{\partial\xi}$ löst die erste Variationsgleichung und $\dfrac{d}{dt}\dfrac{\partial\Phi}{\partial\xi}(t;\xi) = \dfrac{\partial\mathfrak{f}}{\partial\mathfrak{x}}(t,\Phi(t;\xi))\dfrac{\partial\Phi}{\partial\xi}(t;\xi)$
ist stetig. Die anderen Fälle lassen sich, auf diesen zurückführen.   ☕

11.9 2D quasilineare partielle Differentialgleichungen 1. Ordnung

Darunter versteht man *partielle Differentialgleichungen* der Form

$$a(x,y,u)u_x + b(x,y,u)u_y = c(x,y,u). \tag{11.28}$$

Die Koeffizienten $a,b,c : G \subset \mathbb{R}^3 \to \mathbb{R}$ werden als stetig differenzierbar im Gebiet $G \subset \mathbb{R}^3$ vorausgesetzt. Gesucht ist eine stetig differenzierbare Lösung u in einem Gebiet $D \subset \mathbb{R}^2$, die noch einer gewissen Anfangsbedingung, der sogenannten *Cauchybedingung* genügen soll. Das **Cauchyproblem** wird allgemein so formuliert: Gegeben sei eine ebene C^1-Kurve Γ mit Parameterdarstellung $x = \phi(s)$, $y = \psi(s)$ ($s \in I$) sowie eine C^1-Funktion $\chi : I \to \mathbb{R}$ mit $\{(\phi(s),\psi(s),\chi(s)) : s \in I\} \subset G$. Gesucht ist dann in einem Gebiet $D \subset \mathbb{R}^2$ mit $\Gamma \subset D$ eine C^1-Funktion u, die (11.28) löst und zugleich die Anfangswerte

$$u(\phi(s),\psi(s)) = \chi(s), \ s \in I \tag{11.29}$$

auf Γ besitzt. Gesucht sind notwendige und hinreichende Bedingungen für die Lösbarkeit. Im linearen Fall, in dem a und b von u unabhängig sind, heißt

$$x' = a(x,y), \ y' = b(x,y) \tag{11.30}$$

System der *charakteristischen Gleichungen,* ihre Lösungen sind die **charakteristischen Kurven** $t \mapsto (x(t),y(t))^\top$ (die unabhängige Veränderliche t ist nicht sichtbar, das System (11.30) ist autonom). Die Lösungen zum Anfangswert $x(0) = \phi(s)$, $y(0) = \psi(s)$ hängen stetig differenzierbar von s ab. Ist u eine Lösung von (11.28), so löst $z(t) = u(x(t),y(t))$ das Anfangswertproblem

$$z' = c(x(t),y(t),z), \ z(0) = \chi(s).$$

Beispiel 11.22 Für $-yu_x + xu_y = u$, $u(x,0) = x^3$ lautet das System der charakteristischen Gleichungen $x' = -y$, $y' = x$, $x(0) = s$, $y(0) = 0$ mit der Lösung $x = s\cos t$, $y = s\sin t$; die charakteristischen Kurven sind die Kreislinien $x^2 + y^2 = s^2$. Die Lösung von $z' = z$, $z(0) = s^3$ ist $z = s^3 e^t$, somit $z = (x^2+y^2)^{\frac{3}{2}} e^t$ und $\tan t = y/x$, also $u(x,y) = (x^2+y^2)^{\frac{3}{2}} e^{\arctan(y/x)}$ etwa in der Halbebene $x > 0$. Ist $\theta(x,y)$ das Argument von (x,y), $-\pi < \theta < \pi$, so existiert die eindeutig bestimmte Lösung $u(x,y) = (x^2+y^2)^{\frac{3}{2}} e^{\theta(x,y)}$ in $D = \mathbb{R}^2 \setminus \{(x,y) : x \le 0\}$.

Allgemein betrachtet man das System der *charakteristischen Gleichungen*

$$x' = a(x, y, z), \quad y' = b(x, y, z), \quad z' = c(x, y, z)$$

mit Anfangswerten $x(0) = \phi(s)$, $y(0) = \psi(s)$, $z(0) = \chi(s)$. Durch $t \mapsto (x(t; s), y(t; s))^\top$ werden die *charakteristischen Kurven* definiert. Die Lösung hängt stetig differenzierbar von s ab. Ist u eine Lösung des Cauchyproblems, so gilt für $z(t; s) = u(x(t; s), y(t; s))$

$$\frac{d}{dt} z(t; s) = a(x, y, z)u_x + b(x, y, z)u_y = c(x, y, z), \quad z(0; s) = \chi(s)$$

(x, y, z sind an der Stelle $(t; s)$ auszuwerten), somit ist die gesuchte Lösung auf den charakteristischen Kurven eindeutig festgelegt: $u(x(t; s), y(t; s)) = z(t; s)$! Insbesondere darf die Kurve Γ von jeder charakteristischen Kurve nur einmal getroffen werden, sie selbst muss *nichtcharakteristisch* sein. Kann man die Abbildung $(t, s) \mapsto (x(t; s), y(t; s))$ umkehren, $t = \theta_1(x, y), s = \theta_2(x, y)$, so erhält man $u(x, y) = z(\theta_1(x, y); \theta_2(x, y))$ als *die* Lösung des Cauchyproblems. Eine hinreichende Bedingung für die lokale Umkehrbarkeit nahe $(x(0; s_0), y(0; s_0))$ ist die Regularität der 2×2-Matrix $\begin{pmatrix} x_t & x_s \\ y_t & y_s \end{pmatrix}$ im Punkt $(0; s_0)$; dort ist $x_t = a(\phi, \psi, \chi)$, $y_t = b(\phi, \psi, \chi)$ und $x_s = \phi'$, $y_s = \psi'$ (jeweils im Punkt $(0; s_0)$ auszuwerten). Die gesuchte hinreichende Bedingung ist $\begin{vmatrix} a(\phi, \psi, \chi) & \phi' \\ b(\phi, \psi, \chi) & \psi' \end{vmatrix}_{s=s_0} \neq 0$. Sie garantiert auch, dass Γ nichtcharakteristisch ist. Die Konstruktionsmethode heißt *Methode der Charakteristiken*.

Satz 11.22 *Unter der genannten Zusatzvoraussetzung besitzt das Cauchyproblem (11.28), (11.29) genau eine Lösung in einem Gebiet D, das den Punkt $(\phi(s_0), \psi(s_0))$ enthält.*

11.10 Anhang: Differentialgleichungen und Analysis

Das Zusammenspiel zwischen Analysis und Differentialgleichungen beginnt mit Newtons Beschreibung [*Data Æquatione quotcumque, fluentes quantitates involvente, fluxiones invenire, et vice versa*] seiner Methode in Form eines Anagramms. Insbesondere das *vice versa* kann man auch auffassen als Aufforderung, Differentialgleichungen zu lösen. Mit dieser neuen Methode konnten geometrische und physikalische Aufgaben behandelt werden, die vorher völlig unangreifbar waren – jedenfalls solange die auftretenden Differentialgleichungen selbst explizit gelöst werden konnten. So hat man denn bis zum Anfang des 19. Jahrhunderts die Hauptaufgabe darin gesehen, immer ausgeklügeltere Methoden zur Lösung spezieller Differentialgleichungen zu entwickeln. Dies war auch ein Erfordernis der Physik, die ihre Theorien nun weitgehend in Form von (gewöhnlichen und partiellen) Differentialgleichungen formulierte. Die in diesem Text beschriebenen speziellen Methoden stammen alle aus dieser Zeit. Es wurde aber im Lauf der Zeit klar, dass eine allgemeine Lösungstheorie, unabhängig von den Lösungsmethoden selbst, erforderlich war, denn mehr noch als bei der Integration von Funktionen ist die Möglichkeit der expliziten Integration von Differentialgleichungen die Ausnahme und nicht die Regel, selbst dann, wenn man Reihenentwicklungen der Lösungen als *explizit* anerkennt.

Den ersten abstrakten Existenzsatz bewies Cauchy um 1820 mit der Konstruktion der Euler-Cauchyschen Polygonzüge. Ist die rechte Seite in $x' = f(t, x)$ stetig differenzierbar, so konvergiert die Folge für den Anfangswert $x(\tau) = \xi$ gegen die einzige Lösung des Problems. Lipschitz hat die $\mathcal{C}^1$-Voraussetzung zur Lipschitzbedingung abgeschwächt. Von Picard (1890) stammt der auch hier dargestellte Beweis mittels sukzessiver Aproximation durch die Picarditerierten, der sich deutlich vom Cauchyschen Beweis unterscheidet. Lindelöf bewies diesen Satz im gleichen Jahr, unabhängig von Picard. Die Approximationsmethode gipfelte schließlich in seiner abstrakten Form im Banachschen Fixpunktsatzes, wo ebenfalls nur die Lipschitzbedingung benötigt wird.

Ein zweiter Existenzsatz von Cauchy bezieht sich auf *analytische* Anfangswertprobleme $x' = \sum_{j,k=0}^{\infty} a_{jk} t^j x^k, x(0) = 0$. Nach Cauchy (1835) existieren immer eindeutig bestimmte Lösungen in Form von konvergenten Potenzreihen $x(t) = \sum_{j=0}^{\infty} c_j t^j$. Er entwickelte zum Beweis die äußerst schlagkräftige *Majorantenmethode*, den *calcul des limites*. Die Verallgemeinerung auf analytische partielle Differentialgleichungen verdankt man Sofja Kowalewskaja. Auch der analytische Fall wird heute mit der Picardschen Methode (dem Banachschen Fixpunktsatz) behandelt.

Die weitere Entwicklung, die in diesem kurzen einführenden Text nicht dargestellt werden konnte, vielmehr in eine eigenständige Vorlesung gehört, war und ist wesentlich geprägt durch die Frage nach qualitativen Eigenschaften der Gesamtheit der Lösungen. Untersuchungen dieser Art wurden zu Beginn des 20. Jahrhunderts von Poincaré aufgenommen.

Kapitel 12
Einführung in die Funktionentheorie

Die in einem Gebiet D der komplexen Ebene *einmal* differenzierbaren, die *holomorphen* Funktionen stehen in der Pyramide der Funktionen an oberster Stelle. Auf der Grundlage des Cauchyschen Integralsatzes und der Cauchyschen Integralformel, die bereits in ihrer lokalen Form *en passant* im Kapitel *Mehrdimensionale Differentialrechnung* entdeckt wurden, wird zunächst die lokale Theorie ihrer analytischen und geometrischen Eigenschaften entwickelt. Diese Darstellung wird vervollständigt durch den Beweis der allgemeinen Cauchyschen Integralformel und deren Anwendungen.

12.1 Analytische Eigenschaften holomorpher Funktionen

12.1 Der Satz von Morera kann als Gegenstück zum Lemma von Goursat/Poincaré im Kapitel *Mehrdimensionale Differentialrechnung* angesehen werden.

Satz 12.1 (von Morera) *Es sei $D \subset \mathbb{C}$ ein Gebiet und $f : D \longrightarrow \mathbb{C}$ stetig. Gilt $\int_{\partial \triangle} f(z)\, dz = 0$ für jedes Dreieck $\triangle \subset D$, so ist f holomorph in D.*

Beweis ‖ Die Kreisscheibe $D_{z_0} : |z - z_0| < r$ sei enthalten in D. Dann ist $F(z) = \int_{z_0}^{z} f(\zeta)\, d\zeta$ wohldefiniert in D_{z_0} (es wird gradlinig integriert), und nach Voraussetzung ($\triangle$ mit Eckpunkten $z_0, z, z + h \in D_{z_0}$) gilt

$$F(z + h) - F(z) - hf(z) = \int_{z}^{z+h} (f(\zeta) - f(z))\, d\zeta = o(|h|) \quad (h \to 0)$$

wegen der Stetigkeit von f. Damit ist F, also auch die Ableitung $f = F'$ holomorph in D_{z_0}. ☕

© Der/die Autor(en), exklusiv lizenziert an Springer-Verlag GmbH, DE, ein Teil von Springer Nature 2024
N. Steinmetz, *Analysis*, https://doi.org/10.1007/978-3-662-68086-5_12

Giacinto **Morera** (1856-1909), ital. Mathematiker und Ingenieur. Er arbeitete hauptsächlich über Probleme der mathematischen Physik und der Mechanik.

12.2 Ganze Funktionen Eine in der ganzen Ebene $\mathbb{C}$ holomorphe Funktion heißt auch *ganze Funktion.* Ihre Taylorreihe mit Koeffizienten

$$a_n = \frac{f^{(n)}(z_0)}{n!} = \frac{1}{2\pi i} \int_{|z-z_0|=r} \frac{f(\zeta)}{(\zeta - z_0)^{n+1}} \, d\zeta \qquad (12.1)$$

konvergiert überall. Die einfachsten Beispiele sind die nicht-konstanten Polynome, für die offensichtlich $|P(z)| \to \infty$ für $|z| \to \infty$ gilt.

Satz 12.2 (von Liouville) *Beschränkte ganze Funktionen sind konstant.*

Beweis ‖ Aus $|f(z)| \le M$ und (12.1) folgt $|a_n| \le M r^{-n} \to 0$ für $r \to \infty$ und alle $n > 0$, somit $a_n = 0$ und $f(z) = a_0$.   ☕

Joseph **Liouville** (1809-1882) war Ingenieur und Mathematiker. Er publizierte mehr als 400 Arbeiten über alle Gebiete der Mathematik, davon etwa 200 über Zahlentheorie. Er gründete das *Journal de Mathématiques pures et appliquées* (Liouvilles Journal), bewies als erster die Existenz transzendenter Zahlen, und erwarb sich bleibende Verdienste durch die Entwirrung der Aufzeichnungen von Evariste **Galois** (1811-1832).

Bemerkung 12.1 Ein nullstellenfreies, aber nichtkonstantes Polynom P erzeugt die nichtkonstante ganze Funktion $f = 1/P$, die wegen $|P(z)| \to \infty$, also $|f(z)| \to 0$ für $|z| \to \infty$ beschränkt, also konstant ist. Dieser Widerspruch ergibt einen neuen Beweis des bereits früher mit erheblich größerem Aufwand bewiesenen *Fundamentalsatzes der Algebra.*

12.3 Folgen holomorpher Funktionen Ein immer wiederkehrende Thema der Analysis beschäftigt sich mit der Frage, inwieweit Eigenschaften konvergenter Funktionenfolgen (f_n) auf die Grenzfunktionen vererbt werden. Der zentrale Satz zu diesem Thema lautet in der Funktionentheorie:

Satz 12.3 (Konvergenzsatz von Weierstraß) *Die Folge (f_n) holomorpher Funktionen sei im Gebiet D lokal gleichmäßig konvergent. Dann ist die Grenzfunktion f ebenfalls holomorph in D und es gilt $f^{(k)} \to f^{(k)}$ $(k \in \mathbb{N})$, ebenfalls lokal gleichmäßig.*

Beweis ‖ Wegen der lokal gleichmäßigen Konvergenz ist f stetig. Ebenfalls deswegen darf in der lokalen Cauchyschen Integralformel

$$f_n(z) = \frac{1}{2\pi i} \int_{|z-z_0|=r} \frac{f_n(\zeta)}{\zeta - z} \, d\zeta \quad (|z - z_0| < r)$$

der Grenzübergang $n \to \infty$ unter dem Integral über die positiv orientierte Kreislinie $|z - z_0| = r$ durchgeführt werden, woraus

$$f(z) = \frac{1}{2\pi i} \int_{|z-z_0|=r} \frac{f(\zeta)}{\zeta - z} \, d\zeta \quad (|z - z_0| < r)$$

und insbesondere die Holomorphie von f als Cauchyintegral folgt. Dieselbe Überlegung kann auf das Cauchyintegral

$$f_n^{(k)}(z) = \frac{k!}{2\pi i} \int_{|z-z_0|=r} \frac{f_n(\zeta)}{(\zeta - z)^{k+1}} \, d\zeta$$

angewandt werden, woraus dann $f_n^{(k)} \to f^{(k)}$, gleichmäßig in $|z - z_0| < \rho < r$, somit lokal gleichmäßig in D, folgt.   &

12.4 Normale Familien Nach dem Satz von Arzelà-Ascoli impliziert die lokale Beschränktheit und gleichgradige Stetigkeit einer Familie $\mathcal{F}$ von Funktionen $f : D \to \mathbb{R}$ (oder $\mathbb{C}$), dass jede Folge in $\mathcal{F}$ eine lokal gleichmäßig konvergente Teilfolge besitzt. Besteht $\mathcal{F}$ aus holomorphen Funktionen, so nennt man diese Eigenschaft *normal* und $\mathcal{F}$ eine *normale Familie*. Im Gegensatz zur lokalen Beschränktheit ist die gleichgradige Stetigkeit allgemein schwieriger nachzuweisen; in der Funktionentheorie ist sie hingegen eine Folge der Beschränktheit. Dies besagt

Satz 12.4 (Normalitätskriterium von Montel) *Eine Familie $\mathcal{F}$ holomorpher Funktionen $f : D \to \mathbb{C}$ ist bereits dann normal, wenn sie lokal beschränkt ist.*

Paul **Montel** (1876-1975, Paris), frz. Mathematiker, arbeitete hauptsächlich in der Funktionentheorie. Seine Normalitätskriterien sind aus der Funktionentheorie nicht mehr wegzudenken; sie bilden *die* Grundlage für die Behandlung der allermeisten Extremalprobleme und *eine* Grundlage für die von Pierre **Fatou** (1878-1929) und Gaston **Julia** (1893-1978) entwickelte Theorie der komplexen dynamischen Systeme.

Beweis ‖ Es sei $\{z : |z - z_0| \leq 2r\} \subset D$ beliebig; dann gilt $|f(z)| \leq M$ etwa für $|z - z_0| \leq 2r$ und alle $f \in \mathcal{F}$, somit

$$|f'(z)| = \left| \frac{1}{2\pi i} \int_{|z-z_0|=2r} \frac{f(\zeta)}{(\zeta - z)^2} \, d\zeta \right| \leq \frac{2rM}{r^2} = \frac{2M}{r} = L \quad (|z - z_0| \leq r).$$

Die Familie der Ableitungen ist somit ebenfalls lokal beschränkt, alle $f \in \mathcal{F}$ erfüllen dieselbe lokale Lipschitzbedingung, und $\mathcal{F}$ ist lokal gleichgradig stetig:

$$|f(z_1) - f(z_2)| = \left| \int_{z_1}^{z_2} f'(\zeta) \, d\zeta \right| \leq L|z_1 - z_2|;$$

integriert wird gradlinig von z_1 nach z_2 in $|z - z_0| < r$.   &

12.5 Nullstellen holomorpher Funktionen werden immer entsprechend ihrer Vielfachheit gezählt. Ist f holomorph in $|z - z_0| < \delta$, $f(z_0) = 0$ und $m \geq 1$ der erste Index mit $f^{(m)}(z_0) \neq 0$, so heißt m *Vielfachheit* oder *Ordnung* der Nullstelle z_0;

es gilt $f(z) = (z - z_0)^m [a_m + a_{m+1}(z - z_0) + a_{m+2}(z - z_0)^2 + \cdots]$ und $a_m \neq 0$. Die Nullstellen liegen isoliert, d. h. um jede Nullstelle z_0 gibt es eine nullstellenfreie punktierte Kreisscheibe $0 < |z - z_0| < r(z_0)$. Dies gilt erst recht wenn $f(z_0) \neq 0$ ist. Da jede Kreisscheibe komplex-rationale Zahlen ($\in \mathbb{Q} + i\mathbb{Q}$) enthält, gilt der

Satz 12.5 (**Nullstellensatz**) *Die Nullstellenmenge einer im Gebiet D holomorphen Funktion* $f \not\equiv 0$ *ist höchstens abzählbar und ohne Häufungspunkt in D* (m. a. W. sie ist diskret).

Mehr oder weniger dasselbe besagt der Identitätssatz, der bereits im Zusammenhang mit reellen Potenzreihen im Kapitel *Grenzwert und Stetigkeit* aufgetreten ist.

Satz 12.6 (**Identitätssatz**) *Zwei im Gebiet D holomorphe Funktionen sind bereits dann gleich, wenn sie auf einer nicht-diskreten Menge übereinstimmen.*

Beweis ‖ Wo f mit g übereinstimmt, ist eine Nullstelle von $f - g$.

12.2 Die elementaren Funktionen

sind nichts anderes als die in die komplexe Ebene fortgesetzten gleichnamigen reellen Funktionen. Sie sind alle Abkömmlinge einer einzigen.

12.6 Die Exponentialfunktion wird durch die überall konvergente *Exponentialreihe*

$$\sum_{n=0}^{\infty} \frac{z^n}{n!} = e^z$$

definiert. Die *Eigenschaften* der Exponentialfunktion:

- $e^z e^w = e^{z+w}$ (Additionstheorem),
- $\dfrac{d}{dz} e^z = e^z$
- $e^{-z} = 1/e^z$, insbesondere $e^z \neq 0$
- $e^{z+2\pi i} = e^z$

gelten im Komplexen unverändert weiter, ebenso die Definitionen der *hyperbolischen* und *trigonometrischen* Funktionen

$$\sinh z = \frac{e^z - e^{-z}}{2}; \qquad \sin z = \frac{e^{iz} - e^{-iz}}{2i} = -i \sinh(iz);$$

$$\cosh z = \frac{e^z + e^{-z}}{2}; \qquad \cos z = \frac{e^{iz} + e^{-iz}}{2} = \cosh(iz).$$

Aufgabe 12.1 Man zeige $\sin z = \cosh y \sin x + i \sinh y \cos x$ $(z = x + iy)$ und bestimme so die Nullstellen des Sinus. (Überraschung?)

12.7 Der Logarithmus Jede Lösung der Gleichung $e^z = w$ ist ein **komplexer Logarithmus** von w, geschrieben $z = \log w$. Im Gegensatz zum Reellen gibt es aber unendlich viele komplexe Logarithmen, sie unterscheiden sich um ganzzahlige additive Vielfache von $2\pi i$, sind also durch $\log |w| + i \arg w + 2k\pi i$ ($k \in \mathbb{Z}$) gegeben; $\log |w|$ ist der ‚reelle Logarithmus' und $\arg w$ ein fest gewähltes Argument von w. Von einer *holomorphen Funktion* $\log w$ mit der Ableitung $\dfrac{d \log w}{dw} = \dfrac{1}{w}$ kann man sprechen z. B. in der aufgeschlitzten Ebene $\mathbb{C} \setminus (-\infty, 0]$; dort gilt $\log e^z = z$. Dagegen sind Formeln wie $\log zw = \log z + \log w$ mit Vorsicht zu genießen, sie gelten nur bis auf additive Konstanten der Form $2k\pi i$, $k \in \mathbb{Z}$.

Die komplexen **Arcus-** und **Areafunktionen** lassen sich sämtlich durch den komplexen Logarithmus ausdrücken, wie immer mit der Einschränkung modulo $2\pi i$. Beispielsweise ist die Gleichung $\sin z = w$ äquivalent mit $e^{2iz} - 2iwe^{iz} - 1 = 0$, woraus mit $u = e^{iz}$ die quadratische Gleichung $u^2 - 2iwu - 1$ mit den Lösungen $u_{1,2} = iw \pm \sqrt{1 - w^2}$ entsteht. Es gilt also formal $\arcsin w = -i \log(iw \pm \sqrt{1 - w^2})$, womit noch lange nicht die Fragen: Für welche w? Für welchen Logarithmus? Für welche Quadratwurzel? Für welches Vorzeichen $\pm$? beantwortet sind.

Beispiel 12.1 Gesucht ist in der Kreisscheibe $\mathbb{D} = \{w : |w| < 1\}$ diejenige holomorphe Funktion $\arcsin$, die mit dem reellen Arcussinus in $(-1, 1)$ übereinstimmt. Für $w = u \in (-1, 1)$ muss dann $-i \log(iu \pm \sqrt{1 - u^2}) = -i \log|iu \pm \sqrt{1 - u^2}| + \arg(iu \pm \sqrt{1 - u^2})$ reellwertig sein. Wegen $\sqrt{1 - u^2} > 0$ ist $\arg(iu + \sqrt{1 - u^2}) = \arctan \dfrac{u}{\sqrt{1 - u^2}}$ modulo 2π, und der Imaginärteil verschwindet wegen $|iu \pm \sqrt{1 - u^2}|^2 = u^2 + 1 - u^2 = 1$ und $\log 1 = 0$ (reell). Für $|w| < 1$ ist $|(1 - w^2) - 1| < 1$, somit bezeichnet $\sqrt{1 - w^2}$ diejenige in $\mathbb{D}$ holomorphe Quadratwurzel mit positivem Realteil. Weiter ist $f(w) = iw + \sqrt{1 - w^2} \neq 0$, und dies reicht aus für die Existenz einer in $\mathbb{D}$ holomorphen Funktion $\log f(w)$, nämlich diejenige in D holomorphe Stammfunktion von f'/f, die in $w = 0$ verschwindet. Nebenbei ergibt sich noch $\arcsin u = \arctan \dfrac{u}{\sqrt{1 - u^2}}$ für $-1 < u < 1$.

Aufgabe 12.2 Auf diese Art und Weise sind weitere holomorphe Umkehrfunktionen der trigonometrischen und hyperbolischen Funktionen zu bestimmen. Sie können alle durch geeignete holomorphe Logarithmen ausgedrückt werden. Natürlich kennt man z. B. mit $\arctan w$ auch $\operatorname{Artanh} w$.

12.8 Nullstellenfreie holomorphe Funktionen Der nachfolgende, auf Kreisscheiben eingeschränkte Satz gilt tatsächlich in allen Gebieten, in denen die Cauchyschen Sätze uneingeschränkt gelten; dies wird später ausgeführt, ohne dass etwas am Beweis geändert werden muss.

Satz 12.7 *In Kreisscheiben D*

a) *läßt sich jede harmonische Funktion u zu einer holomorphen Funktion $f = u + iv$ ergänzen;*

b) *besitzt jede nullstellenfreie holomorphe Funktion eine Darstellung $f(z) = e^{g(z)}$ mit einer holomorphen Funktion g;*

c) *gibt es zu jeder nullstellenfreien holomorphen Funktion f und $n \in \mathbb{N} \setminus \{1\}$ eine holomorphe Funktion h mit $h(z)^n = f(z)$.*

Beweis ‖ Der **komplexe Gradient** $u_x - iu_y$ einer beliebigen harmonischen Funktion[1] ist holomorph, wie man unmittelbar an den Cauchy-Riemann-Gleichungen $(u_x)_x = (-u_y)_y$ und $(u_x)_y = -(-u_y)_x$ erkennt, besitzt also in D eine Stammfunktion $f = p + iq$. Es ist dann $u_x - iu_y = f' = p_x + iq_x = p_x - ip_y$, d.h. $u_x = p_x$ und $u_y = p_y$, woraus $u = p = \mathrm{Re}\, f$ folgt, wenn man f gemäß $f(z_0) = u(z_0)$ festlegt; soviel zur ersten Behauptung. Eine nullstellenfreie holomorphe Funktion besitzt eine holomorphe *logarithmische Ableitung* f'/f, und diese eine holomorphe Stammfunktion g in D. Aus $\dfrac{d}{dz} f(z)e^{-g(z)} = (f'(z) - f(z)g'(z))e^{-g(z)} = 0$ folgt $f(z) = f(z_0)e^{-g(z_0)}e^{g(z)}$, also die zweite Behauptung, wenn man den Vorfaktor $f(z_0)e^{-g(z_0)} = 1$ wählt und so $g(z_0)$ festlegt. Schließlich kann man im Fall der dritten Behauptung $h(z) = e^{g(z)/n}$ wählen. ☕

Bemerkung 12.2 Die Funktion v heißt zu u **konjugiert harmonisch**; sie ist bis auf eine additive reelle Konstante eindeutig bestimmt. Man nennt g einen *holomorphen Zweig* des Logarithmus von f und $h = e^{g/n}$ einen holomorphen Zweig der n-ten Wurzel von f; g ist bis auf ein additives ganzzahliges Vielfaches von $2\pi i$ und h bis auf einen Faktor $e^{2k\pi i/n}$ ($0 \le k < n$) eindeutig bestimmt. Bei der Schreibweise $\log f(z)$ bzw. $\sqrt[n]{f(z)}$ ist immer anzugeben, welcher Zweig gemeint ist. Allgemeiner kann man f^α ($\alpha \in \mathbb{C}$) als holomorphe Funktion $e^{\alpha g(z)}$ definieren. Speziell für $f(z) = z$ erhält man im Gebiet $\mathbb{C}^* = \mathbb{C} \setminus \{0\}$ lokal holomorphe Funktionen $\log z$ und $\sqrt[n]{z}$; es gilt für jeden Zweig $e^{\log z} = (\sqrt[n]{z})^n = z$, aber nur $\log e^z = z + 2k\pi i$ und $\sqrt[n]{z^n} = e^{2k\pi i/n}z$. Achtung: Es gibt keine in $\mathbb{C}^*$ holomorphe (oder auch nur stetige) Funktion $\log z$ oder $\sqrt[n]{z}$.

12.3 Singularitäten

12.9 Die Riemannsche Zahlenkugel Die im Kapitel *Integralsätze und Vektoranalysis* eingeführte *stereographische Projektion* kann auch als Abbildung $\sigma : \mathbb{S}^2 \setminus \{N\} \to \mathbb{C}$ interpretiert werden. Durch Hinzunahme eines Elementes ∞ (keine komplexe Zahl) entsteht die Menge $\widehat{\mathbb{C}} = \mathbb{C} \cup \{\infty\}$, und die stereographische Projektion wird in natürlicher Weise zu einer Abbildung $\sigma : \mathbb{S}^2 \to \widehat{\mathbb{C}}$ mit der Festsetzung $\sigma(N) = \infty$ fortgesetzt. Man nennt $\widehat{\mathbb{C}}$ (und auch $\mathbb{S}^2$) **Riemannsche Zahlenkugel**. Die euklidische Metrik des $\mathbb{S}^2$ umgebenden Raumes $\mathbb{R}^3$ wird durch σ nach $\widehat{\mathbb{C}}$ transportiert, es entsteht die **chordale Metrik** $\chi(a, b) = |\sigma^{-1}(a) - \sigma^{-1}(b)|$ auf $\widehat{\mathbb{C}}^2$. Eine etwas längere Rechnung ergibt explizit $\chi(a, b) = \dfrac{2|a - b|}{\sqrt{1 + |a|^2}\,\sqrt{1 + |b|^2}}$ für

---

[1] Zur Erinnerung: Reellwertige C^2-Funktionen in einem Gebiet D, welche die Laplacegleichung $\Delta u = u_{xx} + u_{yy} = 0$ erfüllen, heißen *harmonisch* (vgl. auch 10.5). Aus den Cauchy-Riemannschen Differentialgleichungen $u_x = v_y$, $u_y = -v_x$ folgt, dass Real-und Imaginärteil einer holomorphen Funktion harmonisch sind: Es ist $u_{xx} = v_{yx} = v_{xy} = -u_{yy}$, d.h. $\Delta u = 0$ und ebenso $\Delta v = 0$.

[2] Nach Definition von χ sind σ und σ^{-1} stetig, somit ist $(\widehat{\mathbb{C}}, \chi)$ ein kompakter metrischer Raum. Man nennt allgemein den Vorgang, aus einem nichtkompakten metrischen Raum durch Hinzufügen eines neuen Punktes und Einführung einer neuen, mit der vorhandenen lokal vergleichbaren Metrik einen kompakten Raum zu konstruieren, *Ein-Punkt-* oder *Alexandroff-Kompaktifizierung*.

$a, b \neq \infty$ und $\chi(a, \infty) = \dfrac{2}{1 + |a|^2}$. Es gilt $a_n \to a \Leftrightarrow \chi(a_n, a) \to 0$ für $a, a_n \in \mathbb{C}$ und $|a_n| \to +\infty \Leftrightarrow \chi(a_n, \infty) \to 0$. Die arithmetischen Operationen lassen sich mit Einschränkungen auf ∞ ausdehnen. Ohne in Widersprüche zu geraten kann man definieren $a \pm \infty = \infty$ und $\dfrac{a}{\infty} = 0$ für $a \in \mathbb{C}$ sowie $a \cdot \infty = \infty$ und $\dfrac{a}{0} = \infty$ für $a \in \mathbb{C} \setminus \{0\}$. Ausdrücklich *nicht definiert, weil sinnlos*, bleiben weiterhin die Ausdrücke $\infty \pm \infty$, $\dfrac{\infty}{\infty}$, $0 \cdot \infty$, $\dfrac{0}{0}$.

12.10 Isolierte Singularitäten Ist f holomorph in $0 < |z - z_0| < r$, so nennt man z_0 eine *isolierte Singularität;* genauer heißt z_0

- *hebbare Singularität,* wenn $\lim\limits_{z \to z_0} f(z) \in \mathbb{C}$ existiert,
- *Polstelle,* wenn $\lim\limits_{z \to z_0} f(z) = \infty$ ist, und
- *wesentliche Singularität* sonst, wenn also $\lim\limits_{z \to z_0} f(z)$ nicht existiert.

Beispiel 12.2 Wegen $\lim\limits_{z \to 0} \dfrac{\sin z}{z} = 1$ hat $f(z) = \dfrac{\sin z}{z}$ in $z = 0$ eine hebbare Singularität. Dagegen hat $f(z) = \dfrac{e^z}{z}$ in $z = 0$ eine Polstelle und $f(z) = e^{1/z}$ eine wesentliche Singularität; dies folgt bereits im Reellen aus $\lim\limits_{x \to 0+} e^{1/x} = \infty$ und $\lim\limits_{x \to 0-} e^{1/x} = 0$.

Es sind jetzt allgemeine Bedingungen anzugeben, wann welcher Fall eintritt. Der Fall einer hebbaren Singularität wird zuerst behandelt.

Satz 12.8 (Riemannscher Hebbarkeitssatz) *Gilt* $\lim\limits_{z \to z_0} (z - z_0) f(z) = 0$, *so ist* z_0 *eine hebbare Singularität, und die durch* $f(z_0) = \lim\limits_{z \to z_0} f(z)$ *in den Punkt* z_0 *fortgesetzte Funktion ist holomorph in* $|z - z_0| < r$. *Dies gilt insbesondere dann, wenn* f *in* $0 < |z - z_0| < \delta$ *beschränkt ist (die ursprüngliche Formulierung von Riemann).*

Beweis ∥ Die durch $g(z) = (z - z_0)^2 f(z)$ für $0 < |z - z_0| < r$ und $g(z_0) = 0$ definierte Funktion ist stetig und sogar in $z = z_0$ differenzierbar mit Ableitung

$$g'(z_0) = \lim_{z \to z_0} \frac{g(z) - g(z_0)}{z - z_0} = \lim_{z \to z_0} (z - z_0) f(z) = 0.$$

Wegen $g(z_0) = g'(z_0) = 0$ ist $g(z) = \sum\limits_{n=2}^{\infty} a_n (z - z_0)^n$, woraus sich die behauptete Fortsetzung $f(z) = \sum\limits_{n=2}^{\infty} a_n (z - z_0)^{n-2}$ mit $f(z_0) = a_2$ ergibt. ✎

Beispiel 12.3 $\cot z = \dfrac{\cos z}{\sin z} = \dfrac{1}{z} + \dfrac{z \cos z - \sin z}{z \sin z}$ besteht wegen $z \sin z = z^2 - z^4/6 + \cdots$ und $z \cos z - \sin z = -z^3/3 + \cdots$ bei $z = 0$ aus dem Hauptteil $1/z$ und der bei $z = 0$ (hebbare Singularität) holomorphen Funktion $\dfrac{z \cos z - \sin z}{z \sin z}$.

Satz 12.9 (über Polstellen) *In einer Polstelle von f gilt*

$$f(z) = \sum_{n=-m}^{\infty} a_n(z - z_0)^n \quad (a_{-m} \neq 0,\ 0 < |z - z_0| < r); \qquad (12.2)$$

die Zahl $m > 0$ bezeichnet die Vielfachheit *oder* Ordnung *der Polstelle z_0.*

Beweis $\parallel$ In $0 < |z - z_0| < \delta$ ist $|f(z)| > 1$, somit hat die dort definierte holomorphe Funktion $g = 1/f$ in z_0 eine hebbare Singularität und sogar eine Nullstelle der Ordnung m: $g(z) = (z - z_0)^m h(z)$ mit $h(z_0) \neq 0$; h ist holomorph und nullstellenfrei in $|z - z_0| < \delta$, es gilt

$$1/h(z) = \sum_{n=0}^{\infty} a_{-m+n}(z - z_0)^n \quad (a_{-m} = 1/h(z_0) \neq 0)$$

und so (12.2) nicht nur in $0 < |z - z_0| < \delta$ sondern sogar in $0 < |z - z_0| < r$, da $(z - z_0)^m f(z)$ in $|z - z_0| < r$ holomorph ist. ☕

Bemerkung 12.3 $H(z, z_0) = \sum_{n=-m}^{-1} a_n(z - z_0)^n$ heißt **Hauptteil** von f im Pol z_0.

Beispiel 12.4 $\quad f(z) = \dfrac{1}{1 - \cos z^2} = \dfrac{1}{1 - (1 - z^4/2 + z^8/24 + \cdots)} = \dfrac{2}{z^4(1 - z^4/12 + \cdots)} = $
$\dfrac{2}{z^4} + \dfrac{1}{6} + \cdots$ hat in $z = 0$ eine vierfache Polstelle mit Hauptteil $2/z^4$.

Aufgabe 12.3 Ist z_0 eine m-fache Nullstelle von f, so wird $\mathrm{ord}_{z_0}(f) = m$ gesetzt, dagegen $\mathrm{ord}_{z_0}(f) = -m$, wenn in z_0 eine Polstelle der Ordnung m vorliegt; $\mathrm{ord}_{z_0}(f) = 0$ bedeutet, dass f in z_0 weder Null- noch Polstelle hat. Mit dieser Notation ist zu zeigen (f, g, $f \pm g \not\equiv 0$ vorausgesetzt):

a) $\mathrm{ord}_{z_0}(fg) = \mathrm{ord}_{z_0}(f) + \mathrm{ord}_{z_0}(g)$;
b) $\mathrm{ord}_{z_0}(f/g) = \mathrm{ord}_{z_0}(f) - \mathrm{ord}_{z_0}(g)$;
c) $\mathrm{ord}_{z_0}(f \pm g) \geq \min\{\mathrm{ord}_{z_0}(f), \mathrm{ord}_{z_0}(g)\}$;
d) $\mathrm{ord}_{z_0}(f \pm g) = \min\{\mathrm{ord}_{z_0}(f), \mathrm{ord}_{z_0}(g)\}$ falls $\mathrm{ord}_{z_0}(f) \neq \mathrm{ord}_{z_0}(g)$.

12.11 Wesentliche Singularitäten Wir beginnen mit dem

Beispiel 12.5 $\quad f(z) = e^{1/z}$ hat in $z = 0$ eine wesentliche Singularität. Für $a \neq 0$ und $z_k = 1/(\log|a| + i \arg a + 2k\pi i) \to 0$ $(|k| \to \infty)$ ist $f(z_k) = a$, während $f(x) \to \infty$ bzw. $f(x) \to 0$ für $x \to 0+$ bzw. $x \to 0-$ gilt. Mit anderen Worten, es wird jeder Wert $c \in \widehat{\mathbb{C}}$ in jeder punktierten Kreisscheibe $0 < |z| < \delta$ von f angenommen oder wenigstens approximiert.

Die Situation in einer Umgebung einer wesentlichen Singularität wird beschrieben durch den

Satz 12.10 (von Casorati-Weierstraß) *Ist z_0 eine wesentliche Singularität von f, so gibt es zu jedem $c \in \widehat{\mathbb{C}}$ eine gegen z_0 konvergierende Folge (z_n) mit $f(z_n) \to c$ für $n \to \infty$.*

Bemerkung 12.4 Die Aussage wird oft folgendermaßen ausgedrückt: *f kommt in jeder Umgebung einer wesentlichen Singularität jedem Wert beliebig nahe.*

Felice **Casorati** (1835-1890) war ein ital. Mathematiker mit Hauptarbeitsgebieten Differentialgeometrie und Funktionentheorie.

Beweis ‖ Ist die Behauptung für $c = \infty$ falsch, so ist f in $0 < |z - z_0| \le \delta$ beschränkt und z_0 eine hebbare Singularität. Für $c \ne \infty$ betrachtet man $F = 1/(f - c)$. Es ist nichts zu zeigen, wenn $f - c$ Nullstellen z_n mit $z_n \to z_0$ besitzt. Andernfalls ist F in $0 < |z - z_0| < \delta$ holomorph und, wenn die Behauptung falsch ist, in $0 < |z - z_0| \le \delta' < \delta$ beschränkt. Die Stelle z_0 ist dann eine hebbare Singularität von F und damit Polstelle von $f = c + 1/F$ falls $\lim_{z \to z_0} F(z) = 0$ ist, und hebbare Singularität sonst – beidesmal ein Widerspruch zur Voraussetzung. ☕

12.12 ∞ als isolierte Singularität Ist f holomorph in $R < |z| < \infty$, so heißt $z = \infty$ *isolierte Singularität* von f. Setzt man $g(\zeta) = f(1/\zeta)$, so ist g holomorph in $0 < |\zeta| < 1/R$, und der Punkt ∞ heißt *hebbare Singularität, Polstelle* oder *wesentliche Singularität* von f, wenn $\zeta = 0$ hebbare Singularität, Polstelle oder wesentliche Singularität von g ist.

Satz 12.11 *Der Punkt ∞ ist genau dann hebbar bzw. eine m-fache Polstelle, wenn*
$$f(z) = \sum_{n=0}^{\infty} a_n z^{-n} \quad bzw. \quad f(z) = \sum_{n=0}^{\infty} a_n z^{m-n} \ (a_0 \ne 0) \ für \ |z| > R \ gilt. \ Jedes \ Polynom$$
vom Grad $n > 0$ hat in ∞ eine Polstelle der Ordnung n. Sonstige ganze Funktionen haben in ∞ eine wesentliche Singularität.

Beispiel 12.6 Die Singularitäten von $f(z) = z/\sin z$ sind

- $z = 0$: hebbare Singularität, da $\lim_{z \to 0} f(z) = 1$;
- $z = k\pi, k \in \mathbb{Z} \setminus \{0\}$: einfacher Pol, da $\lim_{z \to k\pi} (z - k\pi) f(z) = (-1)^k k$;
- $z = \infty$: wesentliche Singularität als Häufungspunkt von Polstellen.

12.13 Meromorphe Funktionen Eine in einem Gebiet D bis auf Polstellen holomorphe Funktion heißt in D **meromorph**. Die Polstellen liegen definitionsgemäß in D isoliert und bilden somit eine diskrete Teilmenge von D. Der Begriff der isolierten Singularität ist auch für meromorphe Funktionen sinnvoll: Entweder ist z_0 Häufungspunkt von Polstellen und damit definitionsgemäß eine wesentliche Singularität, oder aber f hat in $0 < |z - z_0| < \delta$ keine Polstellen und es greift die ursprüngliche Definition.

Satz 12.12 *Die einzigen auf $\widehat{\mathbb{C}}$ meromorphen Funktionen sind die rationalen.*

Beweis ‖ Da $\widehat{\mathbb{C}}$ kompakt ist, hat f nur endlich viele Polstellen $b_1, \ldots, b_m \in \mathbb{C}$ mit Vielfachheiten $\mu_1, \ldots, \mu_m$. Nach dem Riemannschen Hebbarkeitssatz ist

$$P(z) = f(z)(z - b_1)^{\mu_1} \cdots (z - b_m)^{\mu_m} = f(z) Q(z)$$

in $\mathbb{C}$ holomorph, also eine ganze Funktion; der Punkt ∞ ist hebbar oder Polstelle für P, da er es sowohl für f als auch für das Polynom Q ist. Im ersten Fall existiert der endliche Grenzwert $c = \lim\limits_{z \to \infty} P(z)$ und P ist nach dem Satz von Liouville konstant. Im zweiten Fall ist P ein Polynom, und in beiden Fällen $f = P/Q$ eine rationale Funktion.   ☕

12.4   Geometrische Eigenschaften holomorpher Funktionen

12.14 Das Argumentprinzip hat bereits in der nachstehenden einfachen Form weitreichende Folgen und wird später unter dem gleichen Namen wesentlich verallgemeinert.

Satz 12.13   (Argumentprinzip) *Ist f holomorph in $|z - z_0| < R$ und $f(z) \neq 0$ auf $|z - z_0| = r < R$, so besitzt f in $|z - z_0| < r$ genau*

$$\frac{1}{2\pi i} \int_{|z-z_0|=r} \frac{f'(z)}{f(z)} \, dz \tag{12.3}$$

mit Vielfachheiten gezählte Nullstellen.

Beweis ‖ Die Nullstellen von f in $D = \{z : |z - z_0| < r\}$, soweit überhaupt vorhanden, seien $a_1, \ldots, a_n$ mit den Vielfachheiten $v_1, \ldots, v_n$, ihre Gesamtzahl ist also $v_1 + \cdots + v_n$; sie ist endlich, da sich Nullstellen in $|z| \leq r < R$ nicht häufen können. Die Stellen $z = a_j$ sind hebbare Singularitäten von

$$g(z) = f(z)(z - a_1)^{-v_1} \cdots (z - a_n)^{-v_n},$$

und g ist nullstellenfrei in $|z - z_0| < r + \delta \leq R$. Somit ist auch die logarithmische Ableitung f'/f dort holomorph und es gilt $\displaystyle\int_{|z-z_0|=r} \frac{g'(z)}{g(z)} \, dz = 0$. Beachtet man noch

$$\frac{g'(z)}{g(z)} = \frac{f'(z)}{f(z)} - \sum_{j=1}^{n} \frac{v_j}{z - a_j},$$ so folgt die Behauptung aus $\displaystyle\frac{1}{2\pi i} \int_{|z-z_0|=r} \frac{dz}{z - a} = 1$

für $|a| < r$ (man vgl. den Beweis der Cauchyschen Integralformel in Kap. 7).   ☕

12.15 Ein Satz von Hurwitz Der nachstehende Satz ergibt sich aus der Kombination des Argumentprinzips mit dem Konvergenzsatz von Weierstraß:

Satz 12.14 (**von Hurwitz**) *Die Folge* (f_n) *holomorpher Funktionen konvergiere im Gebiet D lokal gleichmäßig gegen f. Dann gilt:*

a) Haben alle f_n höchstens k Nullstellen, so auch f, oder es ist $f \equiv 0$.
b) Sind alle f_n injektiv, so auch f, oder aber f ist konstant.

Beweis ‖ Es sei $f \not\equiv 0$ und $\delta > 0$ so gewählt, dass $\{z : |z - z_0| \le \delta\} \subset D$ und $f(z) \ne 0$ in $0 < |z - z_0| \le \delta$ ist; ansonsten ist δ beliebig. Aus der gleichmäßigen Konvergenz $f_n \to f$ und $f_n' \to f'$ sowie $f(z) \ne 0$ auf $|z - z_0| = \delta$ folgt $f_n(z) \ne 0$ ($n \ge n_0$) und $f_n'/f_n \to f'/f$ auf $|z - z_0| = \delta$, und so

$$N_n = \frac{1}{2\pi i} \int_{|z-z_0|=\delta} \frac{f_n'(z)}{f_n(z)} \, dz \to \frac{1}{2\pi i} \int_{|z-z_0|=\delta} \frac{f'(z)}{f(z)} \, dz = N \quad (n \to \infty).$$

Es folgt $N_n = N$ für $n \ge n_0$, d.h. f_n hat in $|z - z_0| < \delta$ genauso viele Nullstellen wie f (z_0 ist eine N-fache Nullstelle). Da jede m-fache Nullstelle z_0 von f auch m Nullstellen von f_n in $|z - z_0| < \delta$ benötigt ($n \ge n_0(\delta, z_0)$), und zu verschiedenen Nullstellen von f verschiedene Nullstellen von f_n gehören, hat f in D höchstens k Nullstellen, wenn dies für alle f_n ($n \ge n_0$) gilt. Die zweite Behauptung folgt aus der ersten, angewandt auf $f_n - c$, $c \in \mathbb{C}$ beliebig und $k \le 1$; der Wert c wird von f_n entweder genau einmal ($k = 1$) oder gar nicht ($k = 0$) angenommen. Dies gilt auch für f, außer wenn $f \equiv c$ ist. &

12.16 Holomorphe Abbildungen Im Folgenden stehen weniger die analytischen als die Abbildungseigenschaften holomorpher Funktionen im Mittelpunkt. Holomorphe Abbildungen $w = f(z)$ lassen sich am besten so veranschaulichen: Das Definitionsgebiet D wird mit einem Netz von Kurven (z. B. achsenparallelen Geraden oder Strahlen und Kreisen in Form von Polarkoordinaten) überzogen und in einer zweiten Ebene das Bild dieses Netzes unter f gezeichnet.

Beispiel 12.7 Unter $w = z^2$ geht die Gerade $x = a \ne 0$ in der $z = x + iy$-Ebene über in die nach links geöffnete Parabel $v^2 = 4a^2(a^2 - u)$ mit Scheitel in a^2 in der $w = u + iv$-Ebene, die Gerade $y = b \ne 0$ in die nach rechts geöffnete Parabel $v^2 = 4b^2(b^2 + u)$ mit Scheitel in $-b^2$. Umgekehrt entsprechen den Geraden $u = a \ne 0$ bzw. $v = b \ne 0$ in der $w = u + iv$-Ebene die Hyperbeln $x^2 - y^2 = a$ bzw. $2xy = b$. Je zwei dieser Parabeln bzw. Hyperbeln schneiden sich rechtwinklig. Die Sonderfälle $a = 0$ und $b = 0$ sind beidesmal leicht zu überblicken (Abb. 12.1).

Aufgabe 12.4 Die *Joukowskyfunktion* $J(z) = (z + 1/z)/2$ erfüllt $J(1/z) = J(z)$ und ist daher injektiv in $0 < |z| < 1$ und in $|z| > 1$. Zu bestimmen sind die Bilder der Kreise $|z| = r$ bzw. der Strahlen $\arg z = \theta$. (**Lösung.** Ellipsen, ausgenommen für $r = 1$ bzw. Hyperbeläste, jeweils mit Brennpunkten ± 1, mit den Ausnahmen $\theta = 0, \pi/2, \pi, -\pi/2$.)

12.17 Gebietstreue Aus dem Argumentprinzip erhält man den

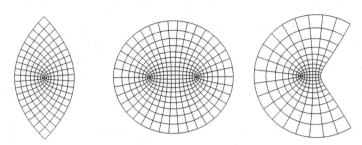

Abb. 12.1 Bild des Einheitsquadrats $(-1, 1) \times (-1, 1)$ unter $f(z) = z^2$, $f(z) = \sin \frac{\pi}{2} z$ und $f(z) = z \sin \frac{\pi}{2} z$

Satz 12.15 (von der Gebietstreue) *Das Bild eines Gebietes D unter einer holomorphen und nichtkonstanten Funktion ist wieder ein Gebiet.*

Beweis ‖ Das Bild $f(D)$ ist wegzusammenhängend, weil D wegzusammenhängend und f stetig ist; insofern wird die Holomorphie von f nicht benötigt. Zum Beweis der Offenheit von $f(D)$ sei $w_0 = f(z_0)$. Da die w_0-Stellen isoliert sind, ist $f(z) \neq w_0$ in $0 < |z - z_0| \leq \delta$ (δ beliebig klein) und jedes w mit $|w - w_0| < \epsilon = \min\{|f(z) - w_0| : |z - z_0| = \delta\}$ hat genau

$$N(w) = \frac{1}{2\pi i} \int_{|z-z_0|=\delta} \frac{f'(z)}{f(z) - w} \, dz$$

Urbilder in $|z - z_0| < \delta$. Da aber die Zählfunktion $w \mapsto N(w)$ stetig und ganzzahlig ist, gilt $N(w) \equiv N(w_0) \geq 1$ und $\{w : |w - w_0| < \epsilon\} \subset f(D)$.   ☕

Bemerkung 12.5 Die Zahl $N(w_0)$ ist gerade der erste Index $k > 0$, für den $f^{(k)}(z_0) \neq 0$ ist, und der letzte Schluss im Beweis besagt, dass es eine Kreisscheibe W um $w_0 = f(z_0)$ gibt, so dass f in $\{z : |z - z_0| < \delta\}$ jeden Wert $w \in W$ genau $N(w_0)$-mal annimmt. Es ist aber zunächst nicht klar, ob das Urbild $f^{-1}(W) \cap \{z : |z - z_0| < \delta\}$ ein Gebiet ist. Dies wird zunächst im Fall $k = 1$ bewiesen.

12.18 Die Umkehrfunktion Die holomorphe Funktion $f = u + iv$ kann als Vektorfeld $\mathfrak{f} = \begin{pmatrix} u \\ v \end{pmatrix}$ mit Funktionaldeterminante $\begin{vmatrix} u_x & u_y \\ v_x & v_y \end{vmatrix} = |f'|^2$ gedeutet werden. Ist $f'(z_0) \neq 0$, so besagt der reelle Satz über die Umkehrfunktion, dass f in einer Kreisscheibe um $w_0 = f(z_0)$ eine (sogar unendlich oft) reell differenzierbare und komplexwertige Umkehrfunktion besitzt. Damit ist aber nicht gesagt, dass diese Funktion holomorph ist!

Satz 12.16 (über die Umkehrfunktion) *Ist f holomorph im Gebiet D, $f(z_0) = w_0$ und $f'(z_0) \neq 0$, so besitzt f in $W = \{w : |w - w_0| < \epsilon\}$ eine eindeutig bestimmte holomorphe Umkehrfunktion mit $f^{-1}(w_0) = z_0$. Es gilt die* Formel von Bürmann-Lagrange *($\delta = \delta(\epsilon) > 0$ geeignet)*

$$f^{-1}(w) = \frac{1}{2\pi i} \int_{|z-z_0|=\delta} \frac{z f'(z)}{f(z) - w} \, dz.$$

Hans Heinrich **Bürmann** (?-1817) war ein deutscher Mathematiker und Lehrer.

Nach diesem Satz ist $U = f^{-1}(W) \subset \{z : |z - z_0| < \delta\}$ ein Gebiet und f eine **konforme** (eine holomorphe und bijektive) Abbildung von U auf W; dies wird im Folgenden durch $f : U \xrightarrow{1:1} W$ abgekürzt.

Beweis ‖ des Satzes. Wählt man $\delta > 0$ so klein, dass $\{z : |z - z_0| \le \delta\} \subset D$ und $f(z) \ne w_0$ in $0 < |z - z_0| \le \delta$ ist, so folgt mit $\epsilon = \min\{|f(z) - w_0| : |z - z_0| = \delta\}$ wie im vorigen Beweis $N(w) = N(w_0) = 1$ für $|w - w_0| < \epsilon$; insbesondere ist f injektiv in $|z - z_0| < \delta$ und $f(\{z : |z - z_0| < \delta\})$ überdeckt die Kreisscheibe $W = \{w : |w - w_0| < \epsilon\}$. Bezeichnet z^* bei gegebenem $w^* \in W$ *die* Lösung der Gleichung $f(z) = w^*$ in $|z - z_0| < \delta$, so ergibt sich aus

$$\frac{z f'(z)}{f(z) - w^*} = \frac{z - z^*}{f(z) - w^*} f'(z) + z^* \frac{f'(z)}{f(z) - w^*}$$

und der Holomorphie von $\dfrac{z - z^*}{f(z) - w^*} f'(z)$ in $|z - z_0| \le \delta$ (z^* ist hebbar)

$$\frac{1}{2\pi i} \int_{|z-z_0|=\delta} \frac{z f'(z)}{f(z) - w^*} \, dz = \frac{z^*}{2\pi i} \int_{|z-z_0|=\delta} \frac{f'(z)}{f(z) - w^*} \, dz,$$

und diese Integral ist gleich $z^* N(w^*) = z^* = f^{-1}(w^*)$. ☕

Beispiel 12.8 Die Funktion $f(z) = ze^{-z}$ erfüllt $f(0) = 0$ sowie $f'(0) = 1 \ne 0$. Da $f(z) \ne 0$ für $z \ne 0$ kann man $\delta > 0$ beliebig wählen; ϵ wird durch $\min\{|ze^{-z}| : |z| = \delta\} = \delta e^{-\delta}$, also $\epsilon = 1/e$ für $\delta = 1$ (optimal) festgelegt. Damit existiert in $|w| < 1/e$ die Umkehrfunktion

$$f^{-1}(w) = \frac{1}{2\pi i} \int_{|z|=1} \frac{z(1-z)e^{-z}}{ze^{-z} - w} \, dz = \sum_{n=1}^{\infty} A_n w^n$$

mit $A_n = \dfrac{1}{2\pi i} \displaystyle\int_{|z|=1} \frac{(z - z^2)e^{-z}}{(ze^{-z})^{n+1}} \, dz = \frac{1}{2\pi i} \int_{|z|=1} \frac{(1-z)e^{nz}}{z^n} \, dz = \frac{F_n^{(n-1)}(0)}{(n-1)!}$, wobei $F_n(z) =$

$(1-z)\, e^{nz} = \displaystyle\sum_{k=0}^{\infty} \frac{n^k}{k!} z^k - \sum_{k=0}^{\infty} \frac{n^k}{k!} z^{k+1}$. Es ist also

$$A_1 = 1 \quad \text{und} \quad A_n = \frac{n^{n-1}}{(n-1)!} - \frac{n^{n-2}}{(n-2)!} = \frac{n^{n-2}}{(n-1)!} \quad \text{für } n \ge 2.$$

Der Konvergenzradius der Taylorreihe $f^{-1}(w) = \displaystyle\sum_{n=1}^{\infty} \frac{n^{n-2}}{(n-1)!} w^n$ ist

$$\lim_{n \to \infty} \frac{\frac{n^{n-2}}{(n-1)!}}{\frac{(n+1)^{n-1}}{n!}} = \lim_{n \to \infty} \left(1 - \frac{1}{n+1}\right)^{n-1} = 1/e.$$

12.19 Die lokale Abbildung Anders als im Reellen kann im Komplexen auch im Fall $f'(z_0) = 0$ das lokale Abbildungsverhalten präzise beschrieben werden. Der Satz über die Umkehrfunktion erscheint als Spezialfall des folgenden Satzes, dessen Beweis allerdings auf diesen Spezialfall reduziert wird.

Satz 12.17 (über die lokale Abbildung) *Ist f holomorph im Gebiet D und gilt $f(z_0) = w_0$, $f^{(j)}(z_0) = 0$ $(0 < j < k)$, aber $f^{(k)}(z_0) \neq 0$, so gibt es beliebig kleine Kreisscheiben $W = \{w : |w - w_0| < \epsilon\}$ und $V = \{\zeta : |\zeta| < \epsilon^{1/k}\}$, ein Gebiet $U \subset D$ mit $z_0 \in U$ sowie eine konforme Abbildung $h : U \xrightarrow{1:1} V$ mit*

$$f(z) = w_0 + h(z)^k \text{ in } U.$$

Jedes $w \in W$ hat unter f genau k Urbilder im Gebiet U.

Bemerkung 12.6 Die letzte Aussage wird kurz mit $f : U \xrightarrow{k:1} W$ abgekürzt; k ist der *lokale Abbildungsgrad*, f verhält sich lokal wie $z \mapsto w_0 + (z - z_0)^k$.

Beweis $\|$ Es gilt $f(z) - w_0 = (z - z_0)^k g(z)$ mit $g(z) = a_k + a_{k+1}(z - z_0) + \cdots$, $a_k \neq 0$. Damit besitzt g bei $z = z_0$ eine holomorphe k-te Wurzel g_1, und $h(z) = (z - z_0) g_1(z)$ mit $h(z_0) = 0$ und $h'(z_0) = g_1(z_0) \neq 0$ hat bei 0 eine lokale Umkehrfunktion, d.h. h bildet ein Gebiet U um z_0 konform auf die Kreisscheibe $V = \{\zeta : |\zeta| < \epsilon^{1/k}\}$ ab; in U gilt $f(z) = w_0 + h(z)^k$ (Abb. 12.2). 🐚

12.20 Winkeltreue Abbildungen Ein differenzierbarer Bogen $\gamma : (-\sigma, \sigma) \to \mathbb{C}$ mit $\gamma'(0) \neq 0$ hat im Punkt $z_0 = \gamma(0)$ eine Tangente, deren Richtung durch $\theta = \arg \gamma'(0)$ beschrieben wird. Ist $f = u + iv$ in $|z - z_0| < \delta$ reell differenzierbar mit Jacobischer Determinante $\begin{vmatrix} u_x(z_0) & u_y(z_0) \\ v_x(z_0) & v_y(z_0) \end{vmatrix} > 0$, gilt also

$$f(z) = f(z_0) + p(z - z_0) + q(\bar{z} - \bar{z}_0) + o(|z - z_0|) \quad (z \to z_0)$$

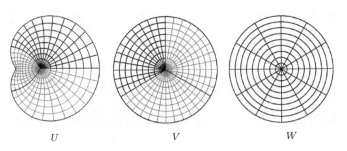

$$U \qquad\qquad V \qquad\qquad W$$

Abb. 12.2 Illustration des lokalen Abbildungsverhaltes im Fall $k = 3$. Die hervorgehobenen „Drittelgebiete" werden konform auf sich und auf $W \setminus [w_0, w_0 + \epsilon)$ abgebildet

mit $p = \frac{1}{2}(f_x(z_0) - if_y(z_0)), q = \frac{1}{2}(f_x(z_0) + if_y(z_0))$ und $|p| > |q|$, so hat das Bild $\Gamma = f \circ \gamma$ in $w_0 = f(z_0)$ den Tangentialvektor

$$\Gamma'(0) = p\gamma'(0) + q\overline{\gamma'(0)} = p\gamma'(0)\left(1 + \frac{q}{p}e^{-2i\theta}\right) \quad (\theta = \arg\gamma'(0)).$$

Die Abbildung f heißt **winkeltreu**, wenn die Änderung des Tangentenwinkels $\arg\Gamma'(0) - \arg\gamma'(0) = \arg\dfrac{\Gamma'(0)}{\gamma'(0)} = \arg p + \arg\left(1 + \dfrac{q}{p}e^{-2i\theta}\right)$ modulo 2π von $\theta = \arg\gamma'(0)$ unabhängig ist, und das heißt, wenn $q = 0$, also die Cauchy-Riemannschen Differentialgleichungen $u_x = v_y, u_y = -v_x$ in z_0 gelten. Damit ergibt sich folgende geometrische Charakterisierung:

Satz 12.18 (über die Winkeltreue) *Eine im Gebiet $D \subset \mathbb{C}$ reell differenzierbare Funktion f mit positiver Jacobideterminante ist genau dann winkeltreu, wenn sie holomorph mit Ableitung $f' \neq 0$ ist.*

Als Folgerung aus diesem Satz und Satz 12.17 wird vermerkt:

Satz 12.19 *Die Ableitung einer konformen Abbildung hat keine Nullstellen, konforme Abbildungen sind also winkeltreu. Umgekehrt sind winkeltreue Abbildungen lokal konform.*

12.5 Maximumprinzip und Schwarzsches Lemma

12.21 Das Maximumprinzip besagt, dass die **analytische Landschaft** einer holomorphen Funktion, d. h. der Graph der reellwertigen Funktion $z \mapsto |f(z)|$, keine Gipfel kennt.

Satz 12.20 (Maximumprinzip) *Ist f im Gebiet D holomorph und nichtkonstant, so hat $|f|$ in D keine lokalen Maxima, und lokale Minima nur in den Nullstellen von f.*

Beweis ‖ Ist $z_0 \in D$ beliebig und $w_0 = f(z_0)$, so existieren beliebig kleine Umgebungen W von w_0 und U von z_0 mit $f(U) = W$. Da W sicherlich Punkte $w_1 = f(z_1)$ mit $z_1 \in U$ und $|w_1| > |w_0|$ enthält, ist z_0 nicht Stelle eines lokalen Maximums. Genauso schließt man, dass z_0 nicht Stelle eines lokalen Minimums sein kann, wenn $w_0 \neq 0$ ist. In einer Nullstelle hat $|f|$ trivialerweise ein globales Minimum. &

Bemerkung 12.7 Der erste Beweis des Fundamentalsatzes der Algebra im Kapitel *Grenzwert und Stetigkeit* machte sich genau diese Aussage über Minima zunutze.

Wenn es keine Maxima von $|f|$ in D gibt, müssen sie auf dem Rand zu finden sein, wo $|f|$ aber in aller Regel gar nicht definiert ist. Man behilft sich mit der

Größe $\limsup\limits_{z\to\partial D}|f(z)|$; damit ist der größte der Limites $\limsup\limits_{n\to\infty}|f(z_n)|$ gemeint, wenn alle Folgen (z_n) mit dist $(z_n, \partial D) \to 0$ und auch $z_n \to \infty$ im unbeschränkten Fall zugelassen sind. Eine weitere und für Anwendungen bedeutend wichtigere Fassung des Maximumprinzips lautet:

Satz 12.21 (ebenfalls Maximumprinzip) *Eine im Gebiet D holomorphe und nichtkonstante Funktion* f *erfüllt* $|f(z)| < \limsup\limits_{\zeta\to\partial D} |f(\zeta)|$ *in D.*

Beweis $\parallel$ Es sei $m = \sup\{|f(z)| : z \in D\}$ und (z_n) mit $|f(z_n)| \to m$ eine Maximalfolge in D; nach Teilfolgenauswahl darf man $z_n \to z_0 \in \overline{D}$ annehmen. Da es kein (lokales, erst recht globales) Maximum in D gibt, ist $z_0 \in \partial D$ und $|f(z)| < m = \lim\limits_{n\to\infty}|f(z_n)| \le \limsup\limits_{\zeta\to z_0}|f(\zeta)| \le \limsup\limits_{\zeta\to\partial D}|f(\zeta)|$ in D.   ☕

Beispiel 12.9 $f(z) = e^{-iz}$ erfüllt $|f(x)| = |e^{-ix}| = 1$ auf $\mathbb{R}$ und $|f(z)| > 1$ in der oberen Halbebene $\mathbb{H}$: Im $z > 0$. Dies ist aber natürlich kein Widerspruch zum Maximumprinzip, da $\partial\mathbb{H} = \mathbb{R} \cup \{\infty\}$ und $f(iy) = e^y \to +\infty$ für $y \to +\infty$ gilt. Es darf kein Randpunkt übersehen werden.

Aufgabe 12.5 Was ergibt sich im Anschluss an dieses Beispiel für $f(z) = \exp\left(\dfrac{1+z}{1-z}\right)$ in der Einheitskreisscheibe $\mathbb{D} = \{z : |z| < 1\}$? (**Hinweis.** Zu untersuchen ist Re $\dfrac{1+z}{1-z}$ für $z \to e^{i\theta}$.)

12.22 Das Lemma von Schwarz ist eine einfache Folgerung aus dem Maximumprinzip und kann in seiner Bedeutung kaum überschätzt werden.

Satz 12.22 (Lemma von Schwarz) *Ist* $f : \mathbb{D} \to \mathbb{D}$ *holomorph und* $f(0) = 0$, *so gilt* $|f(z)| \le |z|$, *und genauer entweder* $|f(z)| < |z|$ $(0 < |z| < 1)$ *und* $|f'(0)| < 1$ *oder* $f(z) = e^{i\alpha}z$, *d.h.* f *ist eine Drehung von* $\mathbb{D}$.

Beweis $\parallel$ Das Maximumprinzip läßt sich auf die holomorphe Hilfsfunktion $g(z) = f(z)/z$ $(0 < |z| < 1)$, $g(0) = f'(0)$ anwenden ($z = 0$ ist eine hebbare Singularität). Es ist $\limsup\limits_{|\zeta|\to 1}|g(\zeta)| = \limsup\limits_{|\zeta|\to 1}|f(\zeta)| \le 1$, und damit ist entweder $g(z) \equiv c$ ($|c| = 1$) und $f(z) = cz$ oder $|g(z)| < 1$ in $\mathbb{D}$.   ☕

Aufgabe 12.6 Man zeige $\left|\dfrac{z-a}{1-\bar{a}z}\right| = 1$ für $|a| < 1$ und $|z| = 1$ und schließe daraus, dass $f(z) = e^{i\alpha}\dfrac{z-a}{1-\bar{a}z}$ $(\alpha \in \mathbb{R})$ die Einheitskreisscheibe $\mathbb{D}$ und $\widehat{\mathbb{C}} \setminus \overline{\mathbb{D}}$ jeweils bijektiv auf sich abbildet. (**Hinweis.** Man zeige $|f(z)| < 1$ in $\mathbb{D}$ und $|1/f(z)| < 1$ in $\widehat{\mathbb{C}} \setminus \overline{\mathbb{D}}$.)

Beispiel 12.10 (fortgesetzt) Gibt es noch andere, davon verschiedene konforme Selbstabbildungen von $\mathbb{D}$? Im Fall $f(0) = 0$ gilt $|f'(0)| \le 1$, aber auch $|(f^{-1})'(0)| = |1/f'(0)| \le 1$, d.h. $|f'(0)| = 1$ und $f(z) = e^{i\alpha}z$ ist eine Drehung nach dem Schwarzschen Lemma. Ist aber $f(0) = a \neq 0$, so wird $g(z) = \dfrac{f(z) - a}{1 - \bar{a}f(z)}$ betrachtet. Auch g ist eine konforme Selbstabbildung von $\mathbb{D}$ mit $g(0) = 0$, also $g(z) = e^{i\alpha}z$ und $f(z) = \dfrac{e^{i\alpha}z + a}{1 + \bar{a}e^{i\alpha}z} = e^{i\alpha}\dfrac{z-b}{1-\bar{b}z}, b = -ae^{-i\alpha}$. Die Antwort lautet demnach *Nein*.

12.6 Die Cauchysche Integralformel

Mit den lokalen Sätzen von Cauchy kommt man nicht über die Funktionentheorie in Kreisscheiben hinaus[3]. In Kombination mit einer neuen Idee ist aber die lokale Theorie stark genug für einen Beweis der Cauchyschen Sätze in ihrer allgemeinsten Form. Ziel dieses Abschnitts ist ein Beweis der *Cauchyschen Integralformel*

$$\text{ind}(\Gamma, z) f(z) = \frac{1}{2\pi i} \int_\Gamma \frac{f(\zeta)}{\zeta - z} \, d\zeta \qquad (12.4)$$

und des *Cauchyschen Integralsatzes*

$$\int_\Gamma f(z) \, dz = 0. \qquad (12.5)$$

Dabei ist f holomorph in einem Gebiet $D \subset \mathbb{C}$, Γ ein *Zykel*, d.h. eine Menge $\{\gamma_1, \ldots, \gamma_m\}$ von endlich vielen, geschlossenen Integrationswegen in D, wobei

$$\int_\Gamma f(z) \, dz = \sum_{\mu=1}^m \int_{\gamma_\mu} f(z) \, dz \quad \text{und}$$

$$\text{ind}(\Gamma, z) = \frac{1}{2\pi i} \int_\Gamma \frac{d\zeta}{\zeta - z} = \sum_{\mu=1}^m \text{ind}(\gamma_\mu, z)$$

die *Umlaufzahl* oder *Index* von Γ bezüglich $z \notin \bigcup_{\mu=1}^m |\gamma_\mu|$ ist. Die entscheidende Voraussetzung für die Gültigkeit von (12.4) und (12.5) ist

$$\text{ind}(\Gamma, a) = 0 \quad (a \notin D). \qquad (12.6)$$

Damit wird vorausgesetzt, dass (12.5) für $f(z) = \dfrac{1}{z - a}, a \notin D$, gilt!

12.23 Die Umlaufzahl $\text{ind}(\gamma, a)$ ist stets eine ganze Zahl; sie zählt, wie oft γ den Punkt a in positiver oder negativer Richtung umrundet, und $2\pi \, \text{ind}(\gamma, a)$ beschreibt den Zuwachs von $\arg(z - a)$ beim Durchlaufen von γ. Man kann diese Zahlen nicht an $|\gamma|$ ablesen! Z.B. hat $\gamma(t) = e^{int}$ $(0 \le t \le 2\pi)$ die Umlaufzahl $n \in \mathbb{Z}$, sichtbar ist nur die Kreislinie $|z| = 1$.

Satz 12.23 *Es sei* $\gamma : [0, 1] \longrightarrow \mathbb{C}$ *ein geschlossener Integrationsweg. Dann ist* $\text{ind}(\gamma, a)$ *für* $a \notin |\gamma|$ *ganzzahlig, konstant in den Komplementärkomponenten von* $|\gamma|$ *und gleich 0 in der unbeschränkten Komponente.*

---

[3] Von einer marginalen, eigentlich überhaupt nicht erwähnenswerten Erweiterung auf sogenannte sternförmige Gebiete abgesehen; dabei heißt ein Gebiet D *sternförmig* bezüglich $z_0 \in D$, wenn jeder Punkt $z \in D$ mit z_0 gradlinig in D verbunden werden kann.

Beweis ‖ Zunächst wird gezeigt, dass $\gamma(t) - a$ in der Form $|\gamma(t) - a|e^{i\phi(t)}$ mit einer *stetigen* Funktion $\phi : [0, 1] \longrightarrow \mathbb{R}$ mit $\phi(1) - \phi(0) = 2k\pi$ für ein $k \in \mathbb{Z}$ geschrieben werden kann; m.a.W., es gibt eine *stetige* Funktion $\arg(\gamma(t) - a)$. Zum Beweis sei $h(t) = \dfrac{\gamma(t) - a}{|\gamma(t) - a|}$ und $\phi(t) = \arg h(0) + \dfrac{1}{i} \displaystyle\int_0^t \frac{h'(\tau)}{h(\tau)} \, d\tau$. Dann gilt $h(t) = e^{i\phi(t)}$, denn dies stimmt für $t = 0$ und

$$\frac{d}{dt} h(t)e^{-i\phi(t)} = (h'(t) - ih(t)\phi'(t))e^{-i\phi(t)} = 0$$

sorgt für $h(t)e^{-i\phi(t)} = h(0)e^{-i\phi(0)} = 1$. Somit ist

$$\int_0^t \frac{\gamma'(t)}{\gamma(t) - a} \, dt = \log \frac{|\gamma(t) - a|}{|\gamma(0) - a|} + i(\phi(t) - \phi(0))$$

und $\mathrm{ind}(\gamma, a) = \dfrac{1}{2\pi}(\phi(1) - \phi(0)) = k \in \mathbb{Z}$. Weiter ist $a \mapsto \mathrm{ind}(\gamma, a)$ stetig als Cauchyintegral und ganzzahlig, also konstant in den einzelnen Komplementärkomponenten von $|\gamma|$ nach dem Zwischenwertsatz. In der unbeschränkten Komponente gilt $\mathrm{ind}(\gamma, a) = \lim\limits_{z \to \infty} \mathrm{ind}(\gamma, z) = 0$. ☕

12.24 Der Beweis von (12.4) und (12.5) beruht auf folgender Idee von Dixon[4]. Betrachtet wird in $D \times D$ die Funktion

$$g(\zeta, z) = \frac{f(\zeta) - f(z)}{\zeta - z} \quad (z \neq \zeta), \quad g(z, z) = f'(z);$$

sie ist offensichtlich stetig in allen Punkten $(\zeta_0, z_0) \neq (z_0, z_0)$ und als Funktion von z bei festem ζ holomorph in $D \setminus \{\zeta\}$. Mit den Abkürzungen $\tilde{z} = z - z_0$ und $\tilde{\zeta} = \zeta - z_0$ gilt $f(z) = \displaystyle\sum_{n=1}^{\infty} a_n \tilde{z}^n$ in $|z - z_0| = |\tilde{z}| < r$ und

$$g(\zeta, z) = \sum_{n=1}^{\infty} a_n \frac{\tilde{\zeta}^n - \tilde{z}^n}{\tilde{\zeta} - \tilde{z}} = \sum_{n=1}^{\infty} a_n \sum_{\nu=0}^{n-1} \tilde{\zeta}^\nu \tilde{z}^{n-1-\nu},$$

wobei diese Reihe absolut und gleichmäßig in $|\tilde{\zeta}| \leq \delta < r$, $|\tilde{z}| \leq \delta < r$ konvergiert; eine konvergente Majorante ist $\displaystyle\sum_{n=1}^{\infty} n|a_n|\delta^{n-1}$. Somit ist g auch stetig auf der Diagonalen von $D \times D$ und $z \mapsto g(\zeta, z)$ sogar in D holomorph, eine Folge des Konvergenzsatzes von Weierstraß. Damit ist auch das Parameterintegral

---

[4] J. Dixon, *A brief proof of Cauchy's integral theorem*, Proc. AMS **29** (1971), 625–626.

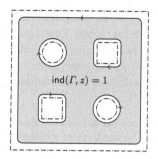

$$\text{ind}(\Gamma, z) = 1$$

Abb. 12.3 Legende: _ _ _ Rand von D; $\rightarrow$ Zykel Γ. Im Bereich $E \supset \mathbb{C} \setminus \overline{D}$ (weiß) ist $\text{ind}(\Gamma, z) = 0$

$$h(z) = \int_\Gamma g(\zeta, z) \, d\zeta = \int_\Gamma \frac{f(\zeta)}{\zeta - z} \, d\zeta - f(z) \int_\Gamma \frac{d\zeta}{\zeta - z}$$

als Differenz zweier Cauchyintegrale (vgl. Satz 8.40) holomorph in D. Nach Voraussetzung enthält $E = \{z \in \mathbb{C} : \text{ind}(\Gamma, z) = 0\}$ das Komplement von D und es ist $h(z) = \int_\Gamma \frac{f(\zeta)}{\zeta - z} \, d\zeta$ in $D \cap E$. Dieses Integral ist aber in jeder Zusammenhangskomponente von $\mathbb{C} \setminus |\Gamma|$ holomorph und liefert die holomorphe Fortsetzung von h in die ganze Ebene. Für diese Fortsetzung gilt $|h(z)| \le \frac{ML(\Gamma)}{|z| - R}$ in $|z| > R$, wobei $|f(\zeta)| \le M$ auf $|\Gamma|$, $L(\Gamma) = \sum_{\mu=1}^{m} L(\gamma_\mu)$ die Gesamtlänge von Γ und $|\Gamma| \subset \{z : |z| \le R\}$ ist. Es folgt $h(z) \to 0$ für $|z| \to \infty$, womit sich h als eine in ganz $\mathbb{C}$ holomorphe und beschränkte Funktion erweist. Nach dem Satz von Liouville ist h konstant und wegen $h(z) \to 0$ $(|z| \to \infty)$ sogar identisch 0. Dies beweist die Integralformel wegen

$$\frac{1}{2\pi i} \int_\Gamma \frac{f(z)}{\zeta - z} \, d\zeta = f(z) \, \text{ind}(\Gamma, z). \qquad \text{☕}$$

Der *Cauchysche Integralsatz* (12.5) folgt unmittelbar durch Anwendung der Integralformel auf $F(z) = (z - a) f(z)$, $a \in D \setminus |\Gamma|$ fest gewählt:

$$\frac{1}{2\pi i} \int_\Gamma f(z) \, dz = \frac{1}{2\pi i} \int_\Gamma \frac{F(z)}{z - a} \, dz = \text{ind}(\Gamma, a) F(a) = 0. \qquad \text{☕}$$

12.7 Einfach und zweifach zusammenhängende Gebiete

12.25 Einfach zusammenhängende Gebiete haben keine „Löcher", d. h. ihr Komplement $E = \widehat{\mathbb{C}} \setminus D$ ist zusammenhängend; E ist unbeschränkt (enthält ∞), und aus $\text{ind}(\gamma, a) = 0$ für jeden geschlossenen Integrationsweg in D und alle $a \in E \setminus \{\infty\}$

folgt, dass der Integralsatz (12.5) und die Integralformel (12.4) in einfach zusammenhängenden Gebieten uneingeschränkt gelten. Damit gilt auch der in der lokalen Theorie zentrale Satz 12.7 nicht nur in Kreisscheiben, sondern in einfach zusammenhängenden Gebieten: *Harmonische Funktionen haben holomorphe Ergänzungen und nullstellenfreie holomorphe Funktionen haben holomorphe Logarithmen und n-te Wurzeln.*

Bemerkung 12.8 Zu beachten ist, dass das Komplement E bezüglich $\widehat{\mathbb{C}}$ gebildet wird; somit ist z. B. der Parallelstreifen $0 < \operatorname{Im} z < 1$ einfach zusammenhängend, obwohl das Komplement nicht zusammenhängend aussieht; es hängt über den Punkt ∞ zusammen!

Aufgabe 12.7 Man zeige, dass $f(z) = \displaystyle\int_{\gamma_z} \frac{d\zeta}{\zeta}$, wobei über irgendeinen Integrationsweg in $D =$ $\mathbb{C} \setminus (-\infty, 0]$ von 1 nach z integriert wird, in D holomorph ist und in $(0, \infty)$ mit dem reellen Logarithmus übereinstimmt. (**Hinweis.** Gradlinig von 1 nach z integrieren.)

Aufgabe 12.8 Man zeige: Kann im Gebiet D eine holomorphe Funktion $\log z$ oder $\arcsin z$ oder $\operatorname{Arcosh} z$ etc. erklärt werden, so ist diese Funktion injektiv.

Aufgabe 12.9 Man zeige, dass in jedem einfach zusammenhängenden Gebiet $D \subset \mathbb{C} \setminus \{-1, 1\}$ holomorphe Funktionen $\arcsin$ und $\arccos$ existieren, die in $(-1, 1)$ mit den entsprechenden reellen Funktionen übereinstimmen. Zugelassen ist z. B. $\mathbb{C} \setminus ((-\infty, -1] \cup [1, +\infty))$. (**Hinweis.** Im Reellen ist z. B. $\arcsin x = \displaystyle\int_0^x \frac{dt}{\sqrt{1 - t^2}}$.)

Aufgabe 12.10 Dasselbe für einfach zusammenhängenden Gebiete $D \subset \mathbb{C} \setminus \{-i, i\}$ und die Funktionen $\arctan$ und arccot.

12.26 Der Riemannsche Abbildungssatz besagt, dass je zwei einfach zusammenhängende Gebiete D_1, $D_2 \neq \mathbb{C}$ *konform äquivalent* sind, was bedeutet, dass es eine konforme, d. h. bijektive und winkeltreue Abbildung $D_1 \longrightarrow D_2$ gibt. Üblicherweise wird dies so formuliert:

Satz 12.24 (Riemannscher Abbildungssatz) *Jedes einfach zusammenhängende Gebiet $D \neq \mathbb{C}$ kann konform auf $\mathbb{D} = \{w : |w| < 1\}$ abgebildet werden. Die Ab­bildung f ist eindeutig bestimmt durch die Vorgabe von $z_0 \in D$ mit $f(z_0) = 0$ und $f'(z_0) > 0$.*

Beweis ‖ Ist $g : D \longrightarrow \mathbb{D}$ irgendeine holomorphe Funktion mit $g(z_0) = 0$, $g'(z_0) \geq 0$, und f die in Frage stehende Abbildung, so kann auf $h = g \circ f^{-1} : \mathbb{D} \longrightarrow \mathbb{D}$ das Schwarzsche Lemma angewandt werden mit dem Ergebnis: entweder ist $|h'(0)| = g'(z_0)/f'(z_0) < 1$, also $g'(z_0) < f'(z_0)$ oder $g(z) = e^{i\alpha} f(z)$, also sogar $g = f$ wegen der Normierung der Ableitung. Dies beweist zum einen die Eindeutigkeit (indem man die Rollen von f und g vertauscht), und zeigt zum anderen den Weg zum Existenzbeweis: In der Familie $\mathcal{F}$ aller konformen Abbildungen von D mit den Eigenschaften $|f(z)| < 1$ in D, $f(z_0) = 0$ und $f'(z_0) > 0$ ist diejenige zu bestimmen, die das Funktional $f \mapsto f'(z_0)$ maximiert. Dazu ist zunächst $\mathcal{F} \neq \emptyset$ zu zeigen. Um gleich den allgemeinen Fall zu behandeln wird $a \notin D$ und ein holomorpher Zweig

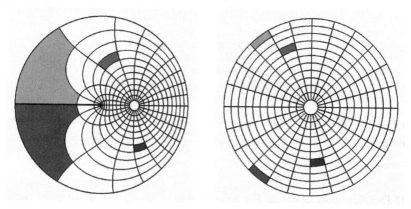

Abb. 12.4 $z \mapsto \dfrac{1-z-\sqrt{z}}{1-z+\sqrt{z}}$ bildet $\mathbb{D} \setminus (-1, 0]$ konform auf $\mathbb{D}$ ab

von $s(z) = \sqrt{z-a}$ im einfach zusammenhängenden Gebiet D gewählt[5]. Dann ist $s_0 = s(z_0)$ innerer und $-s_0$ äußerer Punkt von $s(D)$, und $f(z) = \epsilon e^{i\alpha} \dfrac{s(z) - s_0}{s(z) + s_0}$ gehört zu $\mathcal{F}$, wenn man $\epsilon > 0$ und α so wählt, dass $|f(z)| < 1$ und $f'(z_0) > 0$ gilt. Zum Existenzbeweis sei $A = \sup\limits_{f \in \mathcal{F}} f'(z_0)$ und (f_n) eine Folge in $\mathcal{F}$ mit $f'_n(0) \to A$. Da $\mathcal{F}$ nach dem Satz von Montel eine normale Familie ist (alle $f \in \mathcal{F}$ erfüllen $|f(z)| < 1$), kann man von $f_n \to f$ für $n \to \infty$, lokal gleichmäßig in D, ausgehen. Dann ist f wegen $f'(0) = A > 0$ nicht konstant und nach dem Satz von Hurwitz eine konforme Abbildung von D in $\mathbb{D}$ mit $f(z_0) = 0$; insbesondere ist $A < \infty$ und $f \in \mathcal{F}$. Es muss nur noch $f(D) = \mathbb{D}$ gezeigt werden. Gilt aber $f(z) \neq a$ in D, so ist

$$g(z) = e^{i\alpha} \sqrt{\frac{f(z) - a}{1 - \bar{a} f(z)}}$$ (zum zweiten Mal wird der einfache Zusammenhang von D

benötigt) ebenso wie $h(z) = e^{i\alpha} \dfrac{g(z) - g(z_0)}{1 - \overline{g(z_0)} g(z)}$ eine konforme Abbildung von D in $\mathbb{D}$ mit $h(z_0) = 0$ und $h'(z_0) > 0$ bei geeignet gewähltem α. Eine einfache Rechnung zeigt aber $h'(z_0) = \dfrac{1 + |a|}{2\sqrt{|a|}} A > A$, im Widerspruch zur Definition von A. &

Bemerkung 12.9 Eine konforme Abbildung $\mathbb{C} \longrightarrow \mathbb{D}$ kann es aufgrund des Satzes von Liouville nicht geben.

Aufgabe 12.11 Man zeige $\operatorname{Re} \dfrac{1+z}{1-z} > 0 \Leftrightarrow |z| < 1$ und $\left| \dfrac{1-z}{1+z} \right| < 1 \Leftrightarrow \operatorname{Re} z > 0$.

Aufgabe 12.12 Bei der Lösung nachfolgender Abbildungsaufgaben lohnt es sich, die jeweilige konforme Abbildung ϕ vorzuschalten. Gesucht sind konforme Abbildungen des jeweils angegebenen Gebietes auf die Einheitskreisscheibe $\mathbb{D}$.

---

[5] Immer dann, wenn eine holomorphe Wurzel gebildet werden kann, erhält man eine konforme Abbildung; es gibt ja eine explizite Umkehrabbildung!

a) $\{z : |\mathrm{Im}\, z| < \pi/2\}$ (Parallelstreifen) $[\phi(z) = e^z]$.
b) $\{z : \mathrm{Re}\, z > 0,\ \mathrm{Im}\, z > 0\}$ (1. Quadrant) $[\phi(z) = -iz^2]$.
c) $\{z : |z| < 1,\ \mathrm{Im}\, z > 0\}$ (obere Halbkreisscheibe) $[\phi(z) = 1/z]$.
d) $\{z : |z| < 1,\ \mathrm{Re}\, z > 0,\ \mathrm{Im}\, z > 0\}$ $[\frac{1}{4}$-Kreisscheibe] $[\phi(z) = z^2]$.
e) $\{z : \mathrm{Re}\, z > 0,\ |z| > 1\}$ („eingebeulte" Halbebene) $[\phi(z) = 1/z]$.
f) $\mathbb{D} \setminus (-1, 0]$ („aufgeschlitzte" Einheitskreisscheibe) $[\phi(z) = \sqrt{z}]$
zur Verifikation von Abb. 12.4.

Aufgabe 12.13 Man zeige: Ist f eine konforme Abbildung $D \longrightarrow \mathbb{D}$, so erhält man alle konformen

Abbildungen $D \longrightarrow \mathbb{D}$ in der Form $\tilde{f}(z) = e^{i\alpha} \dfrac{f(z) - a}{1 - \bar{a} f(z)}$ ($\alpha \in \mathbb{R}$ und $a \in \mathbb{D}$). (**Hinweis.** Man

betrachte $h = \tilde{f} \circ f^{-1} : \mathbb{D} \longrightarrow \mathbb{D}$.)

12.27 Der Satz von Laurent Ein Kreisring $R_1 < |z - z_0| < R_2$ ist nicht einfach, sondern *zweifach zusammenhängend,* aber der Zykel $\Gamma = \{\gamma_1, \gamma_2\}$ mit $\gamma_1(t) = z_0 + r_1 e^{-it}$ und $\gamma_2(t) = z_0 + r_2 e^{it}$, wobei $R_1 < r_1 < r_2 < R_2$ beliebig ist, hat die Umlaufzahl $\mathrm{ind}(\Gamma, a) = 0$ für $|a| < r_1$ und für $|a| > r_2$ sowie $\mathrm{ind}(\Gamma, a) = 1$ für $r_1 < |z| < r_2$. Damit gilt nach der Cauchyschen Integralformel

$$f(z) = \frac{1}{2\pi i} \int_{\gamma_2} \frac{f(\zeta)}{\zeta - z}\, d\zeta + \frac{1}{2\pi i} \int_{\gamma_1} \frac{f(\zeta)}{\zeta - z}\, d\zeta = \frac{1}{2\pi i} \int_\Gamma \frac{f(\zeta)}{\zeta - z}\, d\zeta$$

in $r_1 < |z - z_0| < r_2$. Wie bei der Herleitung der Potenzreihenentwicklung aus der lokalen Cauchschen Integralformel erhält man den

Satz 12.25 (von Laurent) *Jede im Kreisring* $R_1 < |z - z_0| < R_2$ *holomorphe Funktion* f *läßt sich in eine* **Laurentreihe**

$$f(z) = \sum_{n=-\infty}^{\infty} a_n (z - z_0)^n \tag{12.7}$$

entwickeln; die Koeffizienten sind unabhängig von $R_1 < r < R_2$ *gegeben durch*

$$a_n = \frac{1}{2\pi i} \int_{|z-z_0|=r} \frac{f(z)}{(z - z_0)^{n+1}}\, dz. \tag{12.8}$$

Beweis ‖ Die Cauchyintegrale $f_{1,2}(z) = \dfrac{1}{2\pi i} \displaystyle\int_{\gamma_{1,2}} \dfrac{f(\zeta)}{\zeta - z}\, d\zeta$ sind holomorph in $|z - z_0| > r_1$ bzw. $|z - z_0| < r_2$ (und in $|z - z_0| < r_1$ bzw. $|z - z_0| > r_2$, was aber keine Rolle spielt), somit gilt $f_2(z) = \sum\limits_{k=0}^{\infty} a_k (z - z_0)^k$ in der Kreisscheibe $|z - z_0| < r_2$ und $f_1(z_0 + 1/w) = \sum\limits_{k=1}^{\infty} a_{-k} w^k$ in $|w| < 1/r_1$, also $f_1(z) = \sum\limits_{k=1}^{\infty} a_{-k}(z - z_0)^{-k}$ in

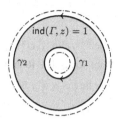

Abb. 12.5 Legende: _ _ _ Die Kreise $|z| = R_1$ und $|z| = R_2$. Die Darstellung (12.7) gilt in dem von γ_1 und γ_2 berandeten, grauschattierten Kreisring

$|z - z_0| > r_1$ (man beachte $\lim\limits_{z \to \infty} f_1(z) = 0$). Die Integraldarstellung der Koeffizienten a_n erhält man durch (erlaubte) gliedweise Integration von $(z - z_0)^{-n-1} f(z) = \sum\limits_{k=-\infty}^{\infty} a_k(z - z_0)^{k-n-1}$ über $|z - z_0| = r, r_1 < r < r_2$ beliebig. Schließlich gilt alles in $R_1 < |z| < R_2$, da r_1 und r_2 bis auf $R_1 < r_1 < r_2 < R_2$ beliebig waren, man vgl. Abb. 12.5.

Pierre Alphonse **Laurent** (1813-1854) war ein französischer Ingenieur-Offizier. Seine einzige mathematische Arbeit wurde erst posthum veröffentlicht.

Bemerkung 12.10 Für $R_1 = 0$ liegt in z_0 eine isolierte Singularität vor. Diese ist hebbar oder Pol, wenn $a_n = 0$ für alle oder fast alle $n < 0$ gilt, und wesentlich, wenn $a_n \neq 0$ für unendlich viele $n < 0$ ist.

12.28 Periodische Funktionen Eine jede im Parallelstreifen $a < \mathrm{Im}\, z < b$ holomorphe und 1-periodische Funktion f kann in der Form $f(z) = F(e^{2\pi i z})$ mit einer im Kreisring $\mathfrak{R} : e^{-2\pi b} < |\zeta| < e^{-2\pi a}$ holomorphen Funktion $F(\zeta) = f\left(\dfrac{1}{2\pi i} \log \zeta\right)$ geschrieben werden; denn dies ist sicherlich lokal möglich, und das gewählte Argument $\arg \zeta = \mathrm{Im} \log \zeta$ spielt wegen der 1-Periodizität von f keine Rolle. In $\mathfrak{R}$ gilt $F(\zeta) = \sum\limits_{n=-\infty}^{\infty} \hat{f}_n \zeta^n$ mit $\hat{f}_n = \dfrac{1}{2\pi i} \int_{|\zeta|=r} \dfrac{F(\zeta)}{\zeta^{n+1}} d\zeta = \int_c^{c+1} f(z) e^{-2n\pi i z} dz$; c ist bis auf $a < \mathrm{Im}\, c < b$ beliebig.

Satz 12.26 *Jede im Parallelstreifen $a < \mathrm{Im}\, z < b$ holomorphe und 1-periodische Funktion wird durch ihre Fourierreihe*

$$\sum_{n=-\infty}^{\infty} \hat{f}_n e^{2n\pi i z}$$

dargestellt; die Reihe konvergiert absolut und gleichmäßig in jedem Parallelstreifen $a < \alpha < \mathrm{Im}\, z < \beta < b$.

Der *Beweis* ‖ steckt in der nachfolgenden

Aufgabe 12.14 Man zeige $|\hat{f}_n| \le M(c)e^{2n\pi c}$, also $|\hat{f}_n e^{2n\pi i z}| \le M(c)e^{2n\pi(c-\mathrm{Im}\,z)}$ für $a < c < b$, $n \in \mathbb{Z}$, und weiter durch geschickte Wahl von c: Die Reihen $\sum\limits_{n=1}^{\infty} \hat{f}_n e^{2n\pi i z}$ bzw. $\sum\limits_{n=1}^{\infty} \hat{f}_{-n} e^{-2n\pi i z}$ konvergieren absolut und gleichmäßig in $\mathrm{Im}\,z > \alpha > a$ bzw. in $\mathrm{Im}\,z < \beta < b$; ansonsten sind α und β beliebig.

Aufgabe 12.15 Es sei $f(z) = F(e^{2\pi i z})$ eine ganze und 1-periodische Funktion ($a = -\infty$, $b = \infty$). Man zeige, dass die zugehörige Funktion F genau dann die Form $\sum\limits_{k=-m}^{n} \hat{f}_k \zeta^k$ hat, wenn eine Abschätzung der Form $|f(z)| \le Ae^{B|z|}$ mit positiven Konstanten A, B gilt; f ist dann ein trigonometrisches Polynom.

12.8 Residuensatz und Argumentprinzip

12.29 Das Residuum Ist f holomorph in $0 < |z - z_0| < r$, somit z_0 isolierte Singularität von f, so nennt man

$$\mathop{\mathrm{Res}}_{z_0} f = \frac{1}{2\pi i} \int_{|z-z_0|=\delta} f(z)\,dz \quad (0 < \delta < r)$$

das *Residuum* von f in z_0; nach dem Cauchyschen Integralsatz ist die Definition unabhängig von δ. Ist die Laurentreihe $f(z) = \sum\limits_{n=-\infty}^{\infty} a_n(z - z_0)^n$ bekannt, so erhält man $\mathrm{Res}_{z_0} = a_{-1}$ mittels (erlaubter) gliedweiser Integration und $\int_{|z-z_0|=\delta}(z - z_0)^n\,dz = 2\pi i$ für $n = -1$ und $= 0$ sonst. Wenigstens im Fall einer Polstelle kann man sich anders behelfen.

Satz 12.27 *In einer einfachen Polstelle ist* $\mathop{\mathrm{Res}}\limits_{z_0} f = \lim\limits_{z \to z_0}(z - z_0)\,f(z)$, *in einer m-fachen gilt* $\mathop{\mathrm{Res}}\limits_{z_0} f = \dfrac{1}{(m-1)!} \lim\limits_{z \to z_0} \dfrac{d^{m-1}}{dz^{m-1}}\big[(z - z_0)^m\,f(z)\big]$.

Beweis ‖ Die Behauptung folgt aus $h(z) = (z - z_0)^m f(z) = \sum\limits_{n=-m}^{\infty} a_n(z - z_0)^{n+m}$ und $\dfrac{d^{m-1}}{dz^{m-1}}h(z) = \sum\limits_{n=-1}^{\infty} \dfrac{(n+m)!}{(n+1)!}a_n(z - z_0)^{n+1}$. ☕

Beispiel 12.11 $f(z) = \cot z$ hat in $z = 0$ eine einfache Polstelle mit Residuum $\mathop{\mathrm{Res}}\limits_{0} \cot = \lim\limits_{z \to 0} \dfrac{z}{\sin z} \cos z = 1$. Dagegen hat $f(z) = 1/(z - z \cos z)$ einen dreifachen Pol in $z = 0$. Auf die

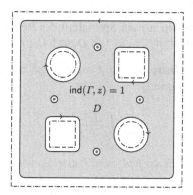

Abb. 12.6 Legende: _ _ _ Rand von G; →— Γ berandet D; ⊙ Singularität b_κ mit mathematisch negativ orientierter Kreislinie $\beta_\kappa : z = b_\kappa + \rho e^{-it}, 0 \le t \le 2\pi$

Untersuchung von $\dfrac{d^2}{dz^2}(z^3 f(z))\big|_{z=0}$ wird verzichtet, stattdessen an $f(z) = \dfrac{1}{z^3/2 - z^5/24 + \cdots} = \dfrac{2}{z^3}\dfrac{1}{1 - z^2/12 + \cdots} = \dfrac{2}{z^3}(1 + z^2/12 + \cdots) = \dfrac{2}{z^3} + \dfrac{1/6}{z} + \cdots$ der Hauptteil $\dfrac{2}{z^3} + \dfrac{1}{6z}$ und $\underset{0}{\text{Res}}\, f = 1/6$ abgelesen.

12.30 Der Residuensatz Im Folgenden sei G ein beliebiges Gebiet und $\Gamma = \{\gamma_1, \ldots, \gamma_m\}$ ein Zykel in G; $|\Gamma|$ berande ein Gebiet D und es gelte $\text{ind}(\Gamma, z) = 1$ für alle $z \in D$ und $\text{ind}(\Gamma, z) = 0$ außerhalb $\overline{D}$ (vgl. Abb. 12.6).

Satz 12.28 (Residuensatz) *Es sei f holomorph in $G \setminus S$, wobei $S \subset G \setminus |\Gamma|$ eine Menge von in G isolierten Singularitäten bezeichnet. Dann gilt unter den vorgenannten Bedingungen*

$$\frac{1}{2\pi i} \int_\Gamma f(z)\,dz = \sum_{b \in D \cap S} \underset{b}{\text{Res}}\, f.$$

Beweis ‖ Wegen $\overline{D} \subset G$ ist $S' = S \cap D = \{b_1, \ldots, b_k\}$ endlich; um die Singularitäten $b_\kappa \in S'$ werden paarweise disjunkte Kreisscheiben $\overline{D}_\kappa \subset D$ vom Radius ρ gelegt. Die *negativ* orientierten Randkreise $\beta_\kappa = \partial D_\kappa$ bilden mit Γ den Zykel $\tilde{\Gamma} = \{\gamma_1, \ldots, \gamma_m, \beta_1, \ldots, \beta_k\}$. Es gilt $\text{ind}(\tilde{\Gamma}, z) = 0$ für $z \notin \tilde{D} = D \setminus S$ und so $\int_{\tilde{\Gamma}} f(z)\,dz = 0$. Damit wird

$$\frac{1}{2\pi i} \int_\Gamma f(z)\,dz = -\sum_{\kappa=1}^{k} \frac{1}{2\pi i} \int_{\beta_\kappa} f(z)\,dz = -\sum_{\kappa=1}^{k} -\underset{b_\kappa}{\text{Res}}\, f. \qquad ☙$$

12.31 Das Argumentprinzip ist ein Spezialfall des Residuensatzes (mit den Bezeichnungen D, G, Γ und $\operatorname{ind}(\Gamma, z) = 1$ in D, $\operatorname{ind}(\Gamma, z) = 0$ in $\mathbb{C} \setminus \overline{D}$):

Satz 12.29 (**Argumentprinzip**) *Es sei f meromorph in G, aber ohne Null- und Polstellen auf $|\Gamma| = \partial D$. Dann ist*

$$\frac{1}{2\pi i} \int_\Gamma \frac{f'(z)}{f(z)} \, dz$$

gleich der Differenz der Zahl der Null- und Polstellen von f in D.

Beweis ‖ In einer m-fachen Nullstelle bzw. Polstelle hat f'/f das Residuum m bzw. $-m$, wie als Aufgabe zu zeigen ist.   ☕

Aufgabe 12.16 Es seien f, G, Γ wie im Residuensatz und g holomorph in G. Man zeige

$$\frac{1}{2\pi i} \int_\Gamma g(z) \frac{f'(z)}{f(z)} \, dz = \sum_{f(a)=0} g(a) - \sum_{f(b)=\infty} g(b).$$

Bemerkung 12.11 Die Bezeichnung *Argumentprinzip* läßt sich leicht erklären. Ist γ eine der geschlossenen Kurven, die Γ ausmachen, so ist die Bildkurve $f \circ \gamma(t)$ ($a \leq t \leq b$) ebenfalls geschlossen und

$$\frac{1}{2\pi i} \int_\gamma \frac{f'(z)}{f(z)} \, dz = \frac{1}{2\pi i} \int_{f \circ \gamma} \frac{dw}{w} = \operatorname{ind}(f \circ \gamma, 0)$$

ist ihre Umlaufzahl bezüglich 0. Im Argumentprinzip wird gezählt, wie oft $f \circ \gamma$ um den Punkt 0 läuft (eventuell auch negativ), und dies entspricht bis auf den Faktor $1/2\pi$ dem Zuwachs von $\arg w$ auf $f \circ \gamma$, d. h. dem von $\arg f(z)$, wenn z die Kurve γ durchläuft; danach wird über alle γ summiert.

12.32 Der Satz von Rouché wiederum ist eine einfache Folgerung aus dem Argumentprinzip (wieder mit den Bezeichnungen G, D, Γ):

Satz 12.30 (**von Rouché**) *Ist g holomorph und f meromorph in G, ohne Polstellen auf $|\Gamma|$, und gilt $|g(z)| < |f(z)|$ auf $\partial D = |\Gamma|$, so haben f und $f + g$ in D gleichviele Nullstellen.*

Eugène **Rouché** (1832-1919), frz. Mathematiker mit Hauptarbeitsgebiet Funktionentheorie. In der linearen Algebra kennt man den Satz von Rouché-Frobenius.

Beweis ‖ Die Funktion $h = 1 + g/f$ ist meromorph in G und $\neq 0, \infty$ auf ∂D; ferner ist $f + g = f h$. Da f und $f + g$ dieselben Polstellen haben, ist

$$\frac{1}{2\pi i} \int_\Gamma \frac{h'(z)}{h(z)} \, dz = \frac{1}{2\pi i} \int_\Gamma \frac{f'(z) - g'(z)}{f(z) - g(z)} \, dz - \frac{1}{2\pi i} \int_\Gamma \frac{f'(z)}{f(z)} \, dz = \operatorname{ind}(h \circ \Gamma, 0)$$

gleich der Differenz der Nullstellen von $f + g$ und f. Wegen

$$\operatorname{Re} h(z) = \operatorname{Re}[1 + g(z)/f(z)] \geq 1 - |g(z)/f(z)| > 0 \quad \text{auf } \Gamma$$

liegt aber $h \circ \Gamma$ in der Halbebene $\{w : \operatorname{Re} w > 0\}$, somit ist $\operatorname{ind}(h \circ \Gamma, 0) = 0$ und f und $f + g$ haben gleichviele Nullstellen in D.   ☕

Beispiel 12.12 Das Polynom $p(z) = z^4 - iz + 1$ hat im ersten (wie in jedem) Quadranten genau eine Nullstelle. Zum Beweis wird der Satz von Rouché angewandt auf die Funktionen $f(z) = z^4 + 1$ und $g(z) = -iz$ in $D_R = \{z : \operatorname{Re} z > 0, \operatorname{Im} z > 0, |z| < R\}$; $R > 2$ ist beliebig. Es ist dann $|f(x)| = x^4 + 1 > x = |g(x)|$ für $0 \le x \le R$, $|f(iy)| = y^4 + 1 > y = |g(iy)|$ für $0 \le y \le R$ und $|f(z)| \ge R^4 - 1 > R = |g(z)|$ auf $|z| = R$. Somit haben $p = f + g$ und f in D_R gleichviele Nullstellen, nämlich eine. Andererseits liegen alle Nullstellen von p in $|z| < 2$, wie aus $|p(z)| \ge |z|^4 - |z| - 1 > 0$ für $|z| \ge 2$ folgt.

Aufgabe 12.17 Es sei $\lambda > 1$. Man zeige, dass $f(z) = e^{-z} + z - \lambda$ in der Halbebene $\operatorname{Re} z > 0$ genau eine Nullstelle hat. Warum ist die reell? (**Hinweis.** Satz von Rouché in $\{z : \operatorname{Re} z > 0, |z| < R\}$ für $R > \lambda + 1$.)

12.9 Die Auswertung von Integralen und Reihen

In manchen Fällen gelingt die Berechnung gewisser reeller Integrale und unendlicher Reihen mithilfe des Residuensatzes. Diese Möglichkeit wird im Folgenden exemplarisch behandelt.

A) $\displaystyle\int_0^{2\pi} R(\cos\theta, \sin\theta)\, d\theta = 2\pi \sum_{|z|<1} \operatorname*{Res}_z R_1$. Dabei ist $R(u, v)$ eine rationale Funktion von zwei Variablen, die auf der Einheitskreislinie $u^2 + v^2 = 1$ des $\mathbb{R}^2$ stetig ist, und $R_1(z) = \frac{1}{z} R\left(\frac{1}{2}\left(z + \frac{1}{z}\right), \frac{1}{2i}\left(z - \frac{1}{z}\right)\right)$. Mit $z = e^{i\theta}$ gilt dann $R(\cos\theta, \sin\theta) = z R_1(z)$ und $d\theta = \dfrac{dz}{iz}$, somit gleicht das Ausgangsintegral

$$\frac{1}{i}\int_{|z|=1} R_1(z)\, dz = 2\pi \sum_{|z|<1} \operatorname*{Res}_z R_1.$$

Beispiel 12.13 Für $0 < a < 1$ ist $\displaystyle\int_0^{2\pi} \frac{d\theta}{1 + a\cos\theta} = \frac{2\pi}{\sqrt{1 - a^2}}$. Hier ist

$$\frac{1}{R_1(z)} = z\left(1 + \frac{a}{2}\left(z + \frac{1}{z}\right)\right) = \frac{a}{2}\left(z^2 + \frac{2}{a}z + 1\right) = \frac{a}{2}(z - z_1)(z - z_2),$$

$z_{1,2} = (-1 \pm \sqrt{1 - a^2})/a$, $z_2 < -1 < z_1 < 0$ und $\operatorname*{Res}_{z_1} R_1 = \dfrac{1}{\sqrt{1 - a^2}}$. Gilt dies auch für $a \in \mathbb{D}$ und $\operatorname{Re}\sqrt{1 - a^2} > 0$?

Aufgabe 12.18 Man berechne $\displaystyle\int_0^{2\pi} \frac{d\theta}{1 + a\sin\theta + b\cos\theta}$ für $a^2 + b^2 < 1$, $a, b \in \mathbb{R}$.

B) $\displaystyle\int_0^\infty x^\alpha R(x)\, dx = \frac{-\pi e^{-i\pi\alpha}}{\sin\pi\alpha} \sum_{a\in D} \operatorname*{Res}_a \left(z^\alpha R(z)\right)$. Hier ist R rational ohne Polstellen in $(0, \infty)$, aber $z = 0$ darf einfache Polstelle sein; weiter wird $zR(z) \to 0$

für $z \to \infty$ und $\alpha \in (0, 1)$ vorausgesetzt. Die Konvergenz des Integrals ist wegen $x^\alpha R(x) = O(x^{\alpha-1})$ für $x \to 0$ und $x^\alpha R(x) = O(x^{\alpha-2})$ für $x \to +\infty$ gesichert. Unter z^α wird diejenige in $\mathbb{C} \setminus [0, \infty)$ holomorphe Funktion verstanden, die für $z \to x + i0$ ($x > 0$) den reellen Grenzwert x^α hat, für $z \to x - i0$ aber den Grenzwert $e^{2\pi i\alpha} x^\alpha$. Nach dem Residuensatz ist

$$\int_{\partial D} z^\alpha R(z)\, dz = 2\pi i \sum_{a\in D} \operatorname{Res}_a (z^\alpha R(z));$$

die Randkurve $\Gamma = \partial D$ (vgl. Abb. 12.7) setzt sich zusammen aus der Strecke σ_1 von $i\rho$ nach $r + i\rho$, dem Kreisbogen κ_r von $r + i\rho$ nach $r - i\rho$ (mathematisch positiv), der Strecke σ_2 von $r - i\rho$ nach $-i\rho$ und dem Kreisbogen κ_ρ von $-i\rho$ nach $i\rho$ (mathematisch negativ). Zerlegung in die Teilintegrale und anschließender Grenzübergang $r \to \infty$ und $\rho \to 0$ ergibt

$$\int_{\sigma_1} z^\alpha R(z)\, dz = \int_\rho^{\sqrt{r^2-\rho^2}} x^\alpha (1 + i\rho/x)^\alpha R(x + i\rho)\, dx \to \int_0^\infty x^\alpha R(x)\, dx,$$

$$\int_{\sigma_2} z^\alpha R(z)\, dz = -\int_\rho^{\sqrt{r^2-\rho^2}} x^\alpha (1 - i\rho/x)^\alpha R(x - i\rho)\, dx$$

$$\to -\int_0^\infty e^{2\pi i\alpha} x^\alpha R(x)\, dx,$$

$$\left| \int_{\kappa_r} z^\alpha R(z)\, dz \right| \le 2\pi \max_{|z|=r} |z|^{1+\alpha} |R(z)| \to 0,$$

$$\left| \int_{\kappa_\rho} z^\alpha R(z)\, dz \right| \le 2\pi \max_{|z|=\rho} |z|^{1+\alpha} |R(z)| \to 0.$$

Zusammen heißt das $(1 - e^{2\pi i\alpha}) \int_0^\infty x^\alpha R(x)\, dx = 2\pi i \sum_{a\in D} \operatorname{Res}_a (z^\alpha R(z))$, und die Behauptung folgt aus $1 - e^{2\pi i\alpha} = e^{i\pi\alpha}(e^{-i\pi\alpha} - e^{i\pi\alpha}) = -2ie^{i\pi\alpha} \sin\pi\alpha$.

Beispiel 12.14 $\int_0^\infty \dfrac{x^\alpha}{x + x^2}\, dx = \dfrac{\pi}{\sin\alpha}$. $R(z) = \dfrac{1}{z + z^2}$ hat nur eine relevante Polstelle $z = -1$ ($z = 0$ zählt nicht) mit $\operatorname*{Res}_{-1} z^\alpha R(z) = \lim_{z\to -1} \dfrac{z^\alpha}{z} = -e^{\pi i\alpha}$.

C) $\int_{-\infty}^\infty e^{ix} R(x)\, dx = 2\pi i \sum_{\operatorname{Im} a > 0} \operatorname{Res}_a (R(z)e^{iz}) + i\pi \operatorname*{Res}_0 R$; R ist dabei rational, ohne reelle Polstellen mit der möglichen Ausnahme einer einfachen Polstelle in $z = 0$, und es wird nur $R(z) \to 0$ (aber nicht unbedingt $zR(z) \to 0$) für $z \to \infty$ vorausgesetzt. Das Integral ist dann nicht unbedingt konvergent, sondern wird als *Cauchyscher Hauptwert* $\lim\limits_{\substack{\rho\to 0 \\ r\to\infty}} \left(\int_\rho^r + \int_{-r}^{-\rho} \right) R(x)e^{ix}\, dx$ aufgefasst. Ist R ungerade und reell, so hat man es bis auf einen Faktor mit dem uneigentlichen Integral $\int_0^\infty R(x) \sin x\, dx$ zu tun. $R(z)e^{iz}$ wird integriert über den Weg Γ (vgl. Abb. 12.7),

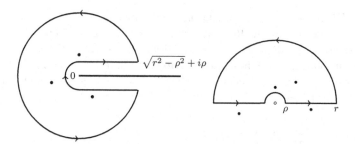

Abb. 12.7 Legende: →— Die Integrationswege Γ zu **B)** (links) und zu **C)** (rechts); • ○ Polstellen von R

der sich zusammensetzt aus dem Intervall $[-r, -\rho]$, dem Halbkreisbogen κ_ρ von $-\rho$ nach ρ (mathematisch negativ), dem Intervall $[\rho, r]$ und dem Halbkreisbogen κ_r von r nach $-r$ (mathematisch positiv). Nach dem Residuensatz ist ($\rho > 0$ klein, $r > 0$ groß)

$$\int_\Gamma R(z)e^{iz}\,dz = 2\pi i \sum_{\mathrm{Im}\,a>0} \mathop{\mathrm{Res}}_a \left(R(z)e^{iz}\right).$$

Mit $|R(z)| \leq C/|z|$, $ds = r\,d\theta$ und $\sin\theta \geq 2\theta/\pi$ in $[0, \pi/2]$ folgt

$$\left| \int_{\kappa_r} R(z)e^{iz}\,dz \right| \leq C \int_0^\pi e^{-r\sin\theta}\,d\theta \leq 2C \int_0^{\pi/2} e^{-2r\theta/\pi}\,d\theta$$

$$= 2C \frac{e^{-2r\theta/\pi}}{-2r/\pi}\bigg|_0^{\pi/2} < \frac{\pi C}{r} \to 0.$$

Schließlich gilt $e^{iz}R(z) = a_{-1}/z + O(1)$ für $z \to 0$, also

$$\int_{\kappa_\rho} R(z)e^{iz}\,dz = \int_{\kappa_\rho} (a_{-1}/z + O(1))\,dz \to i\pi a_{-1} = i\pi \mathop{\mathrm{Res}}_0 R \quad (\rho \to 0).$$

Beispiel 12.15 $\displaystyle\int_0^\infty \frac{\sin x}{x}\,dx = \frac{\pi}{2}$. Mit $R(z) = \dfrac{1}{z}$ und $\mathop{\mathrm{Res}}_0 R = 1$ erhält man

$$2i \int_0^\infty \frac{\sin x}{x}\,dx = \lim_{\substack{\rho \to 0 \\ r \to \infty}} \left(\int_\rho^r + \int_{-r}^\rho \right) \frac{e^{ix}}{x}\,dx = i\pi.$$

D) $\displaystyle\sum_{k=1}^\infty R(k) = -\frac{1}{2}\sum_a \mathop{\mathrm{Res}}_a \left(R(z)\,\pi \cot \pi z\right)$ und

$$\sum_{k=1}^\infty (-1)^k R(k) = \frac{1}{2}\sum_a \mathop{\mathrm{Res}}_a \left(R(z)\,\frac{\pi}{\sin \pi z}\right).$$

In beiden Fällen ist R rational, gerade, ohne Polstellen in $\mathbb{N}$ und $zR(z) \to 0$ für $z \to \infty$ vorausgesetzt, so dass die Reihen sogar absolut konvergieren; Q_n bezeichnet die positiv orientierte Randkurve des Quadrates $|\text{Re } z| < n + \frac{1}{2}$, $|\text{Im } z| < n + \frac{1}{2}$. Auf Q_n ist $\cot \pi z$ unabhängig von n beschränkt. (**Hinweis.** Für $|\text{Im } z| \to \infty$ gilt $|\cot \pi z| \to 1$, außerdem ist $\cot \pi z$ 1-periodisch: was auf $\text{Re } z = \frac{1}{2}$ gilt, gilt auf allen Parallelen $\text{Re } z = \frac{1}{2} \pm n$.) Es ist

$$\operatorname*{Res}_{\pm k} \left(R(z)\, \pi \cot \pi z \right) = R(\pm k) = R(k) \quad (k \in \mathbb{N}),$$

und damit folgt aus dem Residuensatz nach dem Grenzübergang $n \to \infty$

$$2\sum_{k=1}^{\infty} R(k) = \sum_{k=1}^{\infty}(R(k) + R(-k)) = -\sum_{a} \operatorname*{Res}_{a} \left(R(z)\, \pi \cot \pi z \right);$$

summiert wird rechts über alle Polstellen von R. Der zweite Fall wird genauso, aber mit der Funktion $\dfrac{\pi}{\sin \pi z}$ anstelle $\pi \cot \pi z$ erledigt.

Beispiel 12.16 Für $R(z) = \dfrac{1}{z^2 - a^2}$, $a \notin \mathbb{Z}$, ist $\operatorname*{Res}_{\pm a} \left(R(z)\pi \cot \pi z \right) = \dfrac{\pi \cot \pi a}{2a}$ und $\operatorname*{Res}_{0} \left(R(z)\pi \cot \pi z \right) = -1/a^2$, somit $\displaystyle\sum_{n=1}^{\infty} \dfrac{2}{n^2 - a^2} = \dfrac{1}{a^2} - \dfrac{\pi \cot \pi a}{a}$. Es folgt, wenn z für a geschrieben wird,

$$\pi \cot \pi z = \frac{1}{z} + \sum_{n=1}^{\infty} \frac{2z}{z^2 - n^2} = \frac{1}{z} + \sum_{n \neq 0}\left(\frac{1}{z-n} + \frac{1}{n} \right) \quad (z \in \mathbb{C} \setminus \mathbb{Z}), \qquad (12.9)$$

wobei die zweite Reihendarstellung auf die erste durch Zusammenfassung der Terme für n und $-n$ zurückgeführt werden kann. Dass beide Reihen absolut und lokal gleichmäßig in $\mathbb{C} \setminus \mathbb{Z}$ konvergieren verbleibt als Aufgabe zu beweisen.

Beispiel 12.17 $\displaystyle\sum_{k=1}^{\infty} \frac{(-1)^{k-1}}{k^2} = \frac{\pi^2}{12}$. Der einzige Pol von $R(z) = z^{-2}$ liefert das Residuum $\pi^2/6$: $\dfrac{\pi}{z^2 \sin \pi z} = \dfrac{1}{z^3 - \pi^2 z^5/6 + \cdots} = \dfrac{1}{z^3}(1 + \pi^2 z^2/6 + \cdots)$.

Aufgabe 12.19 Zu berechnen sind die Reihenwerte $\displaystyle\sum_{n=1}^{\infty} R(n)$ und $\displaystyle\sum_{n=1}^{\infty} (-1)^{n-1} R(n)$ für die rationalen Funktionen $R(z) = z^{-2}$, $R(z) = z^{-4}$ und $R(z) = 1/(z^2 + 1)$.

12.33 Eine unerwartete Identität besteht zwischen dem Sinus und der Gammafunktion. Die soeben hergeleitete Darstellung (12.9) ergibt zunächst den

Satz 12.31 $\dfrac{\pi^2}{\sin^2 \pi z} = \displaystyle\sum_{n \in \mathbb{Z}} \dfrac{1}{(z-n)^2}$ *in* $\mathbb{C} \setminus \mathbb{Z}$ *und* $\sin \pi z = \pi z \displaystyle\prod_{n=1}^{\infty} \left(1 - \dfrac{z^2}{n^2}\right)$. *Die Reihe konvergiert in* $\mathbb{C} \setminus \mathbb{Z}$, *absolut und lokal gleichmäßig, das Produkt, zu verstehen als* $\displaystyle\lim_{N \to \infty} \prod_{n=1}^{N} \left(1 - \dfrac{z^2}{n^2}\right)$, *konvergiert lokal gleichmäßig in* $\mathbb{C}$.

Beweis ‖ Die erste Identität folgt aus

$$\frac{\pi^2}{\sin^2 \pi z} = -\frac{d}{dz} \pi \cot \pi z = \frac{1}{z^2} + \sum_{n \neq 0} \frac{1}{(z-n)^2};$$

gliedweise Differentiation der $\pi \cot \pi z$-Reihe ist erlaubt nach dem Konvergenzsatz von Weierstraß. Im zweiten Fall folgt aus

$$\frac{d}{dz} \log \sin \pi z = \pi \cot \pi z = \frac{1}{z} - \lim_{N \to \infty} \sum_{n=1}^{N} \frac{2z/n^2}{1 - z^2/n^2}$$

nach Integration $\log \sin \pi z = \log z + \displaystyle\lim_{N \to \infty} \sum_{n=1}^{N} \left(\log\left(1 - z^2/n^2\right) + C_N\right)$, lokal modulo $2\pi i$ in $\mathbb{C} \setminus \mathbb{Z}$; C_N ist die lokale Integrationskonstante. Übergang zur Exponentialfunktion ergibt

$$\sin \pi z = C z \lim_{N \to \infty} \prod_{n=1}^{N} \left(1 - \frac{z^2}{n^2}\right)$$

mit $C = \displaystyle\lim_{N \to \infty} e^{C_N} = \lim_{z \to 0} \frac{\sin \pi z}{z} = \pi$. ☕

In Aufgabe 5.9, Nr. 6, war die Darstellung $\dfrac{1}{\Gamma(x)} = e^{\gamma x} x \displaystyle\prod_{k=1}^{\infty} (1 + x/k) e^{-x/k}$ für reelle x herzuleiten. Zusammen mit $\Gamma(1-x) = -x\,\Gamma(-x)$ folgt

$$\frac{1}{\Gamma(x)\Gamma(1-x)} = x \prod_{k=1}^{\infty} (1+x/k)e^{-x/k}(1-x/k)e^{x/k}$$

$$= x \prod_{k=1}^{\infty} (1 - x^2/k^2) = \frac{\sin \pi x}{\pi},$$

und nach dem Identitätssatz gilt auch im Komplexen $\Gamma(z)\Gamma(1-z) = \dfrac{\pi}{\sin \pi z}$.

12.10   Anhang: Cauchy, Riemann und Weierstraß

gelten als die Begründer der Funktionentheorie oder auch der Theorie der analytischen Funktionen. Schon der Name *Funktionentheorie* zeigt, dass man lange Zeit nur diese Funktionen als *wahre* Funktionen von $z \in \mathbb{C}$ (und ‚unabhängig von $\bar{z}$‘) anerkannt hat. Analytische oder, wie man heute sagt, holomorphe Funktionen, sind schon sehr früh aufgetreten, sind doch alle elementaren Funktionen und ihre Umkehrfunktionen analytisch, wenn man sie im Komplexen betrachtet. Die Zugänge waren recht unterschiedlich, dass sie zur gleichen Theorie führen wurde erst um die Wende vom 19. zum 20. Jahrhundert wahrgenommen.

Cauchy war ursprünglich vorwiegend an reellen Resultaten interessiert, die sich durch die Betrachtung komplexwertiger Funktionen $w(x, y)$ ergaben; diese von ihm *monogen* genannten Funktionen waren durch die Zusatzbedingung $i\,\partial w/\partial x = \partial w/\partial y$, die Cauchy-Riemann-Gleichungen, charakterisiert. Den für die Funktionentheorie zentralen (lokalen) Integralsatz (von Gauß bereits 1811 aus seinem eigenen Integralsatz abgeleitet, aber nie veröffentlicht) publizierte er 1825, der heute übliche Beweis stammt von Goursat. Auf diesem Satz beruht eine Theorie von größter Eleganz und Geschlossenheit. Die Ergebnisse der französischen Schule (Cauchy, Liouville, Hermite) wurden 1875 von Briot und Bouquet in ihrem Buch *Théorie des fonctions doublement périodiques, et, en particulier, des fonctions elliptiques* dargestellt.

Auch Riemann betrachtete in seiner Dissertation 1851 komplexwertige Funktionen, deren „Differentialquotienten dw/dz vom Werth des Differentials dz unabhängig sind“, die also eine komplexe Ableitung in Form eines richtungsunabhängigen Differentialquotienten besitzen; Real- und Imaginärteil von $w = u + iv$ sind dann über die Cauchy-Riemann-Gleichungen $u_x = v_y, u_y = -v_x$ miteinander verbunden. Das Problem der *mehrdeutigen Funktionen* (heutzutage eine *contradictio in adiecto*) wie $\sqrt{z}$ oder $\log z$ überwand er durch das, was man heute *Riemannsche Fläche* nennt. Die Riemannschen Ideen kamen erst lange nach seinem frühen Tod zum Tragen und wurden erst durch Hermann Weyls *Die Idee der Riemannschen Fläche* in befriedigender Weise dargestellt.

Weierstraß gründete seine Funktionentheorie auf die Funktionen, die um jeden Punkt ihres Definitionsgebietes in eine Potenzreihe entwickelbar sind und sich dann durch *analytische Fortsetzung* (fortgesetzte Umentwicklung) ihr eigenes Existenzgebiet (meist eine Riemannsche Fläche) suchen. Weierstraß hielt vielmals einen viersemestrigen Kurs über *Functionentheorie* ab, und erst durch ihn und seine zahlreichen Schüler (u. a. Cantor, Frobenius, Königsberger, Kowalewskaja, v. Mangoldt, Mittag-Leffler, Netto, Runge, Schottky, Schur, Schwarz), die von seinen Vorlesungen angezogen wurden und sie gleichzeitig verbreitet haben, wurde die Funktionentheorie zu einem eigenständigen Teilgebiet der Analysis, und Berlin neben Paris zu *dem* Weltzentrum der Mathematik. Der letzte strikte Anhänger der reinen Potenzreihenmethode von Weierstraß war Alfred Pringsheim, der Schwiegervater von Thomas Mann.

Stichwortverzeichnis

Printed in the United States
by Baker & Taylor Publisher Services